畜牧兽医专业中高职衔接系列

家畜生产技术

丰艳平　伍维高　主编

中国林業出版社

图书在版编目(CIP)数据

家畜生产技术 / 丰艳平，伍维高主编. —北京 ：中国林业出版社，2019. 12(2024.8 重印)
畜牧兽医专业中高职衔接系列教材
ISBN 978-7-5219-0378-2

Ⅰ. ①家… Ⅱ. ①丰… ②伍… Ⅲ. ①家畜-饲养管理-职业教育-教材 Ⅳ. ①S82

中国版本图书馆 CIP 数据核字(2019)第 274257 号

中国林业出版社教育分社

策划编辑：高红岩　　**责任编辑**：范立鹏
电话：(010)83143626　　**传真**：(010)83143516

出版发行　中国林业出版社(100009　北京市西城区德内大街刘海胡同 7 号)
E-mail:jiaocaipublic@163.com　电话:(010)83143500
http://www.cfph. net
经　　销　新华书店
印　　刷　北京中科印刷有限公司
版　　次　2019 年 12 月第 1 版
印　　次　2024 年 8 月第 3 次印刷
开　　本　787mm×1092mm　1/16
印　　张　25.25
字　　数　599 千字
定　　价　58.00 元

《家畜生产技术》编写人员

主　　编　丰艳平　伍维高
副 主 编　刘　攀　梁春凤　李丽平　孟可爱
编写人员　（按姓氏笔画排序）
丰艳平（湖南环境生物职业技术学院）
邓　英（湖南省畜牧水产局）
左　锐（常德职业技术学院）
伍维高（湖南环境生物职业技术学院）
刘　攀（安化县职业中专学校）
李丽平（湖南环境生物职业技术学院）
周　灿（湖南环境生物职业技术学院）
孟可爱（湖南环境生物职业技术学院）
贺光祖（湖南环境生物职业技术学院）
梁春凤（湘潭生物机电学校）

序
FOREWORD

国务院《关于加快发展现代职业教育的决定》明确提出，要推进中等和高等职业教育紧密衔接，要加快构建现代职业教育体系。中高职衔接就是落实国家部署要求，推动中等和高等职业教育协调发展，系统培养适应经济社会发展需要的技术技能人才的关键环节。2015 年，湖南省教育厅公布了一批职业教育省级重点建设项目，确定湖南环境生物职业技术学院作为高职牵头单位，联合省内两所以“农林牧渔大类”为重点建设专业类的中等职业学校（安化县职业中专、湘潭生物机电学校），共同开展湖南省畜牧兽医专业中高职衔接试点。

2015 年 10 月，湖南环境生物职业技术学院召集省内外 11 所开设有畜牧兽医专业的职业院校和 6 家行业龙头企业的专家代表，对建设项目进行研究论证，提出了专业课程衔接、教学资源共享等实施方案。同时，考虑到教材作为教学模式和教学方法的基本载体，是所有教学改革的落脚点，对中高职衔接及中高职衔接一体化人才培养改革的成败起着关键的作用。因此，项目试点启动之初，即研究形成了畜牧兽医专业中高职衔接系列教材建设方案。历经三年多时间，项目组形成了“畜牧兽医专业中高职衔接人才培养方案”“畜牧兽医专业中高职衔接一体化教学标准”“畜牧兽医专业中高职衔接 9 门专业课程教学标准”“畜牧兽医专业中高职衔接 5 门核心专业课程建设标准与编写方案”等建设成果，并组织编写了系列教材《动物临床诊疗技术》《家畜生产技术》《家禽生产技术》《动物普通病》《动物传染病防治技术》5 种。

在本系列教材编写中，项目主持人胡永灵教授组织项目组主要成员深入职业院校、行业协会、生产企业，对畜牧兽医的职业岗位、工作任务与职业能力进行了分析，按照一般技能人才和高级技能人才的培养规格要求，系统构建中高职衔接课程体系，确定中高职不同层次课程教学内容。依据职业岗位活动规律，以工作过程为主导，以项目为载体，以任务为驱动，以学生为主体，适应“理实一体、教学做合一”理念组织教学素材，体现职业教育特色。在内容编写上中等职业教育以“必需、够用”为度，着重突出“实践性、应用性和职业性”，高等职业教育以能力拓展为主，突出“高素质、技能型、应用复合型”人才培养的需要，既体现了中高职衔接的特点，又做到了中高职教学知识内容的连贯性，重要的是避免了中、高职教材很多内容的重复。

相信本系列教材出版，对畜牧兽医专业中高职衔接一体化人才培养能发挥一定作用，对其他专业中高职衔接课程改革和教材开发也有一定的参考价值。

陈桐贤

2019 年 12 月

前言
PREFACE

家畜生产技术是中高职畜牧兽医专业的一门专业核心课程，是畜牧兽医类专业课中的主要组成部分。

近年来，我国职业技术教育有了很大的发展，为社会主义现代化建设事业培养了一大批技术型、应用型人才。中等职业教育的目的是培养面向生产、建设、服务和管理第一线需要的技能型人才，高等职业教育的目的则是培养面向生产、建设、服务和管理第一线需要的高素质的技能型、应用型人才。目前，虽然单独面向中职或高职的教材很多，也各有特色，但中、高职内容没有有效衔接，很多内容在中、高职教材里重复出现。适合中等、高等职业教育有效衔接的特色教材很少，尤其是农林类教材建设已不适应当前职业技术教育的发展需要。实现中、高职教育的有效衔接，教材建设是关键。畜牧兽医专业中、高职衔接由于其自身培养目标的特殊性，在教学过程中要特别注重学生中职畜牧兽医和高职畜牧兽医有效衔接，更要注重学生自主学习能力、职业岗位能力、解决问题与创新能力的培养。基于此，我们编写了《家畜生产技术》这部教材，根据中等、高等职业教育的要求与特点，在内容和形式上都做了很大的调整，在编写思路上考虑学生胜任职业所需的基础知识和职业技能，以岗位需要组织教材内容，内容选择详略得当，岗位针对性强，直接反映职业岗位或职业角色对从业者的能力要求；依据职业活动体系的规律，采取以工作过程为中心的行动体系，以项目为载体，以工作任务为驱动，以学生为主体，适应“理实一体、教学做合一”的项目化教学模式需要，充分体现了职业教育特色。本教材在编写时，考虑到中等职业教育以“必需、够用”为度，内容着重突出“实践性、应用性和职业性”，书中未标有星号（※）的内容为中职学生学习内容；高等职业教育以能力拓展为主，突出“高素质、技能型、应用型”，书中标有星号的内容为高职学生学习内容。本教材编写既体现了中、高职衔接的特点，又做到了知识内容的连贯性。

本教材共分为两大模块。模块一为“猪生产”部分，包括认识猪生产、养猪生产的筹划、种猪生产技术、仔猪生产技术、肉猪生产技术、猪场生物安全、猪场经营管理七个项目；模块二为“牛羊生产”部分，包括认识牛羊生产、牛羊生产的筹划、牛羊的主要品种、牛羊的主要产品、牛生产技术、羊生产技术、牛羊场环境控制与常见疾病七个项目。

本教材可以作为中、高职衔接畜牧兽医及相关专业的教材，也可作为中职、高职畜牧兽医及相关专业的教材，还可作为大型猪场的岗位培训以及从事动物生产与动物疫病防制人员和养殖专业户的参考书。

本教材在编写过程中，参考了大量的文献资料，在此谨向各位作者表示衷心的感谢。由于作者水平有限，难免会出现不妥之处，敬请各位专家、同行和广大读者批评指正。恳请各位同行和广大读者在使用本书的同时能向编者提出宝贵意见，以便再版时进一步完善。

编　者

2019 年 9 月

目录
Contents

模块二　牛羊生产

模块一

猪生产

项目一 认识猪生产

【知识目标】

- 了解国内外养猪生产的发展状况、存在的问题和发展对策。
- 熟悉猪的品种和分类，熟悉我国饲养的各类猪种的特性和利用价值。
- 掌握猪的生物学特性、行为习性和经济性状。

【技能目标】

- 学会应用猪的生物学特性及行为习性指导养猪生产。
- 能够根据猪的体型外貌识别猪的品种。

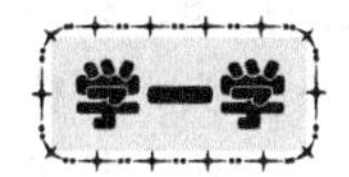

※任务一　养猪生产概况

一、我国养猪生产发展概况

我国生猪养殖具有典型的周期性。猪周期一般为 2～3 年，主要是因为国内生猪养殖散户较多，猪肉上涨引起散户补栏，进而造成供给远大于需求，最终使猪肉价格下跌，散户停止补栏，周而复始呈现典型的周期性特征。由于仔猪成长为能够出售的生猪需要 6 个月时间，因此猪肉价格变动与存栏量变动往往不同步，猪肉价格上涨时，存栏量能够得到较快补充；猪肉价格下跌时，存栏量会在 3～5 个月后出现明显的减少。

现在生猪养殖处于一个全新的周期，由于受环保政策的影响，禁养区内的养殖企业正在逐步退出养殖行业，即使在价格上涨的阶段，在禁养区内，生猪存栏量依然无法得到补充。处于禁养区内且有经济实力的企业选择在禁养区外投资，继续参与养殖行业；处于禁养区内的散户彻底退出养殖业；处于禁养区外且有经济实力的企业抓住这次行业调整的机会，扩大产能，增加存栏量，进一步扩大市场份额。

2017年，我国肉猪出栏量为68 861万头(2016年我国肉猪出栏量为68 502万头)，肉猪出栏量较上年同期上涨了0.52%。2017年我国生猪总体供应量呈现小幅回升的趋势，但农业部监测公布的生猪存栏数据显示我国生猪存栏水平是持续下降的。生猪存栏下降有两个主要原因：一方面，能繁母猪存栏量偏低；另一方面，环保禁养下各省(自治区、直辖市)大量养殖场被拆除。而能繁母猪生产力的提高以及生猪总体出栏体重增加等原因，使得生猪存栏量下降的时候生猪出栏量反而小幅回升。

二、世界养猪生产发展概况

近年来，各国养猪业发生变化，各国猪场数逐渐减少，而猪场的规模却逐渐扩大，增强了市场竞争力，也为采用先进设备和技术，实现生产过程的机械化、电气化、自动化提供了可能性。由于资金的大量投入，使单一的养猪生产过程扩大到饲料工业—养猪工厂—屠宰—肉类保藏—肉品加工—肉与肉制品销售—超级市场—消费者的综合体或系统工程。这种规模化的猪场建场以前就以符合环境保护要求为前提。猪场的污物、粪便的处理系统成为优先设计、优质施工、优良化运作和达到环卫与生态标准的基础工程。

自2006年开始，美国猪肉市场超过60%以上的供给来自年存栏量5万头以上的规模养殖场。在经营模式上，以大型肉类企业为代表的一体化生产模式在美国生猪养殖业中占主导地位。这些企业覆盖饲料加工、遗传育种、生猪养殖、生猪屠宰及肉制品加工等产业环节，形成全产业链联动。国家建立了完善的畜牧业生产信贷制度、市场信息服务体系及成熟的生猪期货交易市场来调节生产，养殖业总体规范程度高，运行有序。

世界上的生猪养殖主要集中在中国、欧盟、美国等国家及地区。其中，欧盟及美国生猪养殖业总体水平远远高于中国。美国是仅次于中国的第二大猪肉生产国及最大的猪肉、猪肉制品出口国。但2017年欧洲生猪存栏量为14 724万头，美国生猪存栏量7152.5万头，存栏量居世界前两位。美国盛产玉米，拥有丰富的饲料资源，养殖成本较低；同时良种培育技术领先，在国际上具有明显的竞争优势。美国环境保护体制健全，整体技术水平高，规模化养殖的比例较大。20世纪80年代后，全球生猪存栏量基本保持75 000万头以上，增速变化不明显，2013年达到80 220万头。近两年存栏量有所下降，2017年降至76 905.3万头。

三、我国养猪生产存在的问题

(1)我国生猪出栏率和胴体重偏低

我国生猪出栏率和胴体重分布只有123.3%和77.1kg/头，均低于世界128.1%和78.1kg/头的平均水平，远低于世界养猪大国的水平，如丹麦分别为172.3%和78.2kg/头，美国分别为169.9%和89.0kg/头。

(2)猪肉出口量少

我国猪肉出口量为16.2万t，约占世界猪肉出口量的2.8%，猪肉进口量为16.4万t，约占世界猪肉进口量的2.8%，进出口量基本持平。出口量低的原因，主要是我国育种技术水平较低所造成，我国对猪的优质新品系的培育和配套系的筛选与发达国家相比，还存在一定差距，仍处于较落后水平，猪的产品质量和规格的一致性和标准化生产程度都较低。我国虽是世界第一养猪大国，但市场需要的优质瘦肉型种猪却长期依赖于进口，处于

“引种→维持→退化→再引种”的不良循环中；加上引进的品种由于群体小而分散饲养等原因，很难做好配套筛选，推出最佳的杂交组合，且推广的品种和杂交模式也仍然只停留在杜洛克猪、大约克夏猪和长白猪及其三元杂交组合阶段。

(3)生猪饲养还沿袭传统的农户小规模饲养方式

我国目前规模化饲养的程度还较低。就商品猪而言，50头以上的饲养规模在我国所占比重还只有13%。规模饲养提供的商品猪还只占总量的20%左右。生猪饲养基本上仍旧沿袭传统的农户小规模饲养方式，由农户散养提供的商品猪要占市场商品猪总量的80%以上，而且在地区分布上不均衡。就种猪而言，我国规模饲养的种猪场的基础母猪群在200头以下的占到65%，500头以上的仅占11.5%，而200头以下的多数猪场仍处于亏损状态，且规模饲养的管理水平不高，技术上还存在很多问题。

(4)标准化和安全性有待提高

由于历史原因，中国农业的标准化普遍较低，养猪业也不例外。中国政府有关部门正着手制定和颁布实施养猪业的系列标准。

猪肉的安全生产备受人们的关注。劣质饲料不仅有害于养猪生产，其产品更有损人体健康。有毒或带毒饲料对猪和人类造成极大的威胁。这些饲料进入猪体残留在组织器官和肉脂中，人们长期食用后会造成慢性中毒，某些国家和地区人群中出现药物反应、肢端肥大、性早熟、抗药性等均与食品有一定关系。

(5)兽医和环境保护亟待加强

当前，中国某些疫病的控制能力尚低，在疫病监测、诊断、预防、扑灭等环节，还存在体系不健全、设施简陋、技术手段落后等问题。不应只重视生产水平，忽视机体抗病性能的保持与加强；只重视养猪环境的改善，忽视消毒与免疫；只重视疫苗注射，忽视综合预防措施。

生态环境变劣造成自然环境恶化，造成养猪环境污染，给养猪生产带来重大损失。养猪生产中不重视粪污处理，对环境也造成污染。养猪业的持续发展，必须搞好环境保护，创建生产、资源、环境三方面良性循环机制。

四、我国养猪生产发展的对策

(1)由注重数量向注重质量发展

虽然我国生猪的存栏量、产肉量都居世界首位，但出口量却只有16.2万t，仅占世界猪肉出口量的2.8%。这虽然与我国的运输原因有关，但更为重要的是受到疫病和猪肉质量的影响，如过量使用药物而导致的药物残留问题，都是造成猪肉出口量不大的直接原因。我国已制定了一系列法规，建立与完善了猪肉生产安全管理体系、“安全猪肉”生产体系、建立兽医卫生体系，严格控制药物的使用，统一生产模式，统一防疫免疫，统一肉品质量检验，统一调配商品猪，统一供应上市，以提高猪肉质量，实现养猪生产由注重数量向注重质量的转变。

(2)由兽医防疫向工程防疫发展

我国规模化养猪的疾病防制和防疫工作一直沿袭着兽医防制体制，一般是出现疾病问题，然后寻找防制的方法，很难做到防患于未然，而且一旦暴发疫病，只能靠扑杀、隔离等手段来进行防制，同时兽医治疗往往会导致药物过量使用，从而引起猪肉的药物残留，影响猪肉质量。因此，为了避免疫病的出现和及时地对疫病进行控制，应从猪场选址、总体规划和工程措施入手，努力实现猪场多点生产工艺方式，建立适当的防疫隔离带，完善猪场的进出消毒制度，实施工程防疫。

(3)由污染型向生态型发展

我国的猪场规模应根据当地的土地消纳能力进行适度规模生产，而不宜盲目扩大。无污染的粪便零排放技术也将得到进一步开发。

(4)由分户散养为主转向区域化布局、规模化饲养、专业化生产、产业化经营

当今世界养猪业的主要趋势是生产集约化。猪场的规模不断扩大，并使用新的管理技术。发展适度规模饲养已成为一个全球性的发展趋势，它有利于进行专业化生产，有利于提高生产力水平、降低生产成本。为适应这种潮流，我国的养猪业将进一步向区域化布局、规模化饲养、专业化生产、产业化经营的方向发展，大多数养猪企业在场址的选择上将趋向于销售市场，包括出口市场和技术力量较强的地区。并将更注重环境条件如气候、水资源、土地资源有无环境污染；同时，还将在实行专业分工、专业化生产的基础上实行产业化经营。产业化经营是解决生产与市场对接、保持生产市场稳定的有效途径，是深化农业改革的主要方面之一。生猪产业化要着力抓好两个薄弱环节，即联合和加工。生产者之间，生产者与加工、销售环节之间，要实现多种形式的联合，形成利益共同体，稳定产业链，增强抵御市场风险的能力。

(5)猪的饲料配方和饲料添加剂的应用、饲料的配制将进一步优化

饲料配方按猪的品种和饲养环境不同应有所不同。实践证明美国国家科学研究委员会(NRC)制定的猪的饲养标准并不适合我国国情，我国亟须制定适合自己国情的配方模型；饲料添加剂的发展趋势将是逐步融入无公害化合绿色化的世界潮流，尤其是其中的酶制剂、益生素和中草药添加剂将得到迅猛发展；饲料的配制、饲料的膨化技术、制粒技术和制粒后的喷混技术将会得到全面应用，不同猪群采用不同粉碎力度的方法也会备受人们的关注。

※任务二　猪的特性

一、猪的生物学特性

猪的生物学特性是指猪所共有的区别于其他动物的内在性质。养猪不了解猪的生物学特性就谈不上科学养猪，只有在饲养生产实践中，不断地认识和掌握猪的生物学特性，并结合现代营养学、良种繁育技术、家畜环境卫生控制与改良等各门学科的先进技术，科学地利用或创造适宜养猪环境条件，充分发掘猪最大的生产潜力，以便获得较好的饲养和繁育效果，达到安全、优质、高效和可持续发展的目的。

(1)繁殖率高，世代间隔短

①性成熟早，发情征状明显：猪一般4～6月龄达到性成熟，6～8月龄就可以初次配种，我国地方猪比国外瘦肉型猪早2～3个月性成熟，且发情征象明显。如梅山猪的性成

熟期在 75d 左右，而地方品种种公猪如内江猪 63 日龄就能产生成熟精子。生产上配种日龄安排在母猪性成熟后的第三个发情期。

②妊娠期短，世代间隔短：母猪的妊娠期平均为 114d，一岁时或更短的时间可以第一次产仔。正常情况下猪的世代间隔为 1～1.5 年(第 1 胎留种则为 1 年，第二胎开始留种则为 1.5 年)。

③多胎高产：猪是常年发情的多胎高产动物，一年能分娩两胎，若缩短哺乳期，对母猪进行激素处理，可以达到两年五胎。经产母猪平均一胎约产仔 10～12 头，比其他家畜要高产。我国太湖猪的产仔数高于我国其他地方猪种和外国猪种，窝产活仔数平均超过 14 头，个别高产母猪一胎产仔超过 22 头，最高纪录窝产仔数达 42 头。

④繁殖潜力大：生产实践中，猪的实际繁殖效率并不算高，母猪卵巢中有卵原细胞 11 万个，但在它一生的繁殖利用年限内只排卵 400 枚左右。母猪一个发情周期内可排卵 20～30 个，而产仔只有 10～12 头；公猪一次射精量 200～400mL，含精子数约 200 亿～800 亿个，可见，猪的繁殖潜力很大。试验证明，通过激素处理，可使母猪在一个发情期内排卵 30～40 个，个别的可达 80 个，产仔数个别高产母猪一胎也可达 15 头以上。因此，只要采取适当繁殖措施，改善营养和饲养管理条件，以及采用先进的选育方法，进一步提高猪的繁殖效率是可能的。

⑤种猪利用年限长：猪的繁殖利用年限较长，我国地方猪种公猪可利用 5～6 年、母猪 8～10 年；培育品种和国外引进瘦肉型猪种也可利用 4～5 年。

(2)食性广，饲料转化率高

①采食性能：a. 杂食性：猪是杂食动物，门齿、犬齿和臼齿都很发达，虽然猪为单胃动物，但胃为单胃动物与反刍单胃之间的中间类型，能充分利用各种动植物和矿物质饲料，食性范围很广。b. 择食性：猪对食物有选择性，能辨别口味，特别喜爱甜食、腥味或带乳香味的食物。c. 找食性：先天遗传拱土觅食特性。在生产中应注意预防寄生虫和病原微生物感染及猪栏受破坏。

②饲料消化利用特点：a. 消化速度快：猪的消化道发达，胃容量为 7～8L，小肠长度约为 16～20m，大肠长度约为 4～5m，食物通过时间 30～36h。b. 不耐粗性：猪为单胃动物，对粗饲料中粗纤维的消化较差，而且饲料中粗纤维含量越高对饲料的消化率也就越低。猪胃内没有分解粗纤维的微生物，大肠内也仅有少量微生物可以分解少量粗纤维。而保持饲料中一定含量的粗纤维有助于猪对饲料有机物的消化(延缓排空时间和加强胃肠道的蠕动)和猪的健康(改善肠道微生物群落)。在猪的饲养中，注意精、粗饲料的适当比例，控制粗纤维在饲料中所占的比例，保证饲料的全价性和易消化性。猪对粗纤维的消化能力随品种和年龄不同而有差异，中国地方猪种较国外培育品种具有较好的耐粗饲特性。猪饲料中适宜的粗纤维水平一般认为：小猪低于 4%，生长育肥猪粗纤维含量不宜超过 8%，成年猪不宜超过 12%。猪对粗纤维的利用率因品种、饲料的消化能、蛋白质水平、粗纤维本身的来源等而异。c. 饲料转化率高：猪对饲料的转化效率。按采食的能量和蛋白质所产生的可食蛋白质比较，猪仅次于鸡，而超过牛和羊。猪对精料有机物的消化率为 76.7%，也能较好地消化青粗饲料，对青草和优质干草的有机物消化率分别达到 64.6%和 51.2%。

(3)生长期短，资金周转快

在肉用家畜中，猪和马、牛、羊相比，无论是胚胎期还是生后生长期都是最短的，而生长强度又是最大的。

①胚胎期：猪在胚胎期为了适应生存的需要优先发育神经系统，表现为出生时头的比例偏大，四肢不健壮，初生体重小(不到成年体重的1%)，而且其他各器官系统发育也很不完善。这是长期进化的结果，原因在于：猪的胚胎期短(114d)，同胎仔猪数又多，母体子宫相对来讲就显得空间不足和供应给每头胎儿的营养缺少。所以，对外界环境的适应能力差，如特别怕冷(要求保温温度在32～34℃)、易拉稀等，初生仔猪需要精心护理。

②胚后期：猪出生后为了补偿胚胎期内发育不足，生后2个月内生长发育特别快，30日龄的体重为初生重的5～6倍，2月龄体重为1月龄的2～3倍，断奶后至8月龄前，生长仍很迅速，尤其是瘦肉型猪生长发育快，是其突出的特性。在满足其营养需要的条件下，一般160～170d体重可达到90～100kg，即可出栏上市，相当于初生重的90～100倍。而牛和马只有5～6倍，可见猪比牛和马相对生长强度约大10～15倍。屠宰率高，一般在70%以上，肉牛50%～55%，羊35%。

(4)嗅觉和听觉灵敏，视觉不发达

①听觉相当发达：猪的听觉相当发达，猪的耳形大，外耳腔深而广，即使很微弱的声响，都能敏锐地觉察到。猪的听觉分析器相当完善，能够很好地辨别声音来源、强度、音调和节律，如以固定的呼名、口令、声音和刺激物进行调教，能很快形成条件反射。据此，有人尝试在母猪临产前播放轻音乐，可在一定程度上降低母猪难产的比例。猪对意外声响特别敏感，即使睡眠，一旦有意外响声，就立即苏醒，站立警备。在现代化养猪场，为了避免由于喂料音响所引起的猪群骚动，常采用一次全群同时给料装置，并在饲养管理过程中尽量避免发出较大的声音。

母猪、仔猪通过叫声互相传递信息，如：嗯嗯声——母仔亲热时母猪发出的叫声；尖叫声——仔猪的惊恐声；鼻喉混声——母猪护仔的警告声和攻击声。

②嗅觉非常灵敏：猪的鼻子特殊，长有吻突，嗅区广阔，鼻黏膜的绒毛面积很大，分布在嗅区的嗅神经非常密集，因此，猪的嗅觉非常灵敏。据测定，猪对气味的识别能力是狗的2倍，是人的8～9倍。猪可凭着灵敏的嗅觉，识别群内的个体、自己的圈舍和卧位，保持群体之间、母仔之间的密切联系，对混入本群的其他个体能很快认出，并加以驱赶，甚至咬伤或咬死；嗅觉在公母性联系中也起很大作用，例如，发情母猪闻到公猪的气味，就会表现出“发呆”反应；仔猪寄养工作必须考虑到其嗅觉灵敏的特点，否则就不能成功。目前，一些国家专门训练“警猪”作为禁毒和排雷的工具，也是充分利用猪的嗅觉灵敏的特点。

③视觉不发达：猪的视觉很弱，缺乏精确的辨别能力，视距、视野范围小，不靠近物体就看不见东西，对物体形态和颜色的分辨能力较差，属高度近视加色弱，据此，生产上通常把并圈时间定在傍晚；可用假母猪进行公猪采精训练。

(5)适应性强，分布广

猪对自然地理、气候等条件的适应性强，是世界上分布最广、数量最多的家畜之一。

从生态学适应性看，猪主要表现对气候寒暑的适应、对饲料多样性的适应、对饲养方法和方式上的适应，这些是它们饲养广泛的主要原因之一。但是，猪如果遇到极端的变动环境和极恶劣的条件，猪体出现新的应激反应，如果抗衡不了这种环境，生长发育受阻，生理出现异常，严重时可出现病患和死亡。

(6)喜清洁，易调教

猪是爱清洁的动物，采食、睡眠和排粪尿都有特定的位置，一般喜欢在清洁干燥处躺卧，在墙角潮湿有粪便气味处排粪尿。若猪群过大，或圈栏过小，猪的上述习惯就会被打破。

猪较为灵活，易于调教。在生产实践中可利用猪的这一特点，建立有益的条件反射，如通过短期训练可使猪在固定地点排粪尿等。

(7)小猪怕冷，大猪怕热

小猪怕冷，原因在于初生仔猪大脑皮层温度调节中枢发育不健全，对温度调控能力低下；皮下脂肪少，皮毛稀，散热快；体表面积/体重比值大，单位重量散热快。

大猪怕热，原因在于猪的汗腺退化，散热能力特别差；皮下脂肪层厚，在高温高湿下体内热量不能得到有效地散发；皮肤的表皮层较薄，被毛稀少，对热辐射的防护能力较差。在酷暑时期，猪就喜欢在泥水中、潮湿阴凉处趴卧以散热。高温可使公猪精子活力降低，精子数减少；可使母猪配种后重新发情的头数增多。最适宜温度为18～23℃。

猪怕潮湿。在阴暗潮湿的环境下，猪的健康和生长发育受到很大影响，易患感冒、肺炎、皮肤病及其他疾病。特别在高温高湿或在低温高湿的环境条件下，对猪的健康和增重产生更大的不良影响。最适宜的湿度为50%～70%。因此，初生仔猪要注意防寒保暖，成年猪要注意防暑降温，同时要保持猪舍干燥通风。

(8)定居漫游，群居位次明显

在无猪舍的情况下，猪能自找固定的地方居住，表现出定居漫游的习性。猪喜群居，同一小群或同窝仔猪间能和睦相处，但不同窝或群的猪新合到一起，就会相互撕咬，并按来源分小群躺卧，几日后才能形成一个有次序的群体，战斗力强的排在前面。猪群越大，就越难建立位次，相互争斗频繁，影响采食和休息。

二、猪的行为学特性及利用

行为指动物的行动举止，是动物对某种刺激和外界环境适应的反应。动物的行为习性，有的取决于先天遗传内在因素，有的取决于后天的调教、训练等外来因素，二者复合起来而学得的反应和习惯。猪和其他动物一样，对其生活环境、气候条件和饲养管理条件等反应，在行为上都有其特殊的表现，而且有一定的规律性。根据猪的行为特点，制定合理的饲养工艺，设计新型的猪舍和设备，最大限度地创造适于猪习性的环境条件，就能提高猪的生产性能，以获得最佳的经济效益。

(1)采食行为及其利用

猪的采食行为包括摄食与饮水，具有各种年龄特征。拱土觅食是猪采食行为的一个突出特征，这是祖先遗留下来的本性，从土壤中获取食物以补充蛋白质、微量元素等。尽管现代养猪多喂以全价平衡的饲料，减少了猪的拱地觅食行为，但在每次喂食时仍出现抢占有利的位置、前肢踏入食槽采食，个别猪甚至钻进食槽以吻突拱掘饲料，抛洒一地。猪的采食具有选择性，特别喜爱甜、香、湿性、粒状和带腥味的食物。颗粒料和粉料相比，猪爱吃颗粒料；干料与湿料相比，猪爱吃湿料，且花费时间也少。猪的采食是有竞争性的，群饲的猪比单饲的猪吃得多、吃得快，增重也快。猪的采食量、采食速度、采食时间和对食物的选择性等，受猪的生理需要、年龄、经验、应激、疾病以及外部条件等的影响。仔猪每昼夜吸吮约为15～25次，占昼夜总时间的10%～20%。大猪采食量和摄食频率随体重增大而增加。猪在白天采食6～8次，比夜间多1～3次，每次采食持续时间10～20min，限饲时少于10min，自由采食不仅采食时间长，而且能表现每头猪的嗜好和个性。若饲料中脂肪、粗纤维、盐分等含量增大、猪发病以及环境温度升高等，则会使采食量下降。通常饮水与采食同时进行，猪的饮水量随体重、环境温度、饲料性质和采食量等有所不同。饮水量约为干料的2～3倍。仔猪出生后就需要饮水，主要来自母乳中的水分。自由采食的猪采食与饮水交替进行，直到满意为止；限制饲喂猪则在吃完料后才饮水。

(2)排泄行为及其利用

在良好的管理条件下，猪是家畜中最爱清洁的动物，不在吃睡的地方排粪尿，除非过分拥挤或外温过冷过热。猪排粪尿是有一定的时间和区域的，一般多在采食前后、饮水后或起卧时，选择阴暗潮湿、低洼凹处、靠近水源或污浊的角落排粪尿，且受邻近猪的影响。据观察，猪在饲喂前多为先排尿后排粪，在采食过程中不排粪，饱食后5min左右开始排粪1～2次，多为先排粪后再排尿，平时排尿多而排粪很少，夜间一般排粪2～3次，早晨的排泄量最大，猪的夜间排泄活动时间占昼夜总时间的1.2%～1.7%。根据猪的排泄行为，在猪进入新圈后的头3d应认真调教，做到睡觉、采食和排便“三点定位”，以保证猪舍清洁卫生，减少猪病发生，减轻饲养员劳动强度。但要注意猪群密度不能过大，避免建立的排泄习性受到干扰，无法表现其好洁性，一般每圈以10～20头为宜。

(3)性行为及其利用

母猪在发情期可表现出特异的求偶行为，公猪、母猪都出现交配前的行为，如母猪发情时外阴红肿、在行为方面表现神经过敏、出现呆立反应等；公猪发出有节奏、连续的、柔和的喉音哼声——求偶歌声。有些母猪因为体内激素分泌失调，表现出性行为亢进或衰退(不发情或发情不明显)。有些公猪出现性欲低下或发生自淫。群养公猪常会造成稳固的同性性行为，群内地位较低的个体往往成为被爬跨的对象。在生产实际中，经常用公猪对发情症状不十分明显，特别是对没有呆立反应但会接受公猪爬跨的母猪进行试情，确保情期内配种；另外还会用公猪来诱情，方法是将不发情的母猪赶入成年公猪舍，让其与公猪直接接触，每次2～10min，每天上、下午各一次，一般持续2～3d母猪即发情。

(4)母性行为及其利用

母性行为包括母猪的絮窝、分娩、哺乳及抚育仔猪等一系列行为活动。

母猪临近分娩时，通常有衔草絮窝的表现，如果栏内是水泥地面而无垫草，只好用蹄子扒地来表示。分娩前24h，母猪表现神情不安，有频频排尿、磨牙、摇尾、拱地、时起时卧，不断改变姿势。分娩时多采用侧卧，选择最安静时间分娩，一般多在16：00以后，多见于夜间产仔。

母猪分娩后，母仔双方都能主动引起哺乳行为。母猪以四肢伸直，充分暴露乳房的姿势躺卧，并发出类似饥饿时的呼唤声，召集仔猪前来哺乳，一次哺乳期间不转身；仔猪以它的召唤声和持续拱搂母猪乳房来发动哺乳。

母猪非常注意保护自己的仔猪，在行走、躺卧时十分谨慎，不踩伤、压伤仔猪。当母猪躺卧时，选择靠栏三角地不断用嘴将其仔猪排出卧位慢慢地依栏躺下，以防压住仔猪。一旦遇到仔猪被压，只要听到仔猪的尖叫声，马上站起，防压动作再重复一遍，直到不压住仔猪为止。带仔母猪对外来入侵者有攻击行为，饲养人员捉拿仔猪应小心提防。

(5)群体行为及其利用

猪的群体行为是指猪群群居个体之间发生的各种交互作用，即相互认识、联系、竞争及合作等现象。猪有较强的合群性，但也有竞争习性，大欺小、强欺弱和欺生的好斗特性，猪群越大，这种现象越明显。

每一猪群均有明显的等级，它使某些个体通过斗争在群内占有较高的地位，在采食、休息占地和交配等方面得以优先。猪群等级最初形成时，以攻击行为最为多见，等级顺位的建立，是受构成这个群体的品种、体重、性别、年龄和气质等因素的影响。一般体重大的、气质强的猪占优位，年龄大的比年龄小的占优位，公比母、未去势的猪比去势的猪占优位。一个稳定的猪群，个体之间和睦相处，相安无事，猪的增重快。当重新组群时，又必须按优势序列原则，通过争斗决定个体在群内的位次，重新组成新的社群结构。当猪群存在密度过大、个体体重差异悬殊等情况时，其争斗激烈，往往造成猪的伤亡。生产中，要控制猪群的饲养密度，并根据猪的品种、类别、性别、性情等进行分群饲养，防止以大欺小、以强欺弱。

(6)争斗行为及其利用

争斗行为是动物个体间在发生冲突时的反应，包括进攻防御、躲避和守势的活动。猪的争斗，双方多用头颈，以肩抵肩，以牙还牙，或抬高头部去咬对方的颈和耳朵。在生产中能见到的争斗行为一般是为争夺饲料和争夺地盘所引起，新合群的猪群，主要是争夺群居位次，争夺饲料并非为主。只有当群居构成形成后，才会更多地发生争食和争地盘的格斗。当一头陌生的猪进入一群中，这头猪便成为全群猪攻击的对象，攻击往往是猛烈的，轻者伤皮肉，重者造成死亡。母猪之间的争斗，只是互相咬，而无激烈的对抗。陌生公猪间的争斗则是激烈的，发出低沉的吼叫声，并突然用嘴撕咬，最后屈服的猪号叫着逃离争斗现场。猪的争斗行为多受饲养密度的影响，当猪群密度过大，每猪所占空间下降时，群内咬斗次数和强度增加，从而影响采食量和增重。这种争斗形式一是咬对方的头部，二是在舍饲猪群中咬尾争斗。因此，在饲养实践中，应注意合理的饲养密度、合理分群并群、同窝育肥、仔猪剪牙和断尾、种公猪独圈饲养等技术和方式的使用，避免争斗行为的发生，造成猪生长发育不整齐。在组群时，可施用镇静剂和能掩盖气味的气雾剂，以减少混群时的对抗和攻击行为。

(7)探究行为及其利用

探究行为包括探查活动和体验行为。猪的一般活动大部来源于探究行为，通过看、听、嗅、啃、拱等感官进行探究，有时是针对具体的事物或环境，如在寻求食物、栖息场所等，有时探究并不针对某一种目的，而只是动物表现的一种反应，如动物遇到新事物、新环境时所表现出“好奇”反应。探究行为在仔猪中表现明显，仔猪出生后 2min 左右即能站立，开始搜寻母猪的乳头，用鼻子拱掘是探查的主要方法。仔猪的探究行为的另一明显特点是，用鼻拱、口咬周围环境中所有新的东西。猪在觅食时，首先是拱掘动作，先是用鼻闻、拱、舐、啃，当诱食料合乎口味时，便开口采食。猪在猪栏内能明显地区划睡床、采食、排泄不同地带，这是用嗅觉区分不同气味探究而形成的。在养猪生产中也广泛应用探究行为，如小公猪采精调教、乳猪教槽等。

(8)活动与睡眠及其利用

猪的行为有明显的昼夜节律，活动大部在白昼，休息高峰在半夜，清晨 8：00 左右休息最少。但在温暖季节或炎热夏季，夜间也有活动和采食。

猪昼夜活动也因年龄及生产特性不同而有差异，仔猪昼夜休息时间平均 60%～70%，种猪 70%，母猪 80%～85%，肥猪为 70%～85%。生后 3d 内的仔猪，除采食和排泄外，其余时间全部睡眠。哺乳母猪睡卧时间表现出随哺乳天数的增加睡卧时间逐渐减少，走动次数由少到多，时间由短到长，这是哺乳母猪特有的行为表现。成猪的睡眠有静卧和熟睡两种，静卧姿势多为侧卧，虽闭眼但易惊醒；熟睡则全为侧卧，呼吸深长，有鼾声且常有皮毛抖动，不易惊醒。仔猪、生长猪的睡卧多为集堆共眠。在生产中，猪的静卧或睡眠姿势可作为观察健康状况的标志。

(9)后效行为及其利用

后效行为是猪生后对新鲜事物的熟悉而逐渐建立起来的。猪对吃、喝的记忆力强，对饲喂的有关工具、食槽、饮水槽及其方位等最易建立起条件反射。如小猪在人工哺乳时，每天定时饲喂，只要按时给以笛声或铃声或饲喂用具的敲打声，训练几次，即可听从信号指挥，到指定地点吃食。

(10)异常行为及其预防

异常行为是指超出正常范围的行为，它的产生多与动物所处环境中的有害刺激有关，如长期圈禁的猪会做衔咬圈栏、自动饮水器等一些没有效益的行动，在拥挤的圈养条件、营养缺乏或无聊的环境中常发生咬尾行为，神经质的母猪会出现食仔行为等。异常行为会给生产带来极为不利的影响。对异常行为的矫正和治疗，药物往往不能奏效，而需要找出导致发生这一情况的行为学原因，以便采取相应对策。

任务三　猪的品种

一、猪的经济类型

猪按经济类型可分为瘦肉型、脂肪型和肉脂兼用型 3 种(表 1-1)。

(1)脂肪型

脂肪型又称脂用型，这类猪的胴体脂肪多，瘦肉少。外形特点是体躯宽、深而短，全身肥满。头、颈较重，四肢短，体长与胸围相等或相差 2～3cm。胴体瘦肉率 45%以下。我国的绝大多数地区品种属于脂肪型。

表 1-1 猪种经济类型划分比较

比较项目		瘦肉型	脂肪型	兼用型
体形外貌	体型	流线型、中躯长、腿臀发达，肌肉丰满	方砖型、中躯呈正方形，体驱宽、短、矮、肥	介于前二者之间
	头颈部	轻而肉少	重而肉多	
	四肢	高、四肢间距宽	矮、四肢间距窄	
	体长与胸围之差	大于 15cm	相等或不超过 2cm	
胴体特征	瘦肉率	高于 55%	低于 45%	45%～55%
	背膘	薄、小于 3.5cm	厚、多于 4.5cm	3.5～4.5cm
饲料利用特点		转化瘦肉率高	转化脂肪率高	
代表品种		长白、大约克夏猪、三江白猪、湖北白猪	槐猪、赣州白猪、两广小花猪、海南猪	上海白猪、新金猪

(2)瘦肉型

瘦肉型又称肉用型，这类猪的胴体瘦肉多，脂肪少。外形特点与脂肪相反，头颈较轻，体躯长，四肢高，前后肢间距宽，腿臀发达，肌肉丰满，胸腹肉发达。体长比胸围长 15cm 以上。外国引进的长白猪、大约克夏猪、杜洛克猪、汉普夏猪，以及我国培育的三江白猪和湖北白猪均属这个类型。

(3)兼用型

这类猪的外形特点，介于瘦肉型和脂肪型之间，胴体中瘦肉和脂肪的比例是瘦肉稍多于脂肪，胴体中瘦肉率在 45%～55%。我国培育的大多数猪种属于兼用型猪种。

这种分类方法在实践中有不足之处，因同一品种的猪在外形体上会有一定差异。在育肥时，营养水平、饲养方式都可造成胴体脂肪含量的差异，况且在肉用型与瘦肉型之间亦难区分。随时代发展，脂肪型猪逐渐消失，这种分类法也终将不再使用。

二、中国地方品种

1. 概述

我国幅员辽阔，自然生态环境复杂多样，社会经济条件差异很大。几千年来，在这些复杂多样的生态环境和社会经济条件作用下，经中国劳动人民的精心选育，逐渐形成了丰富多彩的地方猪种资源。根据 2004 年 1 月出版的《中国畜禽遗传资源状况》介绍，我国已认定的 596 个畜禽品种中，猪种 99 个(地方品种 72 个、培育品种 19 个和引入品种 8 个)，加上 2004 年以来审定的新品种和配套系 6 个，共 105 个猪种，是世界猪种资源宝库中的重要组成部分。这些地方猪种具有繁殖力高、抗逆性强、肉质好、对周围环境高度适应等优良种质特性，是我们祖先留下的一笔极其宝贵的财富，它们不仅对中国，而且对世界养猪业的发展做出了重要的贡献，是中国养猪业可持续发展的基石和保障。

2. 猪种类型的划分及其特点

中国地方猪种按其体型外貌特征和生产性能，结合其起源、地理分布和饲养管理特点、当地的农业生产情况、自然条件和移民等社会因素，大致可分为下列 6 种类型。

(1)**华北型**(5个)

主要分布在秦岭、淮河以北地区，包括东北、华北、内蒙古、甘肃、新疆、宁夏，以及陕西、湖北、安徽、江苏四省的北部地区和山东、四川、青海小部分地区。这一区域内一般气候较寒冷、干燥饲养粗放，因而使猪的体质健壮、体躯高大、四肢粗壮、背腰狭窄、额间多皱纹，为适应严寒的自然条件，皮厚多皱、毛粗密、鬃毛发达、毛色多为金黑，繁殖力强(12头/窝以上)，生长增量较慢(12个月达100kg左右)。猪种主要包括民猪(东北)、黄淮海黑猪(河北等)、汉江黑猪(陕西)、沂蒙黑猪(山东)、八眉猪(甘肃)等。

(2)**华南型**(9个)

主要分布在南岭与珠江流域以南，包括云南的西南和南部边缘，广西、广东偏南的大部分地区及福建的东南和台湾。这一区域位于亚热带，雨水充足，饲料丰富且多以青绿多汁饲料和富含糖分的精料喂猪，从而形成这类猪体躯较短、矮、宽圆、皮薄毛稀、鬃毛较少、毛色多为黑色或黑白花、体质疏松腹下垂、背腰宽阔而多下凹，繁殖力低(6～12头/窝)，性成熟和体成熟较早。猪种主要包括香猪(云贵高原)、隆林猪(广西)、桃园猪(台湾)、五指山猪(海南)、粤东黑猪(广东)等。

(3)**华中型**(19个)

主要分布在长江和珠江之间，这一地区属亚热带气候、温暖、雨量充足、自然条件较好，以水稻种植为主，其他精料和多汁饲料与华南地区相比较少，但也很丰富，精料中富含蛋白质的饲料较多，更有利于猪的生长发育。华中型猪与华南型猪在体型和生产性能上较相似，体质疏松，背较宽且多下凹、四肢短、腹大下垂、体躯较华南型大，毛稀且多为黑白花，一般产仔10～13头/窝，生长较快、肉质较好。猪种主要包括金华猪(浙江)、大花白猪(广东)、宁乡猪(湖南)、皖南花猪(安徽)等。

(4)**江海型**(7个)

主要分布在淮河与长江之间，包括汉水、长江中下游和沿海平原地区，以及秦岭和大巴山之间的汉中盆地。这一区域，因交通发达、农业丰产、饲料品种丰富且饲喂方法多为舍饲，使得这一地区猪种复杂，从体型外貌，生产性能上处于华北、华中过渡型而差异较大，毛色为黑色或有少量白斑，以繁殖力高而著称，经产母猪产仔数在13头以上，育肥猪12个月可达100kg体重。猪种主要包括太湖猪(上海等)、姜曲海猪(江苏)、虹桥猪(浙江)、阳新猪(湖北)、圩猪(安徽)等。

(5)**西南型**(7个)

主要分布在云贵高原和四川盆地、这一区域气候温和、农业生产发达，是水稻、麦、玉米、豆类的主要产区，猪外形特点是头大、腿较粗短、毛以金黑和“六白”较多，少数为黑白花或红毛猪，产仔数一般8～10头/窝。猪种主要包括内江猪、荣昌猪、乌金猪(我国唯一的红毛猪)等。

(6)**高原型**(1个)

分布在青藏高原，适应高寒气候，饲料缺乏的饲养条件下，终年放牧饲养，体形较小，体质紧凑，四肢发达，嘴尖长而直，皮厚毛长，鬃毛发达，且生有绒毛，产仔数多为5～6头/窝，生长慢，10个月可达25kg。主要猪种为藏猪。

以上的分类方法便于说明中国地方猪种形成原因，对中国地方猪种的分类比较确切，为我国猪种规划与改良提供了一定的基础。

3. 中国地方猪种的种质特性

与国外猪种相比中国地方猪种具有许多独特的种质特性，主要体现在以下几个方面：

(1)繁殖力高

中国地方猪种性成熟早。嘉兴黑猪、二花脸猪、姜曲海猪、内江猪、成华猪、大花白猪、东北民猪、金华猪、大围子猪 9 个品种，母猪初情期平均日龄 94.46 日龄(最早的姜曲海猪为 36 日龄)，平均体重 22.73kg；性成熟日龄平均为 129.52 日龄，其中姜曲海猪为 76.67 日龄；而外国猪种长白猪和杜洛克母猪的初情期分别为 173 日龄和 224 日龄。公猪精液中首次出现精子的年龄也远比外国猪种早，如大花白猪为 62 日龄，二花脸猪仅为 60～75 日龄，而大约克夏猪为 120 日龄；配种年龄，中国猪种大部分为 120 日龄，外国猪种在 210 日龄以上。中国地方猪种的排卵数，上述 9 个品种平均初产为 15.44 个，经产为 20.75 个，都较外国品种高。中国地方猪种产仔数多，上述 9 个品种平均初产 10.38 头，经产 14.24 头。世界最高产的太湖猪，初产 13.48 头，经产 16.65 头，母猪乳头 8～9 对。外国繁殖力高的品种长白猪、大约克夏猪产仔为 10～11 头，乳头多为 6～7 对。产仔数为低遗传力性状，本品种选育基本无效，因此英、美、法、日等养猪技术先进国家，都竞相引进我国太湖猪和民猪与本国品种杂交，以期利用我国猪种的高产基因。

中国地方猪种与外国猪种比较，还具备发情明显，受胎率高，产后疾患少，泌乳量高，母性好(不压仔)，仔猪育成率高等优良特性。

(2)肉质好

中国地方猪种虽然脂肪多，瘦肉少，但是肉质显著优于外国猪种。国外一些高度培育的瘦肉型品种和品系，虽然具有生长快、饲料转化率高和瘦肉产量高的优点，但肉质不佳，劣质肉(PSE 肉，即肉色苍白、质地松软、切面渗水)发生率很高，给养猪生产造成了巨大的经济损失，改良肉质已成为目前猪育种工作的重点。而中国地方猪种肉质优良，肌肉嫩而多汁，肌纤维较细，密度较大，肌肉大理石纹分布适中，肌纤维间充满脂肪颗粒，烹调时产生特殊的香味。这一特性将成为我国猪肉竞争国际市场的优势条件之一。

(3)抗逆性强

抗逆性是指机体对不良环境的调节适应能力，包括气温、湿度、海拔以及粗放饲养管理、饥饿及疾病侵袭等各个方面。中国地方猪种在长期的自然选择和人工选择的品种演变过程中，形成了对外界不良环境条件的良好适应能力。在极端不良的气候环境和饲养条件下，民猪、姜曲海猪、内江猪、二花脸猪、大花白猪、金华猪、大围子猪和河套大耳猪比哈白猪、长白猪具有较强的抗逆性，主要表现在：抗寒、耐热性能好、耐粗饲、耐饥饿(对低营养的耐受力强)、能适应高海拔生活环境。

(4)生长缓慢、 饲料转化率低

中国地方种猪的另一个特点是生长速度较慢，育肥期平均日增重大多在 300～600g，大大低于国外品种。饲料利用率低，即使在全价饲料条件下，该指标同样低于国外培育品种。

(5)贮脂力强、 瘦肉率低

由于长期以来我国劳动人民习惯于采用阶段育肥法，在育肥前期往往营养水平较低，后期则不断提高，腹腔内脂肪沉积能力极强，形成了中国猪种易肥、胴体瘦肉率低的特性，这是导致饲料转化率低的原因之一。

(6)矮小特性

我国贵州和广西的香猪、海南的五指山猪、云南的版纳微型猪以及台湾的小耳猪，是我国特有的微型猪种资源。成年体高在35～45cm，体重只有40kg左右，具有性成熟早、体型小、耐粗饲、易饲养和肉质好等特性，是理想的医学实验动物模型，也是烤乳猪的最佳原料，具有广阔的开发利用前景。

4. 优良地方品种举例

(1)太湖猪

①产地和分布：太湖猪主要分布于长江下游，江苏、浙江和上海市交界的太湖流域。我国的许多省(直辖市)有引进，并输出到阿尔巴尼亚、法国、泰国及匈牙利等国。按照体型外貌和性能上的差异，太湖猪可以划分成几个地方类群，即二花脸(图1-1、图1-2)、梅山(图1-3、图1-4)、枫泾、嘉兴黑、横泾、米猪和沙乌头等。

图1-1　二花脸(公)

图1-2　二花脸(母)

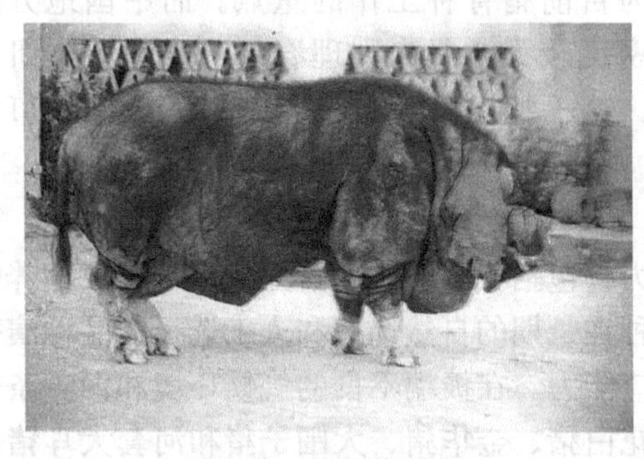

图1-3　梅山猪(公)

图1-4　梅山猪(母)

②品种特征：太湖猪的体型中等，各个类群之间有差异。梅山猪较大，骨骼粗壮；米猪的骨骼比较细致；二花脸猪、枫泾猪、横泾猪和嘉兴黑猪介于梅山猪和米猪之间；沙乌头猪体质比较紧凑。太湖猪的头大，额宽，额部皱褶多、深；耳大，软而下垂，耳尖和口整齐甚至超过口裂，扇形。全身被毛为黑色或青灰色，毛稀疏，毛丛密但间距大。腹部的皮肤多为紫红色，也有鼻端白色或尾尖白色的，梅山猪的四肢末端为白色。乳头8～9对。

③生产性能：繁殖率高，3月龄即可达性成熟，产仔数平均16头，泌乳力强、哺育率高。生长速度较慢，6～9月龄体重65～90kg，屠宰率65%～70%，瘦肉率40%～45%。

④利用：太湖猪是当今世界上繁殖力、产仔力最高的品种，其分布广泛，品种内结构丰富，遗传基础多，肉质好，是一个不可多得的品种。和长白猪、大白猪、苏联白猪进行杂交，其杂种一代的日增重、胴体瘦肉率、饲料转化率、仔猪初生重均有较大的提高，在产仔数上略有下降。在太湖猪内部各个种群之间进行交配也可以产生一定的杂交优势。

(2)民猪

①产地和分布：民猪产于东北和华北的部分地区(图1-5、图1-6)。主要分布在河北的唐山、承德地区，辽宁的建昌、海城、复县和朝阳等地，吉林的桦甸、九站、通化，黑龙江的绥滨、北安、双城以及内蒙古的部分地区饲养量较大。

②品种特征：民猪颜面直长，头中等大小，耳大下垂。额部窄，有纵行的皱褶。体躯扁平，背腰狭窄，腿臀部位欠丰满。四肢粗壮，全身黑色被毛，毛密而长，鬃毛较多，冬季有绒毛丛生。乳头7～8对。

③生产性能：产仔数平均为13.5头，10月龄体重136kg，屠宰率72%，体重90kg屠宰时瘦肉率为46%。成年体重：公猪200kg，母猪148kg.

④利用：民猪具有抗寒力强、体质强健、产仔数多、脂肪沉积能力强和肉质如的特点，适于放牧和较粗放的饲养管理，与其他品种精进行二品种和三品种杂交后代在繁殖和肥育等性能上均表现出显著的杂种优势。以民猪为基础培育成的哈白猪、新金猪、三江白猪和天津白猪均能保留民猪的优点。民猪的缺点是脂肪率高，皮较厚，后腿肌肉不发达，增重较慢。

图1-5　民猪(公)

图1-6　民猪(母)

(3)金华猪

①产地和分布：金华猪原产于浙江金华地区的东阳、义乌和金华等地，主要分布于东阳、浦江、义乌、金华、永康及武义等县。我国的许多省(直辖市)有引进(图1-7、图1-8)。

②品种特征：金华猪的体型中等偏小。耳中等大小，下垂。额部有皱褶。颈短粗。背腰微凹，腹大微下垂。四肢细短，蹄呈玉色，蹄质结实。毛色为体躯中间白、两端黑的“两头乌”特征。乳头8对以上。

③生产性能：公母猪一般5月龄左右配种，产仔数平均为13～14头，8～9月龄肉猪体重为65～75kg，屠宰率72%，10月龄瘦肉率43.46%。

④利用：金华猪是一个优良的地方品种。其性成熟早，繁殖力高，皮薄骨细，肉质优良，适宜腌制火腿。可作为杂交亲本。金华猪的缺点是肉猪后期生长慢，饲料转化率较低。

图 1-7　金华猪(公)

图 1-8　金华猪(母)

(4)宁乡猪

①产地和分布：产于湖南宁乡县的草冲和流沙河一带，原名草冲猪或流沙猪，由于其种群逐步扩大，散布全县，故名宁乡猪(图 1-9、图 1-10)。主要分布于与宁乡县毗邻的益阳、连源、湘乡等县以及怀化、邵阳。

②品种特征：宁乡猪体型中等，毛色黑白花，分为“乌云盖雪”“大黑花”“小散花”。头中等大，耳较小下垂，薄毛稀，背凹腰宽，腹大下垂，臀较斜，四肢较短，多卧系。皮薄毛稀，乳头 7～8 对。

③生产性能：经产母猪平均产仔 10.12 头，体重 29～96kg 育肥期平均日增重 587g，90kg 屠宰时屠宰率为 74%，胴体瘦肉率为 34.72%。

④利用：具有早熟易肥，生长较快，肉味鲜美，性情温顺及耐粗饲等特点。与北方猪和国外引入瘦肉型猪种杂交，效果明显。

图 1-9　宁乡猪(公)

图 1-10　宁乡猪(母)

(5)两广小花猪

①产地和分布：原产于陆川、玉林、合浦、高州、化州、关川、郁南等地，是陆川猪、福建猪、公馆猪和两广小耳花猪归并，1982 年起统称两广小花猪(图 1-11、图 1-12)。

②品种特征：体型较小，具有头短、耳短、身短、脚短、尾短的特点，故有“天短猪”之称。毛色为黑白花，除头，耳，背腰、臀为黑色外，其余均为白色，耳小向外平伸，背腰凹，腹大下垂。

③生产性能：性成熟早，平均每胎产仔 12.48 头；成年公猪平均体重 130.96kg，成年母猪平均体重 112.12kg；75kg 屠宰时屠宰率为 67.59%～70.14%，胴体瘦肉率为

37.2%。肥育期平均日增重为 328g。

④利用：两广小花猪具有皮薄、肉质嫩美的优点。用国外瘦肉型猪作父本与两广小花母猪杂交，杂种猪在日增重和饲料转化率等方面有一定的杂种优势，尤其是与长白猪、大白猪的配合力较好。两广小花猪的缺点是生长速度较慢，饲料转化率较低，体型也比较小。

图 1-11　两广小花猪(公)

图 1-12　两广小花猪(母)

(6)荣昌猪

①产地和分布：产于重庆荣昌县和四川隆昌县等地区。

②品种特征：是我国唯一的全白地方猪种(除眼圈为黑色或头部大小不等的黑斑外)。体型较大，面部微凹，耳中等稍下垂，体躯较长，背较平，腹大而深(图 1-13、图 1-14)。鬃毛洁白刚韧，乳头 6～7 对。

③生产性能：平均每胎产仔 11.7 头；成年公猪平均体重 158.0kg。成年母精重平均体重 144.2kg；在较好的饲养条件下不限量饲养肥育期平均日增重为 623g。中等饲养条件下制，肥于期平均日增重为 455g。87kg 体重屠宰时屠宰率为 69%，胴体瘦肉率为 42%～46%.

④利用：荣昌猪有适应性强、瘦肉率较高、杂交配合力好和鬃质优良等特点。用国外瘦肉型猪作父本与荣昌猪母猪杂交，有一定的杂种优势，尤其是与长白猪的配合力较好。另外，以荣昌猪作父本，其杂交效果也较明显。

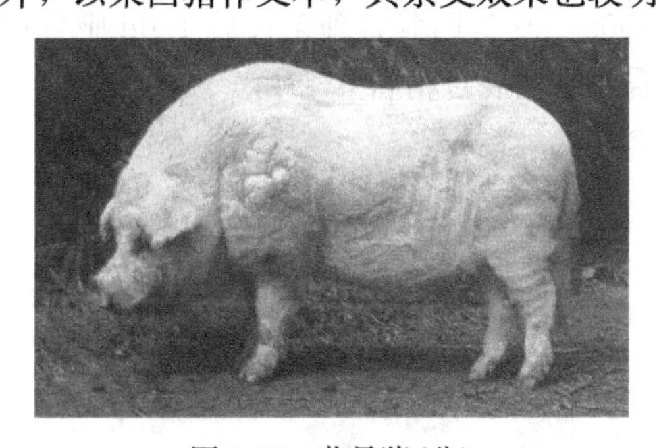

图 1-13　荣昌猪(公)

图 1-14　荣昌猪(母)

(7)香猪

①产地和分布：主要产于贵州从江的宰更、加鸠两区，三江县都江区的巫不，广西环江县的东兴等地，主要分布于黔、桂交界的榕江、荔波及融水等县。

②品种特征：香猪体躯矮小。头较直，耳小而薄，略向两侧平伸或稍向下垂。背腰宽而微凹，腹大丰圆而触地，后躯较丰满，四肢细短，后肢多为卧系。皮薄肉细。被毛多为全身

黑色，也有白色，“六白”，不完全“六白”或两头乌的颜色(图 1-15、图 1-16)。乳头 5~6 对。

③生产性能：性成熟早，一般 3~4 月龄性成熟。产仔数少，平均 5~6 头。成年母猪一般体重 40kg 左右，成年公猪体重一般在 45kg 左右。香猪早熟易肥，宜于早期屠宰。屠宰率 65%，瘦肉率 47%。

④利用：香猪的体型小，经济早熟，胴体瘦肉率较高，肉嫩味鲜，可以早期宰食，也可加工利用，尤其适于做烤乳猪。香猪还适宜于用作实验动物。

图 1-15　香猪(公)

图 1-16　香猪(母)

(8)藏猪

①产地与分布：产于我国西藏、四川西部以及云南西北部的广大地区以及分布于西藏山南、林芝、昌都等地的藏猪类群，是世界上少有的高原型猪种。

②外形特征：全身被毛黑色，幼年有黄色纵条条纹，随年龄增长而逐渐消失(图 1-17、图 1-18)。嘴筒长，直尖，呈锥形。耳小直立；背腰一般较平直，腹部紧凑；前躯低后躯高、体躯较短，胯部倾斜；四肢健壮，蹄质坚实；无卧系现象；乳头数一般为 5~6 对。

③繁殖性能：藏猪在放牧条件下，初产母猪产仔数窝平均为(4.66±1.64)头，第 2 胎窝平均为(6.37±1.64)头，3 胎以上窝平均为(7.05±1.83)头，公猪性成熟较早，2 月龄即出现爬跨现象。

④肥育性能：一般 2~3 周岁体重仅为 40~50g；改变饲养管理条件后 180d 肥育后体重可达 22.36kg，日增重达 124g，每增重 1kg 需要消耗混合精料 6.77kg。

图 1-17　藏猪(公)

图 1-18　藏猪(母)

三、中国培育品种

1949 年以来，我国共育成培育品种(系)40 多个，这些培育品种(系)的育成是我国养猪业的重大成就。我国培育猪品种(系)是在地方猪种与外来猪种的杂交基础上形成的，其形成过程，大体上可以归纳为3种方式：一种是利用原有血统混杂的杂种猪群，整理选育而成。这类新品种(系)在选育前已经受到外来品种的影响。另一种是以原有杂种群为基础，再用一个或两个外国品种杂交后自群繁育。第三种方式是按照事先拟订的育种计划和方案，有计划地进行杂交、横交和自群繁育。培育品种(系)既保留了我国地方猪种的优良特性，又具有外国种猪生长快、耗料少、胴体瘦肉率较高的特点。与地方品种相比培育品种(系)体尺、体重增加，背腰平阔，大腿丰满，很大程度上改良了我国地方猪种体型外貌的缺点。新类型猪繁殖性能保持了地方品种的多产性(经产母猪产仔数11～12头)，同时生长育肥性能、屠宰性能大幅度提高，育肥期平均日增重600g左右，胴体瘦肉率53%以上。

我国培育的著名品种主要有三江白猪、湖北白猪、浙江中白猪、湘白Ⅰ系、上海白猪、北京黑猪、南昌白猪、哈白猪、汉中猪、新淮猪、山西黑猪、甘肃白猪、广西白猪、北京花猪、里岔黑猪、苏太猪。这些培育品种做母本，与杜洛克猪、汉普夏猪、长白猪、皮特兰猪杂交具有很好的配合力，杂种优势显著，日增重可达650g左右，饲料转化率3.5以下，瘦肉率60%左右，肉质良好。

(1)哈尔滨白猪

哈尔滨白猪简称哈白猪，产于黑龙江省南部和中部，以哈尔滨市及周围各县较为集中。哈尔滨白猪是当地猪种同约克夏猪、巴克夏猪和俄罗斯不同地区的杂种猪进行无计划的杂交，形成了适应当地条件的白色类群。自1953年以来，通过系统选育，扩大核心群，加速繁殖与推广，1975年被认定为新品种。

哈白猪具有较强的抗寒和耐粗饲能力，育肥期生长快、耗料少，母猪产仔多且哺乳性能好等特点。

(2)上海白猪

上海白猪的中心产区位于上海市近郊的闵行区和宝山区。1963年前很长一个时期，上海市及近郊已形成相当数量的白色杂种猪群，这些杂种猪具有本地猪和中约克夏猪、苏白猪、德国白猪等血统。1965年以后，广泛开展育种工作。1979年被认定为一个新品种。

上海白猪体型中等，全身被毛白色，属肉脂兼用型猪，具有产仔较多、生长快、屠宰率和瘦肉率较高，特别是猪皮优质，适应性强，既能耐寒又能耐热等特性。

(3)湖北白猪

湖北白猪主产于湖北武汉地区。1973—1978年展开大规模杂交组合实验，确定以通城猪、荣昌猪、长白猪和大约克夏猪作为杂交亲本，并以“大约克夏猪×(长白猪×本地猪)”组合组建基础群，1986年育成的瘦肉型猪新品种。

湖北白猪体型较大，被毛白色，能很好适应长江中下游地区夏季高温和冬季湿冷的气候条件，并能较好地利用青粗饲料，兼有地方品种猪耐粗饲特性，并且在繁殖性状、肉质性状等方面均超过国外著名的母本品种。

(4)三江白猪

三江白猪主产于黑龙江东部合江地区。以长白猪和民猪为亲本，进行正反杂交，再用长白猪回交，经6个世代定向选育10余年培育成的瘦肉型猪新品种，于1983年通过鉴定，正式命名为三江白猪。三江白猪全身被毛白色，具有很强的适应性，不仅抗寒，而且对高温高湿的亚热带气候也有较强的适应能力。在农场生产条件下，表现出生产快、耗料少、瘦肉率高、肉质良好、繁殖力较高等优点。

(5)北京黑猪

北京黑猪中心产区为北京市国营北郊农场和双桥农村。基础群来源于由华北型本地黑猪与巴克夏猪、中约克夏猪、苏白猪等国外优良猪种进行杂交，产生的毛色、外貌和生产性能颇不一致的杂种猪群。1960年以来，选择优秀的黑猪组成基础猪群，通过长期选育，于1982年通过鉴定，确定为肉脂兼用型新品种。

北京黑猪被毛全黑，具有肉质优良、适应性强等特性，是北京地区的当家品种，与国外瘦肉型良种长白猪、大约克夏猪杂交，均有较好的配合力。

(6)南昌白猪

南昌白猪中心产区是江西南昌市及其近郊。1987—1997年通过滨湖黑猪、大约克夏猪等品种杂交培育而成的，并经国家畜禽品种审定委员会通过。

南昌白猪毛色全白，背长而平直，后躯丰满，四肢结实，具有适应性强，肌内脂肪丰富、肉质优良等特性。

(7)湘村黑猪

湘村黑猪原名湖南黑猪，是以湖南地方品种桃源黑猪为母本，引进品种杜洛克猪为父本，经杂交合成和群体继代选育而培育的国家级新品种。湘村黑猪于2012年7月通过国家畜禽品种审定委员会审定，是湖南省目前唯一通过国家品种审定的具有自主知识产权的畜禽新品种，现已跻身全国五大生猪品牌。

湘村黑猪属瘦肉型新品系母系猪，具有体质健壮、抗逆性强、产仔多、母性好、哺育能力强、生长发育快、饲料利用率高、胴体瘦肉率高、肉质品质优良等特性，是生产优质商品瘦肉猪的好猪种。

湘村黑猪被毛黑色(允许肢、鼻和尾端有少许杂毛)，体质紧凑结实，背腰平直，胸宽深，腿臀较丰满，头大小适中，面微凹，耳中等稍竖立前倾，四肢粗壮，蹄质结实，乳头细长，排列匀称，有效乳头12枚以上。

湘村黑猪平均窝产仔活数11.4头，育成仔猪数10.9头；日增重690.60g，料重比3.34，达90kg体重日龄175.8d；屠宰率74.62%，平均背膘厚29.21mm，眼肌面积30.25cm^2，胴体瘦肉率58.76%，系水力(压力法)90.38%，滴水损失(48h)2.44%，肌内脂肪3.79%。湘村黑猪肉色鲜红，肌肉纤维纤细，纹理间脂肪分布丰富均匀，肌内脂肪含量4.20%，肉质柔韧、浓香诱人、滑嫩多汁，具有原生态自然香醇的口感。

四、国外引入品种

19世纪末期以来，我国从国外引入的猪种有十多个，其中对我国猪种改良影响较大的有中约克夏猪、巴克夏猪、大约克夏猪、苏白猪、克米洛夫猪、长白猪等；20世纪80年代，又引进了杜洛克猪、汉普夏猪和皮特兰猪。目前，在我国影响大的瘦肉型猪种有大约克夏猪、长白猪、杜洛克猪、皮特兰猪及PIC配套系猪、斯格配套系猪。

1. 国外引入品种的种质特性

(1)生长速度快，饲料报酬高

成年猪体型大，体型均匀，背腰微弓，后躯丰满，呈长方形体型。成年猪体重300kg左右。生长育肥期平均日增重在700～800g以上，料重比2.8以下。

(2)屠宰率和胴体瘦肉率高

100kg体重屠宰时，屠宰率70%以上，胴体背膘厚18mm以下，眼肌面积$33cm^2$以上，腿臀比例30%以上，胴体瘦肉率62%以上。

(3)肉质较差

肉色、肌内脂肪含量和风味都不及我国地方猪种，尤其是肌内脂肪含量在2%以下。出现PSE肉(肉色苍白、质地松软和渗水肉)和暗黑肉(DFD)的比例高，尤其皮特兰猪的PSE肉的发生率高。

(4)繁殖性能差

母猪通常发情不太明显，配种难，产仔数较少。长白猪和大约克夏猪经产仔数为11～12.5头，杜洛克猪、皮特兰猪和汉普夏猪一般不超过10头。

(5)对饲养管理要求较高

抗逆性较差，要求营养水平高，消耗饲料量较多。在较低的饲养水平下，生长发育缓慢。在比较粗放的饲养管理条件下，其生产性能反而还不及中国地方猪种。

2. 主要引入品种

(1)杜洛克猪

杜洛克猪原产于美国，毛色棕红，背呈弓形，蹄壳黑色(图1-19、图1-20)。该品种生长速度快，饲料利用率高，瘦肉率高，胴体质量好，适应性强，多作为终端父本利用。成年公猪体重340～450kg，成年母猪体重300～390kg，达100kg体重日龄165～175d，屠宰率72%以上，瘦肉率63%～65%。杜洛克猪性成熟较晚，母猪一般在6～7月龄开始发情，初产母猪产仔8～9头，产活仔数7.2头以上，初生窝重10kg以上，经产母猪产仔数10～11头，产活仔数9.8头以上，初生窝重13kg以上。其缺点是泌乳能力较差。

图1-19 杜洛克猪(公)

图1-20 杜洛克猪(母)

(2)大约克夏猪

大约克夏猪又名大白猪，原产英国约克郡，可作为第一母本或父本利用。体毛全白，面宽微凹，耳向前直立(图1-21、图1-22)。成年公猪体重250～300kg，成年母猪体重230～250kg，大约克夏猪体重90kg时屠宰，屠宰率71%～73%，瘦肉率62%～64%，肉质优良。该猪初产母猪产仔数9.5～10.5头，产活仔数8.5头以上，初生窝重10.5kg以上。经产母猪产仔数11.0～12.5头，产活仔数10.3头以上，初生窝重13kg以上。大约克夏猪具有生长速度快、产仔多、仔猪初生重大、饲料利用率高、胴体瘦肉率高、肉色好、适应性强的优点，但部分个体肢蹄不够结实，易发生蹄病，应加强饲养管理。

图1-21　大约克猪(公)

图1-22　大约克猪(母)

(3)长白猪

长白猪原名兰德瑞斯猪，原产丹麦，多作为第一父本或母本利用。长白猪体毛全白，颜面平直，耳向前倾耷，体躯较长(图1-23、图1-24)。该品种具有繁殖力较强、生长快、饲料利用率高、瘦肉率高等优点，但对饲料营养条件要求高，体质较弱，四肢细、抗逆性差、发情不明显，少数个体肉质较差等缺点。成年公猪体重达250～350kg，成年母猪体重达220～300kg，日增重750～800g，饲料利用率2.8%～3.0%，达100kg体重日龄165～180d，屠宰率72%～74%，瘦肉率63%～65%。初产母猪产仔数9～10头，产活仔数8.5头以上，初生窝重10.5kg以上。经产母猪产仔数11～12头，产活仔数10.3头以上，初生窝重13kg以上。用长白猪作父本与本地猪进行二元杂交或三元杂交可以提高生长速度和瘦肉率。

图1-23　长白猪(公)

图1-24　长白猪(母)

(4)汉普夏猪

汉普夏猪原产于美国肯塔基州布奥尼地区。汉普夏猪毛黑色，前肢白色，后肢黑色。

最大特点是在肩部和颈部接合处有一条白带围绕，包括肩胛部、前胸部和前肢，呈一白带环，在白色与黑色边缘，由黑皮白毛形成一灰色带，故又称银带猪(图 1-25、图 1-26)。头中等大小，耳中等大小而直立，嘴较长而直，体躯较长，背腰呈弓形，后躯臀部肌肉发达，性情活泼。汉普夏猪繁殖力不高，产仔数一般在 9～10 头左右，母性好，体质强健。生长性状很好，汉普夏公猪 30～100kg，育肥期平均日增重 845g，饲料转化率 2.53；农场大群测试，公猪平均日增重 781g，母猪平均日增重 731g。胴体性状很好，尤以胴体背膘薄、眼肌面积大、瘦肉率高而著称。肉质欠佳，肉色浅，系水力差，具有特殊的酸肉效应，即在屠宰后肌肉组织的最终 pH 值明显低于其他猪种。

图 1-25 汉普夏猪(公)

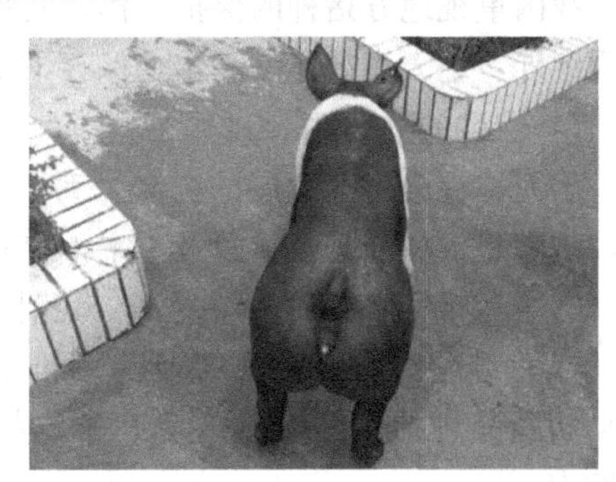

图 1-26 汉普夏猪(母)

(5)皮特兰猪

皮特兰猪原产于比利时的布拉邦特地区的皮特兰村。皮特兰猪体型中等，体躯呈方形。被毛灰白，夹有形状各异的大块黑色斑点，有的还夹有部分红毛。头较轻盈，耳中等大小，微向前倾，颈和四肢较短，肩部和臀部肌肉特别发达(图 1-27、图 1-28)。平均产仔数 10.2 头，断奶仔猪数 8.3 头。生长速度和饲料转化率一般，特别是 90kg 后生长速度显著减缓。胴体质量较好，突出表现在背膘薄、胴体瘦肉率很高。据法国资料报道，皮特兰猪背膘厚 7.8mm，90kg 体重胴体瘦肉率高达 70%左右。肉质欠佳，肌纤维较粗，氟烷阳性率高，易发生猪应激综合征(PSS)，产生 PSE 肉。因其胴体瘦肉率很高，能显著提高杂交后代的胴体瘦肉率，但繁殖性状欠佳，故在经济杂交中多用作终端父本。

图 1-27 皮特兰猪(公)

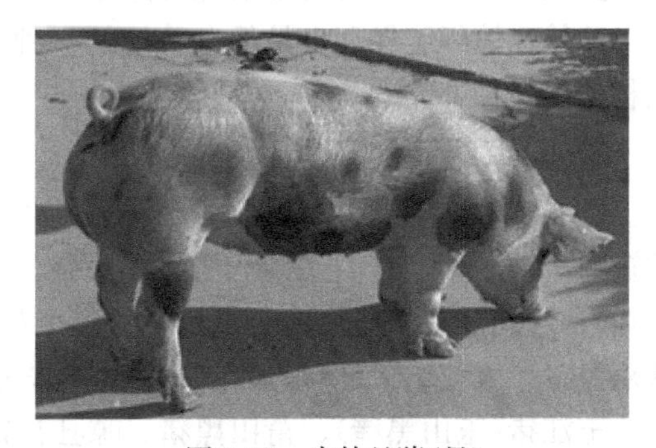

图 1-28 皮特兰猪(母)

※五、我国猪种资源的保护与利用

1. 我国猪种资源的保护

现代猪种的遗传改良集中在少数瘦肉型良种猪，世界各国都以很大的比例逐渐取代了地方猪种，占据了世界养猪生产的主导地位。对于发展中国家，虽有较丰富的猪种资源，由于盲目引进外来品种杂交和保种措施不当，造成地方猪种的退化和数量的锐减。世界性的猪种资源危机已成为严峻的现实。

我国重视地方猪种的保护工作，几乎每个地方猪种都设有保种场，因此除少数猪种濒临灭绝外，绝大多数还是基本上保存下来了。

(1)保种的重要性

①人类社会生存发展的需要：畜禽遗传资源是创造人类所需要的畜禽品种的基本素材，是满足人类社会现在以及未来生存和发展的基本素材，是国家的战略性资源。

②畜牧业可持续发展的需要：我国许多畜禽品种具有独特的遗传性状，如繁殖力高、成熟早、肉质风味独特及药用价值、特异抗病能力和抗逆性强，是培育高产、优质动物新品种的良好素材，有利于培植产业优势，提高我国畜产品在国际市场中的竞争能力。

(2)保种的基本方法

①活体原位保存：这种方法实用，可以在利用中动态地保存资源，弊端是需要设立专门的保种群体，维持成本很高，同时管理问题以及畜群会受到各种有害因素的侵袭，如疾病、近交等。

②配子或胚胎的超低温保存：目前还不能完全替代活畜保种，作为补充方式具有很大的实用价值。可以较长时期地保存大量基因，免除畜群对外界环境条件变化的适应性改变；样本收集和处理费用较低，冷冻保存的样本也便于长途运输。

③DNA 保存：DNA 基因组文库作为一种新方法，目前处于研究阶段，随着分子生物学和基因工程技术的完善，可以直接在 DNA 水平上保存一些特定的性状。通过对独特性能的基因或基因组定位，进行 DNA 序列分析，利用基因克隆，长期保存 DNA 文库，是一种安全、可靠、维持费用最低的保存方法。

此外，体细胞保存也是很有希望的一种方式。但这些方法各有利弊，需要共同使用，互相作为一种补充。

2. 国家级猪种资源保护品种

2006 年，农业部根据《畜牧法》的规定发布公告，确定以下 34 个地方猪种为国家级猪种资源保护品种，它们是：八眉猪、民猪、黄淮海黑猪(马身猪、淮猪、莱芜猪、河套大耳猪)、汉江黑猪、蓝塘猪、槐猪、两广小花猪(陆川猪)、香猪、五指山猪、滇南小耳猪、粤东黑猪、大花白猪(广东大花白猪)、金华猪、华中两头乌猪(通城猪)、清平猪、湘西黑猪、玉江猪(玉山黑猪)、莆田黑猪、嵊县花猪、宁乡猪、太湖猪(二花脸猪、梅山猪)、姜曲海猪、内江猪、荣昌猪、乌金猪(大河猪)、关岭猪、藏猪、里岔黑猪、浦东白猪、撒坝猪、大蒲莲猪、巴马香猪、河西猪、安庆六白猪。

3. 我国猪种资源的开发利用

(1)利用杂种优势

利用中国猪与西方现代猪种的显著差异，通过杂交，获得明显的互补效应和杂种优势。我国地方猪种普遍具有繁殖力高、肉质好、耐粗饲的优点；西方现代猪种则具有生长快、饲料转化能力强、瘦肉率高的优点。双方的优点又正好是对方的弱点，杂种大多兼具双方的优点，既有较高的繁殖力和良好的肉质，又生长较快、瘦肉率较高、适应性强，对饲养环境和繁殖技术要求较低，适合农村饲养。

(2)培育新品种(系)

以我国地方猪种的突出优点作为育种素材，培育新的品种和品系。太湖猪具有繁殖力高(高于西方猪80%)、肉质优良、耐粗放等优点，但它具有明显的弱点，即生长慢、瘦肉率低、精饲料转化能力差，缺乏市场竞争力。用它作为三元杂交的母本，效果是很好的，但经济上不合算。纯繁的公猪需求量不大，经济利用价值低，而且三元杂交不易组织。苏州市苏太猪育种中心，引入50%的杜洛克猪，经过10年的选育，育成了生长较快、瘦肉率较高、繁殖力高、肉质鲜美的新品种，命名为苏太猪。欧美各国也都引进太湖猪以提高现代猪种的繁殖力，效果也是明显的，一般都能提高产仔数1～3头，这是西方猪种上百年选种得不到的成绩。

(3)特殊基因资源的利用

利用我国地方猪种的矮小、肉质优良等特性，一是作为实验动物，二是开发名优特产品。香猪、五指山猪等小型猪种不仅是人类心血管疾病、消化代谢疾病、口腔疾病及胚胎遗传工程等方面理想的实验动物，而且是烤乳猪的最佳原料；金华猪、大河猪分别是金华火腿与宣威火腿的原料猪。

※六、杂种优势在养猪生产中的利用

1. 杂交和杂种优势的概念

杂交是指不同品种、品系或品群间的相互交配。杂种优势是指不同品种、品系或品群间杂交所产生的杂种后代，往往在生活力、生长势和生产性能等方面一定程度上优于其亲本纯繁群体，即杂种后代性状的平均表型值超过杂交亲本性状的平均表型值的现象。

2. 杂交亲本的选择

选择杂交亲本品种除了考虑经济类型(脂肪型、瘦肉型和兼用型)、血缘关系和地理位置外，还应考虑市场对商品猪的要求及经济成本。亲本品种包括母本和父本，对母本和父本的要求不同。

(1)母本品种的选择

应当选择对当地饲养条件有最大适应性和数量多的当地猪种或当地改良猪种作为母本品种。当地猪种或当地改良品种所要求的饲养条件容易符合或接近当地能够提供的饲养水平，充分发挥母本品种的遗传潜力。母本品种应当有很好的繁殖性能。我国的地方猪种最能适应当地的自然条件，母猪产仔多、母性好、泌乳力强、仔猪成活率高，而且地方猪种资源丰富，种猪来源容易解决，能够降低生产成本。在一些商品瘦肉猪出口基地，能够提供高水平的饲养条件，可以利用瘦肉型外来猪种作为母本品种。在瘦肉型外来品种中，大白猪的适应性强，在耐粗饲、对气候适应性和繁殖性能方面都优于其他品种。世界各国大多利用大白猪做经济杂交的母本品种。

(2)父本品种的选择

父本品种的遗传性生产水平要高于母本品种。应当选择生长快、瘦肉率和饲料利用率高的品种作为父本。一般都选择那些经过长期定向培育的优良品种，如大白猪、长白猪和杜洛克猪等。父本品种也应对当地气候环境条件有较好的适应性，如大白猪比较适应我国北方地区，而大白猪则适应华中和华南地区。如果公猪对当地环境条件不适应，即使在良好的饲养条件下，也很难得到满意的杂交效果。父本品种与母本品种在经济类型、体形外貌、地区和起源方面有较大差异，杂交后杂种优势才能明显。

3. 猪杂交模式的建立

(1)二元杂交

二元杂交即两品种杂交，也称单杂交，是指不同品种或不同品系间的公、母猪进行一次杂交，其杂种一代全部用于生产商品肉猪。这种方法简单易行，已在农村推广应用，只要购进父本品种即可杂交；缺点是没有利用繁殖性能方面的优势，仅利用了生长肥育性能方面的杂种优势。二元杂交一般以当地饲养量大、适应性强、繁殖力高的地方品种或培育品种作为母本，选择生长速度快、饲料利用率高的外来品种(如杜洛克猪等)作为父本。我国培育的瘦肉型品种或品系也可作为父本使用。

(2)三元杂交

三元杂交即三品种杂交，指先利用两品种杂交，从杂种一代中挑选出优良母猪，再与第二父本品种杂交，所有杂种二代均用于生产商品肉猪。这种杂交方式与二元杂交相比，既利用了杂交母本产仔多的优势，又利用了第三品种公猪生长速度快、饲料利用率高的优势。如国内目前普遍采用的杜洛克猪、长白猪、大白猪三元杂交方式，获得的杂交猪具有良好的生产性能，尤其产肉性能突出，深受市场欢迎。

(3)轮回杂交

轮回杂交指在杂交过程中，逐代选留优秀的杂种母猪作为母本，每代用组成亲本的各品种公母猪轮流作为父本的杂交方式。利用轮回杂交，可减少纯种公猪的饲养量(品种数量)，降低养猪成本，可利用各代杂种母猪的杂种优势来提高生产性能。因此，不一定保留纯种母猪繁殖群，可不断保持各子代的杂种优势，获得持续而稳定的经济效益。常用的轮回杂交方法有二元轮回杂交和三元轮回杂交。

(4)配套系杂交

配套系杂交又称四品种(品系)杂交，是采用四个品种或品系，先分别进行两两杂交，然后在杂种一代中分别选出优良的父、母本猪，再进行四品种杂交。

配套系杂交的优点：一是可以同时利用杂种公、母猪双方的杂种优势，可获得较强的杂种优势和效益；二是可减少纯种猪的饲养头数，降低饲养成本；三是遗传基础更丰富，不仅可生产出更多更优质的肉猪，而且还可发现和培育出“新品系”。目前，国外所推行的“杂优猪”，大多是由四个专门化品系杂交而产生的，如美国的“迪卡”配套系、英国的PIC配套系等。

※猪的主要经济性状

一、繁殖性状

(1)窝产仔数

包括总产仔数和产活仔数两个性状。

①总产仔数：出生时同窝的仔猪总数，包括死胎、木乃伊、畸形和弱仔猪在内。

②产活仔数：出生24h内同窝存活的仔猪数，包括衰弱即将死亡的仔猪在内。

(2)初生重与初生窝重

初生重是指仔猪出生后12h内称取的重量；初生窝重是指同窝活仔猪初生重的总和。

(3)泌乳力

由于母猪泌乳的生理特点，很难直接准确称量泌乳量，常用20日龄仔猪的全窝重量减去初生窝重来表示，包括寄养过来的仔猪在内，但寄出仔猪的体重不计入。

(4)断奶窝重

断奶窝重指同窝仔猪在断奶时的总重量。包括寄养仔猪在内，但应注明断奶日龄。国外仔猪断奶时间较早，为21日龄或28日龄；我国农村一般在60日龄左右。近年来，在一些集约化猪场采取28日龄或35日龄的早期断奶。现代养猪生产实践中，一般把断奶窝重作为选择性状的总指标，因为它与其他繁殖性状密切相关。

(5)初产日龄与产仔间隔

初产日龄指母猪头胎产仔的日龄。产仔间隔是指母猪相邻两胎次间的平均间隔期。即

产仔间隔＝妊娠期＋空怀期

二、生长性状

(1)生长速度

生长速度通常用平均日增重来表示，即在一定时间内生长育肥猪平均每天增加的体重。计算方法是用某一段时间内的总增重除以饲养天数。我国当前通常从仔猪断奶后体重达20kg时开始，上市体重达90kg或100kg时结束，计算整个测定期间(育肥期)的平均日增重。

平均日增重＝(结束体重－开始体重)÷饲养天数

(2)活体背膘厚

在测定100kg体重日龄的同时采用B超扫描测定其倒数第3～4肋骨间、距离背中线5cm处的背膘厚，以mm为单位。无B超时可以采用A超测定胸腰椎结合处和腰荐椎接

合处沿背中线左侧 5cm 处的两点膘厚平均值。

(3)饲料转化率

饲料转化率指生长育肥期内或性能测定期每增加 1kg 活重的饲料消耗量。

饲料转化率＝测定期间饲料消耗总量÷(结束体重－开始体重)

(4)采食量

采食量是度量食欲的性状。在不限饲条件下，猪的平均日采食饲料量称为饲料采食能力或随意采食量，是近年来猪育种方案中日益受到重视的性状指标。

三、胴体与肉质性状

(1)胴体重

胴体重为猪屠宰后经放血、脱毛、去除头、蹄、尾及内脏(保留板油和肾脏)所得的重量。

(2)胴体背膘厚

胴体测量时，将左侧胴体(以下需屠宰测定的都是指左侧胴体)取肩部最厚处、胸腰椎结合处和腰荐椎接合处三点膘厚的平均值作为平均背膘厚。

(3)眼肌面积

眼肌面积指热胴体(左半)的倒数第一和第二胸椎间背最长肌的横断面面积。在测定活体背膘厚的同时，利用 B 超扫描测定同一部位的眼肌面积，用 cm^2 表示。用硫酸纸描绘出横断面的轮廓，用求积仪计算面积。如无求积仪可用下式计算：

眼肌面积(cm^2)＝眼肌宽度(cm)×眼肌厚度(cm)×0.7

(4)腿臀比例

腿臀比例，即沿腰荐椎结合处的垂直线切下的腿臀重占胴体重的比例。计算公式为：

腿臀比例＝(腿臀重÷胴体重)×100％

(5)胴体瘦肉率和脂肪率料

将左半胴体进行组织剥离，分为骨骼、皮肤、瘦肉和脂肪四种组织。瘦肉量和脂肪量占四种组织总量的百分率即是胴体瘦肉率和脂肪率。公式如下：

胴体瘦肉率(％)＝瘦肉重量÷(瘦肉重＋脂肪重＋皮重＋骨重)×100％

胴体脂肪率(％)＝脂肪重量÷(瘦肉重＋脂肪重＋皮重＋骨重)×100％

由于我国胴体计算方法与国外的不同(见胴体重)，所以，胴体瘦肉率的数值往往比别的国家要高(3％～5％)。因此，在比较各国猪胴体瘦肉率时应当予以注意。

(6)肌肉 pH 值

pH 值测定的时间是在屠宰后 45min 和宰后 24h，测定部位是背最长肌和半膜肌或头半棘肌中心部位。可采用玻璃电极(或固体电极)直接插入测定部位肌肉内测定。宰后 45min 和 24h 背最长肌的 pH 值分别低于 5.6 和 5.5 是 PSE 肉；宰后 24h 半膜肌的 pH 值高于 6.2 是 DFD 肉。

(7)肉色

屠宰后 2h 内，在胸腰椎结合处取新鲜背最长肌横断面用五分制目测对比法评定：1 分为灰白色(PSE 肉色)；2 分为轻度灰白色(倾向 PSE 肉色)；3 分为鲜红色(正常肉色)；4 分为稍深红色(正常肉色)；5 分为暗红色(DFD 肉色)。用目测评分法，白天室内正常光照下评定，不允许阳光直射试样，也不允许在黑暗处进行评定。

(8)滴水损失

屠宰后 2h 内取第 4～5 腰椎处最长肌，并将试样修整为长 5cm、宽 3cm、高 2cm 大小的肉样，放在感应量为 0.01g 的天平上称重，然后用细铁丝钩住肉条的一端，使肌纤维垂直向下吊挂在充气的塑料袋中(肉样不得与塑料袋壁接触)，扎紧袋口后吊挂于冰箱内，在 4℃条件下保持 24h，取出肉条称重，按下式计算结果：

滴水损失(%)=(吊挂前肉条重－吊挂后肉条重)÷吊挂前肉条重×100%

(9)大理石纹

肌肉大理石纹是指一块肌肉内可见的肌内脂肪。一般取胸腰椎结合处的背最长肌肉样，置于 4℃条件下的冰箱内 24h 后，对照大理石纹评分标准图，按五分制目测对比法评定：1 分为脂肪呈极微量分布；2 分为脂肪呈微量分布；3 分为脂肪呈适量分布；4 分为脂肪呈较多量分布；5 分为脂肪呈过量分布。

(10)肌肉嫩度

肌肉嫩度是影响肌肉风味的重要性状，评定肌肉嫩度有主观和客观两种方法。主观方法可以通过咀嚼煮熟肉样进行判定；客观方法有化学测定法和机械测定法，如用肌肉嫩度测定仪进行测定。

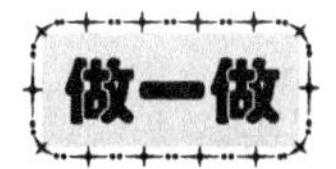

※实训一　猪的品种及外貌鉴定

【实训目的】

①了解各类型代表猪种以及优良地方猪种的外貌特征与生产性能特点。

②了解国外引入猪种对我国商品猪生产及培育新品种的积极作用。

③认识世界著名培育猪种的发展过程及外貌特征。

④掌握种公猪、种母猪、瘦肉型肉猪外貌鉴定的基本方法。

⑤认识仔猪编号的作用和类型。

⑥了解现代化养猪场猪耳号、耳标、肩标和臀标的编号方法及其优缺点。

⑦学会识读猪的耳号、耳标、肩标和臀标。

【实训准备】猪品种资源电子图谱及相关介绍材料，多媒体设备；实习场相关品种或类群的猪，相应的猪只固定用绳索等；猪用耳号钳、耳标钳、耳标、刺标设备等。

【实训内容】

1. 品种认识

我国猪种资源丰富，不仅有品种特征明显的不同品种或类群的地方猪种，而且有从国外引入的优秀外来猪种，同时还有在上述两类猪群基础上培育出来的培育猪种或品系。这些资源可以为不同学校的学生提供认识一些品种共性与个性的机会。

2. 外貌评定

猪的外貌与体型不仅是其生长发育、健康状态和结实性的外表反映，而且也是一定生产力的直接表征。虽然，近代由于测试技术的不断改进，性能测定在选择中越来越居主导地位，但是性能测定仍存在着一些具体困难，而外貌评定则方便易行，具有一定的实际意义，在国外仍被广泛应用。不同品种或类群的外貌评分标准各异，但基本原理与方法相似。这里以长白猪的外貌评定标准为例做一简单介绍。

(1)一般外貌

大型，发育良好，舒展，全身大体呈梯形。各部位匀称，结合良好、紧凑。体长、高适中。头、颈轻。前躯宽、深，相对轻于后躯。中躯伸长，背线微弓或平直。后躯发达、丰满。四肢站立有力，关节活动灵活。性情温顺，眼有神，性征表现明显，体质强健。毛白有光泽，无不良毛质现象，皮肤光滑，无黑斑。

标准分数：25 分

(2)头颈部

头清秀，脸长适中，鼻平直，下巴正，面颊紧凑，目光温和有神。耳薄，不太大，稍向前倾，两耳间距不狭。颈不太大，宽度略薄，紧凑，向头与肩部移转平顺，喉部到前胸连线间不疏松。

标准分数：5 分

(3)前躯

紧凑，且相对轻于后躯，肩附着良好，向中躯移转良好，胸要深、宽、充实。

标准分数：10 分

(4)中躯

背腰稍长，宽度阔，坚实，背线微弓或平直，平滑向后躯移转。肋部开张好。腹深，不疏松，腹线直，下欣部充实。

标准分数：20 分

(5)后躯

外观丰满。臀部宽、圆、长。腿厚、宽直至飞节，小腿发达。尾附着高，粗细适中。

标准分数：25 分

(6)乳头与生殖器

正常乳头 13~16 个，无小乳头或印痕乳头，排列均匀，乳头饱满不凹陷。

生殖器发育正常，形态质地良好。公猪睾丸均匀对称，包皮不积尿。母猪阴蒂不上翘。

标准分数：5 分

(7)肢蹄

四肢稍长，左右一致，站立有力，肢间宽，无 X 形状出现，关节活动灵活，形态轻盈。飞节健壮不摆动。系部有弹性，无卧系现象。蹄部无裂纹，蹄质好。

标准分数：10 分

【实训步骤】

①通过放映幻灯片、教师讲解的方法，使学生对国内外著名猪种具有初步的感性认

识，了解国内猪种在形成过程中受地域及社会经济条件影响的规律性。

②在猪场教学实习时，根据现场情况，实地讲解所在场猪群结构特点、品种特征，并进行个体品种特征性分析与评价。

【实训报告】根据幻灯片或录像片观察的猪种，写出其品种名称、外貌特征及生产性能。

练习与思考题

1. 简述养猪业在国内外发展概况。
2. 简述我国养猪业存在的问题和发展对策。
3. 猪的生物学特性及行为习性有哪些？
4. 如何应用猪的生物学特性及行为习性来提高养猪生产？
5. 猪的经济类型有哪些？瘦肉型猪与脂肪型猪有哪些不同？
6. 我国地方猪种分为哪些类型？各列举 1～2 个品种。
7. 简述我国地方猪种的共同特性。
8. 目前在养猪生产中使用的我国地方品种有哪些？
9. 简述外来的主要品种猪的产地、品种特征、生产性能。
10. 简述国内培育的主要猪种的产地和分布、品种特征、生产性能。
11. 如何合理使用猪种资源？
12. 举例说明当地常用的经济杂交方式有哪几种？

项目二
养猪生产的筹划

【知识目标】

- 了解规模化猪场场址选择、场内布局、猪舍建设和舍内设备布置等知识。
- 熟悉猪场各种设备的配备和使用方法。
- 掌握猪场饲料筹备知识。

【技能目标】

- 能够合理选择猪场场址并进行科学规划和建设。
- 可根据养猪现状和自身条件确定切实可行的养猪规模和方向。
- 学会饲料计划的编制，保障饲料按质按量供给。

※任务一　规模化猪场的建设

一、场址选择

场址选择应根据猪场的性质、规模和任务，考虑场地的地形、地势、水源、土壤、当地气候等自然条件，同时应考虑饲料及能源供应、交通运输、产品销售、与周围工厂、居民点及其他畜禽场的距离、当地农业生产、猪场粪污就地处理能力等社会条件，进行全面调查，综合分析后再做出决定。

(1)地势地形

地势应高燥，地下水位应在2m以下，以避免洪水威胁和土壤毛细管水上升造成地面潮湿。地面应平坦而稍有缓坡，以便排水，一般坡度在1%～3%为宜。最大不超过25%。地势应避风向阳，减少冬春风雪侵袭，故一般避开西北方向的山口和长形谷地等地势；为防止在猪场上空形成空气涡流而造成空气的污浊与潮湿，猪场不宜建在谷地和山坳里。地形要开阔整齐，有足够的面积。场地过于狭长或边角太多不便于场地规划和建筑物布局，面积不足会造成建筑物拥挤，不利于舍内环境改善和防疫，一般按可繁殖母猪每头45～50m^2考虑。

(2)土质

猪场场地土壤的物理、化学、生物学特性，对猪场的环境、猪的健康与生产力均有影响。一般要求土壤透气、透水性强，毛细管作用弱，吸湿性和导热性小，质地均匀，抗压性强，且未曾受过病原微生物污染。砂土透气、透水性强，毛细管作用弱，吸湿性小，易于干燥，有利于有机物分解和土壤自净作用；导热性大，热容量小，易增温降温，昼夜温差大，对猪不利。黏土透气透水性弱，吸湿性强，溶水量大，毛细管作用明显，因而易变潮湿、泥泞，有利于微生物的存活与蚊蝇滋生；含水量大，易胀缩，抗压性低，不利于建筑物的稳固；热容量大，导热性小，昼夜温差小。砂壤土兼具砂土和黏土的优点，是建猪场的理想土壤。土壤一旦被病原微生物污染，常具有多年危害性，因此，选择场址时应避免在旧猪场场址或其他畜牧场场地上重建或改建。为了少占用耕地，选择场址时对土壤种类及其物理特性不必过于苛求。

(3)水源水质

猪场需有可靠的水源，保证水量充足，水质良好，取用方便，易于防护，避免污染。

(4)电力与交通

选择场址时，应重视供电条件，特别是集约化程度较高的大型猪场，必须具备可靠的电力供应，并具有备用电源。

猪场的饲料、产品、粪便等运输量很大，所以，场址应选在农区，交通必须方便，以保证饲料就近供应，产品就近销售，粪尿就地利用处理，以降低生产成本和防止污染周围环境。

(5)防疫

选择场址时，应重视卫生防疫。交通干线往往是疫病传播的途径，因此，场址既要交通方便，又要远离交通干线，一般距铁路与国家一二级公路不应少于300m，最好在1000m以上，距三级公路不少于150m，距四级公路不少于50m。

猪场与村镇居民点、工厂、其他畜牧场、屠宰厂、兽医院应保持适当距离，以避免相互污染。与居民点、工厂的距离宜在500m以上，与其他畜牧场的距离宜在500～1500m，与屠宰厂、兽医院的距离宜在1000～2000m。

(6)面积要求

猪场生产区面积一般可按繁殖母猪每头45～50m^2或上市商品育肥猪每头3～4m^2考虑，猪场生活区、行政管理区、隔离区另行考虑，并须留有发展余地。一般一个年出栏1万头肥猪的大型商品猪场，占地面积3000m^2为宜。

二、猪场场区布局

猪场建筑物布局时需考虑各建筑物间的功能关系、卫生防疫、通风、采光、防火、节约用地等。规模猪场的总体布局一般分为生产区、管理区和隔离区3个功能区。3个功能区布局上必须做到既相对独立，又相互联系；生产区内料道、粪道分开；生产区各类猪舍排列有序，如在坡地建场，应按照风向与地势，自上而下，种猪舍应位于上风向，育肥舍位于下风向，按公猪舍、母猪舍、仔猪舍、育肥猪舍的顺序排列。育肥猪舍应靠近场区大门，以便于出栏。隔离区设在生产区的最下风向低处。生产区是猪场的主体部分，应与管理区、隔离区严格隔离，生产区设有独立围墙，包括各种猪舍、更衣洗澡消毒室、消毒池、药房、赶猪跑道、出猪台。隔离区主要包括隔离猪舍、兽医室、尸体剖检和处理设施、粪污处理及贮存设施等，应位于猪场的下风向。粪便采用人工清粪，污水通过专用管道输入集污池，然后通过沼气发酵或者生态处理模式，降低污水浓度后，再作进一步处理。

猪场的道路应设置南北主干道，东西两侧设置边道，道路应设净道和污道，并相互分开，互不交叉。场区的粪沟、污水沟和雨水沟分离，分设在污道一端。水塔的位置应尽量安排在猪场的地势最高处。为了防疫和减少噪音，猪场道路两旁、猪舍与猪舍之间及场区外围应有绿化。人流、物流、动物流应采取单一流向，防止环境污染和疫病传播。设立隔离消毒设施，如双重隔离带、消毒池、紫外线消毒室等，形成一个良好的生态环境。有条件的最好采用多点式设计模式，将配种区、仔猪保育区、育肥区分开，独立设计。

三、猪舍类型选择

猪舍按屋顶形式、墙壁结构、窗户以及猪栏排列等分为多种类型。

(1)按猪舍屋顶的结构形式分类

可分为单坡式、双坡式、联合式、钟楼式、半钟楼式、平顶式、拱顶式等。

(2)按墙壁结构与窗户有无分类

可分为开放式、半开放式和密闭式。密闭式猪舍又可分为有窗式和无窗式。开放式猪舍一般三面设墙，一面无墙，通风采光好。其结构简单，造价低，但受外界影响大，较难解决冬季防寒。半开放式猪舍三面设墙，一面设半截墙，其保温性能略优于开放式。冬季可在半截墙以上挂草帘或钉塑料布，能明显提高其保温性能。有窗式猪舍四面设墙，墙设在纵墙上，窗户的大小和数量可依当地气候条件而定。寒冷地区，猪舍北窗要小，以利于保温。为解决夏季有效通风，夏季炎热的地区，可在两侧纵墙上设地窗，或在屋顶上设通风管、通风屋脊等。有窗式猪舍保温隔热性能较好。无窗式猪舍与外界隔绝程度较高，墙上只设应急窗，仅供停电应急时用。舍内的通风、光照、舍温全靠人工设备调控，能够较好地给猪提供适宜的环境条件。但无窗式猪舍土建、设备投资大，维修费用高，在外界气候较好时，仍需人工调控通风和采光，耗能高。采用无窗式猪舍多为对环境条件要求较高的猪，如母猪产房、仔猪培育舍。

(3)按猪栏排列方式分类

可分为单列式、双列式、多列式。单列式猪舍猪栏排成一列，靠北墙一般设饲喂廊道，舍外可设或不设运动场，跨度较小，结构简单，建筑材料要求低，省工、省料，造价低但建筑面积利用率低，这种猪舍适合于养种猪。双列式猪舍内猪栏排成两列，中间设一走道，有的在两边设清粪通道。这种猪舍建筑面积利用率较高，管理方便，保温性能好，便于使用机械。但北侧猪栏采光性差，舍内易潮湿。多列式猪舍中猪栏排成三列或四列，这种猪舍建筑面积利用率高，猪栏集中，容纳猪多，运输线短，管理方便，冬季保温性能好；但采光差，舍内阴暗潮湿，通风不良。这种猪舍必须人工控制其通风、光照、温湿度，其跨度多在 10m 以上。

四、规模猪舍设计与建筑

(1)猪舍设计与建筑基本原则

①符合猪的生物学特性要求；②适应当地的气候及地理条件；③便于实行科学的饲养管理；④猪舍设计要求结构牢固、安全、卫生、适用、冬暖夏凉、透光通风，干燥，便于清扫，要突出环保意识，注重生物安全，具有良好的生态环境，从设计上保障将 70%～80%污水的发生量消除在养殖的源头，实现粪污的减量化；⑤经济适用；⑥便于采用封闭式饲养，采用封闭式饲养模式有利于防疫，有利于实现雨污分离。

(2)猪场的建筑设施

①公猪舍：公猪必须单圈饲养，公猪舍多采用带运动场的单列式。公猪隔栏高度为 1.2～1.4m，每栏面积一般为 7～9m^2，公猪舍应配置运动场，以保证公猪有充足的运动。运动场的前墙要求高 1.3m、厚 0.37m，后墙高 2～2.5m、厚 0.37m，且开后窗(长度各 40cm)，并且水泥勾缝，隔墙为 0.24m。舍内水泥抹高 1m，地板水泥抹面，外倾度 2%，并开斜向交叉细沟(宽 11mm、深 0.5mm)，细沟间距 5cm。屋顶一般为平顶，厚 20cm 以上(不足可加土)。工厂化式的公猪与空怀母猪在同一猪舍，以利配种。

②空怀及妊娠母猪舍：空怀母猪及妊娠母猪舍一般采用全封闭式。前后墙高皆为 2.5m、厚 0.37m。前窗大，高 1m、宽 1.2m，后窗小，高 0.4m、宽 0.5m，距地 1.1m，内有漏缝地板和半限位栏(图 2-1)。

③分娩、保育混合猪舍：分娩和保育舍在一舍较为科学，便于断奶，对仔猪的刺激较小。也有各为一舍的，在断奶时要用小车运猪，对小猪刺激较大。采用双列式的有窗密闭猪舍，墙、窗、屋顶与空怀妊娠混合舍相同。

④生长育肥舍：生长育肥舍可因地制宜地选择类型。在热带、亚热带地区，气温较高，冬季亦无寒冷气候，可选用全敞开式(图 2-2)。这种猪舍结构简单，四周通风，适于中猪和大猪的育肥。冬天严寒的北方，应选择半敞开式或全封闭式猪舍。半敞开式如同公猪舍，深秋至中春，可扣塑胶大棚保温，能经济有效地解决冬季养猪问题。全封闭式生长育肥猪舍，则如同空怀、妊娠混合舍。其主要差别在于舍内结构，可分为大单列式、双列式、多列式 3 种类型。其中以大单列式更为经济。

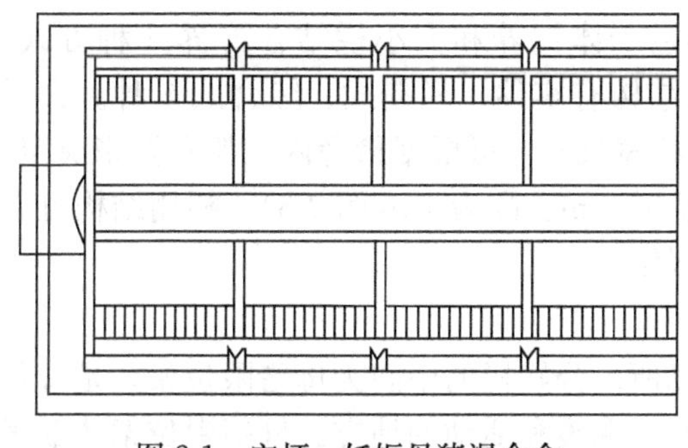

图 2-1　空怀、妊娠母猪混合舍

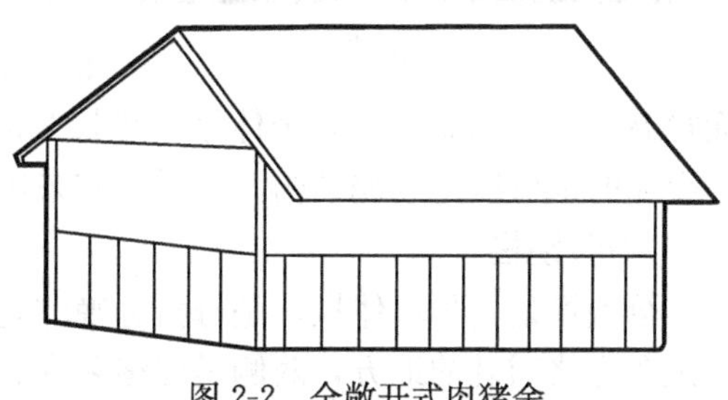

图 2-2　全敞开式肉猪舍

⑤粪尿沟：漏缝地板粪尿沟是工厂化养猪猪舍的重要建筑，是可最大限度地节约劳动

力的设施。漏缝地板粪尿沟宽 0.4～0.5m，深度随沟的坡度变化，猪舍 30m 左右，沟的坡度为 2%；猪舍 60m 以上则坡度为 1%。最浅的地方沟深度不宜少于 5cm。

⑥装猪台：为出售猪装车方便而设置装猪台，台高要求与汽车或拖拉机拖斗基部等高，宽度略宽于车厢，长度不少于 2.5m，以便在猪进入车厢前有转弯余地。台侧设有的坡道倾斜度不超过 10%。平台和坡道应设有围栏，围栏高度 1.2m，而且平台、坡道、围栏均要求结实。

⑦病猪隔离舍：为了避免传染病的传播，宜设置病猪隔离舍，以利观察、治疗。病猪隔离舍的建造结构参照半敞开式肉猪舍，冬天可扣塑棚。每栏面积约为 $4m^2$，隔离舍的容量为全场猪总量的 5%～10%。

五、设备机械化

1. 猪栏

现代化猪场均采用固定栏式饲养，猪栏一般分为配种栏、公猪栏、母猪栏、分娩栏、保育栏、生长育肥栏等。

(1)配种栏和公猪栏

我国现代化猪舍的配种栏和公猪栏的构造有实体、栏栅式和综合式 3 种。

在大中型工厂化养猪场中，应设有专门的配种栏(小型猪场可以不设配种栏，而直接将公母猪驱赶至空旷场地进行配种)，这样便于安排猪的配种工作。典型配种栏的结构形式有两种：一种是结构和尺寸与公猪栏相同，配种时将公、母猪驱赶到配种栏中进行配种；另一种是由 4 头空怀待配母猪与 1 头公猪组成一个配种单元，4 头母猪分别饲养在 4 个单体栏中，公猪饲养在母猪后面的栏中。

公猪栏一般每栏面积约为 7～$9m^2$ 或者更大些。公猪栏每栏饲养 1 头公猪，栏长、宽可根据猪舍内栏架布置来确定，栏高一般为 1.2～1.4m，栏栅结构可以是金属的，也可以是混凝土结构，但栏门应采用金属结构，便于通风和管理人员观察和操作。

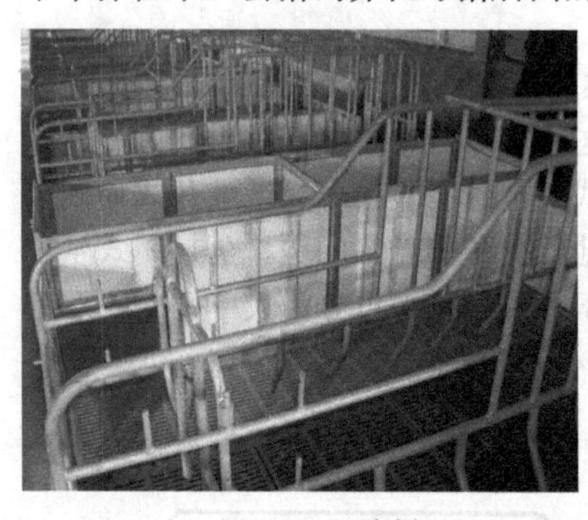

图 2-3　母猪栏

(2)母猪栏

现代化猪场繁殖母猪的饲养方式，有大栏分组群饲、小栏个体饲养和大小栏结合群养 3 种方式。其中小栏结构有实体、栏栅式、综合式 3 种。大栏的栏长、栏宽尺寸，可根据猪舍内栏架布置来决定，而栏高一般为 0.9～1m，个体栏一般长 2m、宽 0.65m、高为 1m(图 2-3)。栏栅结构可以是金属的也可以是水泥结构，但栏门应采用金属结构。

(3)分娩栏

分娩栏是一种单体栏，是母猪分娩哺乳的场所。分娩栏的中间为母猪限位架，是母猪分娩和仔猪哺乳的地方，两侧是仔猪采食、饮水、取暖和活动的地方。母猪限位架一般采用圆钢管和铝合金制成，后部安装漏缝地板以清除粪便和污物，两侧是仔猪活动栏，用于隔离仔猪。分娩栏尺寸与猪场选用的母猪品种体型有关，一般长 2.2～2.3m、宽 1.7～

2.0m，母猪限位栏宽0.6～0.65m，多采用宽0.6m、高1m；母猪限位栏栅，离地高度为30cm，并每隔30cm焊一孤脚。其栏栅均用铝合金型材料焊接而成，然后用螺栓、插销等组装。母猪限位区前方为饲料槽和饮水槽。分娩栏地面可采用不同材料和结构形式。

(4)仔猪保育栏

目前我国现代化猪场多采用高床网上保育栏，主要用金属编织漏缝地板网、围栏、自动食槽，连接卡、支腿等组成。仔猪培育栏的长、宽、高尺寸，视猪舍结构不同而定。常用的有栏长2m，栏宽1.7m，栏高0.6m，侧栏间隙6cm，离地面高度为25～30cm，可养10～25kg的仔猪10～12头，实用效果很好。

(5)生长猪栏与育肥猪栏

现代化猪场的生长猪栏和育肥猪栏均采用大栏饲养，其结构类似，只是面积大小稍有差异，有的猪场为了减少猪群转群麻烦，给猪带来应激，常把这两个阶段并为一个阶段，采用一种形式的栏，生长猪栏与育肥猪栏有实体、栏栅和综合3种结构。常用的有以下几种：一种是采用全金属栅栏和全水泥漏缝地板条，也就是全金属栅栏架安装在钢筋混凝土板条地面上，相邻两栏在间隔栏处设有一个双面自动饲槽(图2-4)。供两栏内的生长猪或育肥猪自由采食，每栏安装一个自动饮水器供自由饮水。另一种是采用水泥隔墙及金属大栏门，地面为水泥地面，后部有0.8～1m宽的水泥漏缝地板，下面为粪尿沟。生长育肥猪的栏栅也可以全部采用水泥结构，只留一金属小门。

图2-4 独立不靠墙的生长育肥舍

2. 供水饮水设备

现代化猪场不仅需要大量饮用水，而且各生产环节还需要大量的清洁用水，这些都需要由供水饮水设备来完成。因此，供水饮水设备是猪场不可缺少的设备。

(1)供水设备

猪场供水设备包括水的提取、贮存、调节、输送分配等部分，即水井提取、水塔贮存和输送管道等。供水可分为自流式供水和压力供水。现代化猪场的供水一般都是压力供水，其供水系统主要包括供水管路、过滤器、减压阀、自动饮水器等。

(2)自动饮水器

猪用自动饮水器的种类很多，有鸭嘴式、乳头式、杯式等，应用最为普遍的是鸭嘴式自动饮水器。

①鸭嘴式自动饮水器：鸭嘴式猪用自动饮水器主要由阀体、阀芯、密封圈、回位弹簧、塞盖、滤网等组成。其中阀体、阀芯选用黄铜和不锈钢材料，弹簧、滤网为不锈钢材料，塞盖用工程塑胶制造。整体结构简单，耐腐蚀，工作可靠，不漏水，寿命长，猪饮水时，嘴含饮水器，咬压下阀杆，水从阀芯和密封圈的间隙流出。进入猪的口腔，当猪嘴松开后，靠回位弹簧张力，阀杆复位，出水间隙被封闭，水停止流出，鸭嘴式饮水器密封性能好，水流出时压力降低，流速较低，符合猪的饮水要求。鸭嘴式自动饮水器，一般的有大小

两种规格，小型的如 9SZY2.5(流量 2～3L/min)，大型的如 9SZY3(流量 3～4L/min)，乳猪和保育仔猪用小型的，中猪和大猪用大型的。

②乳头式自动饮水器：乳头式猪用自动饮水器的最大特点是结构简单，由壳体、顶杆和钢球三大件构成。

③杯式自动饮水器：是一种以盛水容器(水杯)为主体的单体式自动饮水器，常见的有浮子式、弹簧阀门式和水压阀杆式等类型。

3. 饲料供给设备

猪场饲料供给设备，可分为机械喂料和人工喂料 2 种。

(1)机械喂料所需设备

①罐装饲料运输车：该车的功能是把饲料加工厂的全价配合料运送到猪场，并卸到贮料塔中。

②贮料塔：贮料塔多用 1.5～3mm 的镀锌钢板压型组装而成，由 4 根钢管做支腿。塔体有进料口、上锥体、柱体和下锥体组成(图 2-5)。进料口多在顶端，塔的容积根据猪舍饲养量确定，常用的有 2t、4t、5t、6t、8t、10t 等。

③饲料输送机：饲料输送机的功能是把饲料由贮料塔直接分送到食槽(图 2-6)。其种类有链式输送机、螺旋弹簧输送机、塞管式输送机等，近年来多采用后两种。

④食槽：在养猪生产中，无论采用机械还是人工饲喂，都要选配好食槽。食槽又分为限量饲喂食槽和自动落料食槽。

图 2-5 给料系统(贮料塔)

图 2-6 饲料输送机

(2)人工喂料所需设备

人工喂料所需设备较少，除食槽外，主要是加料车。加料车目前在我国应用较普遍，一般料车长 1.2m、宽 0.7m、深 0.6m，有两轮、三轮和四轮 3 种，轮径 30cm 左右。饲料车具有机动性好，可在猪舍走道与操作间之间的任意位置行走和装卸饲料，投资少，制作简单，适宜运送各种形态的饲料等特点。

4. 降温与采暖设备

(1)保温设备

猪场供热保温设备大多是针对小猪的，主要用于分娩舍和保育舍(图 2-7)。在分娩舍为了满足母猪和仔猪的不同温度要求，如初生仔猪要求 30～32℃，对于母猪则要求 17～20℃。因此，常采用集中供暖，维持分娩哺乳猪舍温 18℃，而在仔猪栏内设置可以调节的局部供暖设施，保持局部温度达到 30～32℃。

猪舍集中供暖主要利用热水、蒸汽、热空气及电能等形式。在我国养猪生产实践中，多采用热水供暖系统。该系统包括热水锅炉，供水管路，散热器。回水管路及水泵等设备。猪舍局部供暖最常用有电热地板、热水加热地板、电热灯等设备。目前大多数猪场实现高床分娩和育仔。因此，最常用的局部环境供暖设备是采用红外线灯或远红外板，前者发光发热，后者只发热不发光，功率规格为 250W。目前生产上使用的电热板有两类：一类是调温型；另一类是非调温型的。电热保温板可直接放在栏内地面适当位置，也可放在特制的保温箱的底板上。有些猪场在分娩栏或保育栏采用热水加热地板，即在栏(舍)内水泥地制作之前，先将加热水管预埋于地下，使用时，用水泵加压使热水在加热系统的管道内循环。加热温度的高低，由通入的热水温度来控制。

图 2-7　猪舍采暖设备(局部采暖)

(2)通风降温设备

为了排除猪舍内的有害气体，降低舍内的温度和局部调节温度，一定要进行通风换气，换气量应根据舍内的二氧化碳或水汽含量来计算。常见的通风降温设备有冷风机降温和喷雾降温两种。当舍内温度不太高时，采用小蒸发式冷风机，降温效果良好(图 2-8)。其工作原理是通过水的蒸发吸热，使舍内空气温度降低。在封闭式猪舍，可采用在进气口处加水帘的办法降温(图 2-9)。

图 2-8　猪舍通风设施

图 2-9　水帘(降温设施)

5. 清洁与消毒设备

清洁消毒设备主要有人员车辆消毒设施和环境清洁消毒设备。

(1)人员车辆消毒设施

凡是进入场区的人员、车辆等必须经过彻底的清洗、消毒、更衣等环节，因此，猪场应配备人员车辆消毒池、人员车辆消毒室、人员浴池等设施及设备。

①人员车辆消毒池：在场门口应设与大门同宽、1.5倍汽车轮周长的消毒池，对进场的车辆四轮进行消毒。在进入生产区门口处再设消毒池。同时在大门及生产区门口的消毒室内应设人员消毒池，每栋猪舍入口处应设小消毒池或消毒脚盆，人员进出都要消毒。

②人员车辆消毒室：在场门口及生产区门口应设人员消毒室，消毒室内要有消毒池、洗手盆、紫外线灯等，人员必须经过消毒室才能进入行政管理区及生产区。有条件的猪场在进入场区的入口处设置车辆消毒室，用来对进入场区的车辆进行消毒。

③浴室：生产人员进入生产区时，必须经过洗澡，然后换上经过消毒的工作服才可以进入。因此，现代化猪场应有浴室。

(2)环境清洁消毒设备

猪场常用的主要有地面冲洗喷雾消毒机、火焰消毒器等。

①地面冲洗喷雾消毒机：该设备工作时柴油机或电动机带动活塞和隔膜往复运动，将吸入泵室的清水或药液经喷枪高压喷出。喷头可以调换，既可喷出高压水流，又可喷出雾状液。地面冲洗喷雾消毒机工作压力一般为15～20kg/cm^2，流量为20L/min，冲洗射程12～14m。优点是体积小，机动灵活，操作方便；既能喷水，又能喷雾，压力大，可节约清水或药液。

②火焰消毒器：该设备是利用煤油高温雾化剧烈燃烧产生的高温火焰对猪舍内的设备和建筑物表面进行瞬间高温喷烧，达到杀菌消毒的目的。

6. 粪便处理系统

猪场粪尿处理系统主要包括粪尿分离式、粪尿混合式和水冲式3种形式。

①粪尿分离式：一般是用人工或刮板机械清粪，每2～3d清理1次，将鲜粪和尿分离。这种处理方式因污水量不大可减轻处理负担，同时处理时还可免去固液分离程序，许多规模化猪场都采用此种方式。

②粪尿混合式：采用厚垫料，粪尿被垫料吸收，一个生产周期清粪一次，主要用于育肥猪场，垫料可采用碎木屑等，一个生产周期后，清除堆积，制成有机肥料。

③水冲式：一般与漏缝地板配合使用，水进入水箱一定位置时，自动将水冲入粪沟，将粪冲出舍外，该方式在发达国家较普遍，我国较大型猪场也采用，水冲式清粪可大大提高劳动生产率，减轻劳动强度，但耗水多，污水量大，治理投资大，耗能多。

在我国，一般采用粪尿分离的清粪方式。多用人工清除干粪，也可用机器设备分离，主要设备包括粪尿固液分离机，刮板式清粪机。粪尿固液分离机有很多种，其中应用最多的有倾斜筛式粪水分离机、压榨式粪水分离机、螺旋回转滚筒式粪水分离机、平面振动筛式粪水分离机。刮板式清粪机有两种形式，包括单面闭合回转的刮板机和步进式往复循环刮板机。

※任务二　饲料准备

一、原料采购

(1)玉米采购的要点

颗粒饱满均匀、整齐，金黄色；无霉变、异味、黑头；杂质含量≤1.0%，生霉粒

≤2.0%，水分≤13.0%(可用手插入玉米堆感觉冷热度或口嘴蹦脆度来判断)，CP(粗蛋白)≥8.5%，黄曲霉素≤50μg/kg，容重大于685g/L以上，自然晾晒过筛或烘干过筛的玉米最为理想；玉米以容重、不完整粒为定等级指标见表2-1。我国饲用玉米分级标准见表2-2。

表2-1　玉米等级评定表

指标等级	容重(g/L)	不完整粒(%)
1	≥710	≤5.0
2	≥685	≤6.5
3	≥660	≤8.0

表2-2　我国饲用玉米分级标准　　单位：%

等级	玉米成分		
	粗蛋白质	粗纤维	粗灰分
一级	≥9.0	<1.5	<2.3
二级	≥8.0	<2.0	<2.6
三级	≥7.0	<2.5	<3.0

(2)麸皮采购的要点

麸皮为加工面粉的副产品，由小麦种皮糊粉层和少量胚芽、胚乳组成，感观要求细碎屑或片状，色泽新鲜一致，不应有发热、结块、虫蛀、霉变、异味等现象，依小麦品种不同呈淡褐色至红褐色，容重较轻，水分≤13%，CP≥14%，黄曲霉素≤30μg/kg，粗灰分≤4.5%。

由于在加工面粉过程中小麦有喷水，采购时应特别注意麸皮的水分及新鲜度；建议使用本地面粉厂的麸皮，夏天应特别谨慎购买外来火车皮运输的麸皮；应特别关注麸皮的真菌毒素。我国饲用小麦麸分级标准见表2-3。

表2-3　我国饲用小麦麸分级标准　　单位：%

等级	小麦麸分		
	粗蛋白质	粗纤维	粗灰分
一级	≥15.0	<9.0	<6.0
二级	≥13.0	<10.0	<6.0
三级	≥11.0	<11.0	<6.0

(3)豆粕的采购要点

正常加工的豆粕颜色为淡黄色或黄褐色呈不规则碎片状，色泽新鲜一致，无发霉、变质、结块、虫蛀及异味，有烤黄豆的香味，水分≤13.5%，CP≥44%，黄曲霉素≤50μg/kg，尿素酶活性在0.05～0.5Kat/g之间。

加热不足(太生)的颜色较浅或呈灰白色，有豆腥味(生黄豆的味道)，存在着一些抗营养因子、抗胰蛋白酶因子、尿酶、血球凝集素、皂苷、抗凝血因子等，其中主要是抗胰蛋白酶因子，其粗蛋白相对利用率低，易引起拉稀、腹泻、消化不良；加热过度为暗褐色，导致蛋白质和氨基酸已发生变性，猪食用后生长速度慢，毛变长等。

大批选购使用豆粕时每批都要检验，一是检验有无掺假现象，有时豆粕里可能掺有玉米胚芽粕、菜籽等；二是检验蛋白质的含量，根据豆粒本身蛋白质的含量，适当调整其在配合饲料中的百分比。建议使用脱皮豆粕，不仅蛋白高3～5个百分点，而且能量也高于普通豆粕，可以提高饲料的营养浓度，降低饲料成本。我国饲料用豆粕(饼)分级标准见表2-4。

表2-4　我国饲料用豆粕(饼)分级标准　　单位：%

等级	豆粕				豆饼			
	粗蛋白质	粗纤维	粗灰分	粗脂肪	粗蛋白质	粗纤维	粗灰分	粗脂肪
一级	≥44.0	<5.0	<6.0	—	≥41.0	<5.0	<6.0	<8.0
二级	≥42.0	<6.0	<7.0	—	≥39.0	<6.0	<7.0	<8.0
三级	≥40.0	<7.0	<8.0	—	≥37.0	<7.0	<8.0	<8.0

(4)全脂大豆(膨化大豆)的采购要点

膨化大豆是指整粒大豆经加热处理后的产品，色泽要新鲜一致，具有其固有的气味，无异味、酸味等，无结块、无发霉变质，尿素酶活性0.01～0.3Kat/g。膨化大豆营养成分表见表2-5。

表2-5　膨化大豆营养成分表

营养成分	粗脂肪	粗蛋白	粗纤维	粗灰分	Ga	P
含量(%)	16～19	33～39	5.0～6.0	5.0～6.0	0.24	0.58

膨化大豆因工艺不同，有干法和湿法之分，其主要区别在感官、膨化程度、香味和水分等方面(表2-6)。膨化大豆的蛋白和脂肪含量因产地不同而异，但两者一般呈负相关(表2-7)。

表2-6　不同生产工艺膨化大豆的区别

工艺	颗粒	手感	水分	豆香味
湿法膨化	较细	较软	10%～12%或更高	较淡
干法膨化	较粗	较硬	7%左右或更低	较浓

表2-7　不同产地膨化大豆比较

产地	蛋白含量(%)	脂肪含量(%)	色泽	备　注
国产	36～38	17～19	金黄色	色泽除因大豆品种、产地区别外，还与杂质含量有关
进口	34～36	19～21	较暗	杂质多则颜色偏暗

膨化大豆富含蛋白质、油脂、矿物质和维生素，具有极高的营养价值，质优价廉，氨基酸平衡性好，是配制乳猪料和哺乳母猪料的重要高能高蛋白饲料原料，可提高仔猪的采食量，提高养分消化率，减轻过敏反应，加快生长速度，有利于改善仔猪的生长性能和哺乳母猪的泌乳能力。建议在乳猪料、断奶仔猪料和哺乳母猪料中添加6%～24%。

但目前市场上出现了大量掺入玉米、玉米胚芽或豆粕进行膨化的掺假膨化大豆，所以在采购膨化大豆时可以从以下几点进行鉴别。

①询问膨化大豆的原料是进口大豆还是国产大豆。

②询问膨化大豆加工工艺是湿法还是干法。

③要求膨化大豆供应商提供蛋白、脂肪含量和尿酶活性等指标。

(5)鱼粉的采购要点

鱼粉是最常用的动物性蛋白质饲料，是以全鱼或鱼类食品加工后所剩的下脚料为原料，经过干燥、脱脂、粉碎或者经蒸煮、压榨、干燥、粉碎而制成。由于加工原料与工艺条件不同，各地生产的鱼粉质量有很大差别，使用时要特别注意。

优质鱼粉的颜色呈金黄色，外观鱼松状，干燥而不结块，芳香鱼腥味，不带霉变味、焦味；进口鱼粉粗蛋白≥62%，水分≤10%，盐分≤2.0%，脂肪含量较高，盐分含量也较高，不易保存。国产鱼粉又分脱脂鱼粉和非脱脂鱼粉，国产脱脂鱼粉粗蛋白在55%～62%之间，水分≤10%，盐分≤2.5%；国产非脱脂鱼粉粗蛋白在50%～55%之间，水分≤12.5%，盐分≤4.0%。

购买鱼粉时特别要注意掺假现象，主要以掺血粉、羽毛粉、皮革粉、尿素、硫酸铵、菜粕、棉粕、钙粉、虾头粉、肉松粉、肉骨粉等，这样的鱼粉，只靠常规方法测定其蛋白质含量很难检查出来，最好送有经验的监测部门或机构监测。我国鱼粉专业标准见表2-8。

表2-8 我国鱼粉专业标准 单位:%

等级	粗蛋白质	粗脂肪	水分	盐分	砂分
一级	≥55.0	≤10.0	≤12.0	≤4.0	≤4.0
二级	≥50.0	≤12.0	≤12.0	≤4.0	≤4.0
三级	≥45.0	≤14.0	≤12.0	≤5.0	≤5.0

二、生产品控

饲料经过加工可以改变其物理形状、化学结构、营养组成等，可提高饲料的饲喂效果，是养猪生产的一个重要环节。

(1)原料质量控制

采购优质的原料，做好原料储存工作，库存每一批原料必须挂牌，标明数量、产地、入库时间及理化指标。仓库保证通风，防止原料吸湿回潮变质，随时检查原料储存过程中是否发生变化。原料使用时按照先进先出的原则，保证原料的新鲜。

(2)生产过程控制

下料时要把好质量关，并随时检查原料是否进错仓；经常检查粉碎颗粒度是否达到要求，筛片是否破损。如玉米的粉碎粒度，一般要求在0.4～0.8mm，过粗降低饲料利用率和猪生产性能，过低降低生产率，增加能耗，使猪易患胃溃疡。适宜的玉米粉碎粒度见表2-9。

表 2-9 各阶段猪适合的玉米粉碎细度、筛片要求

阶段	粉碎细度(μm)	筛片要求(mm)
乳仔猪	500～700	1.2～1.5
中猪	700～800	2.5
妊娠猪	700～800	2.5
哺乳母猪	400～600	1.5～2.0
育肥猪	500～600	2～2.5

配料称每周校正一次，小料称每天校正一次，出包成品如有异常要立即检查配料称。称量对配合饲料营养成分能否达到配方的设计要求起着重要的保证作用。目前，大部分猪场都存在对没有称量的危害性认识不足、重视不够的问题，在计量过程对原料没有称量或称量不准确，影响猪的正常生长发育，如有的使用标准包称量、器皿估测等；有的则因生产工人省事偷懒，简化生产操作程序；有的则使用不精确的称量工具等。因此，要加强监督，建立质量意识，建议对所有的原料进行百分之百的准确称量，以保证产品质量。

饲料混合是饲料制造工艺中最关键的环节之一，其目的是生产出营养物质均匀分布的混合饲料。近年来随着动物营养研究的深入及饲料科学的发展，在动物生产中应用的饲料添加剂品种越来越多，并且添加剂用量微小，为确保这些添加剂饲料的混合均匀度，在饲料生产中应重视饲料的混合均匀度，避免成团或集中在一起的现象。生产中可采用逐级扩大法，使之混合均匀度，提高饲料的适口性、消化率以及猪的生产性能和经济效益。混合不均匀时，整个猪群的生长发育不平衡，甚至造成猪的正常生长受阻现象，严重的会中毒死亡。立式搅拌机的混合时间要在10min以上(一般15～20min)，卧式双螺旋的搅拌机混合搅拌时间要在3～5min，双螺的搅拌机在60s左右。混合时间太短易混合不均匀，混合时间太长则会出现分级现象。一般生产配合饲料和预混料时，要求搅拌机的混合均匀度的变异系数为立式搅拌机≤10%，卧式搅拌机≤5%。

制粒过程中合理调节蒸汽，将不同的料控制在不同的温度，避免对饲料加热过度，降低饲料质量。对不同的饲料采用不同的环模，制成不同的颗粒，以满足不同阶段的猪的需要(表2-10)。

表 2-10 饲料品种与适用阶段

饲料品种	适用阶段	
	商品猪	原种猪
教槽料	5～30日龄(21d断奶)	5～30日龄(21d断奶)
保育料	30日龄至体重16kg	30日龄至体重18kg
保育后期料	体重16～25kg	—
小猪料	体重25～55kg	体重18～55kg
中猪料	体重55～75kg	体重55～75kg
大猪料	体重75～125kg	体重75～140kg
后备料	后备母猪(体重75kg至配种前7～10d)	后备母猪(体重75kg至配种前7～10d)
怀孕料	怀孕4～100d	怀孕4～100d
哺乳料	怀孕101d至断奶、配种后3d	怀孕101d至断奶、配种后3d
公猪料	后备公猪(体重75kg至役精)和种公猪	后备公猪(体重75kg至役精)和种公猪

每生产完一种饲料必须严格清仓，以免引起交叉污染。仓库、搅拌机内部、制粒机、喂料器、调质器、冷却器、抽风管、关风器等必须经常清理，以免产生霉菌污染饲料；经常清理仓壁，防止结块霉变；保持车间及设备清洁。做好饲料成品的储存工作，饲料成品的使用坚持“先进先出”的原则，可有效防止变质与浪费。

※猪的营养需要与实用饲料配方案例

一、种公猪的营养需要与实用饲料配方举例

1. 种公猪的营养需要

配种公猪营养需要包括维持公猪生命活动、精液生成和保持旺盛配种能力的需要。确定种公猪营养需要的依据，主要是公猪的体况、配种任务和精液的数量及质量。在饲养种公猪的过程中应定期称测体重和检查精液质量，以便了解饲料营养水平是否符合其需要，并作相应的调整。

(1)能量

后备公猪饲料中能量供应不足时，将影响睾丸和附属性器官的发育，性成熟推迟，初情期射精量少。成年公猪的饲料中能量供应不足时，睾丸和其他性器官的机能减弱，性欲降低，睾丸产生精子作用受到抑制或损害，所产生的精液浓度低、精子活力弱。尽管提高种公猪饲料能量水平后，可促使公猪性机能恢复，但这种恢复，需要一个相当长的过程，一般来说为30～40d。在生产实践中对配种任务重的公猪，必须及早加强饲养。种公猪的能量供给也不宜过多，否则过于肥胖，降低甚至丧失其配种能力。在过度配种的情况下，即使给予丰富的营养，也不能阻止性机能的减退和精液质量的下降。

中国公猪的饲养标准分为3个体重级，90kg以下适合于本地小公猪，90～150kg适合于成年本地公猪或未成年改良公猪，150kg以上可用于成年改良公猪。中国公猪维持需要消化能公式为：

$$公猪维持需要消化能(kJ)=418.4W^{0.75}$$

式中　W——体重($W^{0.75}$为代谢体重)。

非配种期的能量需要是维持的1.55倍，即在维持需要基础上增加55%；配种期的能量需要又为非配种期的124.5%。公猪在配种前应根据体况加强饲养，一般于配种前一个月在饲养标准基础上增加20%～25%。实际上，养猪生产中常年配种制已逐渐代替了季节性配种制度。因此，在饲养标准中未划分配种期与非配种期。

(2)蛋白质和氨基酸

种公猪饲料中蛋白质的数量与质量，均可影响种公猪性器官的发育与精液质量。发育期间，蛋白质摄入不足会延缓其性成熟。成年公猪饲料中蛋白质不足，会影响精子形成和减少射精量，但轻微的营养不足(饲料粗蛋白质水平12%)所造成的繁殖性能的损伤可很快恢复。饲料中蛋白质过多，不利于精液质量的提高。如用高蛋白质水平饲料饲喂的内江后备公猪，精子活力、精液浓度均比低蛋白质水平组低，但精子畸形率比低蛋白质水平组高。

多数人认为种公猪粗蛋白质的需要量大致与妊娠母猪需要量差不多，但质量要好，注意提供足量必需氨基酸，特别是赖氨酸、蛋氨酸＋胱氨酸、色氨酸、苏氨酸、异亮氨酸。其中，赖氨酸对改进种公猪精液质量有良好作用。为了充分发挥优秀种公猪的作用，饲料中还可以添加5%左右的动物性饲料。

(3)矿物质

矿物质对公猪的精液品质和健康同样具有很大影响。钙离子能刺激细胞的糖酵解过程，给精子活动提供能量，从而增强精子活动，尤其是鞭毛活动。钙离子还能促进精子和卵子的融合和精子穿入卵细胞透明带。饲粮中钙不足或缺乏时，精子发育不全，活力降低或死精子增加；但钙离子浓度过高会影响精子活力。磷对精液质量亦有很大影响，缺磷引起生殖机能衰退。后备公猪饲料含钙0.90%，成年公猪饲料含钙0.75%可满足其繁殖需要。公猪饲粮多为精料型，一般含磷多含钙少，故需注意钙的补充。饲粮中钙、磷比例以(1～1.2)∶1为宜。缺硒引起贫血，精液品质下降，睾丸萎缩；缺锰会产生异常精子；缺锌使睾丸发育不良，精子生成停止。建议每千克公猪饲料中硒、锰、锌含量应分别不少于0.15mg、20.0mg和50mg。食盐在公猪日粮中也不缺少，其含量以0.35%为宜。在集约化的养猪的条件下，更需注意补充上述微量元素，以满足其营养需要。

(4)维生素

维生素A与种公猪的配种能力有密切的关系。若公猪长期缺乏维生素A，青年公猪性成熟延迟，睾丸显著变小，睾丸产生精子的上皮细胞变性，抑制成年公猪的性欲并导致其生殖腺上皮细胞(主要是睾丸)退化，降低精子数量与质量。补饲维生素A和胡萝卜素，可使生殖上皮、精液生成和正常性活动得到恢复。据研究，公猪睾丸生殖细胞具有聚集维生素A的作用。公猪按每千克体重添加250～1000IU维生素A可提高受精率。成年公猪每天需要8200IU维生素A或16.4mg β-胡萝卜素，幼年公猪为10 250IU维生素A或20.5mg β—胡萝卜素。我国肉脂型猪饲养标准(按大、中、小型划分)规定，日需要4943IU、6709IU和8121IU；每千克饲料要求含3531IU。

维生素D的需要量：中国肉脂型猪饲养标准(按大、中、小三型)规定，分别为248IU、336IU和407IU，或每千克饲料含177IU。

长期缺乏维生素E，可导致成年公猪睾丸退化，永久性丧失繁殖力。种公猪的维生素E需要量为每千克饲料含11IU。

2. 种公猪的饲料配方举例

饲养种公猪应随时注意营养状态(典型配方见表2-11)，因为这是保持其健康体质和旺盛性欲的关键。

表 2-11 种公猪不同时期饲料配方

原料	配种期	非配种期	营养水平	配种期	非配种期
玉米	56.0	48.0	消化能(MJ/kg)	13.3	12.1
大麦	10.0	5.0	粗蛋白(%)	18.0	12.1
高粱	3.0		钙(%)	1.0	0.8
豆粕	16.0	8.0	磷(%)	0.7	0.6
麸皮	4.0	20.0			
叶粉	3.5	3.0			
鱼粉	4.0				
食盐	0.5	0.5			
骨粉	3.0	1.5			
次粉		10.0			
棉仁饼		4.0			

二、妊娠母猪的营养需要与实用饲料配方举例

1. 妊娠母猪的营养需要

(1)能量

妊娠期能量需要包括维持和增长两部分，增长又分母体增长和繁殖增长。很多报道认为妊娠增长为45kg，其中母体增长25kg，繁殖增长(胎儿、胎衣、胎水、子宫和乳房组织)20kg。中等体重(140kg)妊娠母猪每日维持需要消化能20.93MJ，母体增长25kg，平均日增219g，据估算每千克增重需消化能20.93MJ，219g需消化能4.60MJ。繁殖增长日增175g，约需消化能1.15MJ。以此推算，妊娠前期根据不同体重，每日需要消化能18.8～23.0kJ，妊娠后期每日需要消化能25.12～29.30MJ。

(2)粗蛋白质

蛋白质对胚胎发育和母猪增重都十分重要。妊娠前期母猪粗蛋白质176～220g/d，妊娠后期需要260～300g/d。饲料中粗蛋白质水平为12%。蛋白质的利用率决定于必需氨基酸的平衡。

(3)钙、磷和食盐

钙和磷对妊娠母猪非常重要，是保证胎儿骨骼生长和防止母猪产后瘫痪的重要元素。妊娠前期需钙10～12g/d，磷8～10g/d，妊娠后期需钙13～15g/d，磷10～12g/d。碳酸钙和石粉可补充钙的不足，磷酸盐或骨粉可补充磷。使用磷酸盐时应测定氟的含量，氟的含量不能超过0.18%。饲料中食盐为0.3%，补充钠和氯，维持体液的平衡并提高适口性。其他微量元素和维生素的需要由预混料中提供。

2. 妊娠母猪的饲料配方举例

妊娠母猪饲料配方举例见表 2-12。

表 2-12 妊娠母猪饲料配方

阶段	配方			阶段	配方		
	类别	成分	占比		类别	成分	占比
妊娠前期	饲料	玉米(%)	35	妊娠后期	饲料	玉米(%)	40
		豆饼(%)	10			豆饼(%)	20
		麦麸(%)	13			麦麸(%)	8
		高粱糠(%)	40			高粱糠(%)	30
		外加青饲料(kg)	2.39			外加青饲料(%)	(1.16kg)
		贝壳粉(%)	1.6			贝壳粉(%)	1.5
		食盐(%)	0.4			食盐(%)	0.5
		合计(%)	100			合计(%)	100
	养分	代谢能(MJ/kg)	12.52		养分	代谢能(MJ/kg)	12.81
		粗蛋白(%)	12.76			粗蛋白(%)	15.61
		钙(%)	0.71			钙(%)	0.67
		磷(%)	0.47			磷(%)	0.43
		赖氨酸(%)	0.58			赖氨酸(%)	0.77
		蛋氨酸+胱氨酸(%)	0.52			蛋氨酸+胱氨酸(%)	0.59
		苏氨酸(%)	0.48			苏氨酸(%)	0.60
		异亮氨酸(%)	0.51			异亮氨酸(%)	0.64

三、哺乳母猪的营养需要与实用饲料配方举例

1. 哺乳母猪的营养需要

母猪在哺乳期间，要分泌大量乳汁，一般在 60d 内能分泌 200～300kg，优良母猪能达 450kg 左右。因此，母猪在哺乳期间，尤其是在泌乳旺期(哺乳期前 30d)其物质代谢比空怀母猪要高得多，所需要的饲料量也就显著增加。

泌乳母猪的饲养标准，是根据泌乳母猪的维持营养需要和泌乳营养需要制定的。但各国对营养需要的分级规格简繁不一。例如，美国和法国比较简单，不分胎次、体重、哺乳期长短、仔猪头数，而推荐浮动指标；日本仅按母体重分级；英国兼顾带仔数与断奶周龄。建议哺乳母猪的饲料配制应分为初产母猪饲料和经产母猪饲料，初产哺乳母猪的饲料营养标准为：粗蛋白 16%～17%，消化能 13.81MJ/kg，赖氨酸 0.9%以上，钙 0.85%～0.90%，总磷 0.6%以上；经产哺乳母猪的饲料营养标准为：粗蛋白 16%以上，消化能 13.40～13.81MJ/kg，赖氨酸 0.85%以上，钙 0.85%～0.90%，总磷 0.6%以上。

2. 哺乳母猪的饲料配方举例

哺乳母猪饲料配方举例见表 2-13。

表 2-13　哺乳母猪饲料配方　　单位:%

原料	配方编号			
	配方 1	配方 2	配方 3	配方 4
玉米	59.0	47.5	37.0	63.7
麸皮	7.5	30.0	10.0	15.0
谷糠			25.0	
豆饼	25.0	19.0	25.0	16.5
苜蓿干草粉	5.0			
骨粉		2.0		
鱼粉				1.0
磷酸氢钙				1.1
石粉				1.2
赖氨酸				0.1
油脂	2.0		1.4	
食盐	0.5	0.5	0.6	0.3
预混料	1.0	1.0	1.0	1.0
合计	100	100	100	100

四、后备母猪的营养需要与实用饲料配方举例

1. 后备母猪的营养需要

为使后备母猪维持正常的生长和繁殖机能的正常发育，应满足其对各种营养的需要。后备母猪阶段主要是骨骼和肌肉生长强度较大，而脂肪的沉积较少。因此后备母猪的营养需要除了一定量的能量外，重点是对蛋白质和矿物质元素的需要，主要是钙和磷的需要。此外，充足而全面的维生素和微量元素营养也是保持其旺盛的代谢活动和正常生理机能所必须。确定后备母猪营养水平是否合适的主要标志是保持其良好的种用体况，初情期适时出现，并达到要求的初配体重。美国 NRC(1998)列出青年母猪营养需要量，Wahlstrom (1991)建议青年母猪必须自由采食，直至大约 100kg 体重时选为种用，以便评定其潜在生长速度和瘦肉增重。这些猪选为种用后，应限制能量摄入量，以使其在配种时具有理想的体况。为了不妨碍繁殖性能，80～90kg 的后备母猪，通常能量摄取水平限制在每天代谢能 25.12MJ。这期间应限制饲喂并加强维生素和矿物质的供给，而且饲料蛋白质水平应达到 14%左右，日采食量不超过 2kg。此外，在环境、设备条件良好的舍饲后备母猪的饲喂量，应比一般舍饲的后备母猪减少 10%左右。

实际生产中，要给后备母猪提供足够水平及质量的蛋白质，并保证矿物质和维生素的充分供应，以确保稳定的体增长。后备母猪的饲料应含消化能 12.96MJ/kg，粗蛋白 15%，赖氨酸 0.7%，钙 0.82%和磷 0.73%，而且选种后采取自由采食，使培育品种和杂种母猪能在第一次发情时达到约 90kg 体重(约 180 日龄)。

2. 后备母猪的饲料配方举例

后备母猪的饲料配制原则是按照后备母猪饲养标准进行(表 2-14)，其饲养标准约相当于同时期的生长发育猪的营养水平。体重 40kg 前，所喂的饲料每千克含能量 13.0MJ，粗蛋白质 16%～18%；40～60kg 体重时，所喂饲料每千克含能量 12.1～12.5MJ，粗蛋白质 14%～15%；体重 60kg 可配种，所喂饲料每千克含能量 11.7～12.1MJ，粗蛋白质 13%～14%。配制饲料时，应注意平衡蛋白质中氨基酸的比例，以提高其生物学价值。具有轻泻性的麸皮等饲料比例不能过大，以防腹泻，同时要注意钙、磷的补充。有条件时还可适当饲喂青绿饲料，以补充维生素的需要。

表 2-14 后备母猪饲料配方 单位：%

原料	配方编号		
	配方 1	配方 2	配方 3
玉米	39.5	30.0	25.0
麸皮	25.0	30.0	30.0
谷糠	3.5	14.5	18.0
蚕豆	12.0	6.0	10.0
菜籽饼	10.0	10.0	7.0
骨粉	1.0	1.0	1.0
草粉	6.0	6.0	6.0
食盐	0.5	0.5	0.5
油脂	1.5	1.5	1.5
预混料	1.0	0.5	1.0

五、哺乳仔猪的营养需要与实用饲料配方举例

1. 哺乳仔猪的营养需要

仔猪营养需要一直是动物营养研究中最活跃的领域，特别是近年来随着猪的遗传改良、断奶日龄的提前和集约化程度的提高，仔猪营养更是有了长足的发展。仔猪营养需要变幅较大，主要受仔猪生长潜力、年龄、体重、断奶日龄、饲料原料组成、健康状况、环境条件等的影响，生产上应加以注意。

(1)能量

哺乳期仔猪的能量需要从母乳和补料中得到满足，母乳及补料提供的能量的比例见表 2-15。随着仔猪日龄和体重的增加，母乳能量满足程度下降，差额部分由补料满足。为满足仔猪的能量需要，补料中能量浓度应为 14.64MJ/kg，一般应在 13.81～15.06MJ/kg。能量与蛋白质沉积间有一定比例关系，只有合理的能量蛋白比才能保证饲料的最佳效率。断奶仔猪干物质、脂肪和能量含量与平均日增重呈正相关，蛋白质、灰分与平均日增重呈负相关，每天沉积的蛋白质、脂肪、灰分和能量与平均日增重呈直线相关，沉积 1g 蛋白质和脂肪分别需要增重 5.20g 和 1.17g，由乳汁供给 55%的能量和 85%的氮用于体增重。

表 2-15　哺乳仔猪的能量需要及母乳供应

原料	周龄							
	1	2	3	4	5	6	7	8
体重(kg)	2	3.4	5.0	6.8	8.5	10.8	13.2	16.0
日需要量(MJ)	3.14	4.69	5.23	5.98	6.98	8.08	9.71	11.51
母乳供应量(%)	108	94	90	78	67	54	36	27
需要补料供应(%)	—	6	10	22	33	46	64	73

(2)蛋白质与氨基酸

近年来随着猪的遗传改良、早期断奶技术的发展和环境控制程度的提高，仔猪健康状况和生长速度得到了改善，所需蛋白质与氨基酸水平也发生相应的变化。

①蛋白质：由于仔猪胃肠道尚未发育成熟，供给易消化、生物学价值高的蛋白质饲料非常重要。根据仔猪体组织及猪乳中氨基酸含量并综合有关研究，提出了仔猪最佳氨基酸比例(理想蛋白质)。生产中，蛋白质的需要除考虑蛋白质水平外，还应考虑必需氨基酸的含量及其比例。

②赖氨酸：由于理想蛋白质概念的引入，通常把赖氨酸作为参照基础。只要确定了仔猪赖氨酸需要量，就可根据理想蛋白质确定其他必需氨基酸的需要量。因此，赖氨酸需要量的研究最为集中。以下各体重阶段的赖氨酸需要是：5kg 阶段为 1.45%，10kg 为 1.25%，15kg 为 1.15%，20kg 为 1.05%。随体重的增加，赖氨酸需要量显著减少。从 5kg 开始，体重每增长 1kg，饲料赖氨酸水平减少 0.026%。

③蛋氨酸：一般认为蛋氨酸是常规猪饲料的第二限制性氨基酸，但当添加结晶赖氨酸后或采用赖氨酸含量较高的原料配制饲料(如血粉或血浆粉)时，蛋氨酸就成为第一限制性氨基酸。NRC(1998)建议，3～5kg、5～10kg 和 10～20kg 仔猪饲料总的蛋氨酸需要分别为 0.40%、0.35%和 0.30%，当饲料蛋氨酸用与赖氨酸需要(分别为 1.50%、1.35%和 1.15%)之比表示时，其比例分别为 26.7%、25.9%和 26.1%；蛋氨酸＋胱氨酸的需要分别是 0.86%、0.76%和 0.65%，蛋胱氨酸/赖氨酸之比分别为 57.3%、56.3%和 56.5%。

④苏氨酸：苏氨酸一般是猪饲料中第二或第三氨基酸，当添加结晶赖氨酸时它有可能变为第一限制性氨基酸。NRC(1998)建议 3～5kg、5～10kg 和 10～20kg 仔猪饲料总的苏氨酸需要分别为 0.98%、0.86%和 0.74%，表观可消化苏氨酸需要分别为 0.75%、0.66%以及 0.56%。

⑤色氨酸：NRC(1998)建议 3～5kg、5～10kg 和 10～20kg 仔猪饲料总色氨酸需要分别为 0.27%、0.24% 和 0.21%，表观可消化色氨酸需要分别为 0.22%、0.19% 和 0.16%。

(3)矿物质

猪至少需要 13 种矿物元素，其中常量矿物质主要有钙、磷、钠、氯和钾。

①钙与磷：NRC(1998)标准是最低需要量的估计值，是在适宜环境的舍饲条件下、以玉米—豆粕型饲料为基础、各养分含量达平均值时的估计值，未加保险系数。基于此，美国 21 家饲料公司和 7 所大学的营养学家推荐了高于 NRC(1998)的钙、磷水平。国内有人

建议，7～22kg仔猪钙、磷及有效磷需要量分别为0.74%、0.58%和0.36%，钙与总磷比为1.21∶1，钙与有效磷比为1.94∶1。

②钠、氯和钾：在猪的营养中，狭义电解质概念是指离子钠(Na^+)、氯(Cl^-)和钾(K^+)，它们是猪体液中最主要的阴、阳离子，猪体液中Na^+、Cl^-、K^+的含量及它们之间的合理平衡，对维持细胞渗透压、酸碱平衡以及水盐代谢等具有重要作用。

③铜：铜是许多酶的组成成分，与血红蛋白的合成和许多物质代谢有关，有利于铁的利用。仔猪对铜的需要量约为5～6mg/kg。

④铁：铁是红细胞中血红蛋白的重要成分，也是肌红蛋白、运铁蛋白、子宫铁蛋白和乳铁蛋白的成分。哺乳仔猪每天需存留铁7～16mg，以维持足够的血红蛋白和铁贮量，而出生时体内有50mg铁，每升猪乳平均仅含铁1mg，因而，仅食母乳的仔猪很快发生缺铁性贫血，表现生长缓慢、精神不振、被毛粗糙、皮肤皱褶、黏膜苍白，少数运动之后呼吸困难或膈肌痉挛(噎病)，血红蛋白水平低于8g/100mL全血(正常值为10g/100mL)。妊娠和泌乳母猪饲喂高水平含铁饲料，不能使乳中铁含量提高至防止铁缺乏的程度，但哺乳仔猪进食饲喂高铁饲料的母猪粪便可防止缺铁。许多研究证明，出生后头3d的仔猪肌内注射铁剂(右旋糖苷铁等)，可防止发生缺铁性贫血。

⑤锌：锌是多种DNA和RNA合成酶和转运酶以及消化酶的组成成分，在蛋白质、碳水化合物与脂类代谢中具有重要作用。仔猪饲料中锌需要量为80～100mg/kg，植酸、植酸盐、钙、铜等影响锌的需要量。在早期断奶仔猪饲料中添加锌3000mg/kg(以氧化锌形式提供)14d，可降低仔猪断奶后腹泻发生率，提高增重。高锌和高铜对促进仔猪生长均有效，但当它们一起加入饲料时，二者在促生长方面并无叠加效应。

⑥锰：锰是碳水化合物、脂类和蛋白质代谢有关酶的组成成分，也为硫酸软骨素合成所必需，与骨骼发育有关。锰的需要量尚未很好确定，仔猪饲料中锰的需要量为3～40mg/kg。

⑦碘：碘是甲状腺素的组成成分，可调节代谢速度。碘的需要量尚未很好确定，仔猪需要量为0.14～0.2mg/kg。

⑧硒：硒是谷胱甘肽过氧化酶的组成成分，缺硒可导致仔猪白肌病。仔猪饲料中硒需要量为0.1～0.3mg/kg。保证正常增重的硒需要量低于最佳生化指标，兼顾二者，以饲料中0.3mg/kg为宜。

(4)维生素

饲养标准中的维生素推荐量大多是防止维生素临床缺乏症的最低需要量。为了满足猪的最佳生产性能或抗病能力等，实践中都在饲料里超量添加维生素。由于维生素本身的不稳定性和饲料中维生素状况的变异性，使得合理满足仔猪维生素的需要难度增大。其影响因素主要包括饲料类型、饲料营养水平、饲料加工工艺、贮存时间与条件、仔猪生长遗传潜力、饲养方式、食欲和采食量、应激与疾病状况、药物的使用、体内维生素贮备等。

常用玉米—豆粕型饲料，最易缺乏或不足的维生素主要有维生素A、D、E，核黄素、烟酸、泛酸和维生素B_{12}，有时可出现维生素K和胆碱的不足，生产上有时添加维生素B_6和生物素预防其缺乏。多数国家推荐仔猪维生素A需要量为每千克饲料1718～2380IU，维生素D需要量为每千克饲料140～240IU，维生素E需要量为每千克饲料8.5～16IU，维生素K需要量为每千克饲料 0.5～2.2mg，维生素 B_1需要量为每千克饲料 1.0～1.67mg，维生素 B_2需要量为每千克饲料 2.78～4.0mg，维生素 B_6需要量为每千克饲料 1.5～2.78mg。

谷实类籽实及其副产品中烟酸的利用率极低，以玉米为主的饲料容易发生烟酸缺乏症，表现厌食、呕吐、皮肤干燥、皮炎、被毛粗乱、脱毛、腹泻、口腔黏膜溃疡、胃溃疡、盲肠和结肠发炎和坏死等症状，其中厌食和消化紊乱较为常见。仔猪遗传性能的改进、早期断奶、应激引起的疾病、饲料中的霉菌等都可增加烟酸的需要量。多数国家推荐仔猪烟酸需要量为每千克饲料 12.5～24mg。实际添加量应高于标准推荐量。

米糠、麦麸、花生饼中泛酸含量丰富，但玉米、豆粕中泛酸含量少，采用玉米—豆粕型饲粮易导致泛酸缺乏，表现出食欲减退、腹泻、皮肤干燥、脱毛等症状，所以，饲料中应注意添加。饲料脂肪水平高、维生素 B_{12}、维生素 C 缺乏增加猪对泛酸的需要；抗生素的使用降低猪对泛酸的需要量。多数国家推荐仔猪泛酸需要量为每千克饲料 9～15mg。

一般情况下，猪可从饲料和肠道微生物获得足够的叶酸，仔猪饲料中添加叶酸的试验大都未使仔猪性能得到明显改善。多数国家推荐仔猪叶酸需要量为每千克饲料 0.3～0.68mg。

维生素 B_{12}只存在于动物性饲料中，全植物性饲料必须添加维生素 B_{12}，缺乏时表现食欲降低，腹泻神经性障碍，皮肤被毛粗糙，贫血等。维生素 B_{12}的需要量很低，多数国家推荐仔猪维生素 B_{12}需要量为每千克饲料 10～24μg。

美国 NRC(1998)和英国农业研究委员会(ARC)(1981)并没有建议猪饲料中添加维生素 C，也没有给出需要量。有研究报道，添加维生素 C 改善了 3～4 周龄断奶仔猪的增重，建议乳猪饲料中维生素 C 需要量为 300mg/kg。

玉米、豆粕中胆碱含量丰富(玉米 620mg/kg，豆粕 2794mg/kg)。因此，仔猪与生长猪喂以玉米—豆粕型饲料添加胆碱未见生长反应。叶酸和维生素 B_{12}缺乏时胆碱需要量明显增加，胆碱缺乏时猪生长迟缓，肝脏和肾脏脂肪浸润。多数国家推荐仔猪胆碱需要量为每千克饲料 400～1100mg。

2. 哺乳仔猪的饲料配方举例

仔猪开食料的组成与饲喂量不仅与哺乳仔猪的生长发育有关，而且还影响着断奶后仔猪完全采食饲料时的生长发育状况。仔猪料的效能直接影响着仔猪生长发育的好坏。仔猪料的配制与饲喂应考虑以下问题。

(1)选择优质饲料原料

仔猪开食料应是高营养水平的全价饲料，应尽量选择营养丰富、容易消化、适口性强的原料配制。原料组分选择既要与仔猪消化能力相适应，也要为断奶后仔猪饲养做准备。初期尽可能选用消化率高、质量好的动物性蛋白质饲料，如奶粉、乳清粉等，少用豆粕等植物性蛋白质饲料，以后逐渐增加植物性蛋白质饲料的比例，以利于断奶后的平稳过渡。目前市售的仔猪料有多种，现介绍一些饲料配方供参考。由许振英教授按我国中型和地方品种饲养标准研制的饲料配方 1 见表 2-16，美国大豆协会建议的哺乳仔猪饲料配方 2 见表 2-17。

表 2-16　哺乳仔猪饲料配方 1　　单位：%

原料	体重 1～5kg			体重 5～10kg	
	配方 1	配方 2	配方 3	配方 4	配方 5
全脂奶粉	22.0		20.0		
脱脂奶粉				10.0	
玉米	17.0	43.0	11.0	43.6	46.0
小麦	28.0		20.0		
高粱			9.0	10.0	18.0
小麦麸				5.0	
豆饼	23.0	25.0	18.0	20.0	27.8
鱼粉	9.0	12.0	12.0	7.0	7.4
饲料酵母粉		4.0	4.0	2.0	
白糖		5.0	3.0		
炒黄豆		10.0			
碳酸钙	1.0		1.0	1.0	
骨粉		0.4			0.4
食盐	0.4		0.4	0.4	0.4
预混料	1.0		1.0	1.0	
淀粉酶	0.4		0.4		
胃蛋白酶		0.1	0.2		
胰蛋白酶	0.2				
乳酶生		0.5			
消化能(MJ/kg)	15.27	14.87	15.56	13.60	14.44
粗蛋白	25.2	25.6	26.3	22.0	20.3

表 2-17　哺乳仔猪饲料配方 2　　单位：%

原料	仔猪体重 4.5～11kg	
	配方 1	配方 2
黄玉米	48.75	38.4
脱壳燕麦粉		10.0
黄豆粉	28.5	31.0
乳清粉	20.0	10.0
糖		5.0
油脂		2.5
碳酸钙	0.65	0.75
磷酸二钙	1.5	1.75
食盐	0.35	0.35
维生素微量元素预混剂	0.25	0.25

饲料酸碱度是选择饲料原料时需要考虑的一个方面。根据仔猪胃肠道酸性很低的特点，应尽量选用偏酸性或碱性低的饲料，因为胃蛋白酶在酸性环境下才能启动发挥作用。饲料的酸碱性用酸结合力表示。

(2)饲料加工方法与技术影响开食料的饲喂效果

颗粒料可改善饲料利用率，减少饲料的损耗。试验表明，仔猪对颗粒料比对粉料的饲料转化效率高10个百分点，增重高33.9%。仔猪胃肠容积小，采食量小，饲喂颗粒料具有更大意义。因为颗粒料容重大，即营养物质浓度增大，满足仔猪营养需要量。膨化加工是近年发展的饲料加工新技术，它可以改变蛋白质与淀粉的分子结构，有利于猪的消化吸收。同时，膨化饲料能减少饲料蛋白的过敏原性，因为膨化工艺的短时高温比一般热处理更能有效地破坏抗原活性物质。有试验表明，经膨化处理的大豆浓缩蛋白、大豆分离蛋白，减少了仔猪的过敏反应，降低了猪腹泻率。

(3)饲料量

断奶前仔猪的补料量可影响仔猪断奶后对饲料蛋白的过敏反应。断奶前若能采食大量补料，使免疫系统产生免疫耐受力，则断奶后就不至于发生对饲料蛋白的过敏反应。若断奶前饲喂少量饲料蛋白，免疫系统处于应答状态，断奶后再次接触这种饲料抗原时，立即产生严重腹泻。因此，对于4～5周龄断奶的仔猪，哺乳期进行补饲对保证断奶后的健康和正常生长具有明显的效果。但对于3周龄或更早断奶的仔猪，补饲会带来问题。很多研究都证明了这一点，并得出结论：3周龄或更早断奶仔猪无需补饲，采用突然断奶并降低断奶后饲料蛋白水平的效果优于补饲；5周龄断奶须使仔猪断奶前采食大量补料，建立起免疫耐受力。

六、断奶仔猪的营养需要与实用饲料配方举例

1. 断奶仔猪的营养需要

断奶仔猪处于快速的生长发育阶段，一方面对营养需求特别大，另一方面消化器官机能还不完善。断奶后营养来源由母乳完全变成了固定饲料，母乳中的可完全消化吸收的乳脂、蛋白由谷物淀粉、植物蛋白所代替，并且饲料中还含有一定量的粗纤维。仔猪对饲料的不适应是造成仔猪腹泻的主要原因，仔猪腹泻是断奶仔猪死亡的主要原因之一，因此，满足断奶仔猪的营养需求对提高猪场经济效益极为重要。断奶前期饲喂人工乳，人工乳成分以膨化饲料为好，实践证明：膨化饲料不仅对仔猪消化非常有利，而且提高了适口性，降低了腹泻发生率。近几年的研究表明，22%～18%的粗蛋白质水平，可满足早期断奶仔猪对蛋白质的需要，但同时要求各种氨基酸的量要平衡。美国NRC(1988)确定，5～10kg体重的仔猪料中，赖氨酸的适宜水平为1.15%；欧洲的ARC比NRC要高些。在试验中，采用19%的蛋白质、1.10%～1.25%的赖氨酸水平，饲养效果最好。

2. 断奶仔猪的饲料配方举例

断奶仔猪的饲料配方举例见表2-18、表2-19、表2-20。其中预混料中含有铁、铜、锌、锰、碘、硒和喹乙醇，它们在饲料中的含量为铁150mg/kg，铜125mg/kg，锌130mg/kg，锰5mg/kg，碘0.14mg/kg，硒0.3mg/kg，喹乙醇100mg/kg。另外，每100kg饲料可再加多种维生素10g。

表 2-18　断奶仔猪的饲料配方 1

原料	配比(%)	营养水平	含量
无霉黄玉米(12%水分)	61.7	消化能(MJ/kg)	13.80
低尿酶豆粕(粗蛋白 44%)	25	粗蛋白质(%)	19.5
低盐进口鱼粉(粗蛋白 60%)	6	赖氨酸(%)	1.1
食用油	3		
赖氨酸	1		
磷酸氢钙	2		
食盐	0.3		
预混料	1		

表 2-19　断奶仔猪的饲料配方 2

原料	配比(%)	营养水平	含量
玉米	58.90	消化能(MJ/kg)	13.81
大豆粕	26.33	粗蛋白(%)	19.0
鱼粉	4.00	钙(%)	0.83
五星幼畜宝	5.00	总磷(%)	0.67
大豆油	2.00	赖氨酸(%)	1.33
磷酸氢钙	1.10	蛋氨酸(%)	0.43
石粉	0.90	蛋氨酸+胱氨酸(%)	0.743
1%预混料	1.00	苏氨酸(%)	0.83
赖氨酸	0.44		
蛋氨酸	0.08		
苏氨酸	0.05		
食盐	0.20		
合计	100.00		

表 2-20　断奶仔猪的饲料配方 3

原料	配比(%)	营养水平	含量
玉米	56	消化能(MJ/kg)	13.36
膨化大豆	5	粗蛋白(%)	18.51
豆粕	18.5	粗脂肪(%)	3.39
鱼粉	4	粗灰分(%)	6.51
次粉	4	钙(%)	1.39
乳清粉	9	磷(%)	0.82
微量元素预混料	1		
磷酸氢钙	1.2		
石粉	0.8		
食盐	0.25		
赖氨酸	0.15		
蛋氨酸	0.08		
复合多维	0.02		

七、生长育肥猪的营养需要与实用饲料配方举例

1. 生长育肥猪的营养需要

(1)能量

自由采食情况下，生长育肥猪有自动调节采食的能力，因而饲料能量水平在一定范围内变化对生长育肥猪的生长速度、饲料利用率和胴体质量并无显著影响。但当饲料能量浓度降至每千克 10.8MJ 消化能时，对生长育肥猪增重、饲料利用率和胴体质量已有显著的影响。提高饲料能量浓度，能提高增重速度和饲料利用率，但胴体较肥。针对我国目前的养猪实际，兼顾猪的增重速度、饲料利用率和胴体质量，饲料能量浓度以每千克 11.9～13.3MJ 消化能为宜，前期取高限，后期取低限。

(2)蛋白质和必需氨基酸

蛋白质不足，猪的增重速度减慢，严重时体重减轻，应根据不同类型猪瘦肉生长的规律和对胴体质量的要求来制订相应的蛋白质水平。如对于高瘦肉生长潜力的生长育肥猪，60kg 体重以前蛋白质水平 16%～18%，后期 13%～15%。此外，各种氨基酸的水平以及它们之间的比例，特别是几种限制性氨基酸的水平及其相互间的比例会对育肥性能产生很大的影响。

(3)矿物质和维生素

生长育肥猪饲料中一般只计算钙、磷及食盐(钠)的含量。20～50kg 体重阶段钙 0.6%，有效磷 0.23%；50～100kg 体重阶段钙 0.5%，有效磷 0.15%。食盐通常占风干饲粮的 0.3%。配制饲料时一般不计算原料中各种维生素的含量，而是按照饲养标准中规定的需要量，添加维生素添加剂。

(4)粗纤维

粗纤维是影响饲料适口性和消化率的主要因素，饲料粗纤维含量过低，生长育肥猪会出现拉稀或便秘。饲料粗纤维含量过高，则适口性差，并严重降低饲料养分的消化率。生长育肥猪饲料的粗纤维水平一般在 6%～8%。

2. 生长育肥猪的饲料配方举例

表 2-21 是中国农业科学院畜牧研究所研制的配方。表 2-22 也是中国农业科学院畜牧研究所提供，饲喂大约克夏猪×长白猪×北京黑猪，这是低蛋白水平饲料配方，适用于华北地区蛋白质饲料不足的地方。表 2-23 是华南农业大学饲养杜洛克猪与长白猪的杂交猪用的饲料配方。

表 2-21　肉猪饲料配方

配方编号		配方 1			配方 2	
体重阶段(kg)		20～35	35～60	60～90	20～60	60～100
原料(%)	玉米	40.20	40.00	42.00	50.10	50.40
	小麦麸	22.50	20.50	20.70	15.00	18.00
	豆饼	11.30	8.50	6.00	21.00	15.00
	菜籽饼	9.00	10.00	10.00		
	稻谷				12.00	15.00
	高粱	16.20	20.00	20.00		
	骨粉	0.10	0.10	0.30	1.00	0.40
	贝壳粉	0.60	0.60	0.60	0.60	0.90
	食盐	0.10	0.30	0.40	0.30	0.30

(续)

配方编号		配方 1			配方 2	
营养水平	消化能(MJ/kg)	13.26	13.05	13.10	13.28	13.17
	粗蛋白(%)	15.94	14.07	14.30	15.90	14.10
	钙(%)	0.40	0.39	0.45	0.59	0.50
	磷(%)	0.44	0.43	0.45	0.48	0.41
	赖氨酸(%)	0.80	0.80	0.66	0.77	0.65
	蛋氨酸+胱氨酸(%)	0.61	0.60	0.59	0.61	0.56

表 2-22 大约克夏猪×长白猪×北京黑猪低蛋白水平饲料配方

原料(%)	阶段(kg)		营养水平	阶段(kg)	
	20～60	60～100		20～60	60～100
玉米	55.61	64.95	消化能(MJ/kg)	12.56	12.93
豆饼	5.07	10.0	代谢能(MJ/kg)	11.64	11.94
麦麸	5.0	5.0	粗蛋白(%)	13.24	11.75
大麦	24	15	钙(%)	0.76	0.45
鱼粉	5.07		磷(%)	0.65	0.50
草粉	3.0	3.0	赖氨酸(%)	0.76	0.61
蛋氨酸	0.1	0.1	蛋氨酸+胱氨酸(%)	0.56	0.51
维生素与矿物质	0.28	0.25	苏氨酸(%)	0.51	0.46
骨粉	1.37	1.2	异亮氨酸(%)	0.50	0.44
食盐	0.5	0.5			

表 2-23 华南农大杂交猪饲料配方

原料(%)	阶段(kg)		营养水平	阶段(kg)	
	20～60	60～100		20～60	60～100
玉米	49.10	49.40	消化能(MJ/kg)	13.28	13.17
豆饼	21.00	15.00	代谢能(MJ/kg)	12.32	12.27
小麦麸	5.00	8.00	粗蛋白(%)	15.90	14.10
细麦麸	10.00	10.00	钙(%)	0.59	0.50
稻谷	12.00	15.00	磷(%)	0.48	0.41
骨粉	1.00	0.40	赖氨酸(%)	0.77	0.65
贝壳粉	0.60	0.90	蛋氨酸+胱氨酸(%)	0.61	0.56
食盐	0.30	0.30	苏氨酸(%)	0.61	0.54
预混料	1.00	1.00	异亮氨酸(%)	0.62	0.53
合计	100	100			

※实训二　场区布局、猪场建筑调查和饲料供应情况调查

【实训目的】通过对校内外养猪生产基地的饲料供应情况，场区布局及猪舍建筑等的深入调查，对课堂学习的有关内容进行归纳，学生对其做出评价。

【实训准备】校内外养猪现场的饲料供应情况；校内外养猪现场及各类猪舍。

【实训内容】参观现场，安全猪肉生产环境和污染处理设备的调查。对场区布局和各类猪舍进行调查。

【实训步骤】

①教师预先对实习现场进行摸底和安排，做到心中有数。

②分组参加现场的猪舍实践，同时进行测量和调查。

③找出猪场建筑设计方面存在的问题，并提出改进意见。

④对场区布局和各类猪舍进行调查。并对猪舍的栋长、栋宽、舍高、墙体、走道、猪栏、门窗、通风排水设施、沼气池等进行实测，绘出草图。

【实训报告】对上述问题作出评价，画出猪场布局草图；画出各类猪舍示意图及尺寸，画出通风及排水设施示意图。

练习与思考题

1. 简述猪场场址选择的原则。
2. 简述单体栏限饲母猪的优缺点?

项目三 种猪生产技术

【知识目标】

• 掌握种公猪生殖生理特点、饲养与管理知识。

• 掌握种后备母猪培育技术、母猪发情及配种理论与实践方法、妊娠母猪、分娩前后母猪、泌乳母猪和空怀母猪的养殖技术。

• 了解并掌握衡量母猪繁殖力的技术指标与母猪淘汰原则。

【技能目标】

• 学会公猪的采精技术。

• 学会母猪的发情鉴定与配种技术、母猪的妊娠诊断技术、母猪的分娩接产与初生仔猪的护理技术。

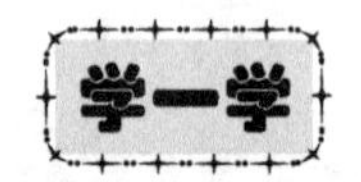

任务一 种公猪的饲养管理

种猪生产是整个养猪业生产的基础，只有通过科学的饲养管理，种猪才能繁殖出数量多、质量高的仔猪，才能提高养猪业的经济效益。

一、瘦肉型种公猪的特点

头颈粗壮，胸部开阔、宽深，体格健壮、四肢有力；睾丸发育良好，两侧睾丸大小一致、左右对称，无阴囊疝，性欲旺盛，精液量多质好。

二、公猪生殖生理特点

公猪在各种家畜中射精量最大，射精持续时间最长。其一次射精量为 150～500mL，最高可达 900mL。交配时间为 5～10min，最长可达 20～25min。种公猪精液中水分占

90%～95%，粗蛋白占1.2%～2%，粗脂肪占0.2%，在精液干物质中蛋白质可占60%，精液中还含有矿物质和维生素。因此，应根据公猪生产需要满足其所需要的各种营养物质。

三、种公猪的要求

饲养合格的种公猪，是实现母猪多胎高产的关键所在，由于种公猪在饲养管理上的差异，猪场和养殖专业户在经济效益上所表现的有很大不同。用于人工授精的种公猪必须是良种个体，具有明显的品种特征，遗传性稳定，体质结实，体形匀称。生殖器官发育正常，精液品质良好，雄性特征明显。乳头应在7对以上，排列整齐。符合种公猪的要求是：

①种公猪的体质健壮，生长发育良好，能充分发挥其品种的性状特征，膘情适中，性机能旺盛，使用年限长。

②能生产品质优良的精液，精子活力强，密度高与配母猪受胎率高。

③种公猪的性情温驯，无恶癖，与人亲和、易接近。

四、后备公猪的饲养管理

后备公猪即青年公猪，是猪场的后备力量。从仔猪育成阶段到初次配种前，是后备公猪的培育阶段。后备公猪的培育目的是使后备公猪发育良好，体格健壮，形成发达且机能完善的消化系统、血液循环系统、生殖器官以及结实的骨骼、适度的肌肉和脂肪组织。过高的日增重、过度发达的肌肉和大量的脂肪组织沉积，都会影响后备公猪的繁殖机能。

1. 后备公猪的饲养

后备公猪所用饲料应根据其不同的生长发育阶段进行配合，要求原料品种多样化，保证营养全面。注意能量饲料和蛋白质饲料的比例，特别是矿物质、维生素和必需氨基酸的补充。在饲养过程中，注意防止其体重过快增长，注意控制性成熟与体成熟的同步性，从而获得种用性能良好的后备种猪。要求在8月龄时达成年体重的70%左右(120kg以上)时开始配种，最好安排在第二个情期配种。选留的种公猪应适当添加动物性蛋白质饲料，特别注意青饲料和矿物质的添加补充。50～120kg阶段，饲料中钙、磷、有效磷需要量比育肥猪要高0.05%～0.1%，否则性欲低下，导致母猪的受胎率不高。如果蛋白质和各种必需氨基酸、矿物质微量元素不足，则会延缓性成熟，降低种公猪的精液量和精子数，降低性欲，影响繁殖能力。

2. 后备公猪的管理

后备公猪从50kg起要公母分开饲养，按体重进行分群，一般每栏4～6头，饲养密度要合理，每头猪占地1.5～2.0m^2。后备公猪性成熟后，出现骚动不安、相互爬跨、食欲减退、生长缓慢。因此，后备公猪达到性成熟后应实行单圈饲养，防止自淫。

为了使后备公猪四肢结实、灵活、体质健康，应进行适当运动。每天上、下午各1次，每次1h。后备公猪最迟在调教前1周开始运动。运动时注意保护其肢蹄。有放牧条件的最好进行放牧运动，一般养猪场可以设立运动场，让猪自由运动或驱赶运动。

每一个品种的猪都有一定的生长发育规律，通过称量后备公猪各月龄体重，可比较个体间生长发育的差异，有利于选育，并可据此适时调整饲料的饲养水平和饲喂量，达到应有的体质和体况。后备猪应在6月龄以后，测量活体背膘厚度，按月龄测量体长。根据标准，对发育不良的后备猪要及时淘汰，避免造成人力、物力浪费。

定时、定量、定餐饲喂，保持适宜的体况。提供清洁而充足的饮水；做好卫生消毒工作，防止疾病发生；及时清除粪便，保持猪舍清洁，注意通风；猪舍、地面、用具和食槽定期消毒；消灭蚊蝇、老鼠，禁止狗、猫进入；定期驱虫和预防接种；注意防寒保暖和防暑降温工作等环境条件的管理。

3. 后备公猪的调教方法

调教前先让其观察1～2次成年公猪采精过程，然后开始调教。调教过程中，通过利用成年公猪的尿液、发情母猪的叫声、按摩公猪的阴囊部和包皮等给予公猪刺激。调教过程中要让公猪养成良好的习性，便于今后的采精工作。采精人员不得以恶劣的态度对待公猪。对不爬跨假母猪台的公猪要有耐心，每次调教的时间不超过30min，一周可调教4次。如遇有公猪对假母猪台不感兴趣，可利用发情母猪刺激公猪，赶一头发情母猪与其接触，先让其爬跨发情母猪采精1次，第2d再爬假母猪台，这样容易调教成功。后备公猪在采到初次精液后，第2d再采精1次，以便增强记忆。

4. 后备公猪调教的注意事项

后备公猪8月龄开始调教，训练采精，效果比从6月龄就开始调教要好得多，不仅易于采精，而且可以缩短调教时间并延长使用时间。后备公猪在配种妊娠舍适应饲养的45d内，人要经常进栏，使后备公猪熟悉环境，训练后备公猪进出猪圈及在道路上行走，在训练过程中可抓住公猪的尾巴。进行后备公猪调教时，要有足够的耐心，不能粗暴地对待公猪，调教人员应态度温和，方法得当，调教时发出一种类似母猪叫声的声音或经常抚摸公猪，使调教人员的一举一动或声音渐渐成为公猪行动的指令；调教时，应先调教性欲旺盛的公猪。公猪性欲的好坏，一般可通过咀嚼唾液的多少来判断，唾液越多性欲越旺盛，对于那些对假母猪台或母猪不感兴趣的公猪，可以让它们在旁边观望或在其他公猪配种时观望，以刺激其性欲的提高

五、种公猪的饲养管理

1. 种公猪的饲养

①饲料品种要多样化，品质好，适口性强，易消化。注意公猪的日粮体积应以小为好，以防止形成草腹影响配种。

②经常注意种公猪的体况，不得过肥或过瘦，根据实际情况随时调整日粮。

③日粮调制宜采用干粉料颗粒料和湿拌料为好，加喂适量的青绿多汁饲料，并供给充足清洁的饮水。

④饲喂要定时，定量每天2次，每次喂的不可过饱，有八九成饱即可。

2. 种公猪的管理

种公猪除与其他猪一样应该生活在清洁、干燥、空气新鲜、舒适的生活环境条件中以外，还应做好以下工作。

（1）建立良好的生活制度

饲喂、采精或配种、运动、刷拭等各项作业都应在大体固定的时间内进行，利用条件反射养成规律性的生活制度，便于管理操作。

（2）分群

种公猪可分为单圈和小群两种饲养方式，单圈饲养单独运动的种公猪可减少相互爬跨干扰而造成的精液损失，节省饲料。小群饲养种公猪必须是从小合群，一般两头一圈，最多不能超过 3 头，小群饲养合群运动，可充分利用圈舍、节省人力，但利用年限较短。

（3）运动

加强种公猪的运动，可以促进食欲、增强体质、避免肥胖、提高性欲和精液品质。运动不足会使公猪贪睡、肥胖、性欲低、四肢软弱且多肢蹄病，影响配种效果，所以，每天应坚持运动种公猪。种公猪除在运动场自由运动外，每天还应进行驱赶运动，上下午各运动 1 次，每次行程 2km。夏季可在早晚凉爽时进行，冬季可在中午运动 1 次。如果有条件可利用放牧代替运动。目前在一些工厂化猪场种公猪没有运动条件，不进行驱赶运动，所以淘汰率增加，缩短种用年限，一般只利用 2 年左右。

（4）刷拭和修蹄

每天定时用刷子刷拭猪体，热天结合淋浴冲洗，可保持皮肤清洁卫生，促进血液循环，少患皮肤病和外寄生虫病。这也是饲养员调教公猪的机会，使种公猪温驯听从管教，便于采精和辅助配种。要注意保护猪的肢蹄，对不良的蹄形进行修蹄，蹄不正常会影响活动和配种。

（5）定期检查精液品质和称量体重

实行人工授精的公猪，每次采精都要检查精液品质。如果采用本交，每月也要检查 1～2 次精液品质，特别是后备公猪开始使用前和由非配种期转入配种期之前，都要检查精液 2～3 次，严防死精公猪配种。种公猪应定期称量体重，可检查其生长发育和体况。根据种公猪的精液品质和体重变化来调整日粮的营养水平和饲料喂量。

（6）防止公猪咬架

公猪好斗，如偶尔相遇就会咬架。公猪咬架时应迅速放出发情母猪将公猪引走，或者用木板将公猪隔离开，也可用水猛冲公猪眼部将其撵走。如不能及时平息，会造成严重的伤亡事故。

（7）防寒防暑

种公猪最适宜的温度为 18～20℃，冬季猪舍要防寒保温，以减少饲料的消耗和疾病发生。夏季高温时要防暑降温，高温对种公猪的影响尤为严重，轻者食欲下降、性欲降低，重者精液品质下降，甚至会中暑死亡。现举例说明高温对种公猪的影响。将 16 头种公猪平均分为两组，A 组 8 头公猪为对照组生活在 23℃的环境温度条件下，B 组 8 头公猪为高温处理组，生活在 33℃环境条件下 72h，然后降到与对照组相同的温度条件下，研究高温处理对种公猪的影响。种公猪在 33℃的高温条件下处理 72h，其精液品质受到严重的影响，表现出精子活力下降、总精子数和活精子数减少、畸形精子数增加，因而使与配母猪妊娠率下降，胚胎成活率降低。从影响时间来看，处理 58d 后精液品质才恢复正常。可见高温对种公猪有非常大的影响。防暑降温的措施很多，有通风、洒水、洗澡、遮阴等方法，各地可因地制宜进行操作。

任务二　种母猪的饲养管理

一、后备母猪的饲养管理

做好后备母猪的饲养管理工作，是规模猪场建立繁殖高产母猪群、持续盈利的根本保障。

(1)分群管理

为使后备母猪生长发育均匀、整齐，可按体重分成小群饲养，每圈可养4～6头。饲养密度要适当，饲养密度过高可影响后备母猪的生长发育，甚至出现咬尾、咬耳恶癖。小群饲养有两种饲喂方式：一是小群合槽饲喂(可自由采食，也可限量饲喂)。这种饲喂方式的优点是猪互相争抢吃食快；缺点是强弱吃食不均，容易出现弱猪。二是单槽饲喂小群运动。优点是吃食均匀，生长发育整齐；缺点是栏杆、食槽设备投资较大。

(2)运动

为了使后备母猪筋骨发达，体质健康，身体发育匀称平衡，特别是四肢灵活坚实，就要有适度的运动。伴随四肢运动，全身有75%的肌肉和器官同时参加运动。尤其是放牧运动，可使后备母猪呼吸新鲜空气，接受日光浴，拱食鲜土和青绿饲料，对促进生长发育和抗病力有良好的作用。为此，国外有些国家又开始提倡放牧运动和自由运动。

(3)调教

后备母猪从小要加强调教管理。首先，建立人与猪的和睦关系，从幼猪阶段开始，利用称量体重、喂食之便进行口令和触摸等亲和训练，严禁恶声恶气地打骂他们，这样猪愿意接近人，便于将来输精、配种、接产、哺乳等繁殖时的操作管理。怕人的母猪常出现流产和难产现象。其次，训练后备母猪良好的生活规律。规律性的生活使其感到自在舒服，有利于生长发育。再次，对耳根、腹侧和乳房等敏感部位进行触摸训练，这样既便于以后的管理和疫苗注射，还可促进乳房的发育。

(4)定期称重

后备母猪最好按月龄称量个体体重，任何品种的猪都有一定的生长发育规律，换言之，不同的月龄都有相对应的体重范围。通过后备母猪各月龄体重变化可了解其生长发育的情况，适时调整饲养水平和饲喂量，使其达到品种发育要求。后备猪生后5月龄体重应控制在75～80kg，6月龄达到95～100kg，7月龄控制在110～120kg，8月龄控制在130～140kg。适宜的喂料量，既可保证后备猪的良好发育，又可控制体重的快速生长。

(5)测量体长及膘厚

后备母猪于6月龄以后，应测量活体背膘厚，按月龄测量体长和体重。要求后备猪在不同月龄阶段有相应的体长与体重。对发育不良的后备猪要及时淘汰。

(6)日常管理

后备母猪需要防寒保温、防暑降温、清洁卫生等环境条件的管理。

(7)环境适应

后备母猪要在猪场内适应不同的猪舍环境，与老母猪一起饲养，与公猪隔栏相望或者直接接触，这样有利于促进母猪发情。

二、空怀母猪的饲养管理

1. 空怀母猪的管理

(1)创造适宜的环境条件

阳光、运动和新鲜空气对促进母猪发情和排卵有很大影响，因此应创造一个清洁、干燥、温度适宜、采光良好、空气新鲜的环境条件。体况良好的母猪在配种准备期应加强运动和增加舍外活动时间，有条件时可进行放牧。

(2)合群饲养

有单栏饲养和小群饲养两种方式。单栏饲养空怀母猪是工厂化养猪中采用较多的一种形式。在生产实践中，包括工厂化、规模化养猪场在内的各种猪场，空怀母猪通常实行小群饲养，一般是将 4～6 头同时断奶的母猪养在同一栏内，可自由运动，特别是设有舍外运动场的圈舍，可促进发情。

(3)做好发情观察和健康记录

每天早晚两次观察记录空怀母猪的发情状况。喂食时观察其健康状况，必要时用试情公猪试情，以免失配。从配种准备开始，所有空怀母猪应进行健康检查，及时发现和治疗病猪。

2. 空怀母猪的饲喂

饲养空怀母猪的目的是促使青年母猪早发情、多排卵、早配种达到多胎高产的目的；对断奶母猪或未孕母猪，积极采取措施组织配种，缩短空怀时间。

空怀母猪在配种前的饲养十分重要，因为后备猪正处在生长发育阶段，经产母猪常年处于紧张的生产状态，所以必须供给营养水平较高的饲料(一般和妊娠期相同)，使之保持适度膘情。母猪过肥会出现不发情、排卵少、卵子活力弱和空怀等现象；母猪太瘦也会造成产后发情推迟等不良后果。

(1)短期优饲

配种前为促进发情排卵，要求适时提高饲料喂量，对提高配种受胎率和产仔数大有好处。尤其是对头胎母猪更为重要。对产仔多、泌乳量高或哺乳后体况差的经产母猪，配种前采用“短期优饲”办法，即在维持需要的基础上提高 50%～100%，喂量达 3～3.5kg/d，可促使排卵；对后备母猪，在准备配种前 10～14d 加料，可促使发情，多排卵，喂量可达 2.5～3.0kg/d，但具体应根据猪的体况增减，配种后应逐步减少喂量。

(2)饲养水平

断奶到再配种期间，给予适宜的饲料水平，促使母猪尽快发情，释放足够的卵子，受精并成功地着床。初产青年母猪产后不易再发情，主要是体况较弱造成的。因此，要为体况差的青年母猪提供充足的饲料，以缩短配种时间，提高受胎率。配种后，立即减少饲喂量到维持水平。对于正常体况的空怀母猪每天的饲喂量为1.8kg。在炎热的季节，母猪的受胎率常常会下降。一些研究表明，在饲料中添加一些维生素，可以提高受胎率。

泌乳后期母猪膘情较差，过度消瘦的，特别是那些泌乳力高的个体失重更多。乳房炎发生机会不大，断奶前后可少减料或不减料，干乳后适当增加营养，使其尽快恢复体况，及时发情配种。断奶前膘情相当好，泌乳期间食欲好，带仔头数少或泌乳力差，泌乳期间掉膘少，这类母猪断奶前后都要少喂配合饲料，多喂青粗饲料，加强运动，使其恢复到适度膘情，及时发情配种。“空怀母猪七八成膘，容易怀胎产仔高”。

目前，许多国家把沿着P_2点（P_2点位于母猪最后肋骨在背中线往下6.5cm处。）的脂肪厚度作为判定母猪标准体况的基准。作为高产母猪应具备的标准体况，母猪断奶后应在2.5，在妊娠中期应为3，产仔期应为3.5（表3-1）。

表3-1 母猪标准体况的判定

得分	体况	P_2点的脂肪厚度（mm）	髋骨突起的感触	体型
5	明显肥胖	25以上	用手触摸不到	圆形
4	肥	21	用手触摸不到	近乎圆形
3.5	略肥	19	用手触摸不明显	长筒形
3	理想	18	用手能够摸到	长筒形
2.5	略瘦	16	手摸明显，可观察到	狭长形
1～2	瘦	15以下	能明显观察到	骨骼明显突出

三、妊娠母猪的饲养管理

1. 妊娠母猪的管理

（1）胚胎与胎儿死亡的规律

一般母猪一次发情排卵20个以上，能受精的18个左右，但实际产仔约10头，其中40%～50%的受精卵死亡。其中胚胎死亡的3个高峰期如下：

第一个高峰时期：受精后9～13d，这时受精卵附着在子宫壁上还没形成胎盘，胚胎处于游离状态，易受外界的机械刺激或饲料质量（如冰冻或霉烂的饲料等）的影响而引起流产；连续高温母猪遭受热应激，也会导致胚胎死亡；大肠杆菌和白色葡萄球菌引起的子宫感染，也会导致胚胎死亡；妊娠母猪的饲料中能量过高，也会引起胚胎死亡。此期胚胎的死亡占受精卵的20%～25%。

第二死亡高峰时期：妊娠后约第3周（第21d）。此期正处于胚胎器官形成阶段，胚胎争夺胎盘分泌的营养物质，在竞争中强者存弱者亡。此期的死亡占受精卵的10%～15%。

第三死亡高峰时期：受精后的60～70d，胎盘停止生长，而胎儿迅速生长，可能因胎盘机能不完全，胎盘循环不足影响营养供给而致胎儿死亡。此期胚胎的死亡占受精卵的10%～15%。

（2）选择适当的饲养方式

饲养方式要因猪而异。对于断奶后体瘦的经产母猪，应从配种前10d起就开始增加采食量，提高能量和蛋白质水平，直至配种后恢复繁殖体况为止，然后按饲养标准降低能量浓度，并可多喂青粗饲料。对妊娠初期膘情已达七成的经产母猪，前期给予相对低营养水平的饲料便可，到妊娠后期要给予营养丰富的饲料。青年母猪由于本身尚处于生长发育阶段，同时负担胎儿的生长发育，哺乳期内妊娠的母猪要满足泌乳与胎儿发育的双重营养需要，对这两种类型的妊娠母猪，在整个妊娠期内，应采取随妊娠饲料的延长逐步提高营养水平的饲养方式。不论是哪种型的母猪，妊娠后期(90d至产前3d)都需要短期优饲。一种办法是每天每头增喂1kg以上的混合精料；另一种办法是在原饲料中添加动物性脂肪或植物油脂(占饲料的5%～6%)，两种办法都能取得良好效果。近10年来的许多研究证实，在母猪妊娠最后两周，饲料中添加脂肪有助于提高仔猪初生重和存活率。这是由于随血液循环从母体进入胎儿中的脂肪酸量增加，从而提高了用于合成胎儿组织的酰基甘油和糖原的含量，使初生仔猪体内有较多的能量(脂肪和糖原)储备，从而有利于仔猪出生后适应新的环境。同时，母猪初乳及常乳中的脂肪和蛋白质含量也有所提高。试验证明，在母猪妊娠的最后两周，用占饲料干物质6%的饲用动物脂肪或玉米油饲喂，仔猪初生重可提高10%～12%，每头母猪一年中的育成仔猪数可增加1.5～2头。

(3)掌握饲料体积

饮料体积应考虑三方面：保持预定的饲料营养水平；使妊娠母猪不感到饥饿；又不感到压迫胎儿。操作方法是根据胎儿发育的不同阶段，适时调整精粗饲料比例，后期还可采取增加日喂次数的方法来满足胎儿和母体的营养需要。

(4)讲究饲料质量

无论是精饲料还是粗饲料，都要保证其质量优良，不喂发霉、腐败、变质、冰冻或带有毒性和强烈刺激性的饲料，否则会引起流产。饲料种类也不宜经常变换。饲料变换频繁，对妊娠母猪的消化机能不利。

(5)精心管理

对妊娠母猪要加强管理，防止流产。夏季注意防暑，严禁鞭打，跨越污水沟和门栏要慢，防止拥挤和惊吓，防止急拐弯和在光滑泥泞的道路上运动。雨雪天和严寒天气应停止运动，以免受冻和滑倒，保持安静。妊娠前期可合群饲养，后期应单圈饲养，临产前应停止运动。

2. 妊娠母猪的饲喂

根据胎儿的发育变化，常将114d妊娠期分为两个阶段，妊娠前84d(12周)为妊娠前期，85d到出生为妊娠后期。断奶后的母猪体质瘦弱，在配种后20d内应对母猪加强营养，使母猪迅速恢复体况。这个时期也正是胎盘形成时期，胚胎需要的营养虽不多，但各种营养素要平衡，最好供给全价配合饲料。自配饲料的猪场除给母猪适当混合精料外，应注意维生素和矿物质的供给。妊娠20d后母猪体况已经恢复，而且食欲增加，代谢旺盛，在饲料中可适当增加一些青饲料，优质粗饲料和精渣类饲料。妊娠后期胎儿发育很快，为了保证胎儿迅速生长的需要，生产出生体重大、生活力强的仔猪，就需要供给母猪较多的营养，增加精料量，减少青饲料或糟渣饲料。妊娠母猪应限饲，饲喂量应控制在2.0～2.5kg/d。从研究结果看，妊娠期母猪的营养只要满足维持需要＋母猪生长需要(青年母猪)＋胎儿需要就够了。采食量不能过多，如果妊娠期采食量过多，泌乳期的采食量会下降，母猪失重增加。据报道，妊娠期每多采食 2MJ 消化能，泌乳期将会少采食 1MJ 消化能。如果妊娠期营养过剩，母猪过肥，腹腔内特别是子宫周围沉积脂肪过多，则影响胎儿生长发育，产生死胎或弱仔猪。也不能给母猪喂量过少造成营养不良，身体消瘦，对胚胎发育和产后泌乳都有不良影响。因此，妊娠母猪提倡限制饲养，合理控制母猪增重有利于母猪繁殖生产。

四、哺乳母猪的饲养管理

1. 母猪分娩征状观察及分娩实时判断

母猪产仔是养猪生产中最繁忙的生产环节，要全力以赴保证母猪安全产仔，仔猪成活、健壮。因此，要推算预产期，做好产前准备、临产诊断和安全接产等工作。

(1)预产期的推算

母猪配种时要详细记录配种日期和与配公猪的品种及号码。一旦确定妊娠，就要推算出预产期，用小木板做成母猪“预产牌”挂在母猪圈门口，以便于饲养管理，做好接产工作。母猪的预产期有以下几种推算方法：

①在配种的日期上加 3 个月、3 周和 3d；或在配种的月份上加 4，在配种的日期上减 6。例如，母猪在 6 月 10 日配种，用前一种方法推算，其预产期则是 9(6＋3)月，34 日(10＋21＋3，以 30d 作为 1 个月)，故为 10 月 4 日。用月加 4、日减 6 的方法计算出的预产期也是 10 月 4 日。

②在生产上为了把预产期推算得更准确，把大月和小月的误差都排除掉，同时也为了应用方便，减少临时推算的错误，可预先列出分娩日期推算表(表 3-2)，在表上可以方便地查出预产期。

表 3-2 中上边的第一行为配种月份，左边第一列为配种日期，表中交叉部分为预产日期。例如，30 号母猪 2 月 5 日配种，先从配种月份中找到 2，再从配种日中找到 5，交叉处的 5/30 为预产期。

(2)母猪临产征兆

①行为表现：如母猪出现衔草絮窝，突然停食，紧张不安，时起时卧；频频排粪，拉小而软的尿，每次排尿量少，但次数频繁等情况；护仔性强的母猪变得性情粗暴，不让人接近，有的还咬人，给人工接产造成困难，说明当天即将产仔。

②乳头的变化：母猪前面的乳头能挤出乳汁时，约在 24h 产仔，中间乳头能挤出乳汁时，约在 12h 产仔，最后一对乳头能挤出乳汁时，约在 4～6h 产仔。

③乳房的变化：母猪在产前 15～20d，乳房由后向前逐渐下垂，越接近临产期，腹底两侧越像带着两条黄瓜一样，乳头呈“八”字形分开，皮肤紧张，初产母猪乳头还发红发亮。

④外阴部的变化：母猪产前 3～5d，外阴部开始红肿下垂，尾根两侧出现凹陷，这是骨盆开张的标志。排泄粪、尿的次数增加。

⑤呼吸次数增加：产前一天每分钟呼吸 54 次，产前 4h 每分钟 90 次。

产前征兆与产仔时间参见表 3-3。总结起来产前征兆表现为：行动不安，起卧不定，食欲减退，衔草作窝，乳房膨胀，色泽潮红，挤出奶水，频频排尿，阴门红肿下垂，尾根两侧出现凹陷。有了这些征兆，一定要有人看管，做好接产准备工作。在生产实践中，常以衔草絮窝，最后一对乳头能挤出浓稠乳汁，挤时乳汁如水轮似射出作为判断母猪即将产仔的主要征状。

表 3-2　母猪分娩日期推算表

配种	1月	2月	3月	4月	5月	6月	7月	8月	9月	10月	11月	12月
1日	4/25	5/26	6/23	7/24	8/23	9/23	10/23	11/23	12/24	1/23	2/23	3/25
2日	4/26	5/27	6/24	7/25	8/24	9/24	10/24	11/24	12/25	1/24	2/24	3/26
3日	4/27	5/28	6/25	7/26	8/25	9/25	10/25	11/25	12/26	1/25	2/25	3/27
4日	4/28	5/29	6/26	7/27	8/26	9/26	10/26	11/26	12/27	1/26	2/26	3/28
5日	4/29	5/30	6/27	7/28	8/27	9/27	10/27	11/27	12/28	1/27	2/27	3/29
6日	4/30	5/31	6/28	7/29	8/28	9/28	10/28	11/28	12/29	1/28	2/28	3/30
7日	5/1	6/1	6/29	7/30	8/29	9/29	10/29	11/29	12/30	1/29	3/1	3/31
8日	5/2	6/2	6/30	7/31	8/30	9/30	10/30	11/30	12/31	1/30	3/2	4/1
9日	5/3	6/3	7/1	8/1	8/31	10/1	10/31	12/1	1/1	1/31	3/3	4/2
10日	5/4	6/4	7/2	8/2	9/1	10/2	11/1	12/2	1/2	2/1	3/4	4/3
11日	5/5	6/5	7/3	8/3	9/2	10/3	11/2	12/3	1/3	2/2	3/5	4/4
12日	5/6	6/6	7/4	8/4	9/3	10/4	11/3	12/4	1/4	2/3	3/6	4/5
13日	5/7	6/7	7/5	8/5	9/4	10/5	11/4	12/5	1/5	2/4	3/7	4/6
14日	5/8	6/8	7/6	8/6	9/5	10/6	11/5	12/6	1/6	2/5	3/8	4/7
15日	5/9	6/9	7/7	8/7	9/6	10/7	11/6	12/7	1/7	2/6	3/9	4/8
16日	5/10	6/10	7/8	8/8	9/7	10/8	11/7	12/8	1/8	2/7	3/10	4/9
17日	5/11	6/11	7/9	8/9	9/8	10/9	11/8	12/9	1/9	2/8	3/11	4/10
18日	5/12	6/12	7/10	8/10	9/9	10/10	11/9	12/10	1/10	2/9	3/12	4/11
19日	5/13	6/13	7/11	8/11	9/10	10/11	11/10	12/11	1/11	2/10	3/13	4/12
20日	5/14	6/14	7/12	8/12	9/11	10/12	11/11	12/12	1/12	2/11	3/14	4/13
21日	5/15	6/15	7/13	8/13	9/12	10/13	11/12	12/13	1/13	2/12	3/15	4/14
22日	5/16	6/16	7/14	8/14	9/13	10/14	11/13	12/14	1/14	2/13	3/16	4/15
23日	5/17	6/17	7/15	8/15	9/14	10/15	11/14	12/15	1/15	2/14	3/17	4/16
24日	5/18	6/18	7/16	8/16	9/15	10/16	11/15	12/16	1/16	2/15	3/18	4/17
25日	5/19	6/19	7/17	8/17	9/16	10/17	11/16	12/17	1/17	2/16	3/19	4/18
26日	5/20	6/20	7/18	8/18	9/17	10/18	11/17	12/18	1/18	2/17	3/20	4/19
27日	5/21	6/21	7/19	8/19	9/18	10/19	11/18	12/19	1/19	2/18	3/21	4/20
28日	5/22	6/22	7/20	8/20	9/19	10/20	11/19	12/20	1/20	2/19	3/22	4/21
29日	5/23		7/21	8/21	9/20	10/21	11/20	12/21	1/21	2/20	3/23	4/22
30日	5/24		7/22	8/22	9/21	10/22	11/21	12/22	1/22	2/21	3/24	4/23
31日	5/25		7/23		9/22		11/22	12/23		2/22		4/24

表 3-3 产前表现与产仔时间

产前表现	距产仔时间
乳房胀大(俗称“下奶缸”)	15d 左右
阴户红肿，尾根两侧下凹(俗称“松垮”)	3～5d
挤出透明乳汁	1～2d(从前面乳头开始)
絮草做窝(俗称“闹栏”)，起卧不安	8～16h(初产猪、本地猪和冷天开始早)
乳汁为乳白色	6h 左右
频频排泄粪尿	2～5h
呼吸急促(每分钟 90 次左右)	4h 左右(产前一天每分钟呼吸 54 次)
躺下、四肢伸直、阵缩间隔时间逐渐缩短	10～90min
阴门流出分泌物	1～20min

2. 母猪分娩前后的护理

(1)分娩前的准备

对母猪、仔猪的影响均较大，应做好相应的准备工作。

①产房的准备：工厂化猪场实行流水式的生产工艺，均设置专门的产房。如果不设产房，在天冷时，圈前也要挂塑料布帘或草帘，圈内挂上红外线灯。产房要求：温暖干燥，清洁卫生，舒适安静，阳光充足，空气新鲜。温度在 22～23℃，相对湿度为 50%～70%为宜。产房内温度过高或过低是仔猪死亡和母猪患病的重要原因。在母猪产前的 5～7d 将产房冲洗干净，再用 2%～3%的来苏儿或 2%的烧碱水消毒，墙壁用石灰水粉刷。

②母猪引进分娩舍：为使母猪适应新的环境，应在产前 3～5d 将母猪赶入分娩舍。进分娩栏过晚，母猪精神紧张，影响正常分娩。进栏宜在早饲前空腹时进行，将母猪赶入产栏后立即进行饲喂，使其尽快适应新的环境。母猪进栏后，饲养员应训练母猪，使之养成在指定地点趴卧、排泄的习惯。

③接产用具及药品准备：包括母猪产仔记录表格、照明灯、接产箱(筐)、擦布、剪子、5%的碘酒、2%～5%的来苏儿、结扎线(应浸泡在碘酒中)、秤、耳号钳、保暖电热板或保温灯等。

④猪体的清洁消毒：进产房前应对猪体进行清洁消毒，用温水擦洗腹部、乳房及阴门附近，有条件可进行母猪的淋浴，然后用 2%～5%的来苏儿消毒。

(2)母猪分娩前的护理

应根据母猪的膘情和乳房发育情况采取相应的措施。对膘情及乳房发育良好的母猪，产前 3～5d 应减料，逐渐减到妊娠后期饲养水平的 1/2 或 1/3，并停喂青绿多汁饲料，以防母猪产后乳汁过多，而发生乳房炎，或因乳汁过浓而引起仔猪消化不良，产生拉稀。对那些膘情及乳房发育不好的母猪，产前不仅不应减料，还应加喂含蛋白质较多的饼类饲料或动物性饲料。产前 3～7d 应停止驱赶运动或放牧，让其在圈内自己运动。

(3)母猪的安全分娩

①胎儿的产式：在正常分娩开始之前，不同家畜的胎儿在子宫内保持自己特有的位置，在分娩时表现出一种胎位。猪有两个子宫角，仔猪的产出是从子宫颈端开始有顺序地进行的，其产式无论是先从头位或尾位均是同样顺序，不至于难产。

②分娩：分娩可分为准备阶段、排出胎儿、排出胎盘及子宫复原4个阶段。

a. 准备阶段：在准备阶段前，子宫相当安稳，可利用的能量储备达到最高水平。临近分娩前，肌肉的伸缩性蛋白质(即肌动球蛋白)也开始增加数量和改进质量。因此，使子宫能够提供排出胎儿所需的能量和蛋白质。准备阶段以子宫颈的扩张和子宫纵肌及环肌的节律性收缩为特征。在准备阶段初期，子宫以15min左右的间隔周期性地发生收缩，每次持续约20s，随着时间的推移，收缩频率、强度和持续时间增加，一直到每隔几分钟重复收缩。这时，任何一种异常的刺激都会造成分娩抑制，从而延缓或阻碍分娩。间歇性收缩并非在整个子宫均匀地进行，而是由蠕动和分节收缩组成。多胎动物，收缩开始于子宫的胎儿最前方，子宫的其余部分保持逐步状态。这些子宫收缩，是由于外来的自主神经反射机制和平滑肌特有的自动收缩所致。神经反射可因胎儿的活动而增进，而内在的机制则受激素特别是催产素的促进。在此阶段结束时，由于子宫颈扩张使子宫和阴道成为连通的管道，从而促进胎儿和尿囊绒毛膜被迫进入骨盆入口，尿囊绒毛膜就在此处破裂，尿囊液顺着阴道流出阴门外。

b. 排出胎儿：膨大的羊膜同胎儿头和四肢部分被迫进入骨盆入口时，引起横膈膜和腹肌的反射性收缩。胎儿随同一个或两个胎液囊的破裂经子宫而进入阴道，由此所引起的反射性收缩迫使胎儿通过产道。猪的胎盘与子宫的结合是弥散性的，在准备阶段开始后不久，大部分胎盘与子宫的联系就被破坏而脱离。如果在排出胎儿阶段，胎盘与子宫的联系仍然不能很快脱离，胎儿就会因此而窒息死亡。

c. 排出胎盘：胎盘的排出与子宫收缩有关。子宫角顶部开始的蠕动性收缩引起尿囊绒毛膜的内翻，有助于胎儿排出。母猪每个胎膜都附着于胎儿，在出生时有的胎膜完全包住胎儿，如果不及时将它撕裂，胎儿就会窒息而死。一般正常分娩为5～25min产出一头仔猪，分娩持续时间为1～4h，在仔猪全部产出后隔10～30min排出胎盘。

d. 子宫复原：胎儿和胎盘排出之后，子宫恢复到正常时的大小，这个过程称为子宫复原。产后几周内，子宫收缩更为频繁，在产后第一天内大约每3min收缩一次，在以后3～4d，子宫缩逐渐减少到10～12min一次。收缩的作用是缩短已延伸的子宫肌细胞，大致在45d以后，子宫恢复到正常大小，而且更新子宫上皮。子宫颈的回缩较子宫慢，到第三周末才完成复原。子宫的组成部分并非都能恢复到妊娠前的大小。未孕子宫角几乎完全回缩，而孕后子宫角和子宫颈不能复原到原来那么小。

③接产：安静的环境对正常的分娩是很重要的。一般母猪分娩多在夜间，整个接产过程要求保持安静，动作迅速而准确。仔猪产出后，接产人员应立即用手指将仔猪的口、鼻的黏液掏出并擦净，再用抹布将全身黏液擦净。断脐，先将脐带内的血液向仔猪腹部方向挤压，然后在距离腹部4cm处把脐带用手指掐断，断处用碘酒消毒，若断脐时流血过多，可用手指捏住断头，直到不出血为止。仔猪编号，编号便于记载和鉴定，对种猪具有重大意义，可以分清每头猪的血统、发育和生产性能。编号的标记方法很多，目前常用剪耳法，即利用耳号钳在猪耳朵上打缺口。每剪一个耳缺，代表一个数字，把几个数字相加，即得其号数。编号时，最末一个号数是单号(1，3，5，7，9…)的一般为公猪，双号(0，2，4，6…)的为母猪，其原则是用最少的缺口来代表一个猪的耳号，比较通用的剪耳方法为："左大右小，上一下三"，左耳尖缺口为200，右耳为100；左耳小圆洞800，右耳

400。每头猪实际耳号就是所有缺口代表数字之和。称重并登记分娩卡片。处理完上述工作后，立即将仔猪送到母猪身边固定乳头吃奶，有个别仔猪生后不会吃奶，需进行人工辅助，寒冷季节，无供暖设备的圈舍要生火保温，或设置保温箱，用红外线灯泡提高局部温度。假死仔猪的急救，有的仔猪产下后呼吸停止，但心脏仍在跳动，称为“假死”。急救办法以人工呼吸最为简便，操作时可将仔猪的四肢朝上，一手托着肩部，另一手托着臀部，然后一屈一伸反复进行，直到仔猪叫出声后为止，也可采用在鼻部涂酒精等刺激物或针刺的方法来急救。如果脐带有波动，“假死”的仔猪一般都可以抢救过来。据报道，近几年来采用“捋脐法”抢救假死仔猪，救活率达98%。具体操作方法是，尽快擦净胎儿口鼻内的黏液，将头部稍高置于软垫草上，在脐带20～30cm处剪断；术者一手捏紧脐带末端，另一手自脐带末端捋动，每秒1次，反复进行不得间断，直至救活。一般情况下，捋30次时假死仔猪出现深呼吸，40次时仔猪发出叫声，60次左右仔猪可正常呼吸。特殊情况下，要捋脐120次左右，假死仔猪方能救活。对救活的假死仔猪必须人工辅助哺乳，特殊护理2～3d，使其尽快恢复健康。及时清理产圈，产仔结束后，应及时将产床、产圈打扫干净，排出的胎衣随时清理，以防母猪由吃胎衣养成吃仔猪的恶癖。

④助产技术：母猪长时间剧烈阵痛，但仔猪仍产不出，这时若发现母猪呼吸困难，心跳加快，应实行人工助产。一般可用人工合成催产素注射，用量按每50kg体重1支(1mL)，注射后20～30min可产出仔猪。如注射催产素仍无效，可采用手术掏出。施行手术前，应剪磨指甲，用肥皂、来苏水洗净双手，消毒手臂，涂润滑剂，同时将母猪后躯、肛门和阴门用0.1%高锰酸钾溶液洗净，然后助产人员将左手五指并拢，成圆锥状，沿着母猪努责间歇时慢慢伸入产道，伸入时手心朝上，摸到仔猪后随母猪努责慢慢将仔猪拉出，在助产过程中，切勿损伤产道和子宫，手术后，母猪应注射抗生素或其他抗炎症药物。若母猪产道过窄，或因产道粘连，助产无效时，可以考虑剖腹手术。

(4)分娩前后的饲养

临产前5～7d应按饲料的10%～20%减少精料，分娩当天减到日喂量的50%，并调配容积较大而带轻泻性饲料，可防止母猪便秘，减少饲料也可防止母猪产后乳汁过浓而引起仔猪拉稀。小麦麸为轻泻性饲料，可代替原饲料的1/2。分娩前10～12h最好不再喂料，但应满足饮水，冷天水要加温。母猪产后消化机能较弱，食欲降低，不宜过早喂料。分娩当天母猪可喂0.9～1.4kg饲料，然后逐渐加量，5～7d后达到哺乳母猪的饲养标准和喂量，必须避免分娩后一周内强制增料，否则有可能发生乳房炎、乳房结块，仔猪由于吃过稠过量母乳而下痢。有的母猪产后食欲很好，一定要严格控制喂量，喂量过多容易发生“顶食”，以后几天不吃食。母猪泌乳量下降，仔猪没奶吃，容易生病或死亡。

在母猪增料阶段，应注意母猪乳房的变化和仔猪的粪便，从这些现象就能断定加料是否合理。当前有些养猪场在母猪分娩前7～10d内饲喂一定剂量抗生素，认为既可防病(包括仔猪)又可防止分娩期间及以后出现疾病。

(5)分娩前后的管理

母猪在临产前3～7d内应停止舍外运动，一般只在圈内自由活动，圈内应铺上清洁干燥的垫草，母猪产仔后立即更换垫草，保持垫草和圈舍的干燥清洁。冬春季要防止贼风侵袭，以免母猪感冒缺奶。保持母猪乳房和乳头的清洁卫生，减少仔猪吃奶时的污染。分娩后，母猪身体很疲惫需要休息，在安排好仔猪吃足初乳的前提下，应让母猪尽量多休息，以便迅速恢复体况。母猪产后 3～5d 内，注意观察母猪的体温、呼吸、心跳、皮肤黏膜颜色、产道分泌物、乳房、采食、粪尿等，一旦发现异常应及时诊治，防止病情加重影响正常的泌乳和引发仔猪下痢等疾病。生产中常出现乳房炎、产后生殖道感染、产后无乳等病例，应引起重视，以免影响生产。

3. 哺乳母猪的饲养管理

(1)哺乳母猪的管理

①保持良好的环境：猪舍内要保持温暖、干燥、卫生、空气新鲜，除每天清扫猪栏、冲洗排污道外，还必须坚持每 2～3d 用对猪无副作用的消毒药喷雾消毒猪栏和走道。保持清洁、干燥、卫生、通风良好的环境，可减少母猪、特别是仔猪感染疾病的机会，有利于母、仔健康。冬季应注意防寒保温，哺乳母猪产房应有取暖设备，防止贼风侵袭。在夏季应注意防暑，增设防暑降温设施，以免影响母猪采食量，防止母猪中暑。尽量减少噪音、大声吆喊、粗暴对待母猪等各种应激因素，保持安静的环境条件，让母猪得到充分休息，有利于泌乳。

②保护好母猪的乳房：母猪乳房乳腺的发育与仔猪的吸吮有很大关系，特别是头胎母猪，一定要使所有的乳头都能均匀利用，以免未被吸吮利用的乳房发育不好，影响泌乳量。当头胎母猪产仔数过少时，可采取并窝的办法来解决。若无并窝条件，应训练一头仔猪吮吸几个乳头，尤其要训练仔猪吸吮母猪后部的乳房，防止未被利用的乳房萎缩，影响下一胎仔猪的吸吮。同时要经常保持哺乳母猪乳房的清洁卫生，特别是在断奶前几天内，通过控制精料和多汁饲料的喂量，使其减少或停止乳汁的分泌，以防母猪发生乳房炎。圈栏应平坦，特别是产床要去掉突出的尖物，防止刷伤刷掉乳头。

③舍外运动：有条件的地方，特别是传统养猪，可让母猪带领仔猪在就近牧场上活动，能提高母猪泌乳量，改善乳质，促进仔猪发育。无牧场条件，最好每天能让母仔有适当的舍外逍遥活动时间。

④注意观察：要及时观察母猪吃食、粪便、精神状态及仔猪的生长发育，以便判断母猪的健康状态。如有异常及时报告兽医检查原因，采取措施。

(2)哺乳母猪的饲喂

①掌握投料量：产后不宜喂料太多，经 3～5d 逐渐增加投料量，至产后一周，母猪采食和消化正常，可放开饲喂。工厂化猪场 35 日龄断奶条件下，产后 10～20d，日喂量应达 4.5～5kg，20～30d 泌乳盛期应达到 5.5～6kg，30～35d 应逐渐降到 5kg 左右，断奶后应据膘情酌减投料量。传统养猪场，如 50 日龄断奶，则应在产后 40d 之前重点投料，40 日龄以后降低投料，这时母猪泌乳量大为降低，仔猪主要靠补料满足需要。

②饲喂次数：以日喂 4 次为好，时间为每天的 6：00、10：00、14：00 和 22：00 为宜，最后一餐不可再提前。这样母猪有饱感，夜间不站立拱草寻食，减少压死、踩死仔猪，有利母猪泌乳和母、仔安静休息。

③饮水和投青料：母猪哺乳的需水量大，每天达 32L。只有保证充足清洁的饮水，才能有正常的泌乳量。产房内要设置乳头式自动饮水器(流速每分钟 1L)和储水设备，保证母猪随时都能饮水。泌乳母猪最好喂生湿料[料：水＝1：(0.5～0.7)]，如有条件可以喂

豆饼浆汁。给饲料中添加经打浆的南瓜、甜菜、胡萝卜、甘薯等催乳饲料。

④饲料结构：泌乳期母猪饲料结构要相对稳定，不要频变、骤变饲料品种，不喂发霉变质和有毒饲料，以免造成母猪乳质改变而引起仔猪腹泻。

※任务三　猪的繁殖

一、发情鉴定技术

1. 母猪的发情规律、征兆

(1)母猪的发情规律

母猪在刚达到性成熟时，发情不太规律，经过 3 次发情后，就比较有规律了。

①发情周期：母猪一般每 18～23d 发情一次，平均 21d。地方品种一般为 18～19d，培育品种为 19～20d，国外品种如约克夏猪为 20～23d，不同品种间存在差异。

②发情持续期：母猪发情持续期为 2～4d，平均 2.5d。春季和夏季发情持续期稍短，而秋季、冬季稍长。国外引进品种稍短，但长白猪持续时间长达 5～7d，老龄母猪发情较短，青年母猪则稍长。

③产后发情：母猪在哺乳期发情不太规律，发情不明显，持续期也短，在生产中，哺乳期一般发情不配种。一般在仔猪断奶后 3～10d 内发情配种，平均一周左右。

(2)母猪的排卵规律

母猪发情持续时间为 2～4d，排卵在后 1/3 时间内，而初配母猪要晚 4h 左右。其排卵的数量因品种、年龄、胎次、营养水平不同而异。一般初次发情母猪排卵数较少，以后逐渐增多。营养水平高可使排卵数增加。现代引进品种母猪在每个发情期内的排卵数一般为 20 枚左右，排卵持续时间为 6h 左右；地方品种猪每次发情排卵为 25 枚左右，排卵持续时间为 10～15h。

(3)母猪的发情征兆

①神经征兆：对周围环境十分敏感，东张西望，扒圈，追人追猪，行动不安，食欲减退或停食，尖叫或鸣叫，排尿频繁、跳圈等。

②外阴部的变化：肿胀，有光泽，并有黏液流出，阴道黏膜充血，颜色由粉红色变为暗红色。

③接受公猪爬跨。

但是，后备母猪发情往往不明显，应特别注意观察。

2. 发情鉴定方法

性成熟的健康母猪平均每隔 21d 发情一次，经产母猪发情周期稍长，为 22d。母猪达到初情期的年龄一般为 4～6 月龄。经产母猪在仔猪断奶后 6d 左右开始发情，发情后 38～42h 内排卵。下面介绍母猪发情的 5 种鉴定方法。

(1)时间鉴定法

母猪每次发情持续时间一般为 2～4d，在此范围内，发情持续时间因母猪的品种、年龄、体况等不同而有所差异。一般情况下，在母猪发情后24～48h内配种容易受胎。本地土种母猪发情持续时间较长，宜在发情后48h左右进行配种；培育品种母猪发情持续时间较短，宜在发情后24～36h内进行配种；杂交母猪的发情持续时间介于上述两者之间，宜在发情后36～48h内进行配种。老龄母猪发情持续时间较短，排卵时间会提前，故应提前配种；青年母猪发情持续时间较长，排卵期后移，配种时间相应也要向后推迟；中年母猪发情持续时间适中，应该在发情中期配种。给母猪配种时应按照“老配早、小配晚，不老不小配中间”的原则。

(2)精神状态鉴定法

母猪开始发情时对周围环境十分敏感，表现为兴奋不安、嚎叫、拱地、两前肢跨上栏杆、两耳耸立、东张西望。随后，母猪性欲趋向旺盛，在群体饲养的情况下开始爬跨其他猪。随着发情高潮期的到来，上述表现愈来愈频繁，愈来愈强烈。当母猪变得安静、嚎叫频率逐渐减少、目光呆滞、愿意接受其他猪爬跨时是配种的最佳时期。

(3)外阴部变化鉴定法

母猪开始发情时外阴部逐渐充血、肿胀，阴门充血、肿胀特别明显。阴唇内黏膜随着发情高潮期的到来逐渐变为淡红色或血红色，黏液分泌量增加，黏液变得更加稀薄。随后，母猪阴门变为淡红色，微皱、稍干；阴唇内黏膜的红色开始减退，黏液由稀变稠，这时是母猪配种的最佳时期。

(4)爬跨鉴定法

母猪发情到一定程度，不仅愿意接受公猪的爬跨，同时也愿意接受其他母猪的爬跨，甚至主动爬跨别的母猪。用公猪试情，母猪极为兴奋，与公猪头对头地嗅闻，当公猪爬跨时，母猪静立不动，此时正是配种良机。

(5)按压鉴定法

用手按压母猪腰背部，若母猪又哼又叫、四肢前后活动，表明母猪尚处在发情初期或已到了发情后期，此时不宜配种；若按压后母猪呆立不动、不哼不叫、四肢叉开、两耳耸立，这是母猪发情最旺的阶段，是配种佳期。

相对而言，培育品种猪(特别是国外引入品种)的发情表现，不如地方猪明显。因此，要多观察、多比较，从而找出母猪的发情受胎规律，适时对其配种，以防空怀。

3. 母猪发情的个体差异与注意事项

①根据对母猪发情鉴定的经验和母猪的神态，判断和记录母猪初始发情时间非常重要。

②鉴定母猪发情后，将其移至配种栏，记下耳标号并在其栏后做标记。

③每天鉴定母猪发情2～3次，并记录鉴定发情结果。后备母猪和非正常发情母猪，每天要鉴定其发情3～4次。一般要喂料45～60min后才开始鉴定母猪发情。

④在母猪与公猪接触5min内，要完成母猪发情鉴定工作。接触时间过长会影响准确性，但有少数母猪对公猪的刺激反应迟钝，应注意观察。利用驱赶公猪鉴定发情时，要观察全舍母猪的性行为，个别母猪发情时，外阴户虽无明显发情特征，但见到公猪时会出现特殊的性行为反应，根据母猪的这一特征也可以做出判断。

⑤母猪断奶后2～6d内，通过公猪在其栏前活动的气味、声音、口鼻接触等刺激2～

3min 后，结合工作人员按摩母猪阴户、乳房、腹部、骑背与压背等综合方法同时进行，鉴定母猪发情效果会更好。

⑥不同个体的发情母猪对阴户、乳房、腹部的按摩和骑背与压背的性行为反应存在差异。有的发情母猪对按摩阴户、乳房或腹部敏感，但对骑背与压背不敏感，有的恰好相反。所以，在鉴定母猪发情时，对其阴户、乳房、腹部的按摩和骑背与压背等刺激母猪发情行为的工作，要同时做到位。

⑦对外阴户发情症状明显，但采用各种方式刺激鉴定发情时都不表现出发情行为的母猪，要注意观察其外阴户和黏液的变化及其神态，同时结合外阴户出现发情症状的时间来确定输精时间。这类母猪一般在外阴户表现发情征兆后的第 3d 下午可进行第 1 次输精。

⑧在母猪发情鉴定中，有的母猪在没有公猪出现时就表现出明显的发情行为，经实践求证此类母猪发情时间已在 24h 以上，可及时输精。

⑨对输精时明显表现不安静的母猪，输精后 5d 内需继续观察其发情行为，因为有的母猪在精液的作用下 3～5d 后才会发情。

⑩后备母猪、返情母猪、发情不稳定的母猪和断奶后 6d 以上还未发情的母猪，在限位栏鉴定发情时，表现出兴奋但又不表现出发情行为的母猪，一律将其赶到公猪栏内与公猪直接接触，同时辅以工作人员按摩和骑背与压背等综合方法来鉴定母猪发情。对于有发情征兆且表现兴奋，但又不出现发情行为的母猪，可适当压背追赶 2～3 圈，极小部分发情母猪只有这样才会出现发情行为。

⑪不要将母猪置于栏舍的死角进行发情鉴定，以免造成母猪的发情鉴定失误。

⑫饲料中的霉菌毒素可引起母猪外阴户红肿但没有黏液流出的假发情征兆，注意区分。

4. 适时配种

可以从以下两方面确定适宜的配种时间：

(1)从发情症状判断

判断发情要一看二摸三压背，一看是看行为表现；二摸即摸阴户看分泌物状况；三压即按压母猪腰背部。当母猪阴户红肿刚开始消退，表现呆立、竖耳举尾，按压背部表现不动后 8～12h 进行第一次配种(一般以早上或傍晚天气凉爽时进行)，再过 12～24h 进行第二次配种，此时配种最易受孕。

(2)从发情时间上判断

母猪是在发情开始后 24～36h 排卵，排卵持续时间为 10～15h，卵子在输卵管内保持受精能力的时间为 8～12h，而精子在母猪生殖道内成活的时间为 10～20h，因此精子应在卵子排出前 2～3h 达到受精部位，以此推算，适宜的配种时间应是母猪发情开始后的 24～48h。过早过迟均会影响受胎率和产仔数。当然，以发情时间为判断依据时，还要因猪而异。

5. 配种方式

按照母猪一个发情期内配种次数，把配种方式分为单次配种、重复配种和双重配种。

(1)单次配种

简称单配。母猪在一个发情期内，只配种一次。优点是能减轻公猪的负担，可以少养公猪或提高公猪的利用率。但适宜的配种时间不好掌握，会影响母猪受胎率和产仔数，实际生产中应用较少。

(2)重复配种

简称复配。即母猪在一个发情期内，用同一头公猪先后配种2次，间隔8～12h。这是生产中最普遍采用的配种方式，具体时间多安排在早晨或傍晚前。这种配种方式可使母猪输卵管内经常有活力较强的精子及时与卵子受精，有助于提高受胎率和产仔数，这种配种方式多用于纯种繁殖场。

(3)双重配种

简称双重配。母猪在一个发情期内，用不同品种或同一品种的两头公猪先后配种2次，间隔10～15min。采用双重配种时，可促使卵子成熟，缩短排卵时间，增加排卵数，并可避免某一头公猪精液质量暂时降低所产生的影响，故双重配种可以有效提高母猪受胎率和产仔数。缺点是双重配种易造成血缘混乱，不利于进行选种选配，故多用于杂交繁殖，生产育肥用仔猪；另外也存在与单配相似的缺点，即确定配种适期问题。

6. 配种方法

配种方法有本交和人工授精。本交分为自由交配和人工辅助交配。

(1)本交

①自由交配：自由交配即公、母猪直接交配，不进行人工辅助。这一方法存在很多缺点，生产实践中已很少采用。

②人工辅助交配：为了达到理想的配种效果，必须重视交配场地的环境。交配场地应选择离公猪圈较远、安静而又平坦的地方。配种时，先把发情母猪赶到交配场所，用0.1%高锰酸钾溶液擦洗母猪外阴、肛门和臀部，然后赶入配种计划指定与配公猪，待公猪爬跨母猪时，同样用消毒液擦净公猪的包皮周围和阴茎，防止阴道、子宫受感染。配种员将母猪的尾巴拉向一侧，使阴茎顺利插入阴户中。必要时可用手握住公猪包皮引导阴茎插入母猪阴道，对于青年公猪实施人工辅助尤为重要。与配公、母猪体格相差较大时，应设置配种架，若无此设备，如公猪比母猪个体小，配种时应选择斜坡处，公猪站在高处；如公猪比母猪个体大，公猪站在低处。给猪配种宜选择早、晚饲喂前1h或饲喂后2h后进行，即“配前不急喂，喂后不急配”。冷天、雨天、风雪天气应在室内交配；夏天宜在早晚凉爽时交配，配种后切忌立即下水洗澡或躺卧在阴暗潮湿的地方。

(2)人工授精

人工授精可以提高优良公猪的利用率，加速猪种改良，减少公猪饲养头数，促进品种的改良和提高，克服体格大小差异，充分利用杂种优势，减少疾病传播，克服时间和空间的差异，适时配种，节省人力、物力、财力，提高经济效益。特别是在规模化集约化猪场，采用人工授精是提高经济效益的一项重要措施。

二、人工授精技术

1. 精液的采集

(1)种公猪的调教

对种公猪进行调教时应做到胆大心细、动作轻柔、环境安静，禁止粗暴对待种公猪，避免形成不良的条件反射。

后备公猪8月龄开始调教，每天1次，每次15～20min。调教成功后应连续采精2～3d，以形成条件反射。下列方法有利于调教成功：

①在采精架背部洒发情母猪的尿液，能有效刺激新公猪的性欲，促使其爬跨。

②让新公猪经历几次自然交配或观察其他公猪的爬跨动作，有利于调教。

③先让新公猪爬跨发情母猪，以激发公猪的性欲，待公猪阴茎充分勃起，性欲十分旺盛时将母猪赶走，引导公猪爬跨采精架。

经过上述方法训练调教仍不能爬跨的，则放弃对该公猪的调教。

(2)猪人工授精的基本设施

①台猪制作：公猪对台猪反应不太敏感，所以可以用台猪代替母猪进行采精。台猪可分固定式、折叠式两种。为方便不同体重的公猪使用，高度常制成可调式。现介绍一种台猪的制作方法，供参考。用3.0cm×3.0cm的角铁制作100cm×20cm的长方形铁架，槽口向上，两端有固定螺丝孔各4～6个。制作长30cm、口径4.5cm的钢管2根，在其上打一线孔若干，孔径0.5cm、间距2.5cm，并焊接在厚0.6cm、长70cm、宽70cm的铁板上，使孔轴向平行。用口径3.5cm、长30cm的钢管制作支腿2条，每隔2.5cm打孔，焊在角铁架上，用来调节高度。选用长99.7cm、宽19.75cm、厚10～15cm的半弧形木块作垫板，在面部挖成5～7cm深的槽，固定在铁架上。将长110cm汽车内胎，两端封口，在其一端装气嘴，用帆布包好置于垫板槽中并用皮带和铁钉固定，外包带毛猪皮封于垫板上，这样一个台猪就制作成了(图3-1、图3-2)。

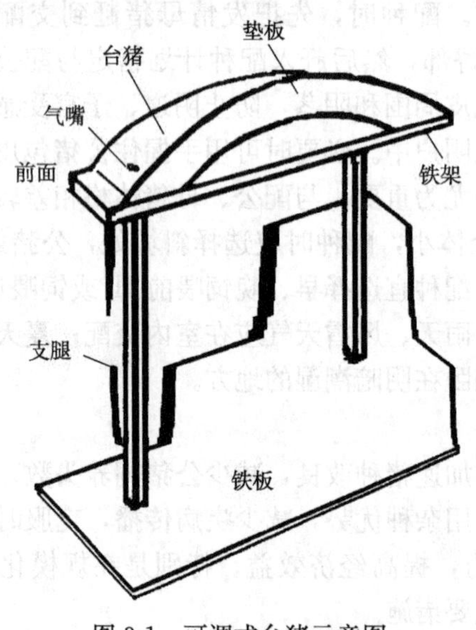

图3-1　可调式台猪示意图

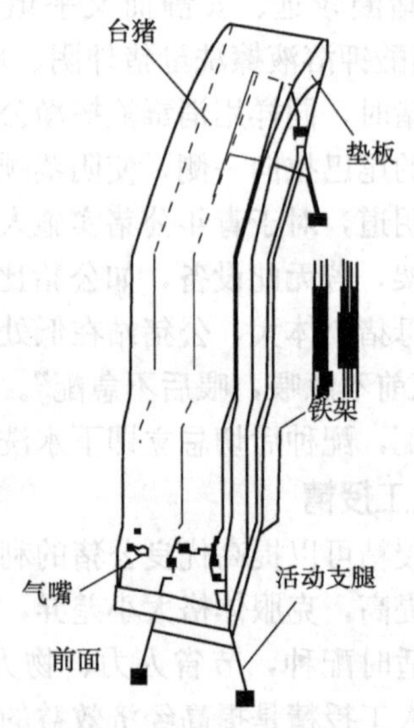

图3-2　折叠式台猪示意图

②实验室：实验室是人工授精的基础设施，是检查、处理、贮存精液的场所。实验室在建筑上有特定要求，要求与采精室紧邻，并在墙上设高×宽为60cm×60cm的传递窗口与采精室相通，窗口两侧设活动门，室内温度要控制在36～37℃。实验室工作人员应保持实验室的整洁、干净、卫生，每周彻底清洁1次，地面每周消毒1次，实验室门口设消毒

池，每条更换消毒液，室内应安装紫外线灯，每天下班时开启，通宵照射。实验室分为干燥区和潮湿区。干燥区用于稀释液的配制和精液的检查、稀释、分装，潮湿区安放水槽，用于清洗器械和制备双蒸馏水。实验室应尽量使用一次性用品，对于不能用一次性用品代替的器械使用后必须严格的清洗消毒。所有不直接接触精液的器械和物品，使用后用洗洁精或其他去污剂清洗，用自来水冲洗干净，再用蒸馏水漂洗两遍，并经 60℃干燥(玻璃用品干燥温度可高于 100℃)，非耐热器皿、用具以高压灭菌器 120℃经 20min 湿热灭菌；玻璃、金属类器械可采用高压蒸汽 10～15min 消毒；对于不能用高压蒸汽消毒而又不便于煮沸消毒的器械，可用湿热蒸汽消毒 30min。实验室内使用的仪器设备，如显微镜、干燥箱、水浴锅、17℃精液保存箱、冰箱、37℃恒温箱、电子天平等，必须保持清洁卫生。显微镜镜头(目镜和物镜)应每两周用二甲苯浸泡 1 次，保持清洁。

③采精室：采精室应与实验室相邻，面积不小于 10m^2，采精室地面要求平整、防滑、清洁(图 3-3)。每次采精后必须清洗地面，特别清洗精液胶体。采精室内应安装紫外线灯，每天下班时开启，通宵照射。

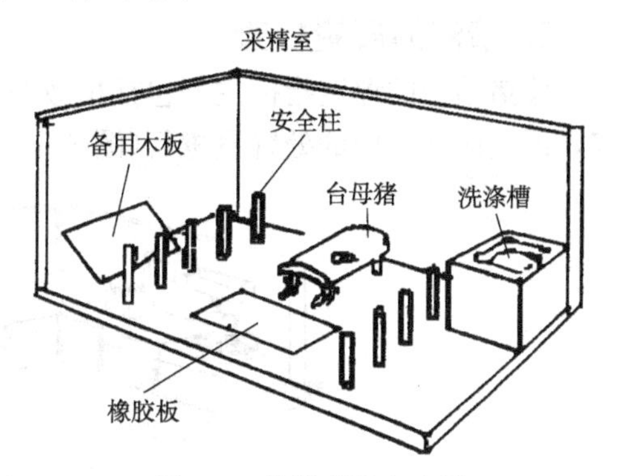

图 3-3　公猪采精室布局

(3)采精

①采精前准备：保持采精室清洁卫生干燥干净、有效消毒、温度适宜。用一次性采精袋和专用滤纸套好在集精杯中，将集精杯、载玻片、玻棒放入恒温箱预热至 37℃。把温度计插入盛有稀释液的量杯中，并一同放入恒温水浴锅中预热至 37℃。采精员将双手洗干净后，再用 37℃的 0.7%盐水冲洗干净。公猪体表干净，采精前先挤干净包皮内的积尿，清洗公猪阴茎外部，再用 0.7%盐水冲洗。清洗过程中，对公猪阴茎部进行按摩。注意事项：采精用具均需在恒温箱中预热至 37℃；经常修剪公猪包皮周围的毛丛；温度较低时，公猪外阴用 37℃温水清洗并擦干，采精人员双手用温水暖热。

②操作步骤：将消过毒的纱布和集精杯用 1%氯化钠溶液冲洗，拧干纱布，折为 4 层，罩在消毒后的集精杯口上，面微凹，然后用橡皮筋套住，放入 37℃的恒温箱内预热。将手洗净，戴上用 75%酒精溶液消毒过的一次性胶皮手套，用 1%高锰酸钾溶液消毒公猪的包皮及其周围皮肤。再用清水洗净消毒液，并用毛巾擦干。逗引公猪爬上台猪，待公猪伸出阴茎时，采精员蹲在公猪的左后方，立即用右手手心向下紧握住龟头部，当公猪前冲时将阴茎的 S 状弯曲拉直，小心地把阴茎全部拉出包皮外(图 3-4)。拇指顶住并按摩前端龟头，其他手指有节奏地协同动作。射精过程中不要松手，并注意采精过程中不要触碰阴茎体。手握得轻重要掌握适度。开始射出的 20mL 精液不要收集，当开始射出乳白色的精液时再用集精杯收集，在距阴茎龟头斜下方 3～5cm 处将其精液通过纱布过滤后，收集在杯内，并随时将纱布上的胶状物弃掉，

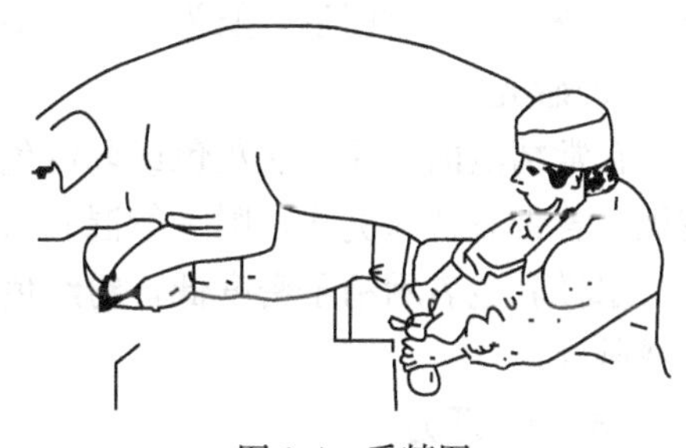
图 3-4　采精图

以免影响精液滤过。根据输精量的需要，在一次采精过程中，可重复上述操作方法，促使公猪射精 3～4 次。公猪射精完毕，采精者应顺势用手将阴茎送入包皮中，防止阴茎接触地面损伤阴茎或引发感染。并把公猪轻轻地由台猪上驱赶下来，不得以粗暴态度对待公猪。

注意事项：不要强行拉出阴茎，以免拉伤；公猪阴茎对温度的敏感不及对压力的敏感，掌握适当的压力是采精成功的关键；在公猪射精时，手握的力量以不让阴茎从手中滑落为准；采完精后，让公猪阴茎自然收回包皮内，防止挫伤阴茎；采精时，人员、场地要相对稳定，环境要相对安静；采精应选择在早晨或傍晚未投喂前进行，如已饲喂，需 1h 后才能采精。公猪适宜采精的频度应视年龄而定，1 岁以上的成年公猪以每周 1～2 次、青年公猪以每周 1 次为宜。

2. 精液的质量检查

公猪精液的评定指标主要包括精液的体积、感光、活力、畸形率、精子密度 5 方面内容，评定应在专门的处置室进行(图 3-5)。

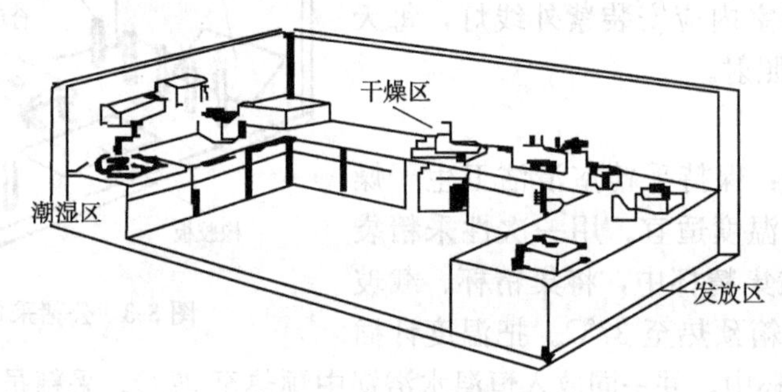

图 3-5　精液处置室

(1)体积

通过量筒来测量，但可能因量筒不卫生或温度低等而损伤精子细胞，不利于保存。实践中可通过称重来进行间接测定，一般 1g 精液的重量相当于 1mL 精液的体积。正常情况下，后备公猪的射精量一般为 150～200mL，成年公猪为 200～600mL。

(2)感光

正常精液的色泽为淡灰色或乳白色，稍有腥味。精子密度越高，色泽越浓，其透明度越低。若带有特殊臭味，则一般混有尿液或其他异物，不宜留用。咖啡乳色表示精子密度高，水样乳色表示精子密度低，粉红色表示精液带血，黄色表示精液里有包皮分泌物、尿液或脓汁。

(3)精子活力

精子活力以直线前进运动的精子数占全部精子数的百分率表示。采精之后和精液稀释后都要进行活力检查，精子活力的检查必须在 37℃的环境下进行。具体方法是：先将载玻片放在保温板上预热至 37℃左右，用无菌玻璃棒蘸取混合均匀的精液一滴，盖上盖玻片，然后立即在 200×(或 450×)的显微镜视野下观察计数(图 3-6)。在我国，活力评定一般用 0.1～1.0 十级评分制，即计算一个视野中呈直线前进运动的精子数目，直线运动的精子 100%为 1 分，每减少 10 个百分点扣 0.1 分，依此类推。若活力低于 0.5 分的精液应废

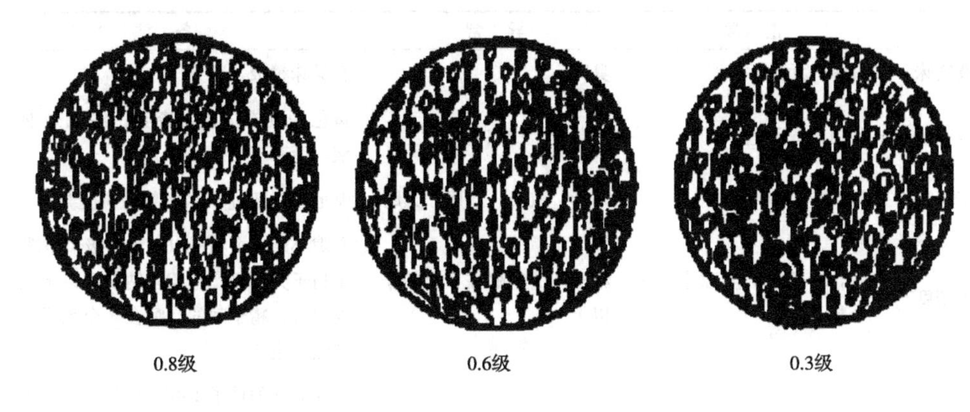

图 3-6 不同精子活力示意图

弃，一般不低于 0.7 分。

（4）畸形率

完整的精子包括精子头、精子尾两部分。其头部宽约 8.5μm，长约 17μm；前端为帽样的顶体，其尾部长约 40μm。当公猪异常精子数超过 20%时，该公猪的精液将无法使用。检查精液的畸形率可通过孟加拉玫瑰红染色法进行检查。染色液由孟加拉玫瑰红 3g、甲醛(40%)1mL 和蒸馏水 99mL 配制而成。制作染片时，在距载玻片一端约 1cm 处滴原精液一滴，用滴管在精液旁滴染色液一滴，之后混匀，使精液在载玻片中完全分散开，干燥载玻片进行观察。

（5）精液密度

以 1mL 精液中含有的精子数(万)为单位进行表示。正常公猪的精液密度为每毫升 2～3 亿/mL 个精子，有的也能高达 5 亿/mL 个精子。精液密度的测定方法有目测法、比色法和计数法 3 种。

①目测法：目测法是按显微镜中视野里精子之间空隙的大小进行估计，分为“密”“中”“稀”和“无”四级。密级：精子之间空隙很小，容纳不下 1 个精子(约 3 亿/mL)；中级：空隙可容纳 1～2 个精子(约 2 亿/mL)；稀级：容纳 2 个以上的精子(约 1 亿/mL)；无级：没有精子。这种方法虽然简便，但主观性强、误差大。

②比色法：比色法是养猪场常用的精子密度测定方法。精子透光性差，而精清透光性好。波长 550nm 的可见光透过 10 倍稀释的精液时，吸光度和精子密度成正比。根据测得数据，对照标准曲线即可得到精子密度。该法具有简便、快捷的特点，重复性较好，但也存在一定的误差(约 10%)。

③红细胞计数法：最精密的测定方法是红细胞计数法，即在高倍镜下直接计数精子数量，一般稀释 5×10^4 倍后进行计数，先在 10×下找到计数区域，然后换到 45×下进行计数，计算 5 个对角线方格共 80 个小方格内的精子头数(在下右边在线的不计入)。该法准确，可用来校正精子密度，但监测时间长，在生产单位较少被采用。不同密度精子表现如图 1-36 所示。精液鉴定标准见表 3-4。

表 3-4 精液鉴定标准

项 目	正 常	异 常	备 注
精液气味	腥味、无异常	臭味	有臭味精液，废弃
精液颜色	乳白色或无色	淡黄色、浅红色	黄色是混有尿液，废弃；红色是混入血液，废弃
精子形态	云雾状、蝌蚪状	畸形、双头、双尾、无尾	畸形精子超过 20%的精液应废弃
精子密度	密，精子间的空隙小于 3 个精子	精子间的空隙在 3 个精子以上	空隙小于 1 个精子以下为密级；空隙 1～2 个精子为中级；空隙容纳 2 个以上的精子为稀级；精子间的空隙在 3 个精子以上的精液应废弃
精子活力	直线运动	不动或非直线运动	直线运动的精子 100%为 1 分，每减少 10 个百分点扣 0.1 分，活力低于 0.5 分的精液应废弃

3. 精液的稀释与分装

(1)精液的稀释

①精液采集后应尽快稀释(不超过 10min)，以减少与空气和各种器皿的接触。没有经过镜检的精液不能稀释。

②做好精液稀释前的准备工作。

③根据外观及化验室检查，确定原精液密度，确保每份稀释液中含有效精子数不少于 30 亿。

④将稀释液升到与原精液相似温度(温差不能超过 1℃)。

⑤先将精液以 1∶1 的比例稀释，然后再重复检查密度和活力，第一次稀释 3～5min 再进行以后的稀释。稀释时将稀释液沿玻璃棒缓慢引流到精液中。每稀释完 1 次，都要缓慢地将采集袋中的精液与稀释液充分混匀。精液稀释倍数最高不超过 10 倍。

⑥精液稀释过程中要保证精液温度，一般稀释完后精液温度不低于 32℃。

(2)精液的分装

以每 80～100mL 为单位，将精液分装至精液瓶或袋。在瓶或袋上标明公猪品种、耳号。采精日期(月、日、时)、保存有效期、稀释液名称、生产单位及相应的使用说明等。分装过程防止污染和温度的迅速改变。

4. 精液的保存与运输

(1)精液的保存

精液经稀释后用几层与精液同温德毛巾包好，先放置于 22～25℃温度的室内 1～2h 后，移入 17℃恒温箱贮存，也可将精液瓶或袋用毛巾包严直接放入 17℃恒温箱内。保存期间要注意三点：一是要尽量减少精液保存箱的开关次数，以免造成温度变化对精子的打击；二是要每天检查精液保存箱温度并进行记录，若出现停电应全面检查贮存的精液质量；三是每隔 12h 轻轻翻动 1 次。一般短效稀释液可保存 3d、中效稀释液可保存 4～6d、长效稀释液可保存 7～9d。无论何种稀释液保存精液，都应尽快用完。

（2）精液的运输

高温季节，在双层泡沫箱中放入恒温胶（17℃恒温），再将精液放入进行运输，可防止温度过高，死精增多；严寒季节，在保温箱内用恒温乳胶或棉絮等保温。精液运输过程中还要特别防止震动。

5. 输精

①精液从保存箱取出之后，轻轻摇匀，用已灭菌的滴管取1滴放于预热过的载玻片上，在37℃温度条件下检查活力，确认精液活力≥0.6才可进行输精。

②输精人员的双手严格进行清洗消毒。

③对母猪外阴、尾根及臀部周围的污物，用纸巾擦净。

④从密封袋中取出一次性输精管（手不应接触输精管前2/3部分），在其前端涂上专用润滑油或精液，润滑输精管的龟头。

⑤将输精管呈45°角向前上方插入母猪生殖道内，输精管进入3～4cm之后，逆时针旋转，当感觉有阻力时，继续缓慢旋转同时前后移动，直到感觉输精管前端被子宫颈锁定（轻轻回拉不动或旋转后恢复原位）。

⑥从精液贮存箱取出质量合格的精液，确认公猪品种、耳号。

⑦输精的速度不能太快，用控制输精袋的高低来调节输精时间，输精时间要求3～5min。输精过程中应该用力按压母猪背部和按摩腹侧，让精液自动吸入母猪子宫内。输完一头母猪后，在防止空气进入母猪生殖道的情况下，把输精管后端一小段折起，插在精液袋中，使其滞留在生殖道内3～5min，再把输精管用利索的动作拉出，以使子宫颈迅速闭合，防止精液倒流。

⑧登记母猪配种情况，建立母猪配种档案。

三、妊娠诊断技术

母猪妊娠期一般为108～120d，平均为114d，为了便于记忆，可用“三、三、三”来表示，即母猪妊娠为3个月3周零3d。妊娠诊断是母猪繁殖管理上的一项重要内容。配种后，应尽早检出空怀母猪，及时补配，防止空怀。这对于保胎，缩短胎次间隔，提高繁殖力和经济效益具有重要意义。一般来说，母猪配种后，经一个发情周期未表现发情，基本上认为母猪已妊娠，其外部表现为：“疲倦贪睡不想动，性情温驯动作稳，食欲增加上膘快，皮毛发亮紧贴身，尾巴下垂很自然，阴户缩成一条线”。但配种后不再发情的母猪并不绝对肯定已妊娠，因为有的母猪发情周期有延迟现象，有的母猪受精后，胚胎在发育早期死亡或因营养太差，胚胎被母体吸收而造成长期不发情。所以，根据配种后是否再发情来判断其妊娠，也会有一定的差错。

1. 妊娠诊断的分类

根据判定妊娠日期的早晚可分为早期诊断、中期诊断、后期诊断。

（1）早期诊断

①观察母猪外形的变化，如毛色有光泽、眼睛有神、阴户下联合的裂缝向上收缩形成一条线，则表示母猪已受孕。

②经产母猪配种后3～4d，用手轻捏母猪第二对乳头（从后往前数），如发现有一根较

硬的乳管，即表示已受孕。

③用拇指与食指用力压捏母猪第 9～12 胸椎椎背中线处，如指压处母猪表现凹陷反应，即表示未受孕；反之，则表示母猪已受孕。

(2)中期诊断

①母猪配种后 18～24d 不再发情、食欲剧增、腹部逐渐增大，表示已受孕。

②用妊娠测定仪测定配种后 25～30d 的母猪，准确率高达 98%～100%。

③母猪配种后 30d 乳头发黑、乳头的附着部位呈黑紫色晕轮表示已受孕；从后侧观察母猪乳头的排列状态时乳头向外开放，乳腺隆起，表示母猪已经受孕。

(3)后期诊断

妊娠 70d 时能触摸到胎动，80d 后母猪侧卧时即可看到触打母猪腹壁的胎动，同时腹围显著增大、乳头变粗、乳房隆起，则表明母猪已怀胎。

2. 早期妊娠诊断技术

母猪早期妊娠诊断技术方面的研究很多，现将近年来较成熟、简便，并具有实际应用价值的早期妊娠诊断方法介绍如下。

(1)超声诊断法

超声诊断法是利用超声波的物理特性，将其和动物组织结构的声学特点密切结合的一种物理学诊断法。其原理是利用孕体对超声波的反射来探知胚胎的存在、胎动、胎儿心音和胎儿脉搏等情况来进行妊娠诊断。目前用于妊娠诊断的超声诊断仪主要有 A 型、B 型和 D 型。

①A 型超声诊断仪：这种仪器体积较小，如手电筒大，操作简便，几秒钟便可得出结果，适合基层猪场使用。据报道，这种仪器准确率在 75%～80%。用美国产 Preg-Tone Ⅱ Plus 仪对 177 头次母猪进行监测，结果表明，母猪配种后，随着妊娠时间增长，诊断准确率逐渐提高，18～20d 时，总准确率和阳性准确率分别为 61.54%和 62.50%，而在 30d 时分别提高到 82.5%和 80.00%，75d 时都达到 95.65%。

②B 型超声诊断仪：B 型超声诊断仪可通过探查胎体、胎水、胎心搏动及胎盘等来判断妊娠阶段、胎儿数、胎儿性别及胎儿状态等。具有时间早、速度快、准确率高等优点，但价格昂贵、体积大，只适用于大型猪场定期检查。

③多普勒超声诊断仪(D 型)：该仪器可通过测定胎儿和母体血流量、胎动等做较早期诊断。张寿利用北京产 SCD-Ⅱ型兽用多普勒超声诊断仪对配种后 15～60d 母猪监测，准确率可达 100%。

(2)激素反应观察法

①孕马血清促性腺激素(PMSG)法：方法是于配种后 14～26d 的不同时期，在被检母猪颈部注射 700IU PMSG 制剂，以判定妊娠母猪并检出妊娠母猪。判断标准：以被检母猪用 PMSG 处理，5d 内不发情或发情微弱及不接受交配者判定为妊娠；5d 内出现正常发情，并接受公猪交配者判定为未妊娠。渊锡藩等所得结果为，在 5d 内妊娠与未妊娠母猪的确诊率均为 100%。且认为该法不会造成母猪流产，母猪产仔数及仔猪发育均正常，具有早期妊娠诊断和诱导发情的双重效果。

②已烯雌酚法：对配种 16～18d 母猪，肌内注射已烯雌酚 1mL 或 0.5%丙酸已烯雌酚和丙酸睾酮各 0.22mL 的混合液，如注射后 2～3d 无发情表现，说明已经妊娠。

③人绝经期促性腺激素(HMG)法：HMG是绝经后妇女尿中提取的一种激素。据报道，使用南京农业大学生产的母猪妊娠诊断液(为HMG制成)，在广东数个猪场试用1000胎次，诊断准确率达100%。

(3)尿液检查法

①尿中雌酮诊断法：用2cm×2cm×3cm的软泡沫塑料，拴上棉线作阴道塞。监测时从阴道内取出，用一块硫酸纸将泡沫塑料中吸纳的尿液挤出，滴入塑胶样品管内，于－20℃贮存待测。尿中雌酮及其结合物经放射免疫测定(RIA)，小于20mg/mL为非妊娠，大于40mg/mL为妊娠，20～40mg/mL为不确定。有报道发现其准确率达100%。

②尿液碘化检查法：在母猪配种10d以后，取其清晨第一次排出的尿放于烧杯中，加入5%碘酊1mL，摇匀，加热、煮开，若尿液变为红色，即为已怀孕；如为浅黄色或褐绿色说明未孕。本法操作简单，据报道，准确率达98%。

(4)血小板计数法

血小板显著减少是早孕的一种生理反应，根据血小板是否显著减少就可对配种后数小时至数天内的母畜做出超早期妊娠诊断。该方法具有时间早、操作简单、准确率高等优点。尤其是为胚胎附植前的妊娠诊断开辟了新的途径，易于在生产实践中推广和应用。

在母猪配种当天和配种后第1～11d从耳缘静脉采血20μL置于盛有0.4mL血小板稀释液的试管内，轻轻摇匀，待红细胞完全破坏后再用吸管吸取一滴充入血细胞计数室内，静置15min后，在高倍镜下进行血小板计数。配种后第7d是进行超早期妊娠诊断的最佳血检时间，此时血小板数降到最低点$(250\pm91.13)\times10^3$个/mm^3。试验母猪经过2个月后进行实际妊娠诊断，判定与血小板计数法诊断的妊娠符合率为92.59%，未妊娠符合率83.33%，总符合率93.33%。

该方法虽有时间早、准确率高等优点，但应排除某些疾病所导致的血小板减少。例如，肝硬化、贫血、白血病及原发性血小板减少性紫癜等。

(5)其他方法

①公猪试情法：配种后18～24d，用性欲旺盛的成年公猪试情，若母猪拒绝公猪接近，并在公猪2次试情后3～4d始终不发情，可初步确定为妊娠。

②阴道检查法：配种10d后，如阴道颜色苍白，并附有浓稠黏液，触之涩而不润，说明已经妊娠。也可观看外阴户，母猪配种后如阴户下联合处逐渐收缩紧闭，且明显地向上翘，说明已经妊娠。

③直肠检查法：要求为大型的经产母猪。操作者把手伸入直肠，掏出粪便，触摸子宫，妊娠子宫内有羊水，子宫动脉搏动有力，而未妊娠子宫内无羊水，弹性差，子宫动脉搏动很弱，很容易判断是否妊娠。但该法操作者体力消耗大，又必须是大型经产母猪，所以生产中较少采用。

四、猪的利用

1. 猪的选种选配

(1)种猪选择的主要内容

必须符合本品种特征。母猪不仅对后代仔猪有一半的遗传影响，而且对后代仔猪胚胎期和哺乳期的生长发育有重要影响，还影响后代仔猪的生产成本。所以在选留母猪时，应了解其生产性能，重要的是考查其母猪繁殖力，包括乳头数、情期受胎率、产仔数、存活仔猪数、育成率、断奶窝重、母猪年生产力，要从饲料利用率高、增重快、肉质好、出肉率高、母性好、产仔头数多、泌乳力强、仔猪生长发育快、断奶体重大的优良公、母猪的后代中挑选。有条件时结合查阅种猪档案，考查其育种档案，如胴体质量(包括屠宰率、胴体重、眼肌面积、腿臀部比例、瘦肉率等)和肌肉质量性状(包括肌肉颜色、系水率、大理石纹等)。

(2)合理的年龄结构

后备种猪的补充应占繁殖种群的30%，从年龄结构上配比，1～1.5岁占30%，1.5～3岁占40%～50%，3～3.5岁占20%～30%；人工授精种公猪一般利用2～3年应进行更换，更新率在35%左右。

(3)猪的选配

一个合格的繁育工不但能制订合理的配种计划并实施，还应经常不断地收集反馈信息资料，分析掌握与配公猪所产后代的表现，及时淘汰劣质个体和调整品种组合。

①选配前的准备工作：了解猪群和品种的基本情况，包括其系谱结构和形成历史，以及猪群现有水平和需要改进提高的内容；分析以往交配的结果；分析参加配种公、母猪系谱。

②制订配种计划：包括选配目的、选配原则、亲缘关系、繁育方法、品种组合、预期效果等内容。

③选配方法：应该掌握个体选配和群体选配。核心群母猪一般采用个体选配，再细化到为每头母猪选定与配公猪；群体选配一般是指具有类似性能的猪群，选定适当的一头或几头公猪与之交配。

2. 种公猪的选留与利用

(1)种公猪的选择、保留

①体型外貌：具有明显的品种特征，遗传性稳定，结构匀称，胸宽深，背宽平，体躯要长，腹部平直，肩部和臀部发达，肌肉丰满，骨骼粗壮，四肢有力，体质强健，生长发育良好，能充分发挥其品种的性状特征，膘情适中，性机能旺盛，无遗传疾病。

②繁殖性能：要求生殖器官发育正常，有缺陷的公猪应淘汰；性欲良好，雄性特征明显，能生产质量优良的精液，精子活力强，密度高与配母猪受胎率高，配种能力强。乳头应在7对以上，排列整齐。一般要求公猪射精量150mL以上，其精液精子活力达80%以上，畸形率不超过18%，精子密度不低于1.8亿/mL。

③生长育肥性能：要求生长快，一般瘦肉型公猪体重达100kg的日龄在170d以下；耗料省，生长育肥期每千克增重的耗料量在2.8kg以下；背膘薄，100kg体重测量时，倒数第三到第四肋骨离背中线6cm处的超声波背膘厚在15mm以下。

④性情：种公猪的性情温驯，无恶癖，与人亲和易接近。

(2)种公猪的合理适度利用

①种公猪的初配年龄：种公猪最适宜的初配年龄，应根据猪不同品种、年龄和生长发育情况来确定，一般宜选在性成熟之后和体成熟之前配种。培育品种不早于8～9月龄，体重不低于100kg；北方地区猪种8月龄，体重80kg左右；南方早熟猪种6～7月龄，体重65kg左右开始配种为宜。

②种公猪的合理使用：a. 严格掌握后备公猪开始配种的年龄和体重，不能过早也不能过迟配种。b. 掌握好配种强度，一头种公猪在其整个种用年限内，大致分为 3 个阶段：1～2 岁为青年阶段，这个时期猪体正处在继续生长发育阶段，因此，不宜频繁配种，每周以配种 1～2 次为宜；2～5 岁为青壮年阶段，这时期猪体已基本发育健全，生殖机能较为旺盛，在营养较好的情况下，每日可交配 1～2 次；5 岁后的公猪，由于体质衰弱，每隔 1～2d 配种 1 次。种公猪的利用年限一般可达 4～6 年。c. 公母比例，实行季节产仔与本交的猪场，1 头公猪 1 年可配母猪 20～30 头；实行常年产仔与本交的猪场，1 头公猪可配母猪 30～40 头。d. 选择适宜的配种时间，夏季安排在早晨与傍晚凉爽时进行，冬季安排在上下午天气暖和时进行，配种前后 1h 不要喂食，配种后不要立即给公猪饮凉水和冷水冲洗。e. 配种时最好有专门的场地，地面要求平坦而不滑，以利配种进行，公猪 1 次交配的时间很长，为 3～25min，交配时切不可有任何干扰。每次配种完毕，应让公猪自由活动十几分钟，然后再赶回圈内，并给些温水让其自饮。

③防止公猪咬架。

④公猪采精使用年限：公猪采精使用年限在 2 年左右，后备公猪 8 月龄开始调教训练采精，10 月龄体重在 150kg 以上才投入正常使用，一般公猪的精液质量在 18 月龄开始下降。

⑤固定采精频率：青年公猪每周采精 1 次，成年公猪每间隔 4 天采精 1 次。

(3)公猪的淘汰

公猪有下列情况之一，可考虑淘汰：

①有更优良的种公猪可以替换。

②精液活力低于 0.6，密度达不到中级，畸形率超过 18%。

③健康有问题，凶猛，每次采精量少于 100mL。

④后裔生产性能差或有遗传缺陷，如阴囊疝、脐疝、杂毛等。

⑤年纪大、繁殖性能差的公猪，与配母猪受胎率低、产字数低。

⑥遗传性能不稳定，或变异明显，后代生产性能明显不如父代。

3. 种母猪的选留与利用

(1)后备母猪的选留

在选留母猪时，应了解其生产性能，要从饲料利用率高、增重快、肉质好、出肉率高、母性好、产仔头数多、泌乳力强、仔猪生长发育快、断奶体重大的优良公、母猪的后代中挑选后备母猪。选留后备母猪注意以下几点：

①品种选择：a. 国内培育的母系品种，如苏钟猪、苏太猪等。b. 一洋一本母猪，即国外引进品种和本地猪种的二元杂交母猪，如长白猪×太湖猪、大约克夏猪×太湖猪等。c. 洋二元母猪，即两个国外引进品种的杂交母猪，如长白猪×大约克夏猪等。

②具体要求：a. 生长发育快应选择本身和同胞生长速度快、饲料利用率高的个体。在后备猪限饲前(如 2 月龄、4 月龄)选择时，既利用本身成绩，也利用同胞成绩；限饲后主要利用育肥测定的同胞的成绩。b. 体质外形好后备母猪体质健壮，无遗传疾患，应审查确定其祖先或同胞亦无遗传疾患。体型外貌具有相应种性的典型特征，如毛色、头型、耳型、体型等，特别应强调的是应有足够的乳头数，且乳头排列整齐，无瞎乳头和副乳头。c. 繁殖性能高繁殖性能是后备母猪非常重要的性状，后备母猪应选自产仔数多、哺育率

高、断奶体重大的高产母猪的后代。同时应具有良好的外生殖器官，如阴户发育较好，配种前有正常的发情周期，而且发情征候明显。

③选择时期后备母猪：选择分为以下几个阶段。a.2 月龄选择　2 月龄选种是窝选，就是选留大窝中的好个体。窝选是在父母亲都是优良个体的条件下，从产猪头数多、哺育率高、断奶窝重大的窝中选留发育良好的母仔猪。b.4 月龄选择主要是淘汰那些生长发育不良或者是有突出缺陷的个体。c.6 月龄选择后备猪达 6 月龄时各组织器官已经有了相当发育，优缺点更加明显，可根据多方面的性能进行严格选择，淘汰不良个体。d.配种前选择后备母猪在初配前进行最后一次挑选，淘汰性器官发育不理想、发情周期不规律、发情现象不明显的母猪。

(2)建立和保持合理结构的母猪群体

①后备猪成熟以后(8～10 月龄)，经配种或妊娠转为检定猪群。检定母猪分娩产仔后，根据其生产性能，确定转入一般繁殖母猪群或基础母猪群，或作核心群母猪，或淘汰作肉猪；检定公猪生产性能优良者转入基础公猪群，不合格者淘汰去势作肥猪。

②初产母猪经鉴定符合基础母猪要求者，可转入基础母猪群，不符合要求者淘汰作商品肉猪。

③基础母猪 5 岁以上者、生产性能下降者淘汰育肥。种公猪在利用 3～4 年后也做同样处理。目前母猪的年更新率为 30%。选留数量应是淘汰数量的 1.2 倍。

(3)促进空怀母猪发情排卵的措施

①短期优饲：配种前对体况瘦弱不发情的母猪，可采用短期优饲催情，效果较为明显。短期优饲的时间可在配种前 10～14d 开始，加料的时间一般为 1 周左右。优饲期间，可在平时喂料量的基础上增加 50%～100%，每头每天大致增加 1.5～2.0kg，短期优饲主要是提高饲料的总能量水平，而蛋白质水平则不必提高。

②公猪诱导法：一是利用试情公猪去追爬不发情母猪，可促使其发情排卵；二是把公母猪关在一个圈内，通过公猪的接触爬跨刺激，促使母猪发情排卵；三是播放公猪求偶录音带，利用生物模拟的作用效果也很好。

③合群并圈：将不发情空怀母猪合并到有发情母猪圈内，通过发情母猪的爬跨等刺激，促进其发情排卵。

④加强运动：对不发情母猪，通过户外运动，接受日光浴，呼吸新鲜空气，可促进新陈代谢，改善膘情。与此同时，采用限制饲养，减少精料喂量或不喂精料，多喂青绿饲料，能有效促进母猪发情排卵，如能与放牧相结合效果更好。

⑤按摩乳房：对不发情母猪，每天早晨按摩乳房 10min，可促进其发情排卵。

⑥药物治疗：对不发情母猪利用孕马血清(PMSG)、绒毛膜促性腺激素(HCG)、PG-600、雌激素、前列腺素等治疗(按说明书使用)，有促进母猪发情排卵的效果。

需要说明的是，对于母猪不能正常发情或不受孕，应针对不同情况采用相应技术措施，人工催情只能在做好饲养管理的前提下，才能获得良好的效果。对于那些长期不发情或屡配不孕的母猪，如果采取一切措施都无效时，应立即予以淘汰。

(4)种母猪的淘汰

母猪有下列情况之一，可考虑淘汰：有更优良的种母猪可以替换；连续两胎产仔数低于

6头的母猪；后裔生长速度和胴体质量均低于平均值的母猪；连续2次流产，或2次返情，或2次发生子宫内膜炎的母猪；外阴小、产道窄，2次难产的母猪；12月龄还没配上种的后备母猪；断奶后48天内，经多次管理措施，或1次激素处理后仍不发情的母猪；后裔有遗传缺陷的母猪，如疝气、隐睾、锁肛等；8胎次以上的母猪；母性不强、性格不好的母猪。

※母猪繁殖障碍的处置

一、母猪子宫内膜炎

(1)预防

应使猪舍保持干燥，临产时地面上可铺清洁干草。发生难产后，助产时手臂应严格消毒，小心操作避免损伤产道，并注入抗菌药物。人工授精要严格遵守消毒规则。

(2)治疗

在产后急性期，首先应清除留在子宫内的炎性分泌物，选择1%盐水、0.02%苯扎氯铵溶液或0.1%高锰酸钾溶液冲洗子宫，冲洗后将残存的溶液排出，最后向子宫内注入80万IU青霉素或1g金霉素(金霉素1g溶于20～40mL注射用水中)。

患慢性子宫内膜炎的病猪，可用青霉素100万～320万IU、链霉素100万IU，混于已高压消毒的植物油20mL中，向子宫内注入。可皮下注射垂体后叶素20～40IU促使子宫蠕动，从而促使子宫内炎性分泌物的排出。

全身疗法可用抗生素或磺胺类药物。

二、流产母猪处理

2个情期之内流产的母猪，无须用抗生素药液冲洗子宫；2个情期以上流产的母猪，用常用冲洗液或抗生素药液冲洗子宫。

三、卵泡囊肿

当母猪持续性发情症状很明显(持续发情4d以上)。可先肌内注射促性腺激素PG600，1～2d后再肌内注射氯前列烯醇(PG)，或孕马血清促性腺激素(PMSG)。

四、持久黄体

若发现问题母猪上一胎有流产、产死胎和木乃伊胎等情况的记录，有可能在其子宫内还有异物未排出，造成持久性黄体，导致不发情，可用常用冲洗液或抗生素药液冲洗子宫，使异物排出和消除子宫炎症。

五、产褥热

母猪产后感染，体温上升到41℃，全身痉挛，停止泌乳。该病多发生在炎热季节。为预防此病的发生，母猪产前要减少饲料喂量，分娩前最初几天喂一些轻泻性饲料，减轻母猪消化道的负担。如患病母猪停止泌乳，必须把全窝仔猪进行寄养，并对母猪及时治疗。

六、产后奶少或无奶

最常见的有4种情况：母猪妊娠期间饲养管理不善，特别是妊娠后期饲养水平太低，母猪消瘦，乳腺发育不良；母猪年老体弱，食欲不振，消化不良，营养不足；母猪妊娠期间喂给大量碳水化合物饲料，而蛋白质、维生素和矿物质供给不足；母猪过胖，内分泌失调。为克服以上情况，必须搞好母猪的饲养管理，及时淘汰老龄母猪，做好产圈消毒和接产护理。对消瘦和乳房干瘪的母猪，可喂给催乳饲料，如豆浆、麸皮汤、小米粥、小鱼汤等；亦可用中药催乳(药方：木通30g，茴香30g)，加水煎煮，拌少量稀粥，分2次喂给。因母猪过肥，无奶，可减少饲料喂量，适当加强运动；母猪产后感染，可用2%的温盐水灌洗子宫，同时注射抗生素治疗。

知识链接

网上冲浪

1. 中国养殖网：http：//yangzhi. huangye88. com。
2. 中国农业网：http：//www. zgny. com. cn。
3. 中国农业信息网：http：//www. agri. cn。
4. 中国种猪网：http：//www. chinapig. cn/s _ index _ 0. htm。

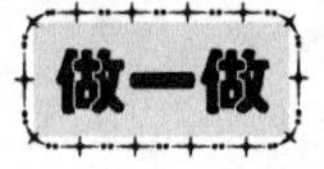

实训三　猪的人工授精技术

【实训目的】 学会公猪采精方法。

【实训准备】 调教过的公猪1头、台猪1个、集精杯、0.1%高锰酸钾溶液、医用纱布、乳胶手套等。

【实训内容】 徒手采精。

【实训步骤】

(1)采精

把经过采精成功的公猪赶到采精室台猪旁，采精者戴上医用乳胶手套，将公猪包皮内尿液挤出去，并将包皮及台猪后部用0.1%高锰酸钾溶液擦洗消毒。待公猪爬上台猪后，根据采精者操作习惯，蹲在台猪的左后侧或右后侧，当公猪爬跨抽动3～5次，阴茎导出后，采精者迅速用右(左)手，手心向下将阴茎握住，用拇指顶住阴茎龟头，握的松紧以阴茎不滑脱为度。然后用拇指轻轻拨动阴茎龟头，其余四指则一紧一松有节奏地握住阴茎前端的螺旋部分，使公猪产生快感，促进公猪射精。公猪开始射出的精液多为精清，并且常混有尿液和其他脏物不必收集。待公猪射出较浓稠的乳白色精液时，立即用另一只手持集精杯，在距阴茎龟头斜下方3～5cm处将其精液通过纱布过滤后，收集在杯内，并随时将纱布上的胶状物弃掉，以免影响精液滤过。根据输精量的需要，在一次采精过程中，可重复上述操作方法，促使公猪射精3～4次。公猪射精完毕，采精者应顺势用手将阴茎送入包皮中，防止阴茎接触地面损伤阴茎或引发感染。并把公猪轻轻地由台猪上驱赶下来，不得以粗暴态度对待公猪。

(2)注意事项

采精者在采精过程中，精力必须集中，防止公猪滑下伤人。同时要注意保护阴茎以免受伤。采精者不得使用化妆品，谨防异味干扰采精或影响精液品质。

【实训报告】概括采精方法步骤及注意事项。

实训四 母猪发情鉴定与配种

【实训目的】了解和掌握猪发情的变化规律与变化过程，适时配种确定，并学会母猪发情鉴定方法与配种技术。

【实训准备】发情母猪若干头、恒温箱、75%酒精、0.1%高锰酸钾、公猪精液、贮精瓶、低倍显微镜、输精器等。

【实训内容】母猪发情鉴定、人工授精。

【实训步骤】

1. 发情表现鉴定

(1)行为方面

对外界反应敏感，兴奋不安，食欲减退，鸣叫，爬栏或跳栏，爬跨其他母猪，阴户掀动，频频排尿，随着发情进展，手按背腰部表现呆立不动，举尾不动；发情后期，拒绝公猪爬跨，精神逐渐恢复正常。

(2)外阴户表现

前期发情期，外阴户微红肿充血肿胀到透亮(末期紫红皱缩)，黏液少多，水样黏稠，透明半透明(乳白色)，阴道浅红深红，干涩润滑。

2. 判定输精适期(输精时间)

①断奶后3～6d发情的经产母猪，发情出现站立反应后6～12h进行第1次输精配种。

②后备母猪和断奶后7d以上发情的经产母猪，发情出现站立反应，就进行配种(输精)。

3. 配种方法

(1)人工辅助交配

配种前，公母猪分开饲养，发情配种时，把母猪赶到固定交配地方，然后赶入配种计划指定与配公猪，交配后公母猪再分开饲养。提高人工辅助交配效果措施如下。

①选择配种场所：位置要远离公猪舍；场址要保持安静，清洁，无异物；场地平坦，不打滑；雨天、冷天安排在室内进行。

②选择有利交配时间：饲喂前后2h；冷天选中午，夏季选早晚。

③交配前准备工作：外生殖器用0.1%高锰酸钾冲洗；长期不配种的公猪应把衰老精液弃除；空爬跨。

④配种过程中：稳住母猪，并将尾巴轻轻拉向一侧，用手拉开包皮并顺势导入阴道；保证公猪安全。

⑤配种结束后：手按母猪背腰部或轻拍后臀，以防精液倒流，切忌让母猪躺下，可让其自由活动一段时间；公猪马上回舍，不得立即饮水或进食，更不能洗澡；工作人员及时记录。

⑥特殊情况：如体格差异时，要用配种架或人工帮助。

(2)人工授精

①精液检查：从17℃精液保存箱中取出的精液，无需升温至37℃，摇匀后可直接输精，但检查精液活力需将玻片预热至37℃；有的场输精时采取升温措施，注意升温速度为0.5℃/min，把精液升温到35～38℃，精液活力≥0.7。

②输精剂量：一般输精剂量不低于20mL，有效精子密度不低于0.3亿/mL，其受胎效果仍然良好。瘦肉型母猪的授精量与本地猪有较大差异。瘦肉型经产母猪授精量保证100mL，后备母猪保证有80mL；本地猪授精量有40mL即可。

③输精前准备：输精人员的手指甲要剪平磨光，应用75%的酒精消毒手臂，干燥后戴上薄膜手套，清洁母猪阴户后，脱去手套，再插入授精管；保定母猪，用45℃的0.1%高锰酸钾水溶液清洁母猪外阴、尾根及臀部周围，再用温水浸湿毛巾，擦干外阴部；在输精管海绵头部前端涂上润滑剂：从密封袋中取出没有受任何污染的一次性输精管（手不应接触输精管的前2/3部分），在其前端上涂上红霉素软膏作润滑剂。

④输精操作：双手分开母猪外阴部，然后左手使外阴口保持张开状态，将输精管45°角向上插入母猪生殖道内10cm左右时，将输精管平推，当感到有阻力时，继续缓慢向左旋转并用力将输精管向前送入，直到感觉输精管前端被锁定（轻轻回拉拉不动），一次性输精器在插入过程中，当感到有阻力时，再用力推送5cm左右，使其卡在子宫颈中。从精液贮存箱中取出品质合格的精液，确认公猪品种、耳号；缓慢颠倒摇匀精液，打开精液袋封口将塑料管暴露出来，接到输精管上，将精液袋后端提起，（也可将精液袋先套在输精管上后再将输精管插入母猪生殖道内）；在输精过程中，应不断抚摸母猪的乳房或外阴、压背、抚摸母猪的腹侧以刺激母猪，使其子宫收缩产生负压，将精液吸纳。输精时除非输精开始时精液不下，勿将精液挤入母猪的生殖道内，以防精液倒流。

⑤防止精液倒流：用控制精液袋高低的方法来调节精液流出的速度。输精时间一般在3～7min，输完后，可把输精管后端一小段折起，用精液袋上的圆孔固定，使输精器滞留在生殖道内3～5min，让输精管慢慢滑落；或精液输完后，以较快的速度将输精管向下抽出，以刺激子宫颈口收缩，防止精液倒流。

⑥每头母猪每次输精都应使用一条新的一次性输精管，防止子宫炎发生。

⑦经产母猪用一次性海绵头输精管，输精前检查海绵头是否松动；后备母猪用一次性螺旋头输精管。

⑧输精时的问题处理：如果在插入输精管时，母猪排尿，就应将这支输精管丢弃(多次性输精管应带回重新消毒处理)；如果在输精时，精液倒流，应将精液袋放低，使生殖道内的精液流回精液袋中，再略微提高精液袋，使精液缓慢流入生殖道，同时注意压迫母猪的背部或对母猪的侧腹部及乳房进行按摩，以促进子宫收缩；如果以上方法仍然不能解决问题，继续倒流或不下，可前后移动输精管，或抽出输精管，重新插入锁定后，继续输精。

⑨输精次数：一般经产母猪一个配种情期输精 2 次，后备母猪一个配种情期输精 3 次。最后一次输精后 18h 应检查母猪是否已经过了发情期，如未过发情期，仍有静立反应，应再输精一次。两次输精的间隔时间一般为 8～12h。

【实训报告】叙述猪人工授精的关键环节及其注意事项。

实训五　妊娠诊断

【实训目的】学会母猪妊娠诊断技术。

【实训准备】配种后 3～5 周以上的母猪、配种记录、超声波诊断仪 1 台，植物油、记录本等。

【实训内容】用外部观察法和超声波测定法进行母猪妊娠诊断。

【实训步骤】

(1)外部观察法

一般来说，母猪配种后，经一个发情周期未表现发情，基本上认为母猪已妊娠，其外部表现为："疲倦贪睡不想动，性情温驯动作稳，食欲增加上膘快，皮毛发亮紧贴身，尾巴下垂很自然，阴户缩成一条线"。但个别母猪在配种后 3 周左右出现假发情现象，具体表现是发情持续时间短，一般只有 1～2d。对公猪不敏感，虽然稍有不安，但不影响采食。应根据以上表征给予区别。学生可让饲养员指定空怀母猪和已确定妊娠母猪进行整体区别，增加诊断准确性及诊断印象。

(2)超声波测定法

利用超声波感应效果测定动物胎儿心跳数，从而进行早期妊娠诊断。配种后 20～29d 的诊断准确率为 80%，40d 以后的准确率为 100%。测定时，先在母猪腹底部后侧的腹壁上(最后乳头上方 58cm 处)涂一些植物油，然后将超声波的探头紧贴在测量部位，如果诊断仪发出连续响声，说明该母猪、妊娠。如果诊断仪发出间断响声，并经几次调整探头方向和方位均无连续响声，说明该母猪没有妊娠，应及时告之饲养员或技术员，以便观察其发情，再度配种。无论采用哪一种方式，一经确定其妊娠与否，都要做好记录，以便采取相应的饲养管理措施。

【实训报告】根据诊断情况写出诊断结果，并说明诊断依据(诊断有多头猪时可列表说明)。

实训六　临产母猪的产前准备、接产与初生仔猪的护理

【实训目的】 从观察母猪的分娩与接产全过程，掌握母猪的分娩接产的各项准备工作。熟悉和了解母猪的临产症状、分娩接产及假死仔猪的处理等方法，熟悉和掌握初生仔猪的护理技术等。

【实训内容】 接产技术。

【实训准备】 临产母猪、接产所需备品。

【实训步骤】

1. 猪分娩的准备工作

分娩与接产工作是猪场重要生产环节，除应作好产前预告，使分娩母猪提前一周进产房，还应在产前做好以下工作：

①事先作好产房或猪栏的防寒保暖或防暑降温工作，修缮好仔猪的补料栏或暖窝，备足垫料(草)。

②备好有关物品和用具，如照明灯、护仔箱、称猪篮、耳号钳、记录本、毛巾、消毒药品(碘酒、高锰酸钾)。

③产前 3～5d 做好产房或猪栏，猪体的清洁，消毒工作。

④临产前 5～7d，调整母猪日粮。母猪过肥要逐步减料 10%～30%，停喂多汁料。防乳汁过多或过浓引起乳房炎或仔猪下痢。母猪过瘦或膨胀不足，应适当富加蛋白质饲料催奶。

2. 观察母猪临产症状

①母猪临产前腹部大而下垂，阴户红肿、松弛，成年母猪尾根两侧下陷。

②乳房膨大下垂，红肿发亮，产前 2～3d，奶头变硬外张，用手可挤出乳汁。待临产 4～6h 前乳汁可成股挤出。

③衔草作窝，行动不安，时起时卧，尿频，排粪量少次数多且分散(拉小尿)，一般在 6～12h 可分娩。

④阵缩待产，即母猪由闹圈到安静躺卧，并开始有努责现象，从阴户流出黏性羊水时(即破水)，1h 内可分娩。

3. 人工接产

①当母猪出现阵缩待产征状时，接产人员应将接产用具，药品备齐，在旁安静守候。母猪腹部肌肉间歇性的强烈收缩(阵缩像颤抖)，阴户阵阵涌出胎水。当母猪屏气，腹部上抬，尾部高举，尾帚扫动，胎儿即可娩出。产式有头位，臀位属正常。

②仔猪产出后，接生员应立即用左手抓住仔猪躯干，右手掏出口鼻黏液，并用清洁抹布或垫草，擦净全生黏液。

③用左手抓住脐带，右手把脐带内的血向仔猪腹部挤压几次，然后左手抓住仔猪躯干。用中指和无名指夹住脐带，右手在离腹部 4～5cm 处把脐带捏断，断处用碘酒消毒，若断脐流血不止，可用手指捏住断头片刻。

④仔猪正常分娩间歇时间为 15min 一头，也有两头连产的，分娩持续时间 1～4h，一

般胎衣开始流出(全部仔猪产出后10～30min)说明仔猪已产完。约1～4h可排尽。但有时产出几头小猪后，即下部分胎衣，再产仔几头，再下胎衣，甚至随着胎衣娩出产仔。胎衣包着的仔猪易窒息而死，应立即撕开胎衣抢救。

⑤以上工作做完后，应打扫产房，擦干母猪后躯污物，再一次给母猪乳房消毒后，换上新垫草，安抚母猪卧下。清点胎衣数与仔猪数是否相符，产程即告结束。

⑥难产处理与仔猪假死急救。母猪一般难产较少，有时因母猪衰弱，阵缩无力或个别仔猪胎衣异常，堵住产道，导致难产。应及早人工助产。先注射人工合成催产素，注射后20～30min可产出仔猪。如仍无效，可采用手术掏出。术前应剪磨指甲，用肥皂、来苏儿洗净，消毒手臂，涂润滑剂。术后并拢成圆锥状沿着母猪努责间歇时慢慢伸入产道，摸到仔猪后，可抓住不放，随着母猪慢慢努责将仔猪拉出，掏出一头后，如转为正常分娩，不再继续掏；术后，母猪应注射抗生素或其他抗炎症药物。仔猪的急救对虽停止呼吸而心跳仍在的仔猪应进行急救，方法如下：a. 实行人工呼吸。仔猪仰卧，一手托着肩部，另一手托着臀部，作一曲一伸运，直到仔猪叫出声为止。或先吸出仔猪喉部羊水，再往鼻孔吹气，促使仔猪呼吸。b. 提起仔猪后腿，用手轻轻拍打仔猪臀部。c. 用酒精涂在仔猪的鼻部，刺激仔猪恢复呼吸。

4. 初生护理

(1)早吃初乳

对性情较好或已进入昏产的母猪可以随产。随给仔猪哺乳。采用护仔箱接产仔猪，吃初乳最晚不得超过生后1～2h。吃初乳前应用手挤压各乳头，弃去最初挤出的乳汁。检查乳量及浓度，和各乳头的乳空数目以便确定有效乳头数和适当的带仔数，并用0.1%高锰酸钾水清洗乳房，然后给仔猪吮吸。对弱仔可用人工辅助吃1～2次的初乳。

(2)匀窝寄养

对多产或无乳仔猪采取匀窝寄养应做到以下几点：

①乳母要选择性情温顺，泌乳量多，母性好的母猪。

②养仔应吃足半天以上初乳，以增强抗病力。

③两头母猪分娩日期想近(2～3d内)。两窝仔猪体重大小相似。

④隔离母仔使生仔与养仔气味混淆。使乳母胀奶，养仔饥饿，促使母仔亲和。

⑤避免病猪寄养，殃及全窝。

(3)剪齿

仔猪出生时已有末端尖锐的上下第三门齿与犬齿3枚。在仔猪相互争抢固定乳头过程会伤及面颊及母猪乳头，使母猪不让仔猪吸乳。剪齿可称重、打号同时进行。方法是左手抓住仔猪头部后方，以拇指及食指捏住口角将口腔打开，用剪齿钳从根部剪平即可。

(4)保育间培育训练

为保温、防压可于仔猪补饲栏一角设保育间，留有仔猪出入孔，内铺软干草。用150～250W红外灯吊在距仔猪躺卧处40～50cm处，可保持猪床温度30℃左右。仔猪出生后即放入取暖、休息，完时放出哺乳，经2～3d训练即可养成自由出入的习惯。

(5)母猪初产护理

为保温与防便秘。产后母猪第一次可喂给加盐小麦麸汤。分娩后2～3d喂料不能过多，应喂一些易消化的稀粥状饲料，经5～7d后才按哺乳母猪标准喂给，并随时注意母猪的呼吸、体温、排泄和乳房的状况。

【实训报告】叙述仔猪接产方法与体会。

练习与思考题

1. 简述仔猪接生全过程。怎么判定是否需要助产？怎样助产？
2. 举例说明当地常用的猪种杂交方式。
3. 种公猪、种母猪外貌评定的要点有哪些？
4. 猪生产性能评定的指标有哪些？怎样进行测定？
5. 种猪在不同阶段的选择有哪些要点？
6. 选种、选配的方法有哪些？
7. 母猪发情的因素有哪些？
8. 公猪如何进行采精训练？常用催情措施有哪些？
9. 精液品质检查的项目有哪些？
10. 母猪围产期的饲养管理要点有哪些？
11. 如何根据母猪临产征兆判断产仔时间？

项目四 仔猪生产技术

【知识目标】

- 了解哺乳仔猪的生长发育和生理特点。
- 了解哺乳仔猪死亡原因。
- 掌握哺乳仔猪的饲养管理技术。
- 掌握断乳仔猪的饲养管理技术。

【技能目标】

- 能熟练地进行哺乳仔猪的饲养管理。
- 能熟练地饲养断乳仔猪。

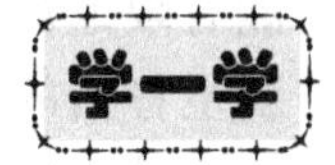

任务一　哺乳仔猪培育技术

一、哺乳仔猪的生理特性

哺乳仔猪是指从出生至断奶前的仔猪。这一阶段是幼猪培育的最关键环节，仔猪出生后的生存环境发生了根本的变化，从恒温到常温，从被动获取营养和氧气到主动吮乳和呼吸来维持生命，导致哺乳期死亡率明显高于其他生理阶段。因此，减少仔猪死亡率和增加仔猪体重是养好哺乳仔猪的关键。

哺乳仔猪生长发育的主要特点是生长发育快和生理上还不成熟，同时生后早期又发生一系列重要变化，从而构成了仔猪难养、成活率低的特殊原因。

(1)生长发育快，物质代谢旺盛

和其他家畜比较，猪出生时体重相对最小，成熟度低，还占不到成年时体重的1%(羊为3.6%，牛为6%，马为9%～10%)，但出生后生长发育特别快。一般仔猪初生重在

1kg左右，10日龄时体重达出生重的2倍以上，30日龄达5～6倍，60日龄增长10～13倍或更多，体重达15kg以上。如按月龄的生长强度计算，第一个月比初生重增长5～6倍，第二个月比第一个月增长2～3倍。

仔猪出生后的强烈生长是以旺盛的物质代谢为基础的。一般出生后20日龄的仔猪，每千克体重要沉积蛋白质9～14g，相当于成年猪的30～35倍。每千克体重所需代谢能是0.30MJ，为成年母猪0.10MJ的3倍。矿物质代谢也比成年猪高，每千克增重中约含钙7～9g、磷4～5g。由此可见，仔猪对营养物质的需要在数量上相对较高，对营养不全的反应敏感。因此，仔猪补饲或供给全价饲料尤为重要。

(2)消化器官不发达，消化腺机能不完善

猪的消化器官在胚胎期内虽已形成，但出生时其相对重量和容积较小，机能发育不完善。胃成年时占体重的0.57%，但出生时仅为体重的0.44%，重4～8g，容纳乳汁25～50g，以后才随年龄的增长而迅速扩大，到20日龄时，胃重增长到35g左右，容积扩大3～4倍。小肠在哺乳期内也强烈生长，长度约增5倍，容积扩大50～60倍。消化器官这种强烈的生长保持到6～8月龄以后开始降低，到13～15月龄接近成年的水平。

消化器官发育的晚熟，导致消化酶系统发育较差，消化机制不完善。由于初生仔猪胃和神经系统之间的联系还没有完全建立，缺乏条件反射性的胃液分泌，只有食物进入胃内直接刺激胃壁后，才能分泌少量胃液；而成年猪由于条件反射的作用，即使胃内没有食物，同样能大量分泌胃液。在胃液的组成上，哺乳仔猪在20日龄内胃液中仅有足够的凝乳酶，而唾液和胃蛋白酶很少，约为成年猪的1/4～1/3，到仔猪3月龄时，胃液中的胃蛋白酶才增加到成年猪的水平。同时，初生仔猪胃腺不发达，不能分泌盐酸，胃内缺乏游离的盐酸，胃蛋白酶原没有活性，不能消化蛋白质，特别是植物性蛋白质。随着日龄的增长和食物对胃壁的刺激，盐酸的分泌不断增加，非乳蛋白质直到第14日龄后才能有限地被消化，到40日龄时，胃蛋白酶才表现出对乳汁以外的多种饲料的消化能力。新生仔猪的消化道，只适应于消化母乳中简单的脂肪、蛋白质和碳水化合物，利用饲料中复杂分子的能力则还有待于发育。仔猪对营养物质的消化吸收取决于消化道中酶系的发育。仔猪生后第一周内消化酶主要对乳糖的消化，乳糖酶活性在生后很快达到最高峰，相反，胃蛋白酶和胰蛋白酶则在初生时特别低，直到3～4周龄以后才开始缓慢地升高，淀粉分解酶的情况也相类似。所以，母乳是仔猪营养中消化率最高的饲料，5日龄到5周龄的仔猪，对母乳中蛋白质的消化率达到98%，牛乳蛋白质的消化率可到95%～99%，鱼粉达到92%，而对大豆蛋白质的消化率明显较低，仅为80%。初生仔猪乳糖酶活性很高，仔猪能够很好地消化乳糖，而对蔗糖和淀粉的分解酶发育比较缓慢。因此，1周龄仔猪对玉米淀粉的消化率只有25%，3周龄后也只能达到50%，通过提早补食饲料能够刺激盐酸和胃液的分泌。仔猪从第一周龄开始就能很好地利用乳脂肪，对其他脂肪只要能够很好地乳化，仔猪的消化吸收几乎与成年猪相似，健康的仔猪对脂肪的消化没有特殊的要求。

哺乳仔猪消化机能不完善的又一表现是食物通过消化道的速度较快，食物进入胃后完全排空的时间，15日龄时约为1.5h，30日龄为3～5h，60日龄为16～19h。由于哺乳仔猪胃的容积小，食物排入十二指肠的时间较短，所以应适当增加饲喂次数，以保证仔猪获得足够的营养。

(3)缺乏先天免疫力、容易得病

免疫抗体是一种大分子的γ-球蛋白。猪的胚胎构造复杂，在母猪血管与胎儿脐血管之间被6～7层组织隔开(人三层，牛、羊五层)，限制了母猪抗体通过血液向胎儿转移。因而，仔猪出生时先天免疫力较弱。只有吃到初乳后，靠初乳把母体的抗体传递给仔猪，并过渡到自体产生抗体而获得免疫力。

母猪初乳中蛋白质含量很高，每100mL中含总蛋白15 000μg以上，其中60%～70%是γ-球蛋白，但维持的时间较短，3d后即降至500μg以下。仔猪出生后24h内，由于肠道上皮对蛋白质有通透性，同时乳清蛋白和血清蛋白的成分近似，因此，仔猪吸食初乳后，可将其直接吸收到血液中，使仔猪血清γ-球蛋白的水平很快提高，免疫力迅速增加。肠壁的通透性随肠道的发育而改变，36～72h后显著降低。

免疫球蛋白分为IgG、IgA及IgM 3型，其分布、来源及作用各异。初乳中以IgG为主，约占80%，IgA占15%，IgM占5%，常乳中IgA为主，约占60%，IgG为30%。在自体产生的免疫球蛋白中，以IgM为主，IgA次之。它们主要来自母猪血清，并在乳腺中只合成一部分IgA。IgG主要是在血清中起杀菌作用，可防败血病。IgA的特点是能耐酶的消化，可附着在小肠内壁达12h以上，抑制大肠杆菌活动，抗胃肠道疾病。IgM对控制革兰氏阴性细菌的效力最强，如将剖腹取出的仔猪先给予免疫球蛋白，然后静脉注射大肠杆菌，10min后几乎全被消灭。如口服免疫球蛋白，则可抑制大肠杆菌活动。据试验，10日龄仔猪先接种大肠杆菌，然后连续3d每天喂初乳10mL，仔猪可活147h，如不喂则仅活37h。初乳中免疫球蛋白的含量虽高，但降低很快，IgG的半衰期为14d，IgM为5d，IgA为2.5d。仔猪10日龄以后才开始自产免疫抗体，到30～35日龄前数量还很少，直到5～6月龄才达成年猪水平(每100mL含γ-球蛋白约65mg)。因此，14～35日龄是免疫球蛋白的青黄不接阶段，最易患下痢，是最关键的免疫期。同时，仔猪这时已吃食较多，胃液又缺乏游离盐酸，对随饲料、饮水进入胃内的病源微生物抑制作用较弱，从而成为仔猪多病的原因。

(4)调节体温的机能发育不全，对寒冷的应激能力差

仔猪初生时，控制适应外界环境作用的下丘脑、垂体前叶和肾上腺皮质等系统的机能虽已相当完善，但大脑皮层发育不全，垂体和下丘脑的反应能力以及为下丘脑所必需的传导结构的机能较低。因此，调节体温适应环境的应激能力差，特别是生后第1天，在冷的环境中，不易维持正常体温，易被冻僵、冻死。据研究，初生仔猪的临界温度是35℃。如它们处在13～24℃间，体温在生后第1小时可降低1.7～7℃，尤其在生后20min内，由于羊水的蒸发，降低更快，1h后才开始回升。吃上初乳的健壮仔猪，在18～24℃的环境下，约两日后可恢复到常温；在0℃(－4～2℃)左右环境条件下，经10d尚难达到常温。初生仔猪如裸露在1℃环境中2h可冻昏、冻僵，甚至冻死。

初生仔猪对体温的调节主要是靠皮毛、肌肉颤抖、竖毛运动和挤堆共暖等物理作用，但仔猪的被毛稀疏、皮下脂肪又很少，还不到体重的1%，主要是细胞膜组织，保温、隔热能力很差。当环境温度低于临界温度下限时，体温靠物理调节已不能维护正常，体内就要靠化学调节增进脂肪的氧化、甲状腺及肾上腺分泌等提高物质代谢增加产热量的生理应激过程。如化学调节也不能维持正常体温时，才出现体温下降乃至冻僵。仔猪由于大脑皮

层调节体温的机制发育不全，不能协调进行化学调节，因此，是在寒冷的直接刺激下降温的。同时，初生仔猪体内的能源贮备很有限，每100mL血液中，血糖的含量是100mg。如吃不到初乳，两天可降至10mg或更少，即可因发生低血糖征而出现昏迷。即使吃到初乳，得到脂肪和糖的补充，血糖含量可以上升，但这时脂肪还不能作为能源被直接利用，要到24h以后氧化脂肪的能力才开始加强，到6日龄时化学的调节能力仍然很差，从9日龄起才得到改善，20日龄接近完善。因此，仔猪化学调节体温机能的发育可以分为3个时期：贫乏调节期(出生至6日龄)；渐近发育期(7～20日龄)；充分发挥期(20日龄以后)。所以，对初生仔猪保温是养好仔猪的特别重要的措施。

二、哺乳仔猪死亡原因分析

哺乳仔猪死亡是养猪生产中的一大损失，初生仔猪每死亡1头即损失56.7kg饲料；60日龄内死亡1头平均损失67.9kg饲料。因此，分析哺乳仔猪死亡的原因，并采取相关措施，减少哺乳仔猪死亡，对提高养猪经济效益具有重要意义。哺乳仔猪死亡主要有以下原因。

(1)冻死

初生仔猪对寒冷的环境非常敏感，尽管仔猪有利用糖原储备应付寒冷的能力，但由于其体内能源储备有限，调节体温的生理机能不完善，加上被毛稀少和皮下脂肪少等因素，在保温条件差的猪场，寒冷可冻死仔猪，同时，寒冷又是仔猪被压死、饿死和下痢的诱因。

(2)压死、踩死

母猪母性较差，或产后患病，环境不安静，导致母猪脾气暴躁，加上仔猪不能及时躲开而被母猪压死或踩死。有时猪舍环境温度低，垫草太厚，仔猪躲在草堆里，或是仔猪向母猪腿下、肚下躺卧，也容易被母猪压死或踩死。

(3)病死

疾病是引起哺乳仔猪死亡的重要原因之一。常见病有肺炎、下痢、低血糖病、溶血病、先天性震颤综合征、涌出性皮炎、仔猪流行性感冒、贫血、心脏病、寄生虫病、白肌病和脑炎等。

(4)饿死

母猪母性差，产后少奶或无奶且通过催奶措施效果不佳；乳头有损伤；产后食欲缺乏；所产仔猪数大于母猪有效乳头数，及寄养不成功的仔猪等均可因饥饿而死亡。

(5)咬死

仔猪在某些应激条件下(如拥挤、空气质量不佳、光线过强、饲料中缺乏某些营养物质)会出现咬尾或咬耳恶癖，咬伤后发生细菌感染，重者死亡；某些母性差(有恶癖)，产前严重营养不良，产后口渴烦躁的母猪有咬吃仔猪的现象；仔猪寄养时，保姆母猪认出寄养仔猪不是自己亲生儿女而咬伤、咬死寄养的仔猪。

(6)初生重小

初生重对仔猪死亡率也有重要影响，引入瘦肉型品种猪初生重不足1kg的仔猪存活希望很小，并且在以后的生长发育过程中，落后于全窝平均水平。据对100多仔猪试验数据分析，初生重不足 1kg 的仔猪，死亡率在 44%～100%，随仔猪初生重的增加，死亡率下降。

关于哺乳仔猪死亡原因和死亡率的统计值，各猪场有所不同，多数规模猪场哺乳仔猪死亡率约 8%～15%，少数优秀猪场可降到 5%以下。据对 3062 头仔猪死亡原因分析统计表明，非病因死亡 2324 头，占总死亡头数的 75.9%，因病死亡 738 头，占总死亡头数的 24.1%。因压、踩死亡 1013 头，占总死亡头数的 33.1%，居第一位；先天发育不良死亡 529 头，占 17.3%，居第二位；因下痢死亡 421 头，占 13.7%，居第三位。

从仔猪死亡时间上分析，仔猪死亡与其日龄有关。据调查，在死亡仔猪中，第 1 周龄死亡占 82%，第 2 周龄占 10%，第 3 周龄占 4%，第 4 周龄以上占 4%。

三、哺乳仔猪的饲养管理技术

1. 哺乳仔猪的管理

(1)及早吃足初乳

初生仔猪不具备先天性免疫能力，必须通过吃初乳获得免疫力。仔猪出生 6h 后，初乳中的抗体含量下降 1/2，因此应让仔猪尽可能早地吃到初乳、吃足初乳，是初生仔猪获得抵抗各种传染病抗体的唯一有效途径，推迟初乳的采食，会影响免疫球蛋白的吸收。初乳中除含有足够的免疫抗体外，还含有仔猪所需要的各种营养物质、生物活性物质。初乳中的乳糖和脂肪是仔猪获取外源能量的主要来源，可提高仔猪对寒冷的抵抗能力；初乳对加强激素，促进代谢，保持血糖水平有积极作用。仔猪出生后随时放到母猪身边吃初乳，能刺激消化器官的活动，促进胎粪排出，增加营养产热，提高仔猪对寒冷的抵抗力。初生仔猪若吃不到初乳，则很难养活。

(2)仔猪保温防压

新生仔猪对于寒冷的环境和低血糖极其敏感，尽管仔猪有利用血糖储备应付寒冷的能力，但由于初生仔猪体内的能源储备有限，调节体温的生理机制还不完善，这种能源利用和体温调节都是很有限的，初生仔猪皮下脂肪少，保温性差，体内的糖原和脂肪储备一般在 24h 之内就要消耗殆尽。在低温环境中，仔猪要依靠提高代谢效率和增加颤栗来维持体温，这更加快了糖原储备的消耗，最终导致体温降低，出现低血糖症。因此，初生仔猪保温具有关键性意义。母猪与仔猪对环境温度的要求不同。新生仔猪的适宜环境温度为 30～34℃，而成年母猪的适宜温度为 15～19℃。当仔猪体温 39℃时，在适宜环境温度下，仔猪可以通过增加分解代谢产热，并收缩肢体以减少散热。当环境温度低于 30℃时，新生仔猪受到寒冷侵袭，必须依靠动员糖原和脂肪储备来维持体温。寒冷环境有碍于体温平衡的建立，并可引发低温症。在 17℃的产仔舍内，高达 72%的仔猪体温会低于 37℃，仔猪的活动便会受影响，哺乳活动变缓变弱，导致初乳摄入量下降，体内免疫抗体水平则低于正常摄入初乳量的仔猪。仔猪体重小且有较大的表面积与体重比，出生后体温下降比个体大的猪快。因此，单独给仔猪创造温暖的环境十分必要。在产栏内吊红外线灯式取暖要比铺垫式取暖对个体较小的仔猪更显优越性，因为可使相对较大的体表面积更易于采热。仔猪保温可采用保育箱，箱内吊 250W 或 175W 的红外线灯，距地面 40cm，或在箱内铺垫电热板，都能满足仔猪对温度的需要。

因母猪卧压而造成仔猪死亡的现象是非感染性死亡中最常见的，大约占初生仔猪死亡数的20%，绝大多数发生在仔猪生后4d内，特别是在头1d最易发生，在老式未加任何限制的产栏内会更加严重。在母猪身体两侧设护栏的分娩栏，可有效防止仔猪被压伤、压死，头一周内仔猪死亡率可从19.3%下降至6.9%，若再采用吊红外灯取暖，使仔猪头一周死亡率降至1.1%。采用高床网上饲养，配置保暖设备的保育箱，可明显减少仔猪的死亡。

(3)仔猪补铁

仔猪缺铁时，血红蛋白不能正常生成，从而导致营养性贫血征。母乳能够保证供给1周龄仔猪全面而理想的营养，但微量元素铁含量不够。初生仔猪体内铁的贮存量很少，每千克体重约为35mg，仔猪每天生长需要铁7mg，而母乳中提供的铁只是仔猪需要量的1/10，若不给仔猪补铁，仔猪体内贮备的铁将很快消耗殆尽。给母猪饲料中补铁不能增加母乳中铁的含量，只能少量增加肝脏中铁的储备。圈养仔猪的快速生长，对铁的需要量增加，在3～4日龄即需要补充。缺铁会造成仔猪对疾病的抵抗力减弱，患病仔猪增多，死亡率提高，生长受阻，出现营养性贫血等症状。

补铁的方法很多，目前最有效的方法是给仔猪肌内注射铁制剂，如培亚铁针剂、右旋糖酐铁注射液、牲血素等，一般在仔猪2日龄注射100～150mg。

在严重缺硒地区，仔猪可能发生缺硒性下痢、肝脏坏死和白肌病，宜于生后3d内注射0.1%的亚硒酸钠、维生素E合剂，每头0.5mL，10日龄补第二针。

(4)固定乳头

母猪的乳房各自独立，互不相通，自成一个功能单位。各个乳房的泌乳量差异较大，一般前部乳头奶量多于后部乳头。每个乳房由1～3个乳腺组成，每个乳腺有一个乳头管，没有乳池贮存乳汁。因此，猪乳汁的分泌除分娩后最初2d是连续分泌外，以后是通过刺激有控制的放乳，不放乳时仔猪吃不到乳汁。仔猪吸乳时，先拱揉母猪乳房，刺激乳腺活动，然后放乳，仔猪才能吸到乳汁，母猪每次放乳时间很短，一般为10～20s，哺乳间隔约为1h，后期间隔加大，日哺乳次数减少。

仔猪有固定乳头吮乳的习性，开始几次吸食某个乳头，直到断奶时不变。仔猪出生后有寻找乳头的本能。初生重大的仔猪能很快地找到乳头，而较小而弱的仔猪则迟迟找不到乳头，即使找到乳头，也常常被强壮的仔猪挤掉，这样易引起互相争夺，而咬伤乳头或仔猪颊部，导致母猪拒不放乳或个别仔猪吸不到乳汁。为使同窝仔猪生长均匀，放乳时有序吸乳，在仔猪生后2d内应进行人工扶助固定乳头，使其吃足初乳。在分娩过程中，让仔猪自寻乳头，待大多数仔猪找到乳头后，对个别弱小或强壮争夺乳头的仔猪再进行调整，把弱小的仔猪放在前边乳汁多的乳头上，体大强壮的放在后边的乳头上。固定乳头要以仔猪自选为主，个别调整为辅，特别要注意控制抢乳的强壮仔猪，帮助弱小仔猪吸乳。

(5)剪犬齿与断尾

仔猪生后的第一天，可以剪掉仔猪的犬齿。对初生重小，体弱的仔猪可以不剪。去掉犬齿的方法是用消毒后的铁钳子，注意不要损伤仔猪的齿龈，剪去犬齿，断面要剪平整。剪掉犬齿的目的，是防止仔猪互相争乳头时咬伤乳头或仔猪双颊。

用于育肥的仔猪出生后，为了预防育肥期间的咬尾现象，要尽可能早地断尾，一般可与剪犬齿同时进行。方法是用钳子剪去仔猪尾巴的1/3(约2.5cm长)，然后涂上碘酒，防止感染。注意防止流血不止和并发症。

(6)选择性寄养

在母猪产仔过多或无力哺乳自己所生的部分或全部仔猪时，应将这些仔猪移给其他母猪喂养。影响哺乳仔猪死亡率的主要原因是仔猪的初生体重，当体重较小的仔猪与体重较大的仔猪共养时，较小仔猪竞争力就处于劣势，其死亡率会明显提高。据试验发现，出生重在800g左右的仔猪，如果将其寄养在与其平均个体较大的同窝仔猪共养时，死亡率高达62.5%；而若将其寄养在与其体重相当的其他窝里时，死亡只有15.4%。

在实践中，最好是将多余仔猪寄养到迟1～2d分娩的母猪，尽可能不要寄养到早1～2d分娩的母猪，因为仔猪哺乳已经基本固定了乳头，后放入的仔猪很难有较好的位置，容易造成弱仔或僵猪。在同日分娩的母猪较少，而仔猪数多于乳头数时，为了让仔猪吃到初乳，可将窝中体重大较强壮的仔猪暂时取出4h，以留出乳头给寄养的仔猪使其获得足够的初乳。这种做法可持续2～3d。对体重较小的个体，人工补喂初乳或初乳代用品，同时施以人工取暖。为了使寄养顺利实施，可在被寄养的仔猪身上涂抹收养母猪的奶或尿，同时把寄养仔猪与收养母猪所生的仔猪合养在一个保育箱内一定时间，干扰母猪的嗅觉，使母猪分不出它们之间的气味差别。

(7)预防腹泻

腹泻是哺乳仔猪和断奶仔猪最常见的现象，是影响仔猪生长发育的最重要因素之一，也是导致哺乳仔猪死亡的最常见病症。预防仔猪腹泻是养育哺乳仔猪的关键技术之一，由传染性病原体引起的腹泻病，如痢疾、副伤寒、传染性胃肠炎，特别是哺乳仔猪的大肠杆菌性痢疾，都有很高的死亡率，尤其表现在抵抗力弱的仔猪身上。生产实践中，以下情况易发生仔猪腹泻。

①初产母猪所产仔猪常发生腹泻，原因是初产母猪体内缺乏某种特定的抗体。

②当母猪生病或消化系统紊乱，泌乳不足时，仔猪易发生腹泻。

③窝产仔数较多，发生的几率增加。

④分娩栏内卫生状况较差，仔猪发病及死亡率提高。

⑤分娩舍内寒冷，使仔猪抵抗力减弱，特别是弱小的仔猪发病率更高。

⑥60%以上的仔猪死亡发生在生后第1周内，第2周内发生的几率降到10.5%，第3周降到1.3%。仔猪死亡率与下痢发生的日龄成反比，与下痢持续的时间成正比。

⑦感染其他疾病，如呼吸系统疾病，复合性炎症等，均会与腹泻共同作用，导致仔猪死亡率提高。

预防哺乳仔猪腹泻必须采用综合措施，首先是提高青年母猪的免疫力，才能使仔猪从初乳中获得某种特定的抗体，生产实践中可以将青年母猪与经产母猪放在同一栏内饲养，或者让青年母猪接触到经产母猪的粪便。其次是通过寄养的仔猪，平衡窝仔猪数。第三，要注意保温，防止湿冷及空气污浊，提高母猪的泌乳量，严格施行全进全出制度，保持良好的环境卫生。免疫注射对于防止肠道病原菌感染也是有效的。帮助仔猪抵抗病原菌的同时要注意补水，当下痢仔猪失去体液10%时，即面临死亡。给仔猪施以胃管直接补水的效果最好，通常补水量应在体液的1/10左右，每千克体重每天需补水75mL；对严重的腹泻仔猪可腹腔注射葡萄糖生理盐水，并让其自由饮服补液盐加抗菌药物水溶液。

2. 哺乳仔猪的饲喂

(1)提早开食补料

哺乳仔猪的营养单靠母乳是不够的，还必须补喂饲料。母猪的泌乳量，一般在第3周龄开始逐渐下降，而仔猪的生长发育迅速增长，母乳已不能满足仔猪的营养需要，如不及时补喂饲料，必然会影响仔猪的生长发育。早期补料刺激消化系统的发育与机能完善，减轻断奶后营养性应激反应导致的腹泻。

给仔猪补料，一定要提早诱料，这时仔猪的消化器官处于强烈生长发育阶段，消化机能不完善，母乳基本上能满足仔猪的营养需要。但此时仔猪开始出牙，好奇，四处活动啃食异物。诱料的目的在于训练仔猪认料，锻炼仔猪咀嚼和消化能力，并促进胃内盐酸的分泌，避免仔猪啃食异物，防止下痢。因仔猪从吸食母乳到采食饲料要有一个适应过程，大约10d。仔猪出生后3日龄就开始诱食，将教槽料撒在清洁的保温箱内地板上，3～5次/d，每次5～10颗；仔猪出生后5～7d时，开始在仔猪食槽里撒放教槽料，每天投料7～8次，每次10～20颗；仔猪出生后第7d，当每头仔猪每天能采食教槽料15～20g时(标志仔猪教槽成功)，每天投料6～7次，每次投料20～30g；以后随着仔猪日龄增大，投料量增加；对于7日龄还不会吃饲料的仔猪，采取强制补料，人工将教槽料直接投入仔猪口腔内，或定期将仔猪关闭在保温箱内，并撒上教槽料，让其吃料30～40min，再放出去吃奶。

仔猪教槽补料宜早不宜迟，每次添加教槽料以不浪费与保持新鲜和少量多餐为原则。每次补料前必须将料槽清理干净。每次投料量，视仔猪采食情况逐渐增加投料量。经常检查仔猪补料工作存在的问题，及时调整补饲方法和次数。装设自动饮水器，使仔猪可自由饮用清洁水。仔猪生后15～30日龄，这时仔猪对植物性饲料已有一定的消化能力，母奶不能满足仔猪的营养需要，需要正式补料。补料的目的，一则供给仔猪部分营养物质，二则进一步促进消化器官能适应植物性饲料。训练具有强迫性，可减轻母猪的泌乳负担。补料的方法，每个哺乳母猪圈都装设仔猪补料栏，内设自动食槽和自动饮水器，强制补料时可短时间关闭限制仔猪的自由出入，平时仔猪可随意出入，日夜都能吃到饲料。饲料应是高营养水平的全价饲料，尽量选择营养丰富、容易消化、适口性强的原料配制。配合饲料时需要良好的加工工艺，粉碎要细、搅拌均匀，最好制成经膨化处理的颗粒饲料。保证松脆、香甜等良好的适口性。

猪场设备较好的分娩舍，仔猪生后5～7d即可开食，这时仔猪可以单独活动，并有啃咬硬物拱掘地面的习惯，利用这些行为有助于补料。生产中常采用自由采食方式，即将特制的诱食料投放在补料槽里，让仔猪自由采食。为了让仔猪尽快吃料，开始几天将仔猪赶人补料槽旁边，上下午各一次，效果更好。在饲喂方法上要利用仔猪抢食的习性和爱吃新料的特点，每次投料要少，每天可多次投料，开食第1周仔猪采食很少，因母乳基本上可以满足需要，投料的目的是训练仔猪习惯采食饲料。仔猪诱食料要适合仔猪的口味，有利于仔猪的消化，最好是颗粒料。

给仔猪补饲有机酸，可提高消化道的酸度，启动某些消化酶提高饲料的消化率。并有抑制有害微生物繁衍的作用，降低仔猪消化道的疾病发生率。常用有机酸有：柠檬酸、甲酸、乳酸、延胡索酸等。

抗生素有增强抗病力和促进生长发育的作用，其效应随年龄增长而下降，仔猪生后的最初几周是抗生素效应最大时期。给仔猪饲料中添加抗生素，可以提高成活率、增重速度和饲料利用率。猪用的抗生素有：金霉素(氯四环素)、杆菌肽、竹桃霉素、土霉素、青霉素和泰乐霉素等。

(2)仔猪补水

哺乳仔猪生长迅速，代谢旺盛，母猪乳中和仔猪补料中蛋白质含量较高，需要较多的水分，生产实践中经常看到仔猪喝尿液和脏水，这是仔猪缺水的表现，及时给仔猪补喂清洁的饮水，不仅可以满足仔猪生长发育对水分的需要，还可以防止仔猪因喝脏水而导致下痢。因此，在仔猪 3～5 日龄，给仔猪开食的同时，一定要注意补水，最好是在仔猪补料栏内安装仔猪专用的自动饮水器或水槽。

任务二 断奶仔猪的培育技术

一、仔猪断奶技术

仔猪断奶前和母猪生活在一起，冷了有保温小圈，平时有舒适而熟悉的环境条件，遇到惊吓可躲到母猪身边，有大母猪的保护。其营养来源为母乳和全价的仔猪料，营养全面。同窝仔猪也十分熟悉。而断奶后，母仔分开，失去母猪的保护，仔猪光吃料，不吃奶了，开始了独立生活。因此，断奶是仔猪生活中营养方式和环境条件变化的转折。如果处理不当，仔猪想念母猪，精神不安，吃睡不宁，易掉膘。再加上其他应激因素，很容易发生腹泻等疾病，严重影响仔猪的生长发育。因此，选好适宜的断奶时间，掌握好断奶方法，搞好断奶仔猪饲养管理十分重要。

1. 断奶时间的确定

猪的自然断奶发生在 8 周龄到 12 周龄期间，此时母猪的产奶量降入低谷，而仔猪采食固体饲料的能力较强。因此，自然断奶对母猪和仔猪都没有太大的不良影响。传统管理都采用 8 周龄断奶，而现代商品猪生产，断奶时间大多提前到 21～35 日龄。早期断奶能够提高母猪的年产窝数和仔猪头数，从理论上推算断奶时间每提前 7d，母猪年产断奶仔猪数会增加 1 头左右。但是仔猪哺乳期越短，仔猪越不成熟，免疫系统越不发达，对营养和环境条件要求越苛刻。早期断奶的仔猪需要高度专业化的饲料和培育设施，也需要高水平的管理和高素质的饲养人员。仔猪早期断奶会增加饲养成本，并在一定程度上抵消了母猪增产的利润。另外，仔猪早期断奶如果早于 21d，母猪的断奶至受孕时间的间隔会拖长，下一次的受胎率和产仔数都会降低，给母猪生产力带来不良影响。最适宜的断奶日龄应该是每头仔猪生产成本最低，因猪场具体生产条件而异。一般生产条件下采用 21～35d 断奶比较合适，21d 后母猪子宫恢复已经结束，创造了最可靠的重新配种条件，有利于提高下胎繁殖成绩。若提早开食训练，仔猪也已能很好地采食饲料，有利于仔猪的生长发育。

2. 仔猪早期断奶的优点

(1)提高母猪繁殖力，充分利用母猪

仔猪早期断奶可以缩短母猪的产仔间隔(繁殖周期)，增加年产仔窝数。

$$母猪年产仔窝数=\frac{365}{妊娠期+哺乳期+空怀期}$$

一年为365d，是个常数，妊娠期、哺乳期、空怀期之和为一个繁殖周期。猪的妊娠期和空怀期变化很小，而哺乳期是可变化的，也就是说哺乳期的长短直接影响繁殖周期的长短。所以，缩短哺乳期可缩短产仔间隔，提高母猪年产仔窝数。另外，由于哺乳期短，母猪体重消耗少。据湖北省农业科学院畜牧兽医研究所试验，仔猪35日龄断奶，母猪哺乳期失重14.60kg；60日龄断奶，哺乳母猪失重44.75kg。母猪体重失重少，断奶后能迅速再发情配种，这样又可进一步缩短繁殖周期，提高母猪年产仔窝数，从而提高母猪年产仔总数和断奶仔猪头数。

根据报道，按理论推算，仔猪生后0，2，7，21，35，56日龄断奶，母猪年产仔窝数、产活仔猪数、成活仔猪(56日龄)头数，见表4-1。

表4-1　仔猪断奶日龄与母猪年产仔数

断奶日龄(日龄)	年产仔窝数(窝)	产活仔猪数(头)	成活仔猪数(56日龄)(头)
0	3.00	31.5	28.3
2	2.95	27.1	25.7
7	2.85	24.5	24.0
21	2.50	20.3	19.9
35	2.30	18.4	18.0
56	2.05	16.2	16.2

从表4-1可以看出，从理论上讲母猪产后即行断奶组，母猪的年产仔窝数、产活仔猪数和56日龄仔猪数最多，但实际与理论尚有一定差距。多数人研究证明，在目前条件下，仔猪3～5周龄断奶较为有利，过早断奶会造成母猪的繁殖障碍。一些报道认为，仔猪7～10日龄断奶，母猪下一胎产仔头数至少要减少1～2头。

(2)提高饲料利用效率

在哺乳期间，母猪食入饲料转化成乳汁。仔猪吃母乳转化过程中的饲料利用效率为20%～30%(能量每经1次转化约损失20%)，而仔猪自已吃入饲料消化吸收，饲料利用率可提高到50%～60%。据国外报道，30日龄与60日龄断乳相比，每千克增重节省31%～39%的饲料和20%～32%的可消化粗蛋白。

(3)有利于仔猪的生长发育

早期断乳的仔猪，虽然在刚断乳时由于断乳应激的影响增重较慢，一旦适应后增重变快，可以得到生长补偿。根据陈廷济等试验，在仔猪生后分别于28、35、45日龄断乳和60日龄断乳比较，增重在60日龄以内较慢，60日龄以后高于60日龄断乳的仔猪，到90日龄时各组仔猪平均个体重已很接近。早期断奶的仔猪能自由采食营养水平较高的全价饲料，得到本身生长发育所需的各种营养物质。在人为控制环境中养育，可促进断乳仔猪生

长发育，使仔猪发育均匀一致，减少患病和死亡。

(4)提高分娩猪舍和设备的利用率

早期断奶可减少母子占用产床的时间，从而提高每个产床的年产窝数和断奶仔猪头数，相应降低了生产 1 头断奶仔猪占用产床和设备的生产成本。

3. 提早断奶应注意的问题

①要抓好仔猪早期开食、补料的训练，使其尽早地适应以独立采食为主的生活方式。

②早期断奶仔猪的饲料一定要全价。断奶的第 1 周要适当控制采食量，避免过食，以免引起消化不良而发生下痢。

③断奶仔猪应留在原圈饲养一段时间，以免因换圈、混群、争斗等应激因素的刺激而影响仔猪的正常生长发育。

④注意保持圈舍干燥暖和，搞好圈舍卫生及消毒。

⑤将预防注射、去势、分群等应激因素与断奶时间错开。

4. 断奶方法

仔猪断奶可采取一次性断奶、分批断奶、逐渐断奶和间隔断奶的方法。

(1)一次性断奶法

即到断奶日龄时，一次性将母仔分开。具体可采用将母猪赶出原栏，留全部仔猪在原栏饲养。此法简便，并能促使母猪在断奶后迅速发情。不足之处是突然断奶后，母猪容易发生乳房炎，仔猪也会因突然受到断奶刺激，影响生长发育。因此，断奶前应注意调整母猪的饲料，降低泌乳量；细心护理仔猪，使之适应新的生活环境。

(2)分批断奶法

将体重大、发育好、食欲强的仔猪及时断奶，而让体弱、个体小、食欲差的仔猪继续留在母猪身边，适当延长其哺乳期，以利弱小仔猪的生长发育。采用该方法可使整窝仔猪都能正常生长发育，避免出现僵猪。但断奶期拖得较长，影响母猪发情配种。

(3)逐渐断奶法

在仔猪断奶前 4～6 天，把母猪赶到离原圈较远的地方，然后每天将母猪放回原圈数次，并逐日减少放回哺乳的次数，第 1 天 4～5 次，第 2 天 3～4 次，第 3～5 天停止哺育。这种方法可避免引起母猪乳房炎或仔猪胃肠疾病，对母、仔猪均较有利，但较费时、费工。

(4)间隔断奶法

仔猪达到断奶日龄后，白天将母猪赶出原饲养栏，让仔猪适应独立采食；晚上将母猪赶进原饲养栏(圈)，让仔猪吸食部分乳汁，到一定时间全部断奶。这样，不会使仔猪因改变环境而惊惶不安，影响生长发育，既可达到断奶目的，也能防止母猪发生乳房炎。

二、断奶仔猪的生长发育特点

断奶仔猪是指仔猪从断奶至 70 日龄左右的仔猪。仔猪哺乳到一定日龄，停止哺乳，称为断奶。断奶后仔猪生活条件发生巨大转变，由依靠母乳和采食部分饲料转变到完全采食饲料的独立生活期。随着养猪业进入一个以效益为中心，数量、质量并举的全面发展的阶段，早期断乳的方法已被接受和采用，断乳的时间逐渐缩短，因此，根据仔猪的生长发育变化及其营养特点，为其提供一个理想的营养与饲养环境，成为断奶仔猪生产的首要问题。仔猪断奶分为常规、早期和超早期。常规是指5周龄以后断奶，早期是指2～5周龄断奶，超早期是指早于2周龄的断奶。早期断奶可以提高母猪的利用强度，增加母猪年产窝数，但早期断乳会导致生产性能受阻。仔猪断奶时消化系统发生一系列变化；小肠绒毛萎缩，肠道对营养物质吸收能力下降；脂肪酶、淀粉酶、胰蛋白酶、糜蛋白酶活性急剧下降，为此，有必要了解断奶仔猪的生长发育特点，采取相应措施。

(1)生长发育快

断奶仔猪正处于一生中生长发育最快、新陈代谢最旺盛的时期，每天沉积的蛋白质可达10～15g，而成年猪仅为0.3～0.4g。因此，需要供给营养丰富的饲料，一旦饲料配给不当，营养不良，就会引起营养缺乏症，导致生长发育受阻。

(2)消化机能不完善

刚断奶仔猪，由于消化器官发育不完善，胃液中仅有凝乳酶和少量的胃蛋白酶而无盐酸，消化机能不强，胃中分泌游离盐酸的量仍不能满足消化的需要。据测定，28日龄的仔猪，胃中盐酸的分泌量只有20mL。因此，胃蛋白酶不能完全被激活，所以，难以分解来自动物饲料的碳水化合物及蛋白质。这些不完全消化的物质进入大肠后被肠道中的微生物发酵，造成肠道酸碱环境改变，渗透压平衡失调而导致仔猪下痢。已有试验证明，饲喂谷物为主要原料的断奶猪，其大肠发酵显著增强。另外，断奶仔猪的饲料通常是由玉米、豆粕、鱼粉等原料构成。已经证实，豆粕中的蛋白质含有饲料抗原，这些抗原物质在哺乳期补料的过程中被仔猪吸收到体内，并刺激体内产生抗体。断奶后仔猪采食断奶饲料后，这些抗原物质就引起异常的免疫反应，造成肠道绒毛萎缩，消化酶分泌量减少，导致营养性下痢。在消化道受损伤的情况下，容易发生继发微生物的感染和增殖，使下痢程度加剧，即产生严重的腹泻。

(3)抗应激能力差

仔猪断奶后，因离开了母猪开始完全独立的生活，对新环境不适应，若舍温低、湿度大、消毒不彻底等，就会产生某种应激，均可引起条件性腹泻等疾病。断奶仔猪应激的来源是多方面的，最主要的来自饲料的变更。断奶前仔猪吮食香味和营养俱全的母乳，断奶后采食理化特点、气味味道、营养价值均不同的干饲料，仔猪的消化酶系统不能适应。饲养断奶仔猪，尤其是早期断奶仔猪，关键是解决饲料变更所带来的营养应激。同时，母仔分离后，仔猪失去母猪的保护，合栏后的仔猪往往争斗撕咬，争夺在栏中的位次。这也对仔猪形成一定的不适应。

(4)主动采食量低

仔猪刚断奶时的主动采食量一般都很低，无规律，并且变化不定。对仔猪来说，由吸吮母乳转为采食干饲料也是一个挑战，在集约化生产及早期断奶的压力下，这一转变可能具有创伤性。弱小的仔猪由产房进入哺育舍是猪场内整个生产过程中的“刹车”，这些仔猪生长缓慢，并且越来越落后于其兄弟姐妹。此外，它们还往往会携带或传播疾病。但还是有可能在断奶前以及在转喂干料的过程中采取措施来尽可能减少或扭转这种继断奶之后发生的生长停滞，可采取一些方法以便顺利完成这一转变，从而加速生长。

(5)免疫特点

由于仔猪出生时不具备先天免疫能力，初生仔猪对疾病的抵抗能力来自母猪初乳中的抗体，而自身免疫能力是4周龄或以上才真正拥有。但是，断奶会降低机体的抗体水平，抑制细胞免疫力和免疫水平，引起仔猪抗病能力弱，容易拉稀生病。特别是2～3周龄断奶的仔猪表现显著的免疫反应抑制，而5周龄断奶的仔猪与哺乳仔猪免疫能力无差异。在低温环境下，仔猪免疫反应更加受到抑制。因此，提高早期断奶仔猪的免疫力，对早期断奶仔猪的饲养十分重要。

三、断奶仔猪的饲养管理

1. 断奶仔猪的管理

(1)环境过渡

猪断奶后头几天很不安定，经常嘶叫，寻找母猪。为减轻应激，最好在原圈原窝饲养一段时间，待仔猪适应后再转入仔猪培育舍。此法的缺点是降低了产房的利用率，建场时需加大产房产栏数量。断奶仔猪转群时一般采取原窝培育，即将原窝仔猪(剔除个别发育不良个体)转人仔猪培育舍，关入同一栏内饲养。如果原窝仔猪过多或过少时，需重新分群，可按体重大小、强弱进行分群分栏，同栏仔猪体重差异不应超过1～2kg。为了避免并圈分群后的不安和互相咬斗，应在分群前3～5d使仔猪同槽进食或一起运动。然后，根据仔猪的性别、个体大小、吃食快慢进行分群。同群内体重以不超过2～3kg为宜。对体弱的仔猪宜另组一群，精心护理以促进其发育。每群的头数视猪圈面积大小而定，一般可为4～6头或10～12头一圈。

(2)控制环境条件

①温度：断奶仔猪适宜的环境温度是：30～40日龄21～22℃，41～60日龄21℃，60～90日龄20℃。为了能保持上述温度，冬季要采取保温措施，除注意猪舍防风保温和增加舍内养猪头数外，最好安装取暖设备，如暖气、热风炉或煤火炉等，也可采取火墙供温。在炎热的夏季则要防暑降温，可采取喷雾、淋浴、通风等降温方法。近年来，许多猪舍采取纵向通风降温，效果较好。②湿度：仔猪舍内湿度过大，可增加寒冷或炎热，对仔猪的成长不利。断奶仔猪适宜的环境湿度为50%～70%。③清洁卫生：猪舍内应经常打扫、消毒，以防传染病发生。舍内应定期通风换气，保持舍内空气新鲜。

(3)调教管理

猪有定点采食、排粪尿、睡觉的习惯，这样既可保持栏内卫生，又便于清扫，但新断奶转群的仔猪需人为引导、调教才能养成这些习惯。仔猪培育栏最好是长方形(便于训练分区)，在中间走道一端设自动食槽，另一端安装自动饮水器，靠近食槽一侧为睡卧区，另一侧为排泄区。训练的方法是：排泄区的粪便暂时不清扫，诱导仔猪来排泄，其他区的粪便及时清除干净。当仔猪活动时，对不到指定地点排泄的仔猪用小棍轰赶，当仔猪睡卧时可定时轰赶到固定区排泄，经过1周的训练可形成定位。

(4)其他措施

降低断奶仔猪的死亡降低断奶仔猪的死亡，还应做好以下几方面的工作。

①供给充足的饮水：育仔栏内最好安装自动饮水器，保证仔猪充足的饮水。仔猪采食

干饲料后，渴感增加，需水较多，若供水不足则阻碍仔猪生长发育，还会因口渴而饮用尿液和脏水，从而引起胃肠道疾病。采用鸭嘴式饮水器时要注意控制其出水率，断奶仔猪要求的最低出水率为1.5L/min。

②减少断奶仔猪腹泻：腹泻通常发生在断奶后2周内，所造成的仔猪死亡率可高达40％以上。因此，腹泻是对早期断奶仔猪危害性最大的一种断奶后应激综合征。引起仔猪断奶后腹泻的因素很多，一般可分为断奶后腹泻综合征、非传染性腹泻和传染性腹泻。腹泻综合征多发生于仔猪断奶后7～10d，主要是肠道中正常菌群失调，某些致病菌大量繁殖并产生毒素，毒素使仔猪肠道受损，进而引起消化机能紊乱，肠黏膜将大量的体液和电解质分泌到肠道内，从而导致腹泻综合征的发生。非传染性腹泻多在断奶后3～7d发生，这主要是断奶的各种应激因素造成的。若分娩舍内寒冷，仔猪抵抗力减弱，特别是弱小的仔猪腹泻发生几率更高。传染性腹泻是由病原体引起的下痢病，如痢疾、副伤寒、传染性胃肠炎，特别是哺乳仔猪的大肠杆菌性痢疾，若发生都有很高的死亡率，尤其表现在抵抗力弱的仔猪身上。早期断奶仔猪的腹泻还与体内电解质平衡有很大关系。饲料中电解质不平衡极易造成仔猪体内和肠道内电解质失衡，最终导致仔猪腹泻。因此，补液是减少仔猪腹泻避免死亡的一项有效措施。非专业化养猪中断奶后仔猪腹泻发生率很高，危害较大，特别是病愈后仔猪生长发育不良，日增重明显下降，往往造成很大的经济损失。目前现代化养猪场已比较好地控制了仔猪腹泻。当然引发断奶应激的因素很多，例如，饲料中不易被消化的蛋白质比例过大或灰分含量过高(特别是食盐)、粗纤维水平过低或过高、饲料不平衡如氨基酸和维生素缺乏、饲料适口性不好、饲料粉尘大、发霉或生螨虫、鱼粉混有沙门氏菌或含盐量过高等。饲喂技术上，如开食过晚、断奶后采食饲料过多、突然更换饲料、仔猪采食母猪饲料、饲槽不洁净、槽内剩余饲料变质、水供给不足、只喂汤料及水温过低等因素都可能导致仔猪下痢。因此，消除这些应激因素，实现科学的饲养管理，就可减少断奶仔猪腹泻；如果腹泻不能及时控制，可诱发大肠杆菌的大量繁殖，使腹泻加剧。减少断奶仔猪腹泻发生的关键是减少仔猪断奶应激，保证饲料中电解质的平衡并保持饲喂和圈舍卫生。

③断奶仔猪的网床培育：断奶仔猪网床培育是集约化养猪场实行的一项科学的仔猪培育技术。与地面培养相比，网床培育有许多优点，首先是粪尿、污水可随时通过漏缝网格漏到网下，减少了仔猪接触污染源的机会，床面既可保持清洁、干燥，又能有效地预防和遏制仔猪腹泻病的发生和传播。其次是仔猪离开地面，减少冬季地面传导散热的损失，提高了饲养温度。断奶仔猪在产房内经过渡期饲养后，再转移到培育猪舍网床培养，可提高仔猪日增重，生长发育均匀，仔猪成活率和饲料转化率提高，减少了疾病的发生，为提高养猪生产水平、降低生产成本奠定了良好的基础。网床培育已在我国大部分地区试验并推广应用，取得了良好的效果，对我国养猪业的发展和现代化起到了巨大的推动作用。

2. 断奶仔猪的饲喂

目前主要采取仔猪提前训料，缓慢过渡的方法来解决仔猪的断奶应激问题。可以使仔猪断奶后立刻适应饲料的变化。

(1)断奶后的饲料过渡

饲料的过渡就是仔猪断奶2周以内应保持饲料不变(仍然饲喂哺乳期补料)，并适量添加抗生素、维生素，断奶后 3～5d 内采取限量饲喂，日采食量以 160g 为宜，逐渐增加，5d 后自由采食。两周以后逐渐过渡到吃断奶仔猪饲料，3 周后全部采用仔猪料，以减轻应激反应。稳定的生活制度和适宜的饲料调制是提高仔猪食欲、增加采食量、促进仔猪增重的保证。仔猪断奶后 15d 内，应按哺乳期的饲喂方法和次数进行饲喂，每次喂量不宜过多。夜间应坚持饲喂，以免停食过长，使仔猪饥饿不安。仔猪食槽口 4 个以上，保证每头猪的日饲喂量均衡，避免因突然食入大量干料造成腹泻。最好安装自动饮水器，保证供给仔猪清洁的饮水，断奶仔猪采食大量干料，常会感到口渴，如供水不足会影响仔猪的正常生长发育。

(2)控制仔猪的采食量

在断奶一段时间限制采食量可缓减断奶后腹泻。限制采食量有助于避免消化不良及其副作用；有助于减少进入肠道的饲料蛋白质，从而减弱饲料蛋白质的抗原作用和腐败作用；限制采食量还可有助于减少大肠杆菌的增殖和大肠杆菌病的发生。对仔猪饲养管理是否适宜，可从其粪便和体况加以判断。断奶仔猪的粪便软而表面光泽，长 8～12cm 直径 2.0～2.5cm，呈串状，4 月龄时呈块状；饲养不当则粪便无形状、稀稠、色泽不同；如饲养不足，则粪成粒，干硬而小；精料过多则粪稀软或不成块；青草过多则粪便稀，色泽绿且有草味。如粪过稀且有未消化的剩料粒，则为消化不良，遇此情况可减少进食量，经 1d 后如仍不改变，可用药物治疗。但是，这个阶段是仔猪生长较快的阶段，断奶一定时间后，要提高仔猪的采食量。饲料的适口性是增进仔猪采食量的一个重要因素，仔猪对颗粒料和粗粉料的喜好超过细粉料。为提高仔猪断奶后采食量，最成功的一种办法是采用湿料和糊状料。对刚断奶后采食量极低的仔猪和轻体重的仔猪来说，湿喂有好处，采用湿料时采食量提高，原因可能是行为性的，即仔猪不必在刚断奶后学习分别采食和饮水的新行为，采用湿料时，水和养分都可获自同一个来源，这与吸吮母乳有许多相似之处；湿喂可以极大地提高断奶后的仔猪的采食量和幼猪的性能，但是湿喂时如采用自动系统则成本太高，且有实际困难，而采用手工操作则对劳力要求又太大，这些原因阻碍了其目前在商品猪生产上的广泛应用。但湿喂的上述优点将促使人们生产出在经济上可接受的湿喂系统。

※防止僵猪产生的方法

生产中常有些仔猪生长缓慢，被毛蓬乱无光泽，生长发育严重受阻，形成两头尖、肚子不小的“刺猬猪”，俗称“小老猪”，即僵猪。僵猪的出现会严重影响仔猪的整齐度和均质性，进而影响整个猪群的出栏率和经济效益。因此，必须采取措施，防止僵猪产生。

一、僵猪产生的原因

①妊娠母猪饲养管理不当，营养缺乏，使胎儿生长发育受阻，造成先天不足，形成

“胎僵”。

②泌乳母猪饲养管理欠佳，母猪没奶或缺乳，影响仔猪在哺乳期的生长发育，造成“奶僵”。

③仔猪多次或反复患病，如营养性贫血、下痢、白肌病、喘气病、体内外寄生虫病等，严重地影响了仔猪的生长发育，形成“病僵”。

④仔猪开食晚、补料差，仔猪料质量低劣，使仔猪生长发育缓慢，而成为僵猪。

⑤一些近亲繁殖或乱交滥配所生仔猪，生活力弱，发育差，易形成僵猪。

二、防止僵猪产生的措施

①加强母猪妊娠期和泌乳期的饲养管理，保证蛋白质、维生素、矿物质等营养和能量的供给，使仔猪在胚胎阶段先天发育良好；生后能吃到充足的乳汁，使之在哺乳期生长迅速，发育良好。

②搞好仔猪的养育和护理，创造适宜的温度环境条件。早开食、适时补料，并保证仔猪料的质量，完善仔猪的饲料，满足仔猪迅速生长发育的营养需要。

③搞好仔猪圈舍卫生和消毒工作，使圈舍干暖清洁，空气新鲜。

④及时驱除仔猪体内外寄生虫，有效地防制仔猪下痢等疾病的发生，对发病的仔猪，要早发现、早治疗。要及时采取相应的有效措施，尽量避免重复感染，缩短病程。

⑤避免近亲繁殖和母猪偷配，以保证和提高其后代的生活力和质量。

三、解僵办法

应从改善饲养管理着手，如单独喂养、个别照顾，一般先对症治疗，该健胃的健胃，该驱虫的驱虫，然后调整饲料，增加蛋白质饲料、维生素营养等，多给一些易消化、营养多汁适口性好的青饲料并添加一些微量元素，也可给一些抗菌抑菌药物。必要时，还可以采取饥饿疗法，让僵猪停食 24h，仅供给饮水，以达到清理肠道、促进肠道蠕动、恢复食欲的目的。此外，还应常给僵猪洗浴、刷拭、晒太阳，并加强放牧运动。

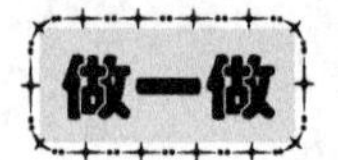

实训七　仔猪编号

【实训目的】认识仔猪编号的作用和类型，了解现代化养猪场猪耳号、耳标、肩标和臀标的编号方法及其优缺点，学会识读猪的耳号、耳标、肩标和臀标。

【实训准备】猪用耳号钳、耳标钳、耳标、刺标设备等。

【实训内容】

猪的个体号是猪的代号，是用来区别于其他个体的某一头猪特有的编号。种猪场为便于进行个体选择、系谱登记、日常管理和记录，每头猪都要有个体编号。

根据《全国种猪遗传评估方案(试行)》规定，个体号实行全国统一的种猪编号系统，该系统由15位字母和数字组成，例如，DDXXXX505000101。前2位用英文字母表示品种：DD表示杜洛克猪，LL表示长白猪，YY表示大白猪，HH表示汉普夏猪，二元杂交母猪用父系＋母系的第一个字母表示，如长大杂交母猪用LY表示；第3～6位用英文字母表示场号，由国家统一认定；第7位用数字或英文字母表示分场号(先用1～9，然后用A～Z，无分场的种猪场用1)；第8～9位用数字表示个体出生时的年度；第10～13位用数字表示场内窝序号；第14～15位用数字表示窝内个体号。上例即表示XXXX场第5场2005年第1窝出生的第1头杜洛克纯种猪。

猪常用的个体编号方法有耳缺、耳标和体标等，这里简单介绍这三种编号方法的及其优缺点。

(1)耳缺编号法

耳缺编号法是最简便、最传统的标志猪个体号的方法，也是目前使用最普遍的方法。耳缺编号法对仔猪进行编号，是用耳号钳按照一定的规律，在猪左、右耳朵的上、下沿及耳尖打上缺口，在耳中间打一洞，每一缺口或洞代表某一数字，其总和即为仔猪的个体号。仔猪编号通常在出生后12h内进行。各场编号的原则会不一样，但不管按照哪种原则，都无法达到《全国种猪遗传评估方案(试行)》所规定的要求。所以如果《全国种猪遗传评估方案(试行)》得到全面实施，也许在未来集约化种猪场将无法使用这一方法。现介绍两种生产上常用的耳缺编号法。

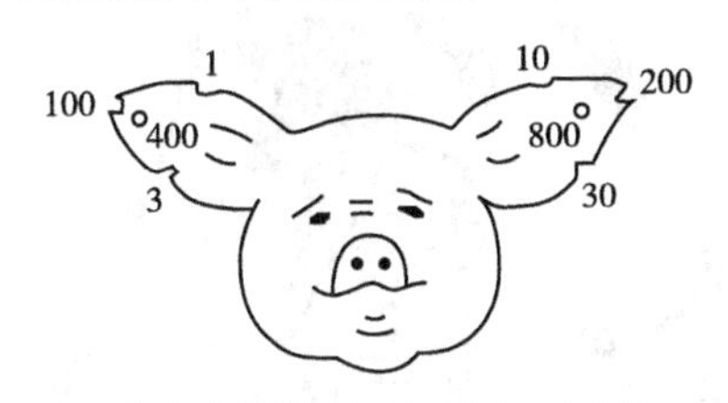

(a) 小数编号法左大右小，上1下3

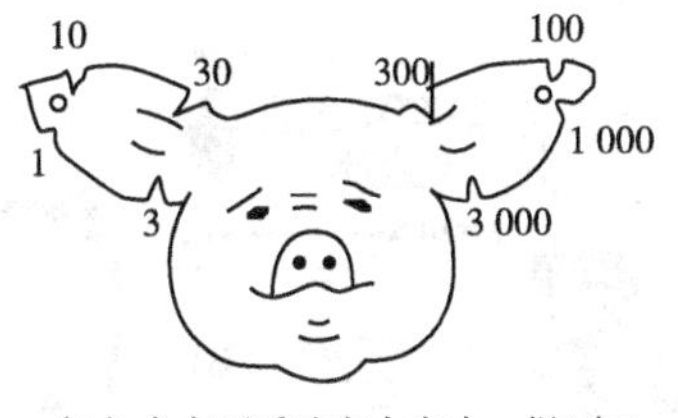

(b) 个十百千法左大右小，根3尖1

图实7-1　猪的耳号图

①小数编号法：如图实7-1(a)所示。原则是：“左大右小，上一下三(或上三下一)，公单母双，右尖100左尖200，右孔400左孔800，然后将两个耳朵上的所有数字相加即得耳号”。此法为传统的编号方法，所打的耳缺少，标记和识读较准确，但用此法耳号最多只能表示到1599，只适用于中小型猪场使用。

②个十百千法：如图实7-1(b)所示。原则是：“左大右小，根三尖一，公单母双”。

此法是随着规模化养猪生产的发展在小数编号法的基础上发展起来的一种编号方法。读数简单，从左耳下开始，按逆时针方向到左耳上，到右耳上，再到右耳下，依次从千、百、十到个位进行编号。这种方法可以编出相对较大的数字，因而可以在一定范围内防止猪只个体编号的重复与交叉，但某些数字需要打的缺口较多(如8号要在耳朵一边打4个缺口)。另外，在标记和识读时还易出错，如“根”和“尖”弄混。但此法是目前最流行的方法。

(2)耳标编号法

耳标编号法是用一种特制的标有编号、代码的金属(如铝)或橡塑牌钳子猪的耳上进行猪个体标志的方法。耳标钳和耳标如图实 7-2 所示。根据育种、科研、防疫、生产等需要而有各种式样和颜色，按照《全国种猪遗传评估方案(试行)》规定，猪场还可以在编号中标志出性别、胎次、品种、系群的不同。数码易于识别，安装操作简便、迅速、安全卫生。耳缺编号法一般表示的位数有限(4 位数)，而耳标法则可以表示较多的位数，不易产生重号，因而可以实现《全国种猪遗传评估方案(试行)》规定的个体编号的标准要求。但由于猪是属于探究意识很强的群居性的动物，因而在生产中极易发生猪只之间互相咬斗而咬脱耳标的现象，如果没有防范措施，很容易导致猪个体号混乱，而给育种或试验研究带来麻烦或差错。故在生产中也可将耳标法和耳缺编号法同时使用。

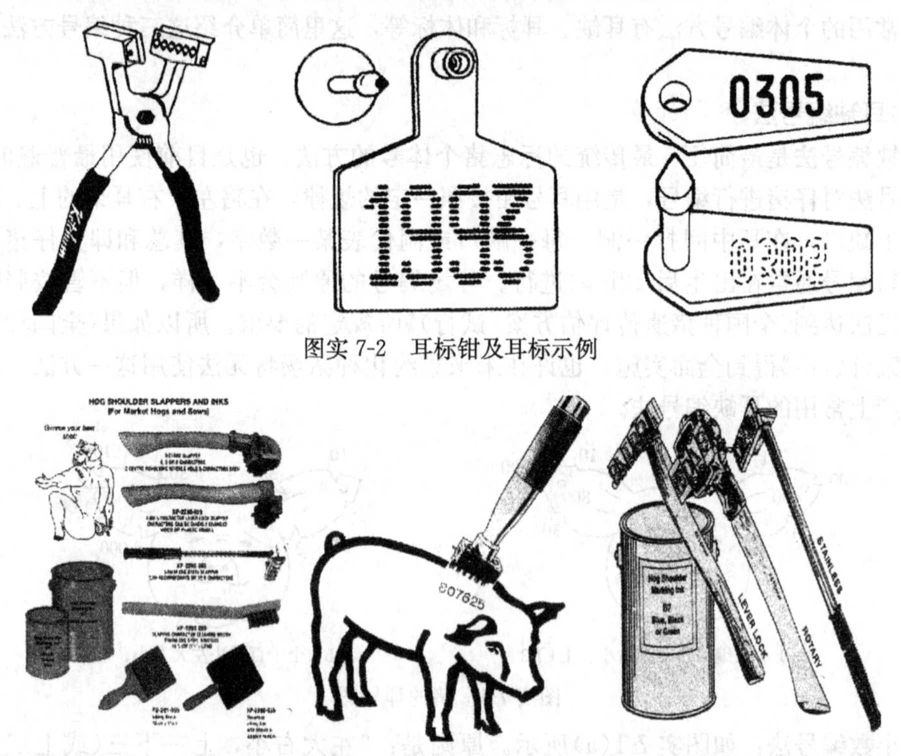

图实 7-2　耳标钳及耳标示例

图实 7-3　猪体标仪器、体标示例及染色示例

(3)体标编号法

体标是现代养猪生产发展起来的育肥猪或商品猪的标志方法，是用专用体标设备在仔猪 2～5 周龄时在猪的身上进行刺号的方法。猪体标仪器和体标如图实 7-3 表示。其中以肩标和臀标居多，一般在国外使用较多，如 PIC 公司基本采用体标方法进行猪个体编号。体标不易丢失，识别很简单，不易出错，而且随着猪体的生长，标记越来越大，越来越明显。但该方法一般只适用于白毛色的猪种，而且要使用蓝色、绿色或黑色颜料。如果颜料质量不过关，会对猪体产生影响，且对猪皮会有损伤，降低了猪皮的使用价值(如需要用猪皮做皮衣、皮鞋)。

【实训步骤】

①要求学生根据猪场猪体编号的规律，对猪场现有猪的耳号、耳标或体标进行识别，并仔细体会各种编号法的优缺点。

②如果许可，让学生进行猪体编号的实践操作，并体会不同标号方法实际操作中的区别。

实训八　仔猪第一周的养育与护理实践

【实训目的】分组参加仔猪生产实践，重点参加仔猪生后第一周的养育护理，并负责守时，会进行仔猪开食、补料、给水、护理、实施保温措施、固定奶头、把奶、过哺等环节操作。

【实训准备】在校内外生产基地猪场的分娩舍内进行，有母猪哺育的现场。

【实训内容】仔猪第一周的养育与护理实践。

【实训步骤】

①教师事先对现场活动做详细安排，并与现场技术人员，饲养员一起跟班进行指导。

②学生分组跟班实践(白天 2h，晚间 2h)。重点参加仔猪第一周的养育与护理；亲自参加仔猪开食、补料、给水、护理、实施保温措施、过哺、固定乳头等环节的操作。通过眼观、耳听、手做，总结课堂所讲的有关知识，增强动手能力。

【实训报告】写出参加仔猪第一周的养育与护理的经历及体会。

练习与思考题

1. 仔猪有哪些生理特点?
2. 冬季，猪在保温条件不好的猪舍产仔时，可采取哪些仔猪保温措施?
3. 如何预防仔猪下痢?
4. 如何降低断奶仔猪的死亡率?

项目五 肉猪生产技术

【知识目标】

- 认识肉猪的生长发育规律。
- 掌握肉猪的饲养管理技术。
- 掌握提高肉猪胴体瘦肉率的技术措施。

【技能目标】

- 能熟练地进行肉猪生产。
- 学会猪宰后检验的程序。

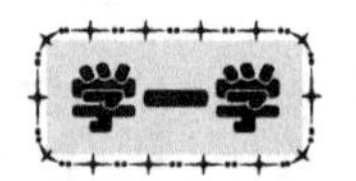

任务一　肉猪的生长发育规律

肉猪是指 20～90kg 这一阶段的育肥猪。猪的生长发育是复杂的过程。体重的不断增加，体积不断增大，使体躯向长、宽和高的方向发展，这种量的变化为生长。体组织、器官和性机能由不成熟到成熟，由不完善到完善，使组织器官发生质的变化为发育。但生长和发育不是截然分开的，而是相互统一的。猪的生长发育有一定规律性，掌握这些规律就可以在生长发育的不同阶段，控制饲料类型和营养水平，加速或抑制生长发育程度，并可改善猪的体型结构和胴体品质，使它向消费者需要的方向发展。猪生长发育主要表现在：体重增长的变化，体组织的变化和体化学成分的变化。

一、体重的增长

商品肉猪体重增长速度的变化规律，是决定肉猪出售或屠宰的重要依据之一。猪体重的增长是以平均日增重表示，随日龄增长而提高，表现为不规则的抛物线，呈现慢—快—慢的趋势。即随日龄(体重)的增长平均日增重上升，到一定体重阶段出现日增重高峰，然后日增重逐渐下降。由于品种、营养和饲养环境的差异，不同猪的绝对生长和相对生长不尽相同，但其生长规律是一致的。

生长育肥猪的绝对生长即生长速度，以平均日增重来度量，日增重与时间的关系呈一钟形曲线。生长育肥猪的生长速率先是增快(加速度生长期)，到达最大生长速率(拐点或转折点)后降低(减速生长期)，转折点发生在成年体重的40%左右，相当于育肥猪的适宜屠宰期。据试验，国外品种与国内品种杂交，日增重高峰大约在80～90kg，少量在90kg以上。根据生产实践，猪大约于体重达到90～100kg时生长速度最快，但也因遗传类型和饲养条件的不同而异。日增重高峰出现的早晚与品种、杂交组合、营养水平和饲养条件有关。在肉猪生产中要抓住这阶段的生长优势，在达到高峰时出栏。按月龄表示大约在6月龄左右，这一阶段生长快、饲料利用率高。肉猪在70～180日龄为生长速度最快的时期，是肉猪体重增长中最关键时期，肉猪体重的75%要在110d内完成，平均日增重保持在700～750g。25～60kg体重阶段日增重应为600～700g，60～100kg阶段应为800～900g。即从育成到最佳出栏屠宰的体重，该阶段占养猪饲料总消耗的68.47%，是养猪经营者获得最终经济效益的重要时期。

生长育肥猪的生长强度可用相对生长来表示。年龄(或体重)越小，生长强度越大，随着年龄(或体重)增长，相对生长速率逐渐减慢。因此，在生长育肥猪生产中，要抓好猪在生长转折点(适宜屠宰体重)之前的饲养管理工作，尤其是利用好其在生长阶段较大的生长强度，以保证其最快生长，提早出栏，并提高饲料转化效率。

二、体组织的生长

猪体组织的变化是指骨骼、肌肉和脂肪的生长规律。生长育肥猪体组织重量的日增长速率曲线类似于体重增长曲线，呈钟形。猪体的神经、骨骼、肌肉、脂肪的生长顺序和强度是不平衡的。神经组织和骨骼组织的最快生长期比肌肉和脂肪组织出现得早，而脂肪是最快生长期出现最晚的组织。皮肤的生长基本上比较平稳，其生长势一般出现于肌肉之前，而我国一些地方猪种如民猪、内江猪、太湖猪等，其肌肉组织比皮肤组织更为早熟，即生长后期皮肤的生长势强于肌肉，从而导致胴体肉少、皮厚，降低了肉用价值。与后备猪相比，育肥猪生长时缩短了各个组织部位的生长发育时间，脂肪组织的增长加快。

一般情况下，生长育肥猪20～30kg为骨骼生长高峰期，60～70kg为肌肉生长高峰期，90～110kg为脂肪蓄积旺盛期。以大白猪为例，皮肤的增长强度不大，高峰出现在1月龄以前，以后就比较平稳；骨骼从2月龄左右开始到3月龄(活重30～40kg)是强烈生长时期，强度大于皮肤；肌肉的强烈生长从3～4月龄(50kg左右)开始，并较脂肪型和兼用型猪种维持更长时间，直至100kg才明显减弱；在4～5月龄(体重70～80kg)以后脂肪增长强度明显提高，并逐步超过肌肉的增长强度，体内脂肪开始大量沉积。以四川荣昌猪为例，骨骼从出生到4月龄生长强度最大，皮从出生到6月龄生长快，肉是4～7月龄生长最快，脂肪在6月龄以后生长强烈。荣昌猪的组织生长发育规律对我国地方品种有一定代表性，表现在肌肉发育比皮肤更早熟，在生长后期皮肤长势强于肌肉，因而我国地方品种胴体肉少、皮厚和脂肪多，胴体品质下降，生长发育规律为骨—肉—皮—脂。优良肉用品种猪长白猪、大白猪等，肌肉组织成熟期推迟，在体重30～100kg都保持生长，生长发育规律为骨—皮—肉—脂。在国外这些品种猪屠宰体重可达100～110kg。

品种及营养水平对猪体组织生长强度有一定的影响。瘦肉型猪种肌肉的生长期延长，脂肪沉积延迟，骨骼生长、肌肉生长、脂肪沉积的三个高峰期之间的间隔拉大。营养水平低时生长强度小，而营养水平高时生长强度大。育肥猪体脂肪主要贮积在腹腔、皮下和肌肉间。以沉积时间来看，一般以腹腔中沉积脂肪最早，皮下次之，肌肉间最晚；以沉积数量来看，腹腔脂肪最多，皮下次之，肌肉间最少；以沉积速度而言，腹腔内脂肪沉积最快，肌肉间次之，皮下脂肪最慢。

根据以上生长发育规律，在生长育肥生长期(60～70kg活重以前)应给予高营养水平的饲粮，并要注意饲粮中矿物质和必需氨基酸的供应，以促进骨骼和肌肉的快速发育；到育肥期(60～70kg以后)则要适当限饲，特别是控制能量饲料在日粮中的比例，以抑制体内脂肪沉积，提高胴体瘦肉率。

三、猪体化学成分的变化

猪体化学成分随体组织和体重的增长呈规律性变化。猪体的水分、蛋白质和灰分随日龄和体重的增长相对含量下降；幼龄时猪体的脂肪含量相对较低，以后则迅速增高。生长育肥猪一生中，体内水和脂肪的含量变化最大，而蛋白质和矿物质的含量变化较小。育肥猪与后备猪相比，随年龄增长，体内水分含量减少和脂肪含量增加的变化更快。从增重成分看，年龄越大，则增重部分所含水分愈少，含脂肪愈多。蛋白质和矿物质含量在胚胎期与生后最初几个月增长很快，以后随年龄增长而减速，其含量在体重45kg(或3～4月龄)以后趋于稳定。

水分和脂肪是变化较大的成分，如果去掉干物质中脂肪，则蛋白质和矿物质的比例变化不大。随着体脂肪量的增加，猪板油中饱和脂肪酸的含量也相应增加，而不饱和脂肪酸含量逐渐减少。据测定，体重34kg时猪板油中饱和脂肪酸和不饱和脂肪酸分别占34.89％和65.11％；体重86kg时则依次为37.26％和62.74％。

任务二　肉猪生产的特点与目的

一、肉猪生产的特点

(1)生长发育的特点

肉猪按其生长发育阶段可分为3个时期，从断奶至体重35kg为生长期，或称为小猪阶段；体重35～60kg为发育期，或称为中猪阶段；体重60kg至出栏为育肥期，或称为大猪阶段。实践证明，小猪阶段不易饲养，很容易感染疫病，影响生长发育，中猪阶段就很容易饲养。因此，抓好小猪阶段的饲养管理是提高经济效益的关键。

(2)体重增长的特点

猪的体重是表示身体各部位和各组织生长的综合指标，以日增重作为生长发育的速度。随着日龄的增长，体重逐步增加，在4月龄前生长强度最大，整个体重的75％要在4

月龄前完成；到6～8月龄前增重较快，饲料转化率也高；到10月龄以后，增重速度放慢。因此，在商品猪生产中，要抓住增重速度高峰期，加强饲养管理，提高增重速度，减少每千克增重饲料消耗，降低饲养成本。

(3)猪日沉积和体组织组成成分的特点

从营养物质日沉积量来看，蛋白质沉积在发育开始时逐渐增加，然后几乎保持不变。脂肪沉积随着发育进展不断增加。因此，在猪的发育过程中，首先生长快的是骨骼，其次是肌肉生长发育快，最后是脂肪的发育，养猪后期主要是脂肪沉积。因此，我国群众中流传着"小猪长骨，中猪长肉，大猪长油"的说法。当前肉猪生产中，追求的是瘦肉型，养大猪不经济，要利用这个规律，在前期给予高营养水平，注意日粮中氨基酸的含量及其生物学价值，促进骨骼和肌肉的快速发育，后期适当限饲减少脂肪的沉积，防止饲料的浪费，又可提高胴体品质和肉质。

随着体组织及增重的变化，猪体的化学成分也呈一定规律性的变化，即随着年龄和体重的增长，机体的水分、蛋白质和灰分的含量下降，而脂肪含量则迅速增加(表5-1)。同时可以看出，随着育肥猪年龄和体重的变化，蛋白质和灰分含量的变化很小，而水分和脂肪的变化则很大，脂肪增加的同时水分下降。猪体化学成分变化的内在规律是制定肉猪不同阶段最佳营养水平和科学饲养技术措施的理论依据。

表5-1　猪体化学成分变化

体重(kg)	灰分(%)	蛋白质(%)	脂肪(%)	水分(%)
15	3.7	16.0	9.5	70.4
20	3.6	16.4	10.1	69.6
40	3.5	16.5	14.1	65.7
60	3.3	16.2	18.5	61.8
80	3.1	15.6	23.2	58.0
100	2.9	14.9	27.9	54.2
120	2.7	14.1	32.7	50.4

二、肉猪生产的要求

肉猪的数量占总饲养量的80%以上，饲养效果的好坏直接关系到整个养猪生产的效益。该阶段的中心任务，是用最少的劳动消耗，在尽可能短的时间内，生产数量多、质量好的猪肉。在肉猪生产中，应根据其生长发育的不同阶段控制营养水平，加速或抑制猪体某些部位和组织的生长发育，以改变猪的体形结构、生产性能和胴体品质，使之向我们所需要的方向发展。

肉猪从饲料中获得营养的主要去向是维持需要和增重。它包含2个方面：一是肉猪摄食的能量首先用于维持需要，若有剩余，则用于增重。如果肉猪日粮中的能量只够维持需要，那么肉猪则光吃不长，只是维持生命而已；若除去维持需要后稍有剩余，肉猪则生长缓慢；若除去维持需要后剩余相对比较充足，肉猪则长得较快，这样才能充分发挥其肥育潜力。二是肉猪生活一天，无论增重与否，就得用掉一天的维持消耗，而且随着体重增加，维持消耗相对也有所增加。因此，肉猪肥育期若无端延长，则需用很多饲料来维持生命，这是一个很大的浪费，也就是说，缩短育肥期可以节省大量饲料。这就是人们极力追求快速育肥的道理。

三、肉猪生产的目的

肉猪生产是利用猪出生后早期骨骼和肌肉生长发育迅速的特性，充分满足其生长发育所需的饲养管理条件，使其能够具有较快的生长速度和发达的肌肉组织，实现提高猪瘦肉产量、品质及生产效率的目的。因此，肉猪生产的目的就是在较短的时间内，使用较少的饲料，获得数量多、肉质好的猪肉。提高肉猪的日增重、出栏率和商品率，从而满足人们对猪肉的数量、质量的需求，也能增加养猪户的经济效益。

肉猪的快速育肥，不可照搬国外的高投入、高产出、高能量、高蛋白的做法。应立足于我国当前广大农村的实际生产水平和饲料条件与特点，应以高效益为前提，以解决我国十几亿人口吃肉为目标。这样，快速养猪法才是最适用、最经济的。

任务三　肉猪生产前的准备

一、圈舍及环境的消毒

为保证猪只健康，防止疾病，在进猪之前有必要对猪舍、圈栏、用具等进行彻底的消毒。要彻底清扫猪舍走道、猪栏内的粪便、垫草等污物，用水洗刷干净后再进行消毒。猪栏、走道、墙壁可用2%～3%的苛性钠(烧碱)水溶液喷洒消毒，隔1d后再用清水冲洗、晾干。墙壁也可用20%的石灰水粉刷。应提前消毒饲槽、饲喂用具，消毒后洗刷干净备用。平时使用对猪只安全的消毒液进行带猪消毒。

二、肉猪的饲养管理

1. 肉猪的饲养方式

(1)吊架子肥育

“吊架子肥育”又称“阶段肥育方式”，其要点是将整个肥育期分为3个阶段，采取“两头精、中间粗”的饲养方式，把有限的精料集中在小猪和催肥阶段使用。小猪阶段喂给较多精料；中猪阶段喂给较多的青粗饲料，养期长达6个月左右；大猪阶段，通常在出栏屠宰前2～3个月集中使用精料，特别是碳水化合物饲料，进行短期催肥。这种饲养方式与农户自给自足的经济相适应。

(2)直线肥育

就是根据生长育肥猪生长发育的需要，在整个肥育期充分满足猪只对各种营养物质的需要，并提供适宜的环境条件，充分发挥其生长潜力，以获得较高的增重速度及优良的胴体品质，提高饲料利用率，在目前的商品生长育肥猪生产中被广泛采用。

(3)前高后低式肥育

在生长育肥猪生长前期采用高能量、高蛋白质饲粮，任猪自由采食以保证肌肉的充分生长。后期适当降低饲粮能量和蛋白质水平，限制猪只每日进食的能量总量。这样既不会严重降低增重，又能减少脂肪的沉积，得到较瘦的胴体。后期限饲方法：一是限制饲料的供给量，按自由采食量的80%～85%给料；二是仍让猪只自由采食，但降低饲粮能量浓度(不能低于11MJ/kg)。

2. 生长育肥猪的管理

(1)合理组群

生长育肥猪一般都是群养，合理组群十分重要。按杂交组合、性别、体重大小和强弱组群可使猪只发育整齐，充分发挥各自的生产潜力，达到同期出栏。

(2)群体大小与饲养密度

肥育猪最适宜的群体大小为每圈4～5头，但这样会降低圈舍及设备利用率，增加饲养成本。生产实践中，在温度适宜、通风良好的情况下，每圈以10头左右为宜。饲养密度按每只猪至少$1m^2$的面积来确定。

(3)调教

根据猪的生物学习性和行为学特点进行引导与训练，使猪只养成在固定地点排粪、躺卧、吃料的习惯，既有利于其生长发育和健康，也便于日常管理。

(4)舒适的环境

猪舍设计不合理或管理不善，通风换气不良，饲养密度过大，卫生状况不好，就会造成舍内空气潮湿、污浊，充满大量氨气、硫化氢和二氧化碳等有害气体，从而降低猪的食欲、影响猪的增重和饲料利用率，还会引起猪的眼、呼吸系统和消化系统疾病。因此，除在猪舍建筑时要考虑猪舍通风换气的需要，设置必要的换气通道，安装必要的通风换气设备外，还要在管理上注意经常打扫猪栏，保持圈舍清洁，减少污浊气体及水汽的产生，以保证舍内空气的清新。育肥舍的最适室温为18℃，在适温区内，猪增重快，饲料利用率高。舍内温度过低，猪生长缓慢，饲料利用率下降。温度过高导致食欲降低、采食量下降，影响增重，若再加通风不良、饮水不足，还会引起猪中暑死亡。湿度对猪的影响远远小于温度，空气相对湿度以60%～75%为宜。生长育肥猪舍的光照只要不影响操作和猪的采食就可以了。

三、适时屠宰

1. 影响生长育肥猪屠宰活重的主要因素

生长育肥猪饲养到何时出栏屠宰，是养猪生产中一个重要而又复杂的问题，因为这关系到生产者的经济效益和猪肉产品的数量和质量。影响生长育肥猪适宜屠宰活重(期)的因素很多，但归纳起来，主要有生长育肥猪的生物学特性和消费者对胴体的要求与销售价格两大方面。

(1)生长育肥猪生物学特性的影响

生长育肥猪的适宜屠宰活重受到日增重、饲料转化率、屠宰率、瘦肉率等生物学因素的制约。生长育肥猪随着体重的增加，日增重逐渐增高，到一定阶段(随不同品种或杂交组合而异)之后，则转为逐渐下降；维持营养所占比例相对增多，饲料消耗增加，饲料转化率下降。育肥猪随体重的增加，屠宰率提高，但胴体沉积的脂肪比例增高，瘦肉率降低。因此，生长育肥猪的屠宰活重不宜过大，否则日增重和饲料转化率下降，瘦肉率降低。但屠宰活重过小也不适宜，此时虽单位增重的耗料量少，瘦肉率高，而育肥猪尚未达到经济成熟，屠宰率低，瘦肉产量少。

(2)消费者对胴体的要求与销售价格的影响

随着人民生活水平的提高，对瘦肉的需求很迫切，市场上瘦肉易销，肥猪肉难销。为了获取较好的销售价格和经济效益，生产者正积极探索饲养品种的最佳出栏活重，一些原来有养大猪习惯的地区也在一定程度上调低了生长育肥猪的出栏体重。

2. 生长育肥猪的适宜屠宰活重

生长育肥猪的适宜屠宰活重的确定，要结合日增重、饲料转化率、每千克活重的售价、生产成本等因素进行综合分析。由于我国猪种类型和经济杂交组合较多、各地区饲养条件差别较大，生长育肥猪的适宜屠宰活重也有较大不同。根据各地区的研究成果，地方猪种中早熟、矮小的猪及其杂种猪适宜屠宰活重为70～75kg，其他地方猪种及其杂种猪的适宜屠宰活重为75～85kg；我国培育猪种和以我国地方猪种为母本、国外瘦肉型品种猪为父本的二元杂种猪，适宜屠宰活重为85～90kg；以两个瘦肉型品种猪为父本的三元杂种猪，适宰活重为90～100kg；以培育品种猪为母本，两个瘦肉型品种猪为父本的三元杂种猪和瘦肉型品种猪间的杂种后代，适宰活重为100～115kg。

※任务四　提高胴体瘦肉率的技术措施

随着人民生活水平的不断提高以及科学技术的发展，人们对饮食结构的合理性更为关注，并认识到摄食过多的动物脂肪会导致肥胖，发生心血管疾病，有害身体健康，促使人民的饮食向低脂肪、高蛋白方向发展。饮食观念和市场需求的变化，导致对瘦肉型猪需求日益增加，在提高增重速度和饲料转化率基础上，提高商品猪胴体瘦肉率，改善肉的品质，是当前养猪生产者急需解决的问题。

一、品种

实践证明，不同品种或品系的猪在生长性能及胴体长度方面有所差别。背膘越薄、胴体越长，瘦肉率则越高。因此，在选择猪种时，可抓住体长和腿臀围进行选择。

(1)选择猪种时，应注意该品种的胴体瘦肉率

选择胴体瘦肉率高的品种作为种猪，可以显著提高商品肉猪的胴体瘦肉率。猪的品种不同，胴体瘦肉率也不同，从整体而言，国外猪种以及我国的培育猪种的胴体瘦肉率明显高于我国地方猪种，所以选择优良的瘦肉型品种，如杜洛克、汉普夏、大白猪、长白猪等作为种用，同时加强种猪胴体瘦肉率的选育，可以明显提高肉猪的胴体瘦肉率。

但是，值得我们注意的是，过分追求胴体瘦肉率会带来一定的负效应，主要是肉的品

质和猪的繁殖力会明显下降。因此，在实际生产中，要选择繁殖力高的地方品种(如太湖猪)和国外优良的瘦肉型品种杂交，以达到既能提高胴体瘦肉率又不会引起繁殖力太低。

(2)采用合理的杂交方式生产杂交猪

采用品种间和品系间杂交来提高胴体瘦肉率，是目前世界各国广泛采用的技术措施，杂交是提高猪胴体瘦肉率的重要途径。从国内外对杂交方式的研究和实践来看，主要有二元杂交、三元杂交和配套系杂交。我国地方品种具有乳头多、产仔多、哺乳力高、母性好、适应性强的特点，但瘦肉率低；而国外品种与此相反，若两者杂交可获得较多的瘦肉，同时又保持了本地猪的优良特点。近几年用瘦肉型品种的公猪与本地猪或培育品种杂交，已经取得了巨大经济效益。

自20世纪80年代以来，为生产商品瘦肉猪，全国各地广泛开展了各种杂交试验，筛选出了一大批优秀的杂交组合。二元杂交方式中作为父本品种：杜洛克猪占51%、长白猪占21%、汉普夏占17%、苏白猪占4%、大白猪占7%。在三元杂交组合中用作第一父本的：长白猪占58%、大白猪占25%、杜洛克猪占11%、苏白猪占6%；用作第二父本的：杜洛克占58%、汉普夏占17%、大白猪占14%、长白猪占11%。这一资料结果表明：杜洛克猪无论在任何杂交方式下，都是作为终端父本的首选者，长白猪在三元杂交中通常用作第一父本。

在实际生产中，商品猪的增重速度和胴体性状(主要是瘦肉率)的好坏，主要取决于杂交父本品质的好坏。因此，我们可以选用优良的瘦肉型品种的公猪与地方品种或培育品种的母猪进行杂交。为了充分利用母本的杂种优势，可选用两个繁殖性状优良的品种杂交后，选其优良杂种一代母猪，再与瘦肉型品种的公猪杂交，这样既保持了繁殖力的杂交优势，也提高了胴体的瘦肉率。

二、性别和去势

母猪去势以后，其脂肪量比未去势的母猪提高7.6%，饲料利用率和屠宰率都比未去势的母猪高。所以，对于性成熟晚的母猪，不阉比阉割肥育效果要好。但由于未去势的公猪肉有膻味，且公猪去势后的增重速度比未去势时提高10%，故应对公猪去势。

三、灵活运用营养调控技术

该技术主要包括营养水平的调控和使用营养重分配剂，其目的是减少生长育肥猪的脂肪沉积，增加瘦肉量。

(1)营养水平的调控

营养水平不仅决定猪的增重速度和饲料利用率，而且对胴体的肥瘦率也有一定的影响。一般而言，脂肪的沉积取决于饲料能量水平的高低；而瘦肉量取决于饲料中蛋白质的高低。因此，利用这一特点，可以提高肉猪胴体的瘦肉产量。

①限喂：能量饲料可以提高胴体瘦肉率该技术是根据猪的生长发育规律，实行前期(50kg或60kg以前)自由采食，后期限量饲喂，防止后期脂肪过量沉积，增加瘦肉产量。

②提高蛋白质水平：同时保证各种氨基酸的均衡供给，有利于胴体瘦肉率的提高在不同的生长年龄阶段，蛋白质的供给水平是不一样的。具体的标准为：体重10～35kg阶段，

粗蛋白质水平为20%；体重35～65kg阶段，粗蛋白质水平为17%；体重65～90kg阶段，粗蛋白质水平为14%。另一方面，供给生长肥育猪平衡的氨基酸饲粮，有利于肌肉组织的充分生长。目前许多国家已开始在实际生产中运用理想氨基酸模式和可消化氨基酸的量来配制饲粮，其目的是使饲粮组合尽可能满足动物的最佳生长。

③提高日粮氨基酸水平：不同生产目的对氨基酸需要量不同，保证最大胴体瘦肉率的氨基酸需要量高于最大饲料利用率的需要量，后者又高于最大增重的需要量。只有提高氨基酸供给量并保持氨基酸平衡才能提高胴体瘦肉率。

④使用营养重分配剂：使用营养重分配剂提高生长肥育猪胴体瘦肉率，目的是为了减少胴体中脂肪沉积，提高瘦肉率。

(2)改善饲喂方法

①提倡生料饲喂肥育猪：饲喂生料有两种办法，一是把配合精料按一定比例与玉米粉、麸皮混合后放入饲槽饲喂；另一种是把精料和其他饲料按一定比例混合并制成湿拌料饲喂。但现代养猪生产中多用颗粒料喂猪。

②采用前不限后限的饲养方法：生长猪用于维持和增重后剩余的能量就以脂肪形式沉积，但沉积的程度取决于生长阶段。一般60kg前，采食量的增加主要用于瘦肉生长，到60kg时，瘦肉生长达到平台。此后，采食量的增长就会加速脂肪的沉积。因此，为了提高瘦肉率，应对60kg以后的猪进行限食。限食可降低背膘厚，提高饲料利用率。在仔猪断奶后体重10～60kg阶段，让猪自由采食而不限制采食量，以促进其生长发育。当体重达60kg以上时，则进行定时定量饲喂，根据猪的体重情况每天饲喂3～4次，以免猪吃得过饱，体内脂肪沉积过多，使胴体瘦肉率下降。

③供给充足、清洁的饮水：要经常保持水槽内有充足清洁的饮水，或者在猪舍内安装自动饮水器，以满足猪的饮水量。

四、加强猪群饲养管理

(1)合理分群

根据断奶仔猪生长发育情况、猪舍的大小进行合理分群，最好将断奶仔猪按原窝组群，但必须将发育不良、体重较小的挑出并单独组群。值得注意的是饲养密度要合理。

(2)加强调教

首先进行"三定位"的调教，即定点吃食、定点休息、定点排粪；其次是"人猪亲和训练"，平时不能打猪，猪休息时不能干扰，一旦形成饲养管理规律就不能再改变。

(3)保持舍内良好的通风换气和清洁卫生条件

要及时将舍内的粪尿清出舍外，保持舍内适宜的湿度在75%左右。

(4)创造适宜的环境温度

过高或过低的环境温度对蛋白质的沉积都不利，都会降低肉猪瘦肉的生长量。肉猪舍内温度以18～20℃为宜。

(5)建立完善的防疫制度

猪舍和猪场要定期消毒，外人和车辆进入猪场时必须进行彻底消毒，猪群按照规定的免疫程序进行免疫接种。

五、环境温度

为肥育猪创造适宜的环境温度可提高胴体的瘦肉率，适于蛋白质沉积的环境温度为18～20℃。

六、适时屠宰

育肥猪在不同体重屠宰，其胴体瘦肉率不同，掌握适宜屠宰体重，可提高猪的胴体瘦肉率。瘦肉的绝对重量，随体重的增加而提高，但瘦肉率却下降。饲养期越长或体重越大，脂肪沉积就越多，猪皮就越厚，胴体瘦肉率就越低。育肥猪多大体重屠宰为宜，既要考虑胴体瘦肉率，又要考虑综合的经济效益。

七、提高猪体瘦肉率适用的技术

(1)注射外源猪生长激素

猪蛋白质沉积能力主要受内源猪生长激素(PST)产生及释放水平的影响。PST是调控猪蛋白质及脂肪代谢的主要激素，大量试验结果表明，外源PST能够促进猪体生长，促进猪体蛋白质和矿物质沉积，抑制脂肪合成。

(2)有机铬

三价铬参与胰岛素的合成。近几年发现有机铬对生长肥育猪胴体脂肪沉积及肌肉生长有改善作用。在饲料中添加有机铬可降低猪体脂肪，提高猪的瘦肉率。

(3)甜菜碱

甜菜碱通过增加瘦肉和减少脂肪沉积的双重效应来提高胴体瘦肉率。甜菜碱能调整内脏器官与骨骼肌对营养物质的吸收状况。

(4)利用脂肪细胞抗体

英国学者通过对脂肪细胞进行免疫破坏处理，结果达到了减少脂肪沉积的目的。据试验，6周龄体重13kg的猪经腹内注入抗脂肪细胞膜的单抗体后，饲养到20周龄体重达90～95kg时，里脊部位的脂肪含量低于25%，瘦肉产量增加。

(5)添加二羟基丙酮、丙酮酸

二羟基丙酮、丙酮酸均是糖代谢的中间产物，在糖代谢过程中起着重要作用，两者具有降低猪体脂肪的作用。

(6)添加γ-亚麻酸油(GLA)

γ-亚麻酸油中的活性成分是γ-亚麻酸，它可以降低血液中的胆固醇含量。饲料中添加GLA油具有降低猪体脂肪的作用。

(7)相关的技术

在过去几年中，已从PST研究中开发出一系列相关技术，包括注射生长激素释放因子(GHRF)或功能相似的多肽物质、对生长激素抑制因子的免疫、培育转基因个体等。

综上所述，猪胴体瘦肉率的高低受许多因素的影响，要提高猪胴体瘦肉率必须采取综合措施，互相促进，使猪的瘦肉生长水平达到最大。

※全自动化、智能化养猪

目前，我国生猪养殖业面临着内忧外患，国外价差的冲击、国内发展瓶颈的掣肘以及行业革新各个群体之间的竞争等，导致整个生猪市场实则弥漫着浓浓的硝烟味道。从发展前景上看，规模化、生态化发展是未来的发展趋势，对于猪场的管理方案，智能化管理系统渐渐地进入了我国的养殖场中。

智能化的管理设备改变了传统的“定位栏”或“限位栏”模式，更加开放式的环境让生猪舒适，解决了生猪的应激等问题，也符合了生猪自然习性的“动物福利”。同时减少了人工成本，更显著提高了生猪的抗病率和存活率，养猪效益由此大大提高。

采用智能化系统电子识别技术能够识别、监控和照料到每头猪只，并且通过自动饲喂、分栏、分离管理、称重和发情监测系统，可以对每头猪只都做到精细化管理。不仅能让猪场在减少劳动力的情况下提高生产成绩，还能为生猪提供最佳的个体饲喂、精心的呵护和良好的饲养环境。促进猪只的健康生长，同时还能兼顾劳动力、利润和动物福利之间的平衡。

未来的猪场，将由高科技含量的自动化设备撑起猪场的一片天，实现人、猪与自动化设备的互动式管理，不但可以减少劳动力及提高效率，更重要的是能改善猪群的健康状况与福利，从而提高养猪业价值。

一、智能化饲养设备的功能及发展

(1)母猪智能化群养系统

在母猪智能化群养系统未出现之前，较先进的母猪养殖技术主要是按照不同生理阶段对母猪的饲养要求和生活保健进行系统地规划和执行。母猪智能化群养系统主要由传统饲养的弊端和动物福利的需求而产生。在传统饲养中大量的使用限位栏，用限制母猪运动空间作为代价来换取减少应激、避免打架、节约用地的目的，并有利于妊娠前期的饲养管理，但其存在的缺点也是显而易见的，如母猪缺乏运动，其生活天性受到抑制等，最终使母猪发情率、受胎率、产健仔数、仔猪成活率都受到影响。母猪智能化群养系统的出现，使这种状况得到了明显改善。

该系统采用了视频、信息采集、总线拓扑结构、专家系统等技术。母猪智能化群养系统由母猪自动化饲喂站(图 5-1)、分离站、发情鉴定站组成，其优点：首先是饲喂精确，能够根据每头母猪的膘情确定每天的饲料需要量，使母猪体况更均匀；其次能够提高母猪福利，一套智能化群养管理系统能负担 50～70 头母猪的饲养任务，而且每头母猪生活面积为 2.20m^2左右，实际活动区域为 100m^2以上，母猪活动的增加使其肢蹄病减少，利用年限显著增加，同时还可减少死胎率，增加产仔数；第三，实现母猪自动化管理，可利用

图 5-1 智能饲喂站

试情公猪探测发情母猪，采用怀孕检测仪检查母猪妊娠情况，通过电脑记录准确判断妊娠后期母猪进入产房的时间，非常便于母猪的管理。

(2)自动供料系统

自动供料系统有利于节水、节能和提高劳动生产率。自动供料系统采用密闭饲料罐车将饲料从饲料厂直接运送到猪场饲料塔中，可有效降低疾病被传入的风险，而且能满足不同猪群对饲料的需求。该系统，第一，能够节省猪场劳动力，采用自动供料系统后 200 头左右的母猪场即可节省 2 人；第二，自动供料系统控制精准，投料误差小，饲喂过程中完全机械化操作，减少了不必要的浪费；第三，自动供料系统短时间内全部下料能够使猪群保持安静，减少由应激引发的流产、再发情以及器械损伤等现象的发生；第四，喂料过程无污染，新鲜饲料不受猪舍环境影响，有效保证猪场的生物安全；第五，保育猪及育肥猪配合饲喂，自动、自由地采食，可使猪只提前出栏 10～15d。

自动供料系统主要由散装饲料车、饲料塔、管道输送机构、定量筒(下料管)和食箱(干湿料箱)组成。可将购买的饲料直接装入散装饲料车，散装饲料车将饲料加入饲料塔，饲料通过管道输送机构输送到定量筒(下料管)，然后落入食箱(干湿料箱)，这是一个全封闭的输送过程。

(3)育肥猪自动分栏系统

育肥猪自动分栏系统适用于规模化猪场的育肥猪管理，现代化自动分栏系统是在大栏中随时自动测定进入分栏站的育肥猪的体重和行为，自动分成不同的群体并饲喂不同营养配方的饲料。猪场管理者可以对每头猪进行精准管理，提高育肥效率和出栏的整齐度，节省饲料成本，提高设备利用率。据报道，日本快速养猪技术也会采取在猪的生长过程中把生长发育有差异的个体进行分群饲养，以保持整个群体的平衡生长。

育肥猪分栏系统的应用条件必须是大栏饲养(图 5-2)，大栏饲养各体重阶段的生长育肥猪数量可达 300 头以上，圈舍内划分采食区和活动躺卧区。自动分栏系统的核心是在由

图 5-2　大栏饲喂

躺卧到采食区的单通道上安装一套分选设备，分选设备依据设定的分选条件对通过该设备的育肥猪进行分选，不同的猪只到不同的采食区进行采食，采食完毕后再通过各个采食区的单向出口返回躺卧区饮水及休息。据报道，大栏饲养育肥猪较小栏饲养至少提高 2%的成活率。自小习惯使用育肥分栏系统通道的育肥猪，再加上系统自动分离上市的功能设计，使育肥猪在出售时驱赶更为容易，应激更小，不仅提升劳动效率，而且育肥猪屠宰前应激水平明显降低，猪肉品质也得以提升。

(4)猪舍环境控制系统

近年来，圈舍内的空气质量对猪生产性能和健康水平的影响越来越引起人们的重视，但管理者对母猪、仔猪舍的环境控制较重视，对育肥舍的环境调控关注较少。由于小猪怕冷、大猪怕热、所有猪都不耐潮湿，且均需要洁净的空气，因此规模化猪场猪舍的结构和工艺设计要着重考虑其生物学特性。而这些因素之间又相互影响、相互制约，如冬季为了保持舍温，门窗紧闭，会造成空气的污浊；夏季向猪体和圈舍冲水可以降温，但会增加舍内湿度。由此可见，猪舍内的环境调节必须进行综合考虑，以创造一个有利于猪群生长发育的环境。

猪舍环境控制系统主要由计算机管理系统、自动化控制系统、数据采集系统、现场传感器等组成，该系统可实现畜禽养殖场的综合监控，包括室内外温度、湿度、氨气浓度、二氧化碳浓度、氧气浓度，以及光照强度、压力、风速等，并且能够对其进行自动或手动控制，为畜禽提供舒适的成长环境，提高经济效益。

二、全自动猪场饲喂系统的优势

全自动猪场饲喂系统在猪场中应用的优势主要包括以下几点：

①既打破了定位栏饲养的局限性，又实现了群养母猪内的单体精准饲喂，每头母猪都可根据自身情况灵活采食，更避免了个体间的争斗，实现了群养单喂的新理念。

②系统代替人工进行发情测定、自动分离、防疫提醒，让猪场管理既及时又省力。

③散养的方式下，保证了母猪适量的运动，身体更健康，产出的仔猪初生重和成活率

都明显提高，母猪的淘汰率降低，经济效益更可观。

④系统提供远程管理，让管理者可以随时、随地查看猪群的各项信息及当前活动状态。

⑤系统独特的猪场 ERP 管理软件全面监控养殖过程，对养殖效果进行自动分析，提供成本核算和财务接口，让养殖全程可追溯，监管更智能。

⑥贴心设计 80W 的运转功率，蓄电池便可带动整套系统，耗电少又安全，既解决了停电问题，又避免了猪只触电的危险。

⑦国内自主研发，打破了国外同类产品高昂价格的瓶颈，大大提高了在国内猪场的可应用性。

三、智能化饲养设备成本效益分析

智能化饲养设备的使用必然会使猪场建设成本提高，但综合考虑猪场的投入产出比，智能化饲养设备的使用会带来较好的经济效益和社会效益。笔者以年出栏万头商品猪的猪场为例，根据各类猪的存栏情况，配置智能化饲养设备，并对其成本效益进行分析和估算。正常情况下，年出栏万头商品猪猪场存栏各类猪只总数在 5600 头左右，其中后备母猪、空怀母猪、妊娠母猪的存栏量为 500 头左右(后备母猪∶空怀母猪∶妊娠母猪为 1∶1∶3)，哺乳母猪存栏量为 100 头左右，哺乳仔猪为 1100 头左右，35～70 日龄的断奶仔猪存栏量为 1000 头左右，70 日龄至出栏育肥猪 2900 头左右。参照国内外智能化饲养设备的使用功能及市场报价，全场配置母猪智能化群养系统 8 套，自动供料系统 6 套，育肥猪群养系统 6 套，环境自动控制系统 1 套，智能化饲喂设备总计需投入 171 万元。

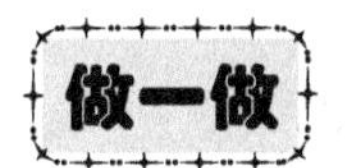

※实训九 猪的活体测膘

【实训目的】通过实习掌握体尺测量的方法和使用测膘仪的方法。

【实训准备】超声波测膘仪、剪毛刀。

【实训内容】超声波测膘的原理：利用超声波的反射与折射等物理特性。测膘时，探头所发生的超声波(人耳听不到的声波)反射至猪体，当遇到不同的组织界面，由于其声阻不同，就产生不同的反射，反射信号被接收并在示波屏上显示出来，根据不同的反射波峰就可读出猪的背膘厚度和眼肌厚度。图实 9-1 所示为超声波测膘仪探头。

(1)活体测膘

用套口器将猪站立保定，剪毛刀局部剪毛，探头必须蘸有足够的液体石蜡(食油亦可)与皮表面垂直自然密切接触，当荧光屏上出现数字连续跳动，到红色指示灯发亮时读数，即为膘厚(包括皮肤及两层膘厚)，如图实 9-2 所示。

图实 9-1　超声波测膘仪探头

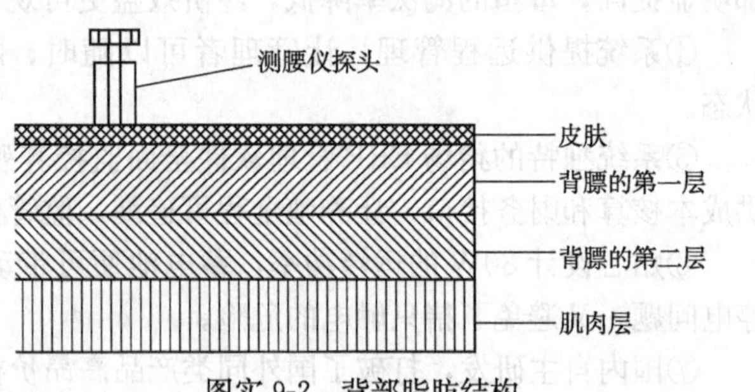

图实 9-2　背部脂肪结构

(2)测量部位

测背中线上肩部最厚处、胸腰椎结合处和腰荐结合处 3 点平均膘厚或以上 3 点距背中线 5cm 处的平均边膘厚。

【实训报告】

填空测量记录(表实 9-1)。

表实 9-1　猪的活体测膘记录　　单位：mm

序号	测量部位			
	肩部最厚处	胸腰椎结合处	腰荐结合处	平均膘厚

※实训十　猪的体尺测量与体重估算

【实训目的】 掌握猪的体尺测量内容和测量方法，并学会猪活体重的估测。

【实训准备】

①不同生长阶段、不同体重、不同品种的猪若干头。

②测杖(或活动标尺)、卷尺(长 2m)、皮尺、直尺、计算器等。

【实训内容】

1. 体尺测量

即对猪的各个部位进行测量，以具体了解各部位的发育情况，在育种上，一般可以在 6 月龄、10 月龄和成龄时各测量一次即可。

(1)测量方法及部位

①体长：从两耳根中点连线的中部起，用卷尺沿背脊量到尾根的第一自然轮纹为止。站立姿势正常(四肢直立，领下线与胸下线同一水线)，用左手把皮尺端点固定在枕寰关节上，右手拉开卷尺固定在背中线的任何一点，然后左手替换右手所定的位置，而右手再拉紧皮尺直至尾根处，即量出体长。

②胸围：在肩胛骨后缘用皮尺测量胸部的垂直周径，松紧度以皮尺自然贴紧毛皮为宜。

③胸深：用杖尺或活动标尺，上部卡猪肩胛部后缘背线，下部卡于胸部，测量上下之间的垂直距离。

④胸宽：将测杖倒转，拉开活动横尺，卡住左、右两肩胛后缘，中间的距离即是胸宽。

⑤体高：自鬐甲处至地面的垂直距离。用杖尺的主尺放在猪左侧前肢附近，然后移动横尺紧贴甲最高点，读主尺数即体高。

⑥半臀围：自左侧膝关节前缘，经肛门绕至右侧膝关节前缘的距离，用皮尺紧贴体表量取。

⑦背高：用杖尺测量背部最凹处到地面的垂直距离。

(2)注意事项

①校正测量工具。

②测量场地要求平坦。

③猪体站立保持自然平直姿势。

④测量需在早晨喂前或喂后 2h 进行。

⑤从左前侧接近猪体、保持安静平稳、切忌追打，使猪紧张而影响测量效果。

2. 体重测量

体重估侧是在大猪无称重条件时，用以上测量数据进行公式计算重量。

$$体重(kg)=\frac{胸围(cm)\times 体长(cm)}{142或156或162}$$

注：猪营养状况良好的用 142；营养状况中等的用 156；营养状况不良的用 162。

【实训报告】根据自己所测量的数据估算被测猪的体重。

实训十一　猪的屠宰测定

【实训目的】

①了解屠宰测定的整个过程。

②掌握主要项目的测定方法。

【实训准备】待宰肉猪若干头，超声波测膘仪、液体石蜡、毛剪、秤、各种屠宰用的刀具、砧板、卷尺、游标卡尺、硫酸纸、皮尺、求积仪等。

【实训内容】测定肉猪的一些主要屠宰性状，如屠宰率、瘦肉率，是检验猪种选育和饲养效果的手段之一。猪的活体背膘厚与胴体瘦肉率呈高度遗传相关，且有较高的遗传力。因此，通过活体测膘来间接估测瘦肉率，可以免除屠宰测定的繁重劳动，减少因宰猪而带来的经济损失。

【实训步骤】

1. 宰前活体测膘

详见实训九。

2. 宰前活重

①屠宰前 3d，每日早晨空腹称重，用 3 次值的平均作宰前活重(较繁琐，不常用)。

②屠宰前 1d 晚上开始停食，次日宰前称重(目前应用)。

③空体重：宰前活重减去宰后胃肠道和膀胱的内容物重量，即空体重＝宰前活重－胃

肠道和膀胱内容物重量(采用空体重无需停食)。

3. 体尺测量(用皮尺测量)

①体长两耳根连线的中点沿背线到尾根的距离。

②胸围肩胛后缘胸部的围长。

③管围左前肢管部最细处周长(不常用)。

④腿围从左后膝关节前缘经肛门至右膝关节前缘之间的距离。

4. 屠宰方法

①屠宰前禁食 24h，允许猪饮水。

②严禁鞭打、急赶、过度拥挤、高温等强烈有害刺激。

③实行宰前电击晕法。电流不小于 1.25A，电压不低于 240V，电极置放于耳根后部，麻醉时间 2～3s。

④采用切断颈部大血管放血法，击晕与刺杀的间隔不超过 32s。

⑤水温 68℃。

5. 胴体重

肉猪经电麻、放血、烫毛、开膛去除内脏(板油、肾脏除外)，去头(沿耳根后缘及下颌第一条自然横褶切离寰枕关节)、蹄(前肢断离腕掌关节，后肢在跗关节内侧断离第一间关节)和尾(紧贴肛门切断尾根)，开片成左右对称胴体，左右两片胴体重量之和(包括板油和肾)即胴体重。

6. 屠宰率

$$屠宰率(\%)=\frac{胴体重}{宰前活重}\times100\%$$

或

$$屠宰率(\%)=\frac{胴体重}{空体重}\times100\%$$

7. 胴体长度

用钢卷尺测量吊挂的右胴。

①胴体斜长：耻骨联合前缘至第一肋骨与胸骨接合处内缘的长度。

②胴体直长：耻骨联合前缘至第一颈椎凹陷处的长度。

8. 膘厚与皮厚

在第 6 与第 7 胸椎相接处测定皮肤厚度及皮下脂肪厚度，皮厚可用游标卡尺测定，膘厚可用钢直尺或钢卷尺测量。多点测膘以肩部最厚处、胸腰椎接合处和腰荐椎接合处三点的膘厚平均值为平均膘厚，采用时须加说明。

9. 眼肌面积

眼肌面积指最后胸椎处背最长肌的横断面面积，先用硫酸纸描下横断面图形，用求积仪测量其面积，若无求积仪，可量出眼肌高度和宽度，用下列公式估计：

$$眼肌面积(cm^2)=眼肌高度(cm)\times眼肌宽度(cm)\times0.7$$

10. 花板油比例

分别称量花油、板油的重量，并计算其各占胴体的比例：

$$花(板)油比例(\%)=\frac{花(板)油重量}{胴体重}\times100\%$$

11. 肉质分析的样品采集

(1)眼肌样

用刀挖取倒数第2～3肋骨处的全部背最长肌，装入样品袋，同时在一纸条上注明该猪的耳号、品种、样品采样时间及该样品为“眼肌，测系水力用”，并将该纸条同时放入样品袋内，置于冰箱或有冰块的保温箱中保存待用。如还要测滴水损失，则用刀挖取倒数第3～4肋间处的全部背最长肌，装入样品袋，同时在一纸条上注明该猪的耳号、品种、样品采样时间及该样品为“眼肌，测滴水损失用”，并将该纸条同时放入样品袋内，置于冰箱或有冰块的保温箱中保存待用。用刀挖取最末胸椎与第1腰椎接合处全部背最长肌，装入样品袋，同时在一纸条上注明该猪的耳号、品种、样品采样时间及该样品为“眼肌，测肌内脂肪用”，并将该纸条同时放入样品袋内，置于冰箱或有冰块的保温箱中保存待用。

(2)腰大肌样

撕去胴体腹内壁上的板油，取下肾脏后，用刀割取一大块(250～500g)腰大肌肉样，装入样品袋，同样按上述方法注明猪耳号、品种、样品采集时间及该样品为“腰大肌，测嫩度或熟肉率”字样，置于冰箱或有冰块的保温箱中保存待用。

12. 胴体瘦肉率

将去掉板油和肾脏的新鲜胴体剖分为四部分，瘦肉、脂肪、骨、皮。肌间零星脂肪不剔出，随瘦肉。皮肌随脂肪也不另剔出，作业损耗控制在2%以下。瘦肉占这四种成分总和的比例即为瘦肉率。

$$瘦肉率(\%)=\frac{瘦肉重量}{骨骼重量+瘦肉重量+脂肪重量+皮肤重量}\times100\%$$

13. 肉脂比

以脂肪为基准计算所得的瘦肉对脂肪的比。

$$肉脂比例(\%)=\frac{瘦肉重量}{脂肪重量}\times100\%$$

14. 后腿比例

沿倒数第1和第2腰椎间的垂直线切下的后腿重量(包括腰大肌)占整个胴体重量的比例。

$$后腿比例(\%)=\frac{后腿重量}{胴体重}\times100\%$$

15. 腿瘦肉率

腿瘦肉率是指前、后腿瘦肉占宰前活重的百分数。

$$腿瘦肉率(\%)=\frac{前后腿瘦肉重}{宰前活重}\times100\%$$

用左胴结合骨、肉、皮脂剥离作腿瘦肉率测定。前腿前端即屠宰测定去头部位，后端从第5～6肋骨间沿与背中线垂直方向切下，并将腕关节上方切去1～2cm，后腿自倒数第1、第2腰椎间垂直切下(切前先将腰大肌即柳梅肉分离加入后腿)，并将跗关节上方切去2～3cm。然后剥取前、后腿瘦肉称重，计算即得腿瘦肉率。

【实训报告】

序号		1	2	3	4
猪号					
品种、组合					
活体膘厚(cm)					
出生日期					
屠宰日龄					
宰前活重(kg)					
胴体重(kg)	左胴重				
	右胴重				
	小计				
板油	重(kg)				
	比率(%)				
屠宰率(%)					
胴体长(cm)	直长				
	斜长				
膘厚(cm)	肩膘厚				
	胸腰膘厚				
	腰荐膘厚				
	三点平均				
	6~7肋膘厚				
6~7肋皮厚(cm)					
肋骨数	左肋数				
	右肋数				
眼肌(求积仪)(cm^2)					
眼肌(cm)	高				
	宽				
中、前躯	总重(kg)				
	肉重(kg)				
	脂重(kg)				
	骨总重(kg)				
	皮重(kg)				
后腿	肉重(kg)				
	脂重(kg)				
	骨重(kg)				
	皮重(kg)				
	总重(kg)				
	比率(%)				
	瘦肉率(%)				
右胴皮百分比(%)					
右胴骨百分比(%)					
右胴脂百分比(%)					
右胴瘦肉率(%)					

测定地点： 测定人： 记录人： 记录时间

练习与思考题

1. 肉猪生产的主要目的是什么？怎样提高肉猪的生产水平？
2. 为什么要重视肉猪的环境控制？如何提供适宜的猪舍小气候环境条件？
3. 肉猪育肥有哪些方式？各有何优劣？
4. 如何提高肉猪出栏率和瘦肉率？

※项目六 猪场生物安全

【知识目标】

- 掌握猪传染病的防制原则及技术。
- 了解无公害养猪生产的经营原则及经营形式。
- 掌握猪群类别的划分及猪群结构的周转。
- 熟悉猪群生产中的各项记录指标。

【技能目标】

- 能熟练地对猪进行免疫接种。
- 能熟练地制订猪群生产中的各项记录表。

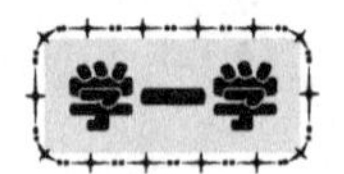

※任务一 猪场生物安全

生物安全是近年来国外提出的有关集约化生产过程中保护和提高畜禽群体健康的新理念，是一种猪群管理策略。规模猪场在具备卫生防疫的建筑和设施后，通过生物安全的实施能最大限度地减少引入致病性病原体，是一种最有效、最经济的控制疫病发生和传播的方法。

一、防疫措施的制定与实施

1. 疾病综合防制措施的建立

猪的传染病在猪群中发生和传播，造成流行，必须具备传染源(病猪、带菌或带毒的猪)、传播途径(直接或间接的水平传播和垂直传播)和易感猪群(猪)，只有这 3 个环节同时存在时才会导致传染病流行发生。我们的任务就是要针对引起流行的这 3 个基本环节，采取消除和切断造成传染的综合措施，同时，还需根据不同种类的传染病，采取特定的措施，才能有效地预防和控制猪传染病的发生和传播。根据我国目前养猪的实际情况，在疫病防制方面，应特别重视抓好以下工作。

(1)认真贯彻“预防为主，防重于治”的方针

集约化养猪场养猪数量多，任务大，更要按照《动物防疫法》的精神认真贯彻“预防为主，防重于治”的方针，建立与健全疫病防制体系，克服“重治轻防，只防不治”的消极被动错误思想；开展群防群治工作，把养猪防病工作认真落实到实处，固定专人，指导和抓好饲养管理和防疫工作，使之形成制度，坚持不懈，贯彻始终。

(2)要坚持“自繁自养”的原则

“自繁自养”是防止从外地买猪带进疫病的一项重要措施。在市场经济情况下，猪的流通范围大，流动更为频繁。现在已经出现不少花高价从外国买猪，将猪的某些传染病带进来，在国内引起疫病发生和流行的事例。多年发展养猪的经验已经反复证明，凡是坚持自繁自养的猪场很少发生或不发生传染病。作为集约化养猪场，必须建立较完善的繁育体系，至少应建有良种繁殖场，根据发展计划，育有一定数量的母猪，解决猪源不足的问题。如果进行品种调配或必须从外地引进种猪时，必须从非疫区的健康猪场选购；在选购前应对猪做必要的检疫和诊断检查；购进后一般要隔离1个月，经过观察无病后，才能合群并圈。

(3)坚持预防免疫注射的制度

预防免疫注射是防制猪传染病发生的关键措施。给猪注射疫(菌)苗能使猪产生特异性抵抗力，在一定时间内猪就可以不被传染。防制猪传染病的疫(菌)苗种类较多，每种疫(菌)苗只能用来预防一种传染病，如猪瘟兔化弱毒疫苗只能用来预防猪瘟，不能预防猪的其他传染病，应该采取定期预防注射与经常补针相结合的办法，争取做到头头注射，个个免疫；根据当地猪的疫病流行情况，有针对性地选择使用和按免疫程序进行预防接种，保证高的免疫密度，使猪保持高的免疫水平。县级兽医站或猪场建立兽医生物药品低温储运体系，保证疫苗运输、保管和使用的冷藏条件也是十分重要的。

(4)做好养猪场环境、猪舍的清洁、卫生及消毒工作

猪的传染病可能有多种以上传播途径，消毒、清洁卫生、杀虫、灭鼠等方法，是消灭病原体、清除外环境的传播因素、切断传染病传播途径的重要方法。如预防消化道传染病，应抓好饲料、饮水、饲养管理用具、环境及粪尿污水的管理；预防呼吸道传染病，应保持猪舍空气流通，降低饲养密度及空气消毒等；预防虫媒传染病，应改善环境卫生、驱杀蚊虫等。清圈消毒是消灭外界环境中的病原菌、切断和防制疫病发生的主要措施。猪舍地面、墙、栏杆上的粪尿要及时清除，饲槽及用具要勤加清洗。根据当地疫情和具体条件，定期对猪圈、食槽及饲养管理用具进行消毒。做好粪、尿及污水的处理，防止环境污染。

(5)加强饲养管理，增强猪的抵抗力

猪能否发病，同个体天然的非特异性抵抗能力有密切关系。加强猪的饲养管理，注意环境卫生，执行严格的兽医卫生制度，增强猪体健康和对外界致病因素的抵抗力，也是积极预防猪传染病的重要条件。同时，也要重视饲料和饮水的清洁卫生，不喂腐烂、发霉和变质饲料，猪圈要经常打扫，保持清洁、干燥，冬季要注意防寒保暖工作，食槽和管理用具保持清洁等，都是预防疫病不可忽视的内容，也是保证猪正常生长发育、体格健壮和抗病力强的基本条件。

2. 实行免疫接种

免疫程序是根据猪群的免疫状态和传染病的流行季节，结合当地的具体疫情而制订的预防接种计划。集约化养猪场，应该有适合自己猪群的免疫接种计划，包括接种的疫病种类、疫（菌）苗种类、接种时间、次数及间隔等内容。

（1）注意事项

为了保障免疫效果，必须注意以下问题。

①选择科学合理的免疫程序，有条件的猪场一定要进行母源抗体水平和免疫抗体水平的监测，作为免疫接种的依据。

②疫苗的运输、贮存科学而合理，避免太阳光直射，温度不宜过高或过低；瓶内进入空气、超过有效期皆不可使用。有被污染或混有杂质的疫苗弃之不用。

③疫苗使用过程操作得当。首先疫苗与疫病血清型对号；其次按说明稀释；第三稀释后按规定时间用完，并注意用够剂量；第四坚持一猪一针，对注射用针要煮沸消毒，不打飞针、不漏注、也不多注，不浪费疫苗，并填写好防疫卡。

④注意两种疫苗注射的间隔时间适宜。

⑤注意猪群健康状况，猪的生理阶段以及饲料质量或猪群所处环境对疫苗免疫注射的影响等。

（2）多种疫苗的联合应用

多种疫苗的联合应用是预防接种工作的发展方向。由于一定地区、一定季节内某种畜禽流行的传染病种类较多，往往在同一时间需要给畜禽接种两种或两种以上的不同疫苗，以分别刺激机体产生保护性抗体。这种免疫接种可以大大提高工作效率，很受广大养殖者和基层兽医防疫人员的欢迎，但在当前仍以常规疫苗为主的形势下，疫苗联合使用时应考虑到疫苗的相互作用。从理论上讲，在增殖过程中不同病原微生物可通过不同的机制彼此相互促进或相互抑制，当然也可能彼此互不干扰。前两种情况对弱毒苗的联合免疫接种影响很大，主要是因为弱毒活苗在产生免疫力之前需要在机体内进行一定程度的增殖，因此选择疫苗联合接种免疫时，应根据研究结果和试验数据确定哪些弱毒苗可以联合使用，哪些疫苗在使用时应有一定的时间间隔以及接种的先后顺序等。生物制品厂生产的联合疫苗都经过实验检验，相互之间不会出现干扰作用。

近年来的研究表明，灭活疫苗联合使用时似乎很少出现相互影响的现象，甚至某些疫苗还具有促进其他疫苗免疫力产生的作用。但考虑到畜禽体的承受能力、传染病危害程度和目前的疫苗生产工艺等因素，常规灭活苗无限制累加联合也会影响主要传染病的免疫防制，其原因是因为畜禽机体对多种外界因素刺激的反应性是有限度的，同时接种疫苗的种类或数量过多时，不仅妨碍畜禽体针对主要传染病高水平免疫力的产生，而且有可能出现较剧烈的不良反应而降低机体的抗病能力。因此，对主要畜禽传染病的免疫防制，应尽量使用单独的疫苗或联合较少的疫苗进行免疫接种，以达到预期的接种效果。

（3）制定合理的免疫程序

所谓免疫程序，就是对某种畜禽，根据其常发的各种畜禽传染病的性质、流行病学，母源抗体水平，有关疫（菌）苗首次接种的要求以及免疫期长短等，制定该种畜禽从出生经青年到成年或屠宰配套接种程序。目前，国际上还没有可供统一使用的疫(菌)苗免疫程序，各国都在实践中总结经验，制定合乎本地区、本牧场具体情况的免疫程序，而且还在不断研究改进中。制定免疫程序通常应遵循如下原则。

①猪群的免疫程序是由传染病的分布特征决定的。由于畜禽传染病在地区、时间和猪群中的分布特点和流行规律不同，它们对猪群造成的危害程度也会随着发生变化，一定时期内兽医防疫工作的重点就有明显的差异，需要随时调整。有些传染病流行时具有持续时间长、危害程度大等特点，应制定长期的免疫防制对策。

②免疫程序是由疫苗的免疫学特性决定的。疫苗的种类、接种途径、产生免疫力需要的时间、免疫力的持续期等差异是影响免疫效果的重要因素，因此在指定免疫程序时要根据这些特性的变化进行充分的调查、分析和研究。

③免疫程序应具有相对的稳定性。如果没有其他因素的参与，某地区或养殖场在一定时期内猪群传染病分布特征是相对稳定的。因此，若实践证明某一免疫程序的应用效果良好，则应尽量避免改变这一免疫程序。如果发现该免疫程序执行过程中仍有某些传染病流行，则应及时查明原因(疫苗、接种、时机和病原体变异等)，并进行适当地调整。

④仔猪的母源抗体水平。免疫过的妊娠母猪所产仔猪体内在一定时间内有母源抗体存在，对建立自动免疫有一定的影响，因此对仔猪进行免疫接种往往不能获得满意的效果。以猪瘟为例，母猪于配种前后接种猪瘟疫苗者，所产仔猪由于从初乳中获得母源抗体，在20日龄以前对猪瘟具有坚强免疫力，30日龄以后母源抗体急剧衰减，至40日龄时几乎完全丧失，哺乳仔猪如在20日龄左右首次免疫接种猪瘟弱毒疫苗，至65日龄左右进行第二次免疫接种，这是我国目前公认的较合适的猪瘟免疫程序；另据国内外一些报道认为，初生仔猪在吃初乳前接种猪瘟弱毒疫苗，可免受母源抗体的影响而获得可靠免疫力，这种免疫有一些优越性，但也存在一些困难，饲养人员和兽医人员必须随时观察。产后立即进行免疫接种，再者注苗与哺乳的时间间隔亦应注意，丘惠深(2001)研究认为产后1h进行免疫为宜。

(4)具体免疫程序参考

制定免疫程序应根据当地的疫情、疾病的种类和性质、猪内抗体和母源抗体的高低、猪的日龄和用途，以及疫(菌)苗的性质等方面的情况制定的。不可能有一个能适合我国的不同地区、不同规模、不同饲养方式的统一的免疫程序，因此，以下介绍某猪场的免疫程序，仅供参考。

①生长育肥猪的免疫程序如下所列。

1日龄：猪瘟常发猪场，猪瘟弱毒苗超前免疫，即仔猪生后在未采食初乳前，先肌内注射一头份猪瘟弱毒苗，隔1～2h后再让仔猪吃初乳。

3日龄：鼻内接种伪狂犬病弱毒疫苗。

7～15日龄：肌内注射气喘病灭活菌苗、蓝耳病弱毒苗。

20日龄：肌内注射猪瘟—猪丹毒二联苗(或加猪肺疫三联苗)。

25～30日龄：肌内注射伪狂犬病弱毒疫苗。

30日龄：肌内注射或皮下注射传染性萎缩性鼻炎疫苗；肌内注射仔猪水肿病菌苗。

35～40日龄：仔猪副伤寒菌苗，口服或肌内注射(在疫区首免后，隔3～4周再二免)。

60日龄：猪瘟、肺疫、丹毒三联苗，二倍量肌内注射。

生长育肥期肌内注射两次口蹄疫疫苗。

②后备公、母猪的免疫程序如下所列。

配种前1个月：肌内注射细小病毒、乙型脑炎、伪狂犬病弱毒、口蹄疫、蓝耳病疫苗。

配种前20～30d：肌内注射猪瘟—猪丹毒二联苗(或加猪肺疫的三联苗)。

③经产母猪免疫程序如下所列。

空怀期：肌内注射猪瘟、猪丹毒二联苗(或加猪肺疫的三联苗)。

初产猪：肌内注射一次细小病毒灭活苗，以后可不注。

头3年：每年3～4月肌内注射一次乙脑苗，三年后可不注。

每年肌内注射3～4次猪伪狂犬病弱毒疫苗。

产前45d、15d：分别肌内注射K88、K99、987p大肠杆菌腹泻菌苗。

产前45d：肌内注射传染性胃肠炎—流行性腹泻—轮状病毒三联疫苗。

产前35d：皮下注射传染性萎缩性鼻炎疫苗。

产前30d：肌内注射仔猪红痢疫苗。

产前25d：肌内注射传染性胃肠炎—流行性腹泻—轮状病毒三联疫苗。

产前16d：肌内注射仔猪红痢疫苗。

④配种公猪免疫程序如下所列。

每年春、秋各肌内注射一次猪瘟—猪丹毒二联苗(或加猪肺疫的三联苗)。

每年3～4月肌内注射1次乙脑苗。

每年肌内注射2次气喘病灭活菌苗。

每年肌内注射3～4次猪伪狂犬病弱毒疫苗。

(5)预防接种失败的原因

免疫失败是指经某病疫苗接种的畜禽群，在该疫苗有效免疫期内，仍发生该畜禽传染病；或在预定时间内经监测免疫力达不到预期水平，即预示着有发生该畜禽传染病的可能。造成疫苗接种失败的原因如下。

①幼畜禽体内存有高度的被动免疫力(母源抗体)，可能中和了疫苗。

②环境条件恶劣、寄生虫侵袭、营养不良等应激，影响了畜禽的免疫应答。

③传染性法氏囊病、传染性贫血、马立克氏病、霉菌素中毒等引起的免疫抑制。

④畜禽群中已潜伏着传染病。

⑤活苗因保存、运输或处理不当而死亡；或使用超过有效期的疫苗。

⑥可能疫苗不含激发该畜禽传染病保护性免疫所需的相应抗原，即疫苗的毒(菌)株或血清型不对。

⑦使用饮水法或气雾法接种时，疫苗分布不匀，使部分畜禽未接触到或因剂量不足而仍然易感。

(6)紧急接种

紧急接种是指在发生畜禽传染病时，为了迅速控制和扑灭畜禽传染病的流行，而对疫区和受威胁区尚未发病的畜禽进行的应急性免疫接种。紧急接种从理论上讲应使用免疫血清，或先注射血清，2周后再接种疫(菌)苗。但因免疫血清用量大，价格高，免疫期短，且在大批畜禽急需接种时常常供不应求，因此在防疫中很少应用，有时只用于种畜场、良种场等。实践证明，在疫区和受威胁区有计划地使用某些疫(菌)苗进行紧急接种是可行而有效的。如在发生猪瘟、鸡新城疫和口蹄疫等急性畜禽传染病时，用相应疫苗进行紧急接种，可收到很好的效果。

应用疫(菌)苗进行紧急接种时，必须先对畜禽群逐头逐只地进行详细的临床检查，逐头测温，只能对无任何临床症状的畜禽进行紧急接种，对患病畜禽和处于潜伏期的畜禽，不能接种疫(菌)苗，应立即隔离治疗或扑杀。但应注意，在临床检查无症状而貌似健康的畜禽中，必然混有一部分潜伏期的畜禽，在接种疫(菌)苗后不仅得不到保护，反而促进其发病，造成一定的损失，这是一种正常的不可避免的现象。但由于这些急性畜禽传染病潜伏期短，而疫(菌)苗接种后又能很快产生免疫力，因而发病后不久即可下降，疫情会得到控制，多数畜禽得到保护。

(7)环状免疫带建立

通常指某些地区发生急性、烈性传染病时，在封锁疫点和疫区的同时，根据该病的流行特点对封锁区及其外围一定区域内所有易感染畜禽进行的免疫接种。建立免疫带的目的主要是防止传染病扩散，将传染病控制在封锁区内就地扑灭。

(8)免疫隔离屏障建立

通常是指为防止某些传染病从有传染病的国家向无该病的国家扩散，而对国境线周围地区的畜禽群进行的免疫接种。紧急接种是综合防制措施的一个重要环节，必须与其中的封锁、检疫、隔离、消毒等环节密切配合，才能取得较好的效果。

二、环境控制与消毒

1. 搞好猪场的卫生管理，粪便的清除，及时排水

(1)搞好猪场的卫生管理

①保持舍内干燥清洁，每天清扫卫生，清理生产垃圾，清洗、刷拭地面、猪栏及用具。

②在保持舍内温暖干燥的同时，适时通风换气，排出猪舍内有害气体，保持舍内空气新鲜。

(2)清除粪便，及时排水

清粪方式一般有两种：一是干清粪方式，即人工将干粪清除，污水经明沟或暗沟排出舍外；二是自动清粪，即采用清粪设施自动清除粪污。自动清粪适应于漏粪地板的饲养方式，其中水冲清粪是靠猪把粪便踩踏下去落到粪沟里。在粪沟的一端设有翻斗水箱，放满水后自动翻转倒水，将沟内粪便冲出猪舍。

2. 消毒的种类和方法

(1)消毒的种类

预防消毒、患病消毒、空栏消毒、载畜消毒。

(2)消毒方法

①物理消毒：清扫冲洗可除掉70%的病原，并为药物消毒创造条件；通风干燥减少病原体的数量并使除芽孢、虫卵以外的病源失去活性；太阳曝晒适于对生产用具进行消毒；紫外线灯适于对衣服进行消毒；火焰喷灯对各种病原均有杀灭作用。但不能对塑胶、干燥的木制品进行消毒，消毒必须注意防火。

②化学消毒：化学药物消毒是最常见的消毒方法。药物消毒时，圈面清洁程度、药物的种类、浓度、喷药量、作用时间、环境温度等影响消毒的效果。

3. 消毒药的选择

消毒药种类很多，应依消毒对象、消毒目的及环境状况，结合消毒药品的特性、杀菌效力选择适合的消毒药。各种病原体对常用消毒药的敏感性见表 6-1，各类消毒药及其使用推荐见表 6-2。

表 6-1　各种病原体对常用消毒药的敏感性

药物种类	细菌	病毒	真菌	芽孢	虫卵
醛类	+++	++	+	++	−
过氧化物	+++	++	++	++	
碱类	+++	+++	+++	+++	+++
卤素类	++	+++	+++	+++	+
酚类	+++	−	++	−	−
季铵盐类	+++	++	−	−	−
醇类	+++	++	−	−	−

注："−"表示无作用，"+"表示作用弱，"++"表示作用中等，"+++"表示作用强。

表 6-2　各类消毒药及其使用推荐

药物种类	名称(商品名)	常用浓度	用法	消毒对象
醛类	甲醛	15%～20%	熏蒸	空栏消毒
	宝利醛	1∶300	喷洒	空栏消毒、载畜消毒、消毒池
过氧化物类	高锰酸钾	0.1%	浸泡	皮肤及创伤消毒
	过氧乙酸	0.5%	喷雾	猪舍内外环境消毒
	宝利氯	1∶(10 000～20 000)	饮水	饮水消毒
碱类	烧碱	1%～5%	浇洒	空栏消毒、消毒池
	生石灰	10%～20%	刷拭	空栏消毒
卤素类	碘(碘酊、碘甘油)	2%～5%	外用	皮肤及创伤消毒
	百菌消-30	0.2%	喷雾	猪舍内外环境消毒、载畜消毒
	消特灵	1∶15 000	饮水	饮水消毒
	漂白粉	0.02%～0.1%	饮水	饮水消毒
酚类	农乐	1∶500	喷洒	发生疫情时栏舍强化消毒
	菌毒敌	1∶300	喷洒	空栏消毒、载畜消毒、消毒池
	农福	1∶(500～1000)	喷洒	发生疫情时栏舍强化消毒
季铵盐类	拜洁	1∶500	喷雾	猪舍内外环境消毒、载畜消毒
	百毒杀	1∶(100～300)	喷雾	猪舍内外环境消毒、载畜消毒
	TH-4	1∶(50～500)	喷雾	猪舍内外环境消毒、载畜消毒
	强毒净	1∶(500～1000)	喷洒	空栏消毒、载畜消毒
醇类	酒精	70%	外用	皮肤及创伤消毒
干粉	爽乐神	按说明使用	外用	猪舍环境消毒、乳猪出生体表消毒
	密斯陀	按说明使用	外用	猪舍环境消毒、乳猪出生体表消毒

4. 各生产环节的环境及用具的清洁消毒

消毒的目的是消灭环境中可能存在的病原微生物，以切断传播途径，阻止疫病继续发生和蔓延。在集约化条件下最好全进全出，猪舍不应连续使用，最短必须间隔3d，进行全面彻底的消毒。平时结合饲养管理应进行随时预消毒。

(1)猪场消毒

①猪场门卫消毒：指由门卫完成的猪场外围环境消毒，进场人员必须更换鞋，脚踩消毒池，然后在紫外线消毒室内消毒10～15min或喷雾消毒后才能进入办公室。

②大门消毒：入口处设置宽与大门相同，长等于进场大型机动车的车轮一周半的水泥结构消毒池，池内的消毒液2～3d彻底更换一次，所用的消毒药要求作用较持久、较稳定，可选用氢氧化钠、过氧乙酸等。

③洗手消毒：猪场进出口除了设有消毒池消毒鞋靴外，还需进行洗手消毒。既要注重外来人员的消毒，又要注重本场人员的消毒。采用的消毒药应对人的皮肤无刺激性、无异味，可选用过氧化氢溶液、苯扎氯铵溶液(季铵盐类消毒药)。

④车辆消毒：集约化猪场原则上要保证场内车辆不出场，场外车辆不进场。考虑其他特殊原因，有些车辆必须进场，则车辆须从车辆清洗消毒池经过，并对车身进行消毒。进出猪场的运输车辆，特别是运猪车辆，车轮、车厢内外都需要进行全面的喷洒消毒，可选用过氧化氢溶液、过氧乙酸、二氯异氰尿酸钠等。

(2)进入生产区消毒

①杜绝外来人员进入生产区参观访问。不论是管理者还是饲养员，家里都不准养偶蹄动物，不准进入屠宰场，场内不准带入可能染病的畜产品或物品。场内兽医人员不准对外诊疗猪及其他动物的疫病。

②所有进入猪场工作人员必须沐浴、消毒和换上场内已消毒的衣服、鞋、帽，中途一般不允许出入猪场；外出或休假工作人员返场时必须先经消毒，在生活区隔离48h，沐浴、更衣、换鞋后方可进入猪场；外来人员一般谢绝入内，如果非入不可，须在清楚地知道他们至少24h未接触任何其他猪的情况下，经紫外线照射15～20min，通过沐浴、更衣、换鞋等有效消毒后方能进入指定猪舍，结束后，及时对所穿衣、鞋、帽跟踪消毒。

③不同猪舍的饲养人员不准在同一处聚集，不许串舍，各车间用具不得外借、不许交叉使用；技术员需检查猪群情况时，必须穿工作服，戴帽，换鞋，检查应该从健康猪群到病猪，从小猪到大猪，同时进入不同猪舍时应重新消毒。

④猪场配种人员不准对外开展猪的配种工作，人工授精站的人员，不入养猪生产区，取送精液应于指定的窗口，且在严格控制下进行。

⑤车间用具经过浸泡或喷雾、紫外线直接照射或甲醛熏蒸后才可进场。

⑥买猪人员、车辆一律不准进入生产区。

⑦在病猪舍、隔离舍出入口应放置浸有消毒液的麻袋片或草垫，消毒液可用2%烧碱液。

(3)猪舍消毒

①常规消毒：每天坚持打扫猪舍卫生，保持料槽、网床、用具干净，地面清洁，选用高效、低毒、广谱的消毒药品进行消杀。

②定期消毒：定期对猪场周围环境及猪舍进行消毒，定期在猪舍内进行带猪消毒，每周进行2～3次消毒，疫病期间产房和保育舍每天消毒1次，其他猪舍每2d进行1次消毒。消毒方法为：以正常步行的速度或安装自动喷雾装置，对猪舍天花板、墙壁、猪体、地板由上到下进行消毒，对猪体消毒应在猪上方30cm喷雾，待全身湿透欲滴水方可结束，一只猪大约需1L消毒水。

③在工艺流程上，生产要实行单元化饲养、全进全出制。每批猪转出后，下批猪转栏前，对猪舍地面、栏舍、走道、食槽、用具以及下水道等进行彻底清洗消毒。消毒方法为：猪舍放空→消除粪便、陈年污秽结垢等→高压水枪冲洗→2%～3%烧碱水消毒→3～6h后用硬刷刷地面、墙壁及死角→彻底水洗→干燥数日→甲醛熏蒸或火焰消毒→空关5～7d→进猪。

④母猪上床、仔猪转群应对猪体表进行消毒。母猪生产时一定要保证母猪乳房、阴户周围干净卫生，并严格消毒，减少子宫炎的发生机会。冬季要注意水温，并于干燥后送到检定地点。

⑤对注射器、针头、手术刀、剪子、镊子、耳号钳、止血钳等物品的消毒，要在洗净后，将物品置于消毒锅内煮沸消毒30min后即可。

⑥仔猪打耳号、剪牙、断尾等外伤还有其他猪群的外伤都应该及时消毒，防止感染。可用5%的碘酒棉球涂擦数遍，直到痊愈。

⑦公母猪配种前，应特别注意公猪下腹部和尿囊、母猪外阴部的清洁消毒。采用人工授精时，应建立较强的无菌观念，避免人员、器具、环境等因素影响精液质量。

(4)患期消毒

出现腹泻等传染性疾病时，对发病猪群调圈、对该圈栏清扫(冲洗)、药物消毒、火焰消毒、干燥。水泥床面和水洗后易干燥的猪舍需要用水冲洗。出现口蹄溃疡症状疾病时，舍内走廊用5%火碱水溶液，圈面用1∶500的百菌消一30(辉瑞)，农村可用草木灰洒于圈面。出现呼吸道疾病和其他疾病时，清扫、通风、载猪消毒。此时消毒药物浓度比平时高一倍。消灭虫卵时，圈面清扫冲洗。用5%火碱水溶液消毒，再火焰消毒。

(5)粪污等废弃物的无害化处理

①粪便：可用生物热消毒法(发酵池或堆粪法)，需要强调的是猪粪堆积处应远离猪舍，并定期消毒(可用50%百毒杀1∶300进行喷雾消毒)。患传染病和寄生虫病病畜的粪便的消毒方法有多种，如焚烧法、化学药品法、掩埋法和生物热消毒法等。实践中最常用的是生物热消毒法，此法能使非芽孢病原微生物污染的粪便变为无害，且不丧失肥料的应用价值。污水可用沉淀法、过滤法或化学药品处理(每升污水加2.5g漂白粉)。

②病死猪、死胎和胎衣：严格处理病死猪和废弃物。一旦发现病死猪，严禁运出食用或作其他用途，应用密闭袋包装，经焚化或深埋处理，对病猪停留过的地方，清除粪便和污水、污物后，再用4%的氢氧化钠溶液进行彻底消毒；粪便、污物由专用道运出猪舍；对自繁自养场，母猪产下的死胎、木乃伊和胎衣等也应进行深埋无害化处理。

③垃圾：应把生活垃圾放在指定的地点，定期进行焚烧或运输到专门的垃圾处理场进行处理。经常清除垃圾、杂物和乱草，搞好猪舍周围的环境卫生，不让害虫和鼠类有藏身和滋生之地。

④垫料：对于猪场的垫料，可以通过阳光照射的方法进行，这是一种最经济、最简单的方法。将垫草等放在烈日下暴晒2～3h，能杀灭多种病原微生物。对于少量垫草，可以直接用紫外线等照射1～2h，能杀灭大部分病原微生物。

(6)消毒注意事项

①消毒前首先要清扫、浸泡、刷洗去其表面附着物，然后按规定配制消毒液，才能保证有较好的效果。在无疫病发生的情况下，每半月对全场周围环境进行一次大消毒，定期消灭蚊蝇，严格执行停药期的规定。

②舍内温度、消毒时间、药物浓度、喷洒量对消毒效果有影响。舍温在10～30℃，温度越高，消毒效果越好。一般药物作用时间不少于半小时。临床上有些猪场使用火焰消毒，但由于为了节省燃气，火焰在舍面停留时间过短，其消毒效果较差。

③预防消毒时，建议采用说明书介绍的中等浓度，患病期消毒采用说明书介绍的最高浓度。

④不同消毒对象每平方米需要喷洒稀释后消毒药量：圈栏30～50mL，木质建筑100～200mL，砖质建筑200～300mL，混凝土建筑300～500mL，黏土建筑50～100mL，土地和运动场200～300mL。

⑤经常更换消毒药，以免病原微生物产生抗药性。除规定外，不准使用混合消毒药。

⑥不用无生产厂家、无生产日期、无规格说明的消毒药。

三、猪场寄生虫病控制程序

目前，在猪场寄生虫无处不在、无时不有，即使在现代化程度很高、管理良好的猪场也依然存在，猪场对寄生虫的防制有所忽视，实际上造成的损失也是不小的。寄生虫分为体内寄生虫(如蛔虫、结节虫、鞭虫等)和体外寄生虫(如疥螨、血虱等)，特别是蛔虫与疥螨危害最大。猪群感染寄生虫后导致机体免疫系统的损害、抵抗力下降，饲料利用率降低，肉料比降低，生长速度下降，严重时可导致猪死亡。但是因它在大多数猪场或猪群没有造成明显大量的死亡，所以对它所造成的不明显损失往往忽视，并不引起养猪者重视。

驱虫药物选择高效、安全、广谱的抗寄生虫药，按《无公害食品畜禽饲养兽药使用准则》(NY 5030－2006)执行，进行一次彻底的驱虫，而后按《中、小型集约化养猪场兽医防疫工作规程》(GB/T 17823—1999)建立驱虫程序。

常用驱虫药有阿维菌素、伊维菌素、双甲醚、左旋咪唑、内硫苯咪唑、道拉菌素、美曲膦酯等。

1. 驱虫程序

(1)感染较轻的猪场

①种公母猪：按每季度1次，4次/年。

②后备种猪：在驱除体内、外寄生虫后方可转入生产群内使用；对引进猪应进行2次驱虫，2次间隔10～14d，并隔离饲养30d以上合群。引进种猪及后备猪转入生产区前10d应进行驱虫。

③断奶仔猪：转入保育舍后进行一次驱虫；新购仔猪在进场后第2周驱体内外寄生虫一次。

④生长育成猪：在9周龄和6月龄各驱体内外寄生虫一次。

在南方，由于气候较为潮湿，特别是在春夏季节，体外寄生虫的发病率较高，容易发生疥螨病，在饲养管理中，应注意观察，提前预防，及时做好体表驱虫。驱虫药物有：0.1%诺华螨净或英特威贝特(双甲醚)1∶1000连续喷雾2次，每次间隔7～10d。

(2)感染严重的猪场

马上对全场所有的猪进行一次驱虫，可肌内注射通灭、害获灭等，也可拌料口服，每吨料添加2g的伊维菌素或阿维菌素(有效成分)或其他有效驱虫药，连续饲喂一周，间隔一周再饲喂一周。母猪在分娩前1～2周使用"通灭"或伊维菌素等广谱驱虫药进行一次驱虫、避免把蛔虫、疥螨等寄生虫传给仔猪。以后按正常的程序驱虫。

2. 用药驱虫期注意事项

①驱虫前、后要做好虫卵和虫体监测，以确定驱虫时机，观察驱虫效果。

②尽量选择具有高效、安全、广谱的抗寄生虫药，如害获灭、爱比菌素等。

③驱虫药剂量要准确，先做小群试验，后大群推广，注意观察，及时抢救中毒病猪。

④注意驱虫药的毒性，必须确保妊娠母猪的安全，防止引起流产或其他异常危害反应，如尽量不用左旋咪唑、美曲膦酯等。

⑤驱虫前限喂一餐。

⑥为保证驱虫的效果、应将驱虫后的粪便清扫干净堆积起来进行发酵，利用产生的生物热杀死虫卵和幼虫。

⑦体表喷雾驱虫前应冲洗干净猪，待体表干燥后才能进行喷雾，喷雾时要均匀、全面、力求使猪体表全身各个部位(特别是下腹部、肷部等较隐蔽的部分)均能接触到药物。体表喷雾治疗后、应隔12h后才能进行猪群体表消毒工作。

四、建立监测系统

1. 猪群健康的监测

做好猪群的健康监测工作目的在于：及时发现亚临床症状，早期控制疫情，把疾病消灭在萌芽状态；及时解决营养、饲料以及管理等方面存在的问题；及时纠正环境条件的不利因素。因此，猪群健康的监测室猪场日常管理中一项重要的工作。

猪群健康的监测是通过对猪群的观察、测量、测定、统计来实现。

(1)观察猪群

通过遥控监测系统对猪场的整个生产环节实施全天候监测，或猪场技术人员和兽医每日至少2～3次巡视猪群，并经常与饲养人员联系，互通信息，做到"三看"，即平时看精神，饲喂看食欲，清扫看粪便，及时分析、确诊、治疗、消毒、隔离、淘汰、扑杀。

(2)测量统计

生产水平的高低是反映饲养管理水平和健康水平的晴雨表。如受胎率低、产仔数少，可能是饲养管理的问题，也可能是细小病毒、乙脑等引起；初生重小，有可能是母猪妊娠期营养不良；21d窝重小、整齐度差可能是母乳不足、补饲过晚或不当、环境不良或受到疾病侵袭；生长速度慢、饲料转化率低，其主要原因是猪场潜在某些慢性疾病或饲养管理不当。所以通过对各项生产指标的测定统计，便可反映饲养管理水平是否适宜，猪群的健康是否处于最佳状态。

（3）饲料监测

在生产实践中，由于饲料原料自然变异、加工方法与技术的不同、掺杂使假、不适当的运输和贮存导致养分的损坏与变质等，造成猪因营养缺乏、不平衡或采食有毒有害物质而降低猪的生产性能，危及猪的健康。因此，通过化学分析测定、物理检验、动物试验以及感光检验判断等监测，对饲料的质量与质量进行全面监测是十分必要的。

（4）环境监测

猪场环境监测是养猪环境控制的基础。通过对猪舍内温度、湿度、气流、光照、水质、空气中的微粒、微生物以及有害气体等指标的监测，可以及时了解舍内外环境的变化及其对猪群的影响。根据实测数据与标准环境参数对比分析，结合猪群的健康、行为和生产状况，及时发现问题并采取措施。

2. 疫病监测

养猪场应依照《中华人民共和国动物防疫法》及其配套法规的要求，结合当地实际情况，制订疫病监测方案。养猪场常规监测疫病的种类至少应包括：口蹄疫、猪水泡病、猪瘟、猪繁殖与呼吸障碍综合征、伪狂犬病、乙型脑炎、猪丹毒、布鲁氏菌病、结核病、猪囊尾蚴病、旋毛虫病和弓形虫病。另外，还应根据当地实际情况，选择其他一些必要的疫病进行监测。根据当地实际情况由动物疫病监测机构定期或不定期进行必要的疫病监督抽查，并将抽查结果报告当地畜牧兽医行政管理部门。了解本场曾经发生过什么疾病，定期对猪群进行系统的检查，对新购进的种猪进行检疫。只从单一种猪场购买种猪。对于新购入的种猪通常利用隔离检疫的方式以避免新的疾病进入猪场。一般隔离检疫的时间为30～60d。在检疫的同时也对这些新购入的种猪注射本场常见疾病的疫苗，使后备种猪对本场常见疾病产生免疫力。

3. 抗体水平监测

定期对主要传染性疫病的抗体水平监测，在评价免疫注射的质量、免疫程序制定、猪群中潜伏的隐性感染者的发现，以及疫病防制效果的评估等诸多方面具有极高价值。

（1）监测时间选择

①种猪群每年3～4次定期进行，或周围有疫病流行而受到威胁时，以便采取相应的有效措施来防制疫病的流行。

②免疫程序制定时，应在疫苗接种前一周进行抗体监测，然后依据抗体水平的高低来确定是否执行原定的免疫计划。

③疫苗接种后应定期地跟踪测定，当抗体水平快要下降到不足以对猪产生保护力时再进行疫苗的二次接种。当掌握了抗体水平升降的规律后就可以制定出科学、合理的免疫程序了。

（2）群体、 数量上的选择

疫病监测和免疫状态监测均采用血清学抽样监测方法，抽样比例为种用动物存栏数的20％～50％，一般动物存栏数的5％～10％。每次监测结果均应做好详细的记录，并根据监测结果分析动物群的健康状态，有目的地进行疫病控制和免疫。具体措施如下。

①公猪群：建议公猪采样为100%。

②后备母猪群：采样应在20%以上，为减少其由于随机性误差应保证20头母猪以上的样本。

③经产母猪：对各胎次采集30～60个样本。例如：60样本：每胎次群10个样本。

④哺乳仔猪：断奶前对每胎次5窝、每窝1头仔猪采样，共采样30～60个样本。

⑤保育猪：从8～10周龄的保育猪中(每圈1头)随机采集10～20个样品。

⑥育肥猪：从5～6月龄的育肥猪中(每圈1头)随机采集10～20个样品。

4. 其他监测

定期对消毒、杀虫、灭鼠、驱虫及药物预防效果进行监测，定期对猪舍环境、饲料、饮水监测，将有益于猪场的疫病防制。

5. 兽医管理监测

产房、保育舍，要看消毒是否彻底，猪有无腹泻、咳嗽，舍内温度、湿度、气味、通风是否适宜。育肥阶段要观察猪的营养状况、精神面貌、粪便、尿色、有无咳嗽、皮肤颜色、采食状况、猪舍温度、气味等。

6. 资料收集与分析

生产技术人员应对猪群健康状况和饲养员工作情况做好记录工作，其内容包括：猪的来源，饲料消耗情况，发病率、死亡率及发病死亡的原因，无害化处理情况，实验室检查及其结果，用药及免疫接种情况，猪发运目的地情况等，所有记录应在清群后保存两年以上。通过对猪群的生产状况和疫病流行状况等多种资料的收集与分析，以发现疫病变化的趋势，制定和改进防疫措施。

五、建立药物保健方案

老疫病仍存在、新疫病不断增多、多病原混合感染、繁殖障碍综合征普遍存在、猪呼吸道病日益突出、某些细菌病和寄生虫病危害加重、免疫抑制性疾病危害逐渐加大、营养代谢病和中毒性疾病增多、饲养方式及环境对某些疫病的影响是当前猪病流行特点，养猪要想取得好的经济效益，除了科学的消毒、防疫，饲喂全价的优质饲料及日常管理外，还要建立科学、合理的猪场保健方案，实现猪病控制从治疗兽医→预防兽医→保健兽医的战略性转变。

六、猪场的隔离

(1)严格引种检疫与隔离

引进猪时，要做好产地疫情调查，确保引进的猪不携带对本场构成威胁的疫病。隔离时间在30～60d，最好是60d，经检疫合格后，每栏猪再混入一头本场的猪，进行风土驯化，使外来猪适应本场的微生物群体，并做好气喘病免疫接种等工作。隔离场采用全进全出制，批次间要严格清洗、消毒、空栏。

(2)人员的控制

人员是畜禽疾病传播中最危险、最常见也最难以防范的传播媒介，必须靠严格的制度进行有效控制。

(3)有害生物的控制

有害生物如苍蝇、蚊子、老鼠及其他飞禽走兽、寄生虫等都是疾病的传播者，蚊子是乙脑病毒的携带者，苍蝇是附红细胞体等病毒的携带者，老鼠和猫是伪狂犬、弓形体等的携带者，因此猪场严禁饲养禽、犬、猫及其他动物，搞好灭鼠、灭蚊蝇和吸血昆虫等工作，有条件的，可在场的四周及上方设网罩，有效地切断疾病的传播途径，减少病原体与易感动物的接触，才能使猪健康生长。

七、健康猪群的建立

1. 注意引种安全，加强品种选育与改良

(1)严格引种

在引种前，要认真考察、了解目标猪场的生产管理状况与猪的健康状态，应全面了解引种地常发生哪些传染病、发病的季节、发病日龄、注射疫苗的种类和免疫程序，特别是严重的传染病，如猪瘟、口蹄疫、链球菌病、蓝耳病等，在购买时应向种猪场索取该场的血清学资料和免疫接种资料。引种时要形成“健康第一，生产性能其次，体型外貌第三”的选种观念，严把选种关，尽量从一个种猪场引种，避免从几个种猪场购买种猪。引回来后应严格实行隔离观察饲养，确定健康后再进行本场常规的免疫注射后方可转入生产区栏舍混群饲养。

(2)坚持自繁自养

坚持自繁自养是建立畜牧场生物安全体系的重要环节，引进新畜禽是迄今为止最重要的疾病传入途径之一。种猪场在种猪选育过程中应重视提高猪群对疾病的抵抗力，可根据每胎育成头数和后代日增重、饲料报酬、管围等来衡量，弃弱留强，逐渐淘汰抗病力弱的个体及后代，经多代选育，提高该品种的抗病力。条件较好的大型种猪场可通过采取建立无特定病原猪群(SPF)等技术建立健康猪群。

(3)人工授精和人工辅助配种

引进健康种猪精液进行改良，只要严格按照操作规程配种，减少采精和精液处理过程中的污染，就可以减少部分疾病，特别是生殖疾病的传播。对于采用人工辅助交配的种猪场，也要牢记卫生管理，严格做到公母猪局部的卫生消毒，减少子宫炎发生，提高受胎率。

2. 提供营养充足的饲料

高质量的饲料具有充足的营养水平、良好的可消化性和适口性、具有保健和抗病作用。所以必须以饲养标准为指南来生产全价的配合饲料，认真选择原料包括添加剂，营养成分最好用实测值，严格控制生产程序，饲料原料及成品保管方法正确，无霉变、无酸败和无污染，定期监测饲料霉菌毒素和霉菌活菌含量，定期监测饲料中沙门氏菌的含量。最好使用自配料，必须外购时要选择合适的、有信誉的饲料厂，以避免给猪群健康构成严重威胁。同时饮水必须清洁，建议定期监测水质。如有必要，在水中加入 2mg/L 的次氯酸钠或应用其他合适的消毒药，进行饮水的消毒。

3. 采用先进饲养工艺流程

(1)小单元全进全出的管理模式

饲养于小单元猪舍内，实行全进全出的工艺流程，是保障猪群健康的关键技术措施之一。虽然该方式为越来越多的养殖场所接受，而且在一定程度上得以执行，但由于经济利益的驱使，在一些饲养场却未能得到很好地应用，如不同批次猪群混养，消毒不彻底，空置时间过短等。

(2)实行隔离式早期断奶技术

隔离式早期断奶包括早期隔离断奶、早期药物隔离断奶，基本依据是利用高浓度初乳抗体保护，又避免在分娩舍造成继发感染以生产健康仔猪。该项技术的采用，使得仔猪的加药计划或专门免疫接种计划更容易，仔猪能尽早地与母猪所带的病原隔离，有利于控制疾病，但必须要有良好的设备和饲养管理条件，外加特殊的饲料(含有乳清粉、乳糖、喷雾干燥猪血浆蛋白粉、精选鱼粉、大豆浓缩蛋白、少量的去皮豆粕、赖氨酸和蛋氨酸等)。

4. 实行严格的隔离、消毒制度

要建立健康猪群，必须实行严格的隔离、消毒制度，详见本任务中的“二、环境控制与消毒”。

5. 做好免疫接种工作

免疫是预防、控制疫病的重要辅助手段，也是基本的生物安全措施。猪场应根据猪群的实际抗体效价，结合本场流行病的特点，制定合理的免疫程序。选择的疫苗必须为正规生产厂家经有关部门批准生产的合格产品。出于防制特定的疫病需要，自行研制的本场(地)毒株疫苗，必须经过动物防疫监督机构严格检验和试验，确认安全后方可应用，并且除在本场应用外，不得出售或用于其他动物养殖场。

6. 猪群的预防用药及保健

应用安全绿色的添加剂(如糖萜素、微生态制剂、酶制剂、中草药制剂等)，经常送检、剖检病料，对分离的致病菌做药敏试验。根据实验室监测结果，选择高效药物或药物组合，建立猪群用药保健方案药物保健，必要时可在饲料当中添加一定的抗生素。

※任务二　猪场粪污及废弃物处理

一个规模化猪场每天排放大量的粪污，如果不加处理，会给环境带来很大的污染，影响人类健康，从而制约了它自身的可持续发展。病死猪的无害化处理也非常重要，养猪场即使在正常情况下也有3%～5%的死亡率，很多养猪场将病死猪随意抛于河道、地间、路边等，严重影响了环境卫生，会导致疫病的传播蔓延。猪场粪便及污水的合理处理和利用，既可以防止环境污染，又可以变废为宝。猪场粪污处理方法与利用和猪场的饲养工艺有关。

一、粪便无害化处理和利用方法

(1)作为肥料

猪粪可以直接作为农家肥施用，也可以通过好氧发酵法、厌氧发酵法、快速烘干法、微波法、膨化法、充氧动态发酵法等方式在畜禽有机肥生产厂里，先将猪粪进行加工处理成为适用于各种不同作物生产专用的有机肥后再施用。

(2)作为畜禽饲料

猪粪既含有丰富的营养成分，如氮素、矿物质、纤维素，能作为取代饲料中某些营养成分的物质，又含有大量的有毒有害物质，主要包括病原微生物(细菌、病毒、寄生虫)、化学物质(如真菌毒素)、杀虫剂、有害金属、药物和激素等。需经过加工消除有毒有害物质方可作为畜禽饲料。加工方法有：干燥法、青贮法、有氧发酵法和分离法等。

(3)作为能源

猪粪通过厌氧发酵能生产出沼气，沼气是极好的能源物质。猪粪通过厌氧发酵也解决了大型猪场的猪舍粪便污染问题。生产沼气不但可以利用大量粪便，杀灭病原菌和寄生虫卵，而且开辟了对二次能源的利用。此外，由于沼气生产过程中氮素损失较少，产气后的沼渣汁含有较高的氮、磷、微量元素及维生素，可作为鱼塘的良好饵料。沼液可用来喂猪，沼渣是一种无臭的良好肥料。

为使沼气能顺利生产，必须具备下列条件：良好的厌氧环境(发酵池必须严格密封)；适量的有机物和水分含量，畜粪等有机物与污水之比为 1∶(1.5～3)；适当的温度(25～35℃)；适宜的 pH 值(6.5～8.5)和合理的碳氮比例[(25～30)∶1]。

以 10 000 头猪场为例，需要建造 5 个 $100m^3$ 的沼气池，即配种区、保育区各 1 个，育肥区 3 个。再建造 1 个 $1000m^3$ 的净化池，$150m^3$ 的贮气罐 1 个，$1000m^3$ 的集污池 1 个。

二、尿液与污水的无害化处理与利用方法

1. 污水净化

首先将冲洗猪舍产生的污水排入生物塘、曝气池(图 6-1)或人工绿地经过 7～15d 时间的有效净化和吸收，降低 BOD、COD 含量。或者通过沼气池处理，污水通过厌氧发酵产生沼气，同时降低污水浓度，沼液和沼渣可以达到农田灌溉水质标准时，将处理后的污水引入农田或灌溉稻田使用。

(1)生物塘

生物塘主要是通过生物根系上附着的微生物降解有机污染物，植物吸收污水中的氮、磷元素达到净化水质的目的(图 6-2)。

图 6-1 曝气池

图 6-2 生物塘

处理工艺流程：污水→沟渠→生物塘→排放。

建议方式：一般在猪舍附近挖深约0.5～1.0m的处理水塘，水面种植水葫芦和细叶满江红等水生生物或者蔬菜、花卉等陆生植物。

(2)人工绿地

人工绿地和人工湿地都是主要用于处理生活污水。人工生态绿地处理系统是在一般绿地的基础上，进行特殊结构设计，并由人工建造和监督控制的有一定长宽比的生态模块。它利用模块中基质、植物、微生物之间的相互作用，通过自然生态系统中的物理、化学和生物三者协同作用，达到对污水的净化处理。模块主体为卵石、粗沙、细沙、微生物组成的填料床，并在床体表面种植具有处理性能好、耐污性好、适应能力强、根系发达且美观的植物。污水中的营养物质通过微生物降解，由植物吸收，植物通过光合作用吸取污水中的富营养物质，同时植物通过光合作用提供微生物氧化反应所需的氧。

处理工艺流程：污水→粪池→预处理系统→生态绿地处理→排放。

(3)沼气池

沼气处理主要是利用厌氧生物污水处理技术对规模化畜禽养殖场污水进行处理。

2. 污水利用

(1)污水养鱼

通过净化水质使污水达到渔业用水标准时，将污水放入养鱼池，经鱼、蚌等水生动物进一步吸收净化污水。

(2)农田灌溉

农田灌溉是目前采用的比较普遍的污水利用模式，经过净化的污水直接排入农田、果园、山林等。

三、猪场粪污零排放处理模式

1. 猪场粪污排放减量化工程

猪场粪污零排放处理模式的技术关键是猪场粪污排放的减量化，尤其是减少污水的排放量。采用“三分离”技术，改进建筑设计，有效减少污水排放量和污水浓度。

①采用“干清粪”工艺，实行干湿分离。即在缝隙地板下设斜坡，使固液分离，分别清除，从而达到粪便和污水在猪舍内自动分离。干粪由机械或人工收集、清出，尿及污水从下水道流出，进入污水收集系统，再分别进行处理。

②生长育肥舍实行人猪分离。即肉猪实行高床饲养，猪粪通过漏缝地板自动下漏，再通过人工或刮粪板刮出。尿液及污水通过漏缝地板再通过下设的污水沟流到污水收集系统，实现人猪分离、干湿分离。

③建立独立的雨水收集管网系统和污水收集管网系统，实现雨污分离。独立设立雨水沟，雨水通过独立的雨水收集系统收集或流入下水道，实现雨污分离。

2. 零排放工程

(1)猪粪便零排放处理的基本设施

猪粪便零排放处理技术在具体应用上大体可分为两类：一类是猪粪便堆积的场所与饲

养的场所相同，猪直接饲养在猪舍内的发酵床上；另一类是猪的粪便堆放处理场所与饲养场所分开，猪的粪便处理是在发酵舍的发酵槽中进行。现以某万头猪场为例介绍猪场粪便零排放处理的基本设施和处理技术。

①发酵舍：进行猪粪堆积和发酵的场所。采用钢混结构、透明屋顶，顶棚设置通风换气装置，两侧设立对流通风系统。棚净高 5.5m，发酵舍宽 15.6m，长 90m，内设发酵槽、污水槽各 1 个。

②发酵槽：发酵槽的长、宽、高分别为 80m、10m、2m，用混凝土砌成。槽底比地平面低 0.6m，是储存和发酵猪粪的大容器，每只发酵槽可堆放猪粪便 1440m^3(以堆积高度为 1.8m 计)。

③污水槽：污水槽的长、宽、高分别为 80m、2.5m、1.5m，用混凝土砌成。可存放污水 300m^3。污水槽中配有 3.7kW 液压泵和 3.7kW 污水泵。

④搅拌大车：由履带式搅拌器、行轨、减速电机、液压泵等组成，其中搅拌器宽度、移送距离、高度分别为 1.8m、3.2m、2.0m，大车行进速度为 3.5～7m/min. 其主要功能是对主原料进行搅拌和移动。

⑤大车行轨：安装在发酵床上，由工字钢组成，是使搅拌大车在发酵槽上反复移动，进行搅拌作业的轨道。轨道的长、宽、高分别为 100m、0.8m、1m。

⑥通风系统：由通风管道和两台 18kW 鼓风机组成，设置在发酵槽底部，提供发酵所需的氧气，并控制发酵温度。

⑦电控系统：通过电控箱控制搅拌大车、通风系统、室温、光照等。

(2)工艺流程

先对粪便进行固液分离，将有机污水、尿液收集入污水池，粪便则堆放在发酵槽始端，然后根据粪便量添加辅料(木屑)，并进行均匀搅拌，使混合物初始含量达到 55%～65%左右；堆放 2d 后进行通风、每天搅拌 1 次，保证充足的氧气供给。正常情况下，新鲜的粪便和木屑混合时温度一般只有 20～38℃左右，第 2d 温度才会升高，至第 5 天基本可以升到 50～55℃，进入第 1 次发酵，这时候开始进行污水喷淋，仍旧按照正常的频率通风、搅拌，伴随着水分蒸发和高温好氧发酵，7～10d 后温度上升到 60～65℃，进入第 2 次发酵，第 2 次发酵持续 7～10d，温度开始回落，至 50～60℃时，停止喷水进行搅拌、通风，直至水分降至 30%以下。进行有机质和腐熟度监测与后续处理，就可以制成专用无公害有机肥。

(3)操作技术

①控制温度：猪粪发酵的温度以 50～65℃为宜，在这个温度范围内进行高温发酵，嗜热菌能大量繁殖，发酵速度最快，同时又可将病原菌、虫卵、寄生虫等一举杀灭，一般只需 5～10d 即可达到无害化。温度过低或过高都会影响发酵。控制温度要从设施着手，发酵舍的屋顶和墙壁采用透明采光瓦结构，可以起到保温、升温的作用。温度过高时，则可通过发酵过程中通风和氧气的供给来进行调节。

②控制水分含量：一般物料中含水量以 50%～60%最佳。经测定，物料的最初含水量在 63%左右，结合搅拌和通风，一周后，温度上升至 50℃以上，水分下降至 60%以下，然后按 2.25t/(d·100m^3)开始污水喷淋，让水分保持在 60%以下，污水停止喷淋后，结

合搅拌、通风使水分蒸发至30%以下。

③控制通风：一般堆肥过程中，物料适宜的含氧量为8%～18%，含氧量一旦低于8%，好氧微生物活性将受到限制，厌氧菌活跃，导致产生恶臭，发酵失败。根据好氧速率，供氧时通风量一般应在0.0089m³/min。在发酵之初，物料发酵3～4d时开始通风，以保证氧气的充足供给，一般每天中午通风1～2h，随着温度的升高，通风的时间可以稍微延长，如果温度骤然下降，应暂时停止通风。

四、猪场环境保护

保护猪场环境免受污染，必须防止猪场的大气、水源和土壤的污染。避免这些污染应从猪场建场时考虑采用合理的工艺、选择适宜的场址、进行合理的总体设计，采用必要的粪污处理设施，对猪场废气物进行有效地处理。此外，还要搞好猪场的绿化，改善猪场的大气环境，防止污染；要做好水源防护和水体净化工作，防止水体污染。

(1)猪场的绿化

绿化是净化空气的有效措施。植物的光合作用能吸收二氧化碳、释放氧气，降低温度10%～20%，减少热辐射80%，减少细菌含量22%～79%，除尘35%～67%，除臭50%，减少有毒有害气体含量25%，还有防风防噪音的作用。可见，绿化对于防暑降温、防火防疫、调节改善场区小气候具有明显的作用。猪场的绿化措施有以下几种。

①绿化带(防疫、隔离、景观)：在场区种植乔木和灌木混合林带，特别是场区的北、西侧，应加宽这种混合林带(宽度达10m以上，一般至少应种5行)，以起到防风阻沙的作用。场区隔离林带主要用来分隔场内各区及防火，如在生产区、住宅及生产管理区的四周都应有这种隔离林带。中间种乔木，两侧种以灌木(种植2～3行，总宽度为3～5m)。

②道路绿化场：区内外道路两旁一般种1～2行树冠整齐的乔木或亚乔木，在靠近建筑物的采光地段，不应种植枝叶过密、过于高大的树种，以免影响猪舍的自然采光。最好采用常绿树种。

③运动场遮阴林：在猪舍之间种植1～2行乔木或亚乔木，树种根据猪舍间距和通风要求选择。

④藤蔓植物及花草：在猪舍墙上种藤蔓植物，在裸露的地面种草。

(2)水源防护和水体净化

猪场给水分为分散式给水和集中式给水。分散式给水是指各用水点直接由不同或相同的水源分散取水。若以井为供水点，水井要打在高处，周围30m范围内不得有粪池、厕所等污染源，距离猪舍30m以上；以江河湖泊为供水点，要在远离码头、工厂、排污口的上游取水，在30～50m范围内划为卫生防疫带，不能有污染源。集中式给水又称自来水，若以地表水为集中给水的水源，在取水点周围100m范围内不得有任何污染；取水点上游1000m、下游100m水域内不准有污水排放。为了确保饮水安全、无污染，猪场最好以地下水为水源。如果水质较差，需要净化消毒后才能使用。在猪场确定水源后，一定要水质检验部门对水质检验后才能使用。检验未达饮用水标准时，一定要置备饮水净化和消毒设备，或重新打井。

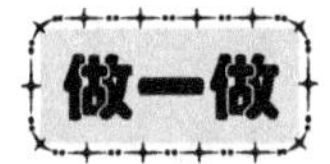

实训十二　消毒液配制以及养殖场、运动场正确消毒方法

【实训目的】分别配制3%氢氧化钠和10%甲醛溶液各100mL，写出养殖场、运动场正确的消毒方法。

【实训准备】

(1)设备

天平：3台，一组使用；10mL量筒6个，一组使用；500mL烧杯6个，一组使用；100mL容量杯6个，一组使用；小管刷6个，一组使用。

(2)耗材

500g氢氧化钠6瓶，一组使用；500mL甲醛6瓶，一组使用；1L纯净水6瓶，一组使用；洗衣粉若干，一组使用。

【实训要求】

①选用正确试剂配制。

②使用规范的操作流程。

③写出消毒液的正确使用方法。

④填写检验报告。

⑤养成良好的职业素养。

【实训步骤】

(1)常用消毒液的配制方法

①百分浓度的计算：

溶质含有的量=溶液的体积(V)×百分浓度。

②溶液的稀释计算：

$$C_1 \times V_1 = C_2 \times V_2$$

式中　C_1——浓溶液的浓度；

V_1——浓溶液的体积

C_2——稀溶液的浓度；

V_2——稀溶液的体积

(2)消毒液的配制

①10%甲醛溶液的配制：

$$C_1 \times V_1 = C_2 \times V_2$$

即

$$10\% \times 100\text{mL} = 40\% \times V_2 \qquad V_2 = 25\text{mL}$$

10%的甲醛溶液的配制：取40%的甲醛溶液25mL，然后添加纯净水至100mL，充分混匀即可。

②3%氢氧化钠溶液的配制：

溶质含有的量=溶液的体积(V)×百分浓度

所需物质应添加的量=溶质的量÷纯度

即

$$100mL \times 3\% = 3g$$

$$3g \div 99.6\% = 3.1g$$

用天平称取3g氢氧化钠置于250mL烧杯中，加60～70℃热水少量，搅拌溶解后，再加此蒸馏水至100mL，即可。

(3)常用消毒方法

①3%氢氧化钠溶液：使用范围包括进门消毒池、道路、运动场及养殖场消毒。消毒方式为喷洒。对畜禽舍用3%氢氧化钠溶液喷洒，以免灰尘或病原体飞扬，随后进行彻底的机械清扫，扫除粪便、垫草及残余的饲料等污物，该污物按粪便消毒方法处理。消毒时应对天棚、墙壁、饲槽和地面按顺序均匀喷洒，后至门口，最后打开门窗通风，用清水洗涮饲槽等，将消毒药味除去。

②熏蒸消毒：使用范围包括密闭空栏舍的消毒。消毒前将畜禽赶出栏舍，舍内物品、用具适当摆开，门窗紧闭，控制室温在15～18℃。计算舍内空间，然后每立方米取甲醛25mL，水12.5mL，两者混合后再加入高锰酸钾25g，药物混合可在陶瓷容器中进行。用木棒搅拌，几秒钟后产生甲醛蒸汽，人员应立即撤出，经12～24h后，打开门窗通风，气味消失后赶进家畜。

练习与思考题

1. 化学消毒法有哪些？
2. 简述影响化学消毒效果的因素。
3. 猪场消毒技术要点有哪些？
4. 何谓免疫接种、免疫程序、免疫失败？
5. 疫苗在使用时应注意哪些问题？
6. 简述猪群免疫失败的原因分析及应对措施。
7. 猪场常见的寄生虫病及常用驱虫药物有哪些？
8. 简述猪场几种最常见寄生虫病的净化模式。

※项目七 猪场经营管理

【知识目标】

- 了解猪场各岗位的职责。
- 熟悉猪场生产工艺流程。
- 掌握猪场配种分娩计划、猪群周转计划、饲料供应计划、产品生产计划、产品成本和销售计划等计划的制订。

【技能目标】

- 能对猪场进行劳动定额、工资定额，会编制一系列职责和规章制度。
- 会组织猪场生产工艺流程，会制订猪场年度计划。
- 具备对猪场经济核算和经济分析的能力。

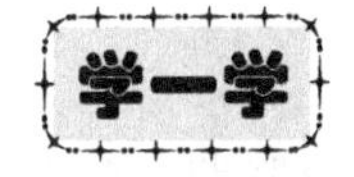

※任务一　猪场经营类型及生产工艺流程组织

一、确定猪场经营方向

在市场调查与预测的基础上，根据经济实力、资源优势等确定养猪场经营类型与生产规模。根据规模化猪场年出栏商品肉猪的生产规模，可分为 3 种基本类型：年出栏 10 000 头以上商品肉猪的为大型规模化猪场；年出栏 3000～10 000 头商品肉猪的为中型规模化猪场；年出栏 3000 头以下商品肉猪的为小型规模化猪场。根据猪场的生产任务和经营性质的不同，又可分为种猪场、商品猪场、自繁自养猪场。种猪场以饲养种猪，以繁殖、推广优良种猪为主；商品猪场专门从事肉猪育肥，以生产肉猪为经营目的；自繁自养猪场母猪与肉猪在同一个猪场集约饲养，自己解决仔猪来源，以生产商品猪为主，我国大型、中型规模化商品猪场大多采用这种经营方式。

二、现代养猪生产工艺流程

现代化养猪生产一般采用分段饲养、全进全出饲养工艺，猪场的饲养规模不同、技术水平不一样，不同猪群的生理要求也不同，为了使生产和管理方便、系统化，提高生产效率，可以采用不同的饲养阶段，实施全进全出工艺。现在介绍几种常见的工艺流程。

(1)三段饲养工艺流程

空怀及妊娠期→哺乳期→生长育肥期。

三段饲养二次转群是比较简单的生产工艺流程，它适用于规模较小的养猪企业，其特点是：简单，转群次数少，猪舍类型少，节约维修费用，还可以重点采取措施，例如，分娩哺乳期可以采用好的环境控制措施，满足仔猪生长的条件，提高成活率，提高生产水平。

(2)四段饲养工艺流程

空怀及妊娠期→哺乳期→仔猪保育期→生长育肥期。

在三段饲养工艺中，将仔猪保育阶段独立出来就是四段饲养三次转群工艺流程，保育期一般5周，猪的体重达20kg，转入生长育肥舍。断奶仔猪比生长育肥猪对环境条件要求高，这样便于采取措施提高成活率。在生长育肥舍饲养15～16周，体重达90～110kg出栏。

(3)五段饲养工艺流程

空怀配种期→妊娠期→哺乳期→仔猪保育期→生长育肥期。

五段饲养四次转群与四段饲养工艺相比，是把空怀待配母猪和妊娠母猪分开，单独组群，有利于配种，提高繁殖率。空怀母猪配种后观察21d，确定妊娠后转入妊娠舍饲养至产前7d转入分娩哺乳舍。这种工艺的优点是断奶母猪复膘快、发情集中、便于发情鉴定，容易把握适时配种。

(4)六段饲养工艺流程

空怀配种期→妊娠期→哺乳期→保育期→育成期→育肥期。

六段饲养五次转群与五段饲养工艺相比，是将生长育肥期分成育成期和育肥期，各饲养7～8周。仔猪从出生到出栏经过哺乳、保育、育成、育肥四段。此工艺流程优点是可以最大限度地满足其生长发育的饲养营养，环境管理的不同需求，充分发挥其生长潜力，提高养猪效率。

以上几种工艺流程的全进全出方式可以采用以猪舍局部若干栏位为单位转群，转群后进行清洗消毒，这种方式因其舍内空气和排水共用，难以切断传染源，严格防疫比较困难；所以，有的猪场将猪舍按照转群的数量分隔成单元，以单元全进全出，虽然有利于防疫，但是使夏季通风防暑困难，需要经过进一步完善；如果猪场规模在3万～5万头，可以按每个生产节律的猪群设计猪舍，全场以舍为单位全进全出；或者部分以舍为单位实行全进全出，是比较理想的。

三、生产工艺的组织方法

(1)确定饲养模式

养猪的生产模式不仅要根据经济、气候、能源、交通等综合条件来确定，还要根据猪场的性质、规模、养猪技术水平来确定。如果规模太小，采用定位饲养，投资很高、栏位利用率低，每头出栏猪成本高，难以取得经济效益。又如，同样是集约化饲养，有的采用公猪与待配母猪同舍饲养，有的分舍饲养；母猪有定位饲养，也有小群饲养；配种方式可采用自然交配，也可采用人工授精。各类猪群的饲养方式、饲喂方式、饮水方式、清粪方式等都需要饲养模式来确定。我国现阶段养猪生产水平下，饲养模式一定要因地制宜，不能照抄照搬；选择与其相配套的设施设备的原则是：凡能够提高生产水平的技术和设施应尽量采用，能用人工代替的设施可以暂缓使用，以降低成本。

(2)确定生产节律

生产节律是指相邻两群泌乳母猪转群的时间间隔(天数)。在一定时间内对一群母猪进行人工授精或组织自然交配，使其受胎后及时组建起一定规模的生产群，以便保证分娩后组建起确定规模的哺乳母猪群，并获得规定数量的仔猪。严格合理的繁殖节律是实现生产工艺的前提，“全进全出”工艺也是均衡生产商品肉猪，有计划地利用猪舍和合理组织劳动管理的基础。生产节律按间隔日数可分为1、2、3、7或10日制，视集约化养猪规模而确定。

实践经验表明，年产5万～10万头商品肉猪的大型企业多实行1或2日制，即每日有一批母猪配种、产仔、断奶、仔猪育成和肉猪出栏；年产1万～3万头商品肉猪的企业多实行7日制，规模较小的养猪场一般采用7、10、12、28或56日制。

(3)确定主要工艺参数

为了准确计算场内各期各生产群的猪数和存栏数，据此计算各猪舍所需栏位数、饲料需要量和产品数量，必须根据本场猪群的遗传基础、生产力水平、技术水平、经营管理水平和物质保证条件以及已有的历年生产记录和各项信息资料，实事求是地确定生产工艺参数。某规模化商品猪场的工艺参数(600头基础母猪)见表7-1。

表7-1　某规模化商品猪场的工艺参数(600头基础母猪)

项目	参数	项目	参数	项目	参数
妊娠期(d)	114	断奶仔猪成活率(%)	95	日产窝数	3.86
哺乳期(d)	21～35	生长猪成活率(%)	98	繁殖节律(d)	7
保育期(d)	35	育肥猪成活率(%)	99	母猪窝产仔数(头)	11
断奶至受胎(d)	7～14	生长期(d)、育肥期(d)	56、49	周配种次数	1.2～1.4
繁殖周期(d)	142～156	公母猪年更新率(%)	33	窝产活仔数(头)	10
母猪年产胎次	2.34～2.57	母猪情期受胎率(%)	85	母猪临产前进产房时间(d)	7
年总产窝数(按100%受胎)	1404	公母比例	1∶25	哺乳仔猪成活率(%)	90
周产窝数	27	圈舍冲洗消毒时间(d)	7	母猪配种后原圈观察时间(d)	21

(4)计算各种生产群的存栏猪(猪群结构)

流水式和节律性的生产猪肉是以最大限度地利用猪群、猪舍和设备为原则，以精确计算猪群规模和栏位数为基础的。为此，首先要求将猪群按工艺划分为不同的工艺群，计算其存栏数，并将它们配置在相应的专用猪舍栏位内，以完成整个生产过程。

根据目前工厂化养猪能达到的生产指标，计算猪场需要的公猪、后备猪数量，及在一个生产节律内的分娩母猪数量，断奶仔猪数量，转入育成舍的数量，转入育肥猪舍数量及出栏育肥猪数量。

下面以年出栏1万头商品猪场为例来计算猪群结构。计划年上市任务10 000头商品猪。参数：其中母猪情期受胎率85%，分娩率90%；窝产活仔数10头；哺乳期成活率90%，培育期成活率95%，育肥期成活率98%；35d断奶，培育期饲养日数为35d，育肥猪饲养日数为112d(包括育成期6周和肥育期10周，共16周)；后备母猪饲养日数为60d，后备母猪8月龄选留率95%；哺乳母猪饲养日数为42d(哺乳期35d，提前一周进入分娩母猪舍)，妊娠母猪饲养日数为86d(妊娠期为114d，前21d留在配种舍继续观察，最后一周在分娩母猪舍)，空怀母猪饲养日数为31d(断奶后10d配上种，留在配种舍继续观察21d，确认怀孕后转入妊娠母猪舍)；转群节律7d。

①产仔窝数的确定：

窝上市猪数＝10×0.9×0.95×0.98＝8.379头

年产仔总窝数＝10 000÷8.379＝1193.46≈1194窝

转群节律产仔窝数＝1194÷365×7＝22.9≈23窝

②基础母猪群的确定：

哺乳母猪存栏数＝转群节律产仔窝数×(哺乳母猪饲养日数÷转群节律天数)
＝23×(42÷7)＝138头

妊娠母猪存栏数＝转群节律产仔窝数÷分娩率×(妊娠母猪饲养日数÷转群节律天数)
＝23÷0.9×(86÷7)≈314头

空怀母猪存栏数＝转群节律产仔窝数÷分娩率÷情期受胎率×(空怀母猪饲养日数÷转群节律天数)
＝23÷0.9÷0.85×(31÷7)≈133头

基础母猪数＝空怀母猪数＋妊娠母猪数＋哺乳母猪数
＝133＋314＋138＝585头

③不同阶段猪存栏数的确定：

哺乳仔猪存栏数＝转群节律产仔窝数×窝产活仔数×(哺乳仔猪饲养日数÷转群节律天数)
＝23×10×(35÷7)＝1150头

培育仔猪存栏数＝转群节律产仔窝数×窝产活仔数×(培育仔猪饲养日数÷转群节律天数)

哺乳仔猪存活率＝23×10×(35÷7)×0.9＝1035头

育肥猪存栏数＝转群节律产仔窝数×窝产活仔数×哺乳期存活率×培育仔猪成活率×(育肥猪饲养日数÷转群节律天数)
＝23×10×0.9×0.95×(112÷7)≈3147头

④后备母猪存栏数的确定：

后备母猪存栏数＝基础母猪数÷基础母猪使用年限÷8月龄选留率×(后备母猪饲养日数÷365)
＝(585÷4÷0.95)×(60÷365)＝26头

⑤上市商品猪数与出栏率：

上市商品猪数＝产仔窝数×窝产活仔数

=1194×8.379=10 005 头

出栏率=(全年上市猪数÷总存栏猪数)×100%

=10 005÷(585+1150+1035+3147)×100%=169.09%

以上计算均为理论数据，生产实践中可视具体情况在此基础上进行调整。不同规模猪场猪群结构可参考表 7-2。

表 7-2　不同规模猪场猪群结构

猪群类别	母猪生产不同规模存栏猪数(头)					
	100	200	300	400	500	600
空怀配种母猪	25	50	75	100	125	150
妊娠母猪	51	102	156	204	252	312
分娩母猪	24	48	72	96	126	144
后备母猪	10	20	26	39	46	52
公猪(包括后备公猪)	5	10	15	20	25	30
哺乳母猪	200	400	600	800	1000	1200
幼猪	216	438	654	876	1092	1308
育肥猪	495	990	1500	2010	2505	3015
合计存栏	1026	2058	3098	4145	5354	6211
全年上市商品猪	1612	3432	5148	6916	8632	10 348

(5)计算栏位数需要量

流水式生产工艺是否畅通运行，关键在于各专门猪舍是否具备足够的栏位数。在计算栏位数时，除了按各类工艺猪群在该阶段的实际饲养日外，还要考虑猪舍情况，消毒和维修的时间，以及必要的机动备用期。在计算栏位数时，应根据工艺参数和具体情况确定有关数据。公猪和后备公猪有的场作为一个生产群饲养在一栋猪舍内，也有的企业将公猪栏设在配种舍内，一方面节省建筑面积，同时也可以起到刺激母猪尽快发情的作用。不同规模猪场猪群栏位需要量可参考表 7-3。

表 7-3　不同规模猪场猪群栏位需要量

猪群类别	母猪生产不同规模所需栏位数(个)					
	100	200	300	400	500	600
种公猪	4	8	11	15	19	22
待配后备母猪	10	19	28	37	46	55
空怀母猪	16	31	46	62	77	92
妊娠母猪	66	131	196	261	326	391
哺乳母猪	31	62	92	123	154	184
哺乳仔猪	31	62	92	123	154	184
断奶仔猪	27	54	80	107	134	160
生长育肥猪	51	102	152	203	254	304

①配种舍的猪栏位数量：用每周要配种的数量乘以在配种舍停留的周数加一的数(留一周空舍消毒，以下同)。

23÷0.9÷0.85=30.1≈31个(进一法)

配种舍的猪栏位数量=31×(5+1)=186(个)

如果四只猪在一个圈舍，则需要186÷4≈47个。猪栏的大小为2.5m×2.5m或2.5m×3m或2.0m×3.0m的面积就够了。

②妊娠舍的猪栏数量：每周妊娠母猪数乘以饲养周数加一的数。

23÷0.9=25.6≈26个(进一法)

妊娠舍的猪栏数量=26×(13+1)=364(个)

如果四只猪在一个圈舍的话则需要364÷4=91个。猪栏的大小为2.5m×3.0m或3.0m×3.0m的面积。

③分娩猪舍的猪栏数量：每周分娩母猪数乘以饲养周数加一的数。

分娩猪舍的猪栏数量=23×(6+1)=161(个)

猪栏的大小按标准即可。

④保育猪舍的猪栏数量：每周妊娠母猪断乳窝数乘以饲养周数加一的数。

保育猪舍的猪栏数量=23×(5+1)=138(个)

猪栏的大小为2.5m×2.5m或2.5m×3m或2.0m×3.0m。

⑤育成猪舍的猪栏数量：每周保育仔猪窝数乘以饲养周数加一的数。

育成猪舍的猪栏数量=23×(6+1)=161(个)

猪栏的大小为2.5m×2.5m或2.5m×3m或2.0m×3.0m的面积就够了。

⑥肥猪舍的猪栏数量：每周育成的猪窝数乘以饲养周数加一的数。

肥猪舍的猪栏数量=23×(10+1)=253(个)

猪栏的大小为3.0m×3.0m或3.0m×4.0m的面积。

⑦公猪栏数量：种公猪数24头，后备公猪数1头，共25个圈栏。

根据上述的节律计算，我们可以计算各种猪舍的建筑数量。

(6)一周内工作安排与监督

实行流水式的生产工艺，要求有严密的工作计划和有条不紊的工作安排，对周内的各项工作和周内各个工作日的主要工作内容都应有严格规定要求。

※任务二　猪场年度计划的制订

一、确定合理的生产技术参数

养猪场的年度生产计划是按照一定水平的生产技术参数进行科学的分析计算来编制的(表7-4)，这些生产技术参数(如受胎率、分娩率、产仔窝数、窝产仔总数、窝产活仔数、哺乳成活率、育成率等)的确定，应根据本场的实际生产和技术条件，本着实事求是的原则，以现存各生产环节的原始记录为基础，计算出近几年本场正常生产的平均数，作为本年度各生产环节的参数(指标)。对新投产的猪场在设计参数时，应注意参照同类型猪场的生产成绩。由于生产技术参数的不同，要求的猪舍栏位和执行的生产计划也就不同。例如，同是要求每周配准一定的母猪头数，不同的受胎率要求参加配种的母猪头数就不相同。受胎率高则要求参加配种的母猪头数少，反之则要求参加的母猪数量就多。因而，合理确定本年度各生产环节的参数，是制订切实可行的生产计划的必要条件和基础，只有依据符合生产实际的参数所制订的年度生产计划，才可以确保制订计划的合理性和有效实施。

表 7-4 现代养猪生产的技术参数

项目	一般水平	较高水平	项目	一般水平	较高水平
繁殖生产节律(日)	7	3～7	不同龄猪的增重(g)		
情期配种受胎率(%)	75～80	85～90	0～28 日龄	150～160	190～220
分娩率(%)	85～90	95 以上	28～70 日龄	350～400	450～500
窝产仔总数(头)	10	11 或 12	70 日龄～100kg	600～700	800～1000
窝产活仔数(头)	8 或 9	10 或 11	两胎间隔时间(d)	176～190	146～160
不同日龄猪死亡率(%)			断奶至配种(d)	21～35	7～14
0～28 日龄	10	6	妊娠期(d)	114	114
28～70 日龄	3～5	2	母猪年产仔窝数	1.8～2.0	2.2～2.4
70 日龄～100kg	3～5	2	母猪年提供商品肉猪数	16～18	22～24
各日龄猪活重(kg)			屠宰率(%)	68～72	73～75
初生	1.25	1.3～1.6	肉猪胴体重(kg)	62～69	72～75
28 日龄	6～7	8～9	胴体瘦肉率(%)	55～58	60～65
70 日龄	20～22	25～28			
150 日龄	80～85	90～100			

二、配种分娩计划的编制

母猪的配种分娩计划是养猪场最主要的计划之一。编制配种分娩计划不仅可以提高猪场种猪的利用效率和产仔数，而且是编制猪群周转和产品计划的主要依据。

编制猪群配种分娩计划首先根据猪场本身的生产规模、技术条件、市场需求，明确本场是采用全年均衡产仔还是季节性产仔。猪场应根据自身的规模、生产技术和设备等条件进行选择母猪的分娩产仔类型，一般来说，只要生产技术水平和设备条件具备，就应选择全年均衡配种产仔的形式，否则，可采用季节配种产仔形式。其次要确定母猪配种分娩日期，即根据生产经营计划和母猪的繁殖周期，先确定母猪的分娩时间，然后确定母猪配种日期，这样才能实现按计划配种产仔的目的。

编制猪群配种分娩计划还应掌握以下必要的资料：年初猪场猪群结构，上一年最后 4 个月母猪配种妊娠记录，母猪本年度分娩胎数，每胎产仔数，仔猪成活率，计划淘汰公、母猪数和具体月份。

1. 采用季节性产仔的猪场配种分娩计划的编制

采用季节性产仔，一般采用每年的 2～4 月为春产仔；8～10 月为秋产仔。则母猪的配种应在4～6月和10～11月。

例如，某猪场根据具体条件，确定了计划年度的总生产任务是年末存栏基础母猪40头，出售种用仔猪450头，育肥猪20头，育肥用仔猪450头。该猪场本年度末各类猪群实际存栏数与计划年度要求各类猪群存栏数见表7-5。

表7-5 各类猪群存栏数 单位：头

年度	基本公猪	检定公猪	基本母猪	检定母猪	后备公猪	后备母猪	育肥猪
本年度实际存栏数	3	3	40	16	4	32	10
计划年末存栏数	2	2	40	16	6	24	0

计划生产指标：基本母猪年产2.0窝，每窝产仔10头；检定母猪年产1.0窝，每窝产仔8头，仔猪育成率为90%。

淘汰出售指标：5岁以上老公猪2头，计划于3月初淘汰；5岁以上老母猪8头，计划于年度第一次分娩的仔猪断奶后淘汰。淘汰的种公猪、种母猪均进行去势育肥，育肥3个月后出售。检定公、母猪和后备公、母猪除选留部分补充种用猪群外，其余均淘汰作商品猪出售。断奶仔猪春季出生时选留部分作后备猪以外，其余均出售(春季出生的作种用仔猪出售，秋季出生的作肥用仔猪出售)。

表7-6 猪群年度配种分娩计划表 单位：头

年度	月份	配种数			分娩数			产仔数			育成仔猪数		
		基础母猪	检定母猪	小计	基础母猪	检定母猪	小计	基础母猪	检定母猪	小计	基础母猪	检定母猪	小计
上年度	9												
	10												
	11	15	16①	15									
	12	25		41									
下年度	1												
	2												
	3				15		15	150		150	135		135
	4		16②	16	25	16①	41	250	128	378	225	115	340
	5	15		15									
	6	25③											
	7												
下年度	8					16②	16		128	128		115	115
	9				15		15	150		150		135	135
	10		16②	16	25		25	250		250	225		225
	11	15		15									
	12	25		25									
全年合计		80	32	112	80	32	112	800	256	1056	585	365	950

注：①前一年度转入的检定母猪，第二产次后选优秀者转入基本母猪群8头；②由前一年度的32头后备母猪选留优秀者转入检定母猪群16头；③25头原有基本母猪在仔猪断奶后，淘汰8头，剩下17头，另由检定母猪群转入8头加以补充，保持原有头数。

表 7-6 配种分娩计划说明：本年度 11～12 月分别配种基础母猪 15 头和 25 头，12 月配种检定母猪 16 头，将于计划年度 3～4 月分娩。3 月产仔数为 150(15×10)头，4 月产仔数为 250(25×10)头和 128(16×8)头。去年结存后备母猪 32 头，配种后 1/2 转为检定猪群，于是 4 月有 16 头后备母猪参加配种，于 8 月产仔，产仔数为 128(16×8)头。

在编制本年度第二次分娩计划之前，首先应确定这个阶段淘汰的母猪数(按 20%～25%淘汰)。例如，3～4 月分娩的 40(15+25)头母猪，将在 5～6 月断奶配种，按要求应淘汰 8 头，故参加第二次配种的母猪为 32 头。在计划表的 8 头母猪集中于 6 月淘汰，5～6 月分别淘汰一部分也是可以的。

4 月分娩的 16 头检定母猪，断奶后根据生产性能选出优良个体进入基本母猪群 8 头，不合育种要求的淘汰或出售。

2. 采用均衡配种产仔的猪场配种分娩计划的编制

工厂化养猪场是按照“常年配种、均衡生产”的模式，按一定繁殖节律(以周为单位)来安排并组织生产，每一节律循环或全年内猪场有多少头母猪配种妊娠、分娩及哺乳，有多少头仔猪断奶，育成多少幼猪，每月出售多少种猪和育肥猪等都应做到按计划进行，因而，按固定节律安排编制配种分娩计划在规模化猪场生产计划中尤为重要，是实现流水式生产工艺流程的基础和前提。

根据我国养猪生产实际水平及国内外的资料，可确定工厂化养猪场的各项技术参数，在合理安排配种车间，妊娠车间和分娩车间的基础上，合理调配每周参配公、母猪数量。现以一个年出栏、万头商品肉猪场为例，一般需种母猪 600 头左右，母猪发情配种受胎率 90%，母猪分娩率 90%，每头母猪年配种受胎 2.2 胎。平均每胎产仔猪按 10 头计，哺乳仔猪 4 周龄断奶，成活率 90%，育成期 6 周龄，成活率 97%，育肥期 15 周龄，成活率为 98%。每年按 52 周进行计算。

则

全年母猪配种受胎＝600×2.2＝1320(胎)

每周配种受胎母猪＝1320÷52＝25.4(胎)

平均每周需配种母猪数＝25.4÷90%＝28(头)

全年分娩＝1320×90%＝1188(胎)

每周分娩母猪数＝1188÷52＝23(胎)

每周产仔数＝23×10＝230(头)

每周断奶仔猪数＝230×90%＝207(头)

每周出栏肉猪数＝230×90%×97%×98%＝197(头)

年出栏肉猪＝230×90%×97%×98%×52＝10226(头)

根据这些基本参数，可计算设计年出栏 1 万头肉猪的猪场每周母猪的配种分娩计划。如上例中每周有 28 头母猪发情配种，其中断奶后空怀母猪 16 头，产后并窝母猪 2 头，返情母猪 4 头(饲养 28d 返情率 12.5%)，后备母猪有 6 头发情配种。每周饲养妊娠母猪 24 头。妊娠母猪分娩率 90%，则每周有 2 头母猪中断妊娠。每周有 23 头母猪产仔，其中哺乳母猪 21 头，有 2 头母猪产后并窝，每周断奶母猪 21 头，其中有 16 头转入空怀母猪舍，有 5 头母猪淘汰，淘汰率平均 25%左右。

在实际生产中，为保证计划的完成，可在上述参数的基础上留有余地，适当增加每周参配母猪数量，保证每周受胎母猪的数量，只有这样才能确保猪场能够按照以周为单位的繁殖生产节律进行稳定的生产运行。

三、猪群周转计划的编制

由于种猪的配种妊娠、产仔哺乳以及购入和淘汰，仔猪从出生哺乳、生长至育肥出栏等原因，猪舍内猪群的数量会发生增减变化，这个变化过程就叫猪群周转。养猪场根据猪群结构的现状和经营计划的要求，确定在一定时期内猪场内部各猪群的头数、增减变化及年终合理的猪群结构叫猪群的周转计划。猪群周转计划比较准确反映了猪场各类群猪的变化情况和期末所能达到的畜群结构，是猪场饲料、劳动力、资金、基本建设等计划制订以及计算产品和产量的依据。

1. 猪群周转一般应遵守的原则

①后备猪成熟以后(8～10月龄)，经配种或妊娠转为检定猪群。检定母猪分娩产仔后，根据其生产性能，确定转入一般繁殖母猪群或基础母猪群，或作核心群母猪，或淘汰作肉猪；检定公猪生产性能优良者转入基础公猪群，不合格者淘汰去势作肥猪。

②初产母猪经鉴定符合基础母猪要求者，可转入基础母猪群，不符合要求者淘汰作商品肉猪。

③基础母猪5岁以上者、生产性能下降者淘汰育肥。种公猪在利用3～4年后也做同样处理。

2. 季节性产仔的猪场猪群周转计划的编制

在猪群周转计划的编制时，依据计划年初猪群结构和本年度内母猪的配种分娩计划和出售淘汰计划，编制逐月的周转计划，具体步骤如下。

①将前一生产年度末各类猪群的存栏数，分别填入周转表上年结存栏内。

②分别统计年度内各月末和全年末各类猪群的变动情况。

③将各类猪群的变动情况填入猪群周转表。

按照这种方法可将例1中猪场猪群的周转数据填入猪群周转计划表(表7-7，表中2月龄断奶仔猪的育成率为90%)。

表7-7 猪群周转计划表

猪群类别		上年存栏	月份												合计
			1	2	3	4	5	6	7	8	9	10	11	12	
基础公猪	月初数	3	3	3	3	1	1	2	2	2	2	2	2	2	2
	淘汰数				2										
	转入数						1								
检定公猪	月初数	2	2	2	2	2	2	0	2	2	2	2	2	2	2
	淘汰数						1								
	转出数						1								
	转入数							2							

（续）

猪群类别		上年存栏	月份												合计
			1	2	3	4	5	6	7	8	9	10	11	12	
后备公猪	月初数		4	4	4	4	4	4	0	3	6	6	6	6	6
	出售或淘汰数							2							
	转出数							2							
	转入数								3	3					
基础母猪	月初数	40	40	40	40	40	40	40	40	40	40	40	40	40	40
	淘汰数							8							
	转入数							8							
检定母猪	月初数	16	16	16	16	16	32	32	16	16	16	16	16	16	16
	淘汰数							8							
	转出数							8							
	转入数														
哺乳仔猪	0～1月龄				150	378				128	150	250			
	1～2月龄					150	378				128	150	250		
断奶仔猪	2～3月龄						135	340							
	3～4月龄							135	340						
后备母猪	月初数	32	32	32	32	32	0	0	0	12	24	24	24	24	24
	出售或淘汰数					16									
	转出数					16									
	转入数								12	12					
商品肉猪	5～6月龄		10												
	6～7月龄			10											
	7～8月龄				10										
	8～9月龄														

表7-7说明：①于3月淘汰基础公猪2头，为达到年末存栏数为2头，需由检定公猪转入1头。本计划在5月转入基础公猪群1头，那么检定公猪就需转出1头，同时将劣者淘汰。但为保证检定公猪达到2头，需由后备公猪群在6月转入2头，那么后备公猪就同时转出2头，伴随着淘汰2头，于是7月初后备公猪为0，需由春产仔猪135头和340头当中分别各转入3头，达到6头的要求。②5岁以上种母猪8头，于计划年度第一次分娩，仔猪断奶后淘汰。按照配种分娩计划淘汰的时间是在6月，故基础母猪在6月淘汰8头，为达到计划年末结存数40头，就需由检定猪群转入8头。检定猪群转出伴随淘汰，使原来的16头检定母猪离开检定猪群。为达到年末结存数16头，需由后备猪群转入16头。按照配种分娩计划，转入的时间是在4月。那么后备猪群在4月就要转出和淘汰各为16头，使原来存栏的32头后备母猪为0。为达后备母猪为24头的要求数字，需分别在7～8月由春季仔猪即135头和340头中分别转入12头，达24头要求。

3. 均衡型产仔的猪场猪群周转计划的编制

采用均衡型产仔的猪场，各类群猪基本上是按照一定的生产流动环节进行周转循环，但猪场内各类群猪的猪群结构参数（或存栏量）基本稳定不变（表7-8）。

表 7-8 年出栏万头商品肉猪场的猪群存栏周转计划表

猪群类型		存栏数(头)	饲养时间(d)	每周周转猪数量(头)
母猪	后备母猪	52		12
	空怀配种猪	140	7＋21＝28	28
	妊娠猪	320	84	24
	哺乳母猪	140	7＋28＝35	23
公猪	后备公猪			
	基础公猪	24		
仔猪	哺乳仔猪	1150	28	230
	保育猪	1188	42	207
生长育肥猪		2910	105	197

四、饲料供应计划的编制

饲料供应计划是猪场年度计划中一项最重要的计划，饲料供应计划能确保猪场稳定生产所需饲料、猪场饲料原粮及时、足额、保质的供应。猪场饲料供应计划的编制方法为：首先根据各类猪群饲养饲料的定额和猪群周转计划中各月份不同猪群存栏数，计算并累计得出猪场月、年的饲料需要量，然后按照各种饲料的需要量制订饲料供应计划。

1. 各类猪的饲料消耗指标(估算值)

①成年种公猪：3～4kg/(头·d)，1000～1200kg/(头·a)。

②待配及查情母猪：2～2.5kg/(头·d)，120～150kg/(头·a)。

以每头日采食 2kg 为例，按每头母猪全年两期计算，每期 32d(断奶后 7d，查情期 25d)，全年每头待配及查情母猪饲料消耗量为：

32(d)×2(期)×2kg＝128kg

③妊娠母猪：妊娠前期 320～480kg/(头·a)(孕猪料)，妊娠后期 170～240kg/(头·a)(哺乳母猪料)。分两个饲料消耗指标计算。妊娠前期 80d，2～3kg/(头·d)；妊娠后期 34d，2.5～3.5kg/(头·d)。按每头母猪每年两个妊娠期计，则

每头妊娠母猪全年消耗孕猪料为：

80(d)×2(期)×2kg＝320kg

消耗哺乳母猪料为：

34(d)×2(期)×2.5kg＝170kg

④哺乳母猪：4.5kg/(头·d)，315kg/(头·a)。哺乳期按 35d，每头母猪全年两个哺乳期，则每头哺乳母猪全年饲料消耗量为：

35(d)×2(期)×4.5kg＝315kg

⑤非生产期母猪：2kg/(头·d)，134kg/(头·a)。每头母猪平均年产 2 窝，则非生产期为：365d－2 期×(114d＋35d)＝67d，则在非生产期每头母猪年消耗饲料为：

67(d)×2kg＝134kg

⑥乳猪：3kg/(头·期)。哺乳期每头乳猪增重 6kg，料肉比为 0.5：1，则哺乳期每头

乳猪耗料量为：6kg×0.5＝3kg。

⑦保育猪：30kg/(头·期)。保育到70日龄，每头小猪平均体重为22kg。

保育期增重为：22kg－7＝15kg，料肉比为2∶1，则每头保育猪保育期耗料量为：15kg×2＝30kg。

⑧生长育肥猪：280kg/(头·期)。在生长育肥期每头平均增重80kg，料肉比按3.5∶1。

每头生长育肥猪耗料量为：

80kg×3.5＝280kg(其中生长期饲料100kg，育肥期饲料180kg)

2. 全场年度饲料供应量

将各类猪的年度计划饲养量(头数)乘以上述该类猪的饲料消耗指标，即得出各类猪群的饲料消耗量(饲料类别不同)，累加起来即得出全场全年饲料供应计划量(表7-9)。

需要指出的是，上述饲料消耗指标均指配合饲料，猪场一般要有1个月的饲料库存量才能确保饲料的及时供应。

表7-9　猪群饲料供应计划表　　单位：kg

月份	天数(d)	头数及饲料种类	种公猪(10月龄以上)	种母猪(10月龄以上)	后备猪(4～10月龄)	断奶仔(2～4月龄)	哺乳仔(0～2月龄)	肉猪(各月龄平均)	合计	饲料费金额
1月	31	头数								
		种猪料								
		母猪料								
		仔猪料								
		育成料								
		育肥1号料								
		育肥2号料								
		合计								
2月	28	头数								
		种猪料								
		母猪料								
		仔猪料								
		育成料								
		育肥1号料								
		育肥2号料								
		合计								
全年全群总计		饲料总需要量								
		种猪需要量								
		母猪需要量								
		仔猪需要量								
		育成猪需要量								
		育肥猪需要量								
饲料费总金额										

五、产品生产计划的编制

产品生产计划应根据本场猪群结构(尤其是生产母猪数量)的变化、本场生产管理水平等诸多条件来编制，主要内容是全年提供产品总量(出栏总头数和总增重)以及逐月分布情况。以猪场出栏商品猪头数为例，计算公式如下：

全年计划提供商品猪头数＝存栏母猪数×每头母猪平均年产仔窝数×平均每窝产仔数×育成率

编制产品生产计划时，还应加上上年底的猪存栏头数，扣除当年底计划存栏头数，同时考虑当年要淘汰和补充的公、母猪头数。

六、产品成本和销售计划的编制

现代工厂化养猪场分车间(阶段)进行生产，产品生产成本也应按不同阶段定出各个车间的生产成本计划，全场汇总处理后得出产品生产成本计划。车间生产成本计划主要包括引种费、饲料费、医药费、折旧费、工具费、管理费、人员工资等内容。

养猪场的产品——猪是有生命的动物，当猪养成后应及时销售不能停留，以节约饲料和劳力，提高圈舍利用率，加快资金周转。因此，编制猪场的产品销售计划，首先一定要了解和把握市场，搞好市场调研，做出符合实际的供求预测，根据销售市场的规模、特点和本场产品的数量和质量，适时、适量地安排销售。其次要考虑好销售管道，多渠道、多途径开拓市场，有出口配额的应尽量争取外贸出口，或与屠宰加工厂、农贸市场、活猪批发市场等建立供销关系，采取合同销售等方式。有条件的猪场，也可按产业化的思路搞猪肉产品的精深加工，延长产业链条，提高产品附加值，解除产品销售的后顾之忧。无论是种猪场还是商品猪场，产品销售计划都要制定出各月份的销售量，以便为产品生产计划的制订提供依据，也为全年销售收入的估算提供参考。

※猪场管理人员职责

当今，面对竞争日益激烈的养猪业，任何一个猪场在生产上都应按集约化养猪生产工艺流程和生产设计要求进行规范化生产作业，使养猪生产能有计划、按周期平衡地生产。在管理上要做到制度化，责、权、利明确，避免造成管理混乱，进行岗位设置，明确岗位责任，做到人人有事做，事事有人做，同时还要建立完善生产激励机制，对生产员工进行生产指标绩效管理，使员工树立主人翁精神，充分调动生产积极性，造就优秀团队。

一、猪场组织架构

猪场组织架构要精干明了，岗位定编也要科学合理。责任分工以层层管理、分工明确、场长负责制为原则。具体工作专人负责，既有分工，又有合作，下级服从上级，重点工作协作进行，重要事情通过场领导班子研究解决。

二、猪场管理人员职责及日常工作规范

1. 场长

(1)岗位职责

①负责猪场的全面工作；②场长决定猪场的经营计划和投资方案；③进行资金的筹备和硬件设施的完善(如猪场的建筑)；④原料的采购；⑤审批猪场日常经营管理中的各项费用；⑥决定员工的聘用、升级、加薪、奖惩和辞退。

(2)日常工作规范

①每天进行各类报表的分析；②每周、每月例会听取各个部门的工作汇报并对猪场正面临的一些问题进行讨论和布置；③定期到车间、职工内部了解生产和生活情况。

2. 副场长(技术)

(1)岗位职责

①对猪场人员进行调配，并有权对不服从员工进行惩罚；②制订场内的消毒、保健、驱虫、免疫计划，并落实执行；③负责全场养猪和饲料生产、种猪购销和兽医等工作；④登记并申请全场生产药物、工具、器械等的采购计划；⑤做好日报表、周报表、月报表的填写。

(2)日常工作规范

①前一天安排第二天兽医及全场人员的工作任务；②早上进场观察全场的通风、干燥、卫生、保温情况如何，饮水是否充足，猪群是否正常等；③监督兽医、饲养员和饲料加工人员工作是否到位；④晚上进行各类报表的登记，分析当天的生产状况(如当天的配种数、产仔数、断奶数、死亡率等)，并总结经验和找出差距及解决问题的方法。

3. 副场长

管理猪场的日常工作事务，如员工的请假、员工物品发放等；监督员工和其他进出人员、车辆、物品的卫生防疫制度。

三、猪场其他人员职责

1. 兽医技术员

①严格执行场内的消毒、驱虫、保健、免疫工作及公猪的去势，病猪的治疗，死猪的处理；②做好片区的配套报表；③负责该区域内猪群的治疗转群工作；④定期安排对猪群的采血工作，送监测部门进行监测；⑤发现可疑病猪应及时解剖并向技术副场长汇报情况。

2. 饲料加工员

①做好进、出仓记录，做好原料、成品的堆放，不用变质饲料；②确保配方的正确性，每天称重之前进行秤的较对确保称重的准确性；③按计划生产，并有2～3d的库存；④每天生产之前进行机器的检修及仓库的防鼠、防火、防水工作；⑤计划购入饲料原料的

种类和数量。

3. 机修工

①每天检查猪舍的饮水、用电设施及一些栏舍是否损坏并及时进行维修；②负责猪舍、员工宿舍的设施安装、维修；③做好猪场的绿化工作。

4. 门卫

①严格遵守兽医卫生防疫制度，遵守猪场各项规章制度；②负责管理消毒池的清扫、更换；③24 小时有人值班，搞好传达室周边的环境卫生；④严禁外来人员的车辆进入生产区；⑤对允许进入场内的车辆进行严格的消毒；⑥领取和发送信件及其他物品。

5. 炊事员

①一日 3 餐、应保证卫生、多样化；②保持厨房、食堂清洁卫生，定时对食堂进行消毒及灭蝇工作；③保证食品储藏卫生，每天对餐具进行消毒；④完成每天办公室的打扫工作。

6. 仓管保管员

①做好各类原始报表的收集，整理，统计工作；②负责对出售猪转栏猪的过磅；③完成每周、月的饲料、药品、疫苗及生产报表及每月底猪群的盘点工作；④及时补充每月该进的药品、疫苗种类及数量；⑤建立药品、疫苗的领用、管理制度，定期对所保存药品、疫苗进行检查。

※猪场联产计酬参考方案

一、基础种群的生产指标

1. 年猪场生产预期成绩

①每头母猪年供 100kg 商品猪 18～20 头以上；②全年全场总平均料肉比(3.2～3.3)∶1；③初生至 100kg 体重控制在 160～170d 之间；④断奶仔猪至 100kg 体重总饲料耗料量约为 250～260kg，料肉比(2.7～2.8)∶1。

2. 繁殖母猪的预期成绩

①平均初生重 1.30～1.65kg；②母猪平均年产胎数 2.2～2.23(乳猪断奶日龄为 25～28 日龄)；③平均每胎产活仔数为 10 头左右；④哺乳猪育成率：高床饲养达 97%以上；地面饲养育成率达 95%以上；⑤每胎断奶活仔猪数为 9.5 头；⑥断奶母猪发情天数 3～7d，发情率低；⑦全场繁殖母猪淘汰率为 25%～30%，核心母猪淘汰率为 33%～35%，公猪淘汰率为 40%左右；⑧后备母猪配种年龄 210d；⑨母猪分娩率 95%(分娩率：母猪分娩数与妊娠数的百分比)；⑩受胎率 87%。

3. 断奶至 30kg 体重的仔猪预期保育成绩

①21～25 日龄断奶体重达 6～7kg，25～28 日龄断奶体重三元猪可达 7～8kg，纯种猪可达 6.5～7.5kg；②保育舍仔猪平均成活率：地面保育成活率为 95%，高床保育成活率为 97%；③60 日龄体重为 20～22kg；70 日龄体重为 24～27kg；75 日龄体重为 28～

30kg；④断奶仔猪 8～30kg，料肉比为(1.6～1.8)∶1。

4. 30～100kg 的生长育肥猪预期成绩

①育成、育肥成活率 97%～98%；②饲料转化率(2.6～2.8)∶1；③平均日增重 700～800g。

二、计酬参考方案

规模化猪场最适合的绩效考核奖罚方案，应是以车间为单位的生产指标绩效工资方案，绩效考核指标要根据猪场的软硬件设施、生产规模、管理水平、猪品种等订立，指标要留有余地，要使 80%以上的饲养员经努力能完成和超额完成承包指标，这样才能调动饲养员的积极性，提高猪场经济利润。下面以某公司万头猪场方案作参考。

1. 妊娠舍

①工资：以 500 头母猪参加生产，每胎产活仔(不含木乃伊胎、死胎、畸形、弱仔等) 8.5 头计算，按产活仔数 2.3 元/头计发工资。

②奖金：年产胎次 2.3 胎，配种受胎率 85%，怀孕分娩率 97%，全年完成指标基础奖 4800 元；每超额 0.1%另奖 100 元，每少 0.1%赔 50 元。公猪年正常淘汰率 40%，残次率 12%，按 200 元/头奖赔；母猪年正常淘汰率 25%，残次率 6%，按 100 元/头奖赔。胎产仔数以每胎均产仔数 9 头，活仔数 8.5 头计；每超产 1 头活仔奖 10 元，少产 1 头赔 5 元。饲料按每产 1 头活仔给公母猪料 44kg 计算，节约或超出部分按 10%奖赔。

2. 分娩哺乳舍

①工资：由两部分组成，a. 每断奶 1 头仔猪工资 1.78 元；b. 每净增重 1kg 仔猪工资 0.191 元，仔猪断奶日龄为 21d，断奶平均 5.5kg，个别仔猪不得小于 4.5kg。

②奖金：活仔断奶成活率 95%，全年完成指标基础奖 4200 元，增减 1 头按 10 元奖赔；

③饲料：每断奶 1 头仔猪给料 0.33kg；母猪料按断奶仔猪窝重×2.5 计算用料，节约或超出部分按 10%奖赔。

3. 保育舍

①工资：由两部分组成，a. 每出栏 1 头小猪工资为 0.65 元；b. 每净增重 1kg 小猪工资为 0.022 元。

②奖金：小猪成活率 96%，全年完成指标基础奖 1200 元，多活少活 1 头按 10 元/头奖赔；饲料按料肉比 1.7∶1 计算，节约或超出部分按 10%奖赔。保育饲养期为 5 周，平均转栏个体重 20kg，个别猪仔不得小于 15kg，未达 15kg 的中猪栏可拒收。

4. 育成舍

①工资：由两部分组成，a. 每出栏 1 头猪工资 0.968 元，b. 每增重 1kg 工资 0.024 元。

②奖金：成活率 98.5%，增减按每头 100 元奖赔；残次率 1%，少残多残 1 头按 100 元奖赔；饲料按料肉比 2.5∶1 计，节约或超出部分，按 10%奖赔；饲养期为 8～9 周，转

栏平均重 60kg。

5. 育肥舍

①工资：由两部分组成，a. 每出栏 1 头猪工资为 1.27 元；b. 每增重 1kg 工资为 0.043 元。

②奖金：成活率 99%，每增减 1 头按 100 元奖赔；残次率 0.5%，少残或多残 1 头按 100 元奖赔；饲料按料肉比 3.4∶1 计，节约或超出部分按 10%奖赔。

场内技术人员及管理人员的工资奖金由场部视工作强度及成绩给予发放。

※实训十三 规模化商品猪场工艺流程设计

【实训目的】 通过实习，使学生对现代化养猪的生产模式有一个更加深刻认识，能熟练地根据生产规模设计合理的生产工艺流程。

【实训内容】 先由教师讲解，确定工艺参数，然后学生进行计算设计。

①确定生产性质　原种猪场、祖代猪场、商品猪场。

②根据性质确定生产规模　原则是量力而行、分期实施、先做好、后做大。一般以年出栏万头、基础母猪 600 头规模为宜。

③确定现代养猪生产工艺流程　由于猪场规模和技术水平各异，不同猪群的生理要求各异，为将过去传统的、分散的、季节性的生产方式转变为分阶段饲养、流水线作业、常年均衡生产和全进全出的养猪生产体系，必须因地制宜地制定生产工艺，不能生搬硬套、盲目追求先进。目前在生产中应用的工艺可以划分为两种：即一点式生产工艺和两点或三点式生产工艺。

【实训步骤】

1. 确定生产节律

一般猪场采用 7d 制生产节律。

2. 确定主要工艺参数

应根据种猪群的遗传基础、生产力水平、技术水平、经营管理水平、物质保障条件、已有的历年生产记录和各项信息资料等，实事求是地确定各参数(表实 13-1)。

表实 13-1　某规模化商品猪场的工艺参数(600 头基础母猪)

项目	参数	项目	参数
妊娠期(d)	114	断奶仔猪成活率(%)	95
哺乳期(d)	35	生长猪成活率(%)	98
保育期(d)	21～35	肥育猪成活率(%)	99
断奶至受胎(d)	7～14	生长期(d)、肥育期(d)	56、49

（续）

项目	参数	项目	参数
繁殖周期(d)	142～156	公母猪年更新率(%)	33
母猪年产胎次	2.34～2.57	母猪情期受胎率(%)	85
年总产窝数(按100%受胎)	1404	公母比例	1：25
周产窝数	27	圈舍冲洗消毒时间(d)	7
日产窝数	3.86	繁殖节律(d)	7
母猪窝产仔数(头)	10	周配种次数	1.2～1.4
窝产活仔数(头)	9	母猪临产前进产房时间(d)	7
哺乳仔猪成活率(%)	90	母猪配种后原圈观察时间(d)	21

3. 猪群结构的计算

根据目前工厂化养猪能达到的生产指标，计算猪场需要的公猪、后备猪数量，及在一个生产节律内的分娩母猪数量，断奶仔猪数量，转入育成舍的数量，转入肥育猪舍数量及出栏肥育猪数量。下面以600头基础母猪群来计算猪群结构，其中母猪情期受胎率100%，21d断奶。

(1)公猪群组成

①公猪数：

公猪数＝母猪总数×公母比例＝600×1/25＝24头

②后备公猪数：

后备公猪＝公猪数×年更新率＝24×1/3＝8头(每月约补进1头)

(2)母猪群组成

①空怀母猪数：

空怀母猪数＝[总母猪数×年产胎次×(断奶至受胎天数＋观察天数)]÷365
＝[600×2.34×(14＋21)]÷365＝125头

②妊娠母猪数：

妊娠母猪数＝(总母猪数×年产胎次×饲养日)÷365
＝[600×2.34×(114－21－7)]÷365
＝330头

③泌乳母猪数：

泌乳母猪数＝(总母猪数×年产胎次×饲养日)÷365
＝[600×2.34×(7＋21)]÷365
＝92头

④后备母猪数：

后备母猪数＝总母猪数×年更新率
＝600×1/3
＝200头

占栏饲养35d，约200×35/365＝19头转栏。

(3)仔猪群组成

全年应产仔窝数＝600×2.34＝1404 窝

周产窝数＝1404÷52＝27 窝

日产窝数＝27÷7＝3.86 窝

计算方式：日产仔头数×成活率×饲养日

①哺乳仔猪数：

哺乳仔猪头数＝3.86×10×21＝811 头

②保育仔猪数：

保育仔猪数＝3.86×10×0.9×35＝1216 头

(4)生长肥育猪群组成

生长猪数＝3.86×10×0.9×0.95×56＝1848 头

肥育猪数＝3.86×10×0.9×0.95×0.98×49＝1585 头

4. 猪栏配备

计算方法：猪栏数量＝[存栏猪数×(饲养日+消毒维修日)]÷饲养日

(1)公猪栏

种公猪数 24 头，后备公猪数 1 头，共 25 个圈栏。

(2)母猪栏

①空怀母猪栏：

空怀母猪栏＝[125×(14 +21 +7)]÷35＝150　　150÷4＝38 个圈栏，每栏头数为 4 头

②妊娠母猪栏：

妊娠母猪栏＝[330×(86＋7)]÷86＝357　　357÷4＝89 个圈栏

③泌乳母猪栏：

泌乳母猪栏＝[92×(21＋7＋7)]÷28＝115　　115 个产床

④后备母猪：19×(7＋35)÷35＝23　　23÷4＝6 个圈栏

(3)保育猪栏

保育猪栏＝1216×(35＋7)÷35＝1459　　原窝保育，115 个保育床

(4)生长育肥猪栏

生长猪栏＝1848×(56＋7)÷56＝2079　　原窝生长，2079/8.6＝242 个圈栏

育肥猪栏＝1585×(49＋7)÷49＝1812　　原窝育肥，1812/8.4＝216 个圈栏

【实训报告】设计一个年出栏量、万头肉猪的五阶段的生产工艺流程。

※实训十四　猪群周转计划的制订

【实训目的】通过实习，使学生学会编制猪群周转计划。

【实训准备】年度生产计划报表、上一年度配种、产仔、哺乳、生产可售猪记录、母

猪年度淘汰计划、后备公猪、母猪参加配种计划、计算器、配种分娩计划表、猪群周转计划表。

【实训内容】配种分娩计划表、猪群周转计划表。

【实训步骤】

①根据资料列出上年母猪交配头数和时间表。

②根据资料列表上年计划交配的母猪于本计划年度产仔月份。

③编制配种分娩计划表。

④编制猪群周转计划。

【实训报告】根据以下资料编制编制配种分娩计划表和编制猪群周转计划：

①计划年初有各种猪的头数。种公猪 5 头、基础母猪 40 头、鉴定母猪 10 头、后备母猪 20 头(其中 6 月龄 10 头、7 月龄 5 头、8 月龄 5 头)、育肥猪 200 头(其中 4 月龄 60 头、5 月龄 60 头、6 月龄 80 头)，共计 275 头。

②上年母猪交配头数和时间。

母猪类型	交配月份				合计
	9	10	11	12	
基础母猪	10	10	10	10	40
鉴定母猪			5	5	10

③基础母猪一年 2 胎，平均每头每胎 10 头，鉴定母猪一年 2 胎，平均每胎 8 头，假定母猪受孕率、产仔率、仔猪成活率均为 100%。

④本场后备母猪满 8 月龄配种，肉猪满 6 月龄出售，采用自繁自养的经营模式。

※实训十五　猪场配种计划的制订

【实训目的】通过配种计划的制订，学会猪场不同年龄种猪配种计划安排。

【实训准备】年度生产计划报表、上一年度配种、产仔、哺乳、生产可售猪记录、母猪年度淘汰计划、后备公猪、母猪参加配种计划、计算器、配种计划表。

【实训内容】配种计划拟订。

【实训步骤】

①了解基本情况。

②拟定实训报告。

③完成配种计划表。

练习与思考题

1. 如何编制配种分娩计划和猪群周转计划？

2. 对养猪场的岗位如何进行工资定额?

3. 对养猪场如何进行经济效益分析?

4. 怎么划分阶段饲养工艺?

5. 根据所学知识，请你给一个规模化猪场设计养猪工艺。

6. 请你制订一个猪场联产计酬方案。

7. 某猪场，拟办成年产 10 万头肉猪规模的生产线，其生产指标如下：年产 2.3 窝，每窝产活仔数为 10 头。仔猪 28 日龄断奶，成活率达 90%。断奶后转到保育舍养 35d，此期成活率达 95%，再转入育成舍养 49d，此期成活率达 97%，育成后转入育肥群内。育肥期 70d，成活率达 98%。试列出猪群存栏组成情况，并划出四阶段生产工艺流程图。

模块二

牛羊生产

项目八
认识牛羊生产

【知识目标】

- 了解国内外牛羊业生产概况及特点。
- 掌握牛羊的特性。

【技能目标】

- 学会应用牛羊的特性开展牛羊生产。

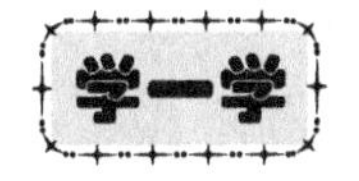

任务一　国内外牛羊业生产概况及发展趋势

一、世界牛羊产业发展概况

(一)世界养牛业发展特点

世界畜牧业发达的国家都十分重视养牛业的发展，当前世界养牛业发展具有以下特点。

(1)奶牛业发展迅速

世界奶牛业呈现由“数量增长”向“质量增长”的发展趋势，奶牛个体产奶量不断提高。奶牛品种单纯化，以黑白花牛为最多，如美国奶牛品种中黑白花牛占90%。

(2)肉牛业发展快速

肉牛业呈现出以下特点：①肉牛品种趋向大型化，近年从原来发展体型较小、易肥、早熟的英国品种转向欧洲大陆的大型品种，尤以法国的夏洛来、利木赞，意大利的契安尼娜，瑞士的西门塔尔等品种受到普遍重视，发展很快。②肉牛生产向集约化、工厂化方向发展，如美国科罗拉多州芒弗尔特肉牛公司育肥规模40万～50万头，产值3亿美元。从饲料加工、清粪到疾病诊断全面实行机械化、自动化，肉牛生产水平高。③利用杂交优势，提高肉牛生产水平。近年来，国外肉牛业广泛采用轮回杂交和“终端”公牛杂交方法。④利用奶牛发展肉牛，主要是利用乳用公犊育肥和利用乳肉兼用品种生产牛肉两种形式。⑤充分利用草原和农副产品，降低饲养成本。

(3)牛场管理向集约化、专业化、自动化方向发展

畜牧业发达国家养牛场日趋专业化、工厂化发展，实行集约化经营管理，牛群规模不断扩大，机械化、自动化水平不断提高。

(二)世界养羊业发展动态

1. 绵羊业

(1)由毛用转向肉毛兼用方向

20世纪20～50年代，世界绵羊业以产毛为主，着重生产60支纱以上的细毛，而羊肉生产处于从属地位。20世纪60年代，世界养羊业出现了由毛用转向肉毛兼用甚至肉用的趋势，一些国家将养羊业的重点转移到羊肉生产上，用先进的科学技术建立起自己的羊肉生产体系。

(2)由粗放经营转向集约化经营

由于育种、畜牧机械、草原改良及配合饲料工业等方面的技术进步，使过去靠天养畜的粗放经营逐渐被集约化经营生产所取代，实现了品种改良，采用围栏，划区轮牧，建立人工草地，许多生产环节都使用机械操作，从而大大提高了劳动生产率，使养羊生产向集约化、现代化方向迈进。

(3)肥羔生产专业化

肥羔肉具有瘦肉多、脂肪少、味美、鲜嫩、易消化等特点。同时，由于羔羊出生后最初几个月生长快，饲料报酬高，生产羔羊肉的成本较低。因此，一些养羊比较发达的国家都开始进行肥羔生产，并已发展到专业化生产程度。

2. 山羊业

(1)奶山羊发展迅速

近几十年，奶山羊发展很快，许多国家育成了自己的奶山羊品种，主要方式是利用萨能山羊或吐根堡山羊与本地山羊杂交，同时也注重原有奶山羊品种质量的提高。

(2)发展山羊羔羊肉生产

与绵羊羔羊肉一样，山羊羔羊肉是备受人们欢迎的肉类食品，其饲养成本低，经济效益高，各国山羊生产也正在转向羔羊生产。

(3)克什米绒山羊的兴起

由于人们追求时尚，爱好轻柔薄型高档羊绒纺织品，20世纪80年代以来，山羊绒生产呈持续发展态势，国际市场羊绒织品价格居高不下，许多国家纷纷开始重视山羊绒生产，并积极投入资金培育绒山羊品种。

二、我国奶牛业现状及发展态势

进入21世纪，我国奶牛业进入了一个高速发展的阶段，1999—2006年7年间，我国

奶牛存栏数增加到1360万头，奶类总产量达到3300万t，人均占有奶量从7.3kg增加到25kg。2006年以后，我国奶牛存栏数变动不大，而奶牛单产水平呈上升趋势。我国奶牛业发展将重点围绕五大区域进行。

(1)大城市郊区

包括北京，上海、天津。该产区是我国重要的奶源和奶制品生产基地，奶业生产已形成一定规模，规模化饲养程度较高，机械化挤奶水平达到90%以上，原料奶质量好。奶牛单产水平为5500kg。较高的养殖成本、生态环境的压力及城市化进程已成为制约城郊型奶业发展的重要因素。

(2)东北、内蒙古奶业产区

该产区为是我国最大的以农区为主、农牧结合型奶业发展类型，包括黑龙江、辽宁、吉林和内蒙古。该区域资源优势明显，养殖历史长、基础好，是我国未来重要的奶源基地。奶牛单产水平平均在4500kg左右。

(3)中原奶业产区

该产区主要为农区奶业发展类型，包括河北、山西、河南、山东4省。奶牛养殖小区和散户饲养是该区域奶牛养殖的主要模式，奶牛单产水平在4500～5000kg水平。该区域近年来奶业发展速度较快，具有资源和人口优势，也是我国未来重要的奶源基地。

(4)西部奶业产区

该产区主要为农区、半农半牧区奶业发展类型，包括新疆、陕西、宁夏、甘肃、青海和西藏6省(自治区)。奶牛单产水平在全国最低，平均为3500kg。该区域资源丰富，适合于优质牧草的种植，适合奶牛的养殖，但由于人口少，距离中心人口城市较远，建立以生产固体型产品为主的奶源基地是我国西部奶业发展的方向，该区域也是我国奶牛疫病暴发高风险区域。

(5)南方奶业产区

该产区主要为南方丘陵农区奶业发展类型，包括福建、广东、广西、浙江、云南、四川、江苏7省(自治区)。该区域奶牛养殖规模化程度较高，奶牛平均单产水平在5000kg。高温高湿造成的热应激以及奶牛肢蹄病、乳房炎是影响奶业发展和原料奶质量的重要制约因素。

三、我国肉牛业现状及发展趋势

发展肉牛业，提高草食家畜比重，有利于合理调整农业生产结构、发展农业循环经济，有利于保障国家食物安全，有利于促进农牧民养殖增收。2003年，为发挥区域比较优势和资源优势，我国制定了肉牛产业优势区域的发展规划，加快优势区域肉牛产业的发展和壮大，构筑现代肉牛生产体系，进一步提高牛肉产品市场供应保障能力和国际市场竞争力。

1. 发展现状

(1)优势区产量保持较高增长速度

肉牛区域布局不断优化，牛肉产量持续增长，产品质量不断提高，发展速度明显加快。优势区城对周边地区乃至全国肉牛业的带动和辐射作用日益增强。

(2)良种繁育体系建设不断完善

各地逐步建立健全省(自治区)肉牛有种站、市级储氮站、县级冷配站、乡镇品改站的品改网络体系；积极进行良种引进、改良与推广，大力开展经济杂交，突出抓好肉牛冷冻精液配种，冷配比重逐年提高，肉牛品种得到改善。

(3)规模化养殖水平逐步提高

大力发展肉牛养殖小区，积极推行肉牛标准化、规模化、集约化生产，优势产区的规模化饲养比重不断提高。区域内肉牛个体生产力显著提高，部分地区平均胴体重已达到200kg 的国际平均水平。

(4)屠宰加工能力不断增强

生产加工条件逐步由开放的手工屠宰向封闭的机械屠宰过渡，由热分割向冷分割过渡，由简单分割向精细分割过渡。部分企业已具备了国际先进的屠宰加工水平，并已初步培育出一系列全国性的知名品牌，产品的市场竞争力明显增强。

2. 发展方向

(1)中原肉牛区

该区城县有丰富的地方良种资源，也是最早进行肉牛品种改良并取得显著成效的地区。该区城农副产品资源丰富，为肉牛业的发展奠定了良好的饲料资源基础。有很好的区位优势，交通方便，产销衔接紧密，具有很好的市场基础。未来发展要结合当地资源和基础条件，加快品种改良和基地建设，大力发展规模化、标准化、集约化的现代肉牛养殖，加强产品质量和安全监管，提高肉牛品质和养殖效益；大力发展肉牛屠宰加工业，着力培育和壮大龙头企业，打造知名品牌。

(2)东北肉牛区

该区域具有丰富的饲料资源，饲料原料价格低于全国平均水平；肉牛生产效率较高，平均胴体重高于其他地区。同时，该区域紧邻俄罗斯、韩国和日本等世界主要牛肉进口国，发展优质牛肉生产具有明显的区位优势，牧区重点发展现代集约型草地畜牧业，通过调整畜群结构，加快品种改良，改变养殖方式，积极推广舍饲半舍饲养殖，为农区和农牧交错带提供架子牛。农区要全面推广秸秆青贮技术、规模化标准化育肥技术等，努力提高育肥效率和产品的质量安全水平。进一步培育和壮大龙头企业，提升企业技术水平、加工工艺和产品质量，在档次上下工夫，逐步形成完整的牛肉生产和加工体系。

(3)西北肉牛区

该区域是我国近年来逐步成长起来的一个新型区域，区域内天然草原和草山草坡面积较大，其中新疆地区被定为我国粮食后备产区，饲料和农作物秸秆资源比较丰富；新疆牛肉对中亚和中东地区具有出口优势，现已开通多个口岸，为发展外向型肉牛业创造了条件。应以清真牛肉生产为主，兼顾向中亚和中东地区出口优质肉牛产品，为育肥区提供架子牛。

(4)西南肉牛区

该区域是我国近年来正在成长的一个新型肉牛产区，该区域农作物副产品资源丰富，草山草坡较多，青绿饲草资源也较丰富，为发展肉牛产业奠定了基础。发展方向为：加快南方草山草坡和各种农作物副产品资源的开发利用；大力推广三元种植结构，合理利用有效的光热资源，增加饲料饲草产量；加强现代肉牛业饲养和育肥技术的推广应用，努力提高出栏肉牛的胴体重和经济效益。

四、我国肉羊业现状及发展趋势

我国优势区域肉羊业持续、稳步发展，产品质量显著提高，对合理调整产业布局、充分发挥区域优势、辐射带动全国肉羊产业蓬勃发展发挥了积极作用。

1. 发展现状

我国是世界养羊大国，羊肉产量长期位居世界之首。虽然近几年我国肉羊生产进入快速增长期，但存在一些制约因素。

(1)良种覆盖率低

品种良种化程度低是我国养羊业面临的突出“瓶颈”问题。尽管我国肉羊良种覆盖率已达40%以上，但与发达国家80%以上的水平相比差距较大。优良种羊杂交利用水平仍然比较低，杂交良种尚未得到大面积推广。此外，全国肉羊良种改良繁育缺乏科学规划，体系不健全，繁育手段落后，肉羊良种场建设滞后。

(2)专用饲料供应不足

长期以来，肉羊养殖主要采取放牧方式，几乎不补饲精料。近年来，饲养方式逐步由放牧转变为舍饲和半舍饲，需要适量补饲草料和精料。由于肉羊饲草饲料生产发展慢，肉羊专用饲料品种少，生产能力低，优质牧草种植面积小，难以满足养殖场(户)的需求。

(3)养殖方式落后

牧区普遍超载放牧，有些省区超载率在30%以上，生态压力大，单纯依靠放牧扩大养殖规模的传统发展模式已不适应形势要求。农区肉羊养殖仍以农户散养为主，专业化、规模化养殖总体水平较低。

(4)加工流通企业规模偏小

肉羊屠宰分散，加工企业规模小，技术水平较低。较多企业没有通过国际通行质量认证，产品质量难以保证。目前，我国羊肉流通基本处于无序状态，没有较大型的羊肉物流企业，市场监管尚不到位。

2. 发展方向

(1)中原肉羊优势区域

中原地区肉羊养殖基础条件较好，发展农牧结合的肉羊产业仍有一定潜力，是肉羊生产和消费集中区域，应重点发展秸秆舍饲肉羊业。应加大地方优良品种保护，着重对黄淮山羊、小尾寒羊等的保护、开发与利用，保持合理的种群规模。加大推广杂交改良、秸秆加精料补饲高效饲养技术，以舍饲半舍饲为主，大力发展规模化、标准化和产业化肉羊生产。

(2)中东部肉羊优势区域

中东部是我国主要的肉羊产区，肉羊存栏量大，通过发展农牧结合型养羊业，提高农作物秸秆利用率，肉羊养殖增产潜力仍然较大。应加强良种肉羊推广，大力推广肉羊舍饲圈养和精料补饲增产配套技术，推广羔羊育肥技术，实现冬羔和早春羔秋季出栏，提高出栏率。

(3)西北肉羊优势区域

西北是我国传统肉羊产区，肉羊存栏量较大，秸秆利用率高。该区生态与资源负荷较大，不宜扩大养殖规模，应重点提高个体生产能力。大力推广肉羊舍饲半舍饲技术，大幅度提高肉羊出栏率。培育肉羊加工龙头企业，创建民族特色和绿色有机知名品牌。

(4)西南肉羊优势区域

西南是我国新兴肉羊产区，肉羊养殖基数较小，草原、草山、草坡和农作物秸秆资源开发利用程度较低，肉羊生产潜力大。应以山羊养殖为主，加大保护地方优良品种力度，加快建设肉羊品种改良体系。加快草山草坡改良，充分开发利用农作物秸秆，为肉羊养殖提供优质的饲草资源。加强技术推广体系建设，加快舍饲健康养殖技术推广，做好肉羊疫病综合防制，提高规模化、专业化程度。积极培育肉羊加工龙头企业，加强加工产品质量控制，确保羊肉质量安全。

※任务二　牛羊的特性

一、牛羊的生活习性

(1)合群性

牛羊的合群性很强，利用合群性可以大群放牧，节省劳力。牛羊的这种本能与其模仿行为有关，当群体中有一头领头的牛(羊)做某一动作时，其他个体往往也跟着做同样的动作。大多数牛、羊群中存在着良好的群居等级，出牧、过河、过桥、饮水、换草地等，只要有“领头羊(牛)”先行，其他个体就尾随而来，管理起来十分方便。但是这个特性也有不利的一面，如少数个体混了群，其他个体也跟着而来，少数个体受到惊吓狂奔，其他个体也跟着狂奔。合群性一般来讲羊比牛强；绵羊比山羊强；粗毛羊最强，细毛羊次之，长毛羊和肉毛羊较差。

(2)性情

牛羊群中往往公畜比母畜好斗，去势的公畜性情温顺，肉用牛羊比其他用途的性情温顺，高产的奶牛、奶羊也较温和，即使密切靠近也不会相互争斗，绵羊比山羊温顺。此外，牛羊的性情与人所施加的行为有关。正确的调教和训练，能使牛羊与人建立良好的关系，打骂等粗暴的行为容易使牛羊产生踢人、顶人的恶癖，尤其是种用公牛、公羊，恶癖一旦养成，很难纠正。

(3)采食性能

放牧的牛羊喜欢采食含蛋白质多、粗纤维少的豆科牧草，能够依据牧草的外观和气味，识别不同的植物。如果牧草青嫩，则采食时间长而反刍时间短；如果牧草粗纤维含量高，则采食时间短，而反刍时间长。在牛羊混放的草场上，牛善于采食长得较高的牧草，而羊则可以采食牛所不能利用到的小草，在半荒漠地区牧场上的各种植物中，牛不能很好利用或完全不能利用的植物占66%，而绵羊和山羊仅为38%。牛羊除白天采食外，夜间还需有一定的采食量，因此，不管是舍饲还是放牧的牛羊，晚上必须加夜草，这对于高产牛羊、正在肥育中的牛羊尤为重要。

(4)喜欢干燥清凉，耐寒冷，怕湿热

绵羊最怕湿热，这就限制了绵羊在南方山区的分布，山羊次之，牛再次之。抗寒性绵羊最强，能在高原－40℃下扒雪寻食。

(5)爱清洁

牛羊喜爱清洁，对有异味的草料及受粪尿污染的水源拒食，特别是羊，尤其是山羊表现得更为明显。要求不管是放牧还是舍饲，都要搞好舍内外卫生。

(6)适应性和抗病力强

牛羊的适应性很强，在我国各地都有分布，能够很好地利用农牧区各类型自然条件下提供的草料，发展前景很好。抗病力很强，特别是一些古老的牛羊品种，在潮湿多寄生虫的地方，牛及山羊也能很好地生存。但正是因为抗病力强，往往很多病在发病初期不易发现，没有经验的饲养员一旦发现病畜，多半病情已很严重。因此，平常应注意观察，尽早发现，及时采取治疗措施。

二、牛羊的消化与营养利用特点

1. 牛羊的消化特点

牛羊是典型的反刍动物，具有与其他单胃动物不同的独特的消化特点。

(1)唾液腺及唾液分泌

为适应消化粗饲料的需要，牛羊主要是靠腮腺分泌唾液。成年母牛的腮腺1d可分泌唾液100～150L。高产奶牛1d分泌唾液可达250L。其唾液中不含淀粉酶，所以牛羊在口腔中对富含淀粉的精饲料消化不充分，但含有大量的碳酸氢盐和磷酸盐，可中和瘤胃发酵产生的有机酸，以维持瘤胃内的酸碱平衡。此外，牛羊唾液还可混合嗳气中的大部分NH_3，重新返回瘤胃吸收。

(2)食管沟及食管沟反射

食管沟是由两片肥厚的肉唇构成的一个半关闭的沟。它起自贲门，经网胃伸展到网瓣孔。牛犊和羊羔在吸吮乳汁时，能反射性地引起食管沟肉唇卷缩，闭合成管，使乳汁直接从食管沟到达网瓣孔。经瓣胃管进入皱胃，不落入前胃内。食管沟闭合程度与饮乳方式及动物年龄有密切关系。若用桶喂乳时，食管沟闭合不完全。一部分乳汁会流入发育不完善的网胃、瘤胃内，引起发酵而产生乳酸，造成腹泻。食管沟闭合反射随着动物年龄的增长而减弱。某些化合物尤其是NaCl溶液和$NaHCO_3$溶液可使2岁牛的食管沟闭合。$CuSO_4$溶液能引起绵羊的食管沟闭合反射，但不能引起牛食管沟闭合。在临诊实践中利用这一特点，可将药物直接输送到皱胃用于治疗。

(3)瘤胃发酵及嗳气

瘤胃内的饲料发酵和唾液流入产生的大量气体，大部分必须通过嗳气排出体外。嗳气是一种反射动作。当瘤胃气体增多、胃壁张力增加时，就兴奋瘤胃背盲囊和贲门括约肌处的牵张感受器，经过迷走神经传到延髓嗳气中枢。中枢兴奋就引起背盲囊收缩，开始瘤胃第二次收缩，由后向前推进，压迫气体移向瘤胃前庭，同时前肉柱与瘤胃、网胃肉褶收缩，阻挡液状食糜前涌，贲门区的液面下降，贲门口舒张，于是气体即被驱入食管。

2. 牛羊的营养利用特点

(1)碳水化合物的营养特点

碳水化合物广泛地存在于植物性饲料中，在动物日粮中占1/2以上，是供给动物能量最主要的营养物质，其含量可占其干物质的50%～80%。碳水化合物是牛羊消化中分解的终产物。不像单胃动物那样以葡萄糖为主，而是以低级挥发性脂肪酸为主，是在瘤胃和大肠中靠细菌发酵，以葡萄糖代谢为辅，是在小肠中靠酶的作用进行。故反刍动物不仅能大量利用无氮浸出物，也能大量利用粗纤维。反刍动物对粗纤维的消化率一般可达42%～61%。

(2)蛋白质消化代谢特点

饲料蛋白质被采食进入瘤胃后，在瘤胃微生物蛋白质水解酶作用下，分解为肽和氨基酸。肽和氨基酸可被微生物利用合成菌体蛋白，其中部分氨基酸又在细菌脱氨基酶作用下，降解为挥发性脂肪酸、氨和二氧化碳。瘤胃内未被微生物降解的饲料蛋白质，通常称为过瘤胃蛋白质。也称为未降解蛋白质。过瘤胃蛋白质与瘤胃微生物蛋白质一同由瘤胃转至真胃，随后进入小肠和大肠，其蛋白质消化、吸收以及吸收后的利用过程与单胃动物基本相同。

(3)对非蛋白氮的利用

瘤胃微生物的活动要求一定浓度的氨，而氨的来源是通过分解食物中的蛋白质而产生的。因此，不论是奶牛、肉牛，还是山羊、绵羊，饲料中均匀加入一定浓度的非蛋白氮(如尿素、铵盐等)，增加瘤胃中氨的浓度，有利于蛋白质的合成。以尿素为例，瘤胃内的细菌利用尿素作为氨源，以可溶性碳水化合物作为碳架和能量的来源，合成细菌体蛋白质，进而和饲料蛋白质一样在动物体消化酶的作用下，被动物体消化利用。反刍动物日粮中使用非蛋白氮的目的，一是在日粮蛋白质不足的情况下，补充非蛋白氮，提高采食量和生产性能；二是用非蛋白氮适量代替高价格的蛋白质饲料，在不影响生产性能的前提下，降低饲料成本，提高生产效益；三是用于平衡日粮中可降解的蛋白质与过瘤胃蛋白，以充分发挥瘤胃的功能，促进整个日粮的有效利用。

(4)对氨基酸的营养需要

通常，反刍动物所需50%以上的必需氨基酸来自于瘤胃微生物蛋白，其余来自饲料。中等以下生产水平的反刍动物，仅微生物蛋白和少量过瘤胃饲料蛋白所提供的必需氨基酸足以满足需要；但对高产反刍动物，上述来源的氨基酸远不能满足需要，限制了生产潜力的发挥。日产奶15kg以上的奶牛，蛋氨酸和亮氨酸可能是限制性氨基酸；日产奶30kg以上的奶牛，除上述两种外，赖氨酸、组氨酸、苏氨酸和苯丙氨酸可能都是限制性氨基酸。研究表明，蛋氨酸是反刍动物最主要的限制性氨基酸。生产实践中，必须保证高产反刍动物对饲料中限制性氨基酸的需要，以充分发挥其高产潜力。对高品质蛋白质饲料进行过瘤胃保护，不仅可满足高产反刍动物对必需氨基酸的需要，而且可避免瘤胃过度降解饲料蛋白质所造成的能量和氮素浪费。

(5)对粗饲料的利用

在牛羊的饲料中必须有40%～70%的粗饲料，才能保证牛羊正常的消化生理需要，即使在高强度肥育条件下使用颗粒饲料，也必须保证粗饲料的比例。对于肉牛，提高饲粮中精料比例或将粗饲料磨成粉状饲喂，有利于合成体脂肪，提高增重，改善肉质。对于奶牛，增加饲粮中优质粗饲料的供给量，有利于形成乳脂肪，提高乳脂率。

(6)对维生素的需要

瘤胃微生物可以合成B族维生素和维生素K。在青贮饲料、青草正常供应的情况下，日粮中不需要添加合成的维生素，但脂溶性的维生素A、维生素D、维生素E必须从饲料中供给和满足，维生素C虽然被瘤胃微生物破坏，但又可以在肝脏中合成。牛体要合成适当数量的维生素B_{12}，必须供给足够的钴。

反刍与胃的组成

一、反刍

牛羊在摄食时，饲料不经过充分咀嚼即吞入瘤胃，在瘤胃内浸泡和软化。当其休息时，较粗糙的饲料刺激网胃、瘤胃前庭和食管沟黏膜的感受器，能将这些未经充分咀嚼的饲料逆呕到口腔，经仔细咀嚼后重新混合唾液再吞咽入胃，这一过程即为反刍。反刍时，网胃在第一次收缩之前还有一次附加收缩，使胃内食物逆呕到口腔。反刍的生理意义在于把饲料嚼细，并混入适量的唾液，以便更好地消化。每次反刍之间有一短暂的间隙。牛的日反刍时间一般为6～8h，每天反刍6～8次，采食后反刍来临时间1～2h。犊牛一般在生后3周出现反刍。饲料的物理性质和瘤胃中挥发性脂肪酸是影响反刍的主要因素。

二、牛羊胃的组成

牛羊的胃由4个部分组成，即瘤胃、网胃、瓣胃和皱胃。胃占据腹腔的绝大部分空间，容纳着进食的草料。前3个胃无腺体组织分布，不分泌胃液，主要起贮存食物、水和发酵分解粗纤维的作用，一般统称为前胃；皱胃内有腺体分布，可分泌胃液，称为后胃。

(1)瘤胃

瘤胃体积最大，是细菌发酵饲料的主要场所，有发酵罐之称。容积因牛羊大小各异，一般牛为94.6L，羊为23.4L。饲料内的可消化干物质的70%～85%，粗纤维约50%经过瘤胃的细菌和原生动物分解，产生挥发性脂肪酸等，同时还可合成蛋白质和B族维生素。

(2)网胃

网胃也称蜂窝胃，靠近瘤胃，功能同瘤胃。网胃是水分的贮存库，同时能帮助食团逆呕和排出胃内的发酵气体。网胃体积最小，成年牛的网胃约占总胃的5%。金属异物(如铁钉、铁丝等)被吞入胃内时，易留存在网胃。引起创伤性网胃炎。网胃的前面紧贴着肺，而肺与心包的距离又很近，金属异物还可穿过膈刺入心包，继发创伤性心包炎。所以在饲养管理上要特别注意，严防金属异物混入饲料。

(3)瓣胃

瓣胃也称“百叶肚或千层肚”，位于瘤胃右侧面，占总胃的7%。瓣胃主要起滤器作用。来自网胃的流体食糜含有许多微生物和细碎的饲料以及微生物发酵的产物。当通过瓣胃的叶片之间时，其中一部分水分被瓣胃上皮吸收，一部分被叶片挤压出来流入皱胃，食糜变干。截留于叶片之间的较大食糜颗粒被叶片的粗糙表面研磨，使之变得更为细碎。

(4)皱胃

皱胃也称真胃。一般情况下，胃体部处于静止状态，皱胃运动只在幽门窦处明显，半流体的皱胃内容物随幽门运动而排入十二指肠。

练习与思考题

1. 牛羊的生活习性有哪些特点?
2. 简述牛羊对各营养物质的利用特点。
3. 简述反刍动物各个胃的生理功能。

项目九 牛羊生产的筹划

【知识目标】

- 了解选址应考虑的主要因素。
- 掌握牛羊场的整体规划布局。
- 掌握牛羊常用饲料的种类及营养特性。

【技能目标】

- 能进行牛羊场规划设计。
- 能对各种饲料进行加工调制。

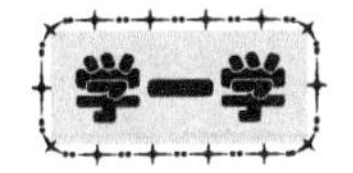

※任务一 牛羊场建设

一、场址的选择

牛羊场的位置应选择离生产基地和放牧地较近，交通方便，水电供应便利的地方，但要与交通要道、工厂及住宅区保持500～1000m以上距离，以利防疫和环境卫生。牛羊场应建在地势较为高燥，地下水位低，平坦，避风向阳，北面有挡风屏障，南面有开阔场地，土质坚实，排水良好，且有向南倾斜的缓坡地，并有足够的面积和有一定的发展余地。不宜建在通风不良和潮湿的山谷洼地，这些地方阳光不足，潮湿阴冷，且易被水浸。也不宜建在高山山顶，虽然高山山顶地势高燥，但风势大，气温变化剧烈，交通运输不便。

二、场地规划和平面布局

场地规划既要因地制宜，又要满足牛羊的生活需要，有利于生产，同时又要求经久耐用，便于饲养管理，提高工作效率。各建筑物要合理布局，统一安排。生活区、办公区要与生产区分开。场地建筑物的配置尽可能做到整齐、紧凑、美观。要安排好下水道，规划好道路，并植树绿化。饲料调配室设在各饲养区中间，离各栋牛舍都较近，便于拿取饲料。饲料贮存室则靠近饲料调配室，以方便运输。病畜隔离室建在距其他畜舍 150m 以外的下风处，以免疾病的传染。

三、奶牛舍的设计

1. 奶牛舍内的主要设施

为了达到工作方便，牛舍内部设备的布设要科学合理。

(1)牛床

牛床的设置要有利于牛体健康，有利于饲养管理操作。要求牛床长宽适中(表 9-1)。牛床过宽、过长，牛活动余地过大，牛的粪尿易排在牛床上，影响牛体卫生；过短、过窄，会使牛体后躯卧入粪尿沟且影响挤奶操作。牛床应位于饲槽的后面，牛床地面用粗砂和水泥抹成粗糙床面。地面呈前高后低，向粪尿沟呈 1%～1.5%的倾斜坡度，并在牛床后半部划线防滑，牛床后面建 30～40cm 宽、5～10cm 深的粪尿沟。

表 9-1　牛床长、宽设计参数　　单位：cm

牛群类别	长　度	宽　度
成乳牛	170～180	110～130
青年牛	160～170	100～110
育成牛	150～160	80
犊　牛	120～150	60

(2)通道

牛舍内部中央设有一条通道，称为中间道，宽为 1.5～2.0m，起到清除通道两旁粪尿、沟内粪便、挤奶和照顾母牛时行走的作用。南北墙壁与饲槽之间设有给料通道，称为料道，宽为 1.2～1.3m。

(3)饲槽

在牛床前面设置固定的食槽，固定式饲槽为水泥制成，位于牛床前面，食槽需坚固光滑，不透水，稍带坡，以利清洗消毒。为适应牛采食的行为特点，槽底为圆弧形，槽净宽为 60～80cm，呈前沿高、后沿低，前沿高为 60～80cm，后沿高 40～50cm。

(4)舍门

双列式奶牛舍，应设正门和侧门两种。正门一个或南北各一个，如果不设南面墙，无须设正门。正门宜用铁制拉门，上下安装门槽，上槽设有滑轮，便于左右移动，门宽 200～220cm。侧门又称中间道门，主要供人员和运料草之用，侧门宽 150～180cm、高 200cm，采用拉门、双扇开门都可以。

(5)粪尿沟

双列对尾式奶牛舍的两条粪尿沟设在中间通道两侧边，沟宽 30cm，沟斜度为 1.5%～

2%。最好两头粪尿沟向中间倾斜，汇合于中间粪尿沟，排到北墙外的贮粪池内。

(6)链枷

用直径0.6cm的钢筋制成的长、短链，长链为140～150cm，短链为100cm。两链中间用一转环相连，短链的两端埋在饲槽内侧下部，长链固定在牛颈部，以限制其左右前后活动范围。

(7)运动场

每栋奶牛舍的前面或后面应设有运动场，运动场的面积视牛只情况和地势条件而定。成年牛每头占运动场面积15～20m^2，育成牛为10～15m^2，犊牛为5～10m^2。运动场周围的栅栏要求既结实耐用又经济，以钢管为上选材料，运动场围栏高150cm。运动场内要保持一定的坡度，以利排水，在运动场内要设置自由饮水槽和防暑凉棚。

(8)贮水池

在牛台中央两门口处的饲槽一端，应各设一个贮水池，以备停电停水之用，每个贮水池贮水量约2m^3。

(9)工作室和产房

在奶牛舍的东端或西端要设有两间小屋，一间为值班工作室，另一间为调料室，每间面积3.3m×4.0m或稍大些，为10～14m^2。如牛群大，还要设立专门的产房。

(10)贮粪池

贮粪池一般设在牛舍北面，要与奶牛舍内的排粪沟相通，为一地下暗通道，距牛舍后墙500cm左右。贮粪池的容积，视牛只头数而定，一般可按每头成年奶牛0.5m^3，犊牛0.2m^{3}进行设计，贮粪时间为15～30d。

(11)青贮窖或青贮塔

如果奶牛场的地势较低，地下水位较高，可采用地上青贮窖或青贮塔。地势较高或地下水位较低，可采用半地下青贮窖，一般不提倡选用造价高昂、取用不便的地下青贮窖。青贮窖宜建成数个便于轮流存贮与取用的小型窖，不提倡大型青贮窖。青贮窖的数量与总容积，根据奶牛头数来决定，每头奶牛每年青贮量按8000kg计算，每立方青贮窖约青贮500kg，即可计算出总的建窖容积，但要留有一定的霉变的可能容积量。

(12)其他有关设施

除以上设施外，作为一个奶牛场还需配有饲料加工、调料、饲料贮存、运输、防疫、治疗、配种等设施。

2. 奶牛舍的种类

(1)综合奶牛舍建筑

饲养奶牛须依靠多次适时配种、怀胎、产犊后才能持续产奶，在此过程中必然出现自群繁殖、育犊、扩大牛群等情况，牛舍建筑也须由单一成年母牛舍发展成为包括育成牛舍、犊牛台、产房、饲料间、贮奶间等设备的综合奶牛舍(图9-1、图9-2)。为避免人、牛和粪尿污染舍内环境，应单独建立综合牛舍，在拴系饲养的基础上进行完善配套。在中段安排对尾或对头双列式成年母牛床，将其他育成牛床、犊牛笼、产房、饲料间、贮奶间等分置于牛舍两端。沿牛舍纵向布置两排牛床，牛舍的容量可大可小。

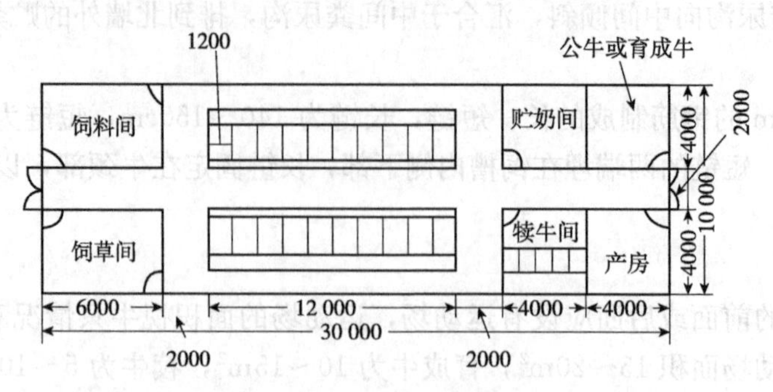

图 9-1 综合奶牛舍平面图(单位：mm)

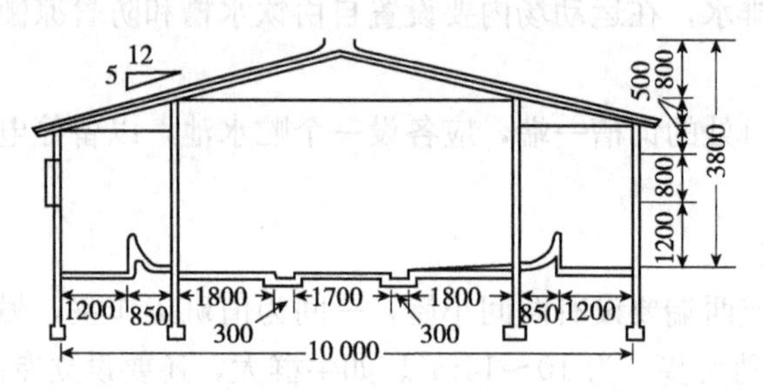

图 9-2 综合奶牛舍剖面图(单位：mm)

采用对尾式双列牛舍，由于牛头向窗，对于日光和空气调节比较有利，相对来说传染疾病的机会也比对头式双列牛舍少；同时，挤奶、清粪都可集中在牛舍中间，合用一条通道，操作比较方便，同时也便于观察奶牛发情及生殖器官疾病，缺点是饲喂不方便，饲料运输线路加大一倍。

对头双列式牛舍是中间为喂料通道，两边为除粪道。这种形式牛舍的优点是便于饲喂，但挤奶清粪工作分散两侧，影响工作效率，同时牛尾部对墙，粪便易污染墙壁，不利于卫生。

此类牛舍一切操作基本上皆可在牛舍内完成。由于每头奶牛都拴系在指定专用床位，为实行专人专牛专床位的个体细致饲养管理创造了有利条件，但也为牛群扩大后推行科学的群体饲养设置了障碍。

(2)散放饲养奶牛场的牛舍建筑与设备

①散放饲养奶牛场平面布局：散养式牛舍，就是奶牛除挤奶外，其他时间都不拴系，任其自由活动，没有封闭牛舍，只有奶牛休息区、饲喂区、待挤区和挤奶区(图 9-3)。奶牛可随意走到休息区和饲喂区，并在挤奶区集中挤奶。奶牛饲喂和挤奶后到休息区休息，可以躲避酷暑和避寒。每头母牛占地面积为 1.5～2.0m^2。床地铺有褥草，每天添加新草，堆积几个月后用清粪机清理一次，每年清理 2～3 次。散养牛舍的优点是，便于实行机械化、节约劳力，内部设备简单，可有效地降低成本，散养母牛感到舒适。由于母牛在挤奶间集中挤奶，与其他设施隔离，受饲料、粪便、灰尘等污染机会少，易保持牛体清洁，并可提高产奶质量。缺点是不容易做到个别特殊饲养，同时由于共同使用饲槽和饮水槽，传染疾病的机会相对增多。挤奶间是散养奶牛场的主要设施，在挤奶间内需要设立高于地面的挤奶台和贮奶室。挤奶台为直线形。挤奶时，将奶牛赶进挤奶间的挤奶台上。挤奶员完成挤奶工作后，将奶牛放出，再放进另一批待挤母牛，循环进行。挤奶员站在挤奶台两侧

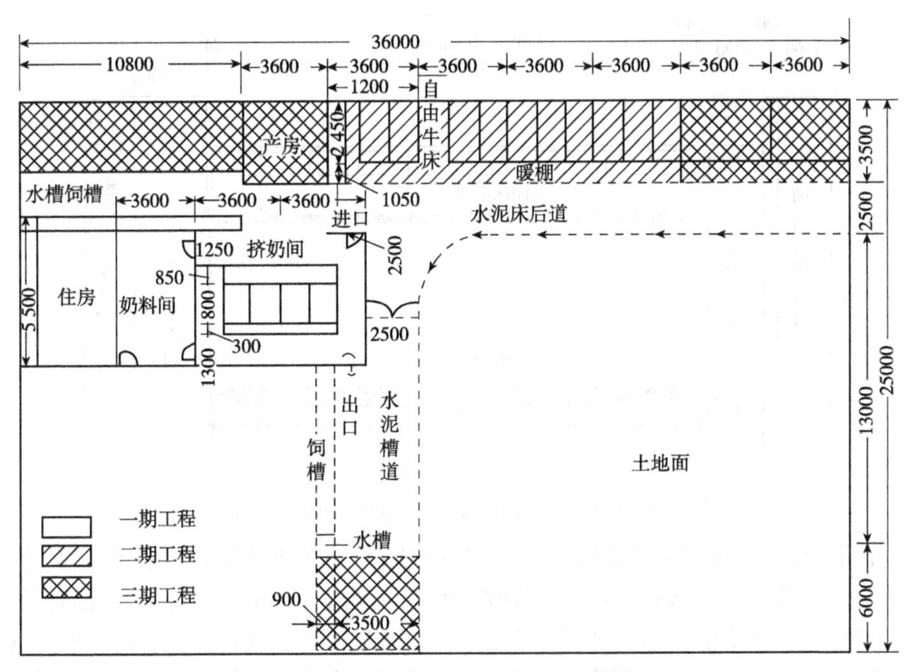

图 9-3　散栏饲养奶牛场平面布置图(单位：mm)

地槽内，不必弯腰工作，平均每 2h 可挤 30～50 头母牛。一般牛群规模不大的奶牛场使用这种挤奶设备，比较经济实惠。有条件的奶牛场也可设立两排挤奶台，中间是地槽。使用两排挤奶台时，让待挤奶牛两旁排列，挤奶员站于中间地槽内挤奶。挤奶员完成一边挤奶后，接着去进行另一边的挤奶工作。

②成年母牛生活区平面布局：成年母牛生活区对促进牛体健康，提高奶牛产奶尤为重要。生活区内设置暖棚、牛床、水泥通道、饲槽、排水沟、隔离杠等(图 9-4、图 9-5)，养 30 头牛共占地约 1000m^2，可按饲养头数多少将面积适当增减。运动场一般设在牛舍的南面，运动场要有一定的坡度，靠近牛舍处稍高，东西南三面稍低，并设排水沟，以利于雨水、尿液的排出。隔离栏主要是保证奶牛在运动场内自由活动，围栏要求坚固，栏柱最好用钢筋混凝土预制柱，也有的用废旧钢管，都比较经久耐用，还有些运动场用砖做围墙，但砖墙不透风，空气不能对流，这不仅对奶牛的健康不利，还影响奶牛的产奶量。运动场内必须设饮水槽和饲槽，便于奶牛自由饮水和自由采食粗饲料。由于生活区在牛场中占的比例最大，所以成年母牛生活区的建筑设计和构造十分重要。

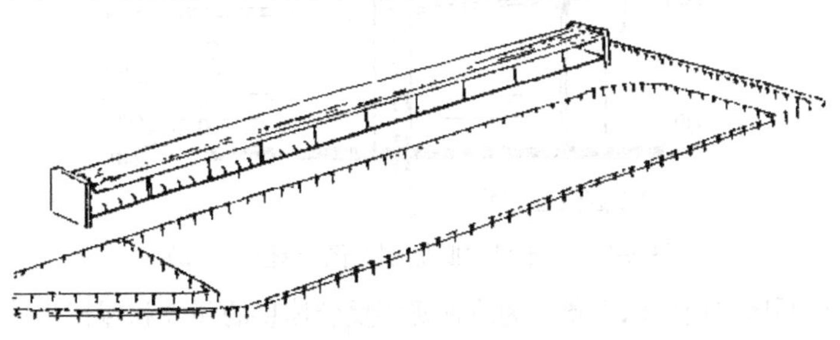

图 9-4　成年母牛生活区鸟瞰

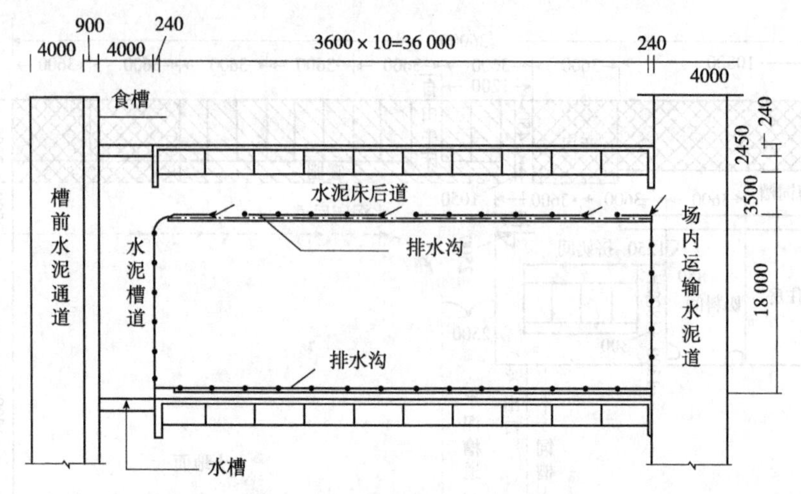

图 9-5　成年母牛生活区平面布置图(单位：mm)

③成年母牛暖棚：暖棚应坐北朝南，每头牛占用 $4m^2$。在建筑和使用时应注意以下几点(图 9-6～图 9-8)：暖棚跨度以 350cm 为宜，前檐高度不可超过 240cm，否则牛床后部将遭日晒雨淋；棚顶必须采用一面坡式，使雨水流至生活区外，坡度不可太大，防止后檐低于 210cm 而遭奶牛顶撞棚顶；棚顶切不可采用屋脊式瓦顶或半圆顶，以免前檐支柱前伸，妨碍通道，而顶部空间窝气，造成夏季不通风而增热，冬季又增多空间而夺热；暖棚后墙上部应设向外上开的窗，夏开冬闭，以调节棚内气温，并防由后面向内淋雨。暖棚内必须设置自由牛床。

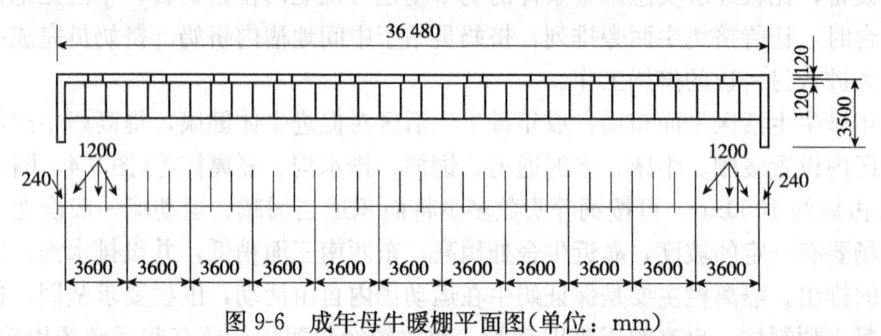

图 9-6　成年母牛暖棚平面图(单位：mm)

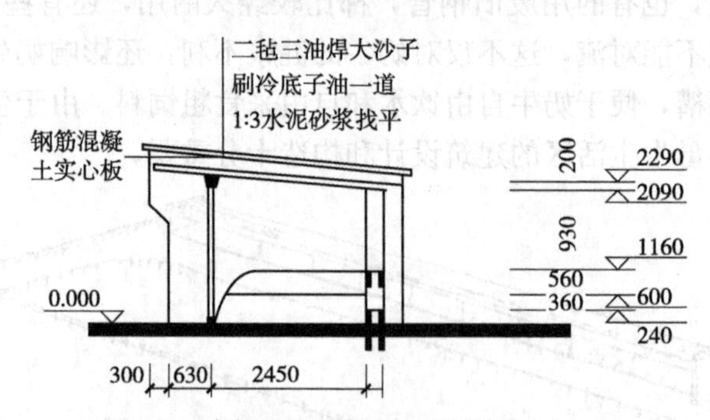

图 9-7　成年母牛暖棚剖面图(单位：mm)

④成年母牛生活区自由牛床设备：为改善奶牛反刍休息的环境和保持牛体清洁，要求牛床能经常保持干燥，保温性能良好，不易导热，坚固耐用，又不过分磨损牛蹄，牛群进出没有滑

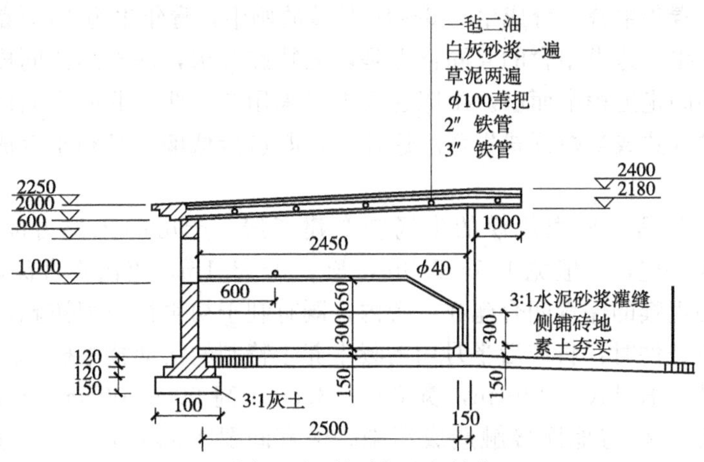

图 9-8 成年母牛暖棚剖面图(单位：mm)

倒的危险，躺卧舒适。目前，牛床多用水泥地板，有些寒冷地区可在水泥地板上铺设 4～5cm 厚的木板，这样能起到阴热、防寒作用，同时能节省褥草。在修建使用牛床时，应注意以下几点：床底须先用水泥或砖铺平，防止被牛踏翻。床上铺木板或经常铺褥草，使牛床松软干燥，否则奶牛在天气恶劣时不愿进入休息。牛床上部距后墙 60cm 处设一活动颈杠，可迫使牛将粪尿排在床外，既不污染牛床，又保持牛体清洁。成年母牛自由牛床宽度以 120cm 为宜，过狭有碍成年母牛使劲，过宽过大不仅造成浪费，并容易使牛横卧，将粪尿排在床前方。牛床的长度一般按从牛的肩端到臀端的长度来定。牛的前身应靠近牛槽的前缘，后肢接近牛床的后缘，排出的粪便能直接落在粪尿沟内(图 9-9、图 9-10)。此外，牛床要高于周围地面几厘米，以利于牛床干燥。同时牛床最好向粪尿沟方向有一定的坡度，以免积水、积尿。

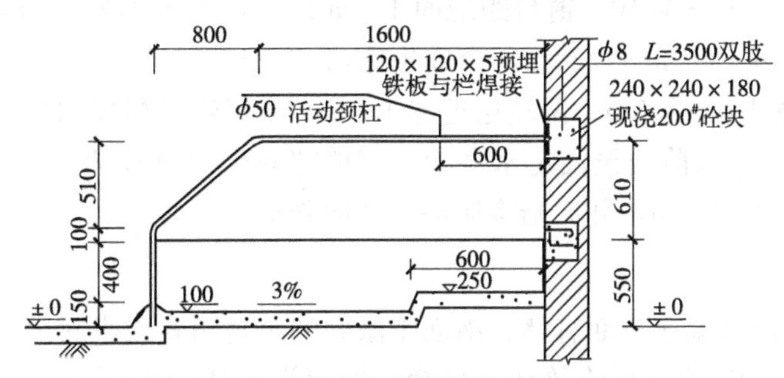

图 9-9 入地式自由牛床侧视(单位：mm)

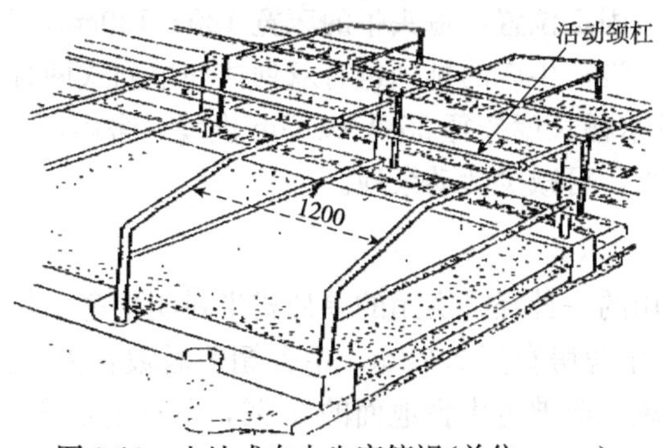

图 9-10 入地式自由牛床俯视(单位：mm)

⑤育成牛、青年牛舍：育成牛为6～16月龄的奶牛，青年牛为16月龄后配种受孕到首次分娩前的奶牛。这类牛舍的共同特点是，无特殊要求，基本形式同成年牛舍，只是牛床尺寸小，中间走道稍窄而已。牛床建筑上可采用东、西、北面有墙壁，南面没有墙或仅有半墙的敞开式或半敞开式牛舍。这种牛舍既造价低廉，又利于育成牛、青年牛的培育。

⑥产房和犊牛舍：较大规模的牛场应专建产房。产房的床位占成年奶牛头数的10%，床位应大一些，一般宽1.5～2.0m，长2.0～2.1m，粪沟不宜深，约8cm即可。一般产房多与初生犊的保育间合建在一舍内，既有利于初生犊哺饲初乳，又可节省犊牛的防护设施。有条件时，将产后半月内的犊牛养于特制的活动犊牛栏(保育笼)中，其栏用轻型材料制成，长110～140cm，宽80～120cm，高90～100cm，栏底离地面10～15cm，以防犊牛直接与地面接触造成污染。保育间要求阳光充足，无贼风，忌潮湿。犊牛舍按成年母牛的40%设置。采用分群饲养，一般分成0.5～3月龄、3～6月龄两部分。3月龄内犊牛分小栏饲养，栏长130～150cm，宽110～120cm，高110～120cm。3月龄以上的犊牛可以通栏饲喂。牛床长130～150cm，宽70～80cm，饲料道宽90～120cm，粪道宽40cm。

四、肉牛舍的设计

(1)标准牛舍

牛舍分为双列式和单列式两种。双列式跨度10～12m，高2.8～3.0m；单列式跨度6.0m，高2.8～3.0m。每25头牛设一个门，其大小为2.0m×(2.2～2.3)m，不设门槛。窗的面积占地面的1/16～1/10，窗台距地面1.2m以上，其大小为1.2m×(1.0～1.2)m。母牛床(1.8～2.0)m×(1.2～1.3)m，育成牛床(1.7～1.8)m×1.2m；送料通道宽1.2～2.0m，除粪通道宽1.4～2.0m，两端通道宽1.2m。最好建成粗糙的防滑水泥地面，向排粪沟方向倾斜1%。牛床前面设固定水泥槽，饲槽宽60～70cm，槽底为U字形。排粪沟宽30～35cm，深10～15cm，并向暗沟倾斜，通向粪池。

(2)简易牛舍

北方可采用四面有墙或三面有墙、南面半敞开的全封闭式或半封闭式牛舍；南方可采用北面有墙、其他三面半敞开的敞开式牛舍。地面设施依肉牛饲养方式而异。舍内拴养者，每头牛在舍内有相对固定位置，每头牛的床宽120～130cm，长150～170cm。牛床前面设有饲槽，后面有排粪沟，牛床的排列也有双列式和单列式两种。舍内散养者，饲槽长度按每头45～65cm、饮水槽长度按每25头0.75m设置。舍内可采用水泥地面，每头需占3m^{2}面积，舍内密度稍大，可减少活动余地。

(3)塑料暖棚牛舍

塑料暖棚是北方常用的一种经济实用的单列式半封闭牛舍。其跨度为5.44m，前墙高3.15m，后墙高1.6m，牛舍房脊高2.72m，牛舍棚盖后坡长占舍内地面跨度70%，宜以盖瓦为佳，要严实不透风。前坡占牛舍地面的30%，冬季上面覆盖塑料大棚膜(图9-11)。三脚架支柱在食槽内侧。后墙1m高处，每隔3m有一个30cm×50cm的窗孔，棚顶每隔

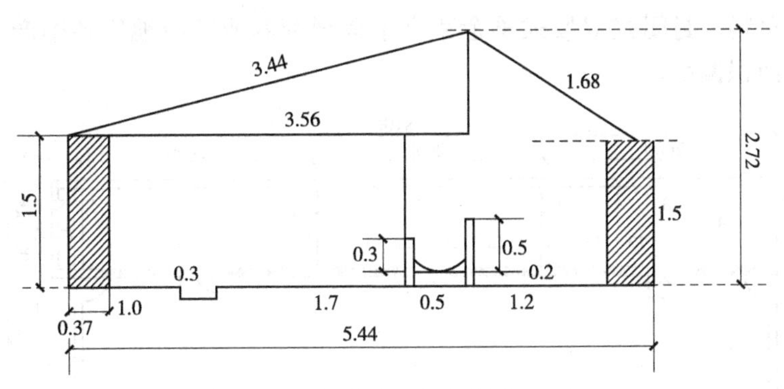

图 9-11　塑料暖棚牛舍(单位：m)

5m 有一个 50cm×50cm 的可开闭天窗。牛舍一端建饲料调制室和饲养员值班室，另一端设牛出入门。

五、羊舍及附属设施

1. 羊舍类型

羊舍类型按屋顶形式可分为单坡式、双坡式；按墙通风情况有封闭式、敞开式及半敞开式；按地面羊床设置可分为双列式、单列式。下面列举几种较为常见的羊舍。

(1)半开放双坡式羊舍

这种羊舍平面布局可分为曲尺形，也可为长方形(图 9-12)。羊舍内可以根据分群饲养的需要分隔成若干个固定羊栏，也可根据羊只多少、产羔需要，用活动隔栏临时分隔，使用较为方便，适合于夏季炎热的南方地区使用。

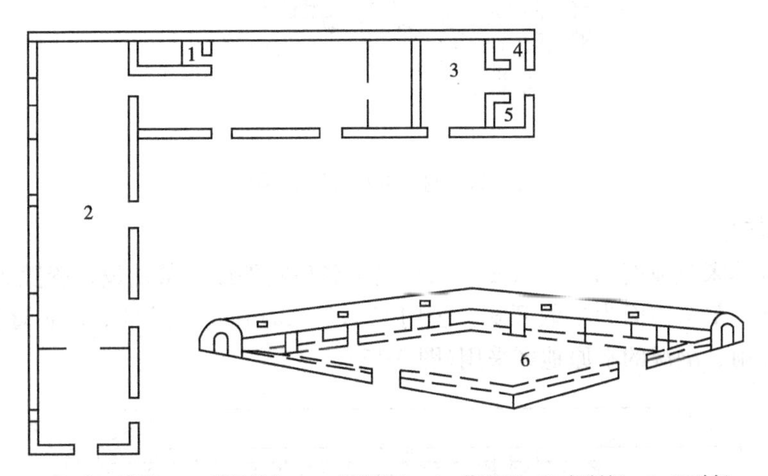

1. 人工授精　2. 普通羊舍　3. 分娩栏舍　4. 值班室　5. 饲料间　6. 运动场

图 9-12　半开放双坡式羊舍(单位：cm)

(2)封闭式双坡式羊舍

这种羊舍四周墙壁密闭性好，双坡式屋顶跨度大。单列式羊舍(图 9-13)，走道宽 1.2m，建在栏的北边，饲槽建在靠窗户走道侧，走道墙高 1.2m，下部为隔栅，以便羊头从栅缝伸进饲槽采食。双列式羊舍(图 9-14)，中间设 1.5m 宽走道，走道两侧分设通长饲槽，以便补饲草料。封闭式双坡式羊舍适合于舍饲饲养或寒冷地区冬季产羔，但造价较高，有效利用面积偏小。

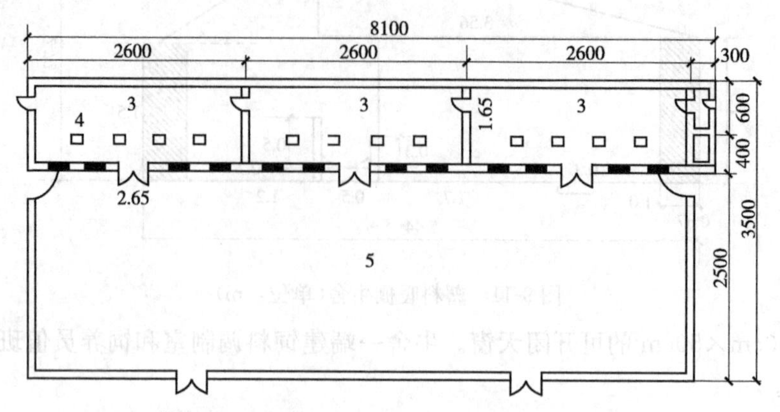

1. 值班室 2. 饲料间 3. 羊圈 4. 通气管 5. 运动场

图 9-13 可容纳 600 只母羊的封闭双坡式羊舍(单位：cm)

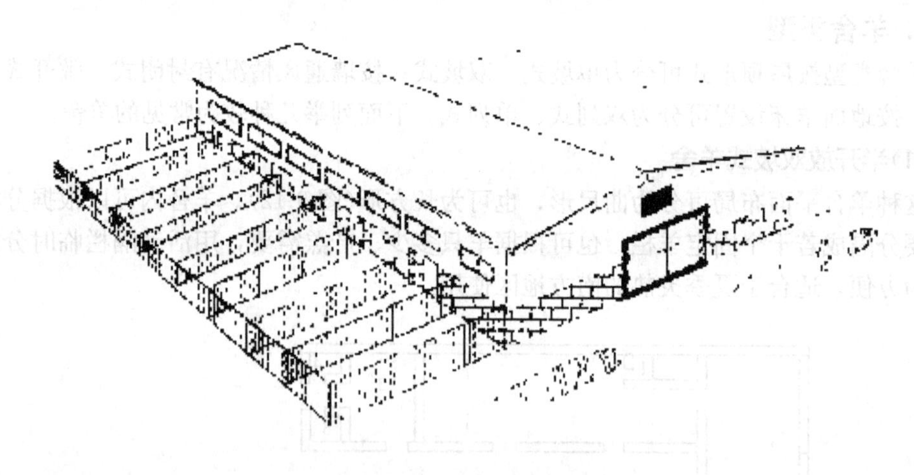

图 9-14 封闭双坡双列式羊舍

(3)楼式羊舍

这种羊舍羊床距地面 1.5～1.8m，用水泥漏缝预制件或木条铺设，缝隙 1.5～2.0cm，以便粪尿漏下。羊舍南面为半敞开式，舍门宽 1.5～2.0m。通风良好，防暑防潮性能好，适合于南方多雨、潮湿的平原地区采用(图 9-15)。

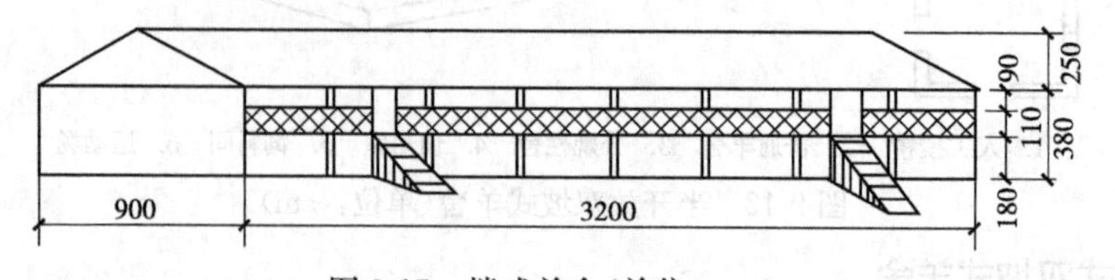

图 9-15 楼式羊舍(单位：cm)

(4)吊楼式羊舍

这种羊舍多利用山坡修建，距地面一定高度建成吊楼，双坡式屋顶，封闭式或南面修成半敞开式，木条漏缝地面或水泥漏缝预制件铺设，缝隙 1.5～2.0cm，便于粪尿漏下。这种羊舍通风、防潮、结构简单，适合于广大山区和潮湿地区采用(图 9-16)。

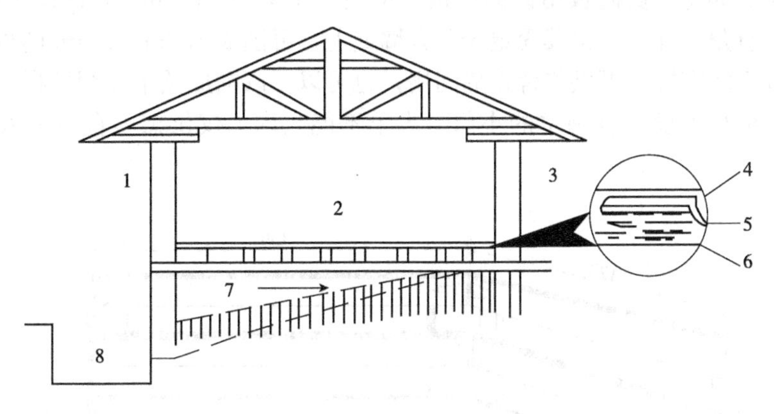

1. 后 2. 羊舍 3. 前 4. 木条 5. 楼幅 6. 台楼幅 7. 斜坡 8. 粪池

图 9-16 吊楼式羊舍侧剖面图

2. 羊场附属设施及主要设备

(1)青贮设施

①青贮窖：一般是圆桶形、长方形，为地下式或半地下式，窖壁、窖底用砖、石灰、水泥砌成。窖的容积大小依据羊群规模及其饲喂量决定。每只成年母羊每天可喂青贮玉米秸秆 3.0kg 左右，每立方米青贮窖(塔)能青贮玉米秸秆 450～750kg。

②青贮塔：用砖、石、钢筋、水泥砌成。可直接建在羊舍旁边，取用方便。并且具有不透气、不渗水、压得紧、损耗少、单位容积贮存量多等优点。青贮塔一般直径约为 4m。

(2)药浴池

羊场应修建药浴池，定期给羊药浴，以防治体外寄生虫病。药浴池一般为长方形狭长小沟，用砂石、砖、水泥砌成。池的深度不少于 1m，长约 10m，上口宽 0.5～0.8m，池底宽 40～60cm，以一只羊能通过而不能转身为度。池的入口处为陡坡，以便羊只迅速入池；出口端筑成台阶式缓坡，以便消毒后的羊只攀登上岸。入口处设储羊栏，出口处设滴洗台，使药浴后羊只身上多余的药液回流池内。

(3)饲槽和饲草架

通常在羊舍内，尤以舍饲为主的羊舍应修建固定式永久性饲槽。若为双列对头式，饲槽应在中间走道两侧；若为对尾式，饲槽应修在靠窗户走道侧。走道墙高 1.2m(为半砖墙、水泥抹面、下半截为隔栅状)，顺墙用砖、水泥砌成通槽，一般槽高 40～50cm，上宽 50cm，深 20cm，槽底呈圆弧形。隔栅可用钢筋或木料、砖制成。栅间距宜较窄，但每隔 30～40cm 留一较大栅缝(宽 15cm)，以便羊头伸进栅缝从饲槽中采食草料，避免践踏、污染草料，造成浪费。

(4)活动栅栏

活动栅栏可供随时分隔羊群之用，在产羔时也可临时用活动栅栏隔成母仔栏。通常羊场都要用木板、钢筋或铁丝网等材料加工成高 1m，长 1.2m、1.5m、2～3m 不等的栅栏、网栏(图 9-17)。而且在栏的两侧或四角装有可连接的挂钩扦鞘或铰链，部分网栏带托地板可在地面固定。如将两块栅板用铰链连接，每块高 1m，长 1.2m、1.5m，将此活动栅栏在羊舍一角成直角展开，并将其固定于羊舍墙壁上，可围成 1.2m×1.5m 的母仔间；若将次两块栅栏成直线安置，可供羊舍作隔间用；也可以用以围成羔羊补饲栅栏。此栅栏用以给羔羊补饲，栅栏上设一有圆木的小门，大羊不能入内，仅供羔羊自由进入栅栏内采食(图 9-18)。

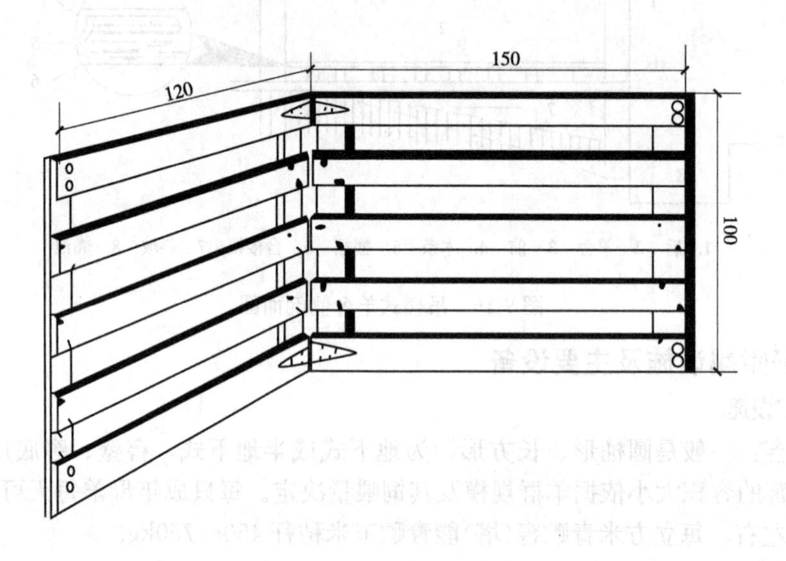

图 9-17　活动栅栏(单位：cm)

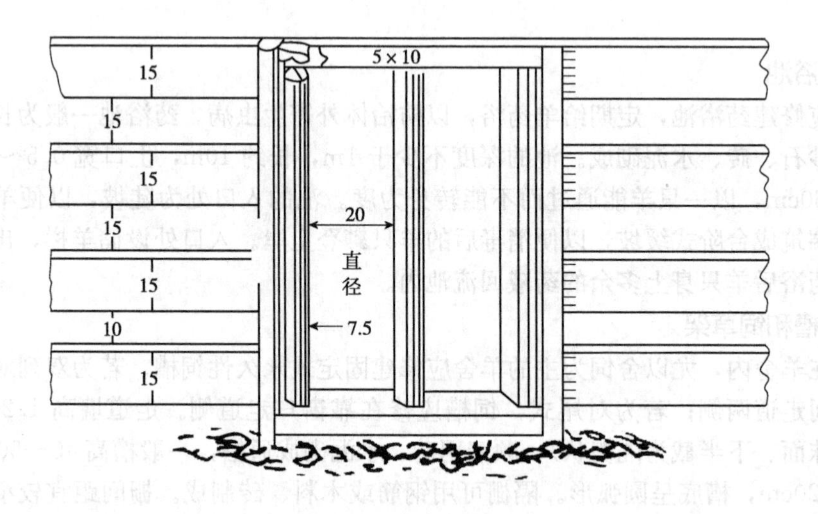

图 9-18　羔羊补饲栅栏门

任务二　牛羊饲料配制

一、饲料配制

1. 牛羊饲料配制的原则

①以牛羊的营养需要标准为基础，根据饲养实践中和牛生长的实际情况进行灵活运用，日粮中的营养水平过高过低都应予以调整。

②尽量使日粮配合多样化，发挥饲料的营养互补作用，使营养更加全面，以提高日粮的适口性和转化率。

③为符合牛羊的消化生理特点，日粮组成须以青粗饲料为主，日粮的粗纤维含量不应超过15%，精饲料用于补充能量和蛋白质。

④既要考虑日粮的全价，又要考虑日粮的容积。使牛羊既能吃饱，又摄入全面均衡的营养。

⑤配制日粮时应遵循对牛羊自身及产品无不良影响的原则。

⑥在选用饲料时，应选用资源充足、价格低廉的饲料，以保障供给、降低成本。

2. 设计的方法与步骤

①查饲养标准，计算营养需要。

②查饲料成分及营养价值表。

③先用青粗饲料满足牛羊的营养需要。

④将营养价值表中青粗饲料可供给的营养成分与总的营养需要量比较后，不足的养分再由混合粗饲料来满足。

⑤计算牛羊的精料补充饲料配方。

3. 牛羊饲料配制的注意事项

①农牧发〔2001〕7号文件规定，禁止在反刍动物饲料中添加和使用以下动物性饲料产品：肉骨粉、骨粉、血粉、血浆粉、动物下脚料、动物脂肪、干血浆及其他血液制品、脱水蛋白、蹄粉、角粉、鸡杂碎粉、羽毛粉、油渣、鱼粉、骨胶等。在日粮配方设计和采购饲料原料时应避免误用。

②选择和使用的饲料添加剂应符合农业部318号公告《饲料添加剂品种目录》的要求。

③农业部168号公告《饲料药物添加剂使用规范》规定，只有莫能菌素钠(瘤胃素)、杆菌肽锌、黄霉素(富乐旺)和硫酸黏杆菌素(抗敌素)4种抗生素可在牛饲料中添加。

④日粮中的各种饲料原料在感官上应有一定的新鲜度，具有相应品种应有的色、嗅、味和组织形态特征，没有发霉、变质、结块、异味。粗饲料要经过加工处理，进行粗粉碎或压扁加工。精饲料应符合一定的粒度要求。

⑤由于牛羊瘤胃内的微生物能合成B族维生素和维生素K，维生素C可在体组织内合成，维生素D可通过摄取经日光照射的青干草或在室外晒太阳而获得，日粮中一般主要补充脂溶性维生素即可。

⑥如果利用尿素，喂量不应超过日粮干物质的1%或每千克体重0.2～0.3g的喂量，尿素应均匀混入混合精料中每日分2～3次喂给，不得溶入水里直接饲喂，喂后1.5～2h才能饮水。当日粮粗蛋白质含量在12%以下时尿素利用率最高，促进增重效果最好，超过12%时尿素利用率最低，不但不促进增重，反而会降低增重，得不偿失。

⑦外购精料补充料或复合预混料时，应事先考察供货方的资质、信誉、管理和产品质量等综合情况，选择名优专业化生产企业的产品。进货时必须核对产品标签和产品质量合格证，并确认营养成分、含量、使用方法、生产日期、保质期及注意事项等。

⑧自配精饲料应确保选料、设计、计量和加工等环节准确无误。精饲料应配有专用的生产设备，如与其他畜禽使用同一设备生产饲料，应当对生产设备进行彻底清洗，防止交叉污染。

⑨组配全价混合日粮时，粗、精饲料必须按比例充分混合均匀，现用现配，足量喂给。每头每天采食的饲料量(日粮)以干物质计，一般占体重的2%～3%，酌情增减。

⑩设计和生产牛的全价混合日粮必须符合《饲料卫生标准》(GB 13078—2017)规定。

二、精料的饲喂方法

牛羊的饲喂应遵循的一个原则是以青粗饲料为基础，营养物质不足部分用精料和其他饲料添加剂进行补充。优质的青干草和青绿多汁饲料及青贮料，具有易消化、适口性好、刺激消化液的分泌、增进食欲、保持机体健康，提高生产能力等优点。相反，如果长期饲喂过多的精料，就会影响身体健康状况，并降低生产能力和产品品质。为了充分满足牛羊的营养需要，应根据饲养标准，精确计算不同体重、年龄和生产水平的牛对各种营养物质的需要量，正确配合日粮，充分满足牛羊的营养需要。反刍动物能将植物纤维分解转化为挥发性脂肪酸，供给自体的需要，还能把饲料中的非蛋白氮合成优质蛋白质，将其转化为肉和乳。这种功能是由瘤胃微生物和自身生理机能互为协调所形成的“瘤胃恒定性”实现的。这一“瘤胃恒定性”如果发生紊乱，即会引起疾病，如酮病、氨中毒、亚硝酸盐中毒、瘤胃臌气、前胃弛缓、代谢性酸中毒等。近年来，随着牛羊规模饲养的发展，人们为了提高生产性能，在饲养上采取多给精料少给粗饲料，甚至不给粗饲料的方法饲喂，致使“瘤胃恒定性”发生紊乱，从而引发各种病症。

三、粗饲料的调制

(1)秸秆的尿素处理

尿素或碳酸氢铵(也叫碳铵)，都可作为氨源处理秸秆。但尿素处理效果仅次于液氨，比碳铵要好。利用尿素(或碳铵)处理秸秆和液氨相比有它的优点。处理时不需要多少设备，贮存运输都很方便，也不像液氨或氨水那样，如处理不当，会对人体有害。如果不是大规模地有组织地氨化，在农村一家一户利用尿素是很方便的。但利用尿素要考虑尿素分解为氨的速度，要使尿素分解快，需加些含脲酶丰富的物质如大豆面，或使周围的温度升高，秸秆的含水量能达到35%～45%，以利细菌繁殖增加脲酶。如果处理秸秆的尿素剂量大而大多没有分解，大量留在秸秆上，饲喂牛羊则有氨中毒的可能。尿素处理秸秆的方法是根据秸秆重量称量出尿素，每100kg秸秆加3～4kg尿素。将3～4kg尿素溶于60kg水中，拌匀，再用喷壶喷到切碎的100kg秸秆上，边喷洒，边搅拌，一层一层地喷洒，一层一层地踩压，一直到垛顶或窖顶，再压实，用塑料薄膜盖住压紧密封。为了防止人畜践踏草垛破坏塑料膜，可在垛的四周设置围栏等保护物。秸秆尿素处理的容器除用窖或堆垛处理外，还可用塑料袋或水缸。塑料袋一般不宜过大，待秸秆与尿素水溶液搅拌均匀后，放入袋中压实扎口封严。为了预防老鼠咬，可在袋周放些灭鼠药或把袋埋入土中。水缸是另一种容器，把混合好尿素溶液的秸秆放入缸内压紧，只需在顶部盖上塑料膜，压紧、封严。

(2)秸秆的热喷处理

①热喷设备：设备包括主机和辅机两部分。主机主要有蒸汽锅炉及压力罐，前者提供低压及中压蒸汽，后者为一个密闭受压容器，辅机主要有破碎机(铡草机、粉碎机、压碎机等)、贮料装置(贮料罐、贮料房或贮料仓等)、传递装置(传送带、进料漏斗、排气管、排料罐等)，其他设备包括烘干机、搅拌机等。

②热喷技术：将粉碎的原料、连同添加剂装入压力罐内，密封后通入低压或中压水蒸气1～30min，然后骤然减压喷放，即得热喷饲料。热喷饲料饲喂效果明显，每千克增重可降低饲料消耗50%左右。

(3)秸秆氨化处理

氨化的原料是清洁未霉变的麦秸、玉米秸、稻草等，一般铡成2～3cm长。秸秆氨化的方法有堆贮法、窖贮法等。堆贮法适用于液氨处理、大量生产。先将6m×6m塑料薄膜铺在地面上，在上面垛秸秆。垛底面积以5m×5m为宜，高度接近2.5m。秸秆原料含水量要求20%～40%，一般干秸秆水分含量仅10%～13%，故需边码垛边均匀地洒水，使秸秆含水量达到30%左右。码到0.5m高处，在垛上面分别平放直径10mm、长4m的硬质塑料管2根，在塑料管前端2/3长的部位钻若干个2～3mm小孔，以便充氨。管的后端露出草垛外面约0.5m长。通过胶管接上氨瓶，用铁丝缠紧。堆完垛后，用10m×10m的塑料薄膜盖严，四周留下0.5～0.7m宽的余头。在垛底部用一长杆将四周余下的塑料薄膜上下合在一起卷紧，用石头或土压住，但输氨管外露。按秸秆重量3%的比例向垛内缓慢输入液氨。输氨结束后，抽出塑料管，立即将余孔堵严。窖贮法适合用氨水处理，进行中小规模生产。氨水用量按3kg÷(氨水含氮量×1.21)计算。如氨水含氮量为15%，每100kg秸秆需氨水量为3kg÷(15%×1.21)=16.5kg。

氨化的时间应根据气温和感观来确定。一般1个月左右，秸秆颜色变褐黄即可。饲喂时一般经2～5d自然通风将氨味全部放掉，呈糊香味时，才能饲喂，如暂时不喂可不必开封放氨。

(4)秸秆微贮技术

秸秆微贮饲料就是在农作物秸秆中，加入微生物高效活性菌种——秸秆发酵活干菌，放入密封的容器(如土窖等)中贮藏，经一定的发酵过程，使农作物秸秆变成具有酸香味、草食家畜喜食的饲料。

①菌种的复活：秸秆发酵活干菌每袋3g，可处理麦秸、稻秸、玉米干秸秆1t或青料2t。在处理秸秆前先将袋剪开，将菌剂倒入2kg水中，充分溶解(如有条件，最好在水中加白糖20g，溶解后，再加入活干菌，这样可以提高复活率，保证微贮饲料的质量)。然后

在常温下放置1～2h使菌种复活，复活好的菌剂一定要当天用完。

②菌液的配制：将复活好的菌剂倒入充分溶解的0.8%～1.0%食盐水中拌匀。食盐水及菌液量的计算方法见表9-2。

表9-2 菌液配制

秸秆种类	秸秆重量(kg)	秸秆发酵活干菌用量(g)	食盐用量(kg)	自来水用量(L)	贮料含水量(%)
稻麦秸秆	1000	3.0	9～12	1200～1400	60～70
黄玉米秸	1000	3.0	6～8	800～1000	60～70
青玉米秸	1000	1.5	0	适量	60～70

③装窖：土窖应先在窖底和四周铺上一层塑料薄膜，然后在窖底铺放20cm厚切成3～5cm的秸秆，并均匀喷洒菌液，压实后再铺秸秆20cm，最后喷洒菌液压实。大型窖要采用机械化作业，用拖拉机压实，用潜水泵喷洒菌液、一般扬程20～30m、流量30～50L/min左右为宜。在操作中要随时检查贮料含水量是否均匀合适，层与层之间不要出现夹层。检查方法，取秸秆用力握紧，指缝间有水但不滴下，水分为60%～70%最为理想，否则为过高或过低均不好。

④封窖：秸秆分层压实直到高出窖口100cm左右，再充分压实后，在最上面一层均匀洒上食盐，再压实后盖上塑料薄膜。食盐的用量为250g/m²，其目的是确保微贮饲料上部不霉烂变质。盖上塑料薄膜后，再在上面洒上20～30cm厚的稻草、麦秸，覆土15～20cm，密封。在窖边挖排水沟防止雨水积聚。窖内贮料下沉后应随时加土使之高出地面。

四、青贮饲料的调制

青贮饲料是指牧草、饲料作物或农副产品等在一定水分含量时，切碎装入密闭的容器内，在厌氧环境中，让乳酸菌大量繁殖，从而将饲料中的淀粉和可溶性糖变成乳酸，当乳酸积累到一定浓度后，便可抑制霉菌和腐败菌的生长，pH值降到4.0～4.2以下时可以把青饲料中的养分长时间地保存下来。青贮成功的关键在于创造适宜的条件，保证乳酸菌迅速繁殖，产生足够的乳酸，抑制有害菌增殖，杜绝腐败发酵，否则就会影响青贮料品质，降低营养价值和适口性。

(1)常用的青贮原料

①青刈带穗玉米：乳熟期整株玉米含有适宜的水分和糖分，是调制青贮饲料的好原料。用这样的玉米青贮喂奶牛，要比用玉米籽实加玉米秸秆喂牛的效果好。

②玉米秸：收获果穗后的玉米秸上能保留1/2的绿色叶片，因此也适于青贮。若部分秸秆发黄，3/4的叶片干枯被称为青黄秸，青贮时每100kg需加水5～15kg。

③甘薯蔓：粗纤维含量低，易消化。对甘要蔓要注意及时调制，避免霜打或晒成半干状态后影响青贮质量。青贮时与小薯块一起装填效果更好。

④白菜叶、萝卜叶等：菜叶含水分70%～80%，粗蛋白质含量2.5%～4.0%，略带酸味。青贮后可以喂各种家畜。萝卜叶的粗蛋白质含量较高，铡短后最好与干草粉或麸皮混合青贮。白菜叶等含水分更高的菜叶可混入干草粉或秸秆后青贮。

⑤各种青草：各种禾本科青草所含的水分与糖分较适宜，故均可调制青贮饲料。豆科牧草，如苜蓿因粗蛋白质含量高，不宜单独青贮。

(2)青贮方式

①青贮窖青贮：如是土窖，应在四壁和底铺衬上塑料薄膜(永久性窖可不铺衬)，然后先在窖底铺一层10cm厚的干草，以便吸收青贮的汁液，最后把铡短的原料逐层装入、压实。由于封窖数天后，青贮料会下沉，因此最后一层应高出窖口0.5～0.7m。

②青贮塔青贮：青贮塔是用钢筋、水泥、砖砌成的永久性建筑物，青贮塔呈圆筒形，上部有锥形顶盖、以防雨水淋入。塔的大小视青贮用料量而定。青贮塔成本较高，一般农户不宜采用。把铡短的原料迅速用机械送入塔内，利用其自然沉降将其压实。

③地面堆贮：这是最为简便的方法。选择干燥、平坦的地方；最好是水泥地面。四周用塑料薄膜盖严，也可以在四周垒上临时矮墙，铺上塑料薄膜后再填青饲料，一般堆高1.5～2.0m，宽1.5～2.0m，长3～5m。顶部覆盖塑料薄膜后再用泥土或重物压紧。这种形式贮量较少，保存期短，适用于小型养牛场及一般农户使用。

④塑料袋青贮：这种方法投资少，料多则多贮，料少则少贮，比较灵活，是目前国内外正在推行的一种方法。要将青贮原料切得很短，喷入(或装入)塑料袋内，排尽空气并压紧后扎口即可。我国有长宽各1m、高2.5m的塑料袋，可装750～1000kg玉米青贮。

(3)青贮技术要点

①排除空气：乳酸菌是厌氧菌，只有在没有空气的条件下才能进行繁殖。因此在青贮过程中，原料切得越短，踩得越实，密封越严越好。

②创造适宜的温度：原料温度在25～35℃时，乳酸菌会大量繁殖，很快占主导优势，致使其他杂菌无法活动繁殖。

③掌握好水分：适于乳酸菌繁殖的含水量在70%左右，当玉米植株下边有3～5片干叶时，含水量在70%左右，此时宜收割制作青贮。

④选择合适的原料：乳酸菌发酵需要一定的糖分。原料含糖多的易贮存，含糖少的难贮存。对于含糖少的原料，可以和含糖多的原料混合青贮，也可以添加3%～5%的玉米面或麦麸单独青贮。

⑤确定适宜的时间：利用农作物秸秆青贮，要掌握好时机。玉米秸秆的收贮时间：一看籽实成熟程度，乳熟早，枯熟迟，蜡熟正适时；二看青黄叶比例，黄叶差，青叶好，各占一半就嫌老；三看生长天数，一般中熟品种110d就基本成熟。青贮饲料装窖密封，经一个半月后，乳酸菌的发酵过程完成，青贮饲料也就制做成了，便可以开窖饲喂。

⑥设备容积：设备容积的大小，主要根据家畜头数、需要量、原料多少等来考虑，生产上还要根据机具人力及每天取用数量来决定青贮窖的容积和个数。一般青贮窖每立方米容积为500～600kg，青贮塔为650～750kg。青贮塔深度大，上、下层单位容积重量差异较大，一般越深越重。

另外，原料种类不同，每立方米青贮料的重量亦有很大差异。每立方米甘薯秧为700～750kg，每立方米牧草、野草为600kg，每立方米青贮玉米、向日葵为500～550kg，每立方米青贮玉米秸450～500kg，每立方米块根、块茎类为800kg。

圆形窖和青贮塔容积，按下列公式来计算；

$$X=3.14\times R^2\times A$$

式中 X——青贮塔(窖)的容积；

R——青贮塔(窖)的半径；

A——青贮塔(窖)的深度。

长方形青贮窖容积为长×宽×深。其中宽度按上口宽计算，斜度可忽略不计。

(4)青贮饲料的制作

①原料适时刈割：青贮原料刈割过早，水分多，不易贮存；刈割过晚，营养价值降低。收获玉米后的玉米秸应尽快青贮，不应长时间放置。禾本科草类在抽穗期，豆科草类在孕蕾及初花期刈割为好，含水量超过70%时应将原料适当晾晒到含水60%～70%时再青贮。

②切短的长度：细茎牧草切短的长度以7～8cm为宜，而玉米等较粗的作物秸秆最好不要超过1cm，国外要求0.7～0.8cm。原料切短的过程中可测其水分含量，方法是抓一把切短料，用手用力挤压，有汁液渗出指缝不落下说明水分适宜，或用快速水分测定仪测定含水量，根据原料含水情况调节水分。

③装填：选择晴好的天气进行，尽量一窖当天装完，防止变质和雨淋。铡短的原料，应立即装填，装填前窖底部可先填一层10～15cm厚的切短干草或秸秆。装填原科时应分层装入，每层装15～20cm厚，踏实，然后再继续装填。装填时应特别注意紧实，四角及靠壁的地方尤应注意。如此边装边踏实，一直装满窖并超出60cm为止。青贮料紧实程度是青贮成败的关键，青贮紧实度适当，发酵完成后饲料下沉不超过深度的10%。

④封严及整修：原料装填完毕后要及时封严，防止漏水、漏气是保证质量的关键。青贮窖顶可先用塑料薄膜覆盖，然后用土封严，再于四周挖好排水沟。封顶后2～3d，在下陷处填土，使其紧实隆凸。用青贮塔青贮可在原料上面盖塑料薄膜，然后上压余草。

⑤密封：青贮原料装贮到超过容口60cm以上时，即可加盖封顶。封顶时先盖一层切短秸秆或软草20～30cm厚或铺盖塑料薄膜，然后再用土覆盖拍实，厚30～50cm并做成馒头形以利排水。封窖时一定注意不要透气、漏水，否则青贮难以成功。

⑥管理：封好后一周内，每天都要检查是否有裂缝或塌陷透气，如有应及时填平。另外距窖四周应挖好排水沟，以防雨水渗入。

⑦青贮窖启用：一般20d左右即可开窖启用，启用时小型圆形窖可在顶部一层层向下用；而大型长方形窖则在窖的一端，像切面包一样切用，切用时剖面切得越整齐越好，不可切的凹凸不平，或切下不用而堆积于底部。切下之后的新鲜剖面最好用塑料布遮盖。

(5)特殊青贮法

对青贮原料进行适当处理，或添加某些添加物，使青贮更易成功，青贮料品质进一步改善，这种青贮法叫特殊青贮法。常见的特殊青贮法有以下几种。

①半干贮：也称为低水分青贮，其干物质含量比一般青贮饲料高1倍多。青贮时要求原料含水，豆科牧草50%，禾本科植物45%。半干贮料的干物质含量高，有果香味，酸含量低，适口性好，色深绿，养分损失少，具备青料、青贮料、干草的共同特点。制作时原料快速晾晒，切短后快速装填；原料切得要短，压得实，封得严。半干贮采用全封闭青贮塔，普通青贮窖不易封严。

②加酸青贮：对青贮原料添加无机酸或缓冲剂，使pH值迅速降至3.0～3.5，腐败菌和

霉菌活动受到抑制。AIV添加剂，由30%盐酸92份加40%硫酸8份配成，使用时按1份此液加4份水稀释，每吨原料加AIV稀释液50～60kg。AAZ添加剂，由8%～10%盐酸和硫酸铵7∶3混合配成。青贮时按原料重量5%～7%添加。甲酸(蚁酸)，1t原料加入85%甲酸2.85kg。因甲酸本身也可被吸收利用，所以加甲酸比添加硫酸、盐酸混合液效果好。

③混合青贮：常用于豆科牧草与禾本科牧草混合青贮，以及含水量较高的牧草(如鲁梅克斯草、紫云英等)和非常规饲料与作物秸秆(玉米秸、麦秸、稻草等)进行的混合青贮。豆科牧草与禾本科牧草混合青贮时的比例以1∶1.3为宜。

(6)青贮原料容重的计算

根据青贮窖的容积和原料容重可计算出青贮饲料的重量，几种青贮原料容重(表9-3)。

表9-3 几种青贮原料容重 单位：kg/m^3

原料	铡得细碎		铡得较粗	
	制作时	利用时	制作时	利用时
玉米秸	450～500	500～600	400～500	450～550
藤蔓类	500～600	700～800	450～550	650～750
叶、根茎类	600～700	800～900	550～650	750～850

(7)青贮饲料的评定

在生产中用感官法测定青贮饲料品质，快捷、实用、近似正确。

①看：即看青贮饲料的色泽，越是接近原来的颜色就越好。如果原来植物的茎、叶颜色是绿色的，制成青贮饲料后，仍然为绿色，是青贮饲料品质优良的一个重要指标。如果青贮饲料原来为黄色，经过青贮之后变为黄褐色，也属于优质的青贮饲料；如果变成褐色或黑绿色，则表示其品质低劣。单凭色泽来判断青贮品质，有时可能发生误差。例如，红三叶草调制成的青贮料，常为深棕色而不是浅棕色，实际上是极好的青贮饲料。另外，青贮榨出的汁液，是很好的指示物，通常颜色越浅，表明青贮越成功，禾本科牧草尤其如此。植物的茎、叶等应当清晰可辨，结构破坏及呈黏滑状态是青贮严重腐败的标志。

②嗅：就是用鼻闻青贮饲料的气味。正常的青贮饲料有一种酸香味，以带醇香味并略具有弱酸味为佳；低水分青贮饲料则有淡香味。若有强烈酸味，是含醋酸较多，往往是由于高水分和高温发酵所造成。若带有腐臭的丁酸味及发霉味等，这是青贮失败的标志，即不能喂用。

③摸：青贮饲料拿到手里感到很松散，而且质地柔软、湿润，即是优良青贮饲料；相反，如果拿到手里感到发黏，或者黏合在一起，则为质地不良的青贮饲料。有时拿到手里虽然松散，但干燥粗硬，也属于质地不良的青贮饲料。鉴定依据见表9-4、表9-5。

表9-4 青贮饲料的等级评定

等级	颜色	气味	质地结构
优等	绿色或黄绿色	芳香味重，给人以舒适感	湿润、松柔，不黏手，茎叶花能分辨清楚
中等	黄褐色或暗绿色	有刺鼻醋酸味，芳香味淡	柔软，水分多，茎叶花能分清
低等	黑色或褐色	有刺鼻的腐败味、霉味	腐烂、发黏，结块或过干，分不清结构

表 9-5 青贮玉米秸、红薯藤品质评定标准

项目	百分比(%)	优 等	良 好	一 般	劣 等	备 注
pH 值	25	3.4～3.8(25)	3.9～4.1(17)	4.2～4.7(8)	4.8 以上(0)	用广范试纸测
水分	20	70%～75%(20)	76%～80%(13)	80%～85%(7)	86%以上(0)	
气味	25	甘酸味舒适感(25)	淡酸味(17)	刺鼻酸味(8)	腐败味霉烂味(0)	
色泽	20	亮黄色(20)	黄褐色(13)	中间(7)	暗褐色(0)	
质地	10	松散软而不黏手(10)	中间(7)	略带黏性(3)	腐败发黏结块(0)	
合计	100	100～76	75～51	50～26	25 以下	

注：括号内数字为百分含量。

五、全混日粮自由采食(TMR)

全混合日粮(Total Mixed Ration，TMR)饲喂技术于 20 世纪 60 年代在国外兴起，并多以散栏式饲养为基础，使用 TMR 日粮可降低牛场成本，提高产奶量。该项技术是奶牛养殖业从分散饲养向规模化、集约化饲养转化的必然要求。TMR 是根据奶牛不同生长发育及泌乳阶段的营养需要和饲养目的，按照营养调控技术和多种饲料搭配原则而设计出的奶牛全价营养日粮配方，根据配方把粗饲料、饲料和各种添加剂按照一定比例进行充分混合而得到的一种营养相对平衡的日粮。散栏式饲养是世界奶牛饲养的趋势，我国已有相当多的奶牛场采用了这种饲喂方式，下面将对全混合日粮饲喂技术进行介绍。

1. 饲喂 TMR 的优点

(1)提高规模化牛场的工作效率

随着奶牛场规模的扩大，迫切需要提高其自动化、机械化水平以提高工作效率。TMR 技术是以一台 TMR 机为核心，根据牛群营养需要进行电脑配方，自动计量和进料，自动混合和饲喂，是高度机械化、自动化的必然产物。制作好的 TMR 采用发料车自动发料，降低了饲养人员的工作强度，减少了工作量，资料显示存栏 800 头奶牛场可节约劳动力 40 人。

(2)保证日粮均衡稳定，改善奶牛健康状况

奶牛饲养的关键是保持瘤胃的生理平衡。饲喂 TMR 保证了奶牛均衡(营养)和稳定的日粮，确保了奶牛瘤胃功能的稳定、酸碱平衡和微生物群体的恒定，有效防止瘤胃酸中毒等消化系统疾病的发生，保持奶牛的健康。郭丽君等(2006)在对牛场使用 TMR 饲喂技术前 5 个月，与使用 TMR 后 5 个月的实际发病头数和发病率进行整理分析后发现，使用 TMR 饲喂技术，成年母牛的瘤胃酸中毒、乳热症等营养代谢疾病的发病率显著降低；成年母牛的前胃弛缓、真胃移位的消化系统疾病的发病率显著降低；奶牛泌乳天数和高峰日逐渐缩短，有效改善了繁殖状况。周吉清等研究结果表明，泌乳牛应用 TMR 饲喂技术后，成年母牛发病率、繁殖疾病发生率和消化疾病发生率分别降低了 0.62%、0.16%和 0.19%。谢红等研究结果显示，饲喂 TMR 可使真胃移位等消化道疾病有所降低；TMR 对体细胞数的影响不显著，但有降低的趋势，说明 TMR 饲喂有利于改善奶牛乳房健康状况。

(3)提高奶牛采食量、产奶量和生鲜乳质量

TMR 适口性好，有利于奶牛反刍功能的充分发挥，有利于提高奶牛采食量，吸收转

化更多的营养物质，使牛奶质量、产量都得到提高。吴宏达等(2008)试验表明，TMR 饲喂方式可以提高泌乳中期奶牛的产奶量，但效果不显著；试验组能量代谢要优于对照组，试验组葡萄糖高于对照组，游离脂肪酸(NEFA)低于对照组。王芝秀(2010)调查显示，养殖场采用 TMR 提高了奶牛的产奶量和奶品质，乳脂率和乳蛋白率分别达到 4.2%和 3.3%。周吉清等(2008)研究结果表明，泌乳牛应用 TMR 饲喂技术后，产奶量较对照组显著提高 30.5%；乳脂率、乳蛋白率和乳干物质率分别提高 0.05%、0.02%和 0.01%。谢红等(2012)研究结果显示，TMR 组产奶量相较对照组增加；TMR 组乳脂率显著提高；对乳蛋白率没有显著影响，但却有降低尿素氮的趋势，说明 TMR 有提高蛋白利用效率的趋势。

(4)降低饲料成本

采用 TMR 可以充分利用一些农副产品和适口性差的饲料原料，降低饲料成本。

(5)实现精细饲养

传统的精粗分饲、混群饲养的方式难以保证奶牛采食的精粗比适宜和稳定，不利于瘤胃内消化代谢的动态平衡，难以提高干物质采食量，不能适应奶牛养殖规模化、集约化发展的需要。TMR 饲喂技术利用现代营养学原理对奶牛日粮配制进行了新的改革，简化奶牛饲喂程序，根据牛群营养需要进行合理分群，尤其是减少了奶牛饲养的随意性，提高了奶牛管理的精准程度。

2. 奶牛场使用 TMR 日粮应具备的条件

TMR 日粮加工的核心是将各种饲料原料，包括干草、青贮、精料和添加剂等按照科学的配方充分混合，因而加工中心的建设要有利于使各种原料的贮存、运输至混合加工设备并输送到奶牛饲槽而进行设计。加工中心需要配置加工设备(包括 TMR 混合加工设备、运输设备、取料设备、精料加工设备、粗料铡切设备以及青贮池等)、饲料原料的储备设施及原料饲料检测化验设备等。仓储建设相对集中，容量应满足养殖场发展的需要，运输通道宽阔、平整，复杂天气变化不影响加工运输操作，要有利于 TMR 车辆进出。

TMR 混合加工的主要设备是饲料搅拌机，有牵引式和固定式两种，牵引式饲料搅拌机可将饲料直接运输到牛舍进行饲喂，能够节省人力，但喂料车适合通道较宽的牛舍(宽度>2.5m)；目前我国牛场大多采用地下固定式 TMR 搅拌机，牛舍饲喂通道狭窄也可使用，费用较低，但需要运输混合好的 TMR 或使用分料机去牛舍饲喂。在立式和卧式搅拌车中，立式搅拌车优势显著：在立式搅拌车内，草捆和长草无需另外加工；相同容积的情况下，立式搅拌车价格相对较低、所需动力相对较小；立式搅拌车搅拌罐内无剩料，卧式立式搅拌车剩料则难清除，影响下次饲喂效果；立式搅拌车使用寿命相对较长。饲料搅拌机容积的选择一般根据牛场规模，平均为 250～400kg/m^3，不足 300 头的牛场饲料搅拌机容积 5m^3，300～500 头为 7m^3，500～800 头为 9m^3，800～1000 头为 12m^3。

3. TMR 的加工及使用方法

(1)TMR 日粮的加工

保证称量准确、投料准确，地泵要经常进行矫正，每批原料投放应记录清楚，并进行审核；饲料投放应遵循先干后湿，先粗后精，先长后短、先轻后重的原则。立式饲料搅拌车即按照干草→青贮→精料补充料→湿糟渣→添加剂类的顺序添加。搅拌时间过长会使TMR太细，导致有效纤维不足；若时间太短，原料混合不匀，所以要边加料边混合，原则上确保TMR中20%粗饲料长度大于3.5cm，一般情况下加入最后一种饲料搅拌5～8min即可。

(2)TMR日粮评价方法

①感官评价法：加工好的TMR精粗饲料混合均匀、松散不分离、色泽均匀、新鲜不发热、无异味、不结块。精料补充料最大比例不超过日粮干物质的60%；水分控制为冬季40%～45%，夏季45%～50%。添加保护性脂肪和油脂等高能量饲料时，TMR脂肪含量应不超过日粮干物质的7%。

②宾州筛过滤法：奶牛TMR颗粒度大小的量化分布，直接影响奶牛的干物质采食量、瘤胃功能、饲料报酬、生产性能和健康水平。宾州筛又称宾州颗粒度分级筛(PSPS)，用其来量化奶牛TMR的粒度。在生产中使用TMR便携分级筛测定颗粒度，可以据此调整搅拌时间、合理控制青贮铡切长度、控制青贮含水量，保障TMR的合理加工与饲喂。

(3)TMR饲喂效果的评价

①奶牛采食情况的评价：观察干物质采食量，防止因TMR饲料粒度、含水量、搅拌均匀度等问题引起奶牛干物质采食量不足。

②奶牛反刍情况的评价：一般情况下，随时观察牛群，奶牛采食后约45min开始反刍，反刍约每天7次，每次持续约50min。多数奶牛(约50%)在采食结束后躺卧反刍，而且粪便正常，表明日粮加工程度适宜；如果牛群中站立者居多或一些奶牛神情呆滞，又不是牛床舒适度、运动场环境欠佳，或者太过拥挤等原因造成的，则表明奶牛采食的饲料可能有问题，主要体现在精粗比、饲料粒度和饲料含水量等方面，应进行具体原因的分析。

③奶牛体况的评价：体况评分为评定TMR营养搭配是否均衡，奶牛体况是否符合当前生产阶段要求提供了直接的参考依据。根据奶牛体况对日粮及代谢情况进行评估。育成牛可以参考其日增重变化对TMR进行评估。对于体况偏差的奶牛，要弄清原因，属于营养或饲养管理的问题，要从日粮配方或干物质采食量两个方面及时评估来调整。奶牛偏肥或偏瘦都与TMR营养成分及加工情况有关，都会对产奶量均会起到负面影响，容易发生酮病、瘤胃酸中毒、难产、脂肪肝等营养代谢性疾病和繁殖障碍，因此，饲喂TMR要根据体况评分进行调群或进行日粮调整。

④奶牛粪便状况的评价：奶牛在采食和瘤胃消化正常的情况下，排出的粪便是厚糊状，成年奶牛每天排粪12～18次，总排粪量为20～35kg，粪便中几乎找不到显著的谷物颗粒或大于0.7cm的纤维片，粪便有一定臭味。如果奶牛出现便秘，粪便呈坚硬的球状，则可能是蛋白质缺乏或劣质干草饲喂过多。如果奶牛拉稀，可能是TMR饲料中缺乏长干草和足够的有效中性洗涤纤维(NDF)或者饲料粒度太大引起挑食所致。若粪便发亮、有气泡，可能是酸中毒的征兆。粪便的分析对饲喂效果的评价非常重要。可以使用美国嘉吉粪便分离筛评估奶牛采食TMR后的粪便，并且每周至少评估一次，粪便分离筛的使用步骤如下：a. 对所要检测的牛群分别取样：每群100～150头，取10～15头牛粪样，每个取样

2L；b. 对放入筛中的粪便冲(淋浴状态)洗(慢放快提流出和清洗的水清亮)；c. 冲洗完后，湿干分别称量重并做好记录，如日期、筛检人、牛群、筛上物比例，拍照；d. 根据筛上物颗粒种类判断出结果，从而对发现问题改善措施。一般情况，筛上物颗粒的种类是上层和中层的筛上物过多，瘤胃健康状况和饲料消化存在问题；上层和中层的筛上物大颗粒过多(纤维、棉籽、玉米)，饲料消化存在问题引起纤维消化率低的原因，均导致中上层筛比例提高，物理加工不当，导致消化率下降。正常情况下，粪便经筛分后，顶筛物小于10%，中筛小于20%，底筛大于50%。

⑤生理指标评价：可以根据牛奶中尿素氮和尿液的pH来检查日粮饲料的合理性。正常情况下牛奶中尿素氮含量为140～180/L，尿液pH值为6.5。如果牛奶中尿素氮含量过高，则日粮中蛋白质含量过高，或者能量过低；如果尿液pH值过低，则可能日粮中精料比例过大，瘤胃有酸中毒发生等。

(4)营养成分分析

每月定期对生产TMR饲料原料和加工后的TMR进行采样分析，及时掌握每批原料的营养成分变化和加工后TMR是否符合配方要求。将实验室测定的各种营养成分含量，与TMR投料单配方的理论营养成分含量加以对比，两者误差应≤3%。主要化验项目包括草料干物质、能量、粗蛋白质、中性洗涤纤维(NDF)、酸性洗涤纤维(ADF)、部分微量元素等，另外还有掺假检验、霉菌检验等。对水分含量较高的饲料原料(青贮和糟渣类饲料等)，至少每周检测1次水分含量，以确保日粮的稳定性。

4. 管理技术

(1)分群管理

根据年龄可以把牛群分为犊牛、育成牛、青年牛、泌乳牛、干奶牛。根据生产阶段可以把泌乳牛分为泌乳初期、泌乳盛期、泌乳中后期、干奶期的牛群。根据产奶量对于饲养规模较大、管理更精细的牛场，母牛分群前尚需做好产奶量的测定、体况评定等基础工作。根据产奶量可以把牛分为高产泌乳牛群、中产牛群和中低产泌乳牛群，尽量减少群内差异，结合体况评分，便于控制不同牛群TMR日粮的营养水平。对奶牛进行合理分群饲养后仍需根据变化进行及时调整，以保证每头牛都能吃到相应合理的TMR日粮，达到适宜体况。每群的大小应与牛舍结构、挤奶设备等相适应。

(2)食槽管理

饲喂TMR要保证良好的食槽管理。首先保证母牛至少1d中有18～20h可接触到TMR，其次要保证母牛有适宜的食槽宽度：每头产奶牛45～60cm；干奶牛和过渡期牛60～90cm；小母牛45cm；如果TMR每天饲喂1次，至少应推料5次，以防牛够不着饲料导致吃不饱。此外，要及时检查饲料剩余情况，每日称量奶牛剩料量，确定奶牛吃饱。24h后的剩料<TMR每日添加量的3%～5%；剩料外观应该和最初投放的TMR一样，还要及时清理、刷洗饲槽，并做到不空槽、勤匀槽。剩料太少说明奶牛可能没有吃饱，太多则造成浪费。剩余的饲料经过重新搅拌再投喂给奶牛，一般高产奶牛的剩料投喂给低产奶牛，低产奶牛的剩料投喂给育成牛。

※牛场饲料计划的编制

为了使养牛生产在可靠的基础上发展，做到心中有数，牛场要制订饲料计划。编制饲料计划时，先要有牛群周转计划(就是某时期各类牛的饲养头数)、各类牛群维持和生产的饲料定额等资料，按照牛的生产计划，定出每个月消耗的草料数，再增加5%～10%的损耗量，求得每个月的草料需求量，各月累加获得年总需求量，即为全年该种饲料的总需要量。各类牛群维持和生产的饲料定额大致如下：

①精饲料成年母牛需要量为基础料2～3kg/(头·d)，产奶料按每3kg奶提供1kg精饲料计算，育成母牛和青年母牛按2～3kg/(头·d)计算，犊牛按1.5kg/(头·d)计算。损耗量按5%计算。

②干草以干草当量表示，干草当量1kg就是表示1kg干草。每头成年母牛年需3.5t。1kg干草可相当于3～5kg青贮饲料或青干草。育成母牛和青年母牛按成年母牛的50%～60%计算，犊牛干草按1.5kg/(头·d)计算。根据全场各月份的产奶量或产奶计划、牛群规模与牛群结构计算出各个月和全年精饲料量和青贮饲料量及干草量。

根据精饲料配方计算出玉米、豆粕、麻饼等饲料的用量。精料至少提前备1个月原料。根据饲料原料的主要产地和生产季节备料，能显著降低饲料生产成本。

※实训十六　奶牛场的规划与设计

【实训目的】通过参观奶牛场及实际设计，掌握奶牛场的总体规划与设计技能。

【实训准备】中小型奶牛场、黑色水笔、2B铅笔、图板、丁字尺、三角板、圆规、绘图纸及橡皮等。

【方法步骤】

①参观中小型奶牛场。

②边参观边由指导教师和奶牛场技术人员介绍该场的场址选择、场区规划和布局的依据，重点观察或测量犊牛舍、育成牛舍、成年牛舍的建筑特点、规格及内部设施。

③分组讨论并根据给出的条件设计一个存栏300～500头的奶牛场，包括奶牛场的规划布局、牛舍的建筑结构及牛场的附属设施等。要求设计科学、布局合理、经济适用、有环保意识、具示范性。

【实训报告】谈谈对场址选择、场区规划和布局的构想。绘制牛场整体布局的平面草图。

实训十七 氨化秸秆饲料的制作及品质鉴定

【实训目的】 掌握秸秆饲料氨化处理的方法、要领、注意事项和品质鉴定方法。

【实训准备】 新鲜秸秆、0.2mm厚无毒聚乙烯塑料袋、尿素、水桶、喷雾器。

【方法步骤】

(1)氨化秸秆制作

①取5kg尿素溶解在30kg水中，充分搅拌。

②将配制好的尿素溶液均匀喷洒于100kg秸秆上，逐步装入塑料袋，压实，密封。

(2)氨化秸秆品质鉴定

氨化秸秆品质鉴定主要凭感官，通过看色泽、闻气味、触摸质地进行鉴定，根据表实17-1确定等级。

表实17-1 氨化秸秆的品质评定标准

等级	色泽	气味	质地
优等	褐黄	糊香	松散柔软
良好	黄褐	糊香	较柔软
一般	黄褐或褐黑	无糊香或微臭	轻度黏性
劣质	灰白或褐黑	刺鼻臭味	黏结成块

【实训报告】

①氨化饲料的步骤、注意事项。

②填写表实17-2，鉴定等级，并说明未氨化好和霉变饲料的状态。

表实17-2 氨化饲料品质鉴定结果

原料	色泽	气味	质地	等级

实训十八 青贮饲料制作技术

【实训目的】 掌握青贮饲料的制作要领，学会鉴定青贮饲料品质的方法。

【实训准备】 青贮窖、青贮原料、铡草机、塑料膜、pH试纸、烧杯、玻棒、蒸馏水、青贮料。

【实训步骤】

(1)青贮饲料的制作

①准备工作：清扫青贮窖。若为土窖，在窖壁铺一层塑料膜。

②切碎、填装、压实：细茎牧草切成2～3cm，粗硬秸秆切成0.5～2cm，分层填装，每层30～50cm，踩踏压实，特别注意周边和四角，要边装边压实。将原料装至高出窖

面 60cm。

③密封：在原料上铺盖塑料膜，然后压上 30～50cm 厚的细土，踩踏成馒头形，在四周 1m 处挖好排水沟。

(2)品质鉴定

开窖后饲用前，必须对青贮饲料质量进行检查，采样测定 pH 值，根据青贮饲料的外观特征，用看、嗅、手感方法鉴别其质量。

表实 18-1　青贮饲料质量等级划分

等级	pH 值	颜 色	气 味	手 感
优等	4.0～4.2	黄绿色、绿色	芳香气味，并具有弱酸味	松散，质地柔软湿润
合格	4.6～4.8	黄褐色、墨绿色	芳香、稍有酒精味或酪酸味	柔软稍干或水分稍多
劣等	5.5～6.0	黑色、褐色	臭味	干燥松散或黏结成块

【实训报告】

①写出青贮饲料制作的原理、方法步骤、要领、注意事项及体会。

②写出青贮饲料样品的气味、色泽、质地确定等级。

练习与思考题

1. 如何进行牛羊场的场址选择？
2. 牛羊场的规划布局要注意些什么？
3. 在拴系式牛舍设计时，为什么奶牛多采用对尾式，而肉牛多采用对头式？
4. 南方地区适合什么样的羊舍？并说明理由。
5. 制作青贮饲料的要点有哪些？

项目十 牛羊的主要品种

【知识目标】

- 了解牛的经济类型以及羊品种的分类方法。
- 掌握主要牛羊品种的外貌特征及生产性能。

【技能目标】

- 能准确地辨认出牛羊主要的品种。
- 能结合当地条件选择适宜品种。

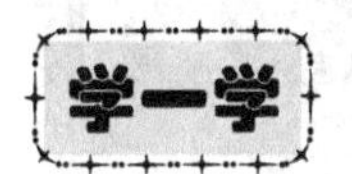

任务一　牛的品种

一、乳用牛品种

(1)中国荷斯坦牛

中国荷斯坦牛是19世纪末由中国的黄牛与输入我国的荷斯坦牛等乳用牛杂交选育而成。体型大，公牛的体重1000～1200kg，体高150cm以上。由于受各地基础母牛(杂交开始的本地牛)不一致及引入的荷斯坦公牛来源不同的影响，加之培育条件各省有别，致使该品种在培育过程中出现了大、中、小3种体格类型。大型牛，第3胎母牛体重700kg以上，体高约136cm；中型母牛体重600～700kg，体高133～136cm；小型母牛体重500～600kg，体高130～133cm。

该牛毛色为黑白花(图10-1)，额部多数有白斑，体格健壮，结构匀称，体躯长、宽而深，背腰结合好，胸部发育好，尾长，四肢健壮，肢势良好，乳房大而丰满，乳腺发育良好，乳静脉粗大而弯曲。全乳期平均产乳量为4921.8kg，最高可达8000kg以上。乳脂率为3.5%，有的第3胎产乳量达10 000kg。放牧易育肥，肉质好，淘汰牛的屠宰率达

49.7%。此外，该牛性成熟早，有良好的繁殖性能，适应性强，饲料利用率高，但耐热性差。

(2)娟姗牛

原产于英吉利海峡的娟姗岛。娟姗牛曾被广泛引入欧美各国，曾在1950—1970年被陆续引进我国各大城市。由于它体形较小，产奶量较低，目前我国已无纯种娟姗牛，仅留下一些含有不同程度血源的杂种牛。

该牛为小型奶用品种(图10-2)。体型小，头小而清秀，额部凹陷，面部微凹；两眼凸出，明亮有神；角中等大小，呈琥珀色，角尖黑色，向前弯曲；颈较细，颈椎发达；胸深宽，背腰平直，四肢端正，骨骼细微，关节明显；乳房发育良好，乳头较小，乳静脉粗大而弯曲，后躯较前躯发达，整个体形呈楔形。毛色为不同深浅的褐色。成年公牛体高123～130cm，体重500～700kg；母牛体高113.5cm，体重350～450kg。年平均产奶量为3000～3500kg，但以乳脂率高而著称于世，平均乳脂率为5%～6%，乳脂色黄，风味良好。娟姗牛性成熟较早，一般15～16月龄便开始配种。适于热带、亚热带气候条件下饲养。

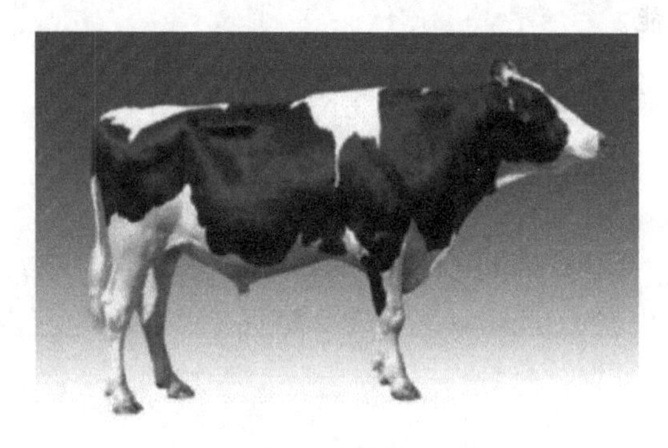
图10-1 中国荷斯坦牛

图10-2 娟姗牛

二、乳肉兼用牛品种

(1)西门塔尔牛

西门塔尔牛原产于瑞士西部的阿尔卑斯山区，现已分布到很多国家，成为世界上分布最广、数量最多的乳肉役兼用品种之一。西门塔尔牛的毛色为黄白花或红白花，头、胸、腹下、四肢及尾帚多为白色，皮肤为粉红色，头较长。面宽，角较细而向外上方弯曲。尖端稍向上；颈长中等；体躯长呈圆筒状，肌肉丰满，肋骨开张；后躯较前躯发育好，胸深，四肢结实，大腿肌肉发达；乳房发育好，成年公牛体重平均800～1200kg，母牛600～800kg(图10-3)。该牛乳、肉性能均好，在欧洲平均泌乳量达3500～4500kg，乳脂率3.64%～4.13%，在瑞士平均年产奶量为4070kg，乳脂率3.9%。该牛生长速度较快，平均日增重可达1kg以上，公牛育肥后屠宰率可达65%左右，胴体瘦肉多、脂肪少且分布均匀。我国引进西门塔尔牛用来改良各地的黄牛，都取得了比较理想的效果。在产奶性能上，从全国商品牛基地县的统计资料来看，207d泌乳量，西杂一代牛为1818kg，西杂二代牛为2121kg，西杂三代牛为2230kg。

(2)辛地红牛

辛地红牛原产于巴基斯坦的辛地省，是巴基斯坦和印度著名的奶、役兼用品种。它分布于热带和亚热带地区，我国南方一些地区也饲养。该牛体型紧凑，被毛细短而光滑，多为暗红色，也有深浅不同的褐色，鼻镜、眼圈、肢端、尾端为黑色毛(图 10-4)。头稍长，额凸，耳较大且向前下垂，体躯肌肉丰满，公牛颈垂和腹垂发达，肩峰宽大，尾长，母牛乳房发育良好，乳头大而下垂，乳头长，乳腺较发达。成年公牛体重 400～500kg，母牛 300～400kg；体高公牛 124～145cm，母牛 102～127cm。我国饲养的辛地红牛，在终年游牧的条件下，300d 产奶期平均产奶量为 1000kg，最高达 1500kg，饲养好的可达 1800～2495kg，最高达 3100kg，乳脂率 4.8%左右。辛地红牛耐粗饲，耐热，对焦虫病有较强的抵抗力；胆小易惊，离群后不易控制；繁殖力较低。

图 10-3　西门塔尔牛

图 10-4　辛地红牛

(3)丹麦红牛

丹麦红牛原产于丹麦，为乳肉兼用品种，并以产奶量、乳脂率与乳蛋白率高而著名。我国 1984 年从丹麦引进，对改良我国黄牛有良好的效果。该牛体型大(图 10-5)，体躯深、长，胸宽深，背腰宽平，全身肌肉发育中等，后躯发育良好。毛色为红色或深红色，鼻镜为灰色。成年公牛体重 1000～1300kg，母牛 650kg。产肉性能好，屠宰率为 57%，胴体瘦肉率 65%～72%，305d 产奶量为 4000～5500kg，乳脂率 4.2%，乳蛋白率 3.2%。性成熟早、生长快、抗结核病的能力强。

(4)中国草原红牛

中国草原红牛由原产于英国的兼用型短角牛与本地蒙古牛杂交改良而成。其特点是适应性强、耐粗放，在以放牧为主的条件下，年产奶量为 1500kg 左右。如进行补料，年产奶量可达 2000kg 以上，乳脂率为 4.03%，泌乳期 210d 左右。

该牛头清秀，大小适中，角细向前方弯曲，呈倒八字形，颈肩结合良好，背腰较平直(个别也有凹腰)，胸宽深，后躯宽平，四肢端正，毛色为红色，鼻镜、眼圈粉红色，乳腺发育一般(图 10-6)。体格中等大小，该牛种公牛平均体重 718kg，母牛平均体重 450kg；初生重：公牛 31.3kg，母牛 29.6kg；成年牛体高：公牛 137.3cm，母牛 124.2cm；屠宰率为 55%～60%。

图 10-5　丹麦红牛

图 10-6　中国草原红牛

三、肉用牛品种

(1)海福特牛

海福特牛原产于英国西南部的海福特郡。是世界著名的中小型早熟肉用牛品种。海福特牛具有广泛的适应性，所以世界各地均有饲养。我国 1949 年以前曾有少量引入，后于 1965 年先后引进几批海福特牛。目前我国许多地区都有饲养。该牛头短额宽，颈短厚，体躯宽深，前胸发达，肌肉丰满，四肢粗短，被毛为暗红色，有“六白”的特征，即头、颈垂、鬐甲、腹下、四肢下部及尾帚为白色(图 10-7)。成年公牛体高 134.4cm，体重 850～1100kg；母牛体高 126cm，体重 600～700kg。初生重为 28～34kg。据加拿大肉牛生产协会报道，在 140d 内平均日增重 1.31kg，周岁体重达 415.9kg，540d 体重 720kg，一般屠宰率为 60%～65%，泌乳期产乳量一般为 1200～1400kg，乳脂率 3.9%～4.0%，肉质柔嫩多汁，美味可口。海福特牛具有体质健壮，早熟，生长快，饲料报酬高、肉质好，耐粗饲、牧饲性强、抗病耐寒的特点，但肢蹄不佳，易患蹄病，它与我国本地黄牛杂交，有一定改善。

(2)夏洛来牛

夏洛来牛原产于法国的夏洛来地区及涅夫勒省，以体型大、生长快、瘦肉多、饲料转化率高而著名，为著名的大型肉用品种牛。我国 1964 年从法国引进，主要分布在北方地区。该牛体型高大，骨骼健壮，肉用体型明显，毛白色或乳白色，皮肤常带有色斑，头小而宽，全身肌肉特别发达，有角(图 10-8)。早期生长发育迅速，产肉性能高，在强度饲养下，12 月龄体重可达 500kg 以上。生后 200～400d 平均日增重 1.18kg，最高日增重 1.88kg，屠宰率可达 62.2%。泌乳期产乳量 1251～2066kg，乳脂率 3.7%～4%。受胎率高，繁殖力较低(难产约占 13.7%)。同乳用或兼用品种杂交时，能将其产肉性能遗传给后代。在我国夏洛来牛主要是用作经济杂交的父本或轮回杂交的亲本。其杂交后代初生体重大，生长发育快，生后 18 个月龄体重可达 300kg。

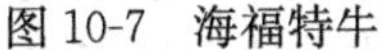
图 10-7　海福特牛

图 10-8　夏洛来牛

（3）皮埃蒙特牛

皮埃蒙特牛原产于意大利北部的皮埃蒙特地区，原为役用牛，经长期选育而成为生产性能优良的专门化肉用大型品种，是目前国际公认的杂交终端父本。已被世界 22 个国家引进，用于杂交改良。该牛体型中等大小，皮薄骨细，全身肌肉丰满且高度发达，后躯特别发达，被毛灰白色(图 10-9)。成年公牛体高 140cm，体重 800kg；母牛体高 130cm，体重 500kg。早期增重快，皮下脂肪少，肉质好；肉用性能十分突出，其育肥期平均日增重为 1360～1657g，生长速度为肉用品种之首。公牛屠宰适期为 550～600kg 活重，一般为 15～18 个月。经育肥的皮埃蒙特牛屠宰率为 65%～70%，净肉率 66%，瘦肉率达 84%。易发生难产为本品种的缺点。

（4）短角牛

短角牛原产于英国东北部，由该地区的土种长角牛杂交改良而育成。角较短小，故称短角牛。短角牛被毛多为深红色(图 10-10)，少数为沙毛，成年公牛体重为 1000kg，母牛为 700kg；肌肉丰满，皮下结缔组织发达，具有典型的长方形肉用体型，头短、额宽、颜面窄，角细而短，淡黄色，向两侧下方呈半圆形弯曲，角尖部为黑色，颈短多肉，与胸部结合良好，胸深而宽，四肢较短。初生犊牛平均体重：公牛犊 34kg，母牛犊 32kg。12 个月体重可达 409kg，200 日龄体重 209kg，400 日龄 412kg。育肥后屠宰率为 65%，胴体肌肉占 59%，18 个月育肥后屠宰率高达 72%。

图 10-9　皮埃蒙特牛

图 10-10　短角牛

(5)利木赞牛

在法国中部育成，最初作役用，后来培育成肉用。利木赞牛是大型肉用牛种，成年公牛平均体重950～1100kg，母牛平均600kg。躯体较长，全身肌肉发达。头大嘴小，角短细，额宽，胸部宽深，体躯较长，后躯肌肉丰满，四肢粗短(图 10-11)。毛色由金黄到深红，口、鼻、眼圈周围、腹下、四肢内侧及尾帚的毛色较浅，角为白色，蹄为红色。成年平均体重：公牛 1100kg，母牛 600kg。初生犊牛平均体重：公犊 36kg，母犊 35kg。12 个月体重可达450kg。利本赞牛具有早熟、抗寒性强、耐粗饲、增重快等特点。母牛产犊多顺产，并保持良好的泌乳能力，体型较夏洛来牛小，骨骼较细，初生重较小，难产率低，生长强度大，胴体质量好，眼肌面积大，肉质细微，纹理结构良好，仅次于夏洛来牛和西门塔尔牛，是在黄牛改良上居第 3 位的牛种。利木赞牛一般用作经济杂交的父本或轮回杂交的亲本。

(6)安格斯牛

安格斯牛原产于英国，是古老的早熟肉牛小型品种，体格中等，成年公牛体重平均800～900kg，母牛平均 600kg，体形呈长方形，多脂肪，毛色纯黑而无角(图 10-12)。安格斯牛早熟，生长发育快，耐粗饲，抗病力强，12 月龄体重可达 400kg。成年体重：公牛700～900kg，母牛 500～600kg。初生重 25～32kg。体高分别为 130.8cm 和 118.9cm。具有良好的产肉性能，胴体品质好，出肉多。屠宰率在 60％～65％。繁殖率高，长寿，母牛泌乳性能好、难产率较低。缺点是母牛稍具神经质。

图 10-11　利木赞牛

图 10-12　安格斯牛

四、中国黄牛品种

我国黄牛品种多，分布广，各省均有饲养。我国黄牛具有耐粗饲，抗病力强，性情温顺，适应性好的特点。其体型大小和生产性能，因产地条件不同而有差异。大型者体重可达 600～700kg，小型者体重仅有 200～250kg。

我国黄牛按其产地的不同，可分为北方牛、中原牛和南方牛三大类型。北方牛包括蒙古牛、哈萨克牛和延边牛，中原牛包括秦川牛、南阳牛、鲁西牛、晋南牛等，南方牛包括我国南方各地的黄牛品种。

(1)蒙古牛

蒙古牛原产于内蒙古高原地区，体格大小中等，毛色以黄褐色及黑色居多，其次为红白花或黑白花。头部粗重，角长；额稍凹陷，角向上前方弯曲，角质细致，颈短而薄，肉垂小，胸较深，背腰平直，后躯短窄，尻部倾斜，四肢短，蹄质坚实(图 10-13)。成年公牛体重为350～450kg，母牛206～370kg，地区类型间差异明显。体高分别为113.5～120.9cm、108.5～112.8cm。蒙古牛具有肉、奶、役多种用途，役力持久，泌乳力较好，产后100d内，日平均产乳5kg，最高日产8.10kg，乳脂率53.0%，净肉率44.6%，眼肌面积56.0cm²。终年放牧，在－50～35℃不同季节能常年适应，且蒙古牛具有耐热、抗寒、耐粗饲等特点。阉牛拉铁轮大车载重400kg，在平坝道路上可日行20～30km。

(2)秦川牛

泰川牛产于陕西省渭河流域的关中平原地区，是我国著名的优良地方黄牛品种之一。秦川牛体型高大，头部大小适中。公牛平均体重594.5kg，体高平均141.4cm，母牛平均体重381.2kg，体高平均124.5cm。前躯发育良好，具有役、肉兼用牛的体型，颈稍短(图10-14)。公牛有明显肩峰，母牛肩低平，胸宽深，背胸平直，长短适中，尻稍斜，四肢结实，蹄圆大；公牛头大，母牛头清秀，牛全身被毛细致光泽，多为紫红色及红色。公母犊牛的初生平均体重分别为24.4kg和20.9kg，周岁平均体重242.9kg，1.5岁体重316.5kg。1～1.5岁牛在中等饲养水平下，平均日增重为公牛0.7kg、母牛0.55kg、阉牛0.59kg。18月龄牛平均屠宰率58.3%，净肉率50.5%，肉质细致，大理石纹明显。公牛最大挽力占体重的60%～70%。并具有适应性强，性情温顺，耐粗饲，易育肥等特点。

图10-13 蒙古牛

图10-14 秦川牛

(3)南阳牛

南阳牛产于河南省南阳地区白河和唐河流域的广大平原地区。该牛体格高大，肌肉发达，成年公牛平均体重517.4kg，体高平均141.5cm，母牛体重347.4kg，体高121.8cm，体质结实、发育匀称，皮薄毛细，肩部宽厚，胸深而宽，腰背宽大平直，肢势正直，蹄圆大而坚实。毛色有黄、红、草白3种，以黄色居多(图10-15)。南阳牛肌肉丰满，肉质优良，适应性强，耐粗饲。成年公牛体重为450～600kg，母牛350～400kg。犊牛初生重为21～32kg，经过育肥，日增重600～900g，屠宰率53%～61%，净肉率44%～52%，肉质细嫩。南阳牛最大挽力，公牛占体重的74%，母牛占体重64%。但部分南阳牛具有胸欠宽深、体长不足、斜尻、凹背、肌肉欠发达、乳房发育较差等缺点。

(4)延边牛

延边牛产于朝鲜半岛及吉林省延边朝鲜族自治州，分布于吉林、辽宁及黑龙江等地。

该牛体质粗壮结实(图10-16)，背腰平直，四肢较高，毛色为深浅不一的黄色，鼻镜呈淡褐色，被毛密而厚、有弹力；胸部宽深；公牛颈厚隆起，母牛乳房发育较好。成年公牛体重450kg，母牛380kg。体高分别为113.5～120.9cm、108.5～112.8cm。延边牛产肉性能良好，易于肥育，肉质细嫩，屠宰率为40%～45%。泌乳期6个月，产奶量为500～650kg，乳脂率5.5%。延边牛役用性能好，最大挽力公牛为450kg，母牛250kg。

图10-15　南阳牛

图10-16　延边牛

(5)晋南牛

晋南牛原产于山西省南部，主要分布在山西运城、临汾两地区。该牛体型较大，体质结实，前躯较后躯发达，骨骼粗壮，肌肉发达。公牛头中等长，额宽，顺风角，颈较短粗，垂皮发达，肩峰不明显；胸部发达，臀部较窄；母牛头清秀，乳房发育较差(图10-17)。被毛为枣红色或红色。成年公牛体重550～680kg，母牛300～480kg。晋南牛生长快，瘦肉率高，肉质好，屠宰率为56%～60%，净肉率50%～52%。泌乳期8个月，产乳量约为740kg，乳脂率5.5%～6.0%。役用性能较好，持久耐劳，平均挽力占体重的55%左右。

(6)鲁西牛

鲁西牛原产于山东省西部黄河以南及京杭大运河以西。该牛体躯高大(图10-18)、粗壮，背腰短，前躯较宽深，肌肉发达，具有肉用牛的体型。公牛肩峰宽厚而高，母牛后躯较好，髻甲低；垂皮发达，角多为龙门角。被毛有棕色、深黄、黄色和浅黄色，其中以黄色居多，多数具有“三粉”特征(眼圈、口轮、腹下四肢为粉色)，尾毛多扭生如纺锤状。成年公牛体重400～600kg，母牛250～400kg。产肉性能好，皮薄骨细，肉质细嫩。经育肥后，屠宰率可达58%，净肉率49%。最大挽力约为体重的50%～60%。役用性能好，肉用性能良好。鲁西牛1周岁公母牛平均体重238kg，两周岁平均体重328kg。据调查统计，18月龄鲁西牛平均屠宰率57.2%，净肉率49.0%，肉骨比为6∶1，眼肌面积89.1cm^2。产肉性能良好，肌纤维细，脂肪分布均匀，呈明显的大理石状花纹。以体大力强、外貌一致、品种特征明显、肉质良好而著称，但尚存在成熟较晚、增重较慢、后躯欠丰满等缺陷。

图10-17　晋南牛

图10-18　鲁西牛

(7)湘西黄牛

湘西黄牛主产于湖南省湘西北地区。该牛性情温驯，耐粗饲、耐热，体型中等，发育匀称，前躯略高，肌肉发达，骨骼结实，肩峰高，头短小，额宽阔，角形不一，颈细长，颈垂大，胸部发达，背腰平直，腰臀肌肉发达，尾长而细，四肢筋腱明显、强壮有力(图 10-19)。牛头大小适中，头顶稍圆，公牛头短额宽，母牛头较秀长。眼大有神，眼眶稍突出，有少数的牛上眼睑和嘴四周有黄白色毛，俗称“粉嘴画眉”。耳薄且灵活，鼻镜宽，鼻孔大，嘴岔深。角型公牛以龙门角、倒八字为多，母牛多是龙门角、玲珑角、倒八字。湘西黄牛公牛的颈部垂皮较发达，颈粗短，前胸开阔，肩峰明显，背腰平直短宽，腹大而不下垂。母牛乳房不发达。公牛睾丸显露，大小匀称。蹄质坚实，蹄以黑褐色居多。尾较长，尾根较粗且着生部位高、帚毛密而多，越过飞节。全身毛色以黄色者最多(占80%以上)，栗色、黑色次之，杂色很少，一般体躯上部毛色深，腹胁及四肢内侧毛色较浅，俗称“白漂裆”。成年公牛平均体重为 334.3kg，母牛为 240.2kg，屠宰率为 39%～54.4%，净肉率为 46.87%。

图 10-19　湘西黄牛

图 10-20　中国水牛

五、水牛品种

(1)中国水牛

中国水牛主要分布在淮河以南的水稻产区，又以四川、广东、广西、湖南、湖北及云南等地分布较多。该牛体躯稍短而低矮，体形较黄牛大，肌肉坚实，无颈垂，骨骼粗大，前躯发达，尻稍斜，四肢粗短，蹄圆大结实，被毛稀疏，色为黑色或青黑，白色较少(图 10-20)。中国水牛无论产奶、产肉和役用都有很大的潜力，役力强于黄牛，但产肉性能低，肉质较黄牛差。肌肉发达，生长快，24 月龄公牛体重为 225kg，母牛 229kg。屠宰率一般在 40%～48%，净肉率为 30%～39%。产奶性能比黄牛高，中国水牛一个泌乳期产奶量为 600～800kg，高的可达 1200～1500kg，乳脂率 7%～12%，泌乳期 7～8 个月，有的长达 10 个月以上。水牛乳干物质含量较高，适于加工乳制品。中国水牛的挽力大(一般较黄牛约大 50%)，持久力强，利用年限长，对粗饲料利用能力强，但性成熟稍晚。

(2)摩拉水牛

摩拉水牛也称印度水牛，为役、乳兼用品种。该牛原产于印度的哈里阿那地区，是世界上著名的乳用型水牛品种，我国南方各地均有饲养。该牛体型高大，皮薄而软、富有光泽，被毛稀疏，皮肤和被毛黝黑。头小，额部稍向前突出，角短，呈螺旋状，胸宽深，发育良好，躯体深厚而长，四肢粗短，尾长过飞节，臀宽，尻偏斜，四肢粗壮，蹄质坚实，乳房较发达，乳头大小适中，乳静脉弯曲明显(图 10-21)。成年公牛体重 450～810kg，母牛 360～700kg。摩拉水牛以产奶性能高而著称，在原产地年平均产奶量为 1500～2000kg，最高达 4500kg，乳脂率 7%～7.5%。引入我国的摩拉水牛，成年母牛 1 个泌乳期平均产奶量为 1300kg，最高达 3200kg，乳脂率 6%。摩拉水牛具有体型高大，产奶量高，役力大，耐粗饲，耐热，抗病力强等优点，但集群性强，性较敏感，下奶稍难。摩拉水牛与我国本地水牛杂交的杂种，体型较本地水牛大，生长发育快，役力强，产奶性能高。

(3)尼里—拉菲水牛

尼里—拉菲水牛简称为尼里水牛，为乳用型水牛品种，原产于巴基斯坦的尼里和拉菲河流域，是巴基斯坦较好的乳用水牛品种，目前在我国的广西、湖北、广东、江苏、安徽等地也有分布。该牛毛色多为黑色，玉石眼(虹膜缺乏色素)面部，四肢有白斑，尾帚白色，角向后弯，乳房发达，乳头粗长而分布均匀(图 10-22)。成年公牛体重 800kg，母牛 600kg，平均产乳量 1983.5kg，最高 3800kg，乳脂率 7.19%，性格较摩拉水牛好。

图 10-21　摩拉水牛

图 10-22　尼里—拉菲水牛

任务二　绵羊品种

一、我国主要绵羊品种

(1)中国美利奴羊

该羊有 4 个类型：新疆型、军垦型、吉林型和科尔沁型，主要分布在我国的新疆、内蒙古、吉林等羊毛主产区。该羊体呈长方形，头毛宽长，着生至眼线，外形似帽状，前肢细毛到腕关节，后肢至飞节，公羊有螺旋形角，颈部有 1～2 个横皱褶，被毛密度大，毛长，白色，具明显的大中弯曲(图 10-23)。剪毛后体重母羊 45.84kg，剪毛量 7.12kg，净毛率 60.87%，毛长 10.48cm，细度 22μm，单纤维强度 8.4g 以上，伸度 46%以上，卷曲弹性率 92%以上，接近进口 56 型澳毛，遗传性能稳定，与各地细毛羊杂交效果良好。

（2）新疆细毛羊

该羊是我国育成的第一个细毛羊品种。体质结实，结构匀称。公羊鼻梁微有隆起，有螺旋形角，颈部有1～2个皱褶；母羊鼻梁呈直线，无角或只有小角，颈部有一个横皱褶或发达的纵皱褶(图10-24)。羊体覆白色的同质毛，成年公羊体高75.3cm，母羊65.9cm，体长分别为81.9cm、72.6cm，胸围分别为101.7cm、86.7cm。剪毛后体重：公羊88.01kg，母羊48.6kg；剪毛量：公羊11.57kg，母羊5.24kg；净毛率48.06%～51.53%，产羔率130%左右，屠宰率49.47%～51.39%。新疆细毛羊善牧耐粗，增膘快，生活力强，适应严峻的气候条件，冬季扒雪采食，夏季高山放牧。

图10-23　中国美利奴羊

图10-24　新疆细毛羊

（3）湖羊

湖羊主要产于江苏太湖流域的苏州、无锡和宜兴等地。湖羊数量近年来有所下降，但已在苏州市东山镇建立了湖羊品种保护区。该羊以生长快、性成熟早、四季发情、母性好、泌乳性能好、肉细嫩无膻味、多胎多产和羔皮花纹美观而著称，为我国特有的羔皮用绵羊品种。湖羊头面狭长，鼻梁隆起，耳大下垂。公、母羊均无角，眼大突出，颈细长，体躯较长而狭。肩胸不够发达，背腰平直(图10-25)。十字部较鬐甲部稍高，四肢纤细。脂尾呈扁圆形，尾尖上翘。体躯被毛为白色，个别羊只眼睑或四肢下端有黑色或黄褐色斑点。成年公、母羊体重平均为48.7kg和36.5kg，产羔率平均为229.9%。

（4）小尾寒羊

小尾寒羊原属蒙古羊，随着历代人民的迁移，把蒙古羊引入自然生态环境和社会经济条件较好的中原地区以后，经长期选择和培育而成为地方优良品种。小尾寒羊属短脂尾、肉裘兼用型优良品种，具有繁殖力高，生长发育快，产肉性能好等特点。主要产于河北南部、河南东部和东北、山东西部及皖北、苏北一带，其中以山东鲁西南地区小尾寒羊的质量最好、数量最多。自1985年以来，全国已有20多个省(自治区、直辖市)从山东引入小尾寒羊。小尾寒羊体质结实，四肢长，身躯高大，前后躯均发达。鼻梁隆起，耳大下垂。公羊有角，呈三棱螺旋状；母羊多数有小角或仅有角基。脂尾呈扇形，尾中1/3处有一纵沟(图10-26)。尾尖向上翻紧贴于沟中，尾长在飞节以上。被毛白色占70%。全身有黑、褐色斑或大黑斑者为少数。斑点多集中在口、鼻、眼、耳、颈部，蹄为肉色或黑色。成年公、母羊的体重分别可达100kg和55kg以上。

图 10-25　新湖羊

图 10-26　小尾寒羊

二、国外优良绵羊品种

(1)德国肉用美利奴羊

德国肉用美利奴羊原产于德国，是世界上著名的肉毛兼用品种。特点是体格大(图 10-27)，成熟早，胸宽而深，背腰平直，肌肉丰满，后躯发育良好。公、母羊均无角。被毛白色，密而长、弯曲明显，成年公、母羊体重分别为 100～140kg 和 70～80kg。成年体重：公羊 100～140kg，母羊 70～80kg；剪毛量：公羊 10～11kg，母羊 4.5～5.0kg；净毛率 45%～52%，产羔率 140%～175%。早熟，6 月龄羔重 40～55kg，日增重 300～350g，屠宰率 47%～49%。我国在 20 世纪 50 年代末和 60 年代初从德国引入该品种，分别饲养在内蒙古、山东、安徽、甘肃和辽宁等地。

(2)无角道赛特羊

无角道赛特羊原产于大洋洲的澳大利亚和新西兰，属肉毛兼用型半细毛羊。公、母羊都无角，颈粗短，胸宽深，背腰平直，躯体呈现圆桶状，四肢粗短，后躯丰满。被毛白色(图 10-28)。成年公、母羊体重分别为 90～100kg 和 55～65kg。胴体品质和产肉性能较好。产羔率在 130%左右。我国于 20 世纪 80 年代末和 90 年代初从澳大利亚引入无角道塞特羊，主要饲养在新疆、内蒙古和山东等地，用作大型羔羊肉生产的父系。

图 10-27　德国肉用美利奴羊

图 10-28　无角道赛特羊

(3)杜泊羊

杜泊羊是 20 世纪 40 年代初在南非育成的肉用羊品种。该品种是由有角道赛特与波斯里羊杂交育成的。杜泊羊被毛呈白色，头部黑色，毛由发毛和无髓毛组成，但毛稀、短，不用剪毛(图 10-29)。杜泊羊身体结实，适应炎热、干旱、潮湿、寒冷等多种气候条件，在粗放和集约放牧条件下采食性能都良好。杜泊羊羔羊生长快，成熟早，瘦肉多，胴体质量好；母羊繁殖力强，发情季节长，母性好，体重大。成年公羊体重 100～110kg，成年母羊 75～90kg。世界上已有不少国家作为肉用羊引进，我国于 2001 午 5 月由山东省东营市首次引进。

(4)萨福克羊

萨福克羊原产于英国英格兰东南部。在英国、美国生产肥羔时，用其作为终端杂文的主要父本。我国于 1989 牛从澳大利亚引入萨福克羊。萨福克羊具有早熟，生长快，产肉性能好，母羊母性好，产羔率中等的特性。体格较大，公、母羊均无角，颈长而粗，胸宽深，背腰平直，臀部宽，肌肉丰满，后躯发育良好(图 10-30)。成年羊脸、四肢为黑色，头部和四肢无毛覆盖，被毛白色。成年公羊体重 110～110kg. 成年母羊 60～70kg，4 月龄羔羊胴体重可达 19.7～24.2kg。剪毛量公羊 5～6kg，母羊 2.5～3.0kg。

图 10-29 杜泊羊

图 10-30 萨福克羊

(5)夏洛来羊

夏洛来羊原产于法国中部的夏洛来丘陵和谷地，1984 年被法国农业部定为夏洛来品种。夏洛来羊的体型外貌特征为：头部无长毛，脸部呈粉红色或灰色。额宽、耳大，体躯长，胸深宽，背腰平直，肌肉丰满，后躯宽大，两后肢距离大，呈“U”字形，四肢较短，肌肉发达(图 10-31)。成年公牛体重 110～140kg，母羊 80～100kg；周岁公牛体重 70～90kg，周岁母羊 50～70kg。4 月龄体重 35～40kg，屠宰率 50％，肉质好，瘦肉多；产羔率 180％以上。我国在 20 世纪 80 年代末与 90 年代初引入夏洛莱羊，主要分布在内蒙古、河北、河南、辽宁和山东等地。

(6)边区莱斯特羊

边区莱斯特羊是 18 世纪末期和 19 世纪初期以莱斯持公羊为父本，与山地雪维特品种母羊杂交，在英国北部苏格兰的边区地区培育而成。为与莱斯特羊相区别，1860 年定名为边区莱斯特羊。边区莱斯特羊体质结实，体型结构良好。体躯长，背宽而平，头白色，公母羊均无角，鼻梁隆起，两耳竖立，四肢较细，头部及四肢无羊毛覆盖(图 10-32)。成年公、母羊体重分别为 90～140kg 和 60～80kg。剪毛量公羊 5～9kg，母羊 3～5kg。产羔率可达 150％～200％。我国从 20 世纪 60 年代中期开始从英国及澳大利亚引入，分布在内蒙古、青海、甘肃、四川和云南等地。

图 10-31　夏洛来羊

图 10-32　边区莱斯特羊

任务三　山羊品种

一、乳用山羊品种

(1)萨能山羊

原产于瑞士西部的萨能山谷，是世界奶山羊的代表品种，现已遍及世界各国。萨能山羊成年公羊和母羊体重分别为100～130kg和60～80kg。该羊具有乳用家畜的体型，外形瘦削俊秀，被毛白色，毛细短，具有头长、颈长、背腰长、四肢长的“四长”特征(图10-33)。该羊胸部丰满，腹部圆大，皮肤薄，羊毛粗而稀薄。公羊颈粗短，姿势雄伟，胸部宽广，肋骨拱圆，背腰平直。母羊乳房基部附着宽广，向前延伸，向后突出，乳房质地松软，乳头附着良好。母羊利用年限8～10年，怀孕期150.6d，一胎产羔率160%，二胎以上为200%～230%，多为双羔，最多每胎产5羔，泌乳期8～10个月，年产乳量为700～1500kg，最高逾3000kg，乳脂率为3.5%。抗病力强，适应性广，性情温顺。由于此羊能奔走，善攀登，最适合山区、丘陵以半放牧半舍饲方式饲养。萨能山羊与白山羊或黑山羊杂交改良效果显著，表现为个体增大，产奶能力提高，是理想的杂交父本种羊。

(2)吐根堡奶山羊

吐根堡奶山羊原产于瑞士东北部吐根堡盆地，现已分布世界各国。该羊乳用体型良好。体格较萨能山羊小(图10-34)，体高70～78cm，成年公、母羊体重分别为60～70kg和45～55kg。此羊与萨能山羊体形相似，大多无角，有胡须，颈下有一对肉垂，四肢较长。母羊乳房膨大柔软。初生羊毛色深褐，成年羊毛色棕黄，面部两侧各有一条灰色条纹，鼻端淡灰色，蹄浅黄色，四肢下部、腹部及尾部两侧毛色灰色或白色。母羊年产乳量600～1200kg，乳脂率为3.25%。多在9～10月发情，怀孕期150.4～153.9d，一胎产羔率149.8%，二胎为201.9%。吐根堡奶山羊适应性较强，平原、山区、丘陵均可饲养，最喜食刺槐叶和野生杂草。但因其皮毛较稀，抗寒性能较差，严冬需注意保暖、防风袭，保持圈舍干燥。体质健壮，耐粗饲、耐炎热，遗传稳定，膻味少，但体型、平均产奶量、乳脂率略低于萨能山羊，该羊抗直射日光的能力强于萨能，适应于热带气候条件。

图 10-33　萨能山羊

图 10-34　吐根堡奶山羊

(3)崂山奶山羊

崂山奶山羊是引用瑞士萨能山羊与我国山东省青岛崂山地方品种杂交选育而成，其特点是体形大，产奶多，耐粗饲。成年公、母羊平均体重分别为 100kg 和 75kg，被毛白色，毛细短，皮肤呈粉红色，富弹性，大多无角；体质结实，结构均匀，头、颈、身躯、腿均长(图 10-35)。母羊乳房圆大型，年产 1 胎，胎均产羔 2 只以上，年产乳 500～1000kg。由于此羊具有耐粗饲、能攀登、抗病力强等特点，既可放牧又可舍饲，山区、平原都可饲养，但需注意保持圈舍干燥(最好铺木板)。

(4)关中奶山羊

关中奶山羊原产于陕西省的渭河平原，是我国培育的奶山羊品种。关中奶山羊体质结实，结构匀称，遗传性能稳定。头长额宽，鼻直嘴齐，眼大耳长(图 10-36)。母羊颈长，胸宽背平，腰长尻宽，乳房大，形状方圆；公羊颈部粗壮，前胸开阔，腰部紧凑，外形雄伟，四肢端正，蹄质坚硬，全身毛短色白。皮肤粉红，耳、唇、鼻及乳房皮肤上偶有大小不等的黑斑，部分羊有角和肉垂。成年关中奶山羊公羊体重 65kg 以上，成年母羊体重 45kg 以上。在一般饲养条件下，优良个体平均产奶量：一胎 450kg、二胎 520kg、三胎 600kg、高产个体在 700kg 以上。鲜奶乳脂率 3.8%～4.3%，总干物质 12%。若饲养条件好，产奶量可提高 15%～20%。一胎产羔率平均为 130%，二胎以上平均为 174%。关中奶山羊耐粗饲，适应性强，乳用性能好。

图 10-35　崂山奶山羊

图 10-36　关中奶山羊

二、毛用山羊品种

安哥拉山羊(图 10-37)，是古老的毛用山羊品种，属于毛用山羊品种之一，原产于土耳其的安哥拉省，后分布世界各地区。该羊体格较小，公、母羊平均体重分别为 50～55kg 和 42kg。公、母羊均有角，角白色扁平，长度短或中等，后向上方延伸，并略有扭曲，耳大下垂或半下垂状态，颜面平直或略凹陷，颈部细短，鬐甲隆起，胸狭窄，肋骨扁平，尻斜，骨细，体质较弱，四肢较短而端正。泌乳量 70～100kg，仅够哺乳羔羊。该羊产的被毛外层细长，有丝光，卷曲，剪毛量：公羊为 4.5～6.0kg，母羊 3.0～4.0kg，净毛率 65%～85%，细度 40～46 支，长度 30cm(全年)，其毛可制作门帘、毯子等，毛的品质好，可用于纺织夏季衣料。其羊肉品质较好，但产肉少。生长发育慢，性成熟晚，1.5 岁后才能发情配种，繁殖力低，发情季节 10～11 月，发情周期 19～21d，持续期 30h，妊娠期 149～152d。遗传性能稳定，改良效果良好。此羊适宜于山区放牧，不适宜多雨潮湿的地区饲养。

三、裘皮和羔皮山羊品种

(1)中卫山羊

该羊又称沙毛皮山羊，原产于宁夏中卫。体型中等，体躯短深。成年公、母羊体重分别为 45～50kg 和 30～35kg。全身白毛(占 75%)，少数纯黑(图 10-38)。成年羊头清秀，额部丛生长毛一束，公、母羊均有长须和角，公羊角粗大向上、向后、向外方伸展呈半螺旋状，母羊角较细短，多呈小镰刀形。被毛分两层，外层是富有光泽呈波浪形弯曲的粗毛，内层为柔软、光滑、纤细的绒毛，颌下有须，额前有一撮毛。屠宰率 46.4%，母羊产羔率 103%，初生羔毛长 4.4cm，毛股 3～4 个弯曲，初生重 2.5～2.7kg，生长到 35 日龄，毛长可达 7～8cm。公羔重 4.5～8.0kg、母羔重 4.0～6.0kg 时，剥取二毛皮。成年羊只抓绒年均 126g，剪粗毛 260g，毛长 20cm，细度 54.3μm，为上等地毯和毛毯原料。中卫裘皮山羊较耐寒，喜食杂草，适宜我国北方山区饲养。

图 10-37　安哥拉山羊

图 10-38　中卫山羊

(2)济宁青山羊

济宁青山羊又称羔皮山羊(图 10-39)，原产于山东省荷泽和济宁地区，现已分布全国各地。青山羊体格较小，公羊体高 60.3cm，体长 60.1cm，体重 25.7kg；母羊体高 50.4cm，体长 56.5cm，体重 20.9kg。公母羊均有角，有须，角向上、向后上方生长，并向两侧微微叉开，角长 10～15cm。公羊额部有卷毛覆盖，母羊额部多有白章，颈部细长，背直，尻微斜，腹部较大，四肢短而结实。被毛由黑白二色混生而成青色，其角、唇也呈青色，前膝为黑色，故有“四青一黑”的特征。由于被毛中黑白二色毛的比例不同，分为正青色(黑毛 30%～50%)、粉青色(黑毛 30%以下)和铁青色(黑毛 50%以上)三种，其中以正青色最佳。平均屠宰率 42.5%。羔羊生长快，成熟早，4～5 月龄即可配种，一般年产 2 胎，每胎产羔 2～3 只，多达 7 只。初生重 1.3～1.7kg，羔羊生后 3d 内宰杀剥取羔皮又称青猾子皮，皮板薄而轻，花纹美丽，花型有波浪、流水及片花，是制造翻毛外衣、皮帽、皮领的优质原料。公羊每只平均产毛 300g 左右，产绒 50～150g；母羊平均产毛约 200g，产绒 25～50g。

四、绒用山羊品种

(1)克什米尔山羊

克什米尔山羊又称西藏羊，原产于西藏及克什米尔高原，现我国西北、内蒙古、华北、东北等寒冷地区均有分布。成年羊体重各产地差异较大，体形大的平均 70kg，小的仅 20kg。该羊躯体细长，体形较小，被毛白色，有的个体颈部、背部有红色、黑色和褐色斑点，偶见黑色及褐色个体(图 10-40)；被毛分为两层，外层为长粗毛，内层为绒毛，每只年产绒量 142～453g，绒毛细度 90～110μm，纤细柔软，具有丝光，为品质优良的丝绒原料。克什米尔山羊不畏严寒，适宜于高寒山区饲养，但不适宜在湿热地带饲养繁育。

图 10-39　济宁青山羊

图 10-40　克什米尔山羊

(2)白绒山羊

白绒山羊产于内蒙古、宁夏北部，属于内蒙古山羊品种。成年公、母羊平均体重分别为 52kg 和 45kg。公、母羊均有角(图 10-41)，有长须。公羊角向后上方向外扭曲，呈扁三棱形，长约 60cm；母羊角小，长约 25cm。该羊头中等大小，鼻梁微凹，耳大向两侧半下垂，体形近似方形，后躯略高，背腰平直，尻略斜，四肢粗壮，被毛分两层，外层为粗毛，内层为绒毛，毛色纯白为主。公羊年均产毛 329g、产绒 300g，其绒价值较高。白绒山羊的抗病力强，善奔走，耐粗放，山区、平原都可饲养，尤其适合于草原和山顶草甸放牧。

(3)辽宁绒山羊

辽宁绒山羊产于辽宁省东南部步云山周围各市县，属绒肉兼用型品种，是中国绒山羊品种中产绒量最高的优良品种。该品种具有产绒量高，绒纤维长，粗细度适中，体形壮大，适应性强，遗传性能稳定、改良低产山羊效果显著等特点，其产绒量居全国之首，辽宁绒山羊被毛全白，体质健壮，结构匀称、紧凑，头轻小，额顶有长毛，颌下有髯。公羊角粗大，向后斜上方两侧螺旋式伸展；母羊角向后斜上方两侧捻曲伸出，颈宽厚、与肩部结合良好，背腰平直，四肢粗壮，肢蹄结实，短瘦尾，尾尖上翘(图 10-42)。被毛柔软有弹性，绒层厚实，被毛覆盖良好，用两手分开毛丛，可见亮白、密而长的绒丛。成年公羊体重 40kg 以上、产绒量 450g 以上，成年母羊体重 30kg 以上，产绒量 300g 以上；绒自然长度 40mm 以上；绒细度 10～20μm；含绒率 60%以上；屠宰率春冬 30%以上，夏秋 35%以上。改良低产绒山羊产绒量平均提高 100g 以上，个体体重平均增加 3kg 以上。

图 10-41　白绒山羊

图 10-42　辽宁绒山羊

五、肉用山羊品种

(1)成都麻羊

成都麻羊原产于四川盆地西部的成都平原及其邻近的丘陵和低山地区。由于此羊的被毛古铜色，色泽光亮，为短毛型，整个被毛有棕黄而带黑麻的感觉，故称麻羊。公、母羊大多数有角。周岁公羊体重 26.79kg，周岁母羊 23.14kg；成年公羊 43.02kg，成年母羊 32.6kg。成都麻羊常年发情配种，产羔率 205.91%。体形近似方形，被毛深褐色，颜面两侧各有一条浅灰色条纹，鼻梁黑色，腰底淡黄色(图 10-43)。母羊乳房发育良好，日均产乳 2kg。公羊育肥，屠宰率 43%，肉质好，无膻味，皮板有明显的黑色“十”字架形，皮质好，拉力强，是优良的肉、皮、乳兼用品种。成都麻羊与萨能公羊的杂交后代个体增大，产奶量增加，适合于半山区、半平原地区饲养、放牧和舍饲。

(2)波尔山羊

波尔山羊原产于南非，1995 年我国开始少量引入，到 1998 年普及我国 20 个省(自治区、直辖市)。该羊为大型肉羊，生长发育快，体质健壮；初生体重 3～4kg，100 日龄体重平均 37kg；210 日龄公羊体重平均 69kg，母羊体重平均 51kg；成年公羊体重为 80～100kg，母羊体重 60～75kg。该羊体形大，呈圆筒状，公、母羊均有角，耳大下垂超过脸的长度；头和额部呈褐色，唇至额顶有一白带，鹰爪鼻，有的头部皮肤有色斑；毛轻短，无绒毛；肩宽，胸廓张开，四肢端正，高度适中，尾根上翘(图 10-44)。每头母羊平均年产 1.5 胎，有的母羊 1 年产 2 胎或 2 年 3 胎。由于波尔山羊生长发育快，饲养 6 个月至 15 个月，胴体重在 25kg 左右即可上市，此时肉质瘦而不干，膻味小，色泽正。江苏省以波尔山羊为父本，以当地白山羊为母本进行杂交，杂交后代具有显著的杂交优势，日增重快，羔羊抗病力强，耐粗饲性好。经 3 代杂交的体形外貌及生产性能已接近波尔山羊。波尔山羊从全国各地引进饲养情况看，它的适应性强，且采食的植物种类广泛，低于 10cm 的牧草和高达 160cm 的灌木枝叶及各种野草、农作物秸秆均可采食，同时易于管理，深受饲养户的欢迎。

图 10-43　成都麻羊

图 10-44　波尔山羊

(3)南江黄羊

南江黄羊产于四川南江县，经多年杂交培育，1998 年 4 月被农业部正式命名为“南江黄羊”。该羊被毛黄色，沿背脊有一条明显的黑色背线，毛短紧贴皮肤，富有光泽；有角或无角，耳大微垂，鼻拱额宽；体格高大，前胸深广，颈肩结合良好，背腰平直，体呈圆桶形(图 10-45)。6 月龄、周岁、成年公羊体重分别为 27.40kg、37.61kg、66.87kg，母羊分别为 21.82kg、30.53kg、45.64kg。6 月龄屠宰率 45.12％，净肉率 29.63％，产羔率 187％～219％；四季发情，泌乳性能好，抗病力强，耐粗放管理，适应性强，板皮品质好。

(4)马头山羊

马头山羊古称“撞羊”，是南方山区优良肉用山羊品种，主要分布于湖南、湖北西部山区。马头山羊体质结实，结构匀称，全身被毛白色，毛短贴身，富有光泽，冬季长有少量绒毛；头大小适中，公、母羊均无角，但有退化角痕；耳向前略下垂，下颌有髯，颈下多有两个肉垂(图 10-46)。成年公羊体重 43.8kg，成年母羊 33.7kg。马头山羊肉用性能好，在全年放牧条件下，12 月龄体重 35kg 左右，18 月龄以上达 47.44kg，如能适当补料，可达 70～80kg。马头山羊性成熟早，5 月龄即达性成熟。但适宜配种月龄一般在 10 月龄左右。母羊四季均可发情配种。一般一年产两胎或两年产三胎。产羔率 191.94％～300.33％。马头山羊板皮品质良好，在国际贸易中享有较高声誉。

图 10-45　南江黄羊

图 10-46　马头山羊

(5)雷州山羊

雷州山羊原产于广东省雷州半岛和海南省，是我国热带地区以产肉为主的优良地方山羊品种。雷州山羊体质结实，头直，额稍凸，公、母羊均有角，颈细长，颈与头部相接处较窄，颈与胸部相连处逐渐增大，毛色多为黑色，角、蹄为褐黑色，少数为麻色及褐色，麻色羊除被毛黄色外，背线、尾及四肢下端多为黑色或黑黄色(图 10-47)。雷州山羊周岁公羊平均体重 33.7kg，周岁母羊 28.6kg；2 岁公羊平均 50.0kg，2 岁母羊 43.0kg，3 岁公羊平均 54.0kg，3 岁母羊 47.7kg。雷州山羊肉质优良，无膻味，脂肪分布均匀，屠宰率一般为 50%。雷州山羊性成熟早，一般 5～6 月龄达性成熟，母羊 8 月龄就可配种，1 岁时即可产羔，多数一年产两胎，少数两年产三胎，一胎产羔率为 150%～200%。

(6)贵州白山羊

贵州白山羊是一个古老的山羊品种(图 10-48)，原广于贵州东北乌江中下游的沿河、思南、务川等地，分布在贵州遵义、铜仁两地区，黔东南苗族侗族自治州、黔南布依族自治州也有分布。贵州白山羊头宽额平，公母羊均有角，颈部较圆，部分母羊颈下有一对肉垂，胸深，背宽平，体躯呈圆捅状，被毛以白色为主，其次为麻、黑、花色，被毛粗短，少数羊鼻、脸、耳部皮肤上有灰褐色斑点。周岁公羊平均体重 19.6kg，周岁母羊 18.3kg；成年公羊体重 32.8kg，成年母羊 30.8kg。性成熟早，公、母羊在 5 月龄时即可发情配种。一年产两胎，产羔率 124.27%～180%。

图 10-47　雷州山羊

图 10-48　贵州白山羊

(7)承德无角山羊

承德无角山羊原产于河北省承德地区。该羊体质健壮、结构匀称，肌肉丰满，体躯深广；头大小适中，头宽顶平，公、母羊均无角，但有退化角痕；被毛以黑色为主，约占70%，白色次之，还有少量杂色毛被。周岁公羊体重30.30kg，周岁母羊25.10kg；2岁以上公羊体重54.50kg，2岁以上母羊41.50kg。剪毛量公羊518g，母羊251g，产绒量公羊240g，母羊114g，屠宰率46%～50%，产羔率111%。该品种母羊全年均可发情配种，年平均产羔率为163.9%。

知识链接

※肉用羊的外貌特征及生产性能评定

一、肉用羊的外貌特征

肉羊的体型外貌评定是以品种和肉用类型特征为主要根据而进行的。就肉用型绵、山羊来说，其外形结构和体躯部位应具备以下特征。

①整体结构：体格大小和体重达到品种的月(年)龄标准，躯体粗圆，长宽比例协调，各部结合良好；臀、后腿和尾部丰满，其他产肉部位肌肉分布广而多；骨骼较细，皮薄而富有弹性，被毛着生良好且富有光泽；具有本品种的典型特征。

②头、颈部：按品种要求，口方、眼大而明亮，头型较大，额宽丰满，耳纤细、灵活。颈部较粗，颈肩结合良好。

③前躯：肩丰满、紧凑、厚实，前胸宽而丰满。前肢直立结实，腿短且间距宽，管部细致。

④中躯：正胸宽、深，胸围大。背腰宽而平，长度适中，肌肉丰满。肋骨开张良好，长而紧密。腹底成直线，腰荐结合良好。

⑤后躯：臀部长、平、宽而开展，大腿肌肉丰满，后裆开阔，小腿肥厚。后肢短、直而细致，肢势端正。

⑥生殖器官与乳房：生殖器官发育正常，无机能障碍，乳房明显，乳头粗细、长短适中。

二、生产性能评定

肉用羊体大、早熟，生长快，肉质好，繁殖力高。幼龄羊的平均日增重和饲料利用率高，出栏体重大，饲养周期短；产肉能力强，屠宰率高，肌肉细嫩多汁，脂肪分布均匀；四季发情，配种年龄早，每胎产羔数多，产羔频率高。

(1)评定肉羊产肉率的主要指标

①屠宰率：指胴体重加内脏脂肪(包括大网膜和肠系膜脂肪)和脂尾重，与羊屠宰前活重(宰前空腹24h)之比。

②胴体重：指屠宰放血后剥去毛皮、去头、内脏及前肢腕关节和后肢关节以下部分，

整个躯体(包括肾脏及其周围脂肪)静止30min后的重量。

③胴体净肉率：胴体净肉重与胴体重的比值。

④肉骨比：胴体净肉重与骨重的比值。

⑤眼肌面积：测倒数第一和第二肋骨间脊椎上的背最长肌的横切面积，因为它与产肉量呈正相关。测量方法：用硫酸纸描绘出横切面的轮廓，再用求积仪计算面积。如无求积仪，可用公式估测：

$$眼肌面积(cm^2)=眼肌高(cm)\times眼肌宽(cm)\times0.7$$

⑥胴体品质：主要根据瘦肉的多少及色、脂肪含量、肉的鲜嫩度、多汁性与味道等特性来评定。上等品质的羔羊肉，应该是质地坚实而细嫩味美，膻味轻，颜色鲜艳，结缔组织少，肉呈大理石状，背脂分布均匀而不过厚，脂肪色白、坚实。

(2)评定肉羊繁殖力的主要指标

适繁母羊比率主要反映羊群中适繁母羊的比例。适繁母羊多指10月龄(山羊)以上和1.5岁(绵羊)以上的母羊。

(3)肉用羊的个体品质鉴定

肉用羊的个体品质鉴定包括体型外貌、生长发育和生产性能的评定。其中体型外貌鉴主要按身体各部位的表现和重要性，规定一个满分标准，不够标准的适当扣分，最后将各项评分相加计算总分，再按外貌评分等级标准给被选个体定出等级。生长发育和生产性能鉴定主要按测定项目的量化结果，对照品种等级标准，确定个体等级，最后完成对羊只的综合鉴定。

※乳用牛、肉用牛外貌鉴定

一、肉眼鉴别

用眼睛观察牛的外貌，并借助于手的触摸对家畜各个部位和整个畜体进行鉴别。

①被鉴别的牛自然地站在宽广而平坦的广场上，鉴别者站在距牛5～8m的地方。

②首先进行一般的观察，对整个畜体环视一周，掌握牛体各部位发育是否匀称。

③站在牛的前面，侧面和后面分别进行观察。从前面观察头部的结构，胸和背腰的宽度，肋骨的扩张程度和前肢的肢势等。从侧面观察胸部的深度，整个体形，肩及尻部的倾斜度，颈，背，腰，尻等部的长度，乳房的发育情况以及各部位是否匀称。从后面观察体躯的容积和尻部发育情况。

④肉眼观察完毕，再用手触摸，了解其皮肤，皮下组织，肌肉，骨骼，毛，角和乳房等发育情况。

⑤最后让牛自由行走，观察四肢的动作、肢势和步样。

二、测量鉴别

(1)体尺测量

用于确定牛的生长发育情况，以便及时提出正确的饲养管理方案，保证其正常生长发育。测量时场地要平坦，站立姿势要端正。常用的测量部位有：

①体高(鬐甲高)：由耆甲最高点距地面的垂直距离(测杖)。

②体斜长：从肩端到坐骨端的距离(测杖或卷尺)。

③胸宽：左右第六肋骨间的最大距离，即肩胛后缘的距离。

④胸深：沿着肩胛骨后方，从耆甲到胸骨的垂直距离。

⑤胸围：肩胛骨后缘胸部的圆周长度。

⑥尻长：从腰角前缘至臀部端后缘的直线距离。

⑦尻宽(髋宽)：髋的最大宽度。

⑧腰角宽(后躯宽)：腰角处的最大宽度。

⑨坐骨宽：两坐骨端的距离。

⑩管围：左前肢管骨最粗处的围径。

(2)体尺指数的计算

所谓体尺指数，就是畜体某一部位尺寸对另一部位尺寸的百分比，这样可以显示两个部位之间的相互关系。

①体长指数：

体长指数＝体斜长/体高×100

胚胎期发育不全的家畜，由于高度上发育不全，此种指数相当大，而在生长期发育不全的牛，则与此相反。

②体躯指数：

体躯指数＝胸围/体斜长×100

表明家畜体质发育情况。

③尻宽指数：

尻宽指数＝坐骨宽/腰角宽×100

高度培育的品种，尻宽指数大。

④胸围指数：

胸围指数＝胸围/体高×100

牛应用较多。

⑤管围指数：

管围指数＝前管围/体高×100

役牛应用较多。

⑥胸宽指数：

胸宽指数＝胸宽/胸深×100

三、活重测定

(1)实测法

也称重法，为了减少误差，应连续在同一时间称重两次，取平均值。

(2)估测法

根据活重与体积的关系计算出来的。一般估重与实重相差不超过5%，即认为效果良好，如超过5%时则不能应用。

体重(kg)＝胸围^2(m)×体斜长(m)×87.5　(适用于乳牛与乳肉兼用牛)

体重(kg)＝胸围^2(m)×体直长(m)×100　(适用于肉牛)

体重(kg)＝胸围^2(cm)×体斜长(cm)/10800　(适用于本地黄牛及改良牛)

四、评分鉴定

乳用牛、肉用牛外貌评分标准见表10-1至表10-7。

表10-1　中国荷斯坦牛母牛外貌评分鉴别表

项　目	细目与给满分要求	标准分
一般外貌与乳用特征	头、颈、鬐甲、后大腿等部位棱角和轮廓明显；	15
	皮肤薄而有弹性，毛细而有光泽；	5
	体高大而结实，各部结构匀称，结合良好；	5
	毛色黑白花，界限分明	5
	小计	30
体　躯	长、宽、深；	5
	肋骨间距宽，长而开张；	5
	背腰平值；	5
	腹大而不下垂；	5
	尻长、平、宽	5
	小计	25
泌乳系统	乳房形状好，向前后延伸，附着紧凑；	12
	乳房质地：乳腺发达，柔软而有弹性；	6
	四乳区：前乳区中等大，四个乳区匀称，后乳区高、宽而圆，乳镜宽；	6
	乳头：大小适中，垂直呈柱形，间距匀称；	3
	乳静脉弯曲而明显，乳井大，乳房静脉明显	3
	小计	30
肢蹄	前肢：结实，肢势良好，关节明显，质坚实，蹄底呈圆形；	5
	后肢：结实，肢势良好，左右两肢间宽，系部有力，蹄形正，蹄质坚实，蹄底呈圆形	10
	小计	15
	总计	100

表10-2　中国荷斯坦牛公牛外貌评分鉴别表

项　目	细目与给满分标准	标准分
一般外貌	毛色黑白花，体格高大；	7
	有雄相，肩峰中等，前躯较发达；	8
	各部位结合良好而匀称；	7
	背腰：平直而结实，腰宽而平；	5
	尾长而细，尾根与背线呈水平	3
	小计	30

（续）

项　目	细目与给满分标准	标准分
体躯	中躯：长、宽、深；	10
	胸部：胸围大，宽而深；	5
	腹部紧凑，大小适中；	5
	后躯：尻部长、平、宽	10
	小计	30
乳用特征	头、体型、后大腿的棱角明显，皮下脂肪少；	6
	颈长适中，垂皮少，鬐甲成楔形，肋骨扁长；	4
	肤薄而有弹性，毛细而有光泽；	3
	乳头呈柱形，排列距离大，呈方形；	4
	睾丸：大而左右对称	3
	小计	20
肢蹄	前肢：肢势良好，结实有力，左右两肢间宽；蹄形正，质坚实，系部有力；	10
	后肢：肢势良好，结实有力，左右两肢间宽；飞节轮廓明显，系部有力，蹄形正，蹄质坚实	10
	小计	20
	总计	100

表 10-3　外貌鉴别等级标准

性别	特等	一等	二等	三等
公	85	80	75	70
母	80	75	70	65

说明：对公、母牛进行外貌鉴定时，若乳房、四肢和体躯其中一项有明显生理缺陷者，不能评为特级；两项时不能评为一级；三项时不能评为二级。

表 10-4　肉牛外貌鉴别评分表

部　位	鉴别要求	评分	
		公牛	母牛
整体结构	品种特征明显，结构匀称，体质结实，肉用体型明显，肌肉丰满，皮肤柔软有弹性	25	25
前　躯	胸宽深、前胸突出、肩胛宽平、肌肉丰满	15	15
中　躯	肋骨张开、背腰宽而平直、中躯呈圆桶形、公牛腹部不下垂	15	20
后　躯	尻部长、平、宽，大腿肌肉突出伸延，母牛乳房发育良好	25	25
肢　蹄	肢势端正，两肢间距宽，蹄形正，蹄质坚实，运步正常	20	15
合　计		100	100

表 10-5　肉牛外貌等级评定表

性别	特等	一等	二等	三等
公	85	80	75	70
母	80	75	70	65

表 10-6　中国良种黄牛外貌鉴别评分表

项　目		满分标准	公　牛		母　牛	
			满分	评分	满分	评分
品种特征及整体结构		根据品种特征，要求具有该品种的全身被毛、眼圈、鼻镜、蹄趾等的颜色；角的形状、长短和色泽；体质结实、结构均匀、体躯宽深，发育良好，皮肤粗厚，毛细短、光亮、头型良好，公牛有雄相，母牛俊秀	30		30	
躯干	前躯	公牛鬐甲高而宽，母牛较低但宽。胸部宽深，肋弯扩张，肩长而斜	20		15	
	中躯	背腰平直、宽广，长短适中，接合良好，公牛腹部成圆筒形，母牛腹大不下垂	15		15	
	后躯	尻宽、长，不过斜，肌肉丰满，公牛睾丸两侧对称，大小适中，附睾发育良好，母牛乳房呈球形，发育良好，乳头较长，排列整齐	15		20	
四　肢		肢势良好，壮健有力，蹄大、圆、坚实、蹄缝紧，动作灵活有力，行走时后蹄超前蹄	20		20	
合　计			100		100	

表 10-7　黄牛外貌等级评定表

等级	公牛	母牛
特级	85 分以上	80 分以上
一级	80	75
二级	75	70
三级	70	65

*实训十九　牛品种识别

【实训目的】能够根据外貌特征，准确识别各主要纯种牛及改良牛。

【实训准备】各品种牛及改良牛的实体牛或图片、幻灯片、影像片等；幻灯机、多媒体设备等。

【实训步骤】

①观看不同品种纯种牛和不同杂交组合改良牛的照片及影像片。

②实地参观牛场，观察纯种牛群和杂交牛。

③对纯种牛和杂交牛分别进行描述记载，并做鉴别比较。

【实训要求】

①指导教师对不同品种的纯种牛和杂种牛作简要介绍，介绍内容主要包括：产地及分布、外貌特征、生产性能、主要优缺点以及在当地生产中的地位与作用。

②学生选定某一品种的父本和某一品种的母牛(本地牛)及其某杂种后代若干，反复观察、仔细触摸牛体各部位。

③通过观察与触摸进行比较鉴别、描述记载，指明杂种公、母牛与其父本和母本的相似点和不同点。

【实训报告】

①描述各主要纯种牛的外貌特征。

②描述各主要杂交组合改良牛的外貌特征。

※实训二十　牛的体尺测量与体重估测

【实训目的】掌握牛的主要体尺测量指标及测量部位，了解实测及估测体重牛的方法。

【实训准备】牛、测杖、圆形触测器、卷尺、地中衡、台秤。

【实训步骤】

(1)体尺测量

测量时，使被测牛端正站于宽敞、平坦的场地上，四肢直立，头自然前伸，姿势正常，然后按技术要求对各项体尺部位进行测量，每项测量2次，取其平均值，并做好记录。操作应细心、准确、迅速。根据测量目的选择部位进行测量。一般奶牛主要测量体高、荐高、体斜长、胸围、管围、尻长等项目；肉牛主要测量体高、体直长、胸围、腿围、管围、尻宽等。用于品种资源普查或育种时还需测量其他项目。

体斜长：从肩端(臂骨前突起的最前点)到坐骨结节后缘的距离。

体直长：从肩端最前缘作一垂线，再从坐骨结节后缘作一垂线，测量两条垂线间的距离。

体高：从鬐甲最高点到地面的垂直距离。

胸围：肩胛骨后缘处的体躯垂直周径。

管围：前肢掌骨上1/3处的周径(最细处)。

十字部高：两腰角连线的中点到地面的垂直距离。

胸深：沿肩胛软骨后作一垂线，从鬐甲到胸骨的距离。

胸宽：沿肩胛软骨后角量取最宽处的水平距离。

腰角宽：两腰角外缘的距离。

(2)体重测量

①实测：常用的体重实测方法有地中衡称重和台称称重两种。地中衡称重时，在检查地中衡零点及灵敏度后，令牛站于地衡中央，做好记录。台秤称重时，将一台秤置于地槽内，槽不宜过大，能使台秤放入即可，并使秤面略高于地面。在台秤上放一木板，将牛牵到木板上，为使牛固定并站稳，可用铁管、钢筋或木棒制一个三面围栏，围栏要固定在地面上。这样台秤上所显示的重量减去木板重量便是牛的体重，做好记录。

②估测：根据牛体重估测公式进行体重测量。

适用肉牛的估重公式：

$$体重(kg)=胸围^2(m)\times体直长(m)\times100$$

适用本地黄牛及改良牛的估重公式：

$$体重(kg)=胸围^2(cm)\times体斜长(cm)/10800$$

适用乳牛或乳肉兼用牛的估重公式：

$$体重(kg)=胸围^2(m)\times体斜长(m)\times87.5$$

【实训要求】 找准测量部位，分组进行，注意安全。

【实训报告】 填写完成体尺测量统计表和体重测量统计表，并对体重实测值与估测值进行分析。

表实 20-1　体尺测量统计表

牛号	品种	性别	体高	十字部高	尻高	体斜长	体直长	胸围	腹围	后腿围	胸宽	髋宽	坐骨宽	胸深	尻长	管围	备注

表实 20-2　体重测量统计表

牛号	品种	性别	年龄	体重			误差原因
				称重	估重	误差	

实训二十一　牛的齿龄鉴定

【实训目的】 通过实习观察，能根据牛门齿的变化，初步掌握牛年龄鉴别的基本方法和要领。

【实训准备】 不同年龄的牛若干，牛门齿标本，牛门齿变化表等。

【实训步骤】

(1)开口

鉴定人员站立于牛头部左侧附近，用左手或牛鼻钳捏住牛鼻中隔最薄处，将牛头抬起，使之呈水平状态。随后，迅速将右手插入牛的左侧口角，通过无齿区，将牛舌抓住，顺手一扭，用拇指尖顶住上腭，其余四指握住牛舌，将牛舌拉向左口角外，使牛口张开，露出门齿，观察判断。

(2)观察门齿变化情况

6月龄前看乳齿；12个月看乳隅齿磨；18个月看乳钳齿掉；2～5岁看牙换；6～9岁看磨面；10～13岁看珠点(齿星)。

表实21-1　牛乳齿与永久齿的区别

区别项目	乳　齿	永久齿
色泽	乳白色	稍带黄色
齿颈	有明显齿颈	不明显
形状	较小而薄，舌面平坦、伸展	较大而厚，齿冠较长
生长部位	齿根插入齿槽较浅	齿根插入齿槽较深
排列情况	排列不够整齐，齿间间隙小	排列整齐，且紧密无间隙

(3)年龄判断

犊牛在初生时就有1～2对乳门齿，生后3～4周，其他乳门齿也陆续长出。当牛达1.5岁时，第一对乳门齿开始脱落，换生永久齿，以后便有规律地脱落、换生和磨损。其变化规律如下：

1.5～2岁：第一对乳门齿脱落换生永久齿。

2.5～3岁：第二对乳门齿脱落换生永久齿。

3.5～4岁：第三对乳门齿脱落换生永久齿。

4.5～5岁：第四对乳门齿脱落换生永久齿。

5～6岁：前三对永久齿重磨，第四对亦出现磨损。

7～8岁：第一对门齿齿面由横椭圆形变成方形。

8～9岁：第二对门齿齿面由横椭圆形变成方形。

9～10岁：第一对门齿齿面由方形变成圆形，第三对门齿齿面由横椭圆形变成方形。

10～11岁：第一对门齿齿面由圆形变成三角形，第四对门齿齿面由横椭圆形变成方形。

【实训要求】分组进行，注意安全。

【实训报告】填写牛的年龄鉴定报告表。

表实21-2　牛的年龄鉴定报告表

品种	性别	门齿更换及磨损情况	鉴定年龄	实际年龄	误差原因分析

1. 描述我国五大良种黄牛的主要外貌特征及产地。
2. 简述关中奶山羊的外貌特征及生产性能。
3. 简述波尔山羊的外貌特征及生产性能。
4. 如何对牛的外貌进行肉眼鉴别?

项目十一 牛羊主要产品

【知识目标】

- 了解牛羊产品的价值。
- 了解各类羊皮的特点，掌握羔皮、裘皮的识别及品质评定知识。
- 掌握正确的挤奶程序和原料乳的检验。

【技能目标】

- 了解奶的营养价值，并能进行乳制品的识别。
- 掌握采集羊毛样本，测定羊毛的长度、细度等技能。
- 掌握牛羊肉的品质鉴定方法。

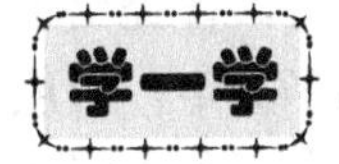

任务一　乳品

一、对乳品的认识

1. 羊奶

全世界所产的羊奶中，绵羊奶和山羊奶约各占 1/2。我国所产的羊奶基本上都是奶山羊所产。羊奶同牛奶一样，营养成分完全，是人类重要的动物性食品来源之一。羊奶与牛奶在化学成分上无显著差异，但在消化生理和理化特性方面要优于牛奶。对于羊奶的利用，大部分国家采取鲜食的方法，许多国家还广泛用于加工干酪、酸奶、奶粉、炼乳、酸乳腐等。在我国，山羊奶作为一种重要奶源，近年来有较大发展，对于缓解鲜奶供应不足起了一定作用。

羊奶营养丰富，其干物质中，蛋白质、脂肪、矿物质含量均高于人奶和牛奶，乳糖低于人奶和牛奶。山羊奶中的蛋白质不仅含量高，而且品质好、易消化。山羊奶含有 9 种必需氨基酸，除色氨酸、精氨酸外，其他氨基酸的绝对含量均高于牛奶(王逸斌等，2012)。山羊的乳脂肪主要是由甘油三酯类组成，也有少量的磷脂类、胆固醇、脂溶性维生素类、游离脂肪酸和单酸甘油酯类，其中对人体有重要作用的磷脂类含量较高。羊奶中的矿物质含量远高于人奶，也高于牛奶，特别是钙和磷。奶中的钙主要以酪蛋白钙形式存在，很容易被人体吸收，是供给老人、婴儿的优良钙源。山羊奶中的铁含量高于人奶，与牛奶接近。山羊奶和牛奶均呈弱酸性，山羊奶 pH 值为 6.4～6.8，牛奶 pH 值为 6.5～6.7，奶中含有多种有机酸和有机酸盐，为优良的缓冲剂，可以中和胃酸，对于胃酸过多或胃溃疡病患者的人，是一种有治疗作用的适宜食品。在山羊奶中，对人体有重要作用的核苷酸含量较高，对婴儿的智力发育大有好处。山羊多以小群放牧经营为主，较奶牛不易感染结核病，人们食用山羊奶更为安全。尤其是在无检疫条件的一些地区，婴儿和病弱者饮用羊奶较安全。

2. 牛奶

牛奶不仅能提供优质蛋白质和全部维生素，而且是钙、磷的优良来源，在所有大宗可食性食物中(羊奶除外)以牛奶的钙含量最为丰富，每 100g 牛奶中含钙量达 120mg，这一水平是大米和白面的 4 倍、猪牛羊肉的 12 倍，禽肉的 8 倍，禽蛋的 2 倍，鱼类的 2～6 倍。而且钙磷比例恰当，为 1.4∶1，宜于人体吸收，是理想的营养钙源，婴儿期母乳是最佳食品，除此之外，牛奶、蔗糖及植物油也是婴儿的适宜食品，故牛奶素有“食物之王”的美称，特别是初乳及其制品被誉为天然、完美、完全、廉价的“21 世纪保健食品”。

牛奶是最接近人体天然需要的食品，物美价廉。世界卫生组织把人均乳品占有量列为衡量一个国家人民生活水平的主要指标。世界许多国家都采取了扩大乳制品生产和消费的措施，大力倡导国民喝牛奶。在欧洲、美国，牛奶已成为人们生活的必需品。

在亚洲，最典型的是第二次世界大战后的日本政府为了强壮国民身体素质，曾提出了“一杯牛奶强壮一个民族”的口号，被国际公认为“人类体质发展的奇迹”。1971 年，印度发起了名为“白色革命”的奶类发展运动，泰国为了摆脱人种矮小的困扰，致力于每天喝牛奶的宣传，历经 20 余年的努力，取得了令人瞩目的成绩：18 岁的男性身高增高 4cm，女性身高增长 3cm。

二、母牛乳房的保健

1. 挤乳卫生管理

①挤乳员应保持相对固定。

②挤乳前将牛床打扫清洁，牛体刷拭干净。

③挤乳前，挤乳员双手要清洗干净。有疫情时，要用 0.1%过氧乙酸溶液洗涤。

④洗乳房时先用 200～300mg/kg 有机氯溶液清洗，再用 50℃温水彻底洗净乳房。每头牛固定一条毛巾，洗涤后用干净毛巾擦干乳房。

⑤乳房洗净后应按摩使其膨胀。手工挤乳采用拳握式，开始用力宜轻，速度稍慢，逐渐加快速度，每分钟挤压 80～100 次；机器挤乳，真空压力应控制在 0.047～0.051MPa，搏动控制在每分钟 60～80 次，要防止空挤。

⑥机器挤奶时，当挤奶完毕，要立即用手工方法挤净乳房内余奶，然后用 3%～4%次

氯酸钠液或0.5%～1%碘伏浸泡乳头。

⑦先挤健康牛，后挤病牛；乳房炎患牛，要用手挤，不能上机。

⑧挤出头两把乳检查乳汁状况，乳房炎乳应收集于专门的容器内，集中处理。

⑨洗乳房毛巾、奶具，使用前后必须彻底清洗。橡胶制品清洗后用消毒液浸泡。

⑩挤乳器每次用后均要清洗消毒。每周用苛氢氧化钠溶液彻底消毒一次，具体方法为用0.25%氢氧化钠溶液煮沸15min或用5%氢氧化钠溶液浸泡后干燥备用。

2. 隐性乳房炎监测

①隐性乳房炎监测采用加州乳房炎试验(CMT)法。

②泌乳牛每年1、3、6、7、8、9、11月进行隐性乳房炎监测，凡阳性反应在"＋＋"以上的乳区超过15%时，应对牛群及各挤乳环节做全面检查，找出原因，制定相应解决措施。

③干乳前10d进行隐性乳房炎监测，对阳性反应在"＋＋"以上的牛只及时治疗，干乳前3d内再监测一次，阴性反应牛才可停乳。

④每次监测应做详细记录。

(3)乳房感染防治

①乳牛停乳时，每个乳区注射1次抗菌药物。

②产前、产后乳房肿胀较大的牛只，不准强制驱赶起立或急走，蹄尖过长及时修整，防止发生乳房外伤。

③临床型乳房炎病牛应隔离饲养，奶桶、毛巾专用，用后消毒。病牛的乳消毒后废弃，及时合理治疗，痊愈后再回群。

④及时治疗胎衣不下、子宫内膜炎、产后败血症等疾病。

⑤对久治不愈、慢性顽固性乳房炎病牛，应及时淘汰。

⑥乳房卫生保健应在兽医人员具体参与下实施。

三、正确的挤奶程序

1. 擦拭乳房

温和的对待牛只，进行必要的乳房擦拭，促使快速、完全放乳。同时尽量缩短每头牛的挤奶时间。牛在挤奶过程中，由于乳头部位的神经末梢受到刺激，促使脑垂体释放催产素，催产素能促使乳汁排出；如果在挤奶前，粗暴对待牛只或大声叫喊，使牛受到惊吓，牛则会释放肾上腺素，而肾上腺素会抑制催产素的释放，使乳汁排不完全，影响产奶量。

2. 刺激乳头

为了得到干净的牛奶要刺激和清洗乳头。清洗乳头有3个过程：淋洗、擦干、按摩。淋洗时应注意不要洗的面积太大，因为面积太大会使乳房上部的脏物随水流下，集中到乳头，使乳头感染的机会增加。淋洗后用干净毛巾或纸巾、废报纸擦干，注意一只牛一条毛巾或一片纸，毛巾用后清洗、消毒，然后按摩乳房，促使乳汁释放。这一过程要轻柔、快速，建议在15～25s内完成。

3. 废弃头乳

废弃最初的1～2把奶这样做有以下几个作用：能使挤奶工人及早发现异常牛奶和临

床性乳房炎；从乳导管中废弃含有高细菌数的牛奶；提供一个强烈的放乳刺激。这里应提醒的是挤掉头1～2把奶可在清洗乳头前进行，也可在清洗乳头后进行。建议在清洗乳头前进行，因为这样可提早给母牛一个强烈的放乳刺激。废弃奶应用专门容器盛装，减少对环境的污染。

4. 乳头药浴

挤奶前用消毒药液浸泡乳头，然后停留30s，再用纸巾或毛巾擦干。在环境卫生较差或因环境问题引起乳房炎的牛场实施这一程序很有必要。乳头药浴的推荐程序如下：用手取掉乳头上的垫草之类的杂物，废弃每一乳头的最初1～2把奶，对每一乳头进行药浴，等待30s，擦干。注意：如果乳头非常肮脏，应先用水清洗，再进行药浴。

挤奶后药浴乳头挤完奶15min之后，乳头环状括约肌才能恢复收缩功能，关闭乳头孔。在这15min之内，张开的乳头孔极易受到病原菌的侵袭，应及时进行药浴，使消毒液附着在乳头上形成一层保护膜，可以大大降低乳房炎的发病率。

任务二　肉品

一、牛羊肉营养价值

牛羊肉营养丰富，蛋白质含量高，其所含氨基酸的种类和数量能完全满足人体的需要，而且含有较多的矿物质，如钙、铁、硒等，是颇受消费者青睐的一类肉品。

二、胴体剖分及牛羊肉保鲜

1. 胴体剖分

胴体也称屠体。胴体重是指肉牛、羊宰杀后，立即去掉头、毛皮、血、内脏和蹄后，静止30min后的躯体重量。但是，我国南方很多地区，以及国外一些国家和地区的山羊胴体是脱毛带皮的，消费者和市场均予认可。

绵、山羊胴体分级的目的在于按质论价、按类分装、便于运输、冷藏和销售。在国外，一般将绵羊肉分为大羊肉和羔羊肉两种。前者指周岁以上换过门齿的，后者指生后不满一年、完全是乳齿的绵羊羊肉，其中生后4～6月龄屠宰的羔羊称为肥羔。

胴体大致可以分成八大块，这八大块可以分成3个商业等级：属于第一等的部位有肩背部和臀部，属于第二等的有颈部、胸部和腹部，属于第三等的有颈部切口、前腿和后小腿。

将胴体从中间分切成两片，各包括前躯肉及后躯肉两部分。前躯肉与后躯肉的分切界限，是在第12与第13肋骨之间，即在后躯肉上保留着一对肋骨。前躯肉包括肋肉、肩肉和胸肉，后躯肉包括后腿肉及腰肉。后腿肉指从最后腰椎处横切；腰肉指从第12对肋骨与第13对肋骨之间横切；肋肉指从第12对肋骨处至第4与第5对肋骨间横切；肩肉指从第4对肋骨处起，包括肩胛部在内的整个部分；胸肉指肩部及肋软骨下部和前腿肉；腹肉指整个腹下部分的肉。胴体上最好的肉为后腿肉和腰肉，其次为肩肉，再次为肋肉和胸肉。

2. 牛羊肉的保鲜技术

(1)真空保存

先将其冷冻再用真空封装机封好，放置于零下至5℃的冷环境下，使用此法可以使牛肉保鲜期长达30d以上，这种牛肉保鲜方法适合一般的家庭、商户，商家可以用冷柜冷藏，先冷冻的话保鲜效果更好。

(2)其他方法

①降低肉类食品的初始菌数：冷却肉的货架期与原料肉的初始菌数成反比。降低初始菌数除在加工过程中严格控制卫生条件外，最常用的方法是胴体的表面喷淋和肉品的浸渍处理，但这种处理只能在包装之前进行，且该法对乳酸菌的影响很小。

②降低肉类食品的pH值：肉类食品的pH值也是影响其货架期的一个重要因素，一般随着pH值的降低，微生物的生长速度会减慢。当pH<5.0时，除一些特殊微生物(如乳酸杆菌)能繁殖外，其他类微生物均被抑制。国内外不少学者将有机酸应用于肉类食品的保鲜，取得了一定的效果。

③气调包装：将气调包装与低温冷藏结合起来延长肉类食品的货架期是近年来国内外研究的热点。气调包装的气体成分主要为O_2、N_2、CO_2。O_2的作用主要是利于鲜肉的发色，CO_2的作用主要是抑菌，N_2一般常用作填充气体。最常用的气调包装方法是真空包装、脱氧包装和充气包装。

④微波处理：微波杀菌保鲜食品是近年来在国际上发展起来的一项新技术。具有快速、节能，并且对食品的品质影响很小的特点。

⑤辐照处理：美国最初把辐射技术应用于肉品保鲜，国内王兆彭等对牛肉进行辐照处理，然后在室温下贮藏3个月后，牛肉的色、香、味与鲜牛肉相似，总挥发性盐基氮(TVBN)和过氧化值低于国标。尽管辐照技术在肉类食品贮藏保鲜中的应用研究取得了很大的进展，但由于辐照可能引起感官品质的变化以及消费者的观念等原因，使其应用受到了一定程度的限制。

⑥高压处理：近几年，日本发明了一种新的保鲜技术即高压处理技术。这种技术将肉类等普通食品经数千个大气压处理后，细菌就会被杀灭，肉类等食品仍可保持原有的鲜度和风味。

⑦防腐保鲜剂在肉类食品保鲜中的应用：由于世界性的能源短缺，各国的研究人员都在致力于开发节能型的保鲜技术，各种防腐剂的应用成为目前研究的又一热点。有机酸及其盐类防腐剂已广泛应用于肉类食品的保鲜。近年来，有人将可食性涂膜应用于肉食品的保鲜，也取得了一定效果，应用较多的是酪蛋白、大豆分离蛋白、麦谷蛋白、海藻酸盐等。由于人们对合成防腐剂的恐惧，开发天然的新型保鲜剂已成为当今防腐剂研究的主流。

三、牛羊肉的品质鉴定

1. 肉色

肉色是指肌肉的颜色，是由组成肌肉中的肌红蛋白和肌白蛋白的比例所决定。但与牛羊的性别、年龄、肥度、宰前状态，放血的完全与否、冷却、冻结等加工情况有关。成年绵羊的肉呈鲜红或红色，老牛羊肉呈暗红色，羔羊、犊牛肉呈淡灰红色；在一般情况下，山羊肉的肉色较绵羊肉色红。

2. 大理石纹

大理石纹指肉眼可见的肌肉横切面红色中的白色脂肪纹状结构，红色为肌细胞，白色为肌束间的结缔组织和脂肪细胞。白色纹理多而显著，表示其中蓄积较多的脂肪，肉多汁性好，是简易衡量肉含脂量和多汁性的方法。要准确评定，需借用大理石纹评分标准图评定。只有大理石纹的痕迹评为 1 分，有微量大理石纹评为 2 分，有少量大理石纹评为 3 分，有适量大理石纹评为 4 分，若是有过量大理石纹的评为 5 分。

3. 牛羊肉酸碱度(pH 值)

牛羊肉酸碱度是指牛羊宰杀停止呼吸后，在一定条件下，经一定时间所测得的 pH 值。测定方法：用酸度计测定肉样 pH 值，按酸度计使用说明书在室温下进行。直接测定时，在切开的肌肉面用金属棒从切面中心刺一个孔，然后插入酸度计电极，使肉紧贴电极球端后读数；捣碎测定时，将肉样加入组织捣碎机中捣 3min 左右，取出装在小烧杯中，插入酸度计电极测定。评定标准：鲜肉 pH 值为 5.9～6.5；次鲜肉 pH 值为 6.6～6.7；腐败肉 pH 值在 6.7 以上。

4. 牛羊肉失水率

失水率是指羊肉在一定压力条件下，经一定时间所失去的水分占失水前肉重的百分数。失水率越低，表示保水性能强，肉质柔嫩，肉质越好。

5. 牛羊肉的嫩度

嫩度指肉的老嫩程度，是人食肉时对肉撕裂、切断和咀嚼时的难易，嚼后在口中留存肉渣的大小和多少的总体感觉。影响牛羊肉嫩度的因素很多，如牛羊的品种、年龄、性别、肉的部位、肌肉的结构、成分、肉脂比例、蛋白质的种类、化学结构和亲水性、初步加工条件、保存条件和时间，热制加工的温度、时间和技术等。很多研究还指出，牛羊胴体上肌肉的嫩度与肌肉中结缔组织胶原成分的羟脯氨酸有关，羟脯氨酸含量越大，切断肌肉的强度越大，肉的嫩度越小。

6. 膻味

膻味是绵羊、山羊所固有的一种特殊气味，是代谢的产物。膻味的大小因羊种、性别、年龄、季节、地区、去势与否等因素不同而异。

任务三　毛类产品

羊毛是养羊业的主要产品之一，也是纺织业的重要原料，具有良好的纺纱性，导热性低，有良好的隔音性。羊毛还具有轻便、结实、吸湿性好、透气性和透紫外线性能好以及染色性能好的特点，产量和质量直接关系养羊业和毛纺织工业的发展。

一、羊毛的发生发育和脱换

1. 毛的发生、发育

羊毛纤维的发生始于羔羊胚胎时期，并且经历了一个复杂的生物学过程。羊毛是由皮肤中的毛囊生长出来的，从毛纤维原始体的产生，到形成一套能够不断生长羊毛纤维的完整机构，是和胎儿的皮肤组织同时发育的。但羊毛的发生和发育在胚胎期的皮肤内并不是同时和全面开始的，研究表明，不同类型的毛囊和羊体不同部位羊毛的发生和发育，在时间上是有一定顺序的。

2. 羊毛的脱换

羊毛的脱换是由于毛球与毛乳头的营养联系中断，致使毛球细胞增殖过程减弱，毛根变形，毛纤维在毛鞘内处于分离状态，而最终脱落出来。与此同时，在旧毛纤维脱落以前，其下面的毛球细胞又重新得到营养物质重新增殖，形成新的毛纤维。因此，产生羊毛的脱换现象。羊毛的脱换有 4 种形式：

①周期性脱毛：周期性脱毛表现为羊毛的季节性脱换，所以也称季节性脱毛。

②年龄性脱毛：这种脱毛与季节无关，而是羔羊生长到一定时间羊毛的脱换。

③连续性脱毛：是一种不定期性脱毛，能够在全年各个季节内进行。这种脱毛主要取决于毛球的生理状态，如衰老、毛球角质化以及毛的正常营养供应受阻等。

④病理性脱毛：羊只患病后，因新陈代谢发生障碍，以及皮肤营养遭到破坏而引起的脱毛，严重时会发生羊体局部或整体皮肤裸露。

二、羊毛的构造

1. 羊毛的形态学构造

在形态学上，羊毛可分成 3 个基本部分，即毛干、毛根和毛球。

①毛干：是羊毛纤维露出皮肤表面的部分，这一部分通常称毛纤维。

②毛根：羊毛纤维在皮肤内的部分称为毛根，它的上端与毛干相连，下端与毛球相连。

③毛球：位于毛根下部，为毛纤维的最下端部分，毛球围绕着毛乳头并与之紧密相接，外形膨大成球状，故称为毛球。

2. 羊毛的组织学构造

有髓毛分为 3 层，即鳞片层、皮质层和髓质层；无髓毛只有 2 层，即鳞片层和皮质层。

①鳞片层：鳞片层是毛纤维的最外一层，由扁平、无核、形状不规则的角质细胞组成。

②皮质层：皮质层位于鳞片层之内，是毛纤维的主体，占毛纤维总重的 90%左右，决定着毛纤维的物理和机械特性。

③髓质层：髓质层在羊毛纤维的中心部分，是一种不透明的疏松物质。一般细羊毛无髓质层，较粗的羊毛有不同程度的髓质层。髓质越多，羊毛外形越平直而粗硬，品质越差。含有大量髓质层的羊毛，性脆易断，卷曲少，干瘪的称为死毛。有些羊毛中有不连续的毛髓，一根纤维上同时有细毛和粗毛的特性，这样的羊毛称为两型毛。

三、羊毛的主要物理性质

羊毛的主要物理性质有细度、长度、强度、伸度、弯曲、颜色、光泽、吸湿性和回潮率等。

1. 细度

羊毛细度是指羊毛的粗细，一般用羊毛纤维横切面直径的大小表示，以微米为单位。准确的测定其直径，需用长、短径之和的一半来表示。但因操作时费时、费事，所以一般用短纤维中部的宽度来表示羊毛的细度。羊毛细度的表示方法很多，但最常用的有平均直径和品质支数两种。羊毛纤维的细度首先决定于品种。不同品种的羊毛均有其特定的细度范围，在同一品种内，羊毛细度因个体、性别、年龄、部位、营养条件等不同而异。

2. 长度

羊毛是具有天然弯曲的纤维，所以其长度可分为自然长度和伸直长度两种。自然长度指毛丛在自然弯曲状态下，两端间的直线距离。在羊体上是指毛丛的自然垂直高度。一般在剪毛之前，羊毛生长足 12 个月时量取。伸直长度指将羊毛纤维拉伸至弯曲刚刚消失时的两端的直线距离。亦称真实长度，其准确度要求达到 1mm。

影响羊毛长度的因素很多，其中影响最主要和最明显的影响因素是品种。此外，个体羊的营养状况、性别、年龄、不同身体部以及所处的环境条件，均与羊毛长度有关。

3. 强度

羊毛强度是指拉断羊毛纤维时所需用的力，即羊毛纤维的抗断能力。它与羊毛工艺有密切的关系，直接影响到成品的结实性。羊毛强度的表示方法通常有两种，即绝对强度和相对强度。

①绝对强度：拉断单纤维或束纤维所需用的力。用克或千克表示。

②相对强度：拉断羊毛纤维时，在单位横切面积上所用的力，通常用 $1mm^2$ 面积上的千克数来表示。

4. 伸度

伸度是指将已经拉到伸直长度的羊毛纤维，再拉伸到断裂时所增加的长度占原来伸直长度的百分比称为伸度。所增加的长度称伸长。伸度是决定羊毛纤维机械性能的重要指标之一，也是决定织品结实性的重要指标。

5. 弯曲

羊毛纤维在自然状态下并不是直的，而是沿着它的长度方向，呈有规则的或无规则的周期性弧形，称羊毛弯曲，亦称羊毛卷曲。单位羊毛纤维长度内具有的弯曲数，称为弯曲度，亦称卷曲度。羊毛愈细，弯曲度愈多；羊毛愈粗弯曲愈少。

6. 颜色

羊毛的颜色是指毛纤维在洗净以后的天然色泽。羊毛的颜色因羊品种而不同。在同一品种内，毛色亦因个体而异。颜色是由羊毛纤维中的色素决定的，这些色素主要分布在毛纤维皮质细胞中。羊毛所具有的天然颜色，可分为以下几种。

①白色：凡羊毛不带任何颜色，并且也不夹杂单根的有色纤维的称为白色。

②黑色：凡羊毛带有各种色度的黑色，称为黑色毛，其中也包括深褐色。

③灰色：凡羊毛具有黑(深)白两种纤维相混杂在一起的称为灰色毛。根据这两类纤维在羊毛中所占数量比例的不同以及深色毛色度的深浅，可分为浅灰色和深灰色。

④杂色毛：凡在白羊毛中，除了白色纤维之外还含有各种色度的有色纤维，包括黑色纤维在内，这种羊毛称之为杂色毛。

除一些羔皮羊和裘皮羊品种具有天然有色毛外，羊毛以白色为最理想，它在纺织加工中，可以任意染成各种颜色，且光泽好看。有色毛很难染色，即使染上也不均匀，进而会大大降低其利用价值。

7. 光泽

羊毛的光泽是指洗净的羊毛对光线的反射能力，羊毛纤维的光泽与纤维表面形状及结构有关。任何一种羊毛均有其固有的光泽特点，生产实践中，根据羊毛对光线反射强弱，可将羊毛分为全光毛、半光毛、银光毛和无光毛。

①全光毛：羊毛粗，鳞片紧贴在毛干上，光泽较强。绵羊中的林肯羊毛和山羊中的安哥拉山羊(马海毛)，均属这一类。

②半光毛：光泽比全光毛稍弱。如罗姆尼羊毛、山羊毛、杂交种羊毛均属这一类。

③银光毛：羊毛细、单位长度上鳞片数多，鳞片上部翘起的程度大，因此光泽柔和。美利奴种细羊毛具有银光，它是银光毛的典型代表。

④无光毛：一些营养很差的细毛羊及大部分粗毛羊和低代杂种羊的羊毛多属这一类。

8. 弹性及回弹力

羊毛弹性是指对羊毛施加压力或伸延则变形，当除去外力时，仍可恢复其原来的形状和大小，羊毛的这种特性称为弹性。其恢复原来形状和大小的速度称为回弹力。羊毛的回弹力比其他纤维的强。由于羊毛具有良好的弹性，所以毛纺织品在穿着中，可以经常保持原形。羊毛弹性的大小，用弹性系数表示。它是指欲使横断面为 $1mm^2$ 的毛纤维伸长100％理论数值所必需的负荷值(kg)。

9. 缩绒性

羊毛在湿热条件下，经机械外力的作用，纤维集合体逐渐收缩紧密并相互穿插纠缠，交编毡化。这一性能称为羊毛的缩绒性，亦称毡合性。在天然纺织纤维中，只有毛纤维具有这一特性，是羊毛的一种重要工艺特性。将羊毛擀毡以及在制造呢织物的缩绒过程，都是利用这一特性。

毛织物在湿热状态下，经机械力的反复作用，则羊毛彼此纠缠，织物长度收缩，厚度和紧度增加，表面露出一层绒毛，可收到外观优美、手感丰厚柔软和保暖性良好的效果。这一加工工序称为缩绒，也称缩呢。缩绒使毛织物具有独特的风格，显示了羊毛的优良特性。缩绒使毛织物在穿用中容易产生尺寸收缩和变形。这种变形不是一次完成的。每当织物洗涤时，收缩继续发生，只是收缩比例逐渐减少，因为在洗涤过程中，揉搓、水、温度及洗涤剂等都促进了羊毛的缩绒。因此，洗毛和洗涤毛织品时，切忌洗液过浓，温度过高和用力揉搓等，以免发生毡合或缩绒现象。

四、羊毛的分类和分级

羊毛品类复杂，质量规格参差不齐，为适应市场销售及工业加工生产的需要，把各种羊毛根据不同目的要求，做好分类和分级。

1. 羊毛分类

分类是按照羊毛的特征和物理特性将其加以区分。一般按照绵羊毛的不同纤维类型含量、剪毛季节、加工的方法、品质等来分类。通常有以下几种分类法：

(1)按羊毛组成纤维类型分类

①同质毛：亦称同型毛，指绵羊毛被毛中毛纤维的粗细、长短趋于一致的毛。

②异质毛：亦称混型毛，指绵羊毛被毛中含有的不同类型的毛，其毛纤维的细度和长度不一致，弯曲和其他特征也显著不同，如我国的土种毛即是此类。

(2)按绵羊品种分类

绵羊毛按绵羊品种分为以下4类。

①细羊毛：是指品质支数在60支及以上，毛纤维平均直径在25.0μm及以下的同质毛。细毛羊品种羊所产的羊毛属此类。

②半细羊毛：是指品质支数在36～58支，毛纤维平均直径在25.1～55.0μm的同质毛。来自于半细毛品种羊所产的羊毛。

③改良羊毛：是指从改良过程中的杂交羊(包括细毛羊的杂交改良羊和半细毛羊的杂交改良羊)身上剪下的未达到同质的羊毛。

④土种羊毛：原始品种和优良地方品种绵羊所产的羊毛，属异质毛。这种羊毛按生产羊毛的羊种可分为土种毛和优质土种毛。土种毛是指未经改良的原始品种绵羊所产的羊毛，优质土种羊是指经过国家有关部门确定不进行改良，保留的优良地方品种所产的羊毛。

(3)按剪毛季节分类

①春毛：春季剪取的羊毛。我国北方只有土种羊在春秋两次剪毛，对这种羊来说，春季剪的毛为春毛。土种羊的春毛，底绒多，毛质较好。

②秋毛：北方牧区土种羊和南方农区养羊有两次剪毛的习惯，秋毛在羊体身上只生长4～5个月，毛较短，毛丛中绒毛少、松散、质量较差。

③伏毛：是在酷夏时期所剪的毛，毛短。我国南方个别地方仍有剪伏毛的习惯。

(4)按毛纺产品用料的分类

①精梳毛：用于生产精梳毛纺产品的羊毛，要求同质，纤维细长，弯曲整齐，物理性能好。

②粗梳毛：用于生产粗梳毛纺产品的羊毛，如呢线、毛毯等，粗纺产品种类较多，用料要求从优到次。

③毛毡用毛：短而粗的异质羊毛，可以制毡。

2. 羊毛分级

毛纺厂从羊毛产地或交接点购进的羊毛，在工厂的选毛车间进行分选。每一个套毛的羊毛，因部位不同，它们的品质也不相同，根据羊毛工业分级标准对套毛不同部位的品质，进行细致的分选工作，并把相同品质的羊毛集中起来，以便加工利用，这就是羊毛分级。

国家绵羊毛在分级上，以前同质毛采用支数为划分依据，但为跟国际接轨，现行国家标准《绵羊毛》(GB 1523—2013)主要根据羊毛纤维的直径(μm)、毛丛长度(mm)、粗腔毛或干死毛所占百分比等来划分。但在实际生产中，“支数”这个传统分级标准仍在继续使用，为此，国家标准《绵羊毛》(GB 1523—2013)给出了羊毛直径微米与品质支数对应关系(表 11-1)。

表 11-1　羊毛直径微米与品质支数对应关系

品质支数(S)	羊毛直径(μm)	品质支数(S)	羊毛直径(μm)
32	55.1～67.0	66	20.1～21.5
36	43.1～55.0	70	19.1～20.0
40	40.1～43.0	80	18.1～19.0
44	37.1～40.0	90	17.1～18.0
46	34.1～37.0	100	16.1～17.0
48	31.1～34.0	110	15.1～16.0
50	29.1～31.0	120	14.1～15.0
56	27.1～29.0	130	13.1～14.0
58	25.1～27.0	140	12.1～13.0
60	23.1～25.0	150	11.1～12.0
64	21.6～23.0		

五、羊毛的用途

(1)山羊绒

山羊绒是由山羊皮肤中的次级毛囊形成的无髓毛纤维，纤维通常在秋季生长，春、夏之季脱落。山羊绒细而柔软，光泽良好，保暖性能强，可用于制造各种轻、柔、美、软、薄，暖的针织品和纺织品，如山羊绒衫、围巾、手套、绒帽、栽绒细毛毯等。山羊绒成的产品，表面光滑，弹性好，手感柔软滑润，是最细的绵羊毛不能取代的动物纤维。在天然纤维中，山羊绒、马海毛、驼毛、兔毛、驼羊毛等被列入特种纤维，虽然产量不大，但却受到纺织工业的特别重视，以这些纤维为原料，生产出具有特殊风格的毛织品。山羊绒的价格约相当于细绵羊毛的数倍，因而称为“软黄金”。

山羊绒的颜色有白、紫、青、红四类，其中白绒最珍贵，仅占世界羊绒产量 30%左右。但我国山羊绒白绒的比例较高，占 40%左右，紫绒约占 55%，青绒和红绒只占 5%左右。山羊绒的形态学和组织学与绵羊的细毛基本相似，但也有不同之处。在形态学方面表现在山羊绒的弯曲数少，而且不规则、不整齐，因而也就不能形成像细毛羊那样排列整齐的毛束和毛丛；在组织结构方面，羊绒的鳞片长度和宽度基本相等，边缘较光滑，无明显翘起，覆盖间距比羊毛大，每毫米长度内约有鳞片 60～70 个，纤维截面近似圆形。

(2)马海毛

马海毛在阿拉伯语中是“极为优美”的意思。马海毛纤维长度平均每年生长20～25cm，正常的马海毛具有天然白色，光泽明亮，毛股长而整齐，成螺旋或波浪形卷曲，有髓毛与草杂含量均很少。纤维表面平滑属全光毛，强伸度、弹性好，洗后不像普通绵羊毛那样容易毡缩。马海毛多用于织制高档提花毛毯、长毛绒和顺毛大衣呢等服用织物。

马海毛细度范围较广，一般在10～90μm。幼年毛细度在10～40μm，成年毛细度分布在25～90μm；羊毛长度，半年剪的幼年羊毛一般在10～15cm；一年剪的毛在20～30cm；断裂伸长率约30%，净毛率80.5%。

马海毛独具的优良特性使它成为纺织纤维中具有较高经济价值的一种特种动物纤维，含马海毛的制品外观华丽、手感滑爽、挺括而富有弹性，作为一种精美、高档的纺织品在世界许多国家流行已久。

(3)普通山羊毛

是指除马海毛以外的山羊粗毛，是由山羊初级毛囊生长的外层粗毛，山羊毛比绵羊缺少弯曲。我国北方及西北高原的山羊每年抓绒以后进行一次剪毛，毛长度在6～15cm，纤维粗而直，这种纤维在工业上也有很多用途，如制造地毯、毛毯、人造毛皮、各种粗呢料、毛笔、画笔、各类刷子及少数民族的各类日用品等。

我国山羊毛的分级：品质要求干燥、无杂质。规格如下：

①活山羊剪毛：按色泽分为白色、花色(包括青色、黑色、杂色)两种。分别收购、包装。按长度分，17.1cm以上为长尺，不足17.1cm为短尺。分别收购包装，长短尺混合按比重分别计价。色泽比差，白色100%，花色75%。长度比差，长尺100%，短尺60%；混入长尺内的短尺50%。

②其他山羊毛：干退毛及生皮剪毛按活山羊毛80%计价。灰退毛和熟皮剪毛按活山羊毛50%计价，以手抖净价为标准。

③笔料山羊毛：即制作毛笔用的原料毛，分为白色退毛及烫退毛等。

任务四 皮类产品

一、皮类产品的分类

牛羊屠宰后剥下的鲜皮，在未经鞣制以前都称为生皮，生皮分为毛皮原料皮和板皮两类。生皮带毛鞣制而成的产品称作毛皮，毛皮又分羔皮和裘皮两种。羔皮与裘皮的界限，主要是根据羊只在屠宰时的年龄来划分的。凡从流产或生产后1～3d内的羔羊所剥取的毛皮，称为羔皮。而从生后1个月龄以上的羊只所剥取的毛皮称为裘皮。羔皮一般是露毛外穿，花案奇特，美观悦目，常用以制作皮帽、皮领和翻毛大衣等之用；裘皮保暖、结实、美观、轻便，主要用来制作毛面向里穿的衣物，用以御寒。鞣制时去毛仅用皮板的生皮称作板皮，板皮经脱毛鞣制而成的产品称作革。

牛羊的生皮在外观上略有差异，但实际上大同小异。牛羊的板皮在解剖组织学上由表皮、真皮和皮下组织3层构成。表皮层的厚度一般占皮肤总厚度的1%～3%，真皮层的厚度和重量一般占生皮的厚度和重量的90%。真皮层可分为乳头层和网状层，乳头层在上部。在绵羊皮中，乳头层占整个皮肤厚度的50%～70%，在山羊皮中则占40%～65%。乳头层的表面部分形成很多乳头状突起，组织坚实细致，是制革的主要部分。革表面的好坏与乳头层有密切关系。此层表面的构造随动物的种类而异，在制革上这一层称为做“粒面”。乳头层的下部是网状层，构成这一层的胶原纤维束比乳头层的更粗大，编织更复杂、更紧密，是真皮中最紧密、最结实的一层，皮革制品的强度是由本层决定的。真皮层的下部与肌肉联结的一层称为皮下层，富含脂肪，由疏松结缔组织构成，往往带有肌肉，在鞣制的准备工序中被削除，是制革上的无用部分，但可作为制胶的原料。

二、影响羔皮和裘皮品质的主要因素

1. 品种遗传性

品种是决定羔皮和裘皮品质的主要因素。卡拉库尔羔皮、湖羊羔皮等优良的羔裘皮，都是出自著名的羔皮羊和裘皮羊品种。羔皮羊、裘皮羊独特的生产性能，是由其稳定的品种遗传性决定的。如卡拉库尔羊的羔皮毛色、毛卷均与湖羊的羔皮截然不同，而二者杂种后代的羔皮，则既不同于父本，又不同于母本。

2. 自然生态条件

著名的羔皮羊和裘皮羊品种都是生长在特定的地区，经过长期的自然选择，其机体对这些特定地区的特定自然条件的适应，形成了该品种羔裘皮独有的美丽的花案卷。如滩羊二毛皮美丽花穗的形成，与其长期生长在气候干燥，日照强烈，夏季酷热，冬季严寒的半荒漠草原，牧草耐旱、耐盐碱、种类多、草质好、富含矿物质的生态条件是密切相关的，而且在这种生态条件下，草质和水质越好的地区，其二毛皮的品质越好。这充分说明了自然生态条件对羔裘皮品质不容忽视的影响力。

3. 饲养管理水平

管理水平也影响到羔皮和裘皮的品质，丰富而均衡的营养水平能使羔裘皮面积大，皮板结实，光泽好，品质好。研究表明，营养丰富，则羔裘皮品质较好，其毛卷发育完全，被毛有足够的油汗、良好的丝性和光泽，优等羔裘皮的比例较大。

4. 剥取羔裘皮的季节

在不同的季节中，随着气温的变化，羔皮和裘皮的品质(如皮板质量、毛弯或毛卷、羊毛的密度等)都有差别。一般羔裘皮以秋末冬初产的皮子最佳，毛长、绒多、皮板厚，不易脱毛，保温力强；冬末春初的皮子次之；春夏季产的皮子最差，夏皮毛稀皮薄，保暖性差；春皮易脱毛，尤其是二毛皮，脱毛严重，价格低。

5. 羔裘皮羊的屠宰年龄

羔裘皮羊的屠宰年龄与羔裘皮的皮板面积、花案清晰度、美观性及毛纤维长度都有密切关系。

6. 羔裘皮的贮存、晾晒和保管

羔裘皮富含蛋白质，具有较多的脂肪，尤其是生皮，容易吸收水汽而受潮霉烂。因此，在贮存保管中应力求阴凉、干燥和通风。不同的加工、晾晒方法，对宰剥后的羔裘皮品质也有一定影响。

三、影响板皮品质的主要因素

1. 地区和品种因素

各路牛羊板皮在板皮品质上的差异，既包括了地区生态差异的因素，也包括了品种差异的因素。不同地区对板皮品质的影响，概括起来讲，平原地区产的比山区的好，农区产的比牧区的好，圈养的比放牧的好。

2. 季节因素

季节对羊板皮品质影响很大。北方的秋季和南方的秋末、初冬季节，气候适宜，牧草结籽，营养丰富，羊只膘肥体壮。这时所产的板皮质量最好，被毛不长，绒毛稀短，板皮肥壮，有油性，纤维编织紧密，弹性强，部分板面呈核桃纹状，黑毛皮板呈豆青色，白毛皮板呈蜡黄色或略带肉黄色，青毛皮板呈灰白色，棕毛皮板呈黑灰色。所以，秋板制革价值高。正冬季节，气候寒冷，牧草营养变差。这时北方、西南山区及高原地带所产的皮具有较长的毛绒，有的皮板由腹部开始变瘦薄，黑毛皮板由豆青色变为黄色，白毛皮板由蜡黄色变为淡黄色，青毛皮板由灰白色变为灰黄色。这时，南方平原地区所产的皮，皮板显薄，弹性稍差，比北方及山区所产的质量好。春季，气候渐暖，毛绒逐渐脱落，又经过一个冬季，羊只营养不足。这时所产的皮，皮板瘦薄，干枯、无油性，呈淡黄色，纤维编织松弛，质量最差。夏季，羊只长出稀疏的夏毛。这时牧草的养分增加，板质逐渐好转，比春皮稍好，但仍瘦薄无光，俗称“热板子”。所以初夏的板皮剪过春毛不久，被毛粗短，毛茬不平，皮板较瘦薄，不均匀，枯干无油性，板面粗糙，制革价值很低；夏末，毛茬逐渐长齐，皮板稍厚，皮板稍有油性，皮板粗糙发挺，白毛皮板呈浅黄色、黑、青，棕色皮板呈灰青色。所以夏末的板皮，油性增大，制革价值稍高。绵羊板皮一般是在羊只剪春毛或剪秋毛之后不久剥取的，所以只分为夏板和秋板两种。其他季节生产的绵羊板皮，因气候、羊种及羊只健康状况不同，品质有好有差。

3. 生理状况因素

性别不同，皮张的质量也不同，一般是公羊皮要比母羊皮板大而厚一些，较粗糙一些；年龄对板皮的质量也有较大影响。幼龄羊的皮板薄弱，柔软，壮龄羊皮板足壮，有油性，毛绒丰足，色泽光润，老龄羊皮板厚硬、粗糙，毛绒粗涩，色泽暗淡；病畜皮板瘦弱，无油性，被毛黏乱，光泽差。

4. 加工、管理因素

剥皮和加工不当会造成皮板的伤残和皮形不整，影响板皮质量。

四、羊皮的剥取、防腐、贮藏和运输

在生产毛皮和板皮的过程中，要特别注意对羔皮、裘皮和板皮的剥取、防腐、贮藏和运输等方法，如果方法不当，随时可以影响羔皮、裘皮和板皮的品质及利用价值。

1. 宰杀及剥皮方法

(1)屠宰方法

在羊只的颈部将皮肤先纵向切开，切口为6.6～9.9cm，然后将刀子伸入切口内挑断气管和血管，或用手拉出咽喉部的血管切断放血。在宰杀放血时，要注意对羊只的固定，防止羊血污染皮张。

(2)剥皮方法

放血完毕进行剥皮，将羊只四肢朝上放在洁净板子上或洁净的地面上，用刀尖在腹中线先挑开皮层，继续向前沿着胸部中线挑至下腭的唇边，然后回手沿中线向后挑至肛门外，再从两前肢和两后肢内侧切开两横线，直达蹄间，垂直于胸腹部的纵线。接着用刀沿着胸腹部挑开的皮层向里剥开5～10cm，然后用拳揣法将整个羊皮剥下。鲜皮剥取后，先从鲜皮上除去嘴唇、耳根、尾骨、角、蹄，刮净肉骨、脂肪、粪污、杂质等。注意不要损伤皮形和皮板，保持光泽洁净，皮形整齐，不能缺少任何一个部分，特别是羔皮，要求保持全头、全耳、全腿，并去掉耳骨、腿骨、尾骨，公羔的阴囊皮要尽可能留在羔皮上，剥皮时要尽量避免人为损伤。

2. 生皮的防腐

剥下的毛皮(或称生皮)在冷却之后，应立即进行防腐。防腐的原理是在生皮内外创造一种不适宜细菌和酶作用的环境，即用降低温度，除去或降低生皮中的自由水分，利用防腐剂、消毒剂或化学药品等处理手段消灭细菌或阻止酶和细菌对生皮的作用。我国当前常用的防腐方法有以下几种：

(1)盐腌法

此法采用干燥食盐或盐水来处理准备好的鲜皮，借以保存生皮。这种方法最大的优点在于它几乎不影响生皮固有的天然品质，而且如果盐腌方法操作正确，堆皮适当，又能遵守湿热管理规程，就可以使盐腌皮长期保存而不变质。

(2)干燥法

干燥防腐法是将鲜皮晾至水分含量为12%～16%，而不用食盐或其他防腐剂。当生皮的水分含量降至15%左右时，就不利于细菌的繁殖，可以暂时抑制微生物的活动而达到防腐的目的。鲜皮干燥的最适温度为20～30℃。空气湿度对鲜皮的干燥速度及生皮的质量也有很大影响。为了防止生皮腐烂干燥时间又不太长，宜在湿度为45%～60%下进行干燥。干燥生皮的场所，必须通风良好，而悬皮方向要顺着空气流向，皮与皮之间保持适当间隔(12～14cm)，使全皮能被空气流均匀干燥。

3. 生皮的贮藏和运输

生皮经过防腐或晾干之后，可将生皮按板对板、毛对毛的方式用细绳捆成小捆，放入防虫剂(精萘粉、卫生球等)，然后放入专门地方进行堆放和短期保存。在堆放的毛皮堆上，要用塑料布等遮盖，以防尘土影响毛皮质量。堆放生皮的地点应选择防雨、防潮、防晒和无鼠害的室内，不可露天放置；生皮要离墙及地面10～20cm以防霉烂；堆叠的皮张应定期上下调换放置，以防潮湿。羊皮在运输时应注意防止潮湿。生皮在起运和到达终点后必须迅速移放在棚仓之中。

如何提高羊产奶量

一、奶山羊产奶能力测算

(1)产奶量的测定方法

准确的方法应该是对每只母羊每次的产奶量进行称重和登记，但此法费时费力。许多国家推行产奶量的简易测定法，如采用每月或每隔1.5～2个月测定一次产奶量和乳脂率，或采用每月测定2d或者3d的产奶量来估算全月的产奶量等。

(2)个体产奶量的计算

①300d总产奶量：指产羔后第1～300d的总产量。超过300d的部分不计算在内。不足300d但超过210d者，按实际产奶量计，但需注明泌乳天数。不足210d的泌乳期，属非正常泌乳期。

②全泌乳期实际产奶量：指产羔后第1d起到干乳为止的累积产奶量。

(3)全群产奶量的计算

全群产奶量有两种计算方法，一种是应产母羊全年平均产奶量，另一种是实产母羊全年平均产奶量。

①应产母羊全年平均产奶量：应产母羊指羊群中所有的成年母羊，包括产奶、干奶及空怀母羊。按照饲养只数计算的应产母羊全年平均产奶量，用于计算母羊群的饲料转化效率和产品成本，反映一个羊场的经营管理水平。

②泌乳羊全年平均产奶量：不包括干奶羊和非产奶羊，主要用以反映羊群的产奶水平和羊的质量。该数据可用做选种和制订产奶计划时参考。

二、影响奶山羊产奶量的因素

影响产奶量的因素有很多，主要包括两个方面：一是羊的本身，即遗传因素；二是外界环境，即饲养管理条件。品种是影响产奶量的根本，饲养管理是影响产奶量的关键。

(1)品种不同

品种遗传性不同，奶中的营养成分也有差异。如萨能羊产奶量最高，世界纪录是一个泌乳期产奶3432kg(英国)；其次是吐根堡羊，阿尔卑羊和奴比亚羊，305d的世界纪录分别是2610.5kg、2218.0kg和2009kg。奴比亚羊的乳脂率最高为4.6%，吐根堡羊为3.5%，阿尔卑羊为3.4%，萨能羊为3.6%。

(2)血统

同一品种内，不同公、母羊的后代，由于遗传基础不同，产奶量也不同。1976年，西农57号公羊的9个雌性后代第一胎平均产奶量为761.1kg，而同年同群中56号公羊的12个雌性后代第一胎的平均产奶量为904.3kg。这两只公羊属同年所生并处于同一饲养条件，其后代所处的饲养管理条件也相同，不同的是57号公羊的父亲是45号公羊，56号公羊的父亲是23号公羊。年产奶量2160.9kg的383号西农萨能羊，最高日产奶量10.05kg的387号羊，终生10胎平均产奶1075.1kg的405号羊，都是23号公羊的后代。研究表明，西农萨能羊中每个胎次产奶量在1200kg以上的母羊，有86%来自优秀公羊的后代，其相对育种值都较高。

(3)年龄和胎次

西农萨能羊在18月龄配种的情况下，以3～6岁，即第2～5胎产奶量较高，期中2～3胎产奶量最高，6胎以后产奶量显著下降。

(4)乳房性状

乳房性状对产奶量有显著影响，乳房外形越好，产奶量越高。方圆形的乳房，其产奶量显著高于布袋形、梨形和球形乳房的产奶量，球形乳房的产奶量最差。排乳速度快的个体产奶量较高。

(5)营养水平

统计表明，体重增加与产奶量呈正相关。特别是妊娠后期(干奶期)的饲养管理、营养水平与产奶量的关系极为密切。

(6)初配年龄与产羔月份

初配年龄取决于个体生长发育的程度，而个体的发育又受饲养管理条件的影响。山东栖霞红旗畜牧场选择10月龄、体重35kg以上的母羊进行初配，第一胎平均产奶量786.19kg，比全群平均产奶量高128.73kg。对于体重32kg以下的当年母羊配种，第一胎平均产奶量619.94kg，比全群平均水平低37.52kg。

产羔月份对产奶量也有一定的影响。据西北农林科技大学资料，第三胎母羊元月份产羔的产乳量平均为1045.1kg，2～4月产羔的产乳量平均为1057.6kg、1018.7kg，927.0kg。说明陕西关中地区，1～3月产羔的母羊产奶量较高，4月以后则产奶量明显下降，引起这些差异的主要原因可能是产奶天数、气候和饲养条件。

(7)同窝产羔数

产羔数和产奶量的表型相关系数为0.2369，遗传相关系数为－0.1751。一般情况下，产羔数多的母羊产奶量较高，但多羔母羊妊娠期的营养消耗多，可能会影响产后的泌乳。

(8)挤奶

挤奶的方法、次数对产奶量有显著的影响，正确的挤奶方法可显著提高产奶量。将每日挤奶1次改为挤奶2次，可提高产奶量25%～30%，由2次挤奶改为3次挤奶，可提高15%～20%。在生产实际中，多采用2次挤奶。

另外疾病、气候、应激、发情、产前挤奶等原因都会影响产奶量。

三、提高山羊产奶量的具体措施

(1)加强育种工作，提高品种质量

优良品种是高产的基础，而育种工作是提高品种质量的根本保证。

①发展优良品种：对于引进的优良品种，如萨能羊、吐根堡羊等，要集中管理，加强

饲养，建立品系，提纯复壮，扩大数量，提高质量。

②努力提高我国培育的品种：对于我国自己培育的品种，如关中奶山羊、崂山奶山羊等，要建立良种繁育体系，严格选种，合理选配，稳定数量，提高质量。

③积极改良当地品种：对于低产羊要继续进行级进杂交，积极改良提高。要成立育种组织，落实改良方案，制定鉴定标准，每年鉴定，良种登记。为了扩大良种覆盖面，提高改良速度和效果，可采取人工授精、冷冻精液的措施。

(2)加强羔羊、青年羊的培育

羔羊和青年羊的培育是介于遗传和选择之间的重要环节，如果培育工作做得不好，优良的遗传基因就得不到显示和发挥，选择也就失去了基础和对象。如果在选择的基础上加强培育，在良好培育的基础上认真选择，坚持数年，羊群质量就会提高。羔羊生长发育最快的时间是在出生至75d，以出生至45d生长最快，随年龄的增长其生长发育速度降低，所以羔羊的喂奶量应以30～60日龄为最高。初生重、断奶重与其产奶量呈显著正相关，加强培育，增强体格，促进器官发育，对提高产奶量有重要作用。

4～10月龄的羊为青年羊，这一阶段是羊体肌肉、骨骼和各种组织器官的旺盛生长期，羊体内物质代谢极其旺盛，生长发育快。日粮应以青、粗饲料为主，精饲料为辅，这样不仅降低饲料成本，而且培育出来的羊体格健壮，采食量大，乳房发育好，终生产奶多，且繁殖率高，利用年限长。而以精饲料为主培育出来的羊，体格粗短，体质衰弱，乳房过多地沉积脂肪，影响乳腺分泌机能，产奶量小，终生产奶少。

(3)科学饲养

①根据奶山羊生理特点和生活习性饲养：草是奶山羊消化生理必不可少的物质，也是奶山羊营养的重要来源和提高乳脂率的物质基础。青绿饲料、青贮饲料和优质干草，营养丰富，适口性强，易消化，有利于奶山羊的生长发育、繁殖、泌乳和健康。精料过多，瘤胃酸度升高，影响消化，料多羊则早熟早衰。因此，要以草为主饲养奶山羊。

②根据不同生理阶段饲养：要根据不同生理阶段即泌乳初期、泌乳盛期、泌乳稳定期、泌乳后期、干奶期的生理特点合理饲养。

③认真执行饲养标准：认真按照饲养标准进行饲养，保证各类羊的营养需要；采用配合饲料和复合添加剂，保证羊只营养全价。

④配前优饲：试验表明，母羊配种时体重大，配种受胎和产羔率也高，乳房发育好，产奶量高；体重小，配种受胎及产羔率也低，乳房发育差，产奶量少。为此，在精心培育青年母羊的基础上，配种前1个月还要进行短期优饲，饲喂优质豆科牧草，每只羊每日补喂精料400～500g，其中玉米40%，麸皮35%，黄豆20%，骨粉3%，食盐1%，小苏打1%。

(4)加强管理，增进健康，减少疾病

①做好干奶期、产后和泌乳高峰期的管理工作：产后及时催奶，与此同时按照产奶量增加挤奶次数。适当的挤奶次数，正确的挤奶方法，熟练的挤奶技术对提高产奶量有明显的作用。

②坚持运动，增进健康；经常刷拭，定期修蹄，搞好卫生，减少疾病。

③适时配种，防止空怀：每年的8～9月配，1～2月产有利于产奶。

④加强管护：5～7月是羊产奶高峰期，天气炎热，蚊蝇滋生，羊常因喂养不当或吃了被细菌污染的饲料患胃肠等疾病，产奶量下降，因此，对羊舍要定期消毒和清除粪便，搞好日常的环境卫生。精心饲喂，严把病从口入这一关，及时修建宽敞、隔热通风的凉棚，以防暑降温。每5～7d用石灰水、来苏水对圈舍内外及饮具消毒1次，3～5d清除一次粪便，勤换垫土并经常打扫，保持圈舍地面清洁，通风凉爽。切实注意饲料和饮水卫生，饲喂的饲料必须保持新鲜，放置待喂的饲料要保管好，避免苍蝇污染，饮具要每日清洗，防止草料残渣残留或霉变，忌喂变质的饲料，定时检查粪便及健康状况，羊有病要及时防治，保持羊体力旺盛，延长产奶高峰期，提高产奶量。

⑤合理调整羊群结构：对老、弱、病、残及低产个体应及时淘汰，在每年泌乳高峰期后(6～7月)淘汰一批，在配种后期(11月)淘汰一批，比较有利。

⑥诱导泌乳：羊乳房、胃、肠等疾病，乳腺功能衰退，泌乳量减少，在喂给易消化、富营养的饲料，恢复体力的同时，可用下列方法促其泌乳：a. 日注射垂体后叶素10IU，连用2日；b. 用催乳片或中药黄芪、王不留行、穿山甲、奶浆草各200g煎水喂给，每日1剂，连用3日。

⑦防治乳房疾病：乳房是母羊分泌乳汁的重要器官，及时防治乳房炎，对保障泌乳旺盛至关重要。在泌乳期，应经常用肥皂水和温清水洗擦乳部，保持乳头和乳晕的皮肤清洁柔韧。如羊羔吸乳损伤了乳头，需暂停哺乳2～3d，将乳汁挤出后喂羊羔，患部涂磺胺软膏。每日要按时挤奶，并按摩乳房，以消除乳房炎的隐患。时常检查乳房的健康状况，若乳汁色变，乳房有结块，应局部热敷，活血化瘀。并让羊多饮水，降低乳汁的黏稠度，使乳汁变稀，以便易于挤出。同时，用手不停地轻揉按摩乳房，可边揉边挤出瘀滞的乳汁，直至挤净肿块消失，将乳房炎防治在萌芽期。此外，经常给羊挑喂紫花地丁、蒲公英、薄荷等清凉草药，可凉血解毒、清热泻火，防治乳房炎。

※实训二十二　牛屠宰指标测定与胴体分割

【实训目的】了解牛屠宰指标测定的操作程序，掌握胴体指标的测定与胴体分割方法。

【实训准备】牛胴体、分割用具(骨锯、剔骨刀、砍刀)、测量用具(测杖、圆形触测器、卡尺、皮尺、钢卷尺、钩秤、磅秤、硫酸纸、求积仪)、盛装容器(盆、桶、瓷盘等)、肉案、记录表格等。

【实训步骤】

①准备：将牛胴体置于肉案上，老师概述宰牛的整个程序(活牛绝饮、绝食体尺、体重测量、击晕放血、电刺激、剥皮、去头、蹄剥离、内脏胴体分瓣)。

②称取胴体重。

③称取胴体脂肪：剥离肾脂肪、盆腔脂肪、腹膜脂肪、胸膜脂肪并称重。

④测量胴体指标：分别测胴体长、胴体深、胴体胸深、胴体后腿围、胴体后腿长、胴体后腿宽、背脂厚、腰脂厚、大腿肌肉厚。

⑤测定眼肌面积：用电锯沿 12 胸椎后缘锯开，然后用利刀沿第 12 肋骨后缘切开，用硫酸纸在 12 胸椎后缘将眼肌面积画出，用求积仪求其面积。

⑥胴体分割我：国现阶段还没有统一的牛肉加工分割标准。目前较为普遍的是将胴体肉块分割为里脊、外脊、眼肉、上脑、胸肉、嫩肩肉、腰肉、臀肉、膝圆、大米龙、小米龙、腹肉、腱子肉、脖领肉等。分割时要称重，做好记录。

a. 里脊：也称牛柳，解剖学名为腰大肌。分割时，先割去肾脂肪，再沿耻骨前下方把里脊剔出，然后由里脊头向里脊尾，逐个剥离腰椎横突，取下完整的里脊。

b. 外脊：也称西冷，主要为背最长肌。分割时，沿最后腰椎切下，再沿眼肌腹侧襞(离眼肌 5～8cm)切下，在第 12～13 胸肋处切断腧椎，逐个剥离胸、腰椎。

c. 眼肉：为背部肉的后半部，包括颈背棘肌、半棘肌和背最长肌，是沿脊椎骨背两侧 5～6 胸椎后部割下的净肉。分割时，先剥离胸椎，抽出筋腱，在眼肌腹侧 8～10cm 处切下。

d. 上脑：为背部肉的前半部，主要包括背最长肌、斜方肌等，是沿脊椎骨背两侧 5～6 胸椎前部割下的净肉。分割时，剥离胸椎，去除筋腱，在眼肌腹侧距离为 6～8cm 处切下。

e. 胸肉：也称胸部肉或牛胸，主要包括胸横肌。分割时，在剑状软骨处，随胸肉的自然走向剥离，修去部分脂肪即成完整的胸肉。

f. 嫩肩肉：主要是三角肌。分割时，沿眼肉横切面的前端继续向前分割，得到一圆锥形肉块，即为嫩肩肉。

g. 腱子肉：也称牛展，主要是前肢肉和后肢肉，分前牛腱和后牛腱两部分。前牛腱从尺骨端下刀，剥离骨头；后牛腱从胫骨上端下刀，剥离骨头取下肉。

h. 小米龙：主要是半腱肌。分割时，取下牛后腱子，小米龙肉块处于明显位置，按自然走向剥离。

i. 大米龙：主要是股二头肌。分割时，剥离小米龙后，即可完全暴露大米龙，顺肉块自然走向剥离，便可得到一块四方形肉块。

j. 臀肉：也称臀部肉，主要包括半膜肌、内收肌和骨薄肌等。分割时，把大米龙、小米龙剥离后便可见到一块肉，沿其边缘分割即可得到臀肉。也可沿着被切开的盆骨外缘，再沿本肉块边缘分割。

k. 膝圆：也称和尚头、琳肉，主要为股四头肌。当大米龙、小米龙、臀肉取下后，见到一长方形肉块，沿此肉块周边的自然走向分割，即可得到一块完整的膝圆肉。

l. 腰肉：主要包括臀中肌、臀深肌、股阔筋膜张肌。取出臀肉、大米龙、小米龙、膝圆后，剩下的一块肉便是腰肉。

m. 腹肉：也称肋排、肋条肉，主要包括肋间内肌、肋间外肌等。可分为无骨肋排和带骨肋排，一般包括 4～7 根肋骨。

n. 脖领肉：沿最后一个颈椎骨切下，即为脖领肉。

⑦称取净肉重、骨重。

⑧计算主要屠宰指标屠宰率、净肉率、胴体产肉率。

【实训报告】 填写屠宰和胴体测量记录，进行肉用性能统计分析。

表实 22-1　胴体测定记录表

牛号	胴体重（kg）	胴体长（cm）	胴体深（cm）	胴体胸深（cm）	胴体后腿围（cm）	胴体后腿长（cm）	胴体后腿宽（cm）	大腿肌肉厚（cm）	背脂厚（cm）	腰脂厚（cm）	眼肌面积（cm^2）

表实 22-2　胴体切块重量记录表　　单位：kg

牛号	里脊	外脊	眼肉	上脑	胸肉	嫩肩肉	腱子肉	小米龙	大米龙	臀肉	膝圆	腰肉	腹肉	脖领肉

表实 22-3　肉用性能统计表

牛号	宰前活重（估重，kg）	屠宰率（100%）	净肉重（kg）	净肉率（100%）	胴体产肉率（100%）	骨重（kg）	骨肉比

实训二十三　挤奶操作

【实训目的】 掌握用具清洗消毒、洗擦与按摩乳房、乳头药浴、手工挤奶和机械挤奶的方法。

【实训准备】 泌乳牛、挤奶桶、推车式移动挤奶机、水桶、温水、肥皂、毛巾、纸巾、消毒药液(常用药液有碘甘油、2%～3%次氯酸钠或 0.3%苯扎氯铵溶液)。

【实训步骤】

1. 手工挤奶技术

(1)消毒用具，清洁牛体

挤奶前，要将所有的用具和设备洗净、消毒，并集中在一起备用。将躺卧的奶牛温和地赶起，清除牛床后 1/3 处的垫草和粪便，拴牛尾，将乳房上过长的毛剪掉；用温水将后躯、腹部清洗干净。

(2)洗擦与按摩乳房

用 50℃的温水擦洗乳房。擦洗时，先用湿毛巾依次擦洗乳头孔、乳头、乳房中沟乃至整个乳房，再用干毛巾自下而上擦净乳房的每一个部位。每头牛所用的毛巾和水桶都要做到专用，以防交叉感染。洗擦好乳房后要立即进行乳房按摩，即用双手抱住左侧乳房，两手的拇指放在乳房外侧，其余手指放在乳房中沟，自下而上和自上而下按摩 2～3 次，同样的方法按摩对侧乳房。每头牛按摩的时间以 1min 为宜。

(3)药浴乳头

用消毒药液浸泡各乳头 20～30s，用纸巾擦干后立即挤奶。

(4)挤奶

首先，将每个乳区的头两把奶挤入带过滤网的专用滤奶杯中，观察是否有凝块等异常现象。同时，触摸乳房是否有红肿、疼痛等异常现象，以确定是否患有乳房炎。检查时，严禁将头两把奶挤到牛床或手上，以防交叉感染。对于发现患病的牛，要及时隔离单独饲喂，并积极进行治疗。对于检查确定正常的奶牛，可坐在牛右侧后1/3～2/3处，两腿夹住奶桶，集中精力，开始挤奶。挤奶最常用的方法为拳握法(或称压榨法。该法具有乳头不变形、不损伤、挤奶速度快、省力方便等优点。拳握法的要点是用拇指和食指握紧乳头基部，防止乳汁倒流；然后用中指、无名指、小指自上而下依次挤压乳头，将乳汁从乳头中挤出。挤奶频率以每分钟80～120次为宜。挤奶还可采用滑下法，滑下法是用拇指和食指捏住乳头基部自上而下滑动，此法容易拉长乳头，造成乳头损伤，只能用于乳头特别短小的牛。

(5)药浴乳头

挤完奶后立即用浴液浸泡乳头，可以显著降低乳房炎的发病率。这是因为挤完奶后，乳头需要15～20min才能完全闭合。在这个过程中，病原微生物极易侵入，导致奶牛感染。

(6)清洗用具

挤完奶后，应及时将所有用具洗净、消毒，置于干燥清洁处保存，以备下次使用。

2. 机械式挤奶(吮吸)

机械式挤奶劳动强度小，挤奶卫生有保证，是提倡使用的方法。

(1)机械挤奶的方式

①挤奶台挤奶系统：规模可大可小，又分为厢式挤奶机、鱼骨式挤奶机、转盘式挤奶机等(图实23-1、图实23-2)。

图实23-1　鱼骨式挤奶机

图实23-2　转盘式挤奶机

②管道式挤奶系统：按牛排列方向，真空管和奶管在牛上方固定(图实23-3)。

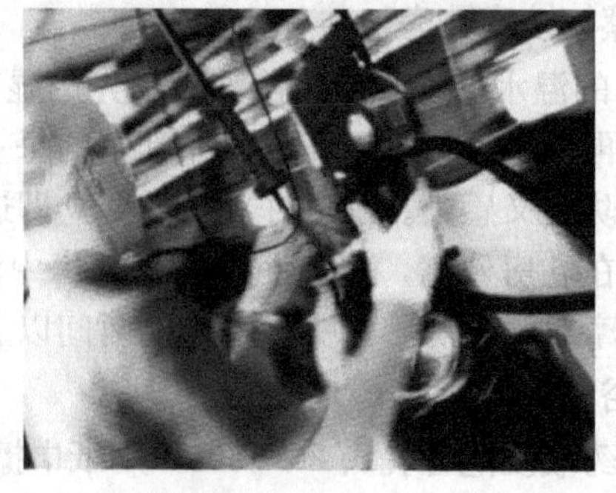

图实23-3　管道式挤奶机

③移动式挤奶系统：又称流动挤奶机(图实23-4)。

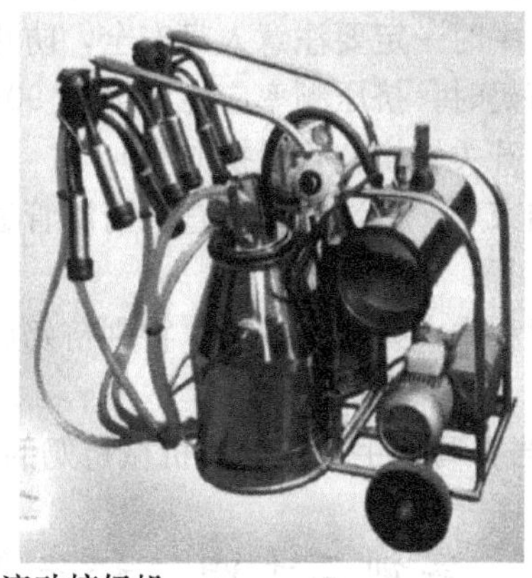

图实23-4　流动挤奶机

④提桶式挤奶系统：真空管沿牛排列方向在牛上方固定，设备简单。

(2)不同挤奶系统的特点

①挤奶台挤奶系统：奶牛按序进出，挤奶后饲喂(以形成条件反射)，挤奶人员站立工作，可移动，劳动强度小，挤奶卫生条件能保证，设备自动清洗，但设备价格较高，养殖规模较小不适合。

②管道式挤奶系统：在奶牛吃料同时进行挤奶，奶牛站立位置不动，挤奶人员提挤奶机沿管路，分别在给左右奶牛挤奶，挤奶员的劳动强度稍大，蹲立不断变换姿势，挤奶卫生条件能保证，设备自动清洗，价格较贵，一般规模以上牛场可使用。

③移动式挤奶系统(小型完整挤奶系统)：一般在奶牛吃料同时进行挤奶，牛站立位置不动，人工推挤奶机分别给牛挤奶，劳动强度较大，挤奶卫生条件不易保证，每头牛挤奶后都要进行称量，倒奶，设备清洗较麻烦，半自动化，设备价格便宜，适宜一般或较小规模牛场。

④提桶式挤奶系统：在奶牛吃料同时进行挤奶，牛站立位置不动，人工提提桶式挤奶系统移动挤奶，劳动强度大，挤奶卫生条件不易保证，每头牛挤奶后进行称量，倒奶，设备由真空管和挤奶系统两部分组成，设备清洗麻烦，主要以人工清洗为主，适宜较小规模牛场。

(3)挤奶杯的安放和取下

①挤奶杯的安放：乳房清洗按摩后，安放挤奶杯。左手提集奶器，把四只挤奶杯的奶管、气管握起，防止漏气，打开空气开关，分别由外侧左→右到内侧右→左依次迅速安放(以人的站立位置为准)。

②挤奶杯安放后，注意观察奶流情况，防止乳头窝住。

③挤奶杯取下：挤奶完毕，迅速取下挤奶杯，防止空挤，引起乳房疾病，用右胳膊揽住挤奶杯，左手关闭空气开关，用右手食指轻按外侧左乳头，挤奶杯进入空气后，再轻轻取下挤奶杯。

④牛奶的排出：挤奶杯朝上，打开空气开关，吸净集奶器中的牛奶，关闭开关，将挤奶器挂到支架上，再进行挤奶后处理。

3. 注意事项

①接触母牛时一定要注意人身安全，防止被牛顶到、踢到。

②手工挤奶时，挤压频率应在每分钟 90～120 次。做好机械式挤奶前的准备工作（排水，过滤网，开关转换，管道换向等）。

③挤奶结束后，清洗过程检查：清洗管道、连接开关、转换挤奶器与清洗管道的连接及其他设备运行。

④挤奶过程中，奶流的观测，特别挤奶后期适当对乳房按摩，下拉挤奶器，但要防止空挤。

【实训报告】写出手工挤奶或机械挤奶的过程及体会。

实训二十四　奶牛乳房炎的检测与治疗

【实训目的】了解奶牛乳房炎的发病原因及发病原理，掌握奶牛乳房炎的诊断方法，并能及时对患牛进行处理。

【实训准备】乳房炎检测板、注射器、透乳针、酒精棉球、注射针头、生理盐水、中药乳炎速康、碘伏、乳房炎检测液。

【实训步骤】

(1)隐性乳房炎的检测

①挤奶：将奶牛乳房擦洗干净，挤出头三把奶丢弃，然后将牛奶挤到乳房炎检测盘中，每一个检测小盘对应一个乳头。

②将多余的牛奶倒掉，每个小盘只留下 2mL 牛奶。

③向每个小盘内倒入 2mL 检测液。

④手拿检测盘慢慢做同心圆摇动，使牛奶跟检测液充分混合，仔细观察混合液的变化。

⑤根据牛奶跟检测液的反应变化来判定隐性乳房炎的轻重程度。阴性、可疑、弱阳性、阳性、强阳性。如图实 24-1 所示。

(2)乳房炎的治疗

①将乳炎速康 20mL 抽入注射器。

②将乳房炎的乳头用消毒毛巾擦干净，用酒精棉球擦拭乳头孔进行消毒。

③用透乳针插入乳头孔内，放净乳池里面的乳汁。

④连接有乳炎速康注射液的注射器，注入 20mL 药液。

⑤抽出透乳针，乳头用碘伏消毒。

(3)注意事项

①在挤奶时乳房要用消毒过的毛巾擦洗，头三把奶一定要丢弃。

②盘中留下待诊断的牛奶体积要准确。检测液要与牛奶体积相同。

③检测盘要呈同心圆摇动。

④观察结果从摇动开始就要观察，不要只看结果。

⑤向乳房内注药时，乳头孔要彻底消毒。

⑥注入药液前一定要先放净里面的牛奶，否则治疗效果较差。

⑦治疗完毕，注意消毒。

(4)预防乳房炎措施

①活水清洗乳房，并用高效乳头消毒剂药浴乳头。一头牛一块毛巾或一张纸巾，彻底擦干乳房(图实 24-2)。

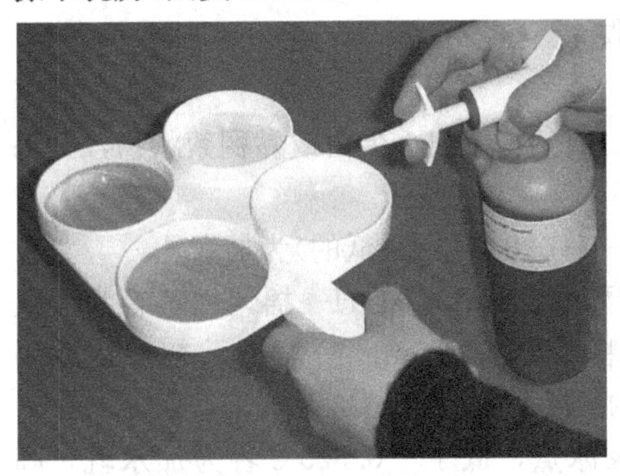

图实 24-1　隐性乳房炎的检测

图实 24-2　活水清洗乳房

②确保挤奶设备运转良好，选择性能良好的挤奶设备和专用高效清洗剂，充分清洗，定期维修保养。真空设备要稳定，检查有无滑杯现象，如有应及时更换乳杯内衬。挤奶后，先关闭真空，再脱去挤奶杯。

③套杯/脱杯要仔细调节好挤奶器位置，套挤奶器尽量避免空气进入挤奶器，不应发出气流声。挤奶器的正确位置是在牛体正下方略前倾，不要挤奶过度。

④挤奶后使用高效乳头消毒剂药浴乳头。消毒剂可杀灭乳头及表皮的细菌(图实 24-3)。

图实 24-3　乳头消毒

⑤定期检测乳房炎。

⑥及时治疗临床乳房炎，治疗期的牛奶应丢弃。

⑦隔离患牛，先挤健康牛，后挤患病牛，并应适时淘汰患慢性乳房炎的牛。

⑧干奶时使用干奶针剂，治愈率比泌乳期高一倍，能减少下一泌乳期临床和隐性乳房炎的发病率。

⑨牛舍保持干净、干燥；牛体保持卫生，防止泥粪污染乳房。

⑩合理搭配日粮，精心管理牛群。

【实训报告】写出奶牛乳房炎的防治体会。

实训二十五　乳品验收

【实训目的】通过实习使学生掌握乳品验收的方法，能进行乳品的杯碟实验、密度测定、酸度测定和冰点测定。

【实训准备】鲜乳 1000mL，乳房炎乳 500mL，酸败乳 500mL，加水乳 500mL，掺假乳 500mL。0.1mol/L NaOH 100mL，10mL 试管 20 支，2mL 移液管 5 支，500mL 烧杯 5 个，黑色瓷碟 2 个，500mL 量筒 5 个，比重计 2 支，冰点仪 1 台。

【实训步骤】

(1)实验内容

牛乳密度、酸度、冰点等理化指标的测定验收。

(2)实验方法

①杯碟实验：取乳少许于黑碟上，使其流动，观察有无细小蛋白或黏稠絮状物，如果有则为乳房炎乳，如果无则不是乳房炎乳。

②密度测定：乳→500mL 量筒→放入比重计→1.028 以下(最低的)为加水乳。

③酸度测定：乳 2mL→10mL 试管→加一滴酚酞、2mL NaOH→摇匀白色者为酸败乳。取被测乳样 10mL，加入 20mL 蒸馏水稀释，再加 0.5mL 酚酞指示剂，然后用 0.1mol/L 的氢氧化钠 mL 数乘以 10，为该乳样的酸度。

④冰点测定：调试冰点→加入待测乳→记录冰点，低于－0.525℃者为加水乳，高于－0.565℃者为掺假乳。

练习与思考题

1. 挤乳应注意哪些事项？
2. 如何进行牛羊肉的品质鉴定？
3. 影响羔皮和裘皮品质的主要因素有哪些？
4. 简述提高山羊产奶量的具体措施。

项目十二 牛生产技术

【知识目标】

- 掌握种公牛的饲养管理技术。
- 掌握乳用、肉用犊牛的饲养管理技术及肉用犊牛肥育技术。
- 掌握泌乳牛、干乳牛及产前产后母牛的饲养管理技术。
- 掌握成年牛催肥营养要求、催肥方法及催肥牛的饲养管理和催肥技术。
- 了解奶牛的放牧管理及高档牛肉生产。
- 了解肉牛的放牧肥育方法和草地肉牛生产模式。

【技能目标】

- 能独立完成各阶段、各类型牛的饲养。
- 能独立完成各阶段、各类型牛的管理工作。
- 能正确地掌握挤奶技术。
- 能正确地完成犊牛的接产及母牛产后的护理。

任务一 种公牛的饲养管理

一、种公牛饲养管理的意义

种公牛是养牛生产的重要资源，种公牛的品质及其利用率对养牛业生产水平和生产科技含量提高都具有重要影响。随着冷冻精液技术的推广，大型的种公牛站相继建立，种公牛的数量大大减少，而对质量的要求越来越高，对种公牛的选择越来越严格。实践证明，对种公牛饲养管理方面的任何疏忽，都会使公牛的体质变坏，精液质量下降，严重时可导致种用价值丧失。因此，对优良的种公牛进行科学的饲养管理十分重要。

对于种公牛饲养管理的基本要求是：首先，保证种公牛良好健康的营养状况。保证健壮的营养状况，关键在于饲养管理是否得当。种公牛的体质健康程度反映在它的精力是否充沛，精力要充沛，雄性威势要突出，膘情中上等(即腰角明显而不突，肋骨微露而不显，肌肉显露而不丰），过肥、过瘦的个体均不理想。其次，保证种公牛良好的精液质量。要求种公牛的射精量、精子活力、密度及生存指数等各项指标都能保持高标准，且符合冷冻精液制作的要求。再次，延长种公牛的使用年限。选择培养一头优良的种公牛十分不易，必须尽可能地延长使用年限，充分发挥优秀种公牛的作用，加速牛群改良。合理地饲养管理和利用，可使种公牛超过10余岁而精力不衰；反之，则有可能在2～3年内精力衰退，甚至变为废牛。因此，确保一头种公牛健康长寿，终生正常生产，必须注重对其的饲养管理与合理利用，避免未老先衰或因感染疾病而提前淘汰现象的发生。

二、种公牛的饲养技术

正确饲养种公牛的主要衡量标准：强的性欲、良好的精液质量、正常的膘情和种用体况。

1. 种公牛的饲养特点

一般家牛一年四季皆可发情配种，并无发情配种旺季与淡季之分。因此，在种公牛的饲养管理上也是四季均衡的，特别在使用冷冻精液技术以后，季节对种公牛配种负担的限制更加减少，对种公牛的饲养仅按其配种任务的大小加以调节即可。

2. 成年种公牛的饲养

(1)日粮要求

①精料给料标准：按每100kg体重饲喂0.5kg，每头每日4～6kg。

②其他粗饲料给料标准：按每100kg体重饲喂优质干草1kg，块根类饲料0.8～1kg；青贮料0.6～0.8kg。青粗饲料日给总量为10～12kg左右。

(2)饲养技术

根据种公牛营养需要的特点，在饲料配合上做到多样配合，营养全价，适口性强，容易消化。精、粗、青料要适当搭配。精料应以生物学价值高的蛋白质为重点，精料由玉米、麦麸、豆饼、燕麦等组成，精料的比例以占总营养价值的40%左右为宜，一般日给精料4～6kg。玉米是肥育性饲料，用量要少，以免造成公牛肥胖降低配种能力。豆饼是富含蛋白的精料，是喂种公牛的良好饲料，但属于生理酸性饲料，喂多了在体内产生大量的有机酸，对精子的形成不利。蛋白质给量按配种强度而定。多汁饲料和粗料不可过量，长期喂量过多会使种公牛消化器官容积增大，形成“草腹”，有碍配种或可导致精液排泄不全，块根饲料或青贮饲料每日喂量不能超过10kg，特别是青贮料含有大量的有机酸，饲喂过多对精子形成不利。用大量的秸秆喂种公牛，易引起便秘，抑制公牛性活动。骨粉、食盐等矿物质饲料对种公牛的健康、维持食欲和精液品质有直接影响，尤其是骨粉必须保证，每天可喂100～150g，食盐对提高消化机能、增进食欲和正常代谢起着重要作用，但喂量不宜过多，每天可喂70～80g。配种季节每头公牛每天增喂鸡蛋0.5kg或牛乳2～3kg或鱼粉200～300g。同时，为了满足必需氨基酸的需要，日粮中还应含有一些动物性蛋白质。一些必需脂肪酸（亚油酸、花生油酸、亚麻油烯酸）对于雄性激素的形成也十分重要。维生素A（胡萝卜素）不足容易引起睾丸上皮细胞角化，锰不足引起睾丸萎缩，要保证维生素A、D、E，以及锰的供应。

种公牛冬季的日粮要由高质量的禾本科、豆科干草，块根（最好是胡萝卜）以及少量的青贮和半干青贮组成，精料依配种负担不同宜占日粮干物质的35%～45%。混合精料中应当包括：谷实、麸皮、饼渣和一部分动物性饲料，但不应该给种公牛饲酒糟、果渣及粉渣等副产品饲料，干草给量为体重的1%，精料为0.5%。例如，某省种公牛站种公牛每头日喂给混合精料4kg，野干草13kg，青贮料2.5kg，胡萝卜1.5kg，大麦芽0.5kg，常年补给食盐80g，骨粉100g。按规定定额补养，如见公牛过肥则应降低定额，若公牛体重下降，精液品质降低，应将饲养定额提高10%～15%。

①饲喂方法：种公牛饲喂时要做到定时、定量，少给勤添，一日3次上槽。每次饲喂时要先精后粗，先饮后喂。

②饮水：种公牛应保持充足的饮水，配种或采精后前后半小时内都不要饮水，以免影响种公牛的健康。不能饮污水和冰碴水。夏季每日饮4次，冬季饮3次。

3. 后备种公牛的饲养

不同体重后备种公犊牛和育成种公牛的营养需要见表12-1。对于初生公犊牛的饲养一般与母犊相同。2周龄以后，公犊可按其体重的8%～10%喂奶；到5周龄时要增喂优质干草。喂给种公犊牛的奶、草和精饲料，应该品质优良，日粮搭配要完善。要保证矿物质及脂溶性维生素，特别是维生素A的供应。不允许使用抗生素和激素类药物，以免影响种公牛犊牛性机能的正常发育。

育成种公牛的日粮中，精、粗饲料的比例依粗料的质量而异。以青草为主时，精、粗料的干物质比例为55∶45。以干草为主时，其比例为60∶40。从断奶开始，育成种公牛应与母亲隔离，单槽饲养。

不同阶段公犊牛及育成种公牛的日增重见表12-2，可在制订生长计划时参考。

表12-1　不同活重后备公犊牛及育成牛的营养需要

体重(kg)	日增重(kg)	日粮干物质(kg)	粗蛋白质(kg)	增重净能(MJ)	C(g)	P(g)	维生素A(1000IU)	(代谢能浓度)(MJ/kg DM)
75	0.8	1.8	380	9.8	19	10	4	12.5
100	1.0	2.4	490	14.1	26	13	6	12.5
150	1.1	3.4	670	19.3	30	15	10	12.5
200	1.2	5.07	860	24.9	33	17	13	12.1
250	1.2	7.7	990	28.8	40	20	15	12.1
300	1.2	8.8	1060	32.5	42	22	40	10～10.5
400	1.2	11.0	1200	36.1	42	30	50	10～10.5
500	0.9～1.0	10.3	1080	37.2	34	34	63	10～10.5
600	0.6～0.8	10.3	1080	37.2	34	34	78	10～10.5
700	0.4～0.5	9.7	1070	35.4	32	32		10～10.5

表 12-2 种犊公牛和育成牛的日增重标准 单位：kg

类别	犊牛		育成牛		
	1～2	3～7	8～12	13～18	19～24
小型牛	0.6～0.8	1.0～1.1	1.0～1.1	0.9～1.0	0.7～0.9
大型牛	0.7～0.9	1.1～1.3	1.1～1.3	1.1～1.2	0.9～1.0

三、种公牛的管理

1. 种公牛的生理特性

要管理好种公牛，必须先了解种公牛的生理特性

(1)记忆力强

种公牛对其周围接触过的人和事记忆深刻。因此，饲养人员要固定，通过饲喂、饮水、刷拭等活动加以调教，熟悉公牛脾气，以便管理。

(2)防御反射强

这是长期的进化过程中形成的一种自我保护的反射。当陌生人接近或以粗暴态度对待时，公牛引起防御反射，表现为低头，喘粗气，双目圆睁，四肢刨地，对来者表现进攻的样子。公牛一旦脱缰，还会出现"追捕反射"，追赶逃离的活体目标。为了养好公牛，防止发生意外事故，饲管人员必须胆大心细，以养成公牛的良好习性，纠正恶癖。

(3)性反射强

公牛在采精时，勃起反射、爬跨反射、射精反射几个过程表现得都很快，射精冲力很猛。如果长期不采精、采精技术不良或不规律，公牛的性格往往变坏，容易形成顶人恶癖或自淫的坏习惯。

2. 公牛精液的形成

公牛精子的生成及成熟是一年四季不断地进行着。近年来发现有某些周期性的特点，可能与神经—内分泌调节有关。公牛精子发生的过程，从精原细胞到成熟精子一般要 48～50d；从睾丸到副睾尾部需 14～22d 才能完成。其数量从数百亿到数千亿，达到几十次射精所需剂量，并且能在 1～2 个月内维持活力。由此可见，改善公牛的饲养管理必须经过很长时间(62～72d)才能改变所排出的质量。但是，精子保存条件遭到破坏，将会对精子的质量给予很快的不良影响。例如，给公牛的阴囊戴上一个厚的被罩 2～3d，使阴囊温度升高(正常时阴囊温度为 34～35℃)，会使精子衰亡，死精率提高。

3. 种公牛管理要点

公牛个体之间，尽管在神经活动类型和性格上各有不同，但上述 3 种生理特性都是共同存在的。饲养人员在管理公牛时，要处处留心，特别注意安全。即便对公牛很熟悉，它平时表现也很温驯，一旦由于某种原因使之神经兴奋(如遇见母牛有求偶欲、头部瘙痒或者见陌生人等)，就会一反常态，出现防御反射。管理公牛时，应驯教为主，恩威并施。饲养员不得随意追弄、鞭打或虐待公牛，如果发现公牛有惊慌表现，要用温和的声音使之安静，如不驯服时再厉声呵斥制止。

(1)拴系

种公牛生后 6 个月带笼头，8～10 月龄时须穿鼻环，经常牵引训练，养成温驯的性格。种公牛的拴系应按规程执行。鼻环须用皮带吊起系在缠角带上。缠角带上系有两条绳索(系链)通过鼻环，左右分开系在两侧的立柱上。拴系要牢固，鼻环经常检查，如有损坏应立即更换。

(2)牵引

种公牛的牵引应坚持双绳牵引，一人在牛的左侧，另一人在牛的后面。人和牛应保持适当的距离。对性情不温驯的公牛，须用钩棒进行牵引，必要时可用两人牵引。

(3)运动

种公牛必须坚持运动，实践证明，运动不足或长期拴系，会使公牛发胖，性情变坏，精液品质下降，患消化系统疾病和肢蹄疾病等。运动过度或施役过度，对公牛的健康和精液品质同样有不良影响。要求上下午各运动一次，每次 1.5～2h，行走距离 4km 左右。运动方式多种，有钢丝绳牵引运动，旋转牵引运动，拉车或拉爬犁运动等。

(4)护蹄

种公牛经常出现肢蹄过度生长的现象，故护蹄是一项经常性的工作。饲养人员应时常检查肢蹄有无异常，保持蹄壁和蹄叉清洁。为了防止蹄壁破裂，可经常涂抹凡士林或无刺激性的油脂，对蹄型不正的牛要按时修削矫正，做到每年春秋两季各削蹄一次，发现蹄病及时治疗。种公牛蹄病治疗不及时易影响采精，严重者继发四肢疾病，甚至失去配种能力，必须引起高度重视。

(5)刷拭及洗浴

刷拭和洗浴是管理种公牛的重要操作项目。为了改善公牛的调整机制，坚持每天定时进行刷拭 1～2 次，平时应经常清除牛体的污物，使之保持清洁。刷拭要细致，牛体各部位的尘土污垢要清除干净。刷拭的重点是角间、额、颈和尾根部，这些部位易藏污垢，发生奇痒，如不及时刷拭往往使牛不安，甚至养成顶人的恶癖。夏季，还应进行洗浴，最好采用淋浴，边淋边擦，浴后擦干。牧场应当安装可动的自动化淋浴设施或设置药浴池以便牛体定期淋浴及驱虫。

(6)睾丸及阴囊的定期检查和护理

种公牛睾丸的最快生长期是 6～14 月龄。因此，在此时应加强营养和护理。研究表明，阴囊周径所表示的睾丸大小与精子的生成密切相关。换言之，睾丸大的公牛比同龄睾丸小的公牛能配种较多的母牛。公牛的年龄和体重对于睾丸的发育和性成熟有直接影响。为了促进睾丸发育，除注意选种和加强营养以外，还要经常进行按摩和护理，按摩睾丸是特殊的操作项目，每天坚持一次，与刷拭结合进行，每次 5～10min。为了改善精液品质，可增加一次，按摩时间可适当延长。保证阴囊的清洁卫生，定期进行冷敷，改善精液质量。

(7)称重

成年种公牛每月称重一次，根据体重变化情况，进行合理的饲养管理。

(8)放牧配种

饲养肉牛时，在 90d 的放牧配种季节，要按表 12-3 调整好公母比例。当一个牛群中使用数头公牛配种时，青年公牛要与成年公牛分开。在一个大的牛群当中，以公牛年龄为基础所排出的次序会影响配种头数的多少。有较多后代的优势公牛不一定有着最高的性驱使能力，也不完全是牛群中个体最大、生长最快的公牛。因此在公牛放牧配种时，要进行轮换，特别对1岁公牛，每10～14d休息3～4d。

表12-3　放牧肉牛的公母比例

公牛的年龄及大小	每头公牛负担母牛数(头)	公牛的年龄及大小	每头公牛负担母牛数(头)
1岁以内的小公牛	<10	2岁公牛	20～30
1岁以上的小公牛	10～20	3岁以上	30～40

(9)严格的采精制度

对成年公牛按72h的时间间隔采精(每周2次)，每次射精2次，间隔5～7min；对于幼公牛从12～15月龄开始，每周或10d采精1次。只有坚持严格的采精制度才能保持正常的射精量和精子的活力。也才能防止公牛出现性抑制现象。

(10)注意环境温度

种公牛的配种能力与精液品质受气温影响很大，特别是乳用荷斯坦牛，对气温最为敏感。种公牛的最适温度为2～4℃之间，由于公牛体格大，体表面积相对较小，再加上牛的汗腺不太发达，过高的温度会使种公牛的呼吸、脉搏加快，体温上升，口内流涎吐沫，同时精液品质及数量下降，高温下所采精的耐冻性差，用这种精液制作的冻精受胎率低。在炎热的夏季，如种公牛所处的环境湿度也高，会使公牛的精液品质和性欲进一步降低，因此，必须采取一定措施以避免这种情况的出现。一般的措施是：给公牛遮阴，适当提高喂盐量，供给清凉饮水，加强通风，加强夜饲等，必要时可淋浴或以电风扇强行降温。

4. 种公牛的科学利用

合理利用种公牛是保持其健康和延长使用年限的重要措施，种公牛开始采精的年龄依品种、生长发育等而有所不同。一般在18月龄开始，每月采精2～3次，以后逐渐增加到每周2次。2岁以上每周采精2～3次，成年公牛按72h的时间间隔采精，即每周2次，每次射精2次，间隔5～10min。采精宜早晚进行，一般多在早饲后或运动后0.5h进行。要注意检查公牛的体重、体温、精液品质及性反射能力等，保持公牛的健康。公牛交配或采精间隔时间要均衡，严格执行定日、定时采精，风雨不停，不能随意延长间隔时间，只有坚持严格的采精制度才能保持正常的射精量和精子的活力，防止公牛出现性抑制现象。

任务二　乳用母牛的饲养管理

乳用母牛饲养管理的主要任务是为人们提供量多、质优的奶和肉，同时要处理好产奶与健康、繁殖的关系。因此，创高产、保健康、保繁殖是乳用母牛饲养管理中心工作。乳用母牛饲养管理可分为3个阶段：泌乳期、干乳期、围产期。在这3个时期，母牛的产奶量、健康状况及繁殖情况，都与营养有着密切关系。正常情况下，母牛产犊后进入泌乳期。泌乳期的长短变化很大，持续280～320d不等，但登记时一般按305d计算。泌乳期的长短依母牛品种、年龄、产犊季节和饲养管理条件而异，饲养管理好坏不仅关系本胎的产奶量和是否正常发情，而且还影响以后各胎次的产乳成绩和使用年限。

一、泌乳牛的饲养管理

1. 泌乳牛的饲养

(1)注意日粮的类型和质量

泌乳牛的日粮应以粗饲料为主、精饲料为辅的原则。按饲料干物质计算，精饲料应占35%～40%，粗饲料应占60%～65%。粗饲料给量按干物质计算要达到母牛活重的1%～1.5%，精料给量取决于产奶量的高低，一般每产1kg牛奶给200～300g。每头牛每天摄取17～21.5kg干物质，其中来自精料的占36%～40%。日粮含14%～18%的粗蛋白质，17%的粗纤维素。为了预防母牛的消化和代谢紊乱，牛的日粮中应有一定的纤维素和粗饲料，日粮中还必须含有35%～40%的非结构性碳水化合物(NSC)即精饲料，只有这样才能保持瘤胃pH值和渗透压及正常的瘤胃微生物区系，有益于瘤胃微生物，保持正常的瘤胃发酵，利于乳脂率和产奶量的增加。非结构性碳水化合物的计算公式为：

NSC＝100－(NDF＋粗蛋白质＋灰分＋粗脂肪)

非结构性碳水化合物的营养特点是：容易消化，能量高，有促进细菌生长的功效。缺点是：如果饲喂太多必将引起酸中毒、低乳脂及食欲减退等。

结构性碳水化合物及非结构性碳水化合物的营养和生理作用比较如下(表12-4)。

表12-4　结构性碳水化合物及非结构性碳水化合物的营养及生理作用

项　目	结构性碳水化合物(粗饲料)	NSC(精饲料)
咀嚼时间	长(44～56min/kg DM)	短(22～33min/kg DM)
唾液分泌	多(8.9－11kg/kg DM)	少(6.6～8.8kg/kg DM)
瘤胃pH值	高(pH＝6～6.8)	低(pH＝5.4～6.0)
优势微生物	解纤菌	消化淀粉细菌
发酵过程中产生的VFA	较多醋酸，较少丙酸	较少醋酸，较多丙酸

泌乳牛的日粮必须由多种适口性良好的饲料配合而成。乳牛是一种高产动物，每天从体内排出大量的营养物质，因此，日粮组成必须多样配合且适口性要好，日粮最好要有2种以上的粗料(干草、秸秆、青贮)、2～3种多汁饲料(青贮和根茎)和4～5种以上的精饲料组成。精料混合均匀或加水烫成粥状。为了提高饲料的适口性，可以添加甜菜渣、糖蜜和淀粉浆等甜味饲料，这在使用非蛋白氮饲料的配合日粮时尤为重要。让母牛分群自由采食，可多喂粗饲、少喂精饲，从而降低饲养成本。因此，与常规法相比，全日粮自由饲喂法具有很多优点(表12-5)。

表12-5　常规饲养法与全日粮自由采食法的比较

项　　目	常规饲养法	全日粮自由采食法
冬季日粮(%)*蛋白质精料	20	15
大麦秸	75	50
秸秆	—	30
糖蜜	5	5

（续）

项　　目	常规饲养法	全日粮自由采食法
夏季日粮(%)＊蛋白质精料	10	7.5
大麦	85	57.5
秸秆	—	30.0
糖蜜	5	5
每头牛占饲料放牧地(hm^2)	0.96	0.59
购入饲料(t)	22.8	30.6
糖蜜	5.94	10.6
土豆	61	—
平均才产乳量(kg)	4544	4602
奴役乳干物质含量(%)	12.0	12.32
产犊间隔(d)	395	357

日粮要有一定的容积和浓度。泌乳牛每日干物质的采食量随其体重、泌乳量和饲粮的质量变化很大。饲料干物质采食量的高低，对于维持泌乳牛的高产、稳产和体质健康关系很大。因此，在日粮配合时，既要满足乳牛对日粮干物质的需要，也不能超出乳牛采食量所允许的范围。日粮必须达到一定的能量浓度。据研究，日粮干物质代谢能的浓度(M/D)达 11MJ 时，饲粮中的泌乳净能含量才会高。

泌乳牛日粮中精料供给的多或少应根据年泌乳量而定。年产 3000kg 的母牛，日粮中精料的比例为 15%～20%，3000～4000kg 的为 20%～25%，4000～5000kg 的为 25%～35%，5000～6000kg 的为 40%～50%。当粗饲料品质优良时，可取下限，粗饲料品质较低劣时，可取上限。

日粮要具有轻泻性。麸皮是常用的轻泻饲料，可以在泌乳牛日粮中占精料的 25%～40%。还可以饲喂具有轻泻作用的青草和根茎类饲料。必须保证蛋白质饲料、青绿多汁饲料全年内均衡供给，才能创造高产。

(2)饲喂技术

①定时定量、少给勤添：定时定量可使牛消化器官处于正常状态，可使牛的消化腺分泌能在采食前条件反射，增强食欲，保证消化吸收良好。突然提前上槽，由于食欲反射不强，牛必然挑剔饲料，消化腺分泌不足，而影响消化机能；临时推迟上槽，会使牛饥饿不安，打乱消化腺分泌活动，影响饲料消化和吸收。每次饲喂都要掌握饲料的合理喂量，过多过少都影响母牛的健康和生产性能的发挥。少给勤添可以保证牛旺盛的食欲，使牛吃好吃饱，不浪费饲料。

②饲料清筛，防止异物：喂牛的精料、粗料要用带有磁铁的清选器清筛，除去夹杂的铁钉、短铁丝、玻璃碎片、石块等尖锐异物，以免造成网胃、心包创伤。此外，还应保持饲料清洁，切忌使用霉烂、冰冻饲料喂牛。

③更换饲料逐步进行：由于牛瘤胃微生物区系形成需 20～30d，一旦打乱，恢复很慢。因此，在更换饲料种类时，必须逐渐进行。牛进入青饲主要阶段后，虽然幼嫩青草很喜欢

吃，但吃得过多，不易消化，产生膨胀或其他胃肠疾病。只有慢慢地减少被代替饲料，逐渐增加新的饲料，采用慢慢过渡的方法比较安全。过渡时间应在10d以上。

④饲喂次数及顺序：奶牛饲喂次数一般与挤奶次数相一致，多实行3次挤奶，3次饲喂，运动场还要设补饲槽，供奶牛自由采食。个体饲养户也可实行2次饲喂，2次挤奶。饲喂的顺序应是先粗后精、先干后湿、先喂后饮，先喂粗饲料，牛可以尽量多采食粗饲料，保证奶牛正常反刍和消化，当粗料采食不多时，再拌上精料。这样在整个饲喂过程中牛会保持良好的食欲。

⑤饮水：乳牛饮水量较大，据报道日产奶50kg左右的高产牛，每天需水100～140kg左右，低产牛需水60～75kg，干乳牛需水35～55kg。饮水不足就会直接影响产奶量；给予良好的饮水条件，不仅有利于健康，而且还能提高产乳量4%～10%。运动场上要设饮水槽让牛自由饮水，冬季水温不得低于8～10℃。

⑥运动：运动能帮助消化，增强体质，促进泌乳，提高繁殖率和受精率，要求每天运动不少于6h。据报道，对母牛每日驱赶3km，可以提高产乳量和乳脂率，但不得让牛剧烈运动。

⑦刷拭：刷拭可清除牛体污物，促进血液循环。刷拭应在挤奶前0.5h结束，以防尘埃污染牛奶。刷拭时，饲养员以左手持铁刷，右手执棕毛刷，先由颈部开始，依次为颈→肩→背腰→股→腹→乳房→头→四肢→尾。刷完一侧再刷另一侧，刷时先用棕毛刷逆毛刷去，顺毛刷回，再在铁刷上刮掉污垢。要注意一刷接一刷，遍及全身。对刷不下去的污垢可用水润湿，再用铁刷轻轻刮掉。盛夏气温高，为促使皮肤散热，用清水洗牛体，既有助于卫生，又起防暑降温，提高产奶量作用。

⑧护蹄：防止牛蹄疾病，应使牛床干燥，勤换垫草，运动场应干燥不泥泞，并对牛洗蹄和修蹄，对奶牛要经常放牧，锻炼肢蹄。

⑨创造良好的空气环境：0～21℃对荷斯坦奶牛无大影响，一般以6～8℃为宜，高温低湿、低温低湿都影响奶牛热调节，影响产奶量，30℃以上影响更大，所以7～8月要防暑降温，冬季要防寒保温。具体措施是：夏季有良好通风措施，牛舍周围要植树遮阴，减少7～8月产犊头数；冬季牛舍保温，一是要防风特别是防贼风和穿堂风；二是防湿，减少体散热，否则牛会感到寒冷，降低产奶量。

(3)挤奶技术

挤奶是饲养奶牛的一项重要的技术工作。正确熟练的挤奶技术，能充分发挥奶牛生产潜力，防止发生乳房炎。挤奶方法可分为手工挤奶和机器挤奶两种。挤奶技术包括乳房擦洗、乳房按摩和挤奶3个环节。

①乳房擦洗：擦洗乳房之前，先要检查乳房是否有外伤和疾病。擦洗乳房要用50℃的温水，将毛巾蘸湿，带较多的水分迅速洗涤两次，先洗乳头孔和乳头，再洗涤乳房，自下而上地擦洗整个乳房体，先从右侧、后侧和左侧三面洗涤，然后将毛巾拧干，再自上而下按摩，擦干乳房。

②乳房按摩：擦洗乳房之后，需要轻轻按摩乳房。方法是：挤奶员坐在牛的右侧，右手放在乳房前部，左手放在乳房后侧，均匀地抚揉整个乳房，将双手放在乳房下部轻抚乳房，然后挤奶。此时按摩乳房可增加产奶量10%～20%，脂肪含量可提高0.2%～0.4%。

目前采用较多的是挤奶后期按摩乳房，目的是刺激乳房，将乳房中的奶挤净。方法有：

a. 半侧乳房按摩法：挤奶员先将右手放在牛的右前乳房上侧，左手放在右后乳房上侧，然后由下而下，由外向内压迫滑下，如此动作 2～3 次，最后将乳汁挤净。

b. 四分之一乳房按摩法：挤奶员将右手拇指放在前乳房右上方，其余四指放在前后乳房中沟处，从上向下按摩 2～3 次，然后将左手经过牛的两后腿中间，放在右后乳房上侧，右手放在右侧乳房中沟，双手由上向下按摩 2～3 次，左侧乳房按摩法与右侧相同。最后用一只手压迫乳房，另一手将奶挤净。

③挤奶：

a. 手工挤奶技术详略如下(图 12-1、图 12-2)。

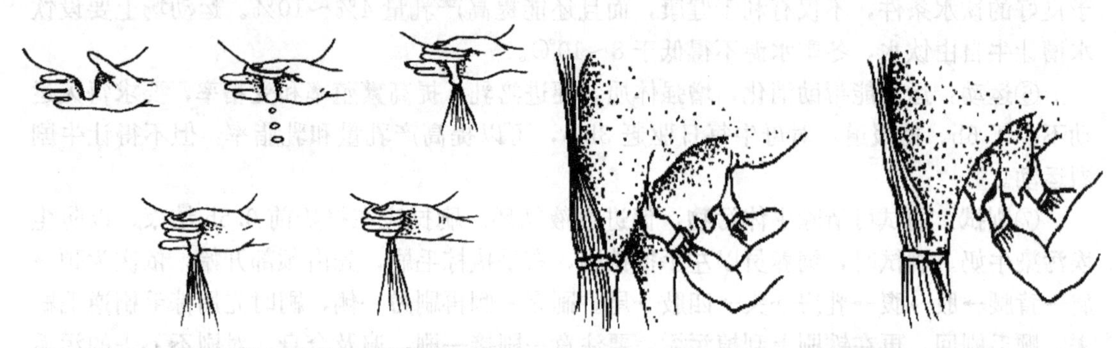

图 12-1　压榨法挤奶的手指动作模式图　　图 12-2　按摩乳房

一般奶牛日挤奶 3 次，但日产奶 10～15kg 以下的日挤 2 次便可。3 次挤奶以白天每次间隔 7h，夜间 10h 为宜。2 次挤奶以早晚各 1 次较为理想。牛奶是营养丰富的食品，同时也是微生物良好的培养基。当牛奶进入异物和微生物即被污染。牛奶污染主要是在挤奶过程中发生的。为了减少牛奶污染的机会，挤奶时应注意以下事项：对产奶母牛乳房的长毛应经常剪短，以减少污染牛奶机会；挤奶人员要注意个人卫生，修短指甲、挤奶前洗手、挤奶时穿工作服、戴口罩和帽子；挤奶员要定期进行健康检查，凡患有传染病的人，不能参加养牛工作，更不应当进行挤奶；挤奶前首先对牛体后躯刷洗，清理牛粪，冲洗牛床；牛进入牛舍前应将干草填入饲槽，进舍后和挤奶时，不喂扬尘干草；挤奶用具用前先用冷水冲洗，用后先用冷水洗刷，然后用 60～72℃热洗涤剂(5%热碱水)洗涤，再用接近沸点水冲洗，最后使桶底向上，控出桶中余水，晾干备用；挤奶时先将头一、二把奶挤入奶杯内扔掉，然后再向奶桶中挤奶；如挤出患有乳房炎和其他传染病的牛奶，不得装入健康牛的奶桶中。

b. 机器挤乳：机器挤乳是利用真空造成乳头外部压力低于乳头内部压力，使乳头内部的乳被吸向低压方向排出，机器挤乳是四个乳区一起挤，便于与母牛短暂的排乳反射相协调。挤乳机使用时应注意以下事项：对于初次使用机器挤乳的初产母牛，要经过一个训练过程，首先使之习惯挤乳，然后才能使用机器挤乳。

使用挤乳器前，需对机器进行调试，避免在挤奶过程中出现故障，当然，平时要加强对挤奶器的维护和保养。另外，为确保奶的品质，使用前和使用后都要进行充分的清洗和消毒。挤奶完成后，及时对牛乳头进行药浴，减少牛乳房炎的发生率。

2. 泌乳牛的管理

对泌乳牛饲养管理的要求是，泌乳曲线在高峰期比较平稳，下降较慢，才能获得高产，保证母牛具有良好的体况及正常繁殖机能。根据母牛的生理状态、营养物质代谢的规律、体重和产奶量的变化，泌乳期可分为围产后期、泌乳盛期、泌乳中期、泌乳后期 4 个阶段。

(1)围产后期

饲养管理围产后期从分娩至第 15d，母牛刚刚分娩，机体衰弱，牛体抵抗能力降低，消化机能减弱，食欲较差，产道尚未恢复，乳腺和循环系统机能不正常，产乳量逐渐上升，为此，该阶段饲养重点主要做好母牛体质恢复工作，减少体内消耗，为泌乳盛期打下基础。为防止发生代谢紊乱，导致患酮血病或其他代谢疾病，应严禁过早催乳。

营养需要：见表 12-6。

日粮要求：分娩后喂给 30～40℃麸皮盐水汤(麸皮约 1kg、盐 100g，水约 10kg)。

产后 2～3d，喂给易于消化的饲料，适当补给麸皮、玉米，青贮料 10～15kg，优质干草 2～3kg，控制催乳料。分娩后 4～5d，根据牛的食欲情况，逐步增加精料、多汁饲料、青贮和干草的给量，精料每日增加 0.5～1kg，直至产后第 7d 达到泌乳牛日粮给料标准。在增加精料过程中，如见母牛消化不良，粪便有恶臭，乳房未消肿有硬结现象时，则应当适当减少精料和多汁饲料的喂量直至水肿消失，乳腺及循环系统已经恢复正常后，才可将饲料喂到定量标准。母牛产后 1 周内应充分供给温水(36～38℃)，不宜喂冷水，以免引起肠炎等疾病。产后母牛 5d 内，不可将乳房内的乳全部挤干净，乳房内留部分乳汁，以增高乳房内压，减少乳的形成，避免血钙进一步降低，防止血乳和母牛产后瘫痪的发生。一般产后 0.5h 就可以挤乳，第 1d 每次挤乳量大约 2kg，以够犊牛吃即可以，第 2d 挤出全乳量的 1/3，第 3d 挤出 1/2，第 4d 挤出 3/4，第 5d 全部挤净。为尽快消除乳房水肿，每次挤奶时要用 50～60℃温水擦洗乳房和按摩乳房。

表 12-6　泌乳牛各阶段日粮营养需要

阶　段	产奶天数或日产奶量(kg)	干物质占体重(%)	奶能单位(个)	干物质(kg)	粗纤维(%)	粗蛋白(g)	钙(g)	磷(g)
围产后期	0～6	2.0～2.5	20～25	12～15	12～15	12～14	0.6～0.8	0.4～0.5
	7～15	2.5～3.0	25～30	13～16	13～16	13～17	0.6～0.8	0.5～0.6
泌乳盛期	20	2.5～3.0	40～41	16.5～20	18～20	12～14	0.7～0.75	0.46～0.5
	30	3.5 以上	43～44	19～21	18～20	14～16	0.8～0.9	0.54～0.6
	40	3.5 以上	48～52	21～23	18～20	16～20	0.9～1.0	0.6～0.7
泌乳中期	15	2.5～3.0	30	16～20	17～20	10～12	0.7	0.55
	20	2.5～3.0	34	16～22	17～20	12～14	0.8	0.60
	30	3.0～3.5	43	20～22	17～20	12～15	0.8	0.60
泌乳后期		2.5～3.5	30～35	17～20	18～20	13～14	0.7～0.9	0.5～0.6

(2)泌乳盛期

饲养管理母牛产后16～100d，这个时期为称泌乳盛期。此期乳牛的生理特点是乳房水肿消失，乳腺和循环系统机能正常，子宫恶露基本排除，体质恢复，代谢强度增强，机体甲状腺、生乳素、催乳素分泌均衡，乳腺活动机能旺盛，产奶量不断上升，一些对产奶有不良影响的外界因素起不到干扰作用。这一段进行科学饲养管理能使母牛产乳高峰更高，持续时间更长。据研究正常情况下，最高日产奶量每提高1kg，全泌乳期多产200kg奶。为此，抓好泌乳盛期饲养管理是夺取高产的关键。泌乳盛期能量与氮的代谢易出现负平衡。泌乳高峰一般多发生在产后4～6周，高产牛多在产后8周左右，最高采食量在12～16周，易出现能量和氮的代谢负平衡，靠体内贮积的营养来源满足泌乳需要。由于大量泌乳体重下降，高产奶牛体重可下降35～45kg。泌乳盛期过后往往出现产奶量突然下降，不仅影响产奶还拖延配种时间，出现屡配不孕及酮血病。

营养需要：按体重550～650kg、乳脂率3.5%的奶牛日耗营养需要计算。

日粮要求：精料给料标准为日产奶20kg给7.0～8.5kg；日产奶30kg给8.5～10.0kg；日产奶40kg给10.0～12.0kg。粗饲料给料标准为青饲料、青贮料头日给量20kg；干草4.0kg；糟渣类头日给量12kg以下；多汁饲料头日给量3～5kg。日产奶40kg以上，应注意补给维生素及其他微量元素。精粗饲料比(65∶35)～(70∶30)的持续时间不得超过30d。为确保牛体健康，提高产乳量，确保繁殖能力，饲养上应采取措施包括在干乳期和泌乳初期按饲养标准给予充足饲养，使体内贮积较多的营养，以供高峰期泌乳需要，减缓体重下降速度，否则，很难保持平稳有效的生产。生产实践中为多诱导母牛摄取营养，以满足母牛产奶需要，常用的饲养方法有以下几种。

①引导法：就是在一定时期内采用高能量高蛋白质日粮喂牛，以促进大量产乳，引导泌乳牛早期达到高产。具体方法为，从母牛干乳期最后2周开始，每头牛喂给1.8kg的精料，以后每天增喂0.45kg，直到100kg体重吃到1.0～1.5kg的精料为止，再不增加喂料量(如500kg体重的牛，每天精料最多吃到5.5～8.0kg，在14d内共喂料60～70kg。母牛产犊后5d开始，继续按每天0.45kg增加料，直至泌乳高峰达到自由采食，泌乳高峰后再按产奶量、含脂率、体重调整精料喂给量。引导法可使母牛瘤胃微生物在产犊前得到调整，以适应高精料日粮；可使高产母牛产前体内贮备足够的营养物质，以备产乳高峰期应用；促进干乳母牛对精料的食欲和适应性；可使多数母牛出现新的产乳高峰，增产趋势可持续整个泌乳期。应当指出，不是所有母牛对引导法都有良好的适应性。生产实践中奶牛引导饲养法应因牛而宜，区别对待。据叶兆云等(1991)报道：初产后16～100d的泌乳盛期奶牛采用引导法饲养，符合泌乳盛期的生理机制，料增加多少，奶就增加多少。只要牛只食欲旺盛，身体健康基本恢复，在不影响其健康的前提下，渐进加料，给量可达体重1.5%～2.3%；一般母牛平均可达6～7kg/(头·d)，高产牛最高可达15kg/(头·d)，同时提高干物质采食量，优质干草不少于体重0.5%，精粗料比可达65∶35。区别对待目的是解决高产牛不多吃、低产牛不少吃的拴系混群大锅饭的弊端，其次可提高饲料利用率，充分发挥泌乳牛的潜力。在饲养方面有如下几点改革：

a. 混合精料与副料混合饲喂改为分成4次饲喂。将精料分成基础料、副料、粥料、营养料4道料分发，前3道料按牛头数分配基本上均匀分发，后一道营养料按高产牛、体弱牛、泌乳盛期牛分发，其他牛不供应。

b. 高产牛的混合精料改变明显高于一般牛只。春冬季泌乳牛日产 25kg 以上，夏秋两季日产 22.5kg 以上，供应营养料 1～5kg/(头・d)。假如一般牛平均精料 6～7kg/(头・d)，则高产牛平均 9～12kg/(头・d)。

c. 混合精料数量平均分配改为不均匀分配。

d. 粥料(汤料)改为放在青贮、块根后喂，使青贮的料脚充分舔光，提高饲料利用率，又可减少浪费。

②短期优饲法：短期优饲法是在泌乳盛期增加营养供给量，以促进母牛泌乳能力的提高。具体方法为在母牛产后 15～20d 开始，根据产乳量除按饲养标准满足维持需要和泌乳实际需要外，再多给 1.0～1.5kg 混合料，作为提高产乳量的预付饲料，加料后母牛产乳量继续提高，食欲、消化良好，隔一周再调整一次。在整个泌乳盛期，精料的给量随着产乳量的增加而增加，直至产乳量不再增加为止。日粮组成按干物质计算，精料最大给量可达到 60%，以后随产乳量下降，而逐渐降低饲养标准，改变日粮结构，减少精料比例，增喂多汁饲料和青干草，使母牛泌乳量平稳下降，在整个泌乳期可获得较高的产量。此法适于一般产乳量的奶牛。

③更替饲养法：这种方法的具体做法是定期改变日粮中各类饲料的比例，增加干草和多汁料喂量，交错增减精料喂量，以刺激母牛食欲，增加采食量，从而达到提高饲料转化率和提高产乳量的目的。通常的做法是，每隔 7～10d 改变 1 次日粮组成，主要是调节精料与饲草的比例，日粮总的营养浓度不变。

在泌乳盛期为了使母牛吃足饲料，应延长采食时间，增加饲喂次数，还要按摩乳房，供给充足的饮水，经常保持牛舍清洁卫生。应观察牛的消化机能及乳房情况是否正常。认真做到合理投料，防止发生乳房炎和肠道疾病。乳牛产犊后 40～50d，出现产后第一次发情，此时要做好配种工作。产后 60d 尚未发情的乳牛，应及时诊治。

(3)泌乳中期

饲养管理产后 101～210d，此阶段泌乳母牛的生理特点是，母牛处于妊娠期，催乳素作用和乳腺细胞代谢机能减弱，产乳量随之下降，按月递减率为 5%～7%。饲养任务是减缓泌乳量下降速度，保持稳产。

营养需要：按体重 600～700kg、乳脂率 3.5%的奶牛日粮营养需要计算，在此期间母牛应恢复到正常体况。每头日应有 0.25～0.5kg 的增重。

日粮要求：精料给料标准为日产奶 15kg 给 6.0～7.0kg，日产奶 20kg 给 6.5～7.5kg；日产奶 30kg 给 7.0～8.0kg 以下。粗料给料标准为青饲、青贮每头日给量 15～20kg；干草 4kg 以上；糟渣类 10～12kg，块根多汁类 5kg。

由于泌乳中期产奶量下降，可以采取措施减慢下降速度，具体措施是，饲料要多样化，营养保证全价而且要适口性强，适当增加运动，加强按摩乳房，保证清洁、充足饮水。

(4)泌乳后期

产后 211d 至停止产奶。泌乳后期的生理特点是：母牛处于妊娠后期，胎儿生长发育快，胎盘激素、黄体激素作用强，抑制脑垂体分泌催乳素，产奶量急剧下降。

日粮要求：精料给料6～7kg；粗料给料标准为青饲、青贮每头日量不低于20kg；干草4～5kg；糟渣和多汁饲料不超过20kg。饲养标准按体重、产奶量、乳脂率每1～2周调整1次，膘情差的牛可在饲养标准基础上再提高17%～20%。

3. 关于添加剂的应用

科学研究和生产实践证明，发挥泌乳牛特别是高产母牛的生产潜力，必须提供充足的高能量饲料，但选用酸度大的青贮玉米、青草和产酸谷物禾本科籽实作为日粮时，如果粗纤维采食不足，势必导致形成过多的酸性产物，pH值降低，瘤胃微生物被抑制（pH＝6.7～7.1时纤维素消化率高），牛不仅不能发挥生产潜力，甚至会引起疾病，如厌食、胃炎、酸中毒、肝脓肿、酮血病、脂肪肝，皱胃变位等，严重影响奶牛生产力的发挥。因此，在饲料中添加缓冲剂在实践中很有必要。

养牛业常用的缓冲剂有：碳酸氢钠、碳酸钙、碳酸镁、碳酸氢钾、氧化镁、氢氧化钙。当出现以下情况时宜使用添加剂。

①泌乳早期，泌乳牛表现厌食，干物质摄入量降低，干草采入量低于2.25kg/(头·d)时。

②牛有亚临床酸中毒症状，乳蛋白含量正常，乳脂率急剧下降，母牛处于热应激状态，牛采食量忽高忽低变化。

③泌乳牛或育肥牛的日粮组成主要是青贮玉米、青草、发酵糟渣（甜菜渣、啤酒糟、粉渣），日粮干物质含量低于50%，酸性洗涤纤维低于19%。

④高精料、低粗料的日粮型，精料喂量大，喂量高于体重的2.5%，每次喂量达3kg以上，粗料采食量低。

据季勤龙(1996)报道，每年4～7月，是上海地区梅雨高温季节，由于温度高、温差大，使奶牛的消化、代谢功能发生紊乱，引起奶牛泌乳功能紊乱，泌乳机能下降。试验证明，在混合精料中添加1.5%食用小苏打，能减缓产奶量下降，相对地提高产奶量。

常用缓冲剂的用量：碳酸氢钠使用时，应占混合精料1%～1.5%，大约每日每头可给100～230g。使用氧化镁时，应占混合料的0.75%～1.0%。用碳酸氢钠、氧化镁复合剂效果较好，其比例应为2∶1～3∶1。但应指出，氧化镁若含量过高时，会引起日粮采食量过低的现象。添加碳酸氢钠及氧化镁时，短期饲喂会引起精料采食量低的现象。这种现象只能维持2周左右时间。因此，饲用时应逐渐增加用量，开始时按0.5%、1.0%、1.5%逐渐加喂，使牛要有一段适应时间；连续喂用如出现消化代谢紊乱时应暂停使用，待恢复正常时再喂，补饲石灰石可做缓冲剂，又补充日粮的钙，用量应控制，日粮总钙不能超过1%～1.2%。碳酸氢钠在奶牛机体中主要作用机理，是通过对瘤胃的作用，使瘤胃pH值保持6.0以上，以利于纤维消化和细菌的生长，提高代谢效率，促进可溶性养分通过瘤胃，避免微生物过度降解和pH值发生改变。并通过提高有机干物质消化率和消化单位有机干物质的蛋白量最大限度地促进蛋白质的合成。有效地改变瘤胃挥发性脂肪酸中乙酸与丙酸之比，产生易被肠道吸收的挥发性脂肪酸而促进淀粉的消化。而且通过肠道和组织的作用，维持肠道和血清中适宜的pH值及缓冲能力，促进酶对小肠中碳水化合物的分解和乳腺对乳脂前体物的吸收，从而稳定和提高奶牛生产性能。

二、干乳牛的饲养管理

泌乳牛在下一次产犊前有一段停止泌乳的时间称干乳期，一般为 60d，变动范围为 45～75d。干乳是母牛饲养管理过程中的一个重要环节。干乳方法效果的好坏、干乳期的长短以及干乳期的饲养管理对于胎儿的发育、母子牛的健康以及下一个泌乳期的产奶量有直接关系。

1. 干乳的意义

①通过干乳补偿因长期泌乳而造成的母牛体内养分的损失，恢复牛体健康。

②使乳腺细胞得到充分休息和整顿，为其在下一泌乳期的更好活动创造条件，同时牛体也可贮蓄一定数量的营养物质，以弥补产后 1～2 个泌乳月份可能出现的营养负平衡。

③干乳期加强营养可以提高初乳的营养浓度，使其含有较多的钙、磷和维生素(表 12-7)。

表 12-7　干乳期饲养对初乳维生素含量的影响

饲养类别	维生素 A(IU)	胡萝卜素(IU)
妊娠最后三个月饲养丰富	1900	2440
妊娠最后三个月饲养不良	1370	630

2. 干乳期的长短

依母牛的年龄、体况、泌乳性能而定。一般是 45～75d，平均为 50～60d。一般地说，过早干乳，会减少母牛的产乳量，对生产不利；干乳太晚，则使胎儿发育受到影响，亦影响到初乳的品质。干乳期短，加上饲养管理不善，母牛初乳中胡萝卜素含量会差 3～4 倍。正常情况下以 60d 为宜，这时牛初乳品质最好。

初胎或早配母牛，体弱及老年牛、高产母牛以及饲养条件差的牛，需要较长时间的干乳期，一般为 60～75d。体质健壮、产乳量较低、营养状况较好的牛，干乳期可缩短为 30～35d。在早产、死胎的情况下，缺少或缩短干乳期，同样会降低下一期的泌乳量。例如，在早产时泌乳量仅是正常乳量的 80%。

3. 干乳的方法

(1)逐渐干乳法

在 10～20d 内将乳干完。在预定干奶期前 10～20d 开始变更饲料组成，逐渐减少青绿多汁饲料和精料，增加干草喂量，控制饮水量，停止按摩，改变挤奶次数和时间，由每天 3 次挤奶改为 2 次、1 次，或隔日挤 1 次。具体说，就是在 1d、3d、6d、10d 挤乳，其他日期不挤乳。每次挤乳必须完全挤净，当产乳量降至 4～5kg 时停止挤乳。

(2)快速干乳法

从进行干乳之日起，在 5～7d 内将乳干完。一般多应用于低产和中产母牛。从干乳的第 1d 开始，适当减少精料，停喂青绿多汁饲料，控制饮水，加强运动，减少挤乳次数和打乱挤乳时间。第 1d 由 3 次挤奶改为 2 次，第 2d 1 次或隔日挤奶，经 4～7d 就可把奶停住，此法一般适用于低产或中产乳牛。由于母牛在生活规律上突然发生变化，产乳量显著下降。一般经5～7d，日产乳量下降到8～10kg以下时就停止挤乳。最后一次要完全挤净。用杀菌液蘸洗乳头，涂青霉素软膏，并对乳头表面进行消毒。待完全干乳后用火棉胶涂抹乳头孔附近。

(3)骤然干乳法

干奶在干奶当天的最后1次挤奶时，加强乳房按摩，彻底榨干乳汁，然后每个乳头用5%碘酒浸泡一次，进行彻底消毒，并分别用乳导管向每个乳头注入抗生素油10mL。对于产奶量过高的牛，待停乳后5～7d再挤乳一次(不按摩)，同时注入抑菌药物、封闭乳头，此法不会打乱牛的正常消化，省时、省工，有利于牛的健康。

抗生素油的配方是：青霉素40万IU，链霉素100万IU，磺胺粉2g混入40mL灭菌过的植物油(花生油、豆油)中，充分混匀后即可使用。

由于逐渐干乳法时间拖得过长(20d左右)，母牛处于贫乏的饲养条件下，影响牛体健康及胎儿发育，因此在实践上以快速及骤然干乳法应用较多。但无论采取何种方法，在停止挤乳3～4d内，要随时注意乳房变化。无论采用什么方法干奶，在停奶后的3～4d内，母牛的乳房都会因积贮乳汁较多而膨胀。所以在此期间不要触摸乳房和挤奶。要注意乳房的变化和母牛的表现。正常情况下经几天乳房内贮积的乳汁可自行被吸收而使乳房萎缩。如果乳房中乳汁积贮过多，乳房过硬，出现红、肿、热、痛炎症反应，干乳牛因之不安，说明未干好奶，应重新干乳。

4. 干乳期的饲养管理

母牛干乳期饲养的任务是：保证胎儿正常发育，给母牛积蓄必要营养物质，在干乳期间，使体重增加50～80kg，为下一个泌乳期产更多的奶创造条件。在此期间应保持中等营养状况，被毛光泽、体态丰满、不过肥或过瘦。干乳母牛的饲养分2个阶段：干乳前期和干乳后期。

(1)营养需要

营养需要见表12-8。

表12-8 干乳期营养需要

阶段划分	干物质占体重(%)	奶能单位(NND)(个)	干物(DM)(kg)	粗纤维(CF)(%)	粗蛋白(CP)(g)	钙(g)	磷(g)
前期	2.0～2.5	19～24	14～16	16～19	8～10	0.6	0.6
后期(围产期)	2.0～2.5	21～26	14～16	15～18	9～11	0.3	0.3

(2)日粮要求

精料给量标准：每头日3～4kg。

其他粗料给量标准：青饲、青贮头日量10～15kg；优质干草3～5kg；糟渣类、多汁类头日量不超过5kg。

(3)干乳期的饲养

①干乳前期：从干乳起到产犊前2～3周称为干乳前期。此期饲养原则是在满足母牛营养需要的前提下尽快干乳，乳房恢复松软正常。保持中等营养状况，被毛光亮，不肥不

瘦。这时对营养状况较差的高产母牛要提高饲养水平，使其体重比泌乳盛期增加12%～15%，达到中上等体况。只有这样才能保证其正常分娩和在下一泌乳期达到较高的产乳量。对于营养良好的干乳母牛，从干乳期到产前最后几周，一般只给予优质干草，这对改进瘤胃机能起着极其重要的作用。对营养不良的干乳牛，除给予优质粗饲料外，还应饲喂几千克精饲料，以提高其营养水平。一般可按日产10～15kg牛奶的标准饲养，日给8～10kg的优质干草、15～20kg多汁饲料(其中优质青贮约占1/2)和3～4kg混合精料。矿物质自由采食。当喂豆科牧草时，应补饲含磷酸钠的高磷矿物质，但在大量饲喂禾本科牧草时，磷、钙的补饲(用磷酸二氢钙或骨粉)都属必要。

②干乳后期：产犊前的2周称为干乳后期。饲养原则是要求母牛特别是膘情差的母牛有适当的增重，至临产前体况丰满度在中上等水平，健壮而不肥。这时应准备奶牛的分娩，即要对即将开始的泌乳和瘤胃对日粮变化的适应进行必要的准备。因此，日粮中要提高精料的水平，这对头胎育成母牛更为必要。要防止乳热症，必须让牛每日摄入100g以下的钙和45g以上的磷。还要满足维生素D的需要量。由于泌乳期间饲喂大量精料，因此需要饲喂和泌乳期间组成成分相同的日粮，使瘤胃微生物区系得以适应。产前4～7d，如乳房过度肿大，要减少或停止精料和多汁饲料。如果乳房正常，则可正常饲喂多汁饲料。产前2～3d，日粮应加入小麦麸等轻泻饲料，防止便秘。一般可按下列比例配合精料：麸皮70%、玉米20%、大麦10%、骨粉2.0%、食盐1.5%。对有“乳热症”病史的母牛，在其干乳期间必须避免钙摄取过量，一般将钙降到日粮干物质的0.2%，同时还应适当减少食盐的喂量。产犊后应迅速提高钙量，以满足产奶时的需要。试验证明，饲喂高水平精料不是引起乳房炎的诱因，但它有促进已存在于乳房中的乳房炎的作用。因此，干乳后期必须对母牛的乳房进行仔细检查、严密监视，如有乳房炎征兆时，必须抓紧治疗，免留后患。

(4)干乳期母牛的管理

对于干乳母牛的管理，应着重以下几点：

①做好保胎工作，防止流产、难产及胎衣滞留。为此要保持饲料的新鲜和质量，绝对不能饲喂冰冻的块根饲料、腐败霉烂的饲料，冬季不可饮过冷的水(水温不得低于10℃)。

②每天坚持适当运动，夏季可在良好的草场放牧，让其自由运动。但必须与其他牛群分开，以免互相挤撞而流产。冬季可在户外运动场逍遥运动2～4h，产前停止运动。

③加强皮肤刷拭，保持皮肤清洁。

④做好乳房按摩，促进乳腺发育，一般在干乳10d后开始按摩，每天1次，但产前出现乳房水肿的牛(经产牛产前15d，头胎牛30～40d)应停止按摩。

三、产前产后母牛的饲养管理

(1)根据预产期，做好产房、产间清洗消毒及产前准备工作

母牛在预产期的前15d转入产房，熟悉产房环境，每牛一栏，不用系留绳，任其自由活动，并由有经验的人员管理。产栏事先用来苏水或苯扎氯铵溶液消毒，铺垫清洁干草(或稻草、锯屑等)。母牛到产房后仍继续按干乳后期的方法饲养。

(2)母牛分娩预兆

分娩是母牛从产道产出发育成熟的胎儿，母牛在产期临近时发生一系列生理上的变化。

①母牛乳房膨大：母牛在临产前半个月左右，乳房开始发育膨大，在临产前几天可从前面两个乳头挤出黏稠的淡黄色乳汁，在产前的1～2d 4个乳头都可挤出白色的乳汁。

②母牛外阴部变化：母牛在怀孕后半期外阴部的阴唇就开始肿胀，并逐渐变柔软，皱招也逐渐展平。子宫颈口的黏液塞被溶化。在临产前1～2d往往从阴道内流出透明的索状物，垂于阴门之外。

③骨盆的变化：在母牛怀孕后期76d骨盆腔内的血管血流量增加，毛细血管壁的扩张，部分血浆渗出血管壁，浸润周围的组织而使骨盆韧带松弛变软，致使母牛臀部的尾根两侧出现凹陷现象。特别在临产前1～2d，母牛的骨盆韧带进一步松弛，尾根两侧凹陷更为明显。

④母牛的精神变化：母牛在临产时，由于子宫颈的高度扩张，开始出现阵痛现象。这时母牛表现出精神不安，时起时卧，频频排尿，经常回头顾腹，这些现象表明母牛即将分娩。此时，接产人员就不能离开母牛，并要做好接产涟备。

(3)接产技术

接产人员在母牛临产前10d就要注意观察母牛的变化。并要在母牛临产前一周左右，做好产房准备，备齐接产用具和有关药品。如肥皂、毛巾、剪刀、绷带、脸盆、水桶、刷子、干净擦布、结扎脐带的细绳、碘酒、酒精棉球、高锰酸钾、消毒粉和消毒药等。

(4)产后母牛护理

母牛分娩后，应立即赶起。在分娩后0.5～1h，要喂温热麸皮盐水汤，以补分娩时体内水分的损失，增加腹压。随后清除污秽垫草，换上干净垫草。以上工作完毕之后，开始挤乳保证犊牛在1h内吃上初乳。

(5)新生犊牛的护理

犊牛初生后，立即用干抹布或干草将口鼻部黏液擦净。若有假死(心脏仍在跳动)现象，应立即倒挂犊牛，一人用双手握住犊牛两后肢，头部朝下倒出喉部羊水，另一人用手轻轻拍打胸部，进行人工呼吸。断脐，如已自然断脐，可在断端用5%碘酒充分消毒；未断时先在脐部揉搓十余次，再距腹部6～8mm处用消毒剪剪断，然后充分消毒。断脐后一般不需结扎，以便干燥。冬天先擦干犊牛身上黏液再处理脐带。天气温暖时可让母牛自然舔干。为防止粪便污染也可用纱布将脐带兜起来，剥去软蹄，进行称重和编号(打耳号)。犊牛站立时，要进行辅助。最后，教其哺饮初乳。

正常情况下产前不需挤乳，若遇到乳房及乳头过早肿胀，或有炎症先兆时可以挤乳。

四、奶牛的放牧管理

开始放牧时，植物生长茂盛、味美多汁。但当气候炎热时，情况有所不同。气温对牧草生长的影响大于对家畜健康的影响。因此，单纯依靠放牧很难保持奶牛具有高而均匀的产奶量。优质牧草具有中等精料和干草的营养价值。因此，在良好草场上放牧的奶牛比常规冬季补充饲草的奶牛需要较少的精料就可维持较高的产奶水平。夏季放牧的管理要点包括：

①实行划区轮牧，建立草库伦。采用这种方法可使草场产量提高，并使奶牛在整个放牧季节获得质量较高的饲草。轮换的时间为1～3d，如超过3d，则可能对牧草造成某些损害。

②在放牧季节初期，调制青贮料。牧草生长茂盛时，将多余的草刈割下来，调制成青贮料，以避免牧草枯老(成熟过度)和浪费。

③对草场放牧的奶牛用精料和干草进行补饲。如果草场的牧草质量与冬季饲喂的饲草质量相当，则补充的混合精料和冬季饲养相同。否则，混合精料应相应改变。因此，给放牧奶牛饲喂的混合精料应当补足草场牧草所缺乏的养分。此外，在放牧季节的初期和末期，特别容易引起牛的膨胀病发生，因此将奶牛驱赶草场之前，要用一定量的干草补饲。

④当草场质量不良或气候炎热时，对奶牛应多喂些精料，并限制干草的饲喂量。这样做一则可以补充营养采食量的不足，二则避免奶牛在消化高纤维日粮的时候，产生过量的体增热及发酵热。但饲喂量不能减少过多，以防奶中含脂率降低。

⑤在夏季草场牧草质量不足时，以青贮料进行补饲是有好处的。因此，如果奶牛在冬季已经习惯用青贮饲料饲养，而当夏季草场生长不良时，可以继续用青贮料补饲。

⑥在天气炎热的夏季进行放牧时，应给奶牛提供良好的遮阴歇凉条件。

⑦放牧前应根据每头牛的生理状态和产奶阶段进行适当的组群将处于怀孕后期、泌乳盛期的牛，尽量安排在离牧场较近的草场上；而对于怀孕不久，或处于泌乳中期的牛，可以放牧在较远的草场上。但对高产、体弱、升奶期的奶牛不可进行放牧。

任务三　犊牛的饲养管理和肥育

一、犊牛培育的基本要求和培育原则

1. 犊牛培育的基本要求

(1)改良牛群品质，提高生产水平

犊牛的培育工作是养牛工作的重要环节之一。犊牛时期饲养管理的好坏，直接关系成年时的体形结构和生产性能。这是因为犊牛时期的生理机能正处在急剧变化阶段，具有较大的可塑性。犊牛虽然继承了双亲的遗传基础，但只有在具备表达的机会和条件时，才能显示出来。同时，只有通过改善培育条件，才能使某些缺点得到不同程度的矫正和改良。因此，搞好犊牛培育工作是加速育种进度、提高牛群质量的一项重要技术措施。

(2)实现全活、全壮、增加牛群数量

由于新生犊牛对外界环境的适应能力较差，机体代谢能力需要经过一段时间才逐渐强化。如果饲养管理不当，生长发育不良，容易感染疾病，甚至造成死亡。因此必须采取各种措施，加强护理和防疫，提高犊牛成活率，增加牛群数量。

2. 犊牛的培育原则

(1)加强怀孕母牛的饲养管理，给新生犊牛奠定一个健壮的体质基础

培育乳用牛从胚胎期就要开始着手。因为犊牛在胚胎阶段，母体是胎儿的外界环境，

母体的新陈代谢情况直接影响胎儿。在胚胎前期，胎儿的组织器官发育旺盛，这时母牛如果产奶量多，新陈代谢强度大，则其后代的生产性能也高。胎儿在胚胎期增重快，发育迅速，因此，对妊娠后期的母牛要加强饲养管理，给予足够的全价饲料，并加强运动，以保证胎儿各器官和组织的迅速生长。母牛在产前2个月左右，应使其停止泌乳，并进行较丰富的饲养，使干乳母牛吃进去的营养物质，除维持其本身基本代谢所需以外，还应满足胎儿生长需要和体内贮备，以供产后泌乳的需要。

(2)恰当地使用粗饲料，促进犊牛消化机能的形成和消化器官的发育

乳用母牛在外形上的一个重要特点，就是必须具有发育良好的消化、呼吸、血液循环器官和丰富的乳腺组织。不仅能够采食大量的精、粗饲料，而且可以很好地把这些饲料中的营养物质转化为乳汁，而不具有大量沉积脂肪的倾向。因此，在乳用犊牛培育时，哺乳期奶量要适当，并尽早喂好、喂足初乳，以保证牛体形成较强的抗病能力。在最适当的时期加喂干草、开食料和多汁饲料，以加强消化器官的分泌。到了49d左右，犊牛即形成比较完整的瘤胃微生物区系，具有初步的消化粗饲料的能力。如果早期喂给草料，可以加速瘤胃发育、瘤胃微生物的繁殖，因为瘤胃的发酵产物——VFA，对瘤蜂胃容积和瘤胃黏膜乳头的发育有刺激作用。由表12-9可以看出，加喂精料和干草的犊牛，其第一、二胃在4、8、12周龄的容积，比单喂全奶的同龄犊牛分别大1倍、38.6%和81%；而三、四胃容积分别大77.8%、97.6%和171%。其他指标也相应地提高，但黏膜乳头的密度则有所减少。

表12-9　饲养对犊牛胃发育的影响

饲料	生后周数	犊牛头数	胃容积(mL)③		胃组织重(%)④		黏膜乳头状态			色调
			瘤网胃	瓣皱胃	瘤网胃	瓣皱胃	最大高(mm)	平均高(mm)	密度(根/m²)	
全奶①	3日	4	15.0	24.7	0.48	0.83	2.6	0.99	1392	白色
	4周	2	42.3	30.2	0.58	0.72	1.6	0.53	601	白色
	8周	2	73.3	21.6	0.58	0.65	1.2	0.48	665	白色
	12周	2	63.0	14.7	0.73	0.78	1.3	0.46	528	白色
全奶②	4周	2	86.5	53.7	1.04	0.94	2.5	0.79	529	暗褐色
料精	8周	2	101.5	42.7	1.85	1.09	6.2	1.54	245	暗褐色
干草	12周	2	114.0	39.9	1.78	1.07	6.8	1.46	173	暗褐色

注：①体重的12%；②全奶：体重的10%，其余自由摄取；③每千克体重的毫升数；④表示占体重的百分比。

对于种用公犊牛的培育，必须适当增加全乳、脱脂乳及精饲料的给量，减少粗饲料。以便公犊健壮活泼，促进其性早熟，防止形成"草腹"而影响配种。

(3)尽量利用放牧条件、加强运动并注意泌乳器官的锻炼

为了培育出体质健壮而又适于集约化管理的幼牛，犊牛断奶后，最好进行放牧管理，以保证幼牛采食到新鲜、可口、营养丰富的豆科、禾本科牧草。充足的运动和光照，可促

进其生长发育，锻炼其体质。冬季没有放牧条件时，要适当补饲，并驱赶其在草场(或运动场)运动。这样不仅有利于呼吸、血液循环器官的发育，而且有利于锻炼四肢、防止蹄病。对于乳用犊牛，放牧和运动有利于乳房及乳腺组织的良好发育。

二、犊牛的饲养

犊牛生后 7～8d 为初生期，也称新生期。犊牛在此时期生理上发生很大变化：从母牛子宫内的生活环境，逐渐适用子宫外的发育条件，在无条件反射的基础上，逐渐形成条件反射，并利用条件反射使有机体与外界环境得到统一。由于犊牛生后最初几天，它的组织器官尚未充分发育，对外界不良环境的抵抗力较低，适应能力较弱，消化道黏膜容易被细菌的侵袭而引起疾病，甚至造成死亡。所以，这一时期的饲养管理是关系到其能否存活和很好地生长发育的关键阶段。

1. 犊牛的消化特点

①幼龄牛瘤胃逐渐发育：初生犊牛瘤胃容积小，仅占总容积的 30%。3 周龄以后，瘤胃逐渐发育，到 6 周龄以后，前三胃容积占胃总容积的 70%，而皱胃容积下降为 30%。到 12 月龄时接近成年牛胃容积的比例水平。

②胃液分泌：消化机能逐渐完善，犊牛初生时胃肠空虚，缺乏分泌反射，直到吸吮初乳进入皱胃后，刺激胃壁开始分泌消化液，才初具消化机能。但此时尚不具备消化植物性饲料的能力。这是因为前三胃尚不具备消化机能，生后数周，由于饲料、饮水等，使微生物一并进入瘤胃寄生繁殖，才具备了消化功能，并且逐步完善。

③反刍：犊牛出生后 3 周龄出现反刍，这说明瘤胃内已有微生物活动并参与消化过程。

2. 犊牛的规范化饲养技术(0～6 月龄)

(1)营养需要

哺乳期 50～60d，全期哺乳量 300～400kg(表 12-10)。

表 12-10　犊母牛日粮营养需要

阶段划分	月龄	达到体重(kg)	奶牛能量单位(个)	干物质(kg)	粗蛋白(g)	钙(g)	磷(g)
犊牛哺育期	0	35～40	4.0～4.5		250～260	8～10	5～6
	1	50～55	3.0～3.5	0.5～1.0	250～290	12～14	9～11
	2	70～72	4.6～5.0	1.0～1.2	320～350	14～16	10～12
犊牛期	3	85～90	5.0～6.0	2.0～2.8	350～400	16～18	12～14
	4	105～110	6.5～7.0	3.0～3.5	500～520	20～22	13～14
	5	125～140	7.0～8.0	3.5～4.4	500～540	22～24	13～14
	6	155～170	7.5～9.0	3.6～4.5	540～580	22～24	14～16

(2)日粮要求

奶与精料给料标准：哺乳期 4～7d 内喂初乳，4～7d 以后喂常乳及训练吃精料、粗料。粗料选用优质干草，30d 后逐渐增加精料，加到 1kg 左右，6 月龄前增至 2.0～2.5kg。其他粗饲料给料标准：5～6 月龄，青饲料、青贮料平均头日量 3～4kg，优质干草 1～2kg。

(3)初生期的饲养(犊牛出生后到 7～10d 内为初生期)

母牛分娩以后 5～7d 以内所产生的乳叫初乳。初乳具有很多特殊的生物学特性，是新生犊牛可缺少的营养品。其特殊的作用表现为：初生犊牛由于胃肠空虚、第四胃及肠壁黏膜不很发达，对细菌的抵抗力很弱。而初乳的特殊功能就是能代替肠壁上黏膜的作用、初乳覆在胃肠壁上，可阻止细菌侵入血液中，提高对疾病的抵抗力。初乳中含有溶菌酶和抗体蛋白质(免疫球蛋白)，能杀灭多种病菌。例如，γ-球蛋白可以抑制某些病菌的活动；K-抗原凝集素能够抵抗特殊品系的大肠杆菌。初乳的酸度较高(45～50℃)，可使胃液变成酸性，不利于有害细菌的繁殖。可以促进真胃分泌大量消化酶，使胃肠机能尽早形成。初乳中含有较多的镁盐，有轻泻作用，能促进胎粪的排除。初乳含有丰富而易消化的养分。如母牛产后第一天分泌的初乳，干物质总量较常乳多 1 倍以上，其中，蛋白质含量多 4～5 倍(其中白蛋白和球蛋白比常乳多十几倍)，乳脂肪多 1 倍左右，维生素 A、D 多十倍左右，各种矿物质盐类丰富，但抗体和酸度是逐日变化的(表 12-11)。例如，母牛产后 1d，初乳中含有干物质 20%～30%、酸度 49°T～50°T；5～6d 以后，干物质减少到 12%～14%、酸度下降到 20°T～25°T。胡萝卜素及抗体更是随时间而急剧减少(表 12-12)。另有研究表明，犊牛只有在出生后的前几个小时肠胃道的黏膜才允许初乳中大分子的免疫球蛋白通过，此后，这种通过作用即急剧减弱。

表 12-11 母牛产后初乳成分及度的变化

产犊后天数(d)	酸度(°T)	化学成分(%)						
		干物质	脂肪	总蛋白质	酪蛋白	白十球	乳糖	灰分
1	49.5	25.34	5.4	15.08	2.68	12.40	3.31	1.20
2	40.5	22.00	5.0	11.89	3.65	8.14	3.77	0.93
3	29.8	14.55	4.1	5.24	2.22	3.02	3.77	0.82
4	28.7	12.76	3.4	4.68	2.88	1.80	3.46	0.85
5	26.7	13.02	4.6	3.45	2.47	0.97	3.88	0.81
7	25.5	13.12	4.1	3.56	2.92	0.62	4.49	0.77
11	21.8	12.53	3.4	3.34	2.72	0.62	4.74	0.75

表 12-12 各次挤乳初乳中胡萝卜素含量的变化

挤乳天数	1	2	3	5
1kg 初乳中的胡萝卜素含量(mg)	6464	2836	1992	6

由于初乳中含有大量的免疫球蛋白，对保护犊牛抵抗疾病和不受某些细菌的侵袭是至为重要的。但根据测定，犊牛在出生后对免疫球蛋白的吸收能力逐渐减弱，以在 4h 内吸

收能力为最强，出生24h后，犊牛对免疫球蛋白几乎处于不吸收状态。因此犊牛开始喂初乳的时间以尽早为宜，一般在生后0.5～1h幼犊能够站立就可喂给初乳，体质较弱的可适当延至生后1～2h，一般在4h内喂初乳2L，即可满足犊牛对免疫球蛋白的需要。

初乳挤出后应及时哺喂，不宜放置时间太久。如果初乳温度已经下降，可放在热水锅内隔水加温至35～38℃时再喂。加热温度不宜过高，以免初乳凝固；温度亦不宜过低，过低会引起胃肠疾病。哺喂初乳以使用奶壶(嘴)为佳，初乳期一般为4～7d，第4d改喂常乳，结束后立即转入犊牛群，用混合乳饲喂。倘若母牛产后生病死亡，可喂给同期分娩的其他健康母牛的初乳，也可哺喂牛群中的常乳，但每天需补饲20mL鱼肝油或含维生素A的其他制剂，另给50g蓖麻油以起轻泻作用。还可喂人工初乳。其配方是：新鲜鸡蛋2～3个，食盐9～10g，新鲜鱼肝油15g，加入到1L清洁、煮沸并冷却至40～50℃的水中，搅拌均匀，按犊牛每千克体重喂8～10mL。

为了提高新生期犊牛的抵抗力，可以补充一些三合维生素(A、D、E)制剂，也可以用紫外线及红外线照射。研究表明，红外线照射可以提高白细胞的吞噬作用和其他生物活性。为了预防新生犊牛感冒，冬季可在产房设一温暖的育犊室。该室由木板制成，两面设2个小的百页窗以调节室内的温度及湿度，顶部安装4～6个电灯及开关，室内温度控制在20～24℃。为了保证犊牛安静睡眠，育犊室应黑暗。新生犊牛可以在这儿停留3～4h。

(4)哺乳期犊牛的饲养

犊牛在哺乳期的饲养是实现其从单胃消化而转为复胃消化、从奶品营养到草料营养过渡的一个十分重要的时期。具体做法包括哺喂乳和饲喂植物性饲料两种方法。

①哺喂常乳：当犊牛新生期结束，即从产房转入犊牛舍，开始哺喂常乳，常乳的哺饲一般包括下列几种方法：

a. 保姆牛哺育法：在奶牛场采用保姆牛换群饲养犊牛的方法是天然哺育法的一种。其优点是犊牛可以直接吃到未被微生物污染、含有足够抗体的温热牛奶；可以预防消化道疾病，提高牛奶营养物质的消化和利用；几头保姆牛可以轮换哺育数群犊牛，每群的哺乳期不长于3个月，可以节省人力和物力。它的缺点是母牛的产乳量无法统计，几头犊牛同时由1头保姆牛哺育，有得吃的多、有的吃得少，以致造成发育不均，母牛疾病容易传播给犊牛。组织好保姆牛哺育法的主要措施包括以下方面，首先，选择健康、无病、具有安静气质、产奶量中下等、乳房及乳头健康的母牛作为保姆牛。对所选取出的保姆牛要进行合理的饲养管理，并估计出保姆牛的可能产奶量。其次，选择哺育犊牛。根据每头犊牛每日采食4.0～4.5kg牛奶的标准，确定每头保姆牛所哺育的犊牛数。每群犊牛体重、日龄、气质要比较接近(日·龄差异不超过10d，体重差异不超过10kg)。当一批哺育结束后，仍依法确定出下批应哺育的犊牛数。再次，新生犊牛初乳哺育结束后立即跟随保姆牛。在此以前的10～12h，不要给犊牛哺乳。预选擦洗和按摩母牛的乳房，挤出第一把奶，并用清洁的抹布擦洗犊牛的头、背和尻部。通常，保姆牛与犊牛管理在隔有小室的同一房间，除每日定时哺乳3次外，其他时间不许在一起。犊牛所处小室要设置饲槽及饮水器。从第1d开始就要训练犊牛采食优质干草和少量精饲料。20～30d开始训练采食青贮饲料。为了预防犊牛患消化道疾病，除注意保持保姆牛乳房及乳头清洁外，还必须在保姆牛的牛床及犊牛隔离室铺垫清洁而干燥的褥草。数据表明，一个饲养员可以管理14～16头保姆牛和50～60头犊牛。保姆牛哺育法既适用于乳用犊牛的培育，也适用于肉用种犊牛的培育。

b. 人工哺乳法：新生犊牛结束5～7d的初乳期以后，从产房的犊牛隔离室转入犊牛舍。在这儿，按每群10～15头的定额，一直喂养至断乳。犊牛栏的面积为1.5～2m²/头，依犊牛的年龄及活重而异。每一牛栏中的犊牛，龄差不超过10～15d。牛乳应来自健康牛群，喂量根据培育方案而定。哺乳天数一般为90～150d；采用早期断奶时可以缩短为50～60d。制定犊牛哺乳标准应根据牛的品种、用途、母牛产犊季节、场子的性质和犊牛的生长计划等具体条件而定。编制犊牛培育方案要考虑犊牛的饲养标准、总营养水平、精粗饲料的给量以及奶及脱脂奶的喂量标准。犊牛在30～40日龄期间，哺乳量按其初生体重的1/6～1/5计算。从30日龄开始，逐渐使全奶的喂量减少一半，并以等量的脱脂奶(或豆浆)去代替。60～70d，停止饲喂全奶，每日饲喂1次脱脂奶(或豆浆)。饲喂脱脂奶时，必须补给维生素A和D，因为脱脂奶中绝大部分脂肪已被除去，缺少这两种脂溶性维生素。目前所用的哺乳方法有两种：桶式哺乳法及乳嘴哺乳法。前者的优点是饲养成本低、卫生以及可以根据犊牛哺乳时食欲的变化尽早诊断疾病等。后者的优点是方便和可以在1头牛变换1个乳嘴的情况下保证犊牛的健康，减少消化道疾病；缺点是这种方法提高了饲养成本(表12-13)。多数农场采用每日饲喂3次、和挤奶时间安排一致，但近年来国内外的农场也有采用日喂2次的。实践证明，日喂2次对于断乳时犊牛的健康和增重没有不良影响。

表12-13 犊牛哺乳方法比较

哺乳方法	断奶日龄	12周的体量(kg)	饲料(kg)			0～12周的成本(元)	增重成本(元/kg)
			奶粉	开食颗粒料	干草		
桶饲							
1日两次，温热	34	100	14	118	12	305	5.21
1日一次，温热	34	95	15	108	12	297	5.57
1日一次，冷	45	90	15	112	12	303	6.28
乳嘴饲喂							
自动分发，温热	34	106	30	100	12	1297	6.20
微酸的乳粉，冷	3	105	29	105	12	399	6.28

关于奶温问题，如果全乳及脱脂乳过度加热(温度超过77℃，时间超过15s)，就会减小进入真胃以后出现凝块的现象，而使乳变为羽毛状的沉淀，同时反射性地减少盐酸及胃蛋白酶的分泌量，胃的消化过程遭到破坏。未被消化的酪蛋白进入十二指肠，由于肠蛋白酶分泌量也被减少，其消化率也受影响，结果引起消化机能紊乱和腹泻。因此，在生产实践上绝对禁止把奶煮沸后饲喂犊牛。喂奶速度应慢，以便增加胃蛋白酶与奶混合的机会。

表12-14为一头丹麦黑白花奶牛初生至6月龄的培育方案。

表 12-14 丹麦黑白花奶牛出生至 6 月龄培育方案

日龄或月龄	初乳或全乳(kg)	脱脂乳或代乳料(kg)	混合精料(kg)	粗饲料(kg)
0～4 日	初乳 4～5			
5～15 日	混合全乳 5			训练
15～21 日	5	1	训练	0.2
22～28 日	5	1	0.2	0.4
29～35 日	4	2	0.4	0.8
36～42 日	4	2	0.6	1.0
43～60 日	3	4	0.8	1.4
2～3 月	2	5	1.0	1.8
3～4 月			1.5	2.0
4～5 月			1.7	2.6
5～6 月			1.9	2.7
合 计	181	105	197	300

②早期饲喂植物性饲料：

a. 干草：犊牛从 7～10d 开始，训练其采食干草，要在犊牛牛糟或草架上放置优质干草任其自由采食及咀嚼，这可促进瘤胃发育，防止舔食异物。

b. 精料：犊牛生后 15～20d 开始训练其采食精料。初喂时，可将精料磨成细粉并与食盐、骨粉等矿物质饲料混合，涂擦犊牛口鼻，教其舔食。最初每头喂干粉 10～20g，数日后可增至 80～100g。待适应一段时间后，再饲喂混合干湿料，即将干粉料用温水拌湿，经糖化后饲喂。这样可提高适口性，增加采食量。但要注意不得喂酸败饲料，以防引起腹泻。干湿料的给量随日龄渐增，1 月龄 250～300g，2 月龄达 500g 左右。犊牛从 11 日龄开始，除喂全奶外，还可以饲喂营养完全的代乳料，尤其是含有 80%以上脱脂乳的代脂料。在这些代乳料中，每千克添加维生素 A 30IU、维生素 D 8～10IU 以及 50mg 的抗生素。按营养价值，1.2kg 的代乳料相当于 10kg 的全乳。

c. 多汁饲料：为了促进消化器官的发育。从生后 20d 开始，在混合精料中加入切碎的胡萝卜。最初每天 20～25g，以后逐渐增加。到 2 月龄时可喂到 1～1.5kg。如无胡萝卜，也可喂甜菜和南瓜等，但喂量应适当减少。

d. 青贮饲料：从 2 月龄开始喂给，最初每天 100～150g，3 月龄时可喂到 1.5～2kg，4～6 月龄增至 4～5kg。

③饮水：牛奶中的含水量，不能满足正常代谢的需要。因此必须训练犊牛(生后一周可在饮水中加入适量牛奶，借以诱导)尽早饮水。最初饮 36～37℃的温开水，10～15d 后可改饮常温水，1 月龄后可在运动场水池贮满清水，任其自由饮用。但水温不宜低于 15℃。

④补饲抗生素：为了预防犊牛拉稀，可补饲抗生素饲料。如每天补饲 10 000IU 的金霉素，30d 后停喂，犊牛的增重可以提高 7%～16%，甚至可达 10%～30%，下痢大大减少，特别在饲养管理较差的条件下，补饲的效果更为显著，但 3 月龄以后，效果不太显著。

三、乳用犊牛的早期断乳

大量的实践证明，过多的哺乳量和过长的哺乳期虽然可以取得较高的日增重及断奶重，但不利于犊牛消化器官的生长发育和其他身体机能完善，影响牛的健康、体形和以后的生产性能。例如，在英国，犊牛平均大约在 5 周龄时断奶，大多数畜牧业比较发达的国家也多在 8～12 周断奶。目前，国内多数农场犊牛哺乳期从 5～6 个月缩短至 2～3 个月；哺乳量从 800～900kg 减至 300～400kg。

1. 早期断乳的优势

①节约大量商品乳及代乳料；

②降低培育成本；

③哺乳期缩短，节省劳动力；

④提早补饲精粗料，可促进消化器官的发育，提高犊牛的培育质量；

⑤由于瘤胃显著发育，可减少消化道疾病的发病率，提高成活率。

2. 哺乳期及哺乳量

哺乳期一般为 3～5 周，早期断乳的哺乳量不尽一致，多数控制在 100kg 以内，有的甚至减少至 20kg。

英国的做法：犊牛出生后的前几天喂初乳，1 周后改喂常乳，并开始训练和让其自由采食开食料，提供优质干草。当犊牛可以采食以禾本科籽实为主的开食料 1kg/d(代谢能含量：12MJ/kg)，能量采食达到 60kg，体重维持标准的 1.1 倍时，就可以断乳。这时犊牛约为 30 日龄，全哺乳期共约消耗鲜乳 96kg。但如果断乳时采食开食料的数量少于此限，不仅可以引起生长受阻，而且断乳后容易患病，特别易患肺炎。美国南达科他州立大学采用的乳用犊牛培育方案，消耗的乳量更少(表 12-15)。

表 12-15　乳用犊牛培育方案

日龄	牛奶①	有限哺乳量(kg)		早期断乳(kg)	
		大型品种	小型品种	大型品种	小型品种
0～3	初乳	2.7	1.8	2.7	1.8
4～24	全乳②	3.2	2.2	3.4	2.2
25～31	全乳	3.2	2.2	1.4③	1.4③
32～38	全乳	3.2	2.2		
39～45	全乳	2.2	1.8		
46～52	全乳	0.9③	0.9③		
合计		133.8	98.7	76.4	57.3

注：①一日为两等分，两次喂乳；②可以等量的待乳料替代；③一日一次喂量。

按照表12-15方案，培育至30日龄进行早期断乳的犊牛，前期(1～14周)虽然日增重较低，但后期生长发育已趋正常，日增重可达800g以上(表12-16)。国内的大量试验也获得了类似的结果。嘎尔迪等(1989)的早期断奶试验表明，试验组犊牛哺乳期42d，哺乳量96kg，对照组相应为90d和417kg，试验组牛42d以内采食犊牛开食料17.71kg和青干草1.55kg，断奶前犊牛日采食1kg以上犊牛料，日增重606.7g，断奶体重达61.75kg；在43～91日龄，试验组牛的日增重超过对照组(分别为1019.78g和821.09g)，差异显著。在整个试验期(1～91日龄)，试验组日增重高于对照组，组间有显著差异；到6月龄试验的体重(204.45kg)、日增重(949.13kg)均高于对照组(199kg和915.70g)，差异显著。

表12-16　早期断乳对26周龄以内犊牛生长发育的影响

组别	平均日增重(g)			1～14周的饲料消耗量(kg)		
	1～14周	14～26周	1～26周	牛乳	开食量	干草
0～3	655	868	705	72.7	143.2	65.0
1～3	745	759	705	72.7	149.1	71.8
0～5	664	873	760	123.6	80.0	74.5
1～5	667	845	750	123.6	112.3	86.8
0～7	673	805	760	174.5	110.0	67.7
1～7	705	805	741	174.5	110.8	74.5

3. 搞好犊牛早期断乳的几项关键措施

早期断乳取得良好效果的关键在于及早给犊牛提供合理的精粗料、代乳料以及人工乳，正确制订犊牛的早期断乳方案，精细饲养管理。

(1)开食料的配制及喂法

开食料也称犊牛代乳料，是根据犊牛的营养需要用精料配制的，作用是促使犊牛由以乳为主的营养向完全采食植物性饲料过渡。它的形态为粉状或颗粒状，从犊牛生后第2周使用，任其采食。在低乳饲喂条件下，犊牛采食代乳料的量增加很快。至30日龄时，如果犊牛每天可采食1kg代乳料，就可断乳，并限制代乳料的给量，逐渐向普通代乳料过渡。这时，每头犊牛共约消耗20～30kg代乳料(或开食料)。

开食料的配方很多，其原料为植物性饲料和乳的副产品，如脱脂乳、干乳酪、干乳清等，乳制品含量可达50%～80%。此外，还需加入矿物质、微量元素、维生素A、维生素D及抗生素等。任何代乳料都必须含有20%以上的粗蛋白，7.5%～12.5%的粗脂肪和72%～75%的干物质。如含脂肪过低，则热能含量低于全乳。高脂代乳料适用于肉用犊牛，却有可能使乳用犊牛体内沉积过多脂肪，故不宜使用。表12-17介绍一些开食料的配方。

表12-17　几种犊牛开食料的配方

原料	日本市场	美国伊俄诺大学	美国庆俄华大学①	美国庆俄华大学②	澳大利亚(自制)	黑龙江粮公司	
						第一种	第二种
豆种	20～30	23	15	17	20	29	20
亚麻餅				15		10	10

（续）

原料	日本市场	美国伊俄诺大学	美国庆俄华大学①	美国庆俄华大学②	澳大利亚（自制）	黑龙江粮公司	
						第一种	第二种
玉米	40	40	32	16.5	48	30	25
高粱							10
燕麦	5～10	25	20	20	20		
小麦麸				10		20	10
鱼粉	5～10		10	10	8	10	10
糖蜜	4	8	20	5	3	10	15
苜蓿草粉	3						5
油脂	5～10						
维生素							
矿物质	2～3	4	3	1.5	1	3	5

方法：按产品说明使用。一般每千克代乳料加 7kg 水溶解，充分搅拌还原成乳状按全乳饲用。

注意：①若溶解不好，大部分浮于水面或沉底，则最好分别按个体喂量稀释，避免采食不均，引起下痢。②代乳料不宜多喂，按犊牛健康、生长情况调整。

(2)人工乳的配制及利用

为了节约鲜乳，降低培育成本，一般可在犊牛生后 10d 左右用人工乳代替全乳。在这种情况下，全乳的用量可以减少到最低限度为 32～45kg，有的甚至减少到 20kg 或其以下。为了保持人工乳的“正常”化学组成，要求每千克干物质中含有：脂肪 200g、粗蛋白质 240～280g、碳水化合物 450～490g、灰分 70g。但是，由于新生犊牛对乳粉的消化能力很弱，因此必须控制在 55%～10%以内。从生理学的角度讲，人工乳应当是流体状的、易保藏、有较好的悬浮性及适口性。适口性很重要，如果犊牛不思饮食，食道沟闭合反射就不会发生，液体状的饲料就会进入瘤胃，以致经常出现肚胀。

经过大量试验，可以用作人工乳的非乳蛋白质资源有：大豆（蛋白质占 40%左右的）、鱼粉（蛋白质占 40%～70%）、田豆、豌豆、马铃薯或菜籽饼和单细胞蛋白等。后面几种蛋白资源，只要用量适宜，不会有不利影响。单细胞蛋白质可以占所需蛋白质的 17%～22%。

人工乳比开食料具有较高的营养价值和较低的纤维素含量，其中蛋白质（>21%）和维生素的含量应更高。例如，瑞典市场出售可以存放 6 个月以上的人工乳的成分是：脱脂乳粉 69%、动物脂肪 24%、乳糖 5.3%、两价磷酸钙 1.2%。

此外，每千克人工乳粉加 35mg 四环素和适量的维生素 A、D、E。此种人工乳粉为白色粉状，含可消化粗蛋白质 22%以上。

用法：1kg 乳粉加水 7.5kg 稀释（含脂率 3%）。

由于乳制品价格较高，近年来用大豆蛋白质的浓缩物和特殊加工的大豆粉代替乳蛋白质。如将煮熟的大豆粉再用酸或碱处理后加入到人工乳中，用此种饲料喂犊牛，从初生到 6 周龄，平均日增重 500g；而未经处理的对照组，第 1、2 天因拉稀而减重。

大豆粉的具体做法：先将大豆粉用0.05%的NaOH溶液处理，在37℃下焖7h，随即用盐酸中和至中性，然后再与其他原料(如淀粉、氨基酸等)混合，经巴氏灭菌后冷却至35℃，最后加入维生素。按体重的1/10喂给。具体配方详见表12-18。

人工乳的具体喂法如下：犊牛生后前3d喂初乳，第1d 3kg，第2d 2.5kg，第3d 2kg；第4d 2kg母乳加0.5kg人工乳，第5d加1kg人工乳；第7d 1kg母乳加3kg人工乳，第8d即可完全喂人工乳。到第12周龄时人工乳喂到12kg，每天喂2次。

表12-18　用碱或酸处理大豆粉的代乳料配方

原料	每50kg液体代乳料的含量(kg)	原料	每50kg液体代乳料的含量(kg)
豆粉	5.00	蛋氨酸	0.044
氢化植物	0.75	混合维生素	0.124
乳糖	1.46	微量元素	0.037
含5%金霉素的溶液	0.008	丙酸钙	0.304

(3)拟订犊牛的早期断乳方案

各国现行犊牛早期断奶方案由于各种因素影响不尽相同。

根据我国目前乳牛饲养实际情况，乳用犊牛总喂乳量200kg以下，2月龄断奶，可视为早期断奶。下面介绍北京北郊农场和内蒙古农牧学院的早期断奶方案。

北京北郊农场的早期断奶方案见表12-19。早期断奶犊牛哺乳期为45日龄，哺乳量为162.5kg。

表12-19　北京北郊农场犊牛早期断乳方案

		11～30	31～45	46～60	61～75	76～90	合计
哺乳量(kg/d)	4.5	3.875	2.67				162.5
代乳料(kg/d)	0.25从5日龄开始	0.375	1	1.58	2.08	2.42	115

犊牛早期断奶步骤：出生至7日龄喂初乳，8日龄起喂常乳。由11日龄起将每日喂奶3次改为2次。从5日龄起，训练采食代乳料与优质干草拌的潮湿料。

代乳料饲喂量：1月龄喂至0.75kg；45日龄喂至1.5kg左右；以后逐渐增加至2.5kg左右。犊牛3～6月龄，每日每头犊牛喂给普通混合精料2.5kg，自由采食优质干草和青贮饲料。在哺乳期间让犊牛饮水。45日龄前饮30℃，每日给水1～2L，气候炎热时饮水量加大。如饮水不足，犊牛会发生急性鼓胀，很快死亡。

内蒙古农业大学的42d犊牛断奶方案具体操作是，生后10d内犊牛，用其母所产的初乳进行哺喂。从11～42日龄将全乳3kg分两次分别于早晚饲喂，奶温38℃。从11日龄开始，自由采食特制的犊牛料和干草。42日龄断乳，只喂犊牛料和干草。11～42日龄共喂犊牛料17.71kg、日平均0.54kg；干草1.55kg，日平均0.05kg。43～91d，共喂犊牛料125.59kg，日平均2.56kg；干草11.13kg，日平均0.23kg。经常供给饮水，每头日供水1～2L，冬季需给30℃温水。

四、乳用犊牛的管理

(1)哺乳卫生

①适时调整喂奶方式：犊牛在出生后2周内，宜用哺乳器(有橡皮奶嘴的奶壶)喂奶。当犊牛用力吮吸橡皮奶嘴时，由于分布于口腔的感受器受到刺激，可使食道沟反射完全，闭合成管状，乳汁由食道沟全部流入真胃。如果用桶哺饮时，由于犊牛饮奶过急，食道沟闭合不全，乳汁激入前胃。此时前胃机能尚未发育完善，容易引起异常发酵，严重时死亡。3周龄后可改用奶桶哺喂。

②注意哺乳用具的卫生：人工喂养犊牛，喂奶要做到四定：定时、定量、定温、定人。要特别注意哺乳用具的卫生，每次用后，要及时洗净，放置妥当，定期消毒，饲槽用后也要清洗干净。定质是指保证乳汁的质量，忌喂劣质或变质的乳汁；患乳房炎牛的乳汁不能喂犊牛。定量是指按饲养方案标准合理哺乳，喂量可参考如下：第1d总量3kg，第2d 4kg，第3d 4.5kg，第4d kg，第5d 5.5kg，第6d 6kg，第7d 6.5kg。第2周龄每天7kg，第3～4周龄每天8kg，第5周龄每天7kg，第6周每天6kg，第7周龄每天5kg，第8周龄每天4kg，以后4d共10.5kg。每次喂奶后再饮用清洁的温水(35～38℃)。定温是指饲喂乳汁的温度，一般夏天掌握在36～38℃；冬天38～40℃。定时指两次饲喂之间的间隔时间，一般间隔8h左右。

③护理：每次喂奶完毕，要用干净毛巾将犊牛周围残留的乳汁擦干，然后用颈架夹住十几分钟，防止互相乱舔，养成“舔癖”。“舔癖”的危害很大，常使被舔的犊牛造成乳头炎及脐炎等，以致丧失其种用价值，降低其生产性能；而有这种“舔癖”的犊牛，则容易乱吃牛毛，在瘤胃中形成许多扁圆形的毛球，这些大小不一的毛球往往堵塞食道沟、贲门或幽门部导致犊牛死亡。

(2)犊栏卫生

犊牛出生后应及时放进育犊室(栏)内。犊牛室(栏)大小为1.5～2m²，每犊牛一栏，隔离管理。出产房后，可转到犊牛栏中，集中管理。每栏可容纳4～5头，栏内要保持清洁干燥，定期消毒。犊牛舍要保持室内明亮、通风良好、冬暖夏凉。禁忌把犊牛放入阴、冷、湿、脏和忽冷忽热的牛舍饲养。

(3)皮肤卫生

皮肤的刷拭在犊牛管理上也很重要。因为刷拭起着按摩皮肤的作用，能促进皮肤的血液循环和呼吸，加强代谢作用，有利于犊牛的生长发育。刷拭时，以使用软毛刷为主，必要时辅以铁篦子，但用劲宜轻，以免刮伤皮肤，使牛产生痛感。如粪结痂黏住皮毛，用水润湿、软化后刮除。

紫外线和红外线定期照射皮肤，对于增进犊牛健康也很重要。试验证明，紫外线照射可以增加血液中的红细胞和血红素含量，丰富体内的维生素D，改善矿物质代谢。间歇性的红外线照射可以提高白细胞的吞噬作用，提高血液中的溶菌酶含量，并使有利于机体的其他生理机能得以活化。

(4)犊牛的运动和调教

犊牛从10～15日龄开始，每日进行1次运动，开始为10～20min，以后逐渐增加到

2～4h。在舍饲条件下犊牛在运动场进行逍遥运动或驱赶运动。在下雨或冬季寒冷的天气条件下，不要让犊牛躺在潮湿的地面上。运动场设置干草槽和盐槽。对于占地较大并有夏季牧场的地区，犊牛可以进行野营放牧管理。每一野营的运动场中放25～30头犊牛。野营牧场种植豆科、禾本科牧草。犊牛从15～20日龄开始可以逐渐放牧。

犊牛调教就是养成其良好的采食习惯和温驯的性格。为此，饲养员要经常接近和抚摸它，按摩乳房和刷拭牛体。

(5)保健护理

平时注意观察牛的精神状态、食欲、粪便、体温和行为有无异常。犊牛发生轻微下痢时，应减少喂乳量，乳中加1～2倍水，下痢重时，应暂停喂乳1～2次，可喂饮温开水加少许0.01%的高锰酸钾溶液。下痢和肺炎对犊牛威胁很大，要认真预防和治疗。

(6)预防疾病

犊牛发病率高的时期是出生后的头几周，主要疾病是肺炎、下痢，前者是由环境温度的突然变化，后者是多种原因所致。

生产实践中养好犊牛的关键是：喂好初乳非常重要，控制奶温，适当补料；掌握天气，防止感冒；经常运动，勤扫粪尿；医饲合作，互通情报；发现疾病，及时治疗。

五、肉用犊牛的饲养和育肥

肉用犊牛初生期的饲养管理要点与奶用犊牛相同。初生牛犊至断奶期间，生长快，所需营养特别多。用于育肥的犊牛应选择纯种和杂交改良品种，其增重快，肉质好，屠宰率多。6月龄左右的断奶犊牛直接进行肥育饲养，经过10～12月的肥育，体重达到450kg以上出栏。表现皮毛光亮，肌肉丰满，腰背肌肉隆起，高于脊背而形成背槽，臀部肌肉丰满呈圆形。

1. 制订生长计划

肉用犊牛的饲养取决于培育的强度和屠宰时的月龄。在强度培育和12～15月龄屠宰时，犊牛需饮用大量的牛奶或全奶加脱脂奶。断奶以后，还必须保持较高的饲养水平，以使犊牛的平均日增重达到800～900g。制订犊牛生长计划时，要考虑牛场的条件、品种、培育强度以及产肉的月龄等(表12-20)。

表12-20　培育肉牛时所采用的生长计划

犊牛屠宰重(kg)	在下列月龄之前内应达到和活重(kg)			
	3个月	6个月	12个月	18个月
在12～15月龄时进行强度肥育				
350～360	90	170	330	—
400～200	100	180	360	—
在15～18月龄时肥育作为肉用				
400～420	90	160	260	400
430～450	100	180	300	450

（续）

犊牛屠宰重（kg）	在下列月龄之前内应达到和活重（kg）			
	3个月	6个月	12个月	18个月
春季出生养至18～20月龄作为肉用				
400～420	90	150	240	380
430～450	100	180	270	410

2. 按阶段进行饲养

肉用犊牛的培育可以分为以下3个阶段：

（1）哺乳期

犊牛在哺乳期要饮用较多的牛奶（脱脂奶）或代乳料，也可用保姆牛的办法或“母犊”合群的办法进行培育。为了降低哺乳期犊牛的培育成本，可以用全价的代乳料及专门化的开食料代替全奶及脱脂奶。在用保姆牛法培育时，犊牛的断奶月龄为7～8月龄。

犊牛在哺乳期的饲养水平取决于其品种。早熟的肉用品种犊牛，尤其是安格斯及其与其他品种的杂交后代，在哺乳期需要较丰富的营养，因为在这个年龄的生长受阻是不能补偿的，而且在哺乳期的第1个月营养水平降低，还会降低肉用质量。乳用及乳肉兼用生长速度较低的犊牛，在哺乳期的前半期饲喂适当数量的牛奶，维持中等水平的增重，也可以培育成肉用牛。未经阉割的公牛进行强度培育可以在幼龄时屠宰肉用。

（2）哺乳后期

舍饲时，幼牛的日粮中应包括大量的青贮、精饲料及粗饲料（干草及秸秆）。100kg活重每日可以饲喂3～3.5kg干物质。在强度培育犊牛的条件下，精料在日粮中占35%～40%；在低强度的培育条件下，可以占25%～30%。如果场中贮备有高质量的青贮草及干草时，精饲料的含量还可减少到15%～20%以下。

（3）强度肥育和追肥期

约3.5～4个月。强度肥育期可使肉牛背部形成背膘。追肥期，进一步增喂精料，促进膘肥肉满，沉积脂肪。配方为：酒糟25kg，玉米面4～5kg，麸皮1.5kg，豆饼1.5kg，尿素150g，食盐70g。如牛有厌食现象或消化不良，可喂酵母40～60片。

3. 补饲

所谓补饲是给肉用犊牛饲喂精料，但这时仍在哺食母乳。做法是将配制好的精料置于只容犊牛采食而母牛无法采食的饲槽中。补料的给量可以根据增重按1∶(5～10)的数量计算，但需参考以下条件适度调整。①犊牛是在隆冬和早春出生；②哺乳期，母牛的产奶量减少，加之由于干旱和过牧而使牧草的产量降低；③纯种牛群希望有额外的增重、体况和丰满度；④当犊牛刚一断奶就需屠宰作肉用；⑤群中母牛年老或是正处于生长发育阶段的头胎母牛。犊牛开始补饲时采食速度很慢，为了训练和培养犊牛的采食习惯，可以将已经习惯采食精料的大龄犊牛与幼龄犊牛一同补饲，也可以使母牛和犊牛同槽补饲，一旦当犊牛已经习惯采食精料，就可以将母牛分开。

为了防止便秘，补饲日粮中还应含有一些纤维素。例如，对于2～4月龄的犊牛可以用 2 份带皮玉米混 1 份整粒燕麦饲喂；4～9 月龄的犊牛日粮中可以由下列几种饲料组成：①8 份带皮玉米加 1 份 40%的蛋白补充剂；②6 份粉碎的带穗玉米加 1 份 40%的蛋白补充剂；③6 份带皮玉米加 3 份燕麦，再加 1 份 40%的蛋白质补充剂。在非放牧季节，应给犊牛及母牛饲喂优质的豆科干草，并应随时补充矿物质饲料。

4. 犊牛的育肥

在国外，大部分公犊和淘汰的母犊作为生产小牛肉和犊牛肉去培养，它们在牛肉生产中占有越来越重要的地位。例如，英国奶犊牛生产的肉占全部牛肉的 40%；荷兰每年生产小牛肉 7.9×10^4 t，出口 6.7×10^4 t。但至今，我国在开发公犊牛方面还没有迈出步子。

利用公犊和淘汰母犊生产牛肉，有两个途径，一是将犊牛养至 68 周龄作小牛肉出售；另一种是继续培育到周岁左右，作为肥犊肉出售。

(1)小牛肉犊牛的饲养

犊牛用来生产小牛肉时，应在 6～8 周龄，体重 90kg 时屠宰。其背部覆盖一层脂肪、肉色浅淡，胴体肌肉质优。在培养期，均用全乳、代乳料或人工乳喂养。如果用全乳，犊牛最初 2 周的增重相当体重的 10%。养至屠宰，1kg 牛肉消耗约 10kg 全奶，很不经济。因此，近年来采用代乳料和人工乳喂养，平均每生产 1kg 小牛肉需要 1.3kg 的干代乳料或人工乳。

(2)肥育犊牛的饲养

培育到肥育末期(12 月龄，体重 180～330kg)的犊牛，每天应给予 2～3kg 的代乳料，干草任其自由采食，直到 6 月龄为止，有的在此阶段即予出售；有的继续养至 1 周岁，每天喂 0.91～1.36kg 精料，粗料任其自由采食(表 12-21、表 12-22)。青贮料可以代替干草，但通常采食量不多，直到数月龄为止。用这种方法饲养的周岁阉牛，体重约 330kg，经短期催肥后，即可屠宰上市。

表 12-21　育肥犊牛的营养需要

体重(kg)	计划日增重(kg)	干物质(kg)	粗蛋白(g)	增重净能(MJ)	Ca(g)	P(g)	维生素 A(KLU)	ME 浓度(MJ/kgDM)
40	0.8	1.0	160	6.9	5	4	2	15～15.5
75	1.0	1.6	210	11.0	8	6	3	15～15.5
100	1.1	1.9	250	13.0	11	8	4	15～15.5
150	1.3	2.6	300	17.8	16	11	6	15～15.5
200	1.2	3.0	340	20.7	19	14	7	15～15.5

表 12-22　犊牛在育肥期的混合料配方

编号	玉米	豆饼	燕麦或大麦	鱼粉	油脂	骨粉	食盐	维生素 A 添加剂(kg)	土霉素(mg/kg)	适用季节
1	60	13	13	3	10	1.5	0.5	0	22	夏季
2	60	12	13	3	10	1.5	0.5	10～20	22	冬季

任务四　肉牛的饲养管理和催肥

不同年龄的奶牛、役牛和肉牛在屠宰前均需催肥。经催肥后，不仅体重增加，而且肌肉内和肌肉间的脂肪量增加，肉的大理石纹明显，肉的嫩度、多汁性及香味有所改善。

一、育成牛的饲养管理和肥育

犊牛断奶后即转入育成牛群。此间培育的任务是保证幼牛的正常发育和适时配种。

1. 育成牛的饲养

育成牛在6月龄至24月龄正处于生长发育的旺盛阶段。这一时期的培育不但为了得到较快的增重速度，而且要保证心血管系统、消化和呼吸器官、乳房及四肢得到良好发育，还要十分重视培养其对集约化生产条件的适应性。

培育育成牛的饲养标准要适当，使其在16～18月龄配种时的活重不低于340～380kg，但最高应控制在450kg以内。在育成牛的生长发育阶段存在一个临界期，对于大型品种活重从90～300kg，而对小型品种则是从60～210kg。当营养水平过高而使此期的日增重分别超过700g和500g时，分娩后头胎牛的产奶量就会降低。临界期以后，如果提高营养水平而使增重超过此限，奶产量反而可以提高。在临界期，高营养水平培育下的育成母牛乳腺组织的含量永久性地减少，同时还可导致生乳激素的减少，尤其是生长激素的浓度达到临界值时。18月龄以前，每1NND提供45～50g可消化粗蛋白质，怀孕后日粮中供给53～55g/NND。胡萝卜素给量20～25mg/NND。

在有条件的地方，育成母牛应以放牧为主。在冬春季的舍饲期应喂给大量优质干草及青贮。不同阶段和日增重水平下育成母牛(含犊牛)的饲养标准见表12-23。

表12-23　不同活重日增重1000g肥育犊牛的饲料标准

类别	指标	活重(kg)							
		150	200	250	300	350	400	450	500
	饲料单位	6.1	6.2	7.2	7.9	8.2	9.1	9.4	9.7
	ME(MJ)	55	51	61	69	74	85	94	107
	DM(kg)	5.0	5.6	6.1	8.0	9.0	10.0	11.0	12.5
有机物质(g)	粗蛋白质	890	960	1025	1030	1070	1215	1250	1290
	可消化粗蛋白	580	625	665	670	695	730	750	775
	粗纤维素	925	1135	1345	1680	1890	1900	2090	2375
	淀粉	640	690	730	870	905	1095	1125	1160
	糖	465	500	530	600	625	730	750	775
	粗脂肪	230	250	260	295	310	340	355	360

（续）

类别	指标	活重(kg)							
		150	200	250	300	350	400	450	500
常量元素(mg)	NaCl	20	25	30	40	45	55	60	65
	Ca	25	30	35	43	45	49	56	61
	P	13	16	20	23	26	27	30	33
	Mg	7	11	14	17	19	22	25	28
	K	34	45	54	61	68	75	84	93
	S	15	20	24	26	30	31	34	38
微量元素(mg)	Fe	265	325	385	480	540	600	660	750
	Cu	30	45	55	70	75	85	95	105
	Zn	200	245	290	360	405	450	495	565
	Co	2.6	3.2	3.8	4.8	5.4	6.0	6.6	7.4
	Mn	175	215	255	320	360	400	440	500
	I	1.3	1.6	1.9	2.4	2.7	3.0	3.3	3.8
维生素	胡萝卜素(mg)	85	105	140	155	170	190	220	240
	维生素D(1000IU)	4.0	5.0	6.0	7.0	7.5	8.0	8.0	8.5
	维生素E(mg)	110	135	160	220	225	250	275	313

(1)6～12月龄

该阶段是性成熟期，性器官及第二性征发育很快，体躯高度急剧生长。同时其前胃已相应发达，容积扩大1倍左右。因此，在饲养上要求供给足够的营养物质，同时日粮要有一定的容积以刺激前胃的继续发育。此时的育成牛除给予优质的牧草、干草和多汁饲料外，还必须给予一定的精料，按100kg活量计算，青贮饲料5～6kg，干草1.5～2kg，秸秆1～2kg，精料1～1.5kg。在12月龄育成牛的日粮中，可消化粗蛋白质的20%～25%可用尿素代替(10g尿素相当26g可消化粗蛋白质)，在饲喂尿素时，日粮中要添加无氮浸出物含量高的饲料，如根茎类和糖蜜等。

(2)12～18月龄

该阶段消化器官更加扩大，为了刺激其进一步增大，日粮应以粗饲料和多汁饲料为主，按干物计算，粗饲料占75%，精饲料占25%，并在运动场放置干草、秸秆等。夏季以放牧为主。

(3)18～24月龄

脂肪沉积期，这时配种受胎，生长缓慢下来，体躯显著向宽、深发展，在丰富的饲养条件下，容易在体内沉积大量脂肪。因此，这一阶段的日粮既不能过于丰富，也不能过于贫乏。日粮应以品质优良的干草、青草、青贮料和根茎类为主，精料可以少喂或不喂，但到妊娠后期，由于体内胎儿生长迅速，必须另外补加精料，每日2～3kg，按干物质计算，大容积粗料要占 70%～75%，精饲料占 25%～30%。在有放牧条件的地区，育成牛应以放牧为主，并视草地牧草生长状况，酌减精料。

2. 育成牛的管理

(1)按性别及年龄组群

每群 40～50 头，将年龄及体格大小相近的牛编在一群，最好是按月龄差异不超过 1.5～2 个月，活重差异不超过 25～30kg。

(2)制订生长计划

根据不同品种，年龄的生长发育特点，饲草、饲料供给的状况，确定不同日龄的日增幅度，制定生长计划。一般从初生至 18 月龄活重增加 10～11 倍，24 月龄 12～13 倍，详见表 12-24。

表 12-24　不同培育条件和体重水平下幼牛的生长计划

生长结束重(kg)	在以下月龄时的日增重(g)					
	＜3	3～6	6～9	9～11	12～18	18～24
Ⅰ．在逐渐降低增重条件下的培育						
500～550	650～700	650～700	550～600	550～600	450～500	450～500
600～650	750～800	750～800	650～700	650～700	550～600	500～550
Ⅱ．性成熟前适度增重以后提高其日增重						
500～550	450～500	500～550	500～550	600～650	600～650	600～650
600～650	550～600	550～600	550～600	650～700	650～700	700～750
Ⅲ．生后前 2 个月有适当的增重						
500～550	450～500	650～700	650～700	650～700	550～600	450～500
600～650	550～600	700～750	700～750	700～750	600～650	500～550
Ⅳ．春产犊牛舍饲期间适度增重						
500～550	650～700	650～700	350～400	350～400	350～400	500～550
600～650	750～800	750～800	400～450	400～450	700～750	600～650

(3)加强运动

在舍饲条件下，每天至少要有 2h 以上的驱赶运动；在放牧和野营管理的时候，每天需要运动 4～6h。

(4)放牧

在进行放牧时，要建立“草库仑”，即将草场分为若干小区，每一个小区放牧 1～3d，小区中架设电网，或用带刺的铁丝围栏。

(5)乳房按摩

为了刺激乳腺的发育和促进产后泌乳量高，对 12～18 月龄育成牛每天按摩一次乳房；18 月龄怀孕母牛每次按摩 2 次。每次按摩时用热毛巾敷擦乳房，产前 1～2 个月停止按摩。

(6)刷拭

为了保持牛体清洁，促进皮肤代谢和养成温驯的气质。每天刷拭1～2次，每次约5min。

3. 育成牛的育肥

育成牛的生长发育很快。但不同的组织器官有着不同的生长发育规律，据研究，骨的发育以7～8月龄为中心，12月龄以后逐渐减慢，内脏发育与骨大体相同。肌肉从3月龄到16月龄直线发育，以后则变慢。脂肪沉积较晚，一般16月龄以后才加速。牛体内脂肪沉积的顺序为：腹腔内脏(胃、肠、肾)、皮下、肌肉之间的肌肉内部。因此，成年肉牛眼肌中的大理石纹明显。

育成牛的育肥方法一般可分为幼龄强度育肥法、青草尿素混合育肥法和酒糟尿素结合育肥法等(表12-25)。

(1)幼龄强度育肥法

是指断奶后立即育肥的方法，一般采用拴系饲喂。具体是定量喂给精料和主要辅助饲料，自由饮水，限制活动，保持安静，公牛不需去势，但要远离母牛，以免小公牛性成熟后被异性干扰而降低育肥效果。若用育成母牛育肥，则日粮给量要增加5%，才可获得较好的日增重。幼龄强度肥法生产的牛肉质鲜嫩，成本低，牛肉产量增加15%，但这种方法消耗饲料量较大，只限于在饲草、饲料资源丰富的地方应用。

表12-25　肉牛肥育的营养需要标准

体重(kg)	日增重(kg)	日采食总干物质(kg)	粗蛋白(%)	可消化粗蛋白(%)	消化能(MJ)	钙(g)	磷(g)	胡萝卜素(mg)
150	0.25	3.1	11.1	7.1	36.0	8	7	17
	0.50	3.2	12.2	8.1	42.6	12	10	18
	0.75	3.2	13.2	9.0	46.0	17	13	18
	0.90	3.5	12.8	8.6	50.2	21	15	19
200	0.25	4.5	10.0	6.1	47.2	8	8	25
	0.50	4.9	11.1	7.1	56.8	13	10	27
	0.75	5.0	11.1	7.1	63.7	18	14	27.5
	1.00	5.0	12.2	8.1	68.1	28	17	27.5
300	0.25	6.1	8.9	5.2	64.0	11	11	34.0
	0.50	8.7	10.0	6.1	80.8	14	14	42.0
	0.75	8.0	11.1	7.1	93.0	17	14.5	44.0
	1.10	7.1	2.2	8.1	96.6	26	18.0	39.0

（续）

体重（kg）	日增重（kg）	日采食总干物质（kg）	粗蛋白（%）	可消化粗蛋白（%）	消化能（MJ）	钙（g）	磷（g）	胡萝卜素（mg）
400	0.25	7.7	8.3	4.6	80.8	14	14	42.0
	0.50	9.7	8.9	5.2	101.9	17.5	17.5	53.0
	0.75	9.9	8.9	5.2	115.1	18	18	54.0
	1.10	8.8	11.1	7.1	119.8	16	16	43.0
450	1.05	9.4	11.1	7.1	127.9	21	21	52

（2）青草尿素混合育肥法

即青草期除放牧外，再加尿素混合饲料进行饲喂，选择体重200～250kg的牛，白天放牧，早、午、晚归棚补饲，当体重达350kg以上时出栏。补饲料混合饲料配方是：玉米1～5kg、尿素50g、食盐50g、生长素适量，并加适量的微量元素添加剂。

（3）酒糟尿素结合育肥法

用酒糟加尿素进行分段饲养。具体方法是：第一阶段30d，每天喂酒糟15kg、谷草2.5kg、玉米1kg、尿素50g、食盐17g、生长素40g；第二阶段45d，每天喂酒糟17kg、谷草5kg、玉米1kg、尿素70g、食盐20g、生长素50g；第三阶段30d，每天喂酒糟20kg、谷草5kg、玉米1kg、尿素90g、食盐25g、生长素50g。

二、成年牛催肥的营养需要

成年牛已结束生长发育，因此，摄入的营养物质除维持正常的生理活动以外，多余的部分用于体内的沉积。但是，此阶段蛋白质的合成速度很慢，肌肉基本停止生长，所提供的营养物质主要转化为脂肪，沉积在内脏周围、皮下、肌肉之间和肌肉内部。因此，在饲料日粮的搭配上应以能量饲料为主，蛋白质只需要满足组织器官的修补及日常的维持代谢之用。如果日粮中提供过多的蛋白质，则要经脱氨作用转化为能量后供牛体利用，这样就会造成饲料浪费、效益降低。

表12-26是催肥成年母牛的营养需要，其他性别的牛可以参照试用。

表12-26 催肥成年母牛的营养需要

体重（kg）	日增重（kg）	干物质（kg）	粗蛋白质（g）	每千克干物质中含代谢能（MJ）	增重净能（MJ）	Ca（g）	P（g）	胡萝卜素（mg）
400	0.6	7.05	700	9.8～102	24.3	27	16.5	39.0
	1.0	8.70	840	9.95～10.4	30.7	37	19.0	48.0
	1.4	10.35	970	10.2～106	37.5	47	21.5	56.9
500	0.6	8.27	790	9.9～10.3	28.9	29.5	19.0	45.5
	1.0	10.10	93	10.1～10.5	36.1	39.0	21.5	55.5
	1.4	12.09	1060	10.3～10.7	43.7	48.5	24.05	66.5

（续）

体重（kg）	日增重（kg）	干物质（kg）	粗蛋白质（g）	每千克干物质中含代谢能（MJ）	增重净能（MJ）	Ca（g）	P（g）	胡萝卜素（mg）
600	0.6	9.46	88	9.95～10.4	33.3	32.0	21.5	52.0
	0.8	10.54	950	10.3～10.7	38.7	36.5	23.0	58.0
	1.0	11.62	1020	10.6～11.0	44.1	41.0	24.0	64.0
700	0.6	10.60	960	10.0～10.5	37.7	34.5	24.0	58.5
	0.8	11.82	1030	10.5～10.9	44.2	38.5	25.5	65.0
	1.0	12.98	1100	10.9～11.33	50.8	43.0	26.2	71.5

三、催肥方法

催肥之前，应对牛进行全面检查，生病、过老、采食困难的牛不要催肥。公牛在催肥开始前10d去势，母牛可以配种怀孕，待产犊后立即催肥。

成年牛的催肥期不宜过长，一般以3个月左右为宜。膘情差的牛，可先用优质粗饲料进行饲养。有草坡的地方，可先将瘦牛放牧饲养，然后再催肥。这样可节省饲料，降低成本。催肥期中，应及时按增重高低调整日粮，提高催肥效果。有草坡的地方，也可选择野草丰盛、地势平坦、有水源的地方进行放牧催肥，一般以1～2个月为宜。若本地区精料缺乏，可延长放牧4～5个月，再舍饲催肥1个月。单槽饲喂和通槽饲喂均可。

肉牛的育肥，根据育肥期饲养水平变化的特点分为持续肥育法和后期集中肥育法。后者肥育时间短，成本较低，我国应用比较普遍。

1. 持续肥育法

广泛用于美国、加拿大和英国。使用这种方法，日粮中的精料大约可占总营养物质的50%以上。例如，英国将断奶后3～12月龄的幼牛进行强度持续追肥。将含水分较高(18%～22%)的大麦籽实压扁，与蛋白质补充剂或半干青贮混合，进行单槽喂养，每周定期装载一次，自由饮水，每组有牛20头，1名饲养工可管800头。利用这种方法12月龄的黑白花牛追肥末期体重可达400～410kg，屠宰率54%～58%，并且可以获得高质量的胴体。在给牛饲喂精料和半干青贮之前，要充分混合，混合后再用传送带将日粮分发到每栋牛舍中，每日分发2次。在肥育500头育成牛的时候，每一机械工人大约只需花费半天的时间。

犊牛的催肥分为3个阶段：90kg以前、90～200kg和200～400kg，每一期都有专门化的配合饲料。第一阶段，犊牛从15日龄开始采食“开食料”，这是由玉米粉、大豆饼、糖、麸皮、鱼粉和脱脂乳粉组成，此外，还含有食盐、磷酸二氢钙以及微量元素混合剂。第二阶段，幼牛处于强烈的生长期，饲喂由带皮玉米、麸皮、向日葵渣、食盐、白垩及微量元素混合剂所组成的日粮。第三阶段的日粮组成是：带皮玉米、大麦、干甜菜渣、尿素、食盐、白垩和微量元素混合剂，按照这一方案培育幼牛，1岁龄时体重超过400kg，胴体质量良好，每千克增重需5kg配合饲料。

2. 后期集中肥育法

对于异地放牧或退乳、退役的老龄牛可以在屠宰前的3个月以内增加饲料给量，以改善膘情、肥度和牛肉质量。在我国，一般开始于9～10月，而结束于翌年的1月。后期集中肥育的目的是增加牛的活重和改善牛肉的品质。肥育后，可使屠宰率提高56%～60%，胴体品质提高1～2个等级，同时改善牛肉的味道。

随着月龄不同，在生长发育规律的作用下，肥育方法也有某些特点。据此，可以对牛的肥育进行分类：12～15月龄、18～20月龄、成年淘汰牛和2岁以上的公牛及阉牛。在12月龄催肥时，牛的体重可达250～270kg，催肥期的3～4个月，日增重可达900～1000g。日粮中精饲料的数量占日粮总养分的35%～40%，末期活重可达360～400kg，屠宰率54%～56%。

18～20月龄的幼牛进行3个月的强度催肥。初始，由于营养水平低，牛的活重只有310～330kg。追肥期的日增重可达800～1000g，末期活重可达380～420kg，屠宰率56%～60%。进行这种催肥的日粮，精料占日粮总营养的30%～35%。

对于淘汰的成年牛，可以根据其肥度催肥2～3个月。在这时期，日增重可达900～1000g，活重增加60～80kg。

肥育期，要根据年龄、性别和活重等相似的原则进行分群，当按饲养标准配合日粮、散放管理时，日粮经充分混合后，均匀地撒布到饲草上；按个体进行系统管理时，必须按标准采食，同时要充分利用当地的廉价饲料。

3. 肥育的方式

(1)青贮型肥育

在青贮型肥育时，青贮料的用量根据其质量而定，100kg活重的喂6～8kg，粗饲料0.8～1kg；精饲料0.6～1.0kg(根据年龄及膘情而定)；块根和马铃薯每100kg活重喂1～1.2kg。每日饲喂3次。早晨：青贮、精料和粗饲料；下午：块根和青贮；晚上：青贮和粗饲料。所有的多汁饲料及粗饲料均可用半干青贮代替，以简化牛的肥育工作。

如果牛场在夏天有充足的绿色饲料、多汁饲料和干草饲喂，那么在冬季可以由青贮、块根及干草组成日粮。在这样的日粮基础上培育及催肥，黑白花公牛在18月龄时，体重400～420kg，胴体重200～210kg，而且脂肪含量比用精料催肥的牛低。

(2)用酒糟及醋糟催肥

在生产糖、醋、酱油以及酿酒(或酒精)的地方，可以选择活重250～270kg的幼牛进行催肥。肥育期100～120d，最终活重达350～360kg。如果开始体重小，则催肥没有效果，因为无法使牛的体重达到理想的标准，并保证其具有良好的体况及肉质。对于体重不够催肥标准的牛，要有一段“预培期”，在此期间，糟渣可以占日粮营养总量的25%～30%。

用酒糟肥育，开始要有一段“预饲期”，使牛习惯吃酒糟，并不断增加给量。1周以后，幼牛可以喂23～28kg，成年牛30～35kg。酒糟肥育可以分2个时期，第一期30～40d，第二期40～60d。日粮中粗饲料的给量为10kg。粗饲料喂量过少可能破坏牛的消化过程。精饲料的给量，在第一期为1.5～2kg，第二期2～3kg，依牛的年龄而异，糖蜜两期的给量分别为0.5～0.8kg和1～1.5kg。由于糟渣中含有过量的钙，因此应当用富含磷的矿物质饲料补充。食盐每100kg体重的用量为20～30g。为了保证动物采食大量的渣类饲料，日喂3次，并用稀释4～5倍的糖蜜饲料调味。在冬季用糟渣饲料催肥时可以不饮水，但夏季要按幼牛5～8L/d、成年牛12～15L/d的标准供给清洁饮水（表 12-27）。

表 12-27 肉用牛催肥方案 单位：kg

育肥天数		0～30	31～60	61～90	合计
冬春季舍饲育肥					
体重		600～618	618～642	642～672	672
日增重		0.6	0.8	1.0	72
各种干草、玉米秸秆、谷草氨化和碱化秸秆不限量	精料日量	5.0	6.4	8.0	582
	甜菜渣日量	6.0	9.0	12.0	810
	玉米青贮量	9.0	6.0	3.0	540
	胡萝卜用量	2.0	2.0	2.0	180
	干草用量	2.5～3.0	2.5～3.0	3.0～3.5	200～250
夏秋季舍饲育肥					
体重		600～618	618～642	642～672	672
日增量		0.6	0.8	1.0	7.2
各种青草、青刈不限量	精料日粮	4.2	5.7	7.4	519
	青草用量	23～27	23～27	23～27	2000～2500
夏秋季放牧育肥					
体量		600～618	618～642	642～672	672
日增量		0.6	0.8	1.0	72
补饲精料日量		4.7	5.5	7.4	528
青草大约用量				23～27	700～800

由于谷物含量高的酒糟极易青贮，而马铃薯酒糟在加入其重量 6%～8%的食盐以后也极易青贮。因此可以将一时用不完的酒糟经青贮后进行牛的肥育，在开始催肥的 7～10d 逐渐使牛习惯采食大量的酒糟。新鲜酒糟冷却到 25～30℃，并与粉碎后的粗饲料混合饲喂，以改善其适口性。应用青贮酒糟肥育时，每日饮 1 次水。由于酒糟中缺少碳水化合物和钙，因此要补充精饲料（大麦、玉米、燕麦）和富含钙的矿物质（白垩、磷酸钙等）。青贮酒糟的给量视牛的年龄和大小而定。每日喂量可达 55～80kg 酒糟、4～7kg 粗饲料和 1～3kg精饲料。每日饲喂 3 次，每次分 2 份给予。

（3）用精饲料进行后期催肥

这是将已经放牧饲养的幼牛或淘汰的成年牛，集中到主产精饲料的地区进行为期 3 个月的短期肥育，以增大体重、改善膘情和提高肉质。具体方法见肉牛的持续肥育法。

四、催肥牛的管理和提高育肥效果的方法

1. 催肥牛的管理

①育肥前要驱虫（包括体内和体外寄生虫），并严格地清扫和消毒房舍，清除传染病。

②房舍温度不低于0℃和高于27℃。因此一般以晚秋和冬季育肥为好，胴体也容易在市场销售。

③公牛育肥前要进行去势(12月龄以下的可不去势)，并单槽喂养。

2. 提高育肥效果的措施

(1)日粮要多样化

可以利用酒糟、糖渣、粉渣、醋(酱)槽等加工工业副产品，以及碱化、氨化秸秆，并配合玉米青贮和少量配合饲料进行肉牛育肥。冬季育肥时，加少许胡萝卜等块根饲料，可以提高肥育效果。

(2)应用激素增重剂

①生长激素：这是由脑垂体分泌，含有191个氨基酸的蛋白质，不能直接喂牛，只能采用体内注射的方法。20世纪80年代以来，随着基因工程的发展，可以将人工分离的生长激素基因整合到大肠杆菌的染色体中，经表达后，在发酵罐中培养，以生长出大量的重组生长素。

②已烯雌酚：这是人工合成的雌激素，生理作用与雌性动物卵巢所产生的激素相似。当添加到饲料中时，可使牛增重提高12%～15%，饲料报酬提高8%～10%。尤其是阉牛使用效果更为明显。但不得用于种畜，以防干扰繁殖力。由于这种激素会在肉品中积蓄，对消费者的健康不利，现已限制在饲料中使用，改作耳下埋植。随着对这种激素促进动物生长作用的研究，现已在一些国家作为饲料添加剂使用。

③16-次甲基甲地孕酮(MGA)：这是一种口服的孕酮制剂，可以有效地用于肥育育成牛的日粮中。但对阉牛没有明显效果。使用量为0.25～0.5mg/(头·d)，可以提高牛的增重10%～12%和饲料报酬率6%～8%。但育成母牛宰前48h停止使用。

④玉米赤霉烯酮：这是玉米赤霉菌生产的一种次生代谢物，它的还原产物之一玉米赤霉醇，具有促进牛羊合成体蛋白质的作用。根据北京农业大学试验，每头牛埋植一次，90d内可增重15%～20%(与对照组相比)。埋植后90d，体内各组织器官均无残留，符合食用标准。

⑤瘤胃素(Rumensin)：这是20世纪70年代后期以来，国外广泛采用的一种口服增重剂，多年来在美国进行了大量的饲养试验，能节约饲料10%左右，并且在牛肉中无残留。它的功能是调整瘤胃的细菌区系，降低其发酵作用，以便牛能更有效地利用饲料能量。1974年，美国正式批准瘤胃素用于肉牛生产。目前美国肥育场的肉牛有80%使用此添加剂。法国从1978年9月也开始使用。美国食品和药物管理局(FDA)规定，放牧的生长牛使用瘤胃素，每头日给量50～200mg，但必须与0.45kg的补充饲料均匀混合饲喂。或每吨风干日粮添加30g瘤胃素。添加饲喂后可以节约10%～11%的饲料。在放牧的条件下，瘤胃素的作用表现为提高增重率和饲料转化率。Cheng等进行体外试验证明，添加瘤胃素以后有利于形成丙酸的细菌生长，阻止产生氢及甲基盐的菌株生长，从而减少甲烷产量，节约能量。Baun指出，添加瘤胃素可以提高饲料利用率10%左右。Brown用515头不同类型后备母牛进行了5次独立试验，其中3次试验是肉用型母牛，2次试验是用乳用型母牛，每次试验2个处理组的基础日粮相同。试验期间，试验牛每头日喂200mg瘤胃素，每次试验所用的后备母牛都是性成熟前期。5次试验的总平均日增重，试验组为1.45磅

((0.66kg)，对照组1.36磅(0.60kg)。试验比对照组高7.4%，而且试验组牛首次发情时间从152d减少到139d。瘤胃素可以同干饲料混合饲喂，也可以和其他饲料混合制成块状或丸状，还可同籽实饲料混喂。使用激素增重剂的最大顾虑是在动物体和畜产品中的残留问题。尽管大量材料报道只要按规定时间埋植和取出，并按安全量使用，就可以清除掉畜产品中的残留，但至今仍在畜牧科学界有较大的分歧和争论。

五、高档牛肉生产

高档牛肉是指制作国际高档食品的质量上乘牛肉，要求肌纤维细嫩，肌间有一定量的脂肪，所制作食品既不油腻，也不干燥，鲜嫩可口。一般包括牛柳、眼肉和西冷。

高档牛肉生产技术要点主要包括优质肉牛生产技术、高档牛肉冷却配套技术、分割技术操作规程和冷却保鲜技术等方面。

1. 优质肉牛生产技术要点

①品种根据试验研究，我国地方品种黄牛，如秦川牛、南阳牛、鲁西牛和晋南牛均可作为生产高档牛肉的牛源。用这些品种作母本，用引入的欧洲大型肉牛品种作父本，生产的杂种牛用来生产高档牛肉，牛肉品质和经济效益更好一些。

②年龄对肥育牛的年龄要求比较严格，良种黄牛2～2.5岁开始肥育，公牛1～1.5岁开始肥育，阉牛、母牛2～2.5岁开始肥育。

③强度肥育用于生产高档牛肉的优质肉牛必须经过100～150d的强度肥育。犊牛及架子牛阶段可以放牧饲养，也可以围栏或拴系饲养，饲料必须是品质较好的、对改进胴体品质有利的饲料。

④体重及其他肥育期末体重要求达到550～600kg。宰前活重达不到要求，胴体质量就达不到应有的级别，失去经济意义。

2. 高档牛肉的生产加工工艺

高档牛肉只占牛肉总量的10%左右，但其经济值却占整个牛的近50%，下面我们介绍高档牛肉的生产加工工艺，供参考。

(1)工艺流程

检疫→称重→淋浴→击昏→倒吊→刺杀放血→电刺激→剥皮(去头、蹄和尾巴)→去内脏→劈半→冲洗→修整→转挂称重→冷却→排酸成熟→剔骨分割、修整→包装。

①检疫：经过育肥待宰的肉牛必须经过宰前检验，并对所宰牛的种类、头数、有尤疫情、病情签发检疫证明书(兽医卫检人员)，经屠宰场初步视检，认定合格后，方可赶入圈休息待宰。

②称重：将待宰的健康牛由人沿着专用通道牵到地磅上进行个体称重。

③淋浴：称重后的肉牛沿通道牵至指定地点，用30℃左右的洁净水对牛冲洗，以去掉牛体表面的污染物和细菌等，减少胴体加工过程中的细菌污染。

④倒吊：将淋浴后的牛牵倒屠宰地点，用铁链将牛的一条后腿牵牢，并挂在电动葫芦的吊钩上。启动电动葫芦将牛吊起，然后将两条前腿用铁链捆绑好，并固定在拴腿架上。

⑤刺杀：放血牛吊挂好后立即放血，避免挣扎耗能，影响质量。在胸骨上方对准头部呈45°角，仔细插入放血刀。要求准确迅速，一次切断颈动、静脉，并用接血器接血，放

血时间一般 8～10min。

⑥电刺激：放血的同时，从悬吊钩上牛足尖部位到鼻端部通电，根据牛大小确定刺激时间。

⑦剥皮：放血完毕后，通过电动葫芦将牛背部朝下放到剥皮架上剥皮。

剥皮有人工和机械剥皮两种形式。无论采用什么方法剥皮，都要注意卫生，以免污染。并依此工序去除前后蹄、尾巴和头。

⑧去内脏：自中线细心剖开腹壁，使内脏自动掉下来，保留腹部脂肪。

⑨劈半：用人工沿轨道将去内脏的胴体送到指定位置，然后由人站在升降台上，面向倒挂胴体的背部，用吊挂手提式电锯从骨盆到颈部沿脊柱正中部剖开，要求 60～90s 完成。

⑩冲洗：用 30～40℃具有一定压力的清洁水冲洗胴体，以除掉肉体上的血污和污物及骨渣，来改善胴体外观。然后，用预先配制好的有机酸液进行胴体表面喷淋消毒，降低 pH，延长货架期。

⑪修整：除掉胴体上损坏的或污染的部分，在称重前使胴体标准化。

⑫转挂、称重：启动电动葫芦，用吊钩将半胴体从高轨上取下，同时用低轨滑轮钩住胴体后腿将其转至低轨，并经过低轨上的电子秤测量半胴体重量，贮存电脑中并打印。

⑬冷却：将称重的半胴体由人工沿轨道推送至冷却间进行冷却，冷却方式是吊挂；对冷却介质温度、介质湿度、冷却时间，要在试验基础上科学界定。

⑭排酸成熟：将完成冷却的牛胴体人工推入专用排酸成熟间完成成熟，以增加牛肉的多汁性和嫩度。此工序消毒环节特别重要，除先用次氯酸钠溶液消毒以外，成熟间还要均匀装设紫外线辐射杀菌，且每昼夜连续或间断照射。成熟间条件：温度可采取低温或中温；温度：85%～90%；风速 0.2～0.3m/s。

成熟牛的特征：胴体表面有一层“干燥膜”羊皮纸样感觉；成熟牛 pH5.4～5.8；肉的横断面有汁流，切面湿润；有特殊香味；有一定弹性，不完全松弛；肉汤透明，有特殊鲜香风味；剪切值 WB-S 平均值在 3.62 以下。

⑮胴体分割、修整：完成成熟的胴体，人工推入分割间剔骨分割，按照部位的不同分割完整并作必要修整。其中高档部位的牛肉有 3 块：

a. 牛柳：又叫里脊。先剥去肾脂肪，然后沿耻骨的前下方把里脊去掉薄膜及背部脂肪，修平。

b. 西冷：又叫外脊。沿最后腰椎切下，沿眼肌腹壁一侧用刀切割下，在 9～10 胸肋处切断胸椎，取下后放在工作台上，逐个剥离腰、胸椎，把西冷修成长方体，正面脂肪削去薄薄一层，剩余脂肪厚度 8～12mm，修平，表面不得有刀伤。

c. 眼肉：一端与西冷相连，另一端在第 5～6 胸椎处，剥离胸椎，抽去筋腱，在眼肌腹侧切下，修整，去掉薄薄一层脂肪和软骨成为块状。

⑯包装：对高档部位的三块牛肉：牛柳、西冷、眼肉均采用真空包装。每箱重量为 25kg，然后送入冷冻，也可在 0～4℃冷藏柜中保存销售。

⑰冷藏：冻好的肉送入－18℃低温库冷藏。根据客户要求，低温冷冻运输和销售。

3. 高档牛肉生产实践模式及技术规范

近年来，国内有关高档牛肉生产的研究正在不断深入，各地相继也建起了高档牛肉生产线，所生产的产品已进入各大中城市的宾馆、饭店、快餐店和超市。西北农业大学黄牛研究室早在1987—1988年就在对秦川牛进行两种选育的同时，开展了秦川牛高中档牛肉生产技术规范的研究。北京市农林科学院农业综合发展研究所肉牛研究室通过几年精心研究，创建了“望楚高档牛肉生产模式”。山东农业科学院畜牧研究所选用法国利木赞牛与本地黄牛杂交的后代，采用持续肥育法，使牛肉的肌纤维密度、剪切值、系水力及脂肪理化指标均达到优质牛肉标准。近年来，南京农业大学正在研究制定肉牛胴体评定标准。下面介绍望楚高档牛肉生产模式，供参考。

(1)望楚高档牛肉生产模式构思

望楚模式首先考虑的是高档牛肉用户用肉的特点。据了解，用户要求在保证质量的前提下，均衡地提供牛肉产品即数量、质量的保证。望楚模式实行自己饲养、自己屠宰(保证牛肉品质)、实行常年生产(保证数量，均衡供货)来满足用户要求。构思望楚模式第二个考虑的是模式的管理。实行常年养牛常年屠宰加工、没有忙闲之分，便于本企业人员劳动管理。牛肉和其他食品一样，也有好差之分，蒋洪茂等认为，高档牛肉的标志应包括以下内容：

①活牛的评估：牛年龄：18～24月龄。屠宰活重：450kg以上。膘情：满膘。

②胴体的评估：胴体表面脂肪覆盖率80%以上；背部脂肪厚8～10mm以上；胴体表面的脂肪颜色洁白。

③牛肉品质评估：牛肉嫩度由特制的肌肉剪切仪测定，剪切值应在3.62kg以下。品尝时，咀嚼容易，不留残渣，不塞牙。

大理石花纹根据我国试行的大理石花纹分级(最好为1级，最差为9级)应为1或2级。其他性状。

多汁性：多汁而味浓。

风味：具有我国牛肉鲜美的风味。

④烹调的评估：能适应西餐厅烹调要求，用户满意。

(2)望楚高档牛肉生产模式的特点

①一体化的科技服务体系：望楚模式的技术依托单位是北京市农林科学院农业综合发展研究所肉牛研究室，该室把科研、生产、推广紧密结合在一起，以组装国内技术(推广、生产)为主，以探讨新技术(研究)为辅，从架子牛的选择引进、饲养、屠宰加工、产品销售实行一体化服务。

②一条龙的生产体系：望楚高档牛肉生产模式包括肉牛的饲养配套技术、肉牛屠宰配套技术、产品销售检测体系等。这些环节实行一条龙生产，不经过肉牛场育肥的牛不屠宰，产品不经过检测不出售，确保商业信誉。

③一体化的产品销售体系：望楚高档牛肉模式生产的产品，直接和用户见面，不再通过中间环节，这样既减少流通环节，又能增加产、销双方的商业感情。

④“一长”制的经营体系：肉牛饲养场、屠宰加工厂、产品销售等均由一个场长管理，实行综合核算，各个环节联产承包不独立核算，以减少环节间的扯皮、矛盾。

※任务五　牛的繁殖

一、牛的发情鉴定

1. 母牛生殖机能发育阶段(表 12-28、图 12-3)

表 12-28　牛的生殖机能发育表

初情期	性成熟期	适配年龄	繁殖机能停止期
8～12 月龄(耕牛一般在 12 月龄或以后，奶牛达到成年体重 45%)	8～14 月龄	1.5～2.0 岁	13～15 岁

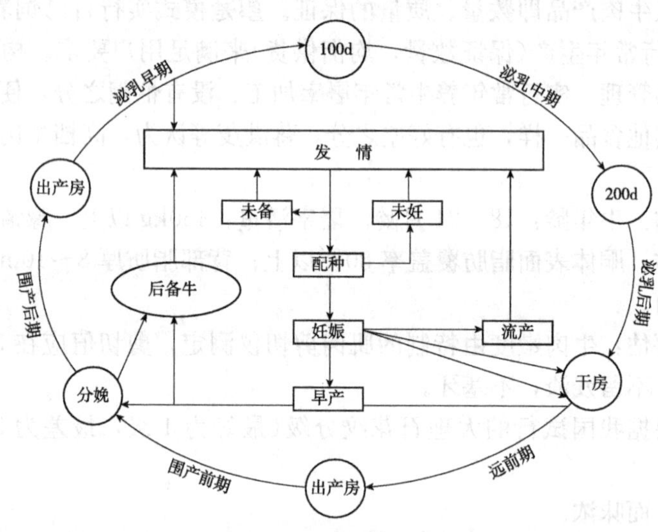

图 12-3　牛繁殖流程图

(1)初情期

初情期是指雌性动物初次出现发情和排卵的时期，且此时配种便有受精的可能性。

(2)性成熟期

初情期后，随着年龄的增长，生殖器官发育完全，发情周期和排卵已趋正常，具备了正常繁殖后代的能力，此时称之为性成熟期。

(3)体成熟期

雌性动物达到性成熟时，因其身体发育并未完成，故此时不宜用于繁殖。性成熟后，动物再经过一定时期发育，当机体各器官组织发育完成，并具有动物固有外貌特征，此时称为体成熟期。

(4)适配年龄

在生产实践中，考虑动物身体的发育程度和经济价值，一般选择在性成熟之后体成熟之前用于繁殖，这个适于开始繁殖的年龄称为适配年龄(或称繁殖适龄)。动物开始配种时的体重一般应达到成年体重的50%～70%。

(5)繁殖机能停止期

动物繁殖年龄是有一定年限的。雌性动物到达老年时，卵巢生理机能逐渐丧失，不再出现发情与排卵。家养动物在此年龄之前，因已失去饲养价值而多被淘汰。

2. 母牛发情鉴定

(1)外部观察法

外部观察法是通过观察母牛的身体外部表现、精神状态和性欲表现，从而判断其是否发情及发情程度。母牛发情时常表现为精神不安、鸣叫、食欲减退，外阴部充血肿胀、湿润、有黏液流出，对周围的环境和公牛的反应敏感，出现爬跨等现象。

(2)试情法

试情法是根据母牛在性欲及性行为上对公牛的反应判断其发情程度的。发情时，通常表现为愿意接近公牛，弓腰举尾，后肢开张，频频排尿，有爬跨动作等，而不发情或发情结束后则表现为远离公牛，当强制性牵引接近公牛时，往往会出现躲避等抗拒行为。

(3)阴道检查法

阴道检查法是应用阴道开张器或阴道扩张筒插入并扩张阴道，借用光源，观察阴道黏膜颜色，子宫颈松弛状态，子宫颈外口的颜色、充血肿胀程度及开口大小，分泌物的颜色、黏稠度及量的大小，有无黏液流出等来判断发情的程度。检查时，阴道开张器或扩张筒要洗净和消毒，以防感染，插入时要小心谨慎，以免损伤阴道黏膜。此法由于不能准确地判定动物的排卵时间，因此，目前只作为一种辅助性检查手段。

(4)直肠检查法

直肠检查法是将手臂伸进母牛的直肠内，隔着直肠壁用手指触摸卵巢及卵泡检查其发育情况，如卵巢的大小、形状、质地、卵泡发育的部位、大小、弹性、卵泡壁的厚薄以及卵泡是否破裂，有无黄体等。通过直肠检查并结合发情外部征状，可以准确判断卵泡发育程度及排卵时间，以便准确判定配种适期。此方法因直接可靠，在生产上应用广泛，但在采用此法时，术者须经多次反复实践，积累比较丰富的经验，才能正确地掌握和判断。

二、牛的人工授精技术

1. 种公牛的调教

公牛的性成熟期约在7～8月龄，人工采精的公牛，约8～10月龄可开始采精训练。采精训练的原则是必须注意耐心细致，不能强行从事，或粗暴对待采精不顺利的公牛，以防公牛产生对抗情绪；采精人员应保持固定，避免由于更换人员造成的公牛惊慌和不适；采精的场所应保持安静、卫生、温度适宜。采精训练是为了促进新公牛的性欲，做开始采精训练时，可用健康的非种用母牛作台牛，诱使公牛接近台牛，并刺激其爬跨。待公牛适应了采精后，也可将母牛换成假台牛(假台牛架需要制成与母牛的后躯相似，在架的表面，大多覆盖牛皮)。但要注意，在肉用和一些性欲不很强的乳用公牛，用假台牛往往不能激发公牛的性欲，故不宜进行更换。

2. 采精前的准备工作

(1)采精所需的器材和设备

采精所需器材和设备主要有牛用假阴道、集精杯、假台牛等。假阴道和集精杯等器材在采精前必须充分洗涤，玻璃器材应高温干燥消毒。采精时要调节假阴道内壁的温度至39℃左右，并维持适当的压力。阴道内壁还要涂抹适量医用凡士林以增加润滑度。假台牛可以是非种用待淘汰的健康母牛，或是利用木料或金属制成的假台牛架。

(2)精液处理、检查和保存需要的器材和设备

该类设备和器材包括精液处理设备(如恒温水浴箱、离心机等)、精液质量检测设备(如显微镜、比色仪等)、精液分装设备(如封装用细管、精液分装机)、冷藏箱、冷冻设备和冷藏设备(液氮、液氮罐)等。

3. 采精过程

采精操作台准备好后，向已装好的假阴道夹层内注入热水，一般不要灌满，到达容积的60%～70%即可，使假阴道内壁的温度达到38～40℃。为使采精时的温度适当，要因当地当天室内外气温来调节。若温度过高，虽也能采到精液，但会使公牛养成高温射精的恶癖；温度过低则采不到精液。温度高低要按公牛个体特性摸索确定。润滑假阴道内壁最好在公牛阴茎勃起后，临采精前用消毒后的玻璃棒蘸取润滑油，均匀地涂到假阴道内壁上，深度约为假阴道1/2稍多。假阴道充气是为了增加压力，这要根据公牛个体的习惯，在调教时不宜太高，充气太足操作时易造成内胎滑脱、集精杯脱落等。公牛性欲引导指在公牛初次阴茎勃起时，应继续控制种公牛，不让其立即爬跨，待公牛性欲充分冲动跳上台畜时，不等其阴茎碰到台畜后躯，迅速将准备好的假阴道靠到台畜臀部右侧，将阴茎导入假阴道。假阴道的手持角度以35°左右为宜。此时双手要握紧假阴道，待公牛冲动射精后，随即放低集精杯一端，并打开气门活塞，顺势竖起假阴道，立即送到处理间内收集精液。

4. 精液品质检查与处理

(1)品质检查

①射精量：公牛的一次射精量为5mL，范围为2～10mL，每头公牛的射精量是一定的，如果出现大的波动，就应探查原因。

②色泽：正常精液呈乳白色或淡灰色，其他色泽即可视为不正常现象，会降低受精力。淡灰色表示精液稀薄；淡红色证明有鲜血，其原因可能是配种过度或操作时不慎引起小的创伤等；黄色或淡绿色表明有浓汁或混入了尿液；若遇有深红色、黑赤色或褐色，则应将种公牛交兽医诊断并治疗，停止使用。

③气味：正常的有一点腥味，但无臭，否则为出现异常，不能作输精之用。

④活力：活力是指在体温条件下在精液中呈直线活动精子的百分比。显微镜的保温箱应为36～38℃，温度过高活动强，死亡也快；温度过低则活力减弱。除保温外，显微镜下光线不宜太强，以灰白光为宜。在大多数改良站活力的评定采用十级制，活力每提高10%，即提高0.1分。有40%的精子呈直线运动的分值为0.4，依此类推。

⑤密度：密度是目测精子数量的评定指标。用显微镜观测到精子密度很大，精子间几

乎见不到空隙，很难看出个别精子的活动(相当于每毫升精液含精子数约 5×10^8 以上)时定为稠密，用“密”字记载；观测到精子密度中等，精子间空隙清晰可见，空隙大小相当于1～2个精子的容纳量，各个精子的活动清晰可见(每毫升精液含精子数为 $2\times10^8\sim5\times10^8$ 个)时定为中等，记载“中”字；观测到精子数很少，精子间距离大，一个视野中仅能看到少数精子(每毫升精液含精子数在2亿以下)时定为稀薄，用“稀”字表示。

⑥精子畸形率：精子畸形率是指精液中畸形精子占精子总数的百分数。畸形精子如无头、无尾、双头、双尾、头大、头小等。检查方法是将一滴精液滴在洁净载玻片一端，迅速涂片。自然干燥后染色，染色液用姬姆萨液、苏木精伊红液、石炭酸复红液、龙胆紫等染色3～5min后水洗。自然干燥后，置于600倍显微镜下观察，查数的精子总数不得少于200个，计算畸形率。一般用于输精的精子畸形率不得超过20%，否则会直接影响受胎率。

(2)精液的保存

牛精液冷冻保存是将精液进行特殊处理保存在超低温下，以达到长期保存的目的。通常采用液氮(－196℃)和干冰(－79℃)保存。其最大优点是可长期保存，使用不受时间、地域以及种用雄性动物寿命的限制，可充分提高公牛的利用率。现行精液保存的方法按保存的温度可分为：常温保存(15～25℃)、低温保存(0～5℃)、冷冻保存(－196～－79℃)。按精液的状态分：液态保存(常温保存和低温保存温度都在0℃以上，故称液态精液保存)和冷冻保存(超低温保存精液以冻结形式长期保存，故称冷冻精液保存)。

①稀释：精液适宜稀释倍数与家畜种类和稀释液种类有关。确定稀释倍数应根据原精液的质量，尤其是精子的活率和密度、每次输精所需的精子数、稀释液的种类和保存方法确定，一般牛为4～6倍。稀释液的配方一般为12%的蔗糖溶液75mL、甘油5mL、卵黄液20mL。稀释方法是将经过检查合格的精液按1∶(4～6)倍稀释液进行稀释，其稀释原则应保证每个颗粒精液中所含精子数不少于 $3\times10^7\sim4\times10^7$ 个，解冻后呈直线前进运行的精子不少于 1500×10^4 个。

②冷冻：在装有液氮的容器上置一铜纱网，距液氮面2cm左右。将平衡后的精液用滴管按一定量滴于铜纱网，滴完最后一滴停3～5min，当精液颗粒颜色变白时，立即浸入液氮，并将全部颗粒取下，收集于储精瓶或纱网布袋内，并做好标记，然后立即移入液氮罐中储存。

③解冻：将预先配制好的9%柠檬酸溶液1mL，放入干净的小试管中，再置于40℃左右的温水杯中，迅速取颗粒冷冻精液1粒放入试管。轻轻摇动至化冻时从水杯中取出试管，接着检查精液活力。

5. 输精

(1)输精前的准备

①器械准备：使用的玻璃、金属器械应高压灭菌消毒并无菌包装贮藏备用。输精胶管不宜高温消毒，可用蒸汽、消毒液浸泡等方法消毒。备足消毒的输精管，每头母牛使用一只。

②精液的准备：取用冻精应迅速，冻精一次脱离液氮的时间不应超过5s。取出的冻精在40℃解冻。解冻后尽快输精。

③母牛的准备：将牛尾向上方固定，清洗外阴及周边，1%苯扎氯铵溶液或酒精棉球消毒后用生理盐水冲洗。

(2)输精操作

采用直肠把握子宫颈法或阴道开膛器法输精。输精时，左手握住子宫颈口，右手持输精枪，沿阴道口斜上方呈45°角，慢慢插入阴道，进入子宫颈3～5皱褶处，慢慢将精液推入子宫(图12-4、图12-5)。

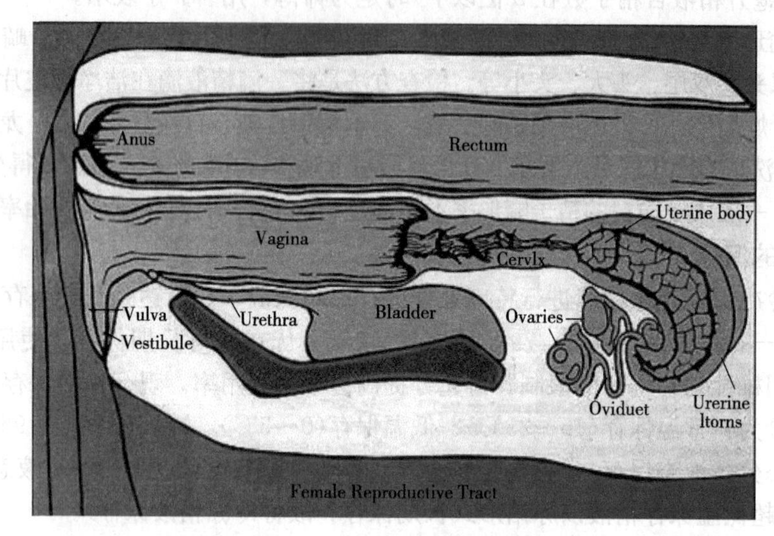

图12-4 母牛生殖系统结构

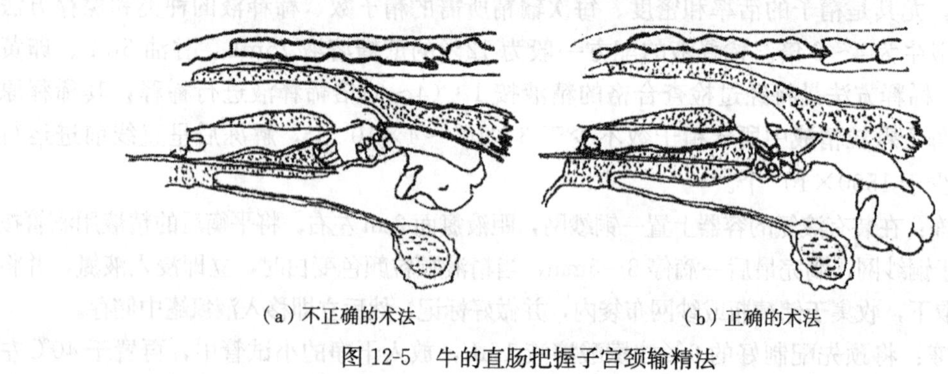

(a)不正确的术法　　(b)正确的术法

图12-5 牛的直肠把握子宫颈输精法

三、妊娠诊断与接产

1. 妊娠诊断

牛在配种后经过一定时间要进行妊娠诊断，以便确定其是否已经怀孕。牛妊娠诊断的方法很多，可分为：临床诊断法(问诊、视诊、望诊、听诊)、实验室诊断法(血清、乳、尿及子宫颈黏液的检查法)、特殊诊断法(超声波探测、免疫学诊断)等(图12-6)。

(1)直肠检查方法

将手伸进直肠触摸子宫颈，中指继续向前滑动找到两侧子宫角的角间沟。之后将手向前、向下、再向后移动，分别触摸两个子宫角，探摸胚胎。手向子宫角方向移动，触摸卵巢，探摸卵巢变化。将手掌贴着骨盆顶向前滑动，超过荐部后触摸髂内动脉的分支，越过

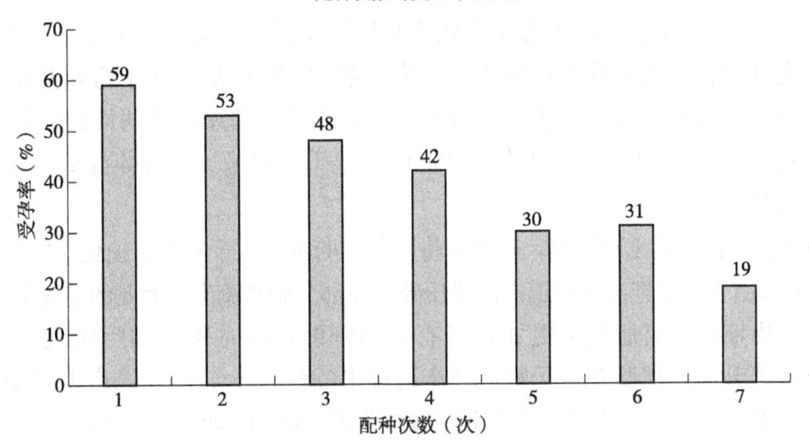

图 12-6　牛配种次数与受孕率

髂内动脉继续向前不远可摸到髂外动脉，探摸两只动脉的变化(图 12-7)。

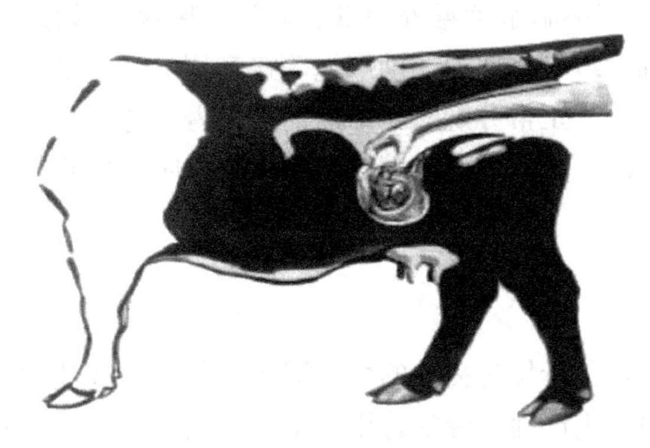

图 12-7　直肠检查

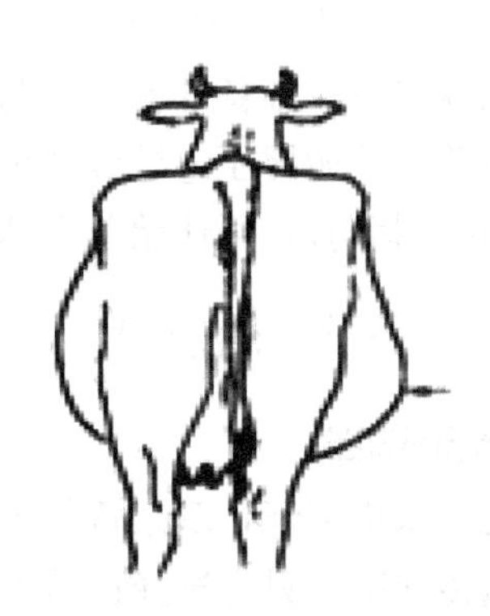

图 12-8　牛妊娠 5 个月后腹围表现

(2)妊娠症候

①外部表现：母牛食欲增加，营养状况改善，毛色润泽光亮，性情温顺，行为谨慎。妊娠 5 个月后腹围明显增大(图 12-8)，7 个月后隔着右侧腹壁可以初诊到胎儿，8 个月后可看到胎动。

②阴道变化：妊娠母牛阴道黏膜白而干燥，无光泽，宫颈口紧闭。

2. 接产

(1)妊娠期与预产期推算

从母牛配种受胎至成熟胎儿产出的这段时间称为妊娠期。母牛妊娠期一般为 275～285d，平均为 283d。妊娠期的长短依品种、年龄、季节、饲养管理水平和胎儿性别等因素不同而有所差异。早熟品种的妊娠期短，乳牛比肉牛短，怀母犊约比公犊短 1d，青年母牛比成年母牛约短 1d，怀双胎比怀单胎短 3～6d，冬春分娩母牛比夏秋季分娩长 2～3d，饲养管理条件差的母牛妊娠期长。推算预产期可采取配种日期月份减三，日期加六的方法。

(2)分娩管理

预产期前 15d 进入产房，产后 15d 出产房。产房每周消毒一次，产床每天消毒一次，经常更换垫草。注意观察临产征兆，产前半个月乳房开始膨大，母牛产前几天可从前面两个乳头挤出黏稠、淡黄如蜂蜜状的液体，当挤出乳白色的乳汁时，分娩可在1～2d内发生；分娩前1～2d子宫栓溶，呈透明絮状物从阴唇流出、悬垂于阴门外；分娩前1～2d，骨盆韧带已充分软化，尾根两侧肌肉明显塌陷，称“塌跨”；临产前子宫颈开始扩张，腹部发生阵痛而不安，母牛经常回顾腹部，时起时卧，频频排粪尿，说明即将产犊；母牛产前一周体温比正常高0.5～1.0℃，而在临产前的12～15h内又比正常体温低0.5～1.0℃。

(3)分娩过程

①开口期：子宫开始出现阵缩，阵缩时将胎儿和胎水推入子宫颈，迫使子宫颈开张，向产道开口。以后又由于阵缩把进入产道的胎膜压破，使部分胎水流出，胎儿的前置部分进入产道。

②胎儿排出期：子宫肌发生更加频繁有力的阵缩，同时腹肌和膈肌也发生强烈的收缩，腹内压显著升高，把胎儿从子宫内经产道排出(需0.5～4.0h，经产牛需2h左右)。

③胎衣排出期：胎儿产出后，子宫肌仍继续收缩，收缩的间歇期较长，阵缩进行到胎衣完全排出为止。胎衣排出的时间一般是5～8h，最长不超过12h。胎衣排出后，分娩结束。

(4)接产

对临产母牛用0.1%～0.2%高锰酸钾温水消毒外阴部、肛门、尾根及后臀部并擦干。牛床铺柔软垫草。准备好碘酒、药棉、纱布、剪刀、助产绳等接产用具。尽量让母牛左侧卧，以免胎儿受瘤胃压迫导致产出困难。正常分娩时，即两前肢夹着头先出来，不需助产(注意蹄底的朝向)，可让胎儿自然产出。如果母牛阵缩、努责无力，应进行助产。

四、后备种牛的选育

(1)系谱选择

要选择系谱清楚，双亲资料齐全，父母均为良种的牛，遗传力强，生产性能好，没有明显的遗传缺陷，只有选择遗传力强，生产性能好的种用公牛，才能最大限度地发挥其生产潜力，提高生产力。

(2)个体选择

①奶牛：奶牛的个体选择一般主要是从个体外形上来选择，好的奶牛要求个体高大，棱角分明，颜色清秀，中躯长，背腰部不塌陷，胸腹宽深，腹围大而不下垂，肢蹄结实，乳房发达，附着良好，乳井深，四奶区匀称，乳头大小、长短适中，无副乳头。干乳期乳房柔软，泌乳期要求乳房表面静脉粗壮弯曲，整体丰满而不下垂。有条件的，还应考察其母亲的产乳情况和父亲的品质。

②肉牛：一般选择种用公肉牛，体格较同种母牛要高大，胸宽深，肩宽厚，背宽而且平直，肋骨开张良好，臀部肉厚轮廓明显，股部肌肉丰满，腿强健，腿长与体高比例适中，肉牛的整个体躯圆厚而紧凑，生殖器官发育良好，没有生殖疾病。

(3)后裔选择

根据后裔测定成绩进行选择的种用公牛效果比较理想，选择系谱记录详细，而且至少在3代以上，体型外貌符合本品种牛的特征，有条件的种牛养殖场，依据后裔测定进行科学合理的选择。

※肉牛的放牧肥育和草地肉牛生产模式

在有广阔草场、牧草生长茂盛的地方，可以充分利用这一优越的生态条件进行草地肉牛生产。这是经济而且方便的肉牛生产方式。由于草场条件不同，肉牛的放牧肥育和草地肉牛生产有以下4种做法：第1种是全部在草场上进行放牧，待牛长肥后直接屠宰出售。使用这种方法要求在生长季节牧草非常茂盛，足以满足牛的营养需要，所肥育的牛系老龄和早熟品种；第2种是全部放牧，但同时补饲干草及蛋白质饲料；第3种是在整个放牧季节割草饲喂；第4种是夏秋季单独在草地上进行放牧，冬季开始围栏强度肥育逾90d。但是不管采用哪种放牧肥育方式，都必须充足地供给饮水及矿物质饲料。

一、放牧肥育的优缺点

(1)放牧肥育的优点

①单位增重的成本低：由于大部分粗饲料是在放牧时由牛自由采食，仅需补饲少量的蛋白质和矿物质饲料，因而大大降低了增重成本。

②节省劳动力：其中包括割草、饲喂、清扫粪便和施肥所花费的劳动力等。

③夏季借助天然条件歇凉而不需花费大量资金修建房舍及凉棚。

④节约用于种植牧草的土地。

(2)放牧肥育的缺点

①因受牧草生长状况和牛的最大采食量的限制，放牧肥育的牛比舍饲肥育的牛体重小、膘情差。

②放牧肥育牛必须在草料价格最高的春季购买，而秋冬季出售时，又遇上牛肉的价格较低，因此其经济效益不理想。

③由于暑热使牧草的质量大为降低，又加上蚊蝇的滋扰，其增重速度较慢。

④放牧肥育结束，当牛被送到市场出售时，一些浮膘丢失，牛体消瘦，加之体中含有较高的胡萝卜素，颜色发黄，胴体质量不高。

二、牛的放牧行为及放牧采食量

1. 放牧行为

(1)采食放牧习性

个体间基本相似。放牧时牛体缓慢向前移动，将嘴贴近地面，须向两侧转动，边走边食，头与地面大约呈60°～90°的角度。采食宽度相当于2倍的体宽。根据Rukura观察，每天放牧的时间变动在350～580min(平均为500min)，每分钟有30～90次(平均50次)的采食速度或颊肌运动。所以每天用于采食的总次数(颊肌运动时间)约为(50×500＝25 000)次，大概变化范围是17 000～30 000次之间。另外，用于反复的颊肌运动次数为15 000次，总计为(25 000+15 000)=40 000 次/d。

由于每次采食的饲草数量大约只有 3g，因此为了采食足够的牧草每天至少必须运动 3km 的路程。在品质差的草场上，牛的运动速度更快，距离愈远。

(2)放牧

放牧游走大部分是在白天，平均每天行走 4km，随气候、环境、草场情况而有很大变异。在一个放牧群中，通常牛头都向着一个方向。但在既不采食也不反刍的情况下，每个牛的头是自由方向。

(3)放牧的主要时间

放牧的主要时间为黎明、上午的中间、下午的前半段以及日落之前。最集中的持续放牧时间是在早晨和日落前。夏季夜牧比较频繁，白天则选择早晨和傍晚较凉快的时间牧食。热天的中午则站立、卧倒休息和反刍(表 12-29)。

表 12-29　牛的放牧行为

行为方式	行为标准	数值
放牧	放牧时间(h)	4～9
	采食总口数	25 000
	放牧采食速度(口/min)	30～90
	采食鲜草量	体重的 10%
	采食干物质量(kg)	1.6～2.2
	放牧距离(km)	3～4.8
反刍	反刍时间(h)	4～9
	反刍周期数(次)	15～20
	食团数(个)	360
	口数/食团	48
饮水	日饮水次数	1～4
活动	躺卧时间(h)	9～12
	站立时间(h)	8～9

(4)反刍

反刍是由食团的逆呕、再咀嚼、再混合唾液和再吞咽四个反射过程组成的。两个食团之间的间隔也包括在内。犊牛在 3 周龄之前已开始反当。成年牛每日反刍时间为 4～9h，但因个体、日粮类型和采食量而有很大差异。24h 反刍 15～20 个周期，每个反刍期从 2min 到 1h 以上不等，每个食团再咀嚼 50～60s，吞咽和逆呕需 4～5s，每次间歇 3～4s。反刍活动的高峰一般在黄昏。据观察，将牧草切成 0.6cm 长度时，对于反当来临时间、反刍期、逆呕食团数、咀嚼次数等无影响。当用粉碎干草或精料代替长干草时，反刍时间缩短。

牛每日反刍时间为放牧时间的 3/4。质量高的草场，放牧时间(G)相对较长，但反刍时间(R)短，故 R/G 小，在质量差的草场则相反，夏季放牧时间稍超过反刍时间，秋季则相反。可见 R/G 值随季节变化。从近于 1∶1 到 0.5∶1，这种差异反映出牧草质量的变化。

2. 牛的放牧采食

一天之内，牛的采食速度也有周期性的变化。开始采食时，速度很快(60～70 口/min)，随后慢慢地降到30～40口/min。随后就进入逍遥运动和躺卧反刍。经过一个短暂的停止时间以后，又进入一个新的周期。根据Hohenheim观测，牛的放牧采食量范围为27～87kg鲜草，用干物质表示约为3.7～11.1kg，相当体重的10%(鲜草)和1.6%～2.2%(干草)。影响牧草采食量的因素有以下方面：

(1)与牧草有关的因素

①牧草的高度：由于牛嘴唇的宽度和门齿与齿垫之间的距离，牛对牧草的有效采食高度为12～18cm，低于或高于此限均会影响其采食量(表12-30)。

表12-30 牧草高度对牛采食量的影响

牧草高度(cm)	每日采食量 (kg)	
	鲜草	干物质
20～49	32	7.8
12～20	68	14.5
8～12	41	9.0

②牧草的密度：随着密度增加，每口所咬断的牧草数量也增加，故采食量增加。如果草场中有许多不毛的空间，或具有许多不可食的植物丛，或牧草为粪便覆盖，牛不能采食，必须继续前进，因而会影响牧草采食量。

③牧草的纤维化程度：纤维化程度越高，需花费较多的时间去嚼碎，因之采食数量减少。

④牧草的叶/茎比：随着叶/茎比的增加，牛的采食量增大。因牧草多汁，牛更喜食。

(2)与牛有关的因素

①颌骨的宽度：牛的颌骨越宽，每口所采食的牧草数量越多。因此，在育种上要选择“槽口大”的牛进行饲养。

②采食时颊肌运动的次数和节律：牛的颊肌运动次数为30～90次/min，个体之间的差异为5%。颊肌运动次数越多，采食越快。

(3)与气候条件有关的因素

①在热天，由于寻找凉爽地方歇凉以及蚊蝇的滋扰，牛跑很远的距离觅食，花费较多能量，同时也影响采食量。

②在潮湿和暴风雨的气候条件下，牛容易聚堆成群，引起采食时间和采食量的减少。

三、肉牛的放牧方法和组织

肉牛的放牧方法按对牧场的利用方式可以分为：固定放牧、轮牧和条牧3种。放牧的组织根据季节变化，划分为四季放牧及夏秋放牧(暖季放牧)。

1. 肉牛的放牧方法

(1)固定放牧

固定放牧是指春季将牛群赶入放牧场，直至秋季收牧，一直固定在一个地方。这是一种粗放的管理方法，不利于牧草的生长，容易产生过牧。由于牛群的啃食和践踏，植被很难恢复，影响下年放牧。只有载畜量低时才可使用。

(2)轮牧

一般和围栏相配合，即用围栏的办法(电网、刺篱)将一块草场分为若干小区，按照21～28d一个周期的办法进行轮牧，同时刈草调制、保存干草。采用轮牧的方法，草地可以得到休息，减少践踏，增加牧草恢复生长的机会，能较均匀地提供质量好的牧草，并显著提高草场的利用效率。

每个小区的放牧时间，应以保证牛只能得到足够的牧草，而又不致使草地过度践踏为原则。轮牧周期是根据采食以后草地恢复到应有的高度的时间来确定。轮牧次数因草场类型、气候、管理条件等而定。一般草场每季度可轮牧4～6次，差的草场可轮牧2次。当气候条件好、牧草生长茂盛时，在一个季节每一小区可以放牧6次。即4月中旬开始放牧，8月下旬可以进行最后一次放牧。

测定放牧后留下的草茬量是表示放牧强度的一种方法。放牧强度小，放牧后留下的草茬多，草场利用不经济，但牛的日增重较高。反之，放牧强度大，放牧后留下的草茬少，草场的利用率高，但牛的增重速度较慢。

(3)条牧

条牧是在固定围栏中用移动式电围栏隔成一个长条状的小区，每天移动电围栏一次，更换一个小区。条牧比一般轮牧更能提高草场利用率，因而适合于质量较好的草场。

为了便于放牧管理，提高草场利用率，应实行分群放牧。可划分为公牛、干奶母牛、哺乳母牛、青年牛和肥育牛等。适配母牛在配种季节应安排在离输精点较近的放牧场；种公牛应在配种站附近放牧。自然交配时，公牛按1：30的公母比例分散到适繁母牛群中去，配种结束后，仍单独饲养公牛。此外，对瘦弱牛要组织单群饲喂。

为了将放牧及收贮牧草两者很好地结合起来，可以采用“1、2、3放牧法”。具体作法见表12-31。按照这种方法，将牧草的生长季节划分为早、中、晚三期：早期占1/3，中期占2/3，后期占3/3，而刈草的面积则相应为2/3、1/3和0。

表12-31 1、2、3放牧法

牧草的生长季节	放牧的草场面积	刈草的草场面积
早期	1/3	2/3
中期	2/3	1/3
晚期	3/3(全部)	0

2. 四季牧场的划分和放牧组织

由于各地气候及草场条件的不同，有的地区分为三季牧场，有的则划分为四季牧场。

(1)牧场的季节划分

①春季牧场(2～4月)：天气变化大，在我国的东北及西北地区，仍是天寒地冻，草木不生。此时应尽量管好草场，增施化肥，引水浇灌，以期牧草很好生长。如在晴朗的气候条件下需要放牧时，要选择靠近农(牧)场的山谷坡地、丘陵和避风向阳、牧草萌发较早的地段，进行短时间的放牧。但大部分时间应在舍内补饲。

②夏季牧场(5～7月)：气温由冷变暖，后期炎热；牧草萌发、生长并枯老结实，是放牧的黄金时期。因此，牧场应选择地势较高、通风凉爽、蚊蝇较少、并有充足水源的地

区。一般应将地势过高、远离居民点、降雪时间来临较早、气温低而变化剧烈，只有夏季才能利用的边远地段作为夏季牧场。

③秋季牧场(8～10月)：划分条件一般与春季牧场相同。牛群从高山或边远的夏季牧场归来，很自然是以山腰为牧场。秋季牧场是牛群抓秋膘和为越冬过春打好基础的场所，要求牧草丰茂，饮水方便。

④冬季牧场(11月～翌年1月)：此时天寒草枯，牧草质劣量少。一般应增加10%～25%的面积作为后备牧场。在年景差和冬草贮备不足时，后备牧场应多留，或在抓秋膘以后数天淘汰牛只，减少数量。冬季牧场应选留距居民点或牛群棚圈较近、避风、向阳的低洼地，牧草生长好的山谷、丘陵南坡或平坦地段。即小气候好、干燥而不易积雪。有条件的地区，还可在冬季牧场附近，留一些高草地或灌木区，以备大雪将其他牧场覆盖时急用。

(2)放牧的组织

①冷季放牧：任务是减少牛只体重的下降，保膘，保胎，保安全分娩，保安全越冬。要晚出牧、早归牧，充分利用中午暖和时间放牧、午后饮水。做到“晴天无云放平滩，天冷风大放山湾”。放牧牛应顺风行进。妊娠牛在早晨及空腹时不宜饮水，避免在冰滩放牧。在牧草不均匀或质量差的牧场上放牧时，要“散牧”，让牛相对分散，自由采食。从牧草枯黄的冬季牧场，向牧草萌发较早的春季牧场转移(也称季带转移)时，先在夹青带黄的牧场上放牧，逐渐增加采食青草的时间，要有约2周的适应期。以防贪食青草或“抢青”、误食萌发较早的有毒、有害植物，引起腹泻、中毒甚至死亡。对于草原牧场来说，春季牧草多处于危机期，放牧强度不宜过大(达正常放牧强度的40%～50%)，可使牧草增产1.5～2倍。冷季放牧时要特别注意棚圈建设，棚圈(或牛舍)要向阳、保暖、小气候环境好，牛只进棚圈前，要进行清扫、消毒，搞好防疫卫生。要种植供冷季补饲的草料，及早进行补饲。补饲的原则是：膘差的牛多补，冷天多补，暴风雪天全日补饲。

②暖季放牧及抓膘：暖季放牧的主要任务是增产牛奶，使供肉用的牛只在入冬前出栏，并为其他牛只越冬过春打好基础。牧民说：“一年的希望在于暖季抓膘”。暖季要早出牧、晚归牧。延长放牧时间，让牛只多采食。天气炎热时，中午应在凉爽的地方让牛只躺卧及反刍。出牧以后由低逐渐向良好的牧场放牧。可在先天放牧过的草场上让牛再采食一遍，以减少牧草浪费。在生长良好的草场上放牧时，要控制好牛群，使牛只呈横队采食(牧民称“一条边”)，以保证每头牛都能充分采食，避免乱跑践踏牧草或采食不均而造成浪费。不要让牛在带露水的豆科牧草地上放牧以防发生臌胀。在天然或人工栽培的豆科牧草地上进行放牧时，一般每次采食不超过20min(全天不超过1h)，及时将牛转移到其他草场。当宿营圈地距牧场2km以上时就应搬圈，以减少每天出牧、归牧赶路的时间及牛只体力的消耗。产乳带犊的母牛，10d左右应搬圈一次，3～5d应更换一次牧场。禁止抢牧好草而整日让牛奔走的错误做法。暖季应给牛补饲食盐，每头月补饲量2～3kg。可在圈地、牧地设盐槽，供牛舔食，盐槽要注意防雨淋。还可制作尿素食盐砖，尿素40%，糖蜜10%，食盐47.5%，磷酸钠2.5%，压成砖块，放置于距水源较远处，供牛舔食。但要避免雨淋，防止舔食过多而致尿素中毒。

四、肉牛的肥育模式

目前，国外对生长肉牛一般主要依靠放牧、饲喂大量青干草和其他青粗饲料，并补充少量精饲料及其他矿物质。到肥育后期，即宰前3个月左右，再加料催肥。这是肉牛的一般饲养模式。美国所生产的“玉米带”肉牛，就是将断奶后的犊牛放养在优质草地上，宰前数月再转移到“玉米带”，利用精料日粮进行短期强度肥育，达到上市体重，即行屠宰出售。这种饲养方式消耗精料不多，成本较低，又可增加周转次数，比较经济，英国也采用类似的肥育模式。归纳起来有以下3种：

(1)以青粗饲料为主，18月龄出栏的半集约化肥育模式

此模式适用于每年7～12月所出生的去势秋犊牛以及肉牛群中的小母牛。这些经早期断奶后的乳用秋季犊牛冬季舍饲期间先喂以粗饲料为主的日粮，然后才放牧。来自肉牛群的秋犊，冬季与母牛在一起舍饲，然后依时期进行放牧。但如春季产犊，则要经过两个夏季放牧，到翌年秋天才能出栏，而此时正值肥育牛大量上市，故对出售不利。而秋犊在第二年舍饲时，如能调整精料喂量，则可使体重达到上市标准的时间提前或推后，这样有利于出售。亦可将2月以前出生的春犊在放牧结束后转入舍饲，用谷物催肥，于15月龄前提前出栏。采用此法育肥并于18月龄出栏的肉牛夏季放牧，原则上不喂精料，舍饲时也尽量少喂精料。但在12～18月龄，一般以压扁大麦为主，并添加适量蛋白质、矿物质和维生素，喂量2～5kg。

(2)大量喂给粗饲料，24月龄出栏的粗放模式肥育模式

此法适用于成熟较晚、瘦肉率较高，每年11～2月出生的去势小公牛。一般在第二个冬季舍饲前采用与18月龄出栏相同的饲养方式。但用此方案的牛在第一次放牧时，日增重的标准为0.6kg，所以一般都放牧在植被较差的草地上。冬季舍饲时，精料喂量要少，一般不超过2kg。18月龄以前，在喂给干草及青贮的同时，尽量多喂一些氨化秸秆及其他农副产品，然后转入第二年放牧。由于以前营养水平低，生长受阻，一旦放牧在优质草地上，就会明显出现补偿性生长，日增重往往可以达到1.5kg，并很快达到成熟。

(3)大量饲喂谷物，12月龄以前就出栏的集约化肥育模式

此模式在20世纪60年代广为流行，60年代末在英国的肥育牛生产中约占15%。但随着谷物价格上涨，经济效益下降，采用此法1头出栏牛平均约需要精料1800kg。适用于体重100～110kg、3月龄左右的黑白花牛，也可用于晚熟品种及杂种，但不适于早熟、易育肥的品种。应用此法时，不要过度密集饲养，同时还要防止因采食大量谷物而引起的消化道疾病。

五、肉牛的肥育生产体系

由于各国的地理、自然条件、饲养习惯、饲养效益以及消费者对牛肉不同的要求，牛肉生产者为适应不同市场需求，根据各国饲料条件采用不同的生产方式或体系进行肉牛肥育，肥育牛生产体系不同，生产的牛肉成本、质量、档次也有较大的差距。

1. 国外肉牛肥育生产体系

目前，主要的生产体系有：美国肉牛肥育生产体系、英国肉牛肥育饲养体系、澳大利亚肉牛肥育体系、日本肉牛肥育生产体系等。

(1)美国肉牛肥育生产体系

美国的肉牛生产，根据肉牛生长阶段的区别以及牧场经营范围的不同，可以分为种牛

场、商品犊牛繁殖场、育成牛场、强度肥育牛场。肉牛肥育的生产体系比较单一，即绝大多数采用异地肥育。把西部地区繁殖的断奶后犊牛转入农业发达的中部玉米产区，短期肥育后出售或屠宰。

(2)英国肉牛肥育饲养体系

英国牛肉生产量中，由奶牛群提供的牛肉占牛肉总产量的60%以上，进口架子牛肥育占比不超过5%，其他肉牛均为专用肉牛提供，约占35%，英国主要有3种肉牛肥育生产方式：专用肉牛肥育、架子牛肥育、小公牛肥育。

(3)澳大利亚肉牛肥育体系

澳大利亚是个地广人稀的国家，在降水量较小的北部、中部和西部地区，$1km^2$ 不足一头牛，牛出生后随母牛放牧，任牛只活动，几乎没有任何管理措施，开放式粗放经营，生产的牛肉品质粗老。在降水量较大的南部、东南部地区，采用人工或优质草场，实行分区轮牧制等集约式生产。白天放牧，晚间补喂配合精饲料或全天放牧不补料，管理较细。草场有专门饮水设备或备有添加剂舔砖，这种牛得到较好的管理，因此牛肉品质较好。

(4)日本肉牛肥育生产体系

日本肉牛的两大支柱是以和牛品种为代表的肉用牛及以荷斯坦牛为代表的乳用牛，用乳用牛生产牛肉的途径有乳用品种的去势公牛肥育、乳用公母牛淘汰后肥育、乳用犊牛肥育。在日本肉牛生产中，极少有大规模的肉牛肥育场，以农户饲养为主，农户自繁自养和异地肥育相结合。同时制定肉牛屠宰规范，并规定屠宰权限(无个体户宰牛)，对保证牛肉卫生有重要的作用。

2. 我国肉牛生产体系

根据我国养牛生产的区域性特征和实际情况，我国农牧区肉牛规模化的经营模式有：

(1)肉牛产业链式发展模式

地域内有较大经济实力的经营性企业，称龙头企业，企业主要从事肉牛加工如屠宰或肉牛产品深加工。肉牛产品加工业的发展，带动相关产业协同发展，使肉牛产业从肉牛饲养开始，通过加工、销售过程各环节链条反复增加附加值，形成肉牛产业链。

(2)肉牛小群体大规模发展模式

这种模式存在于广大农区或农牧交错区，这些地域有较好肉牛养殖基础和大的养殖区域，广大农牧民养牛积极性高，以一个或多个带动能力强的肉牛肥育企业或集贸市场为龙头，农户为龙尾，实行贸农一体、产销一条龙，形成“市场牵龙头、龙头带基地、基地连农户”的经营格局。

(3)资源优势互补的异地肥育模式

肉牛异地肥育是指在甲地繁殖并培育犊牛、架子牛，在乙地专门进行肉牛肥育，发挥各自优势，这种模式存在于广大农区与牧区之间或农牧交错区，这些地域有较充裕的架子牛和充足饲料资源，且肉牛养殖基础好，广大农牧民养牛积极性高，对于肉牛肥育区是属“两头在外来料加工”型的肉牛肥育模式。在有先进的饲养管理技术，交通便利，宜于销售的地区，建立大规模的肥育场，从架子牛基地购置架子牛进行集中肥育和销售。

※牛场配种计划的制订

一、配种产犊计划

合理组织配种产犊计划，减少空怀不孕牛是牛场各生产计划的基础，是制订牛群周转计划的重要依据。制订本计划可以明确计划年度各月份参加配种的成年母牛、飞头胎牛和育成牛的头数及各月份分布，以便做到计划配种和生产。制订本计划时，必须具备下列资料：①牛场上年度母牛分娩、配种记录；②牛场前年和上年所生育成母牛的出生日期等记录；③计划年度内预计淘汰的成年母牛和育成母牛的头数及时间；④牛场配种产犊类型、饲养管理条件及牛群生产性能、健康状况等条件。

二、牛群周转计划

在牛群中，由于犊牛的出生、发育成长、转群、成年牛的衰老淘汰、肥育牛的屠宰以及牛只的买进、卖出等，致使牛群结构不断发生变化。在一定时期内，牛群结构的这种增减变化称为牛群周转。周转计划是牛场的再生产计划，是指导全场生产、编制饲料计划、产品计划、劳动力需要计划和各项基本建设计划的依据。制订牛群周转计划时，首先应规定发展头数，然后安排各类牛的比例，并确定更新补充各类牛的头数与淘汰出售头数。一般以繁殖为主的成年乳用牛群，牛群组成比例为种公牛2%～3%，繁殖母牛60%～65%，育成后备母牛20%～30%，犊母牛8%左右。采用冻精配种的牛场，可不考虑种公牛的问题，但要计划培育和创造优良后备种公牛。编制牛群周转计划必须掌握以下材料：①计划年初各类牛的存栏数；②计划年末各类牛按计划任务要求达到的头数和生产水平；③上年7～12月各月出生的犊母牛头数及本年度配种产犊计划；④计划年淘汰、出售和肥育牛的头数。

三、提高繁殖率的措施

(1)加强饲养管理

在饲养管理中，营养不足与过量均可引起繁殖疾病。产前、产后饲养管理中，蛋白质与能量不足均可导致子宫复旧延迟，继发子宫炎症，可造成卵巢机能不全。维生素A、E不足，微量元素缺乏，母牛可长期不发情或发情无规律、不排卵、受精卵着床困难，胚胎早期死亡等。粗纤维不足除可导致代谢病以外，还可造成胎衣不下与产科疾病。

(2)正确鉴定发情

对于牛场来说，正确鉴定母牛发情，适时配种，是提高牛场母牛繁殖率的主要手段之一，如果发情鉴定不及时，检查不适当，会造成受胎率低下，直接影响牛场的经济效益，因此母牛发情观察很重要。

(3)适时有效输精

在排卵前3h内输精，母牛受胎率最高。准确鉴定发情牛，并对发情牛进行卵泡检查，当卵泡像成熟的葡萄，卵泡壁变薄、软而有弹性，具有一定波动时可输精。如果对一侧卵泡发育情况把握不准时，可采取两侧子宫角同时输精。在输精过程中需注意以下几点：

①输精枪前移时，如遇到阻力，应立即停止输精枪的移动；②输精枪进入两侧子宫角的深度不一定一致，但两侧子宫角的输精量要一致。

(4)掌握牛群动态

卵巢与子宫监测。产后15～20d应进行直肠检查，检查卵巢和子宫恢复情况，如有异常应及时处理。观察发情。产后应及时观察发情，便于检查卵巢和子宫恢复情况，针对子宫复旧不全的牛可进行子宫冲洗，促进母牛子宫恢复正常。对于产后卵巢及子宫恢复良好的母牛可实施配种。

(5)做好疾病预防

母牛生殖道疾病，如卵巢囊肿，持久黄体，子宫内膜炎，卵巢静止等将直接影响母牛的受胎率。对产后母牛应首先做好子宫清洗工作，对生殖道疾病采取积极有效的方法及时治疗。对于卵巢囊肿。可采取促黄体素100～200IU一次肌肉注射，连续5～7d；静脉注射地塞米松100mg，隔日注射一次，连用2～3次；对于子宫内膜炎可采取抗生素子宫内注射，隔日一次进行冲洗。

※母牛繁殖障碍的处置

母牛由于种种原因，会出现不能按时正常发情、受精或妊娠产犊等现象。表现为不发情或持久发情，屡配不孕，妊娠母牛发生流产、死胎、木乃伊胎、无活力的弱仔、畸形胎儿和公母牛不育症等。导致母牛繁殖障碍的原因可分为先天和后天获得两大类。奶牛营养、产后感染、传染性疾病、乏情、久配不孕，冻精质量低下以及落后的配种技术和不认真的操作等因素产生后天获得性繁殖障碍(图12-9)。据中国奶业协会统计，我国乳牛繁殖障碍发生率高于其他国家，可达15%～20%。按不孕的病因分，以子宫内膜炎引起的不孕牛所占的比例最高，可达50.62%；次之为卵巢疾病，占40.74%，而且该病以持久黄体最普遍，占20.37%。

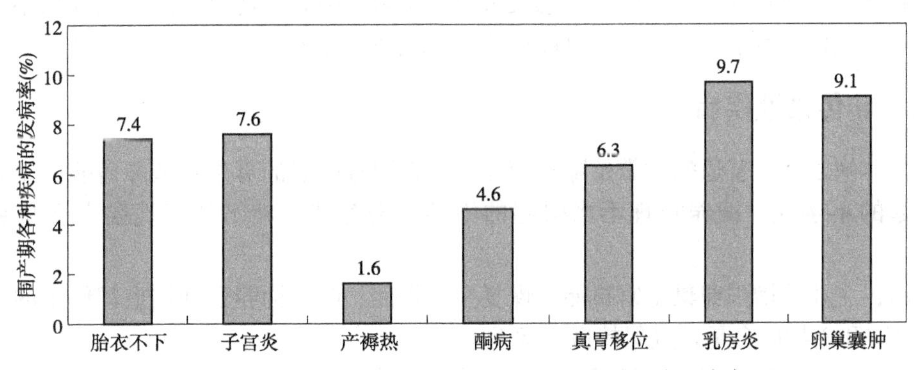

图12-9 1995年美国纽约州牛围产期的各种疾病发病率

(1995年纽约州8070头奶牛调查结果)

一、传染性疾病

由病毒、细菌和寄生虫等传染性因素引起的母牛繁殖障碍病，主要疾病有弯曲杆菌病、阴道滴虫病、布氏杆菌病、钩端螺旋体、牛传染性鼻气管炎、牛病毒性腹泻、原虫性流产等。20世纪30年代以前，传染性疾病曾是繁殖障碍的重要病因，但现在导致繁殖障碍的非传染性因素(如遗传、营养、免疫、环境和繁殖技术等)上升为重要原因。

(1)布鲁氏菌病

布鲁氏菌病简称布病，是人畜共患的慢性传染病。动物的布病以生殖系统发炎、流产、不孕、睾丸炎、关节炎为主要特征。布鲁氏菌病以冬春产犊季节多发，初孕牛多见流产，老疫群多发生子宫炎、乳房炎、关节炎等。饲养管理不良，缺乏维生素和微量元素以及各种应激因素均可促进该病发生。妊娠牛主要表现为流产。流产多发生于怀孕5～7个月，流产前有分娩预兆。流产后多伴有胎衣不下或子宫内膜炎，约在2～7周后恢复，有的产死胎或弱胎。公牛可发生睾丸炎、附睾炎、关节炎、滑液囊炎、淋巴结炎或脓肿等。慢性病例睾丸和附睾肿大。

防治：引进时一定要隔离检疫，利用凝集反应和变态反应定期进行两次检疫，发现病牛及时隔离淘汰。病牛肉高温处理，内脏深埋，并且对污染物、分泌物进行消毒销毁处理，对规模化奶牛场周围环境全面消毒。使用布鲁氏菌猪型2号菌苗，对全群预防注射，以后每隔一年接种一次，直至达到国家控制标准。

(2)牛病毒性腹泻(黏膜病)

牛病毒性腹泻简称牛病毒性腹泻或牛黏膜病。以发热、白细胞减少、口腔及消化道黏膜糜烂或溃疡以及腹泻为主要特征。但多数牛呈隐性感染。牛病毒性腹泻病以冬季和初春多发。牛潜伏期7～10d，急性牛发病突然，体温升高达40～42℃，2～3d后鼻镜及口腔黏膜表面出现糜烂，舌上皮坏死，流涎多，呼气恶臭。继而出现严重腹泻呈水样，甚至带有黏液纤维性伪膜和血。慢性病例发热不明显，以持续性或间歇性腹泻和口腔黏膜反复发生坏死溃疡为特征。可引发蹄叶炎和趾间坏死，有的出现局部脱毛、皮肤皲裂和表皮角质化。妊娠牛发病常引起流产或犊牛先天性缺陷。

防治：引进种牛必须严格检疫，一旦发病应及时隔离或屠杀消毒防止扩大传播。应用收敛剂和补液等保守疗法，为防继发感染可投抗生素或磺胺类药物。由于慢性病牛可长期带毒，经济条件许可下，对病牛尽可能淘汰，彻底清除传染源。

二、非传染性疾病

由营养缺乏性、普通病性繁殖障碍等非传染性因素引起的母牛繁殖障碍病。主要包括疾病引起的不孕症、饲养管理不当引起的不孕、繁育技术性不孕和气候水土与衰老性不孕。

防治：主要是增强卵巢子宫机能，恢复生殖机能。改善饲养管理注重饲料中的维生素A、蛋白质和矿物质含量，且保持适当运动。

①激素治疗：卵泡素、生长激素、促黄体激素等治疗卵巢静止，多卵泡发育等生理性不孕症。对于卵巢囊肿可用促黄体激素或促绒毛膜促性腺激素，使卵巢黄体化再用前列腺素或类似物处理。前列腺素$F_{2\alpha}$及其类似物用于治疗持久黄体和子宫内膜炎。其次催产素对持久黄体和卵巢囊肿具有治疗作用。

②子宫冲洗灌注：用温生理盐水或防腐收敛溶液冲洗子宫并结合抗菌药物灌注。据一

些资料报道还可以采取激光、电针以及中药制剂方法治疗。

③防治围产期疾病，尤其把胎衣不下、子宫内膜炎及乳房炎降到最低水平；对产后期加强监测。

④因单纯卵巢、输卵管疾病而引起的不孕可采用胚胎移植。同时建立淘汰制度，现在无统一的标准，但必须慎重，应根据母牛的临床状态和各方面的资料进行考虑。

*实训二十六　牛的发情鉴定

【实训目的】通过外部观察法，判断母牛的发情阶段。

【实训准备】母牛(含发情与未发情的母牛)若干头、试情公牛。

【实训步骤】

①将若干头母牛放于运动场内，让其自由活动，注意观察其爬跨行为、精神状态、外阴部变化。

②有条件的实训场所可将试情公牛(一般为结扎输精管的公牛)放入母牛群中，观察效果更为明显。

③边观察边做记录，分析母牛的表现，判断发情阶段。

【实训报告】将观察到的发情现象和鉴定结果填于表实 26-1。

表实 26-1　母牛发情鉴定观察结果记录表

母牛号	症状表现				鉴定结果
	爬跨行为表现	外阴部变化	黏液情况	精神状态变化	

*实训二十七　牛的人工授精

【实训目的】通过实际操作，初步掌握直肠把握输精方法。

【实训准备】发情母牛、0.1%～0.2%高锰酸钾溶液、2%来苏儿、75%的酒精棉球、蒸馏水、肥皂、毛巾、瓷盆、细管冻精、水浴锅、输精枪等。

【实训步骤】

(1)输精准备

①牛体清洗与消毒：将母牛绑定在输精架内，尾巴拉向一侧，用温肥皂水充分洗涤阴

户，除去污垢后用0.1%的高锰酸钾溶液消毒，然后用温开水冲洗，用消毒抹布擦干。

②器械清洗与消毒：要使用经过消毒的器械。每输完一头牛要重新换一支输精枪外套，不要连续使用。

③精液的准备：细管冻精，可直接投入38～40℃的温水中浸泡解冻，见管内精液颜色改变，立即取出。精液升温或解冻后，要做活力镜检，以确定能否使用。液态精液镜检活力应不低于0.5，冻精活力应不低于0.3，否则不能使用。精液解冻后应立即输精，以免影响受胎率。

④输精员手臂的消毒：输精员要将指甲剪短磨光，先用2%来苏儿溶液消毒手臂，用温水冲去药液，然后用消毒毛巾擦干，再用75%的酒精棉球擦拭。待酒精挥发后，再涂以润滑剂(凡士林、液体石蜡、植物油等)。如果输精员戴长臂手套操作，也需要消毒并涂上润滑剂。

(2)输精操作

将一只手徐徐伸入直肠，慢慢掏出宿粪。掏出后五指并拢，掌心向下，寻找并握住子宫颈。抓住子宫颈的一端，并充分拉向腹腔的方向，以便伸直阴道皱褶。与此同时，手臂往下压，使阴道张开，另一只手持装有细管精液的输精枪，自阴门插入。插入时，先向上倾斜插一段，以避开尿道口，再平插至子宫颈口，继而插入子宫颈内。当输精枪前端通过子宫颈内较硬的两皱褶后，握住子宫颈的手可向外拉子宫颈，使输精枪顺利地插到子宫颈深部或子宫部，随即将精液注入，然后抽出输精枪。总的要领是：适深、慢插、轻注、缓出、防止逆流。

(3)输精时应注意的问题

①输精时，精液的温度应保持在28～36℃，接触精液的输精枪的温度应与精液的温度相等或接近。

②在输精过程中，如母牛努责，应暂停操作，绝不能强行输精，可让助手拍打或捏压牛背腰部，以缓解直肠紧张。

③输精过程中，输精员应随牛的左右摆动而摆动，以防折断输精枪。

④对某些子宫颈比较细的处女母牛，在探寻子宫颈时，应注意在肛门近处摸索；而对某些老母牛，子宫可能会沉入腹腔，要通过直肠狭窄部向前探寻。

【实训报告】写出输精的过程和体会。

*实训二十八　牛的妊娠诊断

【实训目的】通过巩膜血管法、直肠检查法等方法，掌握牛的早期妊娠诊断技术。

【实训准备】配种后20～90d母牛、未妊娠的母牛、2%来苏水、0.1%高锰酸钾溶液、7%碘酒，己烯雌酚、肥皂、毛巾、瓷盆、酒精棉球、75%酒精、润滑剂(凡士林或液体石蜡)等。

【实训步骤】

(1)巩膜血管诊断法

在配种后20d即可检查，观察牛的眼巩膜。妊娠的母牛，在一侧或两侧眼球瞳孔正上方的巩膜表面，有1～2条(个别有3条)呈直线状(少数有弯曲)的纵向血管，颜色深红，轮廓清晰，略凸起，比正常血管粗得多。这种现象可维持到分娩后一周。

(2)直肠检查法

选配种后30～90d母牛若干头，将手伸进直肠，通过触摸卵巢与子宫角的变化来判断母牛妊娠与否。

①将被检母牛绑定。

②检查人员将手指并拢呈锥形，缓慢伸入肛门，掏出宿粪。

③将伸向直肠的手掌展平，掌心向下，手稍下弯，在骨盆腔底部下压，并稍向前后、左右活动摸找，如摸到一个长圆形质地较硬的棒状物，即为子宫颈(长6～10cm)。再向前摸，在正上方可摸到一个浅沟，即为角间沟，沟的两旁为向前下弯曲的两侧子宫角。沿子宫角向下稍向外侧，可摸到卵巢。

④仔细触摸卵巢的变化(质地、形状、大小、有无黄体或卵泡)情况。

⑤仔细触摸子宫的变化(质地、形状、大小、位置、有无角间沟和胚泡)情况。

(3)碘酒法

取配种20～30d母牛的鲜尿液10mL，盛入试管中，然后滴入2mL7%碘酒溶液，充分混合5～6min，在亮处观察试管中溶液的颜色，呈暗紫色为妊娠，不变色或稍带碘酒色为未妊娠。

(4)激素诊断法

在配种后20d，用己烯雌酚10mL，一次肌肉注射。第2d观察，根据母牛的外部表现，判断发情与否。已经妊娠的牛，无发情表现或有轻微表现；有明显发情的为没有妊娠的牛。

【实训报告】将检查结果填于表实28-1。

表实28-1　早期妊娠结果记录表

母牛号	征状表现			诊断结果
	碘酒法	直肠检查	巩膜血管诊断	

实训二十九　牛的接产与助产

【实训目的】掌握给牛接产的方法，学会给牛助产。

【实训准备】临产母牛、2%来苏儿、0.1%～0.2%高锰酸钾溶液、5%碘酒溶液、润滑剂(凡士林或液体石蜡)、脱脂棉、医用纱布、剪刀、助产绳、肥皂、毛巾、瓷盆(桶)等。

【实训步骤】

(1)产前准备

①将母牛的尾根用缠尾带缠好，拉向一侧。

②用温肥皂水或0.1%～0.2%的高锰酸钾溶液洗净牛的外阴部、肛门、尾根及后臀部，并擦干。

③助产者把指甲剪短磨光，手臂用2%来苏水消毒或带上长臂手套。

(2)接产

①母牛分娩时，要注意其努责的频率、强度、时间及姿势。

②当胎膜露于阴门时，助产者将手臂涂上润滑剂(或肥皂水)后伸入产道，隔着胎膜触摸胎儿，判断胎向、胎位、胎势是否正常。如果正常，就不需要助产，可让其自然产出。否则就应顺势将胎儿推回子宫矫正。

③临产时，阴门处可见羊膜囊外露，这时母牛多卧下。注意要让牛向左侧卧，以免胎儿受瘤胃压迫而难以产出。随着囊内液体的增多，压力加大，加之胎儿前蹄的顶撞，羊膜会自行破裂，羊水流出。羊水流出时，最好用桶接住，产后喂给母牛3～4kg，可以预防胎衣不下。与此同时，母牛阵痛努责加剧，胎儿的两前肢伸出，随后是头、躯干和后肢产出。这是正常的顺产，助产者只要稍加帮助即可。

(3)助产

①胎儿头部和前肢露出时，应注意蹄底是否向下，并注意母牛努责情况。

②如果胎儿头部已露出阴门外，而羊膜却没有破裂，此时应立即撕破羊膜，使胎儿鼻子露出来，以防憋死。如果羊膜还在阴门内，不要过早地扯破，否则羊水流出过早，不利胎儿产出。

③当羊水流出，而胎儿仍未产出，母牛阵缩及努责又减弱时，应进行助产。用助产绳系住胎儿两前肢系部，由助手拉住绳子，助产者将手臂消毒并涂上润滑剂后伸入产道，大拇指插入胎儿口角，捏住下颌，趁母牛努责时同助手一起向外拉，用力方向应与荐椎平行。

④当胎儿头部通过阴门时，要用双手按压阴唇及会阴部，以防撑破。

⑤胎儿头部拉出后，拉的动作要缓慢，以防发生子宫外翻或阴道脱出。

⑥当胎儿腹部通过阴门时，要用手捂住胎儿脐带根部，防止脐带断在脐孔内。

⑦如果是倒生，当两后肢产出时，应迅速拉出胎儿。否则会因胎儿胸部在骨盆内停留过久，导致脐带受压，将胎儿憋死。

⑧多数犊牛生下来脐带就已自行扯断。如果未断，可在距腹部约10cm处用手拉断或用剪刀背钝性挫断。断脐后，应在断端用5%碘酒溶液充分消毒，一般无须结扎，以利于干燥愈合。

(4)难产处理

①正确判断难产的种类：牛的难产可分为产力性难产、产道性难产和胎儿性难产3种。产力性难产包括破水过早及阵缩、努责微弱；产道性难产包括子宫颈狭窄、阴道及阴门狭窄等；胎儿性难产包括胎儿过大、胎势不正、胎位不正、胎向不正等。上述3种难产，以胎儿性难产最多见，约占难产的75%。

②准确判断胎儿的死活：正生时将手指伸入胎儿口腔轻拉舌头，或按压眼球，或牵拉前肢；倒生时将手指伸入肛门，或牵拉后肢，如果有反应，说明胎儿尚活，如胎儿已死亡，则助产时不必顾忌胎儿的损伤。

③正确矫正，拉出胎儿：为了便于推回矫正或拉出胎儿，应向产道内灌注大量润滑剂，如肥皂水或油类等。灌入后，趁母牛不努责时将胎儿推进子宫内进行矫正。经矫正

后，再顺其努责将胎儿轻轻拉出。即“灌入油，推进去，矫正好，拉出来”。注意不可粗暴硬拉，严重难产者往往需要进行器械手术。

(5)胎衣的检查与处理

母牛产后，经一段时间的间歇，会再度努责，说明胎衣就要排出，这时要注意观察。胎衣一般都是翻着排出，这是因为母牛努责时是由子宫角尖端开始收缩，故此处胎盘首先脱落，形成套叠，逐渐向外翻出来。由于牛的母子胎盘粘连较紧密，导致胎衣不易脱落，产后 4～6h 才能将胎衣排出。如果胎衣滞留 12h 以上，应进行手术剥离。胎衣排出后应检查是否完整，以避免部分滞留。排出后的胎衣应及时取走，以防母牛吞食，造成消化不良。

【实训报告】总结接产的全过程，重点写清过程与体会。

练习与思考题

1. 种公牛饲养管理的要点有哪些？
2. 简述犊牛培育的基本要求和原则。
3. 早期断乳具有什么优势？搞好犊牛早期断乳有哪些关键措施？
4. 肉用犊牛的饲养和育肥有哪些措施？
5. 奶牛干乳有什么意义？干乳的方法有哪些？
6. 奶牛在泌乳盛期的饲养方法有哪些？各有什么优缺点？
7. 母牛的发情、妊娠及临产有哪些征状？
8. 简述肉牛肥育的方式及方法。

项目十三 羊生产技术

【知识目标】

- 掌握羊的放牧技术。
- 掌握各种羊的饲养管理技术。
- 掌握绵羊剪毛和山羊梳绒技术。
- 掌握绵羊和山羊的驱虫和药浴技术。
- 掌握羊的人工授精技术。

【技能目标】

- 学会规划四季放牧场，并能利用牧场资源组织放牧。
- 能根据羊的饲养管理要点，组织大规模的羊生产。

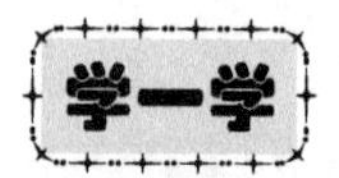

任务一 羊的放牧饲养

一、四季放牧场的规划

羊只放牧饲养，应对放牧场应做出规划。我国饲养绵羊、山羊的广大地区，牧草质量均呈现明显的季节性变化。因此，必须根据气候的季节性变化、牧草生长规律、地形地势和水源等情况规划四季放牧场，才能收到良好的饲养效果。

(1)春季

绵羊经过冬季，体力虚弱，到了春季，气候变化无常，牧草青黄不接，形成了所谓“春乏时期”。此时放牧的主要任务是如何恢复绵羊的体力，并对即将产春羔的母羊进行保胎。春季放牧，天气还冷，草刚萌芽，绵羊见青乱跑，不但吃不饱，反而会造成掉膘，为此，应防止“跑青”。有的地方山区放牧实行“早春放阴坡，晚春放阳坡”，即先在阴坡放牧，等阳坡草已长高时，再改为上午在阴坡放牧，下午转向阳坡放牧，并逐渐延长放青时间，以保证羊只增加食草量，避免误食毒草，破坏草地及引起消化系统疾病。牧区与半农半牧区，也是先到干草多的地方放牧，等青草长高了再逐渐放青。春季风大，羊只瘦弱，应采取顶风出牧，顺风归牧，尽量缩短放牧距离，防止消耗体力。早春出牧较迟，归牧较早，当天气已暖时，应改为早出晚归，缩短午间休息时间，以使羊有更多吃草时间。

(2)夏季

羊群经过春季放牧，身体逐渐恢复。到了夏季，日暖天长，青草茂密，牧草营养价值高，正是抓膘的良好季节，应该待露水干后立即出牧，尽量做到晚归牧。但夏季天气炎热，蚊蝇多，应选择高燥、凉爽、饮水方便、蚊蝇少的地方放牧。中午把羊赶到高而凉爽的地方休息，夜间如天气好，可在圈外干燥处过夜。

(3)秋季

秋季牧草已结籽，营养价值很高，羊吃了易于长膘，对于及时配种、安全过冬及促进胎儿发育均有利。为此，这时放牧，无霜时应早出晚归，有霜时应晚出晚归，中午不休息，尽量延长放牧时间，多让羊吃种籽未落的草，并应注意不让羊吃霜冻草。此外，还可充分利用茬地放牧，使羊利用收秋遗留下来的籽实茎叶。

(4)冬季

冬季放牧的主要任务是保膘保胎，应选地势低、暖和、背风向阳处放牧，遇有较大风雪时，可到山沟及避风处放牧或进行舍饲。在牧地的利用上，要先远后近，先阴后阳，先高后低，先沟后坪。冬季放牧应顶风出牧，顺风归牧，晚出晚归。为了做好保胎工作，放牧时不急赶羊群，不放霜冻草，不饮带冰或过冷的水，不惊吓，不走陡坡，不走冰道，不跳沟，出入圈门不拥挤，同时要照顾老弱羊只，必要时可对这些羊只单独组群，进行补草补料，以免影响羊只健康。

二、放牧组织和放牧方式

1. 放牧的组织工作

合理组织羊群是科学放牧饲养绵、山羊的重要措施之一。它有利于绵、山羊的选留和淘汰，合理利用和保护草场，经济利用劳动力和设备，不断提高羊群生产力。放牧组群应根据羊的数量、羊别(绵羊与山羊)、品种、性别、年龄、体质和放牧场的地形、地貌而定。羊数量多，同一品种可分为种公羊群、试情公羊群、成年母羊群、育成公羊群、育成母羊群、羯羊群和育种母羊核心群等。在成年母羊群和育成母羊群中，还可按级组成等级羊群。羊数量少，不能多组群时，应将种公羊单独组群(非种用公羊应去势)饲养，母羊组成繁殖母羊群和淘汰母羊群。为确保种公羊群、育种核心群、繁殖母羊群安全越冬渡春，每年秋末冬初，应根据冬季放牧场的载畜量和饲草饲料的贮备和羊的营养需要，确定羊的饲养量，做到以草定畜。对老龄和瘦弱以及品质较差的羊只进行淘汰，提供畜产品。

我国绵羊放牧羊群的规模，繁殖母羊一般牧区 250～500 只、半农半牧区 100～150 只、山区 50～100 只、农区 30～50 只为宜，育成公羊和母羊可适当增加，核心母羊群可适当减少，成年种公羊 20～30 只、后备种公羊 40～60 只。

放牧前应对牧地的面积、地形、植被以及风向等有比较全面的了解，以便制订各个季节的牧地使用计划。既要确定打草地、放牧地，安排放牧计划，又要提前做好卫生防疫和防毒草及兽害等工作。不同地区四季牧地选择也不一样。例如，牧区多按“春洼、夏岗、秋平、冬暖”，山区则按“冬牧阳坡春放背，夏放岭头秋放地”“春放阴，夏放阳，二八月放沟塘”来进行。

2. 放牧方式

放牧方式是指对放牧场的利用方式。目前，我国的放牧方式可分为固定放牧、围栏放牧、季节轮牧和小区轮牧4种。

(1)固定放牧

固定放牧是羊群一年四季在一个特定区域内自由放牧采食。这是一种原始的放牧方式。它不利于草场的合理利用与保护，载畜量低，单位草场面积提供的畜产品数量少，每个劳动力所创造的价值不高。牲畜的数量与草地生产力之间自求平衡，牲畜多了就必然死亡。这是现代化养羊业应该摒弃的一种放牧方式。

(2)围栏放牧

围栏放牧是根据地形把放牧场围起来，在一个围栏内，根据牧草所提供的营养物质数量结合绵羊的营养需要量，安排一定数量的绵羊放牧。这种放牧方式，能合理利用和保护草场，据资料报道，草场围起来可提高产草量17%～65%，草的质量也有提高。同时，围栏放牧对固定草场使用权也起着重要的作用。

(3)季节轮牧

季节轮牧是根据四季牧场的划分，按季节轮流放牧。这是我国牧区目前普遍采用的放牧方式。它能较合理利用草场，提高放牧效果。为了防止草场退化，可安排休闲牧地，以利于牧草恢复生机。

(4)小区轮牧

小区轮牧是在划定季节牧场基础上，根据牧草的生长、草地生产力、羊群对营养的需要和寄生虫的侵袭动态等，将牧地划分为若干个小区，羊群按一定的顺序在小区内进行轮回放牧。小区轮牧是一种先进的放牧方式，其优点：一是能合理利用和保护草场，提高草场载畜量，据新疆紫泥泉种羊场试验，小区轮牧比传统放牧方式每只绵羊可节约草场1500m²；二是小区轮牧将羊群控制在小区范围内，减少了游走所消耗的热能，增重加快，与传统放牧方式相比，平均日增重春、夏、秋、冬季分别高13.42%、16.25%、52.53%和100.00%；三是能控制体内寄生虫感染，羊体内寄生虫卵随粪便排出约经6d发育成幼虫便可感染羊群，所以羊群只要在某一小区放牧时间限制在6d以内，就可减少内寄生虫的感染。小区轮牧技术的具体实施，可在季节性或常年牧地根据养羊单位的具体条件而定，一般是先粗后细，由不完善到完善，其具体做法如图13-1所示。

三、四季放牧技术

1. 放牧队形

放牧队形很多，但基本上可归为两大类：一条鞭和满天星。

①划定草场，确定载畜量：根据草场类型、面积及产草量，结合肉羊日采食量和放牧

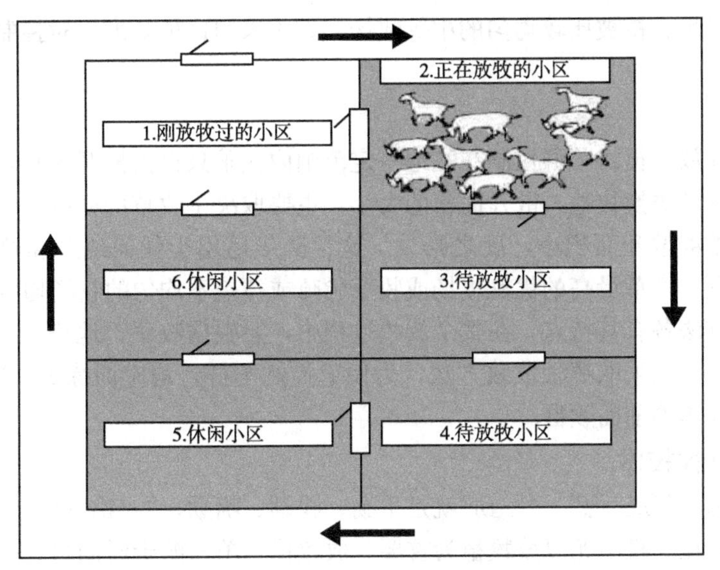

图 13-1　小区轮牧示意图

时间，确定载畜量。

②划分小区：根据放牧肉羊的数量、放牧时间以及牧草的再生速度，划分每个小区的面积和轮牧 1 次的小区数。轮牧 1 次一般划定 6～8 个小区，羊群每隔 3～6d 轮换 1 个小区。

③确定放牧周期：全部小区放牧一次，共计所需要的时间，叫作放牧周期，其计算方法是，放牧周期＝每小区放牧天数×小区数。放牧周期的确定，主要取决于牧草再生速度，而牧草的再生速度又受水热条件、草原类型和土壤类型诸因素的影响。在我国北部地区，不同草原类型牧草生长期内，放牧周期是：干旱草原 30～40d，湿润草原 30d，森林草原 25d，高山草原 35～45d，半荒漠和荒漠草原 30d。在不同的放牧季节所确定的放牧周期不尽一致，应视具体情况而定。

④确定放牧频率：放牧频率是在一个放牧季节内，每个小区轮回放牧次数。放牧频率与放牧周期关系密切，它取决于草原类型和牧草再生速度。在我国北部地区不同草原类型的放牧频率：干旱草原 2～3 次，湿润草原 2～4 次，森林草原 3～5 次，高山草原 2～3 次，荒漠和半荒漠草原 1～2 次。

⑤放牧方法：参考小区轮牧的羊群数量，按计划对小区依次逐区轮回放牧。同时，对小区按计划依次休闲。

（1）一条鞭

一条鞭是指羊群放牧时，排列成类似“一”字形的横队。羊群横队里一般有 1～3 层。放牧员在羊群前面控制羊群前进的速度，使羊群缓缓前进，并随时命令离队的羊只归队，如有助手可在羊群后面防止少数羊只掉队。刚出牧时，是羊采食高峰期，应控制住带头羊，放慢前进的速度。当放牧一段时间，羊快吃饱时，前进的速度可适当快一点。待到大部分羊只吃饱后，羊群出现站立不采食或躺卧休息行为时，放牧员在羊群左右走动，不让羊群前进，就地休息、反刍。羊群休息反刍后，再令羊群继续放牧。一条鞭放牧队形，适用于牧地比较平坦、植被比较均匀的中等牧场。春季采用这种队形，对控制羊群“跑青”有好处。

(2)满天星

满天星是指放牧员将羊群控制在牧地一定范围内让羊只自由散开采食，当羊群采食一定时间后，再移动更换牧地。散开面积的大小，主要取决于牧草的密度。牧草密度大、产量高的牧地，羊群散开面积小，反之则大。这种队形适用于任何地形和草原类型的放牧地。对牧草优良、产草量高的优良牧场或牧草稀疏或覆盖不均匀的牧场均可采用。

以上两种方法各有其特点，在整个放牧过程中，要根据牧草、地势、羊的采食情况等随时改变队形。不论采取哪种放牧方法，为便于控制羊群，均应训练1～2只头羊，听从放牧员指挥，在羊群前面领群。

2. 四季放牧技术

放牧要做到“三勤三稳”。“三勤”就是手勤、腿勤、嘴勤；“三稳”就是放牧稳、出入圈稳、饮水稳，而在三稳中尤以放牧稳为首要。放牧稳，羊只游走时间短，采食量多，就可以吃好吃饱，迅速抓膘，且可减少羊群对草场的践踏。应让羊吃回头草，也就是在放牧时，当绵羊在牧地上已快吃饱时，可将绵羊堵回，使它们调回头来，与走在后面的羊一并散在已放过的地方，重新采食剩余的牧草。但不能赶得太急太猛，否则把走在前面的羊迅速向后一赶，就会带动整个羊群后转，达不到把羊群控制在一个地方的目的。群众说的“放羊留下回头草，多介你也错不了，放羊不留回头草，多介你也放不好”，就是这个意思。有的放牧员的做法是：每天早晨开始放牧时，将好草留下，赶着羊群向前走，等到午后回村时，再让羊吃早晨留下的好草(回头草)，以促使羊吃得更饱，上膘快，增加产毛量。

任务二 各类羊的饲养管理

一、种公羊的饲养管理

俗话说“母好只一窝，公好出一坡”，种公羊对羊群品质的改良和提高起着重要作用。因此，种公羊的饲养要求细致周到，既不要过肥也不要过瘦，保持在中等膘情，健壮、活泼、精力充沛、性欲旺盛，种公羊在全年必须维持良好的健康状况，以完成配种的任务。种公羊的饲料要求营养价值高，适口性好，又容易消化，饲料中应含有丰富的蛋白质、维生素和矿物质。适宜饲喂种公羊的精饲料有燕麦、大麦、豌豆、玉米、高粱、豆饼、麸皮等；多汁饲料有胡萝卜、甜菜等；粗饲料有苜蓿干草、青燕麦干草、三叶草和各种青干草等。

饲养种公羊的人员要相对固定，对种公羊要单独组群放牧、舍饲，离母羊尽可能远，种公羊圈舍要宽敞，保持清洁、干燥．定期消毒，要尽可能防止公羊互相斗殴。要定期检疫和注射有关预防疫苗，做好体内外寄生虫病的防制工作，平时要认真观察种公羊的精神、食欲等，发现异常立即报告兽医人员。

1. 种公羊配种期饲养管理

种公羊在配种前1～15个月，日粮由非配种期饲养标准逐渐提升到配种期的饲养标准。放牧的种公羊，除保证优质草场放牧外，每只每天补饲精饲料0.8～1.2kg、胡萝卜0.5～1.0kg、青干草2kg、食盐15～20g、骨粉5～10g，草料分2～3次饲喂，每天饮水3～4次。舍饲的种公羊，日粮中禾本科干草占35%～40%，多汁饲料占20%～25%，精饲料占45%，并要加强运动。种公羊在配种前1个月开始采精，并要检查精液品质。

开始采精时，每周采精1次，继后每周2次，以后2d采精1次。开始配种时，每天采精1～2次，成年公羊每天采精可多达3～4次，多次采精者，两次采精间隔时间要达到6h以上。对精液密度较低的公羊，可增加动物性蛋白质和胡萝卜的饲喂量；对精子活力较差的公羊，需增加运动量，当放牧的种公羊运动量不足时，每天早上可酌情定时、定距离和定速度运动，采精次数多时，每天要喂1～2枚鸡蛋。种公羊饲养管理日程应因地而异。如甘肃省天祝种羊场，种公羊配种期的日程如下：

7：00—8：00　运动，距离2000m；
8：00—9：00　喂料(精料和多汁饲料占日粮的1/2，鸡蛋1～2枚)；
9：00—11：00　采精；
11：00—15：00　放牧结合运动和饮水；
15：00—16：00　圈内休息；
16：00—18：00　采精；
18：00—19：10　喂料(精料和多汁饲料占日粮的1/2，鸡蛋1～2枚)。

2. 种公羊非配种期的饲养管理

种公羊在非配种期，虽然没有配种任务，但仍不能忽视饲养管理工作。除放牧采食外，应补给足够的热能、蛋白质、维生素和矿物质饲料。苏联舍饲种公羊非配种期的日粮范例见表13-1。

表13-1　毛用、毛肉兼用和肉毛兼用(体重100kg)种公绵羊日粮配方

组成及营养成分	非配种期	配种期	营养成分	非配种期	配种期
禾本科、豆科干草(kg)	1.5	1.7	粗蛋白(g)	289	440
青贮料(kg)	1.5	—	可消化初蛋白(g)	188	287
大麦、燕麦和其他禾本科籽粒(kg)	0.7	1.0	钙(g)	16.1	19.0
豌豆(kg)	—	0.2	磷(g)	7.5	11.4
向日葵油粕(kg)	—	0.1	镁(g)	6.6	6.9
饲用甜菜(kg)	—	1.0	硫(g)	6.2	8.7
胡萝卜(kg)	—	0.5	铁(mg)	2013	2364
饲用磷(g)	1.0	10	铜(mg)	18.6	23.0
元素硫(g)	1.1	3.5	锌(mg)	70.0	82.0
食盐(g)	14	18	钴(mg)	0.53	0.74

（续）

组成及营养成分	非配种期	配种期	营养成分	非配种期	配种期
硫酸铜(mg)	50	50	锰(mg)	216	280
日粮中含			碘(mg)	0.75	0.85
饲粮单位	2.0	2.4	胡萝卜素(mg)	55	97
代谢能(MJ)	22.7	27.0	维生素 D(IU)	650	960
干物质(kg)	2.3	2.8	维生素 E(mg)	67	78

我国东北地区，在冬春季节，种公羊没有配种任务，体重 80～90kg，一般每月补饲饲料约 1.5kg 和可消化粗蛋白质 150g。黑龙江省银浪种羊场冬春季节每月补饲精料 0.4kg、干草 2.0～2.6kg、青贮饲料 2.0kg、块根块茎饲料 0.5kg。夏季不补饲，春夏过渡期先减干草，后减精料。常年补饲骨粉和食盐，坚持放牧与运动。

二、繁殖母羊的饲养管理

对于繁殖母羊要求常年保持良好的饲养管理条件，以完成配种、妊娠、哺乳等任务。种母羊舍要求干燥、保暖、清洁、通风良好。

1. 空怀母羊的饲养管理

空怀母羊的主要任务是恢复体况，这期间牧草繁茂，营养丰富，应抓紧放牧或加强舍饲，使母羊很快复壮，力争满膘迎接配种。但对个别体况欠佳、营养不良的羊只，应在配种前加强饲养管理，给予短期优饲。短期优饲就是在配种前 1～1.5 个月对母羊加强营养，提高饲养水平，使母羊在短期内增加体重和体质，促进母羊发情整齐和多排卵；短期优饲的方法有两种：一是延长放牧时间，多放优良牧场，少走路，多吃草，同时补盐和饮水；二是除放牧外，适当补饲精料，增加母羊的营养水平，以达到满膘配种。

2. 妊娠母羊的饲养管理

母羊妊娠期以 5 个月计，分为妊娠前期(3 个月)和妊娠后期(2 个月)。

妊娠前期胎儿生长缓慢，所需要的营养不太多，一般的母羊可少量补饲或不补饲，高产纯种母羊应补给精料 0.5kg，并注意补充多汁饲料，舍饲的母羊应尽量利用作物收获后的空闲地放牧和运动。

妊娠后期胎儿生长变快，妊娠母羊和胎儿共增重 7～8kg，为满足妊娠母羊的生理需要，除抓紧放牧外，应加强补饲，每只每天补精料 0.4～0.8kg、青干草 1.0～1.5kg、青贮料 1.5kg，并注意补充维生素和矿物质。临产前 7～8d 不要在远处放牧，以防分娩时来不及返回羊舍。出牧、归牧、饮水、补饲都要慢、稳，防止拥挤、滑跌，严防跳崖、跳沟，最好在较平坦的牧场上放牧。禁止无故捕捉、惊扰羊群，以防造成流产；发霉、腐败、变质、冰凉的饲料不能饲喂。

3. 哺乳母羊的饲养技术

哺乳期一般为 90～130d，分为哺乳前期(产后 2 个月)和哺乳后期。哺乳期如果母羊营养好，则奶水充足，羔羊发育好、抗病力强、成活率高；如果母羊营养差，泌乳量则必然减少，这不仅影响到羔羊生长发育，而且自身也会因消耗太大，体质很快消瘦下来。

①哺乳前期：母乳是羔羊重要的营养物质来源，尤其是出生后20d内几乎是唯一的营养物质来源。此时要保证供给母羊全价饲料，以提高产乳量，否则母羊泌乳力下降，直接影响羔羊生长发育。产双羔的母羊和高产母羊每只补给精料0.6～0.8kg、优质干草1kg、胡萝0.5kg；产单羔的母羊每天补给精料0.4～0.5kg、优质干草0.5kg、胡萝卜0.5kg。

②哺乳后期：母羊泌乳力下降，加之羔羊有采食能力，一般母羊可酌情补给精料，纯种高产母羊每天应补给0.4～0.5kg精料。

哺乳母羊放牧时间由短到长，距离由近到远，要特别注意天气变化，若有大风、雷电应提前回圈。羔羊断奶前几天，要减少母羊的多汁料、青贮料、精料含量，以防乳房炎的发生。哺乳母羊的圈应保持清洁、干燥，胎衣、毛团等污物要及时清除，以防羔羊吞食后生病。

三、羔羊的饲养管理

羔羊的饲养管理，指断奶以前的饲养管理。有的国家对羔羊采用早期断奶，即在生后1周左右断奶，然后用代乳品进行人工哺乳；还有采用生后45～50d断奶，即断奶后饲喂植物性饲料，或在优质人工草地上放牧。目前，我国羔羊多采用3～4月龄断奶。

1. 羔羊的饲养

羔羊出生后，应使其尽早吃到初乳。初乳中含有丰富的蛋白质(17%～23%)、脂肪(9%～16%)、矿物质等营养物质和抗体，对增强羔羊体质、抵抗疾病和排出胎粪具有重要的作用。研究表明，初生羔羊不吃初乳，可导致生产性能下降，死亡率上升。所以，羔羊出生后应尽早吃到初乳。对初生孤羔，应找母羊寄养，亦应使其尽快吃到初乳。国外研究母羊初乳的代用品，如羊的冷冻自然初乳、母牛初乳及其他口服代用品等，还有进行免疫血清注射以增强机体抵抗力。对初生弱羔、初产母羊或护仔行为不强的母羊所产羔羊，需人工辅助羔羊吃乳。母羊和初生羔羊要共同生活7d左右，才有利于初生羔羊吮吸初乳和建立母子感情。

羔羊15日龄就可以开始训练吃草料，以刺激消化器官的发育，促进心肺功能健全。在圈内安装羔羊补饲栏，让羔羊自由采食，少给勤添，待全部羔羊都会吃料后，再改为定时、定量补料，每只每天可补喂精料100g左右。羔羊生后7～20d，晚上母子在一起饲养，白天羔羊留在羊舍内，母羊可在羊舍附近放牧，中午回圈喂奶。为了便于对奶，可在母子体侧编上同样的临时编号。母羊放牧归来，必须仔细地对奶。羔羊20日龄后，可随母羊一起放牧。

1月龄后，羔羊逐渐转变为以采食为主，除哺乳、放牧采食外，可补给一定量的草料。1～2月龄每天喂2次、补精料150～200g；3～4月龄每天喂3次，补精料250～300g。饲料要多样化，最好有豆饼、玉米、麦麸等3种以上混合饲料和优质干草及苜蓿、青大豆等优质饲料。胡萝卜切碎与精料混喂，羔羊最爱吃。饲喂甜菜每天不能超过50g，否则会引起拉稀，继发肠胃病。羊舍内设水槽和盐槽。也可在精料中混入2.0%的食盐和2.5%～3.0%的矿物质饲喂。

羔羊断奶一般不超过3月龄。断奶有利于母羊恢复体况，准备配种，也能锻炼羔羊独立生活的能力。羔羊断奶多采用一次性断奶方法，即将母子分开后不再合群，母羊在较远处放牧，羔羊留在原羊舍饲养。母子隔离，经过4～5d断奶即可成功。羔羊断奶后按性别、体质强弱分群放牧或舍饲，并给予不同的饲料。

2. 羔羊的生产管理

羔羊生产管理是羊生产中不可缺少的重要环节，羊的生长、发育和健康都与羔羊生产管理有着密切的关系。因此，掌握科学的管理方法，对于羊高效益生产具有决定性意义。

(1)编号

编号是羊生产和育种的一项基本技术措施，是识别羊只个体的重要手段。个体编号工作一般在羔羊出生后1周内进行，常用的编号方法有耳标法、剪耳法和墨刺法。

①耳标法：耳标法是目前最常用的一种方法，耳标有金属耳标和塑料耳标两种，形状有圆形、长条形、凸字形几种。以塑料耳标为例，首先用记号笔把要编的羊的号数工整、清晰地写在耳标上，习惯编号的方法是第一个数字表示出生年份的最末一个字，接着是羊的个体号，每个个体编号几位数，应根据生产、育种、羊群规模等因素决定，然后，将用酒精棉消毒后的耳标装在耳标钳上，在耳软骨部打孔，打孔时要避开血管，若出血，则应涂擦碘酒消毒，防止感染。为了识别品种(或杂交种)，可在耳标号码前写上品种(或杂文种)代号。一般公羊的耳标带在左耳上，号码为单数，母羊的耳标带在右耳上，号码为偶数，以便识别。

②剪耳法：利用耳号钳在羊耳朵上打号。每剪一个耳缺，代表一定的数字，把几个数字相加，即得所要的编号。以羊耳的左右而言，一般应采取左大右小，下1上3，公单母双(或连续排列)。右耳下部一个缺口代表1，上部一个缺口代表3，耳尖缺口代表100，耳中圆孔代表400，左耳下部一个缺口代表10，上部一个缺口代表30，耳尖缺口代表200，耳中圆孔代表800，如图13-2所示。

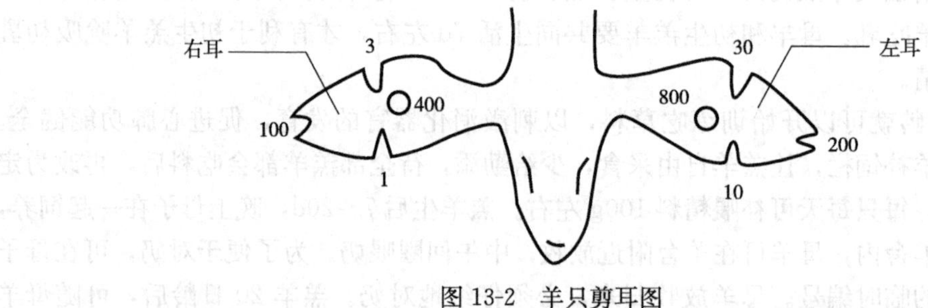

图13-2　羊只剪耳图

③墨刺法：利用特制的刺耳钳(上有针制的字钉，可随意置换)蘸墨汁，在耳内表面刺字编号，这种方法经济简便，不掉号。但时间长了，字码容易模糊不清，羊耳是黑色或褐色时不适用。

在规模较大的养羊场，特别是育种场，羊只编号要统一控制和安排，以避免各组(或分场)之间编号重复，造成混乱。另外，饲养员应随时注意观察羊只耳标状况，若发现耳标丢失，应及时补戴，若羊只死亡，其个体号应予注销。

(2)捕羊

捕羊是羊生产管理中常见的工作。如果不注意方法，就会捉毛扯皮，往往造成皮肉分离，甚至坏死生蛆，造成不应有的损失。正确的捕捉方法是：右手捉住羊后腱部，然后左手握住另一腱部，因为腱部的皮肤松弛，不会使羊受伤，人也省力，容易捕捉。导羊前进时，如拉住颈部和耳朵时，羊感到疼痛，用力挣扎，不易前进。正确的方法是：一手轻托羊颌下，以便控制其方向，另一手在坐骨部位向前推动，羊即前进，但注意不要用力压迫气管。放倒羊的时候，人应站在羊的一侧，一手绕过羊颈下方，紧贴羊另一侧的前肢上部，另一只手绕过后肢紧握住对侧后肢飞节上部，轻拉后肢，使羊卧倒。

(3)分群

分群是舍饲养羊生产管理中不可缺少的工作。根据羊个体的品种、大小、性别、体况、生产目的和营养状况的不同，对羊进行分群饲养和管理。如果同一圈舍的羊个体大小相差太大，喂料时就会因为大羊采食速度快而造成大羊采食过多，小羊采食过少而出现两极分化，因此大、小羊要分群饲养；公、母羔羊生长至4～5个月龄时，就必须进行分群管理，以避免性早熟的公、母羊混乱交配；生病的羊要与健康羊分开，以避免传染，而且方便护理和治疗；不同品种的羊要分群饲养；不同生产目的的羊(如留种羊和育肥羊)要分开饲养，以便实施不同的饲养管理，因此，在日常生产管理中，根据实际情况，因地制宜对羊进行分群不容忽视。

(4)去角

为避免有角羊在互相角斗中造成损伤，带来管理上的不便，对有角的羔羊在生后5～10d可以去角。去角的方法有烧烙法和腐蚀法两种

①烧烙法：用14～16号钢筋体(长30cm左右)一头截平，把周边的棱磨秃一些，然后放在火炉上烧热。有角的羊，在角基处有旋毛，用手感知硬的突起。去角前应确定羔羊是否有角。术者坐在小凳上，把羔羊横放在两腿之上，一手固定羊头，另一手把烧红的钢筋棒对准角基部旋毛，一直烙到头的骨面为止，范围应稍大于角基。

②腐蚀法：是用棒状苛性钠在角基部摩擦，破坏其角组织。术前应在角基部周围涂抹一圈医用凡士林，防止碱液损伤其他部分的皮肤。操作时，先重后轻，将表皮擦到有血液浸出即可，摩擦面积要稍大于角基部。术后要给伤口上撒上少量消炎粉。术后半天以内，不要让羔羊与母羊接触，并适当捆住羔羊的两后肢。哺乳时，应防止碱液伤及母羊的乳房。

(5)去势

不宜留种的公羊在生后1～2周时进行去势。去势后的公羊性情温顺，便于管理。去势可和断尾同时进行，亦可单独进行。去势的方法，常用的有下列两种：

①用刀切开阴囊取出睾丸：手术时不要用力下压，两人配合，一人用手固定公羔的四肢，并使羔羊腹部向外，显露阴囊，另一人用左手将睾丸挤紧握住。阴囊外部用75%的酒精或5%碘酒消毒。右手在阴囊下1/3处纵切一口，将睾丸挤出连同精索和血管一起拉断。同法取出另一侧的睾丸，也可把阴囊的纵隔切开，把另侧的睾丸挤过来摘除。术后如发现阴囊肿胀，可挤出阴囊中血水，再涂抹碘酒和消炎粉，如果切口过大，还应缝合。

②结扎法：在公羔生后3～7d，用橡皮筋结扎在阴囊上，阻断睾丸血液的流通，经过

15d 后，结扎的部位脱落，这种方法可防止出血，降低感染破伤风的风险。

3. 肥羔生产

近几年来，肥羔生产也逐渐在我国各地推广，为了加快肥羔生产，应采取的措施如下：

(1)改变羊群的结构，增加繁殖母羊的比例

目前，我国各地羊群的结构，繁殖母羊所占的比例一般为30%～40%，而养羊业发达的国家，例如新西兰，1980 年全国共养绵羊 6220 万只，其中繁殖母羊占 4450 万只，繁殖母羊占羊群的比例为 71.5%，繁殖母羊饲养的数目多，就可以增加每年的产羔数，所产的公羔除少数留种，其余都可去势肥育，母羔除留一部分作为育成母羊，其他也可用来肥育，肥羔的生产就可很快增加。

(2)充分利用牧草生长季节的优势，便于肥羔生产

我国广大牧区，每年从牧草返青到当年枯草期一般是 6 个月左右，而羔羊在生后的最初几个月生长最快，因此，使羔羊充分利用青草生长茂盛时期，迅速增加体重，在当年体重达到最高时进行屠宰，这样就可以避免在枯草期后由于冬春草场不足，使羊只体重逐渐下降，经济效益反而降低。

(3)开展经济杂交，利用杂种优势

国外试验表明，经济杂交可以提高肥羔的产肉量，并改进肉的品质，但不同的杂交组合，所产肥羔的产肉性能并不相同。因此，各地应广泛进行杂交组合试验，以当地品种母羊和我国引入的国外肉用性能较好的品种公羊罗姆尼、边区莱斯特羊、波尔山羊等进行杂交试验，找出适合当地饲养管理条件、产肉性能高的肥育性能最好的杂交组合，加以推广，以便更快地提高肥羔的产肉性能。

(4)选择良好的配种时期，所产肥羔当年屠宰

我国各地农牧场实验证明，当年产羔当年屠宰，只要具备产羔所需棚舍等保温条件，羔羊出生时期越早越好，也就是说，冬羔比春羔好，早春羔比晚春羔好。因此，开展肥羔生产时以在 7～8 月配种为宜。

(5)搞好草场建设，改善饲养管理

搞好草场建设，特别是增加人工草场面积，使牧草产量与质量不断提高，才能养好母羊，使母羊在繁殖季节及时发情，增加排卵数，早配早怀孕，并可提高产羔率，而且可为羔羊出生后，特别是断奶后的迅速增重创造良好条件。除此以外，合理地饲养母羊，提早给羔羊喂草料，公羔去势，早期断奶，适当地补草补料，做好放牧、驱虫及防疫工作，进一步完善生产责任制，都是开展好肥羔生产所必须注意的问题。

四、育成羊的饲养管理

在我国，育成羊是指羔羊断乳后到第一次配种的幼龄羊，多在 4～18 月龄之间。羔羊断奶后 5～10 个月生长很快，营养物质需要较多。此阶段，一般毛肉兼用和肉毛兼用品种，公羊增重可达 20～25kg，母羊可达 15～20kg。在满足其营养物质的需要条件下，既能促进生长发育，又能提高羊毛的产量和质量；若营养不足，则会出现四肢高、体狭窄而浅，体重小，剪毛量低。对育成羊应按性别单独组群，夏季主要是抓好放牧，安排较好的草场。放牧时控制羊群，放牧距离不能太远。羔羊断奶时，不要同时断料，在断奶组群放牧后，仍需继续补喂几天饲料。在冬、春季，除放牧采食外，还应适当补饲干草、青贮饲料、块根块茎饲料、食盐和饮水。补饲量应根据品种和各地的具体条件而定。如内蒙古红格塔拉种羊场，对纯种茨盖羊，育成期平均每只补饲精料 75kg、干草 150kg，在羊的体重、剪毛量、羊毛长度等都取得较好效果。苏联育成羊的日粮范例见表 13-2。

表 13-2　毛用、毛肉兼用品种育成羊(10 月龄)日粮配方

组成及营养成分	母羊(体重 40kg)	公羊(体重 50kg)	营养成分	母羊(体重 40kg)	公羊(体重 50kg)
荒地禾本科干草(kg)	0.7	1.0	粗蛋白(g)	195	244
玉米青贮料(kg)	2.50	2.00	可消化初蛋白(g)	114	156
大麦碎粒(kg)	0.15	0.23	钙(g)	7.6	10.1
豌豆(kg)	0.09	0.1	磷(g)	4.5	6.0
向日葵油粕(kg)	0.06	0.12	镁(g)	1.9	2.1
食盐(g)	12	14	硫(g)	4.2	4.7
二钠磷酸盐(g)	—	5	铁(mg)	1154	1345
元素硫(g)	—	0.7	铜(mg)	9.2	12.4
硫酸铵(mg)	2	3	锌(mg)	45	52
硫酸锌(mg)	20	23	钴(mg)	0.43	0.63
硫酸铜(mg)	8	10	锰(mg)	56	65
日粮中含			碘(mg)	0.35	0.41
饲粮单位	1.15	1.35	胡萝卜素(mg)	39	40
代谢能(MJ)	12.5	16.0	维生素 D(IU)	465	510
干物质(kg)	1.5	1.8			

五、奶山羊的饲养管理

1. 奶山羊的营养需要

(1)蛋白质需要

①维持的蛋白质需要量：NRC(1981 年)标准，每千克代谢体重的维持蛋白质需要量平均为 2.82g 可消化粗蛋白质或 4.15g 粗蛋白质。

②生长的蛋白质需要量：不同体重的山羊，每增重 1.0g 平均需 0.195g 可消化粗蛋白质或 0.284g 粗蛋白质(NRC，1981)。法国学者对 4～7 月龄、日增重 104g 生长山羊的推荐量为每日可消化蛋白质 66g 或每千克代谢体重 5.9g。

③妊娠的蛋白质需要量：妊娠前期奶羊的蛋白质需要量，与同等体重时的维持需要量相同。妊娠后两个月，每千克代谢体重平均需 4.79g 可消化粗蛋白质或 6.97g 粗蛋白质，比前期同样体重时高 50%～70%(NRC，1981)。

④泌乳的蛋白质需要量：NRC(1981)的推荐量为，奶山羊每产 1kg 乳脂率 4.0%的标

准乳，需 51g 可消化粗蛋白质或 72g 粗蛋白质。近期研究指出，奶山羊每生产 4.0%的标准乳 1kg 最少需要 84g 粗蛋白质，平均需要 100g 粗蛋白质。

(2)能量需要

①维持的能量需要：NRC(1981)标准，每千克代谢体重($W^{0.75}$)平均需 424.17kJ 代谢能或 239.45kJ 净能。

②妊娠的能量需要：妊娠早期，可按同等体重下的维持能量需要量饲养，或按同等体重下维持能量需要量的 110%给予。妊娠两个月后，母体及胎儿增重很快，需要消耗大量能量，此时需额外提供 50%左右的能量，并以头胎母羊及临近产羔的母羊能量需要增幅最大。

③泌乳的能量需要：奶山羊每产乳脂率 4%的标准奶 1kg，平均需 5213.77kJ 代谢能或 2943.15kJ 净能。乳脂率每增减 0.5 个百分点，需增加或减少 68.12kJ 代谢能或 38.49kJ 净能(NRC，1981)。西农萨能奶山羊每产 1kg 标准奶，产奶净能的需要量为 3158.92kJ。

④生长的能量需要：生长山羊的能量需要量，在不同体重下每增重 1g 需 30.33kJ 代谢能或 17.11kJ 净能(NRC，1981)。

⑤运动的能量需要：NRC(1981)将奶山羊的活动量分为高、中、低三种，分别相当于干旱牧场放牧、半干旱牧场放牧及集约化饲管下的活动量，上述三种情况，总能量依次需追加 75%、50%及 25%。

⑥不同温度时的能量需要：环境温度低于或高于临界温度时，奶山羊为了保持体温恒定，需额外消耗能量，并以高温时消耗的能量最多。目前，在奶山羊方面尚无温度与能量关系的报道，故此，只能借鉴我国奶牛饲养标准(1983)，该标准认为，环境温度为−20℃、−15℃、−10℃、−5℃、0℃、5℃、25℃、30℃、32℃及 35℃时，分别需在维持能量需要量的基础上追加 32%、27%、22%、18%、12%、7%、10%、22%、29%及 34%的能量。

(3)脂肪需要

虽然乳汁中乳脂肪含量为 3.5%左右，但是因乳脂肪主要由粗纤维的发酵产物乙酸、丁酸合成而来，所以，仅从乳脂肪的合成而言，日粮中无需补充脂肪类饲料。目前，常向泌乳早期母羊日粮中补充一定量的油脂，以提高日粮的能量浓度。随着对瘤胃饲养技术研究的深入，日粮中添加油脂的数量趋于增多。综合各种情况来考虑，奶山羊日粮干物质中以含脂肪 5%左右为宜，最多不应超过 8%。

新生羔羊在瘤胃功能尚未健全之前，需喂给含脂肪的日粮，以满足羔羊对必需脂肪酸及脂溶性维生素的需要，且供给羊部分能量。

(4)水分的需要

奶山羊对水分的需要量变化很大，受气温、产奶量、采食量以及饲料中含水量等因素的影响。在温带地区，每采食 1kg 饲料干物质，非泌乳羊需水 2kg，泌乳羊需水 3.5kg，每产 1kg 奶约需 2.5kg 左右的水。

(5)矿物质需要

①钙、磷的需要量：奶山羊每天每 100kg 体重维持需要钙 5～8g、磷 4～5.5g(NRC，

1981)。每生产1kg标准乳需钙3g、磷2g。每增重100g需钙1g、磷0.7g(NRC，1981)。一般要求日粮中钙、磷比为1∶5～2∶1。

②食盐的需要量：反刍动物需要补充钠，因为植物中普遍含钠较少。一般食盐在奶山羊日粮中占0.30%～0.50%，或占精饲料量的0.5%～1.0%。

③镁的需要量：一般青年羊日粮中以含镁0.06%、产奶羊以0.2%为宜，奶山羊对镁的最大耐受量为0.5%(NRC，1981)。

④硫的需要量：奶山羊对硫的准确需要量尚不很清楚，一般认为最低需要量为日粮干物质的0.1%。补充尿素时，为了提高尿素的利用率，一般以每100g尿素补充3g无机硫，且氮硫之比为10∶1为宜。通常情况下，奶山羊日粮中应含0.16%～0.32%的硫，奶山羊对硫的最大耐受量为0.40%(NRC，1981)。

⑤铁的需要量：一般认为每千克饲料干物质中含铁40mg以上时，即可满足奶山羊的需要。羔羊以奶为唯一饲料时，容易发生缺铁，因此，需要补充铁，其补充量为每千克进食干物质中含铁100mg。羊对铁的最大耐受量为500mg/kg(NRC，1981)。补饲铁盐时，以$FeSO_4$、$FeCO_3$或$FeCl_3$为佳。

⑥碘的需要量：给母羊单一饲喂青贮玉米或大量饲喂豆饼时，常因缺碘而出现甲状腺肿大、弱羔、死胎等，初生羔羊易发生缺碘症。饲料中加入1%的碘化盐(含碘0.01%)，可预防缺碘症。奶山羊饲粮中以含碘2～4mg/kg为宜，奶山羊对碘的最大耐受量为50mg/kg。

⑦铜的需要量：饲料中铜的含量一般为所需量的3～4倍，故只有当某些土壤中缺铜时，奶山羊才发生缺铜症。奶山羊日粮中以含铜5～6mg/kg为宜，奶山羊对铜的最大耐受量为25mg/kg。

⑧锌的需要量：反刍动物对锌的需要量尚未确定。家畜本身能根据日粮含锌量的多少而调节锌的吸收率。随着年龄的增长和生长速度的变慢，锌的吸收率下降，且公羊对锌的需要量大于母羊。青年羊及成年羊日粮中分别含4mg/kg和6～7mg/kg锌时，会发生缺锌症。奶山羊日粮中最少应含锌10mg/kg，以40～60mg/kg为宜。

⑨锰的需要量：奶山羊日粮中含5.5mg/kg锰时，出现缺锰症。一般山羊对锰的需求量为每千克日粮约含20mg。饲料中锰的含量，一般能够满足家畜之需要，因此，在多数情况下无需补锰。

⑩硒的需要量：当每千克鲜草含硒0.02～0.03mg以上，或日粮十物质含硒0.05～0.1mg/kg时，奶山羊很少发生缺硒症。我国大部分地区为低硒区或缺硒区，因此，在这些地区要注意补充硒，特别要注意羔羊的缺硒。治疗缺硒症时，以维生素E和硒同时应用效果最理想。硒是剧毒元素，奶山羊对硒的最大耐受量为2～3mg/kg。

⑪钴的需要量：奶山羊对日粮中钴的需要量为0.1～0.2mg/kg，最大耐受量为10mg/kg(NRC，1981)。钴是维生素B_{12}的主要成分，维生素B_{12}系瘤胃微生物合成，长期缺钴会导致食欲降低、消瘦、贫血、推迟发情和生产力下降等。最近的研究表明，在补充非蛋白氮时，添加钴有利于非蛋白氮的利用。

(6)维生素需要

①维生素A的需要量：奶山羊本身不能合成维生素A，主要由胡萝卜素在肠壁黏膜细

胞及其他组织中经胡萝卜素酶转化为维生素A。在维生素A原中，以β-胡萝卜素分布最广、活性最高，1mg β-胡萝卜素相当于400IU维生素A。研究表明，维生素A不能替代胡萝卜素，在维生素A得到保证而胡萝卜素不足时，会对繁殖机能产生不利影响。青草、优质青干草及脱水苜蓿干草等均是维生素A(胡萝卜素)的最好来源。生长奶山羊及成年奶山羊每100kg活重需10mg左右的胡萝卜素，产奶羊为20mg左右，怀孕后期应有所提高。在NRC标准中，100kg活重的奶山羊每天需2400IU维生素A，每产1kg羊奶需3500IU维生素A。

②维生素D的需要量：植物性饲料中不含维生素D，但含有麦角固醇，它在体内经紫外线照射而合成维生素D。只要经常在室外活动，采食晒制干草，就能够得到足够的维生素D。青年羊每100kg活重需660IU维生素D，成年羊每头每天需500～600IU维生素D。高产奶山羊从预产前5d开始，到产后第一天，每天供给大剂量维生素D，能减少乳热症的发生。NRC指出每产1kg奶需要700IU维生素D。

③维生素E的需要量：奶羊维生素E的主要来源是青粗饲料和禾本科籽实。粗饲料贮存期间，维生素E含量下降。当饲料中不饱和脂肪酸及亚硝酸盐含量较高时，则应提高维生素E的供给量。一般每千克饲粮干物质中维生素E含量不应低于100IU。

④B族维生素的需要量：当日粮中含有足够的可溶性碳水化合物以及糖、蛋白比为1∶1时，瘤胃中的微生物可合成足够的B族维生素，故一般情况下奶山羊不缺乏B族维生素。若奶山羊患某种疾病或得到不完全的营养时，有机体合成B族维生素的功能遭到破坏，此时应补充B族维生素，其中以补维生素B_{12}最为常见。

2. 奶山羊的饲养

(1)泌乳母羊的饲养

①泌乳初期：母羊产后20d内为泌乳初期，也称恢复期，它是由产羔向泌乳高峰过渡的时期。母羊产后，体力消耗很大，体质较弱，腹部空虚但消化机能较差；生殖器官尚未复原，乳腺及血液循环系统机能不很正常，部分羊乳房、四肢和腹下水肿还未消失，此时，应以恢复体力为主。饲养上，产后5～6d内，给以易消化的优质幼嫩干草，饮用温盐水小米或麸皮汤，并给以少量的精料。6d以后逐渐增加青贮饲料或多汁饲料，14d以后精料增加到正常的喂量。青绿多汁饲料、精料、豆饼等有催奶作用，给的过早过多，奶量上升较快，但会影响体质和生殖器官的恢复，还容易发生消化不良，重则引起拉稀，影响到本胎的产奶量。应根据母羊的体况、食欲、乳房膨胀度、奶产量的高低，逐渐增加精饲料，灵活掌握，千万不能操之过急。严禁产后母羊吞食胎衣，轻者影响奶量，重者会伤及消化能力。泌乳母羊日粮中粗蛋白质以12%～14%为宜，具体含量要根据粗饲料中粗蛋白的含量灵活掌握。粗纤维的含量以16%～18%为宜，干物质采食量按体重的3%～4%供给。

②泌乳高峰期：从产后20～120d为泌乳高峰期，以产后40～70d奶量最高。此期奶量占全泌乳期奶量的1/2，其奶量的高低与本胎次奶量密切相关，因此，要尽量提高此期奶量。泌乳高峰期的母羊，尤其是高产母羊，营养上入不敷出，产奶所需能量很多，母羊体重下降，因此饲养要特别细心，营养要完全，并辅以催奶饲料。产羔20d后，母羊逐渐进入泌乳高峰期，为了促进泌乳，提高产奶量，在原来饲料标准的基础上，提前增加一些

预支饲料，称为催奶。从什么时候开始催奶，这要看母羊的体质、消化机能和产奶量来决定，一般在产后20d左右，过早影响体质恢复，过晚影响产奶量。催奶时，在原来精料喂量(0.5～0.75kg)的基础上，每天增加50～80g精料，只要奶量不断上升，就继续增加，当精料增加到每千克奶给0.35～0.40kg精料时，奶量不再上升，就要停止加料，并将该料量维持5～7d，然后按泌乳羊饲养标准供给。催奶时要前边看食欲(是否旺盛)，中间看奶量(是否继续上升)，后边看粪便(是否拉软粪)，要时刻保持羊只旺盛的食欲并防止过食拉稀，食欲不好，拉软粪。粪便上有精料颗粒，即为消化不良的象征，此时精料给量就要适当控制或减少。

高产羊的泌乳高峰期与饲料采食高峰期，二者不相协调，泌乳高峰期出现较早，采食高峰出现较晚，为了防止泌乳高峰期营养亏损，饲养上要做到产前(干奶期)丰富饲养，产后大胆饲喂，精心护理。饲料的适口性要好，体积小，营养高，种类多，易消化。增加饲喂次数，改进饲喂方法，定时定量，少给勤添，清洁卫生。增加多汁饲料，保证充足饮水，自由采食优质干草和食盐。

③泌乳稳定期：母羊产后120～210d为泌乳稳定期，此期产奶量虽已逐渐下降，但下降较慢，这一阶段正处在6～8月，北方天气干燥炎热，南方阴雨湿热，尽管饲料较好，不良的气候对产奶量还有一定影响。在饲养上要尽量避免饲料、饲养方法及工作日程的改变，尽可能使高产奶量稳定地保持一个较长的时期，因为此期奶量如有下降是不容易再上升的，又因天热，要多给青绿多汁饲料，保证清洁的饮水。每产1kg奶，需饮2～3kg水，日需6～8kg水。

④泌乳后期：产后210d至干奶这段时期(9～11月)，为泌乳后期，由于气候、饲料的影响，尤其是发情与怀孕的影响，产奶量显著下降，要通过调整饲养方法使产奶量下降得慢一些。此期精料的减少要在奶量下降之后进行，这样会减缓奶量下降速度。泌乳后期的3个月，也是怀孕的前3个月，胎儿虽增重不大，但对营养的要求要全价。

⑤干奶期：母羊经过10个月的泌乳和3个月的怀孕，营养消耗很大，为了使它有恢复和补充的机会，让它停止产奶，这称为干奶。停止产奶的这一段时间称为干奶期。母羊在干奶期中应得到充足的蛋白质、矿物质及维生素，并使乳腺机能得到休整，保证胎儿后期的正常生长发育，并使母羊体内储存一定的营养物质，为下一个泌乳期奠定物质基础。当前普遍不重视干奶期的饲养，然而，母羊干奶期饲养的好坏，直接关系到下一胎产奶量的高低。怀孕后期的体重如果能比产奶高峰期增加20%～30%，胎儿的发育和下一胎的产奶量就有保证。如果干奶羊喂得过肥，容易造成难产，也易得代谢疾病。干奶期的母羊，体内胎儿生长很快，母羊增重的50%是在干奶期增加的，此时，虽不产奶，但还需储存一定的营养，要求饲料水分少，干物质含量高。营养物质给量可按妊娠母羊饲养标准供给，一般的方法是，在干奶的前40d，50kg体重的羊，每天给1kg优质豆科干草、2.5kg玉米青贮、0.5kg混合精料；产前20d要增加精料喂量，适当减少粗饲料给量，一般60kg体重的母羊给混合精料0.6～0.8kg。增加精料，一是满足胎儿生长的营养需要，二是促进乳房膨胀，三是使母羊适应精料量的增加，不至于产后突然暴食，引起消化机能障碍，为产后增加精料打好基础。减少粗饲料喂量，是为了防止其体积过大压迫子宫，影响血液循环和胎儿发育或引起流产。干奶期不能喂发霉变质的饲料和冰冻的青贮料，不能喂酒糟、

发芽的马铃薯和大量的棉籽饼、菜籽饼等，要注意钙、磷和维生素的供给，可让羊自由舔食骨粉、食盐，每天补饲一些野青草、胡萝卜、南瓜之类的富含维生素的饲料。严禁饮冰冻的水和大量饮水，更不能空腹饮水，要饮温度不低于8～10℃的水。

(2)种公羊的饲养

饲养种公羊的目的在于生产品质优良的精液。在精子的干物质中，约有一半是蛋白质。羊的精子中有氨基酸18种，其中以谷氨酸最多，其次是缬氨酸和天门冬氨酸等。精液的成分中，除蛋白质之外，还有无机盐(钠、钾、钙、镁、磷等)、果糖、酶、核酸、磷脂和维生素 B_1、B_2、C等。所以饲养上在保证蛋白质需要的前提下，还应注意能量、矿物质和维生素的供应。

种公羊的利用一般有季节性。每年8～12月为配种期，其营养和体力消耗甚大。在非配种季节却处于休闲状态，这给饲养上也带来了季节性。种公羊的饲养管理分为配种期和非配种期两个阶段。配种期(8～12月)的公羊，神经处于兴奋状态，经常心神不安，采食不好，加之繁重的配种任务，营养入不敷出，所以饲养管理上要特别细心，日粮营养完全，适口性强，品质好，易消化。粗饲料应以优质豆科干草为主，夏季补以青苜蓿或野青草，冬季补饲含维生素的青贮饲料、胡萝卜或大麦芽。精料中玉米比例不可过高，富含蛋白质的豆饼类必须保证，特别是在配种季节，其含量应占混合精料的15%～20%。75kg体重的公羊，配种季节每天混合精料给量为0.75～1.0kg，非配种季节每天0.6～0.75kg。可消化粗蛋白质以14%～15%为宜，粗纤维以15%为宜。有放牧条件的地方，在乏情期(3～7月)每天可进行适当放牧。为了完成配种任务，非配种期(1～7月)就要加强饲养，使它体况丰满，被毛富有光泽，精神饱满。每年春季，公羊性欲减退，食欲逐渐旺盛，必须趁此机会(3～6月)使公羊的体力恢复起来，入伏以后，气候炎热，食欲较差，如果此时期体力尚未恢复，则很难承担繁重的配种任务。精子的生成，一般需50d左右，营养物质的补充需要较长时期才能见效。因此，对集中配种的公羊，要提前两个月加强饲养。公羊的饲养要求蛋白质水平较高，特别是在配种季节。公羊营养不良、体质消瘦会影响性欲和精液品质，但过度饲养、体态臃肿也会影响性欲和精液品质。对公羊应给充足而清洁的饮水。小公羊比小母羊生长快，营养上要予以保证。种公羊配种期和非配种期的饲养标准如表13-3和表13-4所示。

表13-3 种公羊配种期饲养标准

体重(kg)	净能(MJ/d)	粗蛋白质(g/d)	可消化粗蛋白质(g/d)	钙(g/d)	磷(g/d)	食盐(g/d)	干物质采食量(kg/d)	
							4.69MJ净能/kg	5.61MJ净能/kg
55	8.87	232	160	9	6	15	1.89	1.58
65	9.46	261	180	9	6	15	2.01	1.69
75	10.04	290	200	10	7	15	2.14	1.79
85	10.67	319	220	10	7	15	2.28	1.90
95	11.25	348	240	11	8	15	2.40	2.01
105	11.84	377	260	11	8	15	2.53	2.11
115	13.01	406	280	12	9	15	2.78	2.32
125	14.23	435	300	12	9	15	3.04	2.54

表 13-4　种公羊非配种期饲养标准

体重(kg)	净能(MJ/d)	粗蛋白质(g/d)	可消化粗蛋白质(g/d)	钙(g/d)	磷(g/d)	食盐(g/d)	干物质采食量(kg/d)	
							4.69MJ 净能/kg	5.61MJ 净能/kg
55	4.73	116	80	8	4	12	1.00	0.84
65	5.90	145	100	8	4	12	1.26	1.05
75	7.11	174	120	9	5	12	1.52	1.27
85	8.28	203	140	9	5	12	1.77	1.48
95	9.46	232	160	10	5	12	2.02	1.69
105	10.67	261	180	10	6	12	2.28	1.90
115	11.84	290	200	11	6	12	2.53	2.11
125	13.01	319	220	11	6	12	2.78	2.30

(3)羔羊的培育

羔羊的培育不仅可以塑造奶山羊的体质、体型，而且可以直接影响其主要器官(胃、心、肺、乳房等)的发育和机能，从而影响其生产力，所以羔羊培育的好坏与一只羊终生的生长发育和生产性能的高低关系很大，而加强培育，对提高羔羊成活率、提高羊群品质、加快育种步伐有重要作用(表 13-5)。因此，必须高度重视羔羊的培育，把最好的饲料、最有经验而又可靠的饲养人员用在羔羊培育方面，把好羔羊培育关。

表 13-5　羔羊哺乳期培育方案

月龄	昼夜增重(g)	期末增重(kg)	哺乳次数(次)	哺乳全乳量			嫩草量		混合精料		青草或块茎类	
				一次(g)	昼夜(g)	全期(kg)	昼夜(g)	全期(kg)	昼夜(g)	全期(kg)	昼夜(g)	全期(kg)
1～7	产重	4.5	自由	哺乳								
8～10	150	5.0	4	220	880	2.64						
11～20	150	6.5	4	300	1200	12.00						
21～30	150	8.0	4	350	1400	14.00	60	0.6				
31～40	150	9.5	4	400	1600	16.00	80	0.8	50	0.5	80	0.8
41～50	150	11.0	4	350	1400	14.00	100	1.0	80	0.8	100	1.0
51～60	150	12.5	4	350	1400	14.00	120	1.2	120	1.2	120	1.2
61～70	150	14.0	3	300	900	9.00	140	1.4	150	1.5	140	1.4
71～80	150	15.5	3	300	900	9.00	160	1.6	180	1.8	160	1.6
81～90	150	17.0	3	300	900	9.00	180	1.8	210	2.1	180	1.8
91～100	150	18.5	2	300	600	6.00	200	2.0	240	2.4	200	2.0
101～110	150	20.0	2	200	400	4.00	220	2.2	270	2.7	220	2.2
111～120	150	21.5	1	200	200	2.00	240	2.4	300	3.0	240	2.4
合计		18.5				111.6		15.0		16.0		14.4

在培育羔羊的过程中，可以划分以下几个阶段：

①胎儿期的培育：在此时期，胎儿是通过母体得到营养，因此对于已经妊娠的母羊，除考虑其生产羊奶外，还要注意腹中胎儿对于营养物质的需要，以及饲养管理条件对于胎儿的影响。优质的干草和青贮饲料是保证妊娠母羊日粮全价性的重要条件。使用大量的精料或大量的酒糟饲喂妊娠后期的母羊都对胎儿不利。要得到健康结实的羔羊，胎儿时期必须供给充分的胡萝卜素、维生素D和钙。缺钙的羔羊不仅骨骼体型发育不良，且生后容易发生肠胃病。因此妊娠母羊必须坚持适当运动，经常使其晒太阳，以便在体内形成维生素D，有利于胎儿骨骼的生长发育。反之妊娠期母羊如不运动，不晒太阳，即便营养十分丰富，生产出来的羔羊虽然很胖、很大，但是体质弱，精神差，易生病。在生产实践中，常见高产奶羊所生的羔羊体质较弱，这是母羊在妊娠期间由于产奶量高，日粮中的营养物质未能满足胎儿的营养需要所致。因此对产量特高的奶羊，无论在其妊娠的前期或后期，都应该特别注意胎儿的营养需要。

②初生期的哺育：初生期是指羔羊在产后的10d以内。这时期，可视为由胎生期转至独立生活的过渡阶段。由于外界环境突然变化，羔羊的适应能力弱，抵抗力小，体温调节能力差，特别是消化道的黏膜，容易受病菌侵袭发生消化道的疾病。因此，这一阶段的哺育和护理工作非常艰巨、重要。这一段的主要食物是初乳。初乳不仅营养丰富，容易消化吸收，且具有免疫抗病能力。初生羔羊必须充分哺育，使体重迅速增加。人工哺育初乳宜于生后20～30min开始，一日内初乳的喂量至少应当为其体重的1/5。体重3kg的羔羊，第1d喂乳0.6～0.7kg，到生后第6d，逐渐增至0.8～1.0kg，一日喂初乳不宜少于4次。

③初乳期之后到生后40d：这一阶段，奶应视为主要饲料。生后40d以内，必须喂足够的全奶。有个别地方认为这个时候羔羊小可以少喂奶，以后随羔羊渐大，奶量再大量增加上去，其实这样是不对的；另外，还有些地方一味追求羔羊高标准增重，强调这个时期须喂大量全奶，以致羔羊不能较早地采吃干草和精料，影响了羔羊的胃肠机能和生长发育，结果会育成一种采食量小，青粗料利用不佳、体型短粗、毛光肉厚的羔羊。由此看来，需要根据既定的育种目标，按其要求的体质、体型和断奶时期的体重指标，结合我们的饲养条件，慎重选用一种适当的哺乳培育方案。混合精料的补给原则上要求生后20d开始。混合精料的配合和喂量，因哺乳量和干草的种类、品质和喂量的不同而异。如果喂脱脂奶多，或有优质的豆科干草，或有嫩禾本科干草，则混合精料仅喂谷籽实便可。以后随着乳量减少混合精料中应加入豌豆、蚕豆或豆饼、油粕等。如计划中的哺乳量得不到满足，或准备早期(生后60d)断奶，则必须按下列要求提高混合精料的品质：精料中的可消化粗蛋白质含量应不低于20%，并须注意蛋白质的品质，最好能有鱼粉、肉渣、血粉等动物性饲料，否则可以混合使用大豆饼与几种优良的油粕类饲料，如亚麻仁油渣、向日葵油渣等；混合精料的粗纤维含量不宜超过6%；保证维生素A、D的供应，要求嫩干草的品质更好；补钙、磷；为使羔羊更好地利用淀粉，可在混合精料中加少量麦芽，以促进淀粉糖化。

④生后40～80d：此期应视为奶与草、料并重阶段，宜继续注意日粮的能量、全价性和蛋白质营养的水平，以促进其胸部及体轴骨的生长发育。如其体重已达到或超过了要求标准，可酌将干草替换精料。不主张过多地换喂多水分的青草或块根块茎类饲料。此阶段如青粗饲料喂量充足，满2个月龄，即可见腹部从腰角突出，显出雌性的样子。

⑤生后满80～120d：断奶在此阶段，应以草料为主，奶汁已退居补充饲料地位，用以保证日粮中蛋白质的品质和数量。如干草的品质好，并有混合饼渣类的精料补充，哺乳羔羊可提早到90d断奶，是不影响生长发育的。但如果没有条件，过早的断奶会影响培育工作。西北农学院畜牧试验站沿用一种哺乳期的培育方案，并规定了灵活运用这个方案的几项原则，介绍如下：一昼夜的最高哺乳量，母羔不应超过体重的20%，公羔不应超过体重的25%。在体重达到8kg以前，哺乳量随着体重的增加渐增。体重在8～13kg阶段，哺乳量不变。在此期间应尽量促其采食草料。体重达13kg以后，哺乳量渐减，草料渐增。体重达18～24kg时，可以断奶。整个哺乳期平均日增重母羔不应低于150g，公羔不应低于200g。如日增重太高，平均每天在250g以上，喂得过肥，会损及奶羊应有的体质，对以后产奶不利。哺乳期间，如有优质豆科干草和比较好的精料，只要能按期完成增重指标，也可以酌情减少哺乳量，缩短哺乳期。如以脱脂奶代替全奶，最早须从生后第2月起，日粮中如有优质精料，经常有充足的豆科干草，也不会影响增重计划。

3. 奶山羊的管理

(1)种公羊的管理

管理好种公羊的目的在于使它具有良好的体况、健康的体质、旺盛的性欲和良好的精液品质，以便更好地完成配种任务，发挥其种用价值。种公羊的管理要点是：温和待羊，恩威并施，驯导为主，经常运动，每日刷拭，及时修蹄，不忘防疫，定期称重，合理利用。奶山羊属季节性繁殖家畜，配种季节性欲旺盛，神经兴奋，不思饮食，因此，配种季节管理要特别精心。配种期的公羊应远离母羊舍，最好单独饲养，以减少发情母羊和公羊之间的相互干扰，特别是当年的公羊与成年公羊要分开饲养，以免互相爬跨，影响休息和发育。

奶山羊公羊性反射强而快，所以必须定期采精或交配，如长期不配种，会出现自淫、性情暴躁、顶人等恶癖。奶山羊公羊神经灵敏，自卫性较强，千万不能打骂。性情暴躁的公羊，对于陌生人或打过它的人，往往保持警惕或伺机报复。长期拴系和配种季节长期不用的公羊，多有顶人的恶习。公羊顶人时，表现出低头、瞪眼、后退或两后肢站立等动作，此时应予以提防。对小公羊应坚持睾丸按摩。3月龄时要进行生殖器官的检查，对小睾丸、短阴茎、附睾不明显者应予以淘汰；6～7月龄时要进行精液品质检查，对无精、死精的个体要予以淘汰。

(2)产奶母羊的管理

母羊乳的分泌是一个连续过程，良好的挤乳习惯，会提高乳的产量和质量，能降低乳房炎的发病率，延长奶山羊的利用年限和获得较高的经济收入。挤奶所占劳动力为奶山羊管理用工的一半以上，因而，挤奶的问题受到奶山羊饲养者的普遍重视。

挤奶方法分为手工挤奶和机器挤奶两种。

①手工挤奶：挤奶的方法有拳握式(图13-3)和指挤式(滑榨法)两种。以双手拳握式为佳，其作法是，先用拇指和食指握紧乳头基部，以防乳汁倒流，然后其他手指依次向手心紧握，压榨乳头，把乳挤出。指挤式适用于乳头短小者，其作法是，用拇指和食指指尖捏住乳头，由上向下滑动，将乳汁捋出。挤奶时两手同时握住两乳头，一挤一松，交替进行。动作要轻巧、敏捷、准确，用力均匀，使羊感到轻松。每天挤奶2～3次为宜，挤奶速度每分钟80～120次。产后第一次挤奶要洗净母羊后躯上的血痂、污垢，剪去乳房上的

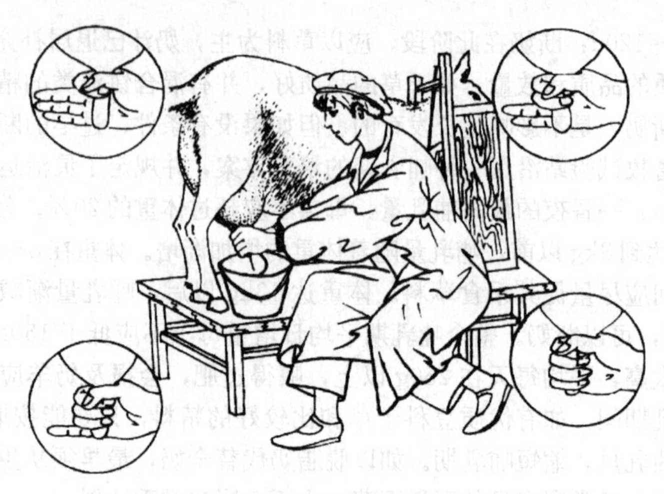

图 13-3　拳握式挤奶图

长毛。挤奶时要用45～50℃的热水擦洗乳房，先用湿毛巾擦洗污染物，然后再用干毛巾将乳房擦干，随后按摩乳房，挤奶前、中间和快挤完时各按摩一次，先左右对揉，然后由上而下按摩，动作要柔和舒畅，不可强烈刺激。按摩乳房可使乳房膨胀，有促进排乳的作用，这样不仅好挤，还可提高产奶量和乳脂率。用热水擦洗乳房，不仅卫生，而且能促进血液循环，加强乳脂的合成，增加产奶量。由于乳脂肪含量少，在奶的上层浮着，故挤净能提高乳脂率。如果挤不净，不仅影响产奶量、乳脂率，还易发生乳房炎。奶的排出受神经与激素调节，在挤奶时羊的排乳反射时间很短，因此要集中精力在5min之内把奶挤完。挤奶场所要干净，不能在圈内挤；挤奶容器要卫生，每天要用热碱水刷洗，并用蒸汽消毒。挤奶过程对母羊而言是条件反射，影响条件反射就会影响产奶量，所以挤奶时间不能忽早忽晚，挤奶场所和人员不能经常变动。手工挤奶时应注意如下事项：

挤奶前必须把羊床、羊体和挤奶室打扫干净；挤奶员应健康，无传染性疾病，要常剪指甲，洗净双手，工作服和挤奶用具必须经常保持干净；挤奶桶最好是带盖的小桶；乳房接受刺激后的45s左右，脑垂体即分泌催产素，该激素的作用仅能持续5～6min，所以，擦洗乳房后应立即挤奶，不得拖延；每次挤奶时，应将最先挤出的一把奶舍去，以减少细菌含量，保证鲜奶质量；挤奶时要严肃认真，全神贯注，不说笑，不让非工作人员代替；挤奶室要保持安静，挤奶时严禁打骂羊只；严格执行挤奶时间与挤奶程序，以形成良好的条件反射；患乳房炎或有病的羊最后挤奶，其乳汁不可食用，擦洗乳房的毛巾与健康羊不可混用；挤好的奶应及时过秤，准确记录，用纱布过滤后速交收奶站。

②机器挤奶：大型的奶山羊场都需要实行机械化挤奶，因为它不仅可以减少挤奶员的体力劳动，而且还可以提高劳动生产率和乳的质量，因此，机器挤奶是促进奶山羊生产向规模经营发展的一个重要方面。机器挤奶的要求包括：要有宽敞、清洁、干燥的羊舍和铺有干净蓐草的羊床，以保护乳房而获得优质的羊奶；要有专门的挤奶间（内设挤奶台、真空系统和挤奶器等）、贮奶间（内装冷却罐）及清洁而无菌的挤奶用具；适当的挤奶程序，羊只定时进入清洁而宁静的挤奶台→冲洗并擦干乳房→乳汁检查→戴好挤奶杯并开始挤奶（擦洗后1min之内）→按摩乳房并给集乳器上施加一些张力→乳房萎缩，奶流停止时轻巧而迅速地取掉乳杯→用消毒液（碘氯或洗必泰）浸泡乳头→放出挤完奶的羊只→清洗挤奶用

具及清洗挤奶间；无论提桶式或管道式山羊挤奶器，其脉动频率皆为60～80次/min，节拍比为60∶40，挤压节拍占时较少，真空管道压力为(280×133.3Pa)～(380×133.3Pa)；经常保持挤乳系统的卫生，坚持挤乳系统的检查与维修。

(3)羊奶的检验

鲜奶检验的目的，一是为了防止更大范围的污染，二是为了生产出符合要求的产品，三是作为实行按质论价的依据。原料奶必须新鲜、味道良好、气味正常，颜色符合要求。奶中的细菌数应该很低并不应含有任何杂质。鲜奶的检验主要有以下几项：

①色泽和气味：新鲜羊奶，呈乳白色的均匀胶态流体，如色泽异常，呈红色、绿色或明显黄色，不得收购加工产品。正常鲜羊奶，具有羊奶固有的香味，闻不出什么异常气味，如有粪尿味、饲料味等，则是环境污染所致。口尝味道浓厚油香，如果有苦味、霉味、臭味、涩味或明显咸味是掺假、污染和保存不当所致。

②密度：羊奶的标准密度为15℃时奶的质量与同温度同体积纯水的质量之比。在15℃时，正常鲜羊奶的密度为1.034g/mL（1.030～1.037g/mL）。羊奶的密度随着乳成分和温度的改变而变化。乳脂肪增加时密度就降低。乳中掺水时密度也降低，每加10%的水，就降低密度0.003g/mL。在10～25℃范围内，温度每变化1℃，乳的密度就相差0.0002g/mL。

③新鲜度、清洁度和杂质度：新鲜度表示羊奶受污染的程度。关于羊奶新鲜度的检验，目前没有较为快速、实用并得到国际公认的方法。羊奶随放置时间的延长，奶中乳酸菌就会大量繁殖，分解乳糖，使奶中酸度升高，而影响产品质量。目前，生产上常用的检验羊奶新鲜度的方法，是借用牛奶的检验方法——酒精阳性反应法。这种检验方法对羊奶灵敏度和特异性不强，因为酸度正常的初乳、乳房炎乳、盐平衡失调的乳同样会形成凝块。它也不易区分低酸度酒精阳性乳，此法虽不理想，但检验速度快，简便易行，因此，生产上仍在沿用。其方法是用60度中性酒精与等容积的羊奶均匀混合，若出现蛋白质凝固，即为酒精阳性乳，其反应就叫酒精阳性反应，这样的奶一般不能用于加工。对用此法检验有怀疑的羊奶，应进行煮沸试验，以其是否有凝块和凝块颗粒的大小来判断其新鲜度。新鲜羊奶应无沉淀、无凝块、无杂质。若发现有羊奶以外的物质，都是不新鲜、不清洁的表现。羊奶杂质度的检验方法，是用吸管在奶桶底部取样，用滤纸过滤，如滤纸上有可见的杂质，则按有杂质处理，进行扣杂并降低价格。

④卫生检验(细菌含量测定)：乳的卫生检验是为了保证乳的卫生质量。其方法，一是美兰还原试验，它是检验乳的新鲜程度和细菌污染程度；二是平面皿法，它是检查乳中细菌的含量。按照国家对一级鲜奶的要求，新鲜羊奶细菌总数不得超过100×10^{4}cfu/mm^{3}，大肠杆菌不得超过90cfu/100mm^{3}，不得检出致病菌。羊奶的卫生检验，还必须检验汞、铅、硝酸盐等有毒物质。另外，鲜奶中不得含有初乳、乳房炎乳，更不应含有防腐剂和增重剂。

⑤掺杂掺假检验：奶中掺水可通过测定密度、非脂固体和冰点来检验。掺碱用溴麝香草酚蓝法检测；食盐可用试纸法和试剂法检验；用亚甲蓝显色法可检查出奶中是否含洗衣粉；碘试剂法可检验奶中有无淀粉；豆浆可用碘溶液法和甲醛法来检测；掺硼酸、硼砂检查的适宜方法是姜黄试纸法；而二乙酰法是检验奶中是否加入尿素的有效方法。

(4)鲜奶的处理

鲜奶的处理是保证原料乳纯洁、新鲜的关键，其方法包括过滤、净化、杀菌、冷却和贮藏。

①过滤：过滤是为了去除鲜奶中的杂质和部分微生物。挤奶时，即使挤奶员十分小心，也难免被羊体的皮垢、羊毛、灰尘、饲料、粪屑、垫草、昆虫等污染。一般常用的过滤方法是用纱布过滤，即将细纱布折叠成四层，结扎在奶桶口上，把称重后的奶缓缓地倒入奶桶，则达到过滤之目的。有的用过滤器过滤，过滤器为一夹层的金属细网，中间夹放上消过毒的细纱布，乳汁通过过滤器，即可将尘埃及污物等除去。过滤用的纱布，必须经常保持清洁，用后先用温水冲洗，并用0.5%的碱水洗涤，再用清水冲洗干净，最后蒸汽消毒10～20min，存放于清洁干燥处备用。

②净化：为了获得纯洁的乳汁，分离出乳中微小的机械杂质及微生物等，鲜奶就必须经过净化处理。净化是利用离心力的作用，将大量的机械杂质留于分离钵的内壁之上，使奶得到净化。净化机速度快，质量高，适用于乳品加工厂使用。

③杀菌：羊奶营养丰富，是细菌最好的培养基，若保存不当，很容易酸败。为了消灭乳中的病原菌和有害细菌，延长乳的保存时间，提高运输中的稳定性，过滤、净化后的奶最好先进行杀菌。乳的杀菌方法很多，如放射杀菌、紫外线杀菌、超声波杀菌、化学药物杀菌、加热杀菌等，而一般多用加热杀菌法，它根据采用温度的不同，可分为以下几种类型：

a. 低温长时间杀菌法：加热温度为62～65℃，需要30min。因需时间较长，效果不够理想，仅在奶羊场初步消毒用，乳品生产上应用逐渐减少。

b. 短时间巴氏杀菌法：加热温度为72～74℃，历时15～30s，常用管式杀菌器或板式热交换器进行，它速度快，可连续处理，多为大乳品厂所采用。

c. 高温瞬间杀菌法：其温度为85～87℃，需10～12s。此法速度快，效果好，但乳中的酶易被破坏。

d. 超高温灭菌法：将羊奶加热到130～140℃，保持0.5～4.0s，随之迅速冷却。可用蒸汽喷射直接加热或用热交换器间接加热。经这样处理的羊奶完全无菌，在无菌包装条件下，在常温下可保存数月，适于远距离运输和缺乏冷藏条件的地区应用。

④冷却：净化后的乳一般都直接加工，若来不及加工需短期贮藏时，则必须进行冷却，以抑制其中微生物的繁殖，保持鲜奶的新鲜度。实践证明，挤奶时严格遵守卫生制度，并将挤出的奶迅速冷却，是保证鲜奶新鲜度的必要条件。冷却的温度越低，保存的时间越长。冷却的方法较多，最简单的方法是直接用地下水进行水池冷却。奶多时可用冷排冷却。冷排是由金属排管组成，奶由上而下经过冷却器的表面流入贮奶槽中，而制冷剂(冷水或冷盐水)从管中自下而上流动，来降低冷排表面的温度。冷排结构简单，价格低廉，冷却效果较好，适于小规模乳品加工厂和奶羊场使用。大型乳品厂多用片式冷却器对奶进行冷却。无论用何种冷却设备，都要求将挤后2h以内的奶冷却到5℃以下。

⑤贮藏：冷却后的奶只能暂时抑制微生物的活动，当温度升高时，细菌又会开始繁殖，所以，奶在冷却后还需要低温保存。在不影响奶的质量的前提下，温度愈低，保存的时间愈长。因此，鲜奶的贮藏常采用低温贮藏，即将冷却后的奶及时放入冷槽或冷库，其温度一般为4～5℃。

(5)干奶羊的管理

使羊停止产奶称为干奶。干奶的方法分为自然干奶法和人工干奶法两种。产奶量低，营养差的母羊，在泌乳7个月左右配种，怀孕1～2个月以后奶量迅速下降，而自动停止产奶，即自然干奶。产奶量高，营养条件好的母羊，较难自然干奶，这样就要人为地采取一些措施使其干奶，即人工干奶法。人工干奶法又分为逐渐干奶法和快速干奶法两种。逐渐干奶法的方法是：逐渐减少挤奶次数，打乱挤奶时间，停止乳房按摩，适当降低精料，控制多汁饲料，限制饮水，加强运动，使羊在7～14d之内逐渐干奶。生产当中一般多采用快速干奶法，快速干奶法是利用乳房内压增大，抑制乳汁分泌的生理现象来干奶的。其方法是：在预定干奶的那天，认真按摩乳房，将乳挤净，然后擦干乳房，用2%的碘液浸泡乳头，再给乳头孔注入青霉素或金霉素软膏，并用火棉胶予以封闭，之后就停止挤奶，7d之内乳房积乳渐被吸收，乳房收缩，干奶结束。无论何种干奶方法，最后一次挤奶一定要挤净，停止挤奶后一定要随时检查乳房，若乳房不过于肿胀，就不必管它，若乳房肿胀很厉害，发红、发硬、发亮、触摸时有痛感，就要把奶挤出，重新采取干奶措施。如果乳房发炎，必须治疗好后，再进行干奶。

干奶的天数：正常情况下，干奶一般从怀孕第90d开始，即干奶60d左右。干奶天数究竟多少天合适，要根据母羊的营养状况、产奶量的高低、体质强弱、年龄大小来决定，一般在45～75d。

干奶期的管理：干奶初期，要注意圈舍、蓐草和环境的卫生，以减少乳房的感染。平时要注意刷羊，因为此时最容易感染虱病和皮肤病。怀孕中期，最好驱除一次体内外寄生虫。怀孕后期要注意保胎，严禁拳打脚踢和惊吓羊只，出入圈舍谨防拥挤，严防滑倒和角斗。要坚持运动，但不能剧烈。对腹部过大、乳房过大而行走困难的羊，可暂时停止驱赶运动，任其自由运动，一般情况下不能停止运动，因为运动对防止难产有着十分重要的作用。缺硒地区，在产前60d，给每只母羊注射250mg维生素E和5mg亚硒酸钠，以防羔羊白肌病。产前1～2d，让母羊进入分娩栏，查准预产期并作好接产准备。

(6)青年奶山羊的培育

从断奶到配种前的羊称作青年羊。这一阶段是羊骨骼和器官充分发育时期，其体重、身体的宽度、深度和长度均在迅速增长，如果营养不足便会影响生长发育，形成腿高、腿细、胸窄、胸浅、后躯短的体型，严重影响体质、采食量和将来的泌乳能力。加强培育，可以增大体格，促进器官的发育，对将来提高产奶量有重要作用。优良的青干草、充足的运动，是培养青年羊的关键。充足而优质的干草，有利于消化器官的发育，培育成的羊，骨架大，肌肉薄，腹大而深，采食量大，消化力强，乳用型明显，产奶也多。丰富的营养和充足的运动，可使青年羊胸部宽阔，心肺发达，体质强壮。强大的消化器官，发达的心肺是将来高产的基础。半放牧、半舍饲是培育青年羊最理想的饲养方式，有放牧条件的地区，最好进行放牧和补饲。断奶后至8月龄，每日在吃足优质干草的基础上补饲混合精料250～300g，其中可消化粗蛋白质的含量不应低于15%，18月龄配种的母羊，满1岁后，每日给精料400～500g，只要草好，也可以少给精料。料多而运动不足，培育出来的青年羊，个子小，体短肉厚，利用年限短，终生产奶少。青年公羊由于生长速度比青年母羊快，所以给它的精料要多一些。运动对青年公羊更为重要，不仅有利于生长发育，而且可以防止形成草腹和恶癖。

以生产商品奶为目的，而且饲料、气候条件好的地区，青年羊的配种可在10月龄体重32kg以上配种，育种场及饲料条件差的地区第二年秋季早一点配。青年羊发情较晚，也不明显，所以要加强试情和注意观察。青年羊胆小，配种时不大安静，容易误认为发情不旺盛或不发情，对上述情况要引起注意，以免耽误配种季节和配种时机。

(7)刷拭、修蹄、去角

①刷拭：皮肤不仅是机体与外界环境联系的一个感受器，而且能够阻止各种病原菌进入畜体。刷拭能保持皮肤清洁，消灭体外寄生虫，可提高机体对外界环境有害因素的抵抗力，加快血液循环，增强物质代谢，改善消化机能，提高饲料利用率，提高羊的泌乳能力并减少鲜奶的污染，刷拭可以使羊性情温驯，愿意和人接近。刷拭时可以用鬃刷、草根刷、钝齿的铁梳，自上而下，从前向后每天把羊体刷拭一遍。挤奶和饲喂时不能刷拭，以免灰尘、微生物污染鲜奶及饲料。夏季天热，可用晒热的水给羊洗澡，秋季可结合药浴把羊洗净，既有利于皮肤健康，又可预防寄生虫。

②修蹄：放牧羊的蹄由于经常在行走中磨损，显得生长很慢，舍饲的羊磨损慢，故生长较快。长期不修蹄，不仅影响行走，而且会引起蹄病和四肢变形，严重者行走异常，采食困难，奶量下降，因而必须经常修蹄。生产当中因不注意修蹄，蹄尖上卷，蹄壁裂折，蹄叉腐烂，四肢变形，跪下采食或成残疾者经常可见。公羊蹄子有了问题，轻者运动困难，影响精液品质，重者因不能交配而失去种用价值。所以在生产当中要随时注意检查，经常进行修蹄。修蹄一般在雨后进行，这时蹄质变软，容易修理。修蹄工具可用修蹄刀、果树剪。修蹄时开始可多削一些，越往后越要少削，一次不可削得太多，当修到蹄底可以看到淡红色时，要特别小心，再削就会出血。修蹄时若有轻微出血可涂以碘酒，若出血较多，可用烧红的烙铁猛烙出血部位，注意不要引起烫伤。修理后的羊蹄，底部要求平整，形状要求方圆，以能自然站立为宜。已经变了形的蹄子，需要经过几次修理才能矫正。舍饲的羊1～2个月需要修蹄一次，放牧的羊在放牧前和放牧后各进行一次。修蹄时一定要注意安全，千万不可疏忽大意，以免羊蹄出血或削伤工作人员的手。

③去角：有角的羊不仅在角斗时容易引起损伤，而且挤奶、饲养及管理都不方便，少数性情恶劣的公羊，还会顶伤饲养管理人员，因此，留角有害而无利。羔羊如果有角，其角芽部分的毛呈旋毛状，手摸时有尖而硬的突起。如果羔羊头顶没有明显的旋毛，且角基突起部呈扁平的椭圆形，那就是无角的表现。去角即破坏角芽成角细胞的再生长。有角的羔羊，在生后5～10d内去角。去角时需两人进行。两人对面相坐，一个人保定羔羊，另一人一手固定羊的头部，一手去角。固定头部时，用手握住嘴部，使羊不能摆动而能发出叫声为宜，防止把羊捂死和去角时刺激过度而使羊窒息。去角的方法有：烙铁去角、苛性钾去角、手术刀去角、去角锯去角等，以烙铁去角和氢氧化钾棒去角较为常见。烙铁去角是用丁字形烙铁(直径1.5cm，长8～10cm，在其中部焊接一个带木把的把柄)或300W的手枪式电烙铁来去，它速度快、出血少、安全可靠、经济实用。去角时用烧红的烙铁在角的基部画圈，其直径为2～2.5cm，烙掉皮肤，露出骨质角突即可，每次烧烙10～15s，全部取完需3～5min。氢氧化钾去角时，先要剪毛，然后在角的基部涂一圈凡士林，以防药液流入眼睛，去时用氢氧化钾棒在两个角芽处轮换涂擦，以取掉角芽生长点的成角细胞为宜。有些公羊小时去角没有去净，以后又生出弯曲状角并伸入羊的头皮，羊只经常表现不

安，这种情况可用钢锯将其锯断。

任务三　剪毛和梳绒

对剪毛总的要求是：既要提供优质的羊毛，又要保证羊的安全，不要因剪毛而发生死羊的事故。

一、绵羊剪毛

(1)剪毛的次数和时间

细毛羊、半细毛羊及其杂种羊，每年春季剪毛一次；粗毛羊一般每年剪毛两次，有的地区还要抓一次毛或一年剪三次。春季剪毛过早，遇到气候变化，绵羊容易感冒，剪毛过迟，羊只受到暑热，会影响其健康和放牧抓膘，粗毛羊由于有季节性脱毛现象，不适时剪毛，则会降低羊毛的产量和品质。

牧区一般在5月下旬至6月上旬剪毛；高寒地区则在6月下旬至7月上旬剪毛；气候较暖的农区则在4月中旬至5月中旬剪毛。粗毛羊春季多是先用铁抓子抓毛，过半个月再将粗毛剪掉，到9月中旬再剪一次秋毛。

(2)剪毛前的准备工作

剪毛前要制订剪毛工作计划，拟定各种羊只剪毛的先后顺序，组织安排劳力，做好剪毛工具、药品的准备以及剪毛场所的布置等工作，以确保整个剪毛工作适时、顺利地进行。

所有参加剪毛的绵羊，按计划提前到剪毛室附近，绵羊在剪毛前12h内停止放牧、饮水和补饲。必须保证羊毛在干燥状态下剪毛，被雨、雪淋湿了被毛的个体，要等羊毛干了以后再剪。

剪毛工作开始前3～5d，对剪毛室应进行认真地清扫和消毒，剪毛室应当清洁、干燥、宽敞、光线充足，便于操作。要提前安装好电机、磨刀盘、剪毛机、电灯和剪毛台。没有剪毛台的场舍，应在剪毛处铺上席子。同时在剪毛室中合理地安置好羊毛分类桌、称羊毛及绵羊个体活重用的秤，在剪毛室外设置好未剪和已剪的绵羊用的隔羊栏。此外，还要做好各种机具配件、毛袋、工作服、手套、医药品及暂时存放羊毛库房的准备工作。

(3)剪毛的方法

将羊只左侧向下横卧在剪毛台或席子上，羊背靠近剪毛员，腹部向外，剪毛人在羊背后蹲伏，用膝盖轻压羊体肩部及臀部，先从右后肋部到前肋部直线剪开，再继此线平行剪去胸部及腹下毛，再剪右侧前后腿毛。然后使羊体稍向上方斜起，同时用左膝支持羊头，左手保定羊头，从右肩端至右耳根直线剪开，然后剪去头颈部被毛，再使羊呈蹲坐姿势，人与羊相对，将羊体夹入剪毛人两膝之间，然后自左前膊一直剪过背中线，由左向右顺次向下剪，最后将羊体右侧横卧，再剪臀部及前后肢的毛。

(4)剪毛程序

我国在新西兰道思快速剪毛法基础上，结合新疆细毛羊的特点和我国机械剪毛工艺的优点，研究出机械剪毛新工艺，其主要程序如下：

①剪毛员用两膝夹住羊背，左臂把羊头夹在腋下，左手握住羊的左前肢，使腹部皮肤

平直，先从两前肢中间颈部下端把毛被剪开，沿腹部左侧剪出一条斜线，再以孤线依次剪去腹毛(图 13-4)。左手按住羊的后胯，使羊两后肢张开。先从左腿内侧向蹄剪，再从右腿内侧向蹄剪，后由蹄部往回剪，剪去后腿内侧毛(图 13-5)。

图 13-4　剪腹毛

图 13-5　剪后腿内侧毛

②剪毛员右腿后移，使羊呈半右卧势，把羊两前肢和羊头置于腋下，左手虎口卡住左后腿使之伸直，先由左后蹄剪至肋部，依次向后，剪至尾根，剪去左后腿外侧毛(图 13-6)。从后向前剪去左臀部羊毛。然后提起羊尾，剪去尾上的羊毛。

③剪毛员膝盖靠住羊的胸部，左手握住羊的颌部，剪去颈部左侧羊毛，接着剪去左前肢内外侧羊毛(图 13-7)。剪毛员左手握住前腿，依次剪完左侧羊毛。

④使羊右转，呈半右卧势，剪毛员用左手按住羊头，左腿放在羊前腿之前，右腿放在羊两后腿之后，使羊成弓形，便于背部剪毛，剪过脊柱为止，剪完背部和头部，接着剪毛员握住羊耳朵，剪去前额和面部的羊毛(图 13-8)。

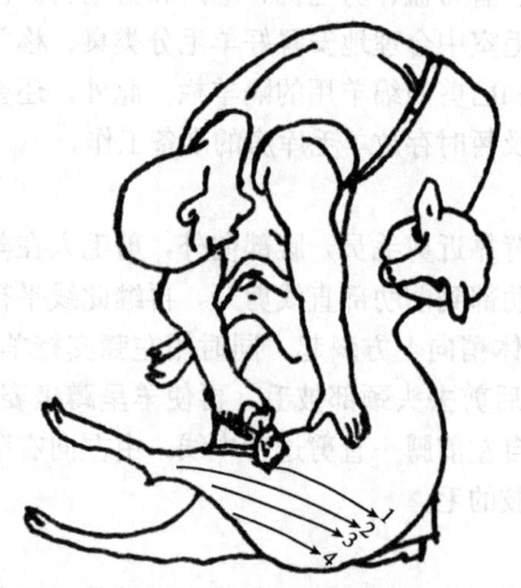

图 13-6　剪左后腿外侧毛图

图 13-7　剪颈部和左前肢内外侧毛

⑤剪毛员右腿移至羊背部，左腿同时向后移。左手握住羊领，将羊头按在两膝上，剪

去颈部右侧羊毛，再剪去右前腿外侧羊毛(图 13-9)。然后把羊头置于两腿之间，夹住羊脖子，依次剪去右侧部的羊毛。

剪完一只羊后，须仔细检查，若有伤口，应涂上碘酒，以防感染。剪毛后防止绵羊暴食。牧区气候变化大，绵羊剪毛后，几天内应防止雨淋和烈日暴晒，以免引起疾病。

图 13-8　剪背部和头部毛

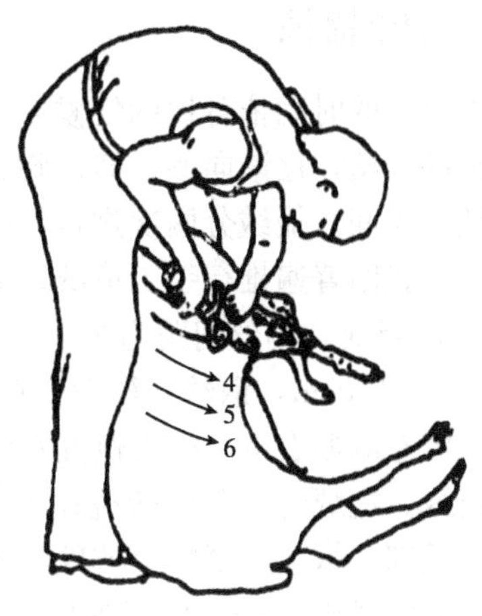

图 13-9　剪右颈部和右侧部毛

(5)剪毛的注意事项

①剪毛应先从价值较低的羊开始，同一种绵羊的顺序是羯羊、幼龄羊、种母羊；不同品种则先剪粗毛羊，再剪杂种羊，后剪细毛羊、半细毛羊。这样可以使剪毛人员技术逐渐熟练，保证剪价值高的绵羊时剪得更好。患有皮肤病的绵羊应在最后剪毛，以免健康羊只受到传染。

②剪毛时应均匀地贴近皮肤，将羊毛一次剪下，留茬应低，不要剪重剪毛。

③细毛羊、半细毛羊及其杂种羊的羊毛应剪成套毛。每剪完一头绵羊，并取走套毛之后，必须将剪毛处的碎毛、尘土、粪便等清扫干净，然后再剪第二只羊。

④剪毛时动作要快，时间不宜拖得太长，翻转羊体时动作要轻，以免引起肠捻扭转等症，造成不应有的损失。

⑤剪毛时应注意尽可能不要剪破皮肤，特别是公羊的阴囊、母羊的乳头及细毛羊的皱褶等处。万一剪破时，应及时涂上碘酒或其他消毒药。

⑥剪毛后要称量剪毛量和体重，并计算出该群羊的平均剪毛量和平均体重。头、腹、四肢、尾部羊毛须另行包装，带粪块的毛、有色毛亦应分别包装。

⑦剪毛后的最初几天，不可使刚剪完毛的羊遭受冷雨，以免发生感冒。因此，在剪毛后的 7～10d 内，必须在羊舍或有遮棚的附近地方放牧，以便在必要时能迅速地将羊赶入羊舍或遮棚。

⑧应经常注意羊体伤口是否有化脓现象，如有时应及时治疗。

(6)羊毛的分级和包装

剪毛员将剪下的毛被送到分级台，由技术人员称重记录后，再根据国家羊毛收购标准，包括文字标准和实物标准，进行羊毛分级，除去粪块毛和边坎毛。等级确定后，将套毛卷折好，按等级包装。这样便于按等级出售。若因技术力量缺乏，不能开展羊毛分级工作，可将各类羊毛分开，如白色的同质细毛、半细毛和异质毛；杂色的同质毛、异质毛和边坎毛等。羊毛包装后，在毛包一侧标明产毛地址、毛色、重量、羊毛种类和等级。将毛包移入通风干燥的库房内，待后售出。

二、山羊梳绒

山羊梳绒的时间依各地的气候条件而异。春季气候转暖，绒纤维开始脱落。脱绒的顺序是从头部开始，逐渐向颈、肩、胸、背、腰和股部推移。当发现头部绒纤维脱落，便是开始梳绒的时间。梳绒分两次进行，两次间隔约 10d。

目前，我国普遍推行手工梳绒。梳绒工具为金属梳子。梳子有两种，一种为稀梳，由 7～8 根钢丝组成，钢丝间距为 2.0～2.5cm；另一种为密梳，由 12～14 根钢丝组成，钢丝间距为 0.5～1.0cm，钢丝直径为 3.0mm，梳绒前 12h 羊只停止放牧和饮水。梳绒时，将羊卧倒。梳左侧捆右脚，梳右侧捆左脚。站立梳绒时，将羊拴在木桩上，挟住羊体，轻轻用梳子梳绒。梳绒时，先用稀梳顺毛方向，梳去草屑和粪块等污物，再用密梳从股、腰、胸、肩到颈部，依次反复顺毛梳理，再逆毛梳理，直到将脱落的绒纤维梳净为止。梳绒动作要轻，以防抓破皮肤。梳子油腻后，不便梳绒，可将梳子在土地上往返摩擦，除去油腻。若梳绒和剪毛同时进行，则梳绒和剪毛地点要分开，先梳绒，后剪毛，以免绒、毛混杂。对怀孕母羊，要特别细心，避免造成流产。一般是成年羊先梳，育成羊后梳；健康羊只与患有皮肤病的羊只分开梳，健康羊先梳，病羊后梳；白色山羊和有色山羊也应分开梳，先梳白色羊，后梳有色羊。羊梳绒后，要特别注意气候变化，防止羊只感冒。

山羊手工梳绒劳动强度大，1 个中等劳动力，每天只能梳 10 只左右。梳绒季节性强，时间短，一般为 10～15d。梳绒若不及时，往往造成山羊绒浪费。为了减轻梳绒劳动强度，提高梳绒效率，我国先后研制出 9RZ-84 山羊梳绒机和 9RSH-88 中频梳绒机。国外也研制成功振动式梳绒机，生产效率高，每小时可梳绒 29 只。

任务四　驱虫和药浴

一、驱虫

寄生虫病是养羊生产的重大隐患，不仅是因为发生普遍，更为重要的是给羊群带来不易被人注意而又非常严重的经济损失。患内外寄生虫的羊，重者难免死亡，轻者也会产生不同程度的身体消瘦、生长缓慢、发育受阻、繁殖力下降以及羊毛和羊肉大量减少，毛皮的质量受到损害。因此，在日常生产管理中，必须加强检查，见有逐渐消瘦、有寄生虫病嫌疑的，可做粪便镜检，或者取最消瘦的个体进行剖检，便于对症施用驱使虫药。

(1)寄生虫病的预防

寄生虫都具有自己特有的生活史、生存和传播条件。预防寄生虫病，只要打断其生活史，消灭其生存和传播条件，就能预防寄生虫病。注意加强日常饲养管理，保持羊舍干燥，勤换垫草，保持羊舍、羊体清洁卫生和饮水卫生。在有寄生虫感染的地区，如有肝片吸虫的草场，可采取排水、填沼泽或用生物、化学方法消灭中间宿主锥实螺，以切断其生活史。有条件的地区尽可能实行分区轮牧，使其虫卵或幼虫，在放牧休闲区内死亡。多数寄生虫的卵是随粪便排出体外，因此，对羊的粪便应作发酵处理，以杀灭寄生虫卵。

对体外寄生虫的预防可定期进行药浴，对被体外寄生虫病污染过的圈舍和用具，须彻底消毒。对新购入的羊只，经隔离观察后或经预防处理后才能与原有的羊只混群饲养。

(2)寄生虫病的治疗

在有寄生虫感染的地区，每年春、秋季节进行预防性驱虫两次。羔羊也应驱虫。驱体内寄生虫药物可选用丙硫苯咪唑，剂量为每千克体重10～15mg。投药方法有：其一，拌在饲料中单个羊自食；其二，3.0%丙硫苯咪唑悬浮剂口服，即用3.0%的肥儿粉加热水煎熬至浓稠作成悬乳基质，再均匀拌3.0%丙硫苯咪唑药作成悬浮剂，使每毫升含药量30mg，用20～40mL金属注射器拔去针头，缓缓灌服。药物治疗羊体内外各种寄生虫时，选用药物要准确，药物用量精确；必须做驱虫试验，在确定药物安全可靠和驱虫效果后，再进行大群驱虫。

二、药浴

为了预防和驱除绵羊体外寄生虫，增进皮肤健康及促进羊毛生长，绵羊每年宜进行一次药浴，一般多在剪毛后10d左右，剪毛伤口已愈，选晴朗无风之日进行。但对疥癣羊在第一次药浴后，经过两周应进行第二次药浴。

药浴应在专设的药浴池内进行，羊只数量少的，可用药浴槽或水桶进行。

常用的药浴液以蝇毒磷最好。药浴时，可用蝇毒磷20%的乳粉或16%的乳油配成相应的水溶液，大羊药浴液浓度为0.05%～0.06%，羔羊药浴液浓度为0.03%～0.04%(均按有效成分计算)。药浴液温度保持在20℃左右。一般应在早晨或上午药浴，以便使羊毛在午间干燥。

药浴时应注意以下事项：

①药浴时先用3～5只低级羊试浴，观察药液有无毒性，等7～8d如无意外，方可进行大规模药浴。

②药浴时所需的药浴液量，每100只成羊在剪毛后需250L。

③应先药浴健康羊，后药浴病羊。公羊、母羊和羔羊要分别入浴，以免混群；母羊怀孕两个月以上、当年羔羊以及有外伤的羊只不药浴。

④药浴前不可追赶羊群，浴前8h停止给料，浴前2～3h应充分饮水，以免因口渴误饮药液。

⑤药液深度一般宜在70cm左右，以浸没羊体为原则。

⑥药浴时工作人员应手持浴杈在浴池旁控制绵羊药浴，使羊的头部不致浸入药液内，但当羊接近出口时，可用药杈将羊头部压入液内两次。

⑦工作人员应随时捞除池内粪便污物，保持药液清洁。

⑧凡和病羊接触过的牲畜及牧羊犬等亦应同时药浴，羊舍及一切用具应同时彻底用开水或消毒剂洗涤，在日光下暴晒。

⑨药浴时工作人员戴好口罩及橡皮手套，以免药液腐蚀人手或发生中毒现象。

⑩用完的药液应深埋土中，以免毒害其他牲畜。

⑪羊只药浴后，应在滴流台上停留几分钟，使羊身上的多余药液从滴流台上流回药浴池，以节约药液。而后把羊赶入棚舍，或蔽荫处休息阴干，严防日光直射及冷风吹袭。应使羊全身干燥后再出牧或喂饲，以免羊只摄入混有药液的草料发生中毒。

任务五　羊的繁殖

一、羊的发情鉴定

1. 羊的发情规律、征状、适时配种

(1)母羊的发情规律

①发情周期绵羊平均为 16d(14～21d)发情一次，山羊平均为 21d(18～24d)。

②发情持续期绵羊发情持续期平均为 30h，山羊为 24～48h。

(2)母羊排卵规律

母羊排卵一般多在发情后期，绵羊和山羊均属自发性排卵动物，即卵泡成熟后自行破裂排出卵子。绵羊的排卵时间在发情开始后 20～30h，山羊在 24～26h。

(3)发情的征状

①神经征状：母羊发情时，表现兴奋不安，对外界刺激反应敏感，常鸣叫，举尾拱背，频频排尿，食欲减退。

②外阴部的变化：发情母羊外阴部松弛、充血、肿胀、阴蒂勃起，阴道充血、松弛，并分泌有利于交配的黏液，子宫颈口松弛、充血肿胀并有黏液分泌。

③卵巢变化：母羊在发情前 2～3d 卵巢的卵泡发育很快，卵泡内膜增厚，卵泡液增多，卵泡部分突出于卵巢表明，卵子被颗粒层细胞包围。

④有交配欲：主动接近公羊，在公羊追逐或爬胯时站立不动。

2. 发情鉴定方法

发情鉴定的方法很多，常用的方法有试情法、外部观察法、阴道检查法等。由于母羊发情持续期短，外部表现不太明显，不易发现，尤其是绵羊。因此，母羊的发情鉴定应以试情为主，结合外部观察。

(1)外部观察法

主要是观察母羊的精神状态、性行为表现及外阴部变化情况。母羊发情时，常常表现兴奋不安，对外界刺激反应敏感，食欲减退，有交配欲，主动接近公羊，公羊追逐或爬跨时常站立不动，并强烈摆动尾部、频尿等现象，且外阴部分泌少量黏液。但是，绵羊一般发情期短，外部表现不如山羊明显。处女羊一般较经产羊表现差。

(2)阴道检查法

是用开膣器辅助观察母羊阴道黏膜、分泌物和子宫颈口变化判断发情与否。若发情，则母羊阴道黏膜充血、红色、表面光亮湿润，有透明黏液流出，子宫颈口充血、松弛、开

张，有黏液流出。进行阴道检查时，先将母羊固定好，外阴部清洗干净。开膣器清洗、消毒、烘干后，涂上灭菌的润滑剂或用生理盐水浸湿。工作人员左手横向持开膣器闭合前端，慢慢插入，轻轻打开开膣器，通过反光镜或手电筒光线来检查阴道变化，检查完后稍微合拢开膣器再抽出。

(3)公羊试情法

即选择体格健壮、无病、年龄2～5岁有性经验的公羊进入母羊群，发现有站立不动并接近公羊的母羊，特别是接受爬跨的母羊，即已发情。为了防止试情公羊偷配母羊，通常在试情公羊腹部绑好试情布护住其阴茎，也可在使用前做输精管结扎或阴茎移位手术。同时，试情公羊平时应单圈饲养，除试情外，不得和母羊在一起，给以良好饲养条件，保持体格健壮，并每隔5～6d让其本交一次，以维持其旺盛的性欲。试情公羊与母羊的比例以1∶(45～50)为宜。在生产中多采用每天早上试情，也有早晚各试情一次的。由于天亮以后，母羊急于出牧，性欲下降，试情效果不好，因此试情应在黎明前进行，天亮时结束。

二、羊的人工授精技术

1. 精液的采集

(1)种公羊的调教

种公羊的性成熟年龄一般为5～6个月，若8月龄以上仍不出现性欲，就要采取一些措施：

①把不会爬胯的公羊和发情母羊关在一起，进行性挑逗，激发其性欲。

②每千克日粮中添加维生素A 5000IU、维生素E 100IU，每50kg精饲料添加亚硒酸钠10mg，或者肌注维生素E、硒合剂。

③每只公羊隔日肌注绒促素(HCG)500IU和丙酸睾丸素1mL，每日定时按摩睾丸15min，夏季可用冷水湿布擦拭睾丸。

种公羊10月龄左右开始调教采精，每周1～3个采精日。周岁正常投入采精，每周3～6个采精日。18月龄以上每周5～6个采精日，每个采精日可连续采精2～4次，两次采精间隔10～20min。注意：超量掠夺性采精，是杀鸡取卵性的做法，缩短种羊的使用期限。选择发情好、性情温顺、个体较大的母羊作台羊，让被调教公羊爬胯，经过几次训练后，再用公羊作台羊也能顺利采精。

(2)羊人工授精的基本设施

①台羊的准备：采精前选择健康发情母羊作为台羊。台羊外阴部要用消毒液消毒，再用温水洗净擦干。

②器材的清洗与消毒：凡是采精、输精及与精液接触的一切器械、用具，都必须做到清洁无菌。不管是新购进的器具，还是已使用过的器具，都要仔细洗刷干净，然后消毒，存放在清洁的橱柜或搪瓷盘内，用消毒过的纱布盖好备用。一般传统的洗涤剂是2%～3%的碳酸氢钠溶液，也可采用洗洁精。器械用洗涤剂洗刷后，必须立即用清水多次冲洗干净而不留残迹，然后严格消毒备用。消毒方法，因各种器械的质地不同而不同。玻璃器械：最好采用电热鼓风干燥箱进行高温干燥消毒，要求温度控制在130～150℃，并保持20～

30min，待温度降至60℃以下时，方可开箱取出使用。也可采用高压蒸汽消毒维持20min；橡胶制品：一般采用75%的酒精棉球擦拭消毒，之后，最好再用95%的酒精棉球擦拭一次，以加速挥发残留在橡胶上面的水分和酒精气味，然后用生理盐水冲洗；金属器械：可用苯扎氯铵等消毒溶液浸泡，然后用生理盐水等冲洗干净，也可用75%的酒精棉球擦拭或用酒精灯火焰消毒。溶液如润滑剂、生理盐水等，可隔水煮沸20～30min或用高压蒸汽消毒，消毒时为了避免玻璃瓶爆裂，瓶盖要取下或橡胶皮塞上插上大号注射针头，瓶口用纱布包扎。

③假阴道的准备：假阴道是采精的主要工具(图13-10)。采精成功与否取决于假阴道的温度、压力和润滑度。临采精之前，要把安装的假阴道灌入50℃左右的温水150～180mL，然后用消毒过的玻璃棒蘸上凡士林等润滑剂，均匀地涂在内胎的前1/2～2/3的地方，增加润滑度。再从活塞孔吹入适量空气，以保持假阴道内一定的压力，假阴道内胎口成一三角形时，即表示压力合适。假阴道内胎的温度，以保持39～40℃为宜。

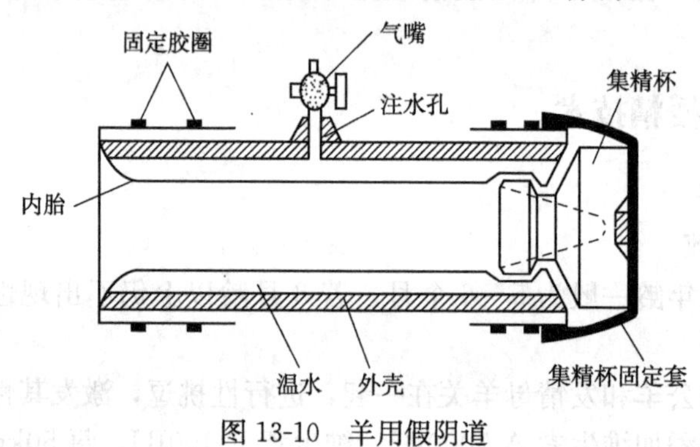

图13-10 羊用假阴道

④实验室：实验室是人工授精的基础设施，是检查、处理、贮存精液的场所。实验室在建筑上有特定要求，要求与采精室紧邻，并在墙上设高×宽(60cm×60cm)传递窗口与采精室相通，窗口两侧设活动门，室内温度要控制在36～37℃。

实验室工作人员应保持实验室的整洁、干净、卫生，每周彻底清洁1次，地面每周消毒1次，实验室门口设消毒池，每周更换消毒液，室内应安装紫外线灯，每天下班时开启，通宵照射。实验室分为干燥区和潮湿区。干燥区用于稀释液的配制和精液的检查、稀释、分装，潮湿区安放水槽，用于清洗器械和制备双蒸馏水。实验室应尽量使用一次性用品，对于不能用一次性用品代替的器械使用后必须严格的清洗消毒。所有不直接接触精液的器械和物品，使用后用洗洁精或其他去污剂清洗，用自来水冲洗干净，再用蒸馏水漂洗两遍，并经60℃干燥(玻璃用品干燥温度可高于100℃)，非耐热器皿、用具以高压灭菌器120℃、20min湿热灭菌；玻璃、金属类器械可采用高压蒸汽10～15min消毒；对于不能用高压蒸汽消毒而又不便于煮沸消毒的器械，可用湿热蒸汽30min消毒。实验室内使用的仪器设备，如显微镜、干燥箱、水浴锅、17℃精液保存箱、冰箱、37℃恒温箱、电子天平等，必须保持清洁卫生。显微镜镜头(目镜和物镜)应每两周用二甲苯浸泡1次，保持清洁。

⑤采精室：采精室应与实验室相邻，面积不小于10m²，采精室地面要求平整、防滑、

清洁。每次采精后必须清洗地面，特别清洗精液胶体。采精室内应安装紫外线灯，每天下班时开启，通宵照射。

(3)采精

①采精前准备：

a. 保持采精室清洁卫生干燥干净、有效消毒、温度适宜。

b. 用一次性采精袋和专用滤纸套好在集精杯中，将集精杯、载玻片、玻棒放入恒温箱预热至 37℃。把温度计插入盛有稀释液的量杯中，并一同放入恒温水浴锅中预热至 37℃。

c. 采精员将双手洗干净后，再用 37℃的 0.7%盐水冲洗干净。

d. 公羊体表干净，采精前先挤干净包皮内的积尿，清洗公羊阴茎外部，再用 0.7%盐水冲洗。清洗过程中，对公羊阴茎部进行按摩。

注意事项：采精用具均需在恒温箱中预热至 37℃；经常修剪公羊包皮周围的毛丛；温度较低时，公羊外阴用 37℃温水清洗并擦干，采精人员双手用温水暖热。

②操作步骤：

a. 将消过毒的纱布和集精杯用 1%氯化钠溶液冲洗，拧干纱布，折为 4 层，罩在消毒后的集精杯口上，面微凹，然后用橡皮筋套住，放入 37℃的恒温箱内预热。

b. 将手洗净，戴上用 75%酒精溶液消毒过的一次性胶皮手套，用 1%高锰酸钾溶液消毒公羊的包皮及其周围皮肤。再用清水洗净消毒液，并用毛巾擦干。

c. 将公羊引到台羊前，采精员半蹲在台羊后部右侧(图 13-11)，右手持已准备好的假阴道。当公羊爬跨台羊时，迅速将阴茎导入假阴道内。采精员在采精时要注意假阴道倾斜的角度与公羊阴茎伸出方向成一直线。要求采精员动作敏捷准确，注意防止阴茎导入时突然弯折而损伤，要紧紧握住假阴道，防止掉落。

d. 拇指顶住并按摩前端龟头，其他手指有节奏地协同动作。射精过程中不要松手，并注意采精过程中不要触碰阴茎体。手握得轻重要掌握适度。

e. 羊射精后，采精员即将假阴道的集精杯一端朝下，以便精液流入集精杯中。当公羊跳下时，假阴道随着阴茎后移，不要抽出。阴茎由假阴道自行脱出后，即将假阴道直立，筒口向上，并立即送至化验室，取下集精杯，以备检查。

注意事项：不要强行拉出阴茎，以免拉伤；羊对假阴道内的温度比压力更敏感，因此，要特别注意温度的调节；在公羊射精时，手握的力量以不让阴茎从手中滑落为准；采完精后，让公羊阴茎自然收回包皮内，防止挫伤阴茎；采精时，人员、场地要相对稳定，环境要相对安静；采精应选择早晨或傍晚未投喂前进行，如已饲喂，需经 1h 后才能采精。公羊适宜采精的频度，根据输精量的需要，可于 1d 采精 1 次，连续采精 5d；也可 1d 采精 2 次，连续 3 天的方式较为适宜。

2. 精液品质检查

公羊精液品质检查要在化验室保持室温 18～30℃和显微镜周围保持 37～38℃下进行。评定指标主要包括：精液的外观、精液量、精子活力、精子密度和精子形态等内容，评定应在专门的处置室进行(图 13-12)。

图 13-11　采精

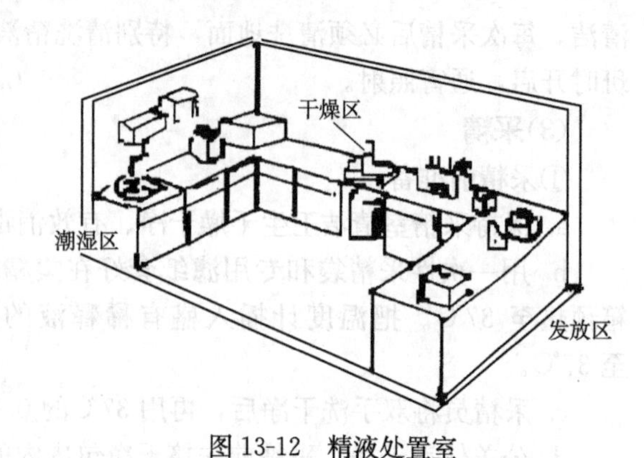

图 13-12　精液处置室

(1)射精量

精液采取后，将精液倒入有刻度的玻璃管中观察即可。有的单层集精杯本身带有刻度，若用这种集精杯采精，采精后直接观察，无须倒入其他有刻度的玻璃容器。公羊精液量为 0.5～2mL，一般为 1.0mL。

(2)色泽

正常的精液为乳白色。如精液呈浅灰色或浅青色，是精子少的特征；深黄色表示精液内混有尿液；粉红色或淡红色表示有新的损伤而混有血液；红褐色表示在生殖道中有深的旧损伤；有脓液混入时精液呈淡绿色；精液囊发炎时，精液中可发现絮状物。

(3)气味

刚采得的正常精液略有腥味，当睾丸、附睾或附属生殖腺有慢性化脓性病变时，精液有腐臭味。

(4)云雾状

用肉眼观察新采得的公羊精液，可以看到由于精子活动所引起的翻腾滚动极似云雾的状态。精子的密度越大、活力越强者，则其云雾状越明显。因此，根据云雾状表现的明显与否，可以判断精子活力的强弱和精子密度的大小。

(5)精子活力

用显微镜检查精子活力的方法是：用消毒过的干净玻璃棒取出原精液一滴，或用生理盐水稀释过的精液一滴，滴在擦洗干净的干燥的载玻片上，并盖上干净的盖玻片，盖时使盖玻片与载玻片之间充满精液，避免气泡产生，然后放在显微镜下放大 300～600 倍进行观察，观察时盖玻片、载玻片、显微镜载物台的温度不得低于 30℃，室温不能低于 18℃。

评定精子的活力，是根据直线前进运动的精子所占的比例来确定其活率等级。在显微镜下观察，可以看到精子有 3 种运动方式：①前进运动：精子的运动呈直线前进运动；②回旋运动：精子虽也运动，但绕小圈子回旋转动，圈子的直径很小，不到一个精子的长度；③摆动式运动：精子不变其位置，而在原地不断摆动，并不前进。除以上 3 种运动方式之外，往往还可以看到没有任何运动的精子，呈静止状态。除第一种精子具有受精能力外，其他几种运动方式的精子不久即会死亡，没有受精能力，故在评定精子活率等级时，应根据在显微镜下活泼前进运动的精子在视野中所占的比例来决定。如有 70%的精子做直线前进运动，其活率评为 0.7，依此类推。一般公羊精子的活率应在 0.6 以上才能供输精用。

(6)精子密度

精液中精子密度的大小是精液品质优劣的重要指标之一。可采用显微镜观察法检查精子密度的大小，其制片方法(用原精液)与检查精子活力的制片方法相同，通常在检查精子活力时，同时检查密度。公羊精子的密度分为“密”“中”和“稀”三级。

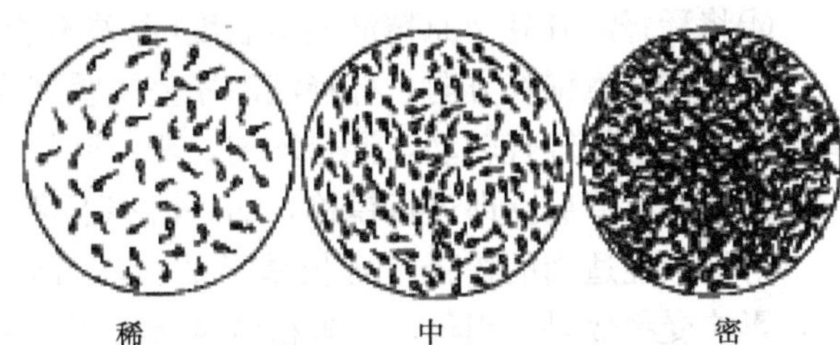

图 13-13　不同精子密度示意图

密：精液中精子数目很多，充满整个视野，精子与精子之间的空隙很小，不足容一个精子的长度，由于精子非常稠密，所以很难看出单个精子的活动情形(图 13-13)。

中：在视野中看到的精子也很多，但精子与精子之间有着明晰的空隙，彼此间的距离大约相当于 1～2 个精子的长度。

稀：在视野中只有少数精子，精子与精子之间的空隙很大，约超过两个精子的长度。

另外，在视野中如看不到精子，则以“0”表示。正常精液密度为 $20\times10^{8}\sim50\times10^{8}$ 个/mL。公羊的精液含附性腺分泌物少，精子密度大，所以，一般用于输精的精液精子密度至少是“中级”。精液鉴定标准见表 13-6。

表 13-6　精液鉴定标准

项目	正常	异常	备注
精液气味	腥味、无异常	臭味	有臭味精液应废弃
精液颜色	乳白色或无色	淡黄色 浅红色	黄色是混入的尿液，应废弃； 红色是混入的血液，应废弃
精子形态	云雾状、蝌蚪状	畸形、双头、双尾、无尾	畸形精子超过 20%的精液应废弃
精子密度	密，精子间的空隙小于 3 个精子	精子间的空隙在 3 个精子以上	小于 1 个精子空隙为密级； 1～2 个精子空隙为中级； 2～3 个精子空隙为稀级； 精子间的空隙在 3 个精子以上的精液应废弃
精子活力	直线运动	不动或非直线运动	直线运动的精子 100%为 1 分，每减少 10%扣 0.1 分，活力低于 0.5 分的精液应废弃

(7)精子形态

完整的精子包括精子头、精子尾两部分。其头部宽约 8.5μm、长约 17μm；前端为帽样的顶体，其尾部长约 40μm。当公羊异常精子数超过 20%时，该公羊的精液将无法使用。正常精子和畸形精子如图 13-14 所示。

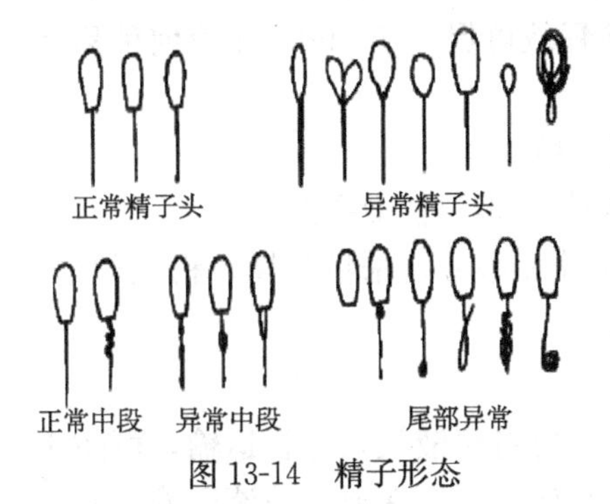

图 13-14　精子形态

3. 精液稀释与分装

(1)精液稀释

①精液采集后应尽快稀释(不超过 10min)，以减

少与空气和各种器皿的接触。没有经过镜检的精液不能稀释。

②做好精液稀释前的准备工作。

③将稀释液和精液同时置于30℃左右的水浴锅或恒温箱中，做片刻同温处理。

④将稀释液升到与原精液相似温度(温差不能超过1℃)。

⑤注意稀释方向，稀释液沿瓶壁缓缓倒入精液中，不要将精液倒入稀释液中。稀释后将精液容器轻轻转动，混合均匀，避免剧烈振荡。

⑥精液稀释后立即进行镜检，如果活率下降，则说明操作不当或稀释液有问题。

⑦精液经适当的稀释可延长精子的存活时间。稀释倍数过高会使精子的存活时间缩短，影响受精效果。绵羊、山羊精液常常稀释2～4倍。

(2)精液稀释后的分装

精液的分装形式有颗粒冻精、细管冻精及袋装、瓶装等。装精液用的细管和袋子均为对精子无毒害作用的塑料制品。颗粒冻精是指将精液滴冻在经液氮致冷的金属网或塑料板上，冷冻后制成0.1mL左右的颗粒。颗粒冻精具有成本低、制作方便等优点，但不易标记，解冻麻烦，易受污染。细管冻精是指把平衡后的精液分装到塑料细管中，细管的一端塞有细线或棉花，其间放置少量聚乙烯醇粉(吸水后形成活塞)，另一端封口，冷冻后保存。细管的长度约13cm，容量有0.25mL、0.5mL或1.0mL。生产中，羊的冻精多用0.25mL剂型。细管冻精具有不受污染、容易标记、易贮存、适于机械化生产等特点，是最理想的剂型。颗粒和细管冻精可长期保存。袋装和瓶装的液态精液一般按照其精子的活力和密度按10～20剂量分装，并及时运输到输精的羊场使用。

分装后的精液要逐个粘贴标签，一般一个品种一种颜色，以便于区分。注意要在上面标明公羊耳号、采精处理时间、稀释后密度、经手人等信息，并将以上各项登记，以备查验。

4. 精液的保存与运输

(1)精液的保存

①常温保存：精液稀释后，在15～25℃室温下，能保存1～2d；精液经稀释后用几层与精液同温的毛巾包好，先放置于20℃的室内1～2h后，移入17℃恒温箱贮存，也可将精液瓶或袋用毛巾包严直接放入17℃恒温箱内。保存期间要注意三点：一是要尽量减少精液保存箱的开关次数，以免温度变化对精子造成影响；二是要每天检查精液保存箱温度并进行记录，若出现停电应全面检查贮存的精液品质；三是每隔12h轻轻翻动1次。一般短效稀释液可保存3d、中效稀释液可保存4～6d、长效稀释液可保存7～9d。无论何种稀释液保存精液，都应尽快用完。

②低温保存：0～5℃条件下为低温保存，能保存2～3d。

③冷冻保存：－196～－79℃为冷冻保存，保存时间长，但目前效果差。

保存的精液应附有详细说明书，标明产地、公羊品种和编号、采精日期、精液剂量、稀释液种类、稀释倍数、精子活率和密度等信息。

(2)精液的运输

高温季节，在双层泡沫箱中放入恒温胶(17℃恒温)，再将精液放入进行运输，可防止温度过高，死精增多；严寒季节，在保温箱内用恒温乳胶或棉絮等保温。精液运输过程中还要特别防止震动。

5. 输精

(1)输精前的准备

①输精器材的准备：输精前所有的器材要消毒灭菌，输精器和开膣器最好蒸煮或在高温干燥箱内消毒。输精器以每只羊准备1支为宜，若输精器不足，可在每次使用完后用蒸馏水棉球擦净外壁，再以酒精棉球擦洗，待酒精挥发后再用生理盐水冲洗3～5次，才能使用。连续输精时，每输完1只母羊后，输精器外壁用生理盐水棉球擦净，便可继续使用。

②输精人员的准备：输精人员应穿工作服，手指甲剪短磨光，手洗净擦干，先用75%酒精消毒，再用生理盐水冲洗。

③待输精母羊准备：把待输精母羊赶入输精室，如没有输精室，可在一块平坦的地方进行。母羊保定的应设输精架，若没有，可采用横杠式输精架。在地面上埋两根木桩，相距1m宽，绑上一根5～7cm粗的圆木，距地面约70cm，将待输精母羊的两后腿担在横杠上悬空，前肢着地，1次可同时放3～5只羊，输精时比较方便。另一种简便的方法是由一人保定母羊，使母羊自然站立在地面上，输精员蹲在输精坑内。还可以由两人抬起母羊后肢保定，高度以输精员能较方便找到子宫颈口为宜。

(2)输精

输精时，保定母羊可采用保定架或侧立式保定(图13-15)。

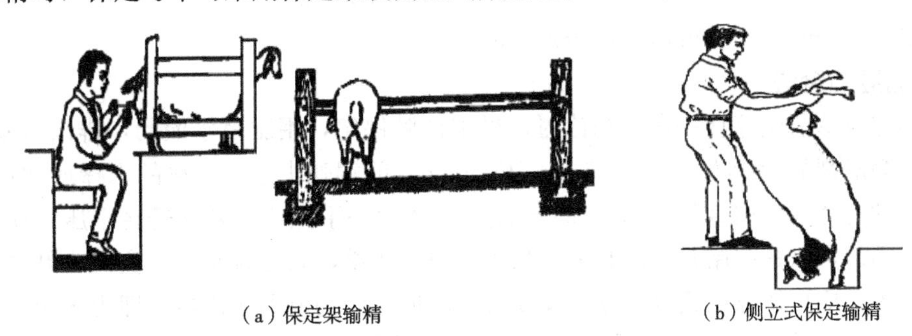

(a)保定架输精　　(b)侧立式保定输精

图13-15　母羊保定

①精液从保存箱取出之后，轻轻摇匀，用已灭菌的滴管取1滴放于预热过的载玻片上，在37℃温度条件下检查活力，确认精液活力≥0.6才可进行输精。

②输精人员的双手严格进行清洗消毒。

③输精前，将母羊外阴部用来苏水擦洗消毒，再用水洗擦干净，或生理盐水棉球擦洗。

④将用生理盐水湿润过的开膣器闭合按母羊阴门的形状慢慢插入后，轻轻转动90°并张开。

⑤如在暗处输精，要用额灯或手电筒光源寻找子宫颈口。

⑥将输精器慢慢插入子宫颈内0.5～1.0cm，将所需的精液量注入子宫颈口内。

⑦输精量保持有效精子数，绵羊7500万个以上，山羊5000万个以上，即原精液量需要0.05～0.1mL。

⑧有些处女羊，阴道狭窄，开膣器无法充分展开，找不到子宫颈口，可采用阴道输精，但精液量至少增加1倍。

⑨最适当的配种时间是发情后12～24h(发情中期)。在实际生产中，一般上午母羊发情，下午进行第一次交配或输精，第2d上午进行第二次交配或输精；如果在下午发情，则在第2d上午进行第一次交配或输精，下午进行第二次交配或输精。

⑩一般采取一次试情，两次输精，即当天上午试情后下午进行第一次输精，第2d早晨重复输精一次；下午试情，第2d上午、下午各输精一次。

⑪输精结束，登记母羊配种情况，建立母羊配种档案。

三、羊的妊娠诊断

在配种以后，为及时掌握母羊是否妊娠，掌握妊娠的时间及胎儿发育情况，采用临床或实验室方法进行检查称之为妊娠诊断。通过早期妊娠诊断不仅可以确定母羊是否妊娠，及时掌握妊娠情况，而且还可以对未妊娠母羊进行补配或对有生殖疾病母羊进行治疗，以减少空怀，提高繁殖率。羊的妊娠诊断方法主要有以下几种：

(1)外部检查法

母羊妊娠以后，一般表现为周期性发情停止，食欲增进，营养状况改善，毛色润泽光亮，性情变得温顺，行为谨慎稳重。妊娠3个月以后腹围明显增大，右侧比左侧更为突出，乳房胀大。右侧腹壁可以触诊到胎儿，在胎儿胸壁紧贴母体腹壁时，可以听到胎儿的心音。根据这些外部表现可以诊断是否妊娠。

(2)直肠检查法

母羊在触诊前应停食一夜。触诊时，母羊仰卧保定，用肥皂水灌肠，排出直肠宿粪，然后将涂润滑剂的触诊棒(直径1.5cm，长50cm，前端弹头形，光滑的木棒或塑料棒)插入肛门，贴近脊柱，向直肠内插入30cm左右。然后一手把棒的外端轻轻下压，使直肠内一端稍微挑起，以托起胎儿。同时另一只手在腹壁触摸，如能触及块状实体为妊娠，如果摸到触诊棒，应再使棒回到脊柱处，反复挑动触摸，如仍摸到触诊棒，即为未孕。此法检查配种后60d的孕羊，准确率可达95%，85d以后的为100%。唯须注意防止直肠损伤，配种已115d以后的母羊要慎用。

(3)阴道检查法

母羊怀孕3周后，阴道黏膜苍白，黏液少、干涩，开膣器插入时感觉阻力大。子宫颈口关闭，有子宫栓附着。当用开膣器刚刚打开阴道时，阴道黏膜苍白，几秒钟后即变为粉红色。阴道检查法对于那些患有持久黄体病、子宫颈及阴道发生病理变化的母畜往往很难做出正确判断，因而，此法难度较大，在生产中常作为辅助方法。

(4)孕酮含量测定法

母羊配种后，如果未妊娠，母羊的血浆孕酮含量因黄体退化而下降，而妊娠母羊则保持不变或上升。这种孕酮水平差异是母羊早期妊娠诊断的基础。配种后20～25d，妊娠绵羊血浆中孕酮含量大于1.5ng/mL；妊娠奶山羊乳汁孕酮含量大于或等于8.3ng/mL，血浆孕酮含量大于或等于3ng/mL。利用此法测定，准确率可达90%～100%。

(5)超声波探测法

一般采用多普勒超声波诊断仪探听母体内血液在脐带、胎儿血管和心脏中的流动情况进行诊断。探测前，要把探测部位的毛剪掉并涂以耦合剂，然后把探头放到探测部位，通过影像或声音来判断。这种方法一般在妊娠第 6 周时进行，准确率可达 98%～99%。

实训三十　羊人工授精

【实训目的】绵羊人工授精是近代畜牧科学技术的重大成就之一，加快我国绵羊改良速度起着重要的作用，是我国当前养羊业生产中常规的繁殖技术。

【实训要求】绵羊人工授精要求操作人员动作熟练，并要严格遵守操作技术规范。

【实训步骤】

(1)人工授精器材的洗涤和消毒

假阴道、内胎依次用 3%的碳酸氢钠、温开水清洗，再用干净纱布擦净后，用 75%酒精棉球消毒，生理盐水冲洗；开膣器、镊子、输精器和各种玻璃器材依次用 3%的碳酸氢钠、温开水洗净，再用高压消毒 30min 灭菌后，取出放在瓷盘内，用纱布盖好。输精时开膣器在生理盐水内浸蘸后再用。开膣器和输精器每输一只母羊，则用脱脂棉擦净，开膣器还要在高锰酸钾液内浸泡 3min；然后再依次用温开水、生理盐水冲洗。输精器内的精液用完后，输精器内外依次用生理盐水、酒精冲洗和消毒，下次用前再用生理盐水冲洗 5 遍；盖玻片、载玻片用温开水、生理盐水冲洗后，用干净纱布包好，再用高压蒸汽消毒器高压灭菌；凡士林连罐置于水中煮沸消毒 30min。

(2)配种站的准备

配种站室内要清洁、干燥、保温、防风、光线充足；生理盐水现用现配，配种前配种站用来苏水消毒，配种站室内温度 18℃，配种站室内严防有异味。

(3)采精

①选用发情旺盛的健康母羊做台羊。

②装假阴道：将集精杯插入假阴道的一端，用生理盐水冲洗假阴道 2 遍；在的夹层内注水，水温 50～55℃，假阴道的温度为 38～40℃；假阴道另一端内用药棉涂擦稀释液少许，在假阴道夹层内吹气，使内胎成三角形为宜。

③采精：采精时公羊包皮要用干净纱布擦净；采精员右手持假阴道，靠近母羊臀部，假阴道与地面倒立角度为 35°～40°；当公羊爬跨母羊，阴茎伸出包皮时左手立即轻拨阴茎包皮把阴茎导入假阴道内；射精后，立刻将假阴道竖起，取下集精杯，盖上盖子；洗涤假阴道。

(4)精液品质检查

被检精液置于显微镜载物台上，显微镜载物台温度为 37～38℃；进行精液活力、精子畸形率、密度常规检查；不具备其中一项者不得使用：新鲜精液色泽呈乳白色，直线前进运动的精子鲜精为0.6以上，冻精为0.3以上，精子密度每毫升15亿以上，精子畸形率为15%以下。

(5)精液的使用方法

①颗粒解冻：将颗粒放入预热的试管内(1～2粒)，在75～80℃水中不停摇动待融解至绿豆粒大小时立刻取出置于手心中轻轻擦动，并借助手温至全部融解。

②安瓿解冻：取安瓿一支，置于60℃的水中摇动14s取出至融解或将一支安瓿置于75℃水中摇动8s，再置于25℃的水中融。

③细管解冻：取细管一支，置于70℃的水中轻摇8s，取出至全部融化。

④鲜精稀释液的配制及稀释：常用有生理盐水，鲜奶稀释液(新鲜牛奶或羊奶，放入烧杯，置于水浴锅中煮沸15min，降至室温，除去奶皮)，2.9%的柠檬酸钠液。根据鲜精的活力及密度决定稀释液的稀释倍数。

(6)发情母羊的检查

①选择试情公羊：试情公羊必须体质结实，身体健康、性欲旺盛。试情公羊可带试情布或进行阴茎移位的试情。试情公羊每周采精1～2次，以保持旺盛的性欲。

②试情：试情公羊与母羊按1∶(30～50)的比例进行试情，凡愿意接近公羊，并接受公羊爬跨的母羊即认为发情。有的初配母羊发情症状表现不明显，虽然有时与公羊接近，但又拒绝接受爬跨，应捕捉进行阴道检查判定。

(7)输精

发情母羊在输精架上保定后，并将其外阴部消毒干净，左手先将开膣器漫漫插入阴道，轻轻打开寻找子宫颈，输精器插入子宫颈口0.5～1.0cm，注如稀释精液0.1～0.2mL当日发情母羊应早、晚各输一次，每次输精有效精子数不少于6000万～7000万个。

(8)配种后用具的洗涤与整理

配种结束后，应对所有配种用具进行洗涤和消毒，以备第2d使用。

练习与思考题

1. 羊群放牧应如何组织？放牧的方式有哪些？
2. 羊群的四季放牧技术有什么要点？
3. 种公羊在配种期和非配种期应如何进行饲养管理？
4. 繁殖母羊在空怀期、妊娠期及哺乳期应怎样进行饲养管理？
5. 羔羊的饲养管理要点是什么？
6. 肥羔生产的技术措施应注意哪些问题？
7. 奶山羊的饲养管理应注意哪些问题？
8. 羔羊的编号、去角及去势应怎样进行？
9. 绵羊的剪毛方法及程序如何？剪毛时应注意的事项有哪些？
10. 绵羊什么时候药浴最适宜？药浴时的注意事项有哪些？
11. 母羊的发情有哪些征状？如何进行发情鉴定？

项目十四 牛羊场环境控制

【知识目标】

- 了解牛羊常见传染病、寄生虫病和普通病的种类。
- 掌握牛羊常见传染病、寄生虫病和普通病的防制措施。

【技能目标】

- 能够对牛羊进行临床检查，寄生虫病检验。
- 能够对牛羊常见疾病进行诊断与综合防制。

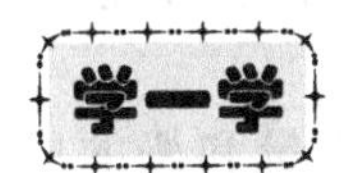

任务一　牛羊场的环境控制与消毒

一、牛羊场的环境控制和优化

由于受到牛的呼吸、生产过程及有机物的分解等因素的影响，牛舍内常含有大气中没有或很少有的有害气体，主要是氨和硫化氢，还有少量甲烷和其他气体，它们一般是由粪、尿、饲料或其他有机物分解产生的。这些气体不但直接影响牛的健康，而且导致牛生产能力的下降，并影响产品的品质。因此，牛场要认真做好环境控制和小气候优化工作。

(1)牛羊场绿化

绿化可以改善小气候。树木与花草具有遮阳、降温、调节湿度、净化空气、美化环境等作用。因此，牛场应认真做好绿化工作。绿化可以净化空气。牛的呼吸不断排出二氧化碳，牛的排泄物还不断产生其他有害气体，污染牛场周围的空气。而树木与花草在进行光合作用时，可吸收空气中的二氧化碳，放出氧气，减少空气中的二氧化碳和其他有害气体，提高空气质量和改善周围的生态环境。

(2)牛羊场卫生要求

牛场应有严格的门卫制度和卫生消毒制度。场容要整洁，应认真搞好牛舍内外环境卫生。牛运动场要保持平整，不积水，粪便要及时清除。牛体要经常保持清洁。场内工作人员以及来场的业务工作人员和参观、学习人员，必须严格执行门卫和卫生制度。场门要设消毒室和消毒池，并经常保持有效消毒作用。场区要有围墙和刺网等防疫设施。工作人员出入必须更换工作服、鞋、帽，通过消毒室消毒。工作服不应穿出生产区外，生产区不准饲养其他畜禽和狗。不准带入外购的生肉等物品，并应防止其他畜禽进入场区。

(3)内环境控制与小气候优化

内环境的控制主要是牛舍和挤奶厅内的环境控制。牛场要通过采取通风换气、防潮排水、夏季防暑降温、冬季防寒保暖、加强管理等措施，有目的地控制牛舍内的温度与湿度、光照与噪声、有害气体与灰尘，减少环境对牛羊的生产性能和牛羊奶品质的影响，以达到优化牛舍小气候的目的，降低牛群发生疾病的机会。

①通风换气：由于牛呼吸和室内水分蒸发，舍内将产生大量水蒸气和硫化氢、氨、二氧化碳等有害气体。保持牛舍通风良好，有利于排出有害气体。牛羊舍设计要考虑自然通风与机械通风相结合，要使牛舍内空气流通均匀，并保持舍内适宜的湿度。要努力控制牛羊舍内有害气体不超过标准。

②防潮排水：牛羊每天排出大量粪尿，冲洗牛羊舍会产生大量的污水。因此，应合理设置牛羊舍的排水系统，及时清理粪便。建议尽量不用水冲洗牛羊舍，控制水的用量等，有助于控制牛羊舍内的湿度和保持空气新鲜。牛羊舍设计要考虑地面和墙体有较好的防潮性能，可有效地防止地下水和牛羊舍四周的水渗出地面，保持牛羊舍干燥。

③防暑降温：一般情况下，气温在－1～24℃之间，对奶牛羊的产奶量和奶的成分都没有不良的影响。超过这一范围，就会带来不良的影响。当气温为29℃、相对湿度为40％时，奶牛羊产奶量下降8％。当气温在0℃以下，奶牛羊采食量增加，产奶量无明显变化。因此，奶牛羊场应尽可能保持相对较低的温度，才能发挥奶牛羊的产奶潜力。

④防寒保暖：我国大多数地区冬季气候寒冷，应通过对牛羊舍的外围结构合理设计，解决防寒保暖问题。牛羊舍散热最多的是屋顶、天棚、墙壁及地面。屋顶和天棚，面积大，热空气上升，热能易通过屋顶散失。牛羊舍朝向上长轴呈东西方向配置，北墙不设门，墙上设双层窗，冬季加塑料薄膜、草帘等。地面是牛羊活动直接接触的场所，地面冷热情况直接影响牛羊体。石板、水泥地面坚固耐用，防水，但冷、硬，寒冷地区做牛羊床时应铺垫草、木板或橡胶垫等。

⑤加强管理：平时应加强管理，搞好舍内卫生。注意牛羊的饲养密度，勤换垫草，及时清除牛羊舍内的粪便。微生物与灰尘含量有着直接的关系。因此，生产操作过程中应尽量控制灰尘产生。生产人员在牛羊舍内不要大声喧哗，使用机械操作应设法降低机械的噪声，当牛羊舍内噪声超过110～115dB时，产奶量下降10％。因此，要尽可能地控制噪声不超过100dB。

二、牛羊场的消毒方法

(1)畜舍带畜消毒

在日常管理中，对畜舍应经常进行定期消毒。消毒的步骤通常为清除污物、清扫地面、彻底清洗器具和用品、喷洒消毒液，有时在此基础上还需以喷雾、熏蒸等方法加强消毒效果。可选用2%～4%的氢氧化钠、0.3%～1%的菌毒敌、0.2%～0.5%的过氧乙酸或0.2%的次氯酸钠、0.3%的漂白粉溶液进行喷雾消毒。这种定期消毒一般带畜进行，每隔两周或20d左右进行一次。

(2)畜舍空舍消毒

畜出栏后，应对畜舍进行彻底清扫，将可移动的设备、器具等搬出畜舍，在指定地点清洗、暴晒并用消毒液消毒。用水或用4%的碳酸钠溶液或清洁剂等刷洗墙壁、地面、笼具等，干燥后再进行喷洒消毒并闲置两周以上。在新一批畜进入畜舍前，可将所有洗净、消毒后的器具、设备及欲使用的垫草等移入舍内，以甲醛(40%甲醛溶液)熏蒸消毒，方法是取一个容积大于甲醛用量数倍至十倍且耐高温的容器，先将高锰酸钾置于容器中(为了增加催化效果，可加等量的水使之溶解)，然后倒入甲醛，人员迅速撤离并关闭畜舍门窗。甲醛的用量一般为25～40mL，与高锰酸钾的比例以(5∶3)～(2∶1)为宜。该消毒法消毒时间一般为12～24h，然后打开门窗通风3～4d。如需要尽快消除甲醛的刺激气味，可用氨水加热蒸发使之生成无刺激然的六甲烯胺。此外，还可以用20%的乳酸溶液加热蒸发对畜舍进行熏蒸消毒。

如果发生了传染病，用具有特异性和消毒力强的消毒剂喷洒畜舍后再清扫畜舍，就可防止病原随尘土飞扬造成疾病在更大范围传播。然后以大剂量特异性消毒剂反复进行喷洒、喷雾及熏蒸消毒。一般每日一次，直至传染病被彻底扑灭，解除封锁为止。

(3)饲养设备及用具的消毒

应定期将可移动的设施、器具移出畜舍，清洁冲洗，置于太阳下暴晒。将食槽、饮水器等移出舍外暴晒，再用1%～2%的漂白粉、0.1%的高锰酸钾及洗必泰等消毒剂浸泡或洗刷。

(4)家畜粪便及垫草的消毒

在一般情况下，家畜粪便和垫草最好采用生物消毒法消毒。采用这种方法可以杀灭大多数病原体(如口蹄疫、猪瘟、猪丹毒及各种寄生虫卵)，但是对患炭疽、气肿疽等传染病的病畜粪便，应采取焚烧或经有效的消毒剂处理后深埋。

(5)畜舍地面(墙壁)的消毒

对地面、墙裙、舍内固定设备等，可采用喷洒法消毒。如对圈舍空间进行消毒，则可用喷雾法。喷洒要全面，药液要喷到物体的各个部位。

(6)牛羊场及生产区等出入口的消毒

在牛羊场入口处供车辆通行的道路上应设置消毒池，池的长度一般要求大于车轮周长1.5倍。在供人员通行的通道上设置消毒槽，池(槽)内用草垫等物体作消毒垫。消毒垫以20%新鲜石灰乳、2%～4%的氢氧化钠或3%～5%的煤酚皂液(来苏儿)浸泡，对车辆、人员的足底进行消毒，值得注意的是，应定期(如每7d)更换1次消毒液。

(7)工作服消毒

洗净后可用高压消毒或紫外线照射消毒。

(8)运动场消毒

清除地面污物，用10%～20%漂白粉液喷洒，或用火焰消毒，运动场围栏可用15%～20%的石灰乳涂刷。

任务二　牛羊场日常观察与处置技术

一、牛羊的日常观察

饲养员要经常注意饲槽、牛羊体、饲草料和饮水卫生情况，每日清扫地面。观察牛羊的采食、反刍和排粪情况，若有异常及时处置。

(1)看食欲

健康的牛羊有旺盛的食欲，吃草料的速度也较快，吃饱后开始反刍。在草料新鲜、无霉变的情况下，如果发现牛羊对草料只是嗅嗅，不愿吃或吃得少即为牛羊有病的表现。

(2)看粪尿

健康奶牛羊的粪便呈圆形，边缘高、中心凹，并散发出新鲜的牛羊粪味；尿呈淡黄色、透明。如发现大便呈粒或牛羊腹泻拉稀，甚至有恶臭味，并夹杂着血液和脓汁，尿也发生变化，如颜色变黄或变红，就是牛羊生病的表现。

(3)看体温

就是用体温计通过直肠测量牛羊体温，正常体温为37.5～39.5℃。如果体温超过或低于正常范围就是有病。体温低于正常范围的牛羊，通常是患了大失血、内脏破裂、中毒性疾病，或者将要死亡。如果病牛羊发热与不发热交替出现，则可能患有慢性结核、焦虫病或锥虫病。

(4)看神态

健康的奶牛羊动作敏捷，眼睛灵活，尾巴不时摇摆，皮毛光亮。如果发现牛羊眼睛无神，皮毛粗乱，拱背，呆立，甚至颤抖摇晃，尾巴不摇动等，就是有病的表现。

(5)看鼻镜

健康的牛羊不管天气冷热，鼻镜总有汗珠，颜色红润，如鼻镜干燥，无汗珠，就是有病的表现。

(6)看产量

对产奶量进行称量、记录，比较各次产奶量的差别。健康的奶牛羊产奶量比较平稳，如果产奶量突然下降，则是有病的征兆。

(7)看姿态

观察姿势，如果牛羊卧地不起或走路跛行，则表示牛羊可能患病。

二、患病牛羊体的处置

通过对牛羊行为的观察发现牛羊发病时，应迅速报告兽医或到兽医防疫部门送检。要确定疾病的性质，对于普通原因或非生物性因素引起的疾病可采取对应和对症治疗，对怀疑是传染病的要迅速采取如下措施。

(1)隔离病牛羊

在牛羊群中发现具有传染特征的病牛羊时，应尽早隔离，使健康牛羊和病牛羊分开，病牛羊的粪便、垫草和行走过的场地、圈舍都要进行消毒处理。

(2)紧急预防和治疗

根据牛羊的病情，选择特异性菌苗或疫苗进行紧急预防接种，或在其饲料、饮水中投入相应的抗生素药物。

(3)按要求处理病死牛羊

死于传染病的牛羊，原则上应焚毁或深埋，特别是死于人兽共患传染病的牛羊尸体，严禁剥皮或随便抛弃。有些可以利用的牛羊尸体，应在兽医人员的指导下加工处理。

练习与思考题

1. 简述牛羊场的卫生要求。
2. 简述牛羊日常观察的要点。
3. 在牛羊场中发现疑似传染病畜应采取哪些措施?

参考文献

杨公社，2002. 猪生产学[M]. 北京：中国农业出版社.
李宝林，2001. 猪生产[M]. 北京：中国农业出版社.
李和国，2001. 猪的生产与经营[M]. 北京：中国农业出版社.
马明星，2003. 商品猪生产技术指南[M]. 北京：中国农业出版社.
程德君，王守星，付太银，2003. 规模化养猪生产技术[M]. 北京：中国农业出版社.
彭健，陈喜斌，2008. 饲料学[M]. 北京：科学出版社.
李如治，2005. 家畜环境卫生学[M]. 北京：中国农业出版社.
常碧影，张萍，2008. 饲料质量与安全监测技术[M]. 北京：化学工业出版社.
王燕丽，李军，2009. 猪生产[M]. 北京：化学工业出版社.
刘家国，王德云，2009. 新编猪场疾病控制技术[M]. 北京：化学工业出版社.
李立山，张周，2006. 养猪与猪病防治[M]. 北京：中国农业出版社.
王俊东，董希德，2001. 畜禽营养代谢与中毒病[M]. 北京：中国林业出版社.
王伟国，2006. 规模猪场的设计与管理[M]. 北京：中国农业科学技术出版社.
姚卫东，戴永海，2007. 兽医临床基础[M]. 北京：中国农业大学出版社.
乔春生，2009. 养猪生产管理实务[M]. 长沙：湖南科学技术出版社.
陈桂平等，2009 发酵床养殖技术及存在的问题[J]. 中国动物保健(2)：97-100.
王学彬，阎振富，2005. 畜禽养殖场饲养工的聘用和培养[J]. 河北畜牧兽医，21(1)：53.
陈顺友，2008. 猪配种员培训教材[M]. 北京：金盾出版社.
胡金尧，2008. 猪饲养员培训教材[M]. 北京：金盾出版社.
刘小明，廖启顺，李福泉，2018. 猪生产[M]. 武汉：华中科技大学出版社.
丰艳平，刘小飞，2011. 养猪生产[M]. 北京：中国轻工业出版社.
杨凤，2002. 动物营养学[M]. 北京：中国农业出版社.
宋连喜，2007. 牛生产[M]. 北京：中国农业出版社.
黄修奇，2009. 牛羊生产[M]. 北京：化学工业出版社.
邱怀，1995. 牛生产学[M]. 北京：中国农业出版社.
陈幼春，1999. 现代肉牛生产[M]. 北京：中国农业出版社.
杨和平，2006. 牛羊生产[M]. 北京：中国农业出版社.
董伟，1985. 家畜繁殖学[M]. 北京：中国农业出版社.
王锋，王兴元，2003. 牛羊繁殖学[M]. 北京：中国农业出版社.
桑润滋，2002. 动物繁殖生物技术[M]. 北京：中国农业出版社.

杨和平，2001. 牛羊生产[M]. 北京：中国农业出版社.
邓庆生，2009. 贵州现代奶业发展一本通[M]. 北京：电子工业出版社.
孟庆翔，2002. 奶牛营养需要 [M]. 北京：中国农业大学出版社.
肖西山，郑中朝，2008. 羊生产[M]. 北京：中国农业出版社.
王根林，2006. 养牛学[M]. 北京：中国农业出版社.
丁洪涛，2008. 牛生产[M]. 北京：中国农业出版社.
丁洪涛，2001. 畜禽生产[M]. 北京：中国农业出版社.
赵希彦，郑翠芝，2009. 畜禽环境卫生[M]. 北京：化学工业出版社.
张登辉，2009. 畜禽生产[M]. 北京：中国农业出版社.
桑国俊，2012. 世界肉牛产业发展概况[J]畜牧兽医杂志，31(3)：36-39.
傅启高，陆东林，2003. 高产奶牛围产期的饲养[J]. 新疆农业科学，40(z1)：33-40.
吕效吾，1995. 养羊学[M]. 北京：中国农业出版社.
赵有璋，1995. 羊生产学[M]. 北京：中国农业出版社.
贾志海，1997. 现代养羊生产[M]. 北京：中国农业出版社.